国家科学技术学术著作出版基金资助出版

中国林产志

端木炘　编著

中国林业出版社

图书在版编目（CIP）数据

中国林产志 / 端木炘编著 . —北京：中国林业出版社，2016.12
ISBN 978-7-5038-8904-2

Ⅰ.①中… Ⅱ.①端… Ⅲ.①树种 – 介绍 – 中国 Ⅳ.①S79

中国版本图书馆 CIP 数据核字（2017）第 018184 号

出　　版	中国林业出版社（100009　北京西城区德内大街刘海胡同 7 号）
网　　址	www. lycb. forestry. gov. cn
发　　行	中国林业出版社
电　　话	（010）83143515　83143548
印　　刷	三河市祥达印刷包装有限公司
版　　次	2017 年 11 月第 1 版
印　　次	2017 年 11 月第 1 次
开　　本	787mm×1092mm　1/16
印　　张	27.5
字　　数	704 千字
定　　价	220.00 元

序　言

　　林产资源是一切树木资源利用的总和。可利用其加工成多种林产品，在国民经济建设中起着重要的作用。我国地跨温带、亚热带和热带广大地区，树木种类繁多，林产资源比较丰富。预计不久的将来林产资源的合理开发利用将成为关注的热点。

　　该书收录179科1049属4616种149个变种的木本植物各部位（包括树皮、树脂胶、木材、枝丫、叶、花、果、种子、根等）的主要化学成分和可利用途径，编著成《中国林产志》，填补了林业建设中林产资源利用专著的空白。对多种经营、综合利用、脱贫致富有一定的参考价值。对相关林业企业、林产品开发利用、管理人员培训和大专院校进行林产资源利用教学也是一部难得的工具书。

　　该书的编著和完稿过程，曾得到中国科学院北京植物研究所、南京植物研究所、华南植物研究所、昆明植物研究所、东北林业大学、北京林业大学、南京林业大学和中国林业科学研究院木材所、林研所、林化所等有关专家教授审阅，并提出了许多宝贵意见，对此一并致谢。书中错误和疏漏之处在所难免，敬请批评指正。

中国林业科学研究院　　　所长　蒋剑春
林产化学工业研究所

2004 年 4 月

凡 例

一、本书科属名称按学名字序排列，比按恩格勒或哈钦松系统，易于查找。

二、化学成分写出中名，其英名分子式参见中国林产化学成分名词。

三、本书中名学名索引，请参见《中国树名词典》。

四、本书、著述顺序按树皮、树脂（胶）、木材、枝、叶、花、果、种子、根部、全树次序进行。

五、木材价值分作贵重（一类）、上等（二类）、中等（三类）、下等（四类）、低等（五类）五级制，少数特别珍贵为特类。

六、本书仅限于木本，草本缺如；未知用途者，暂缺，引进树种也尽量收入，以便推广引进外来树种的优越性，引进树种收入 92 科 330 属 860 种。

七、我国树种繁多，资源丰富，本书是中国第一部林产志，收入 179 科 1049 属 4616 种 149 变种。

目　录

被子植物　Angiospermae

裸子植物　Gymnospermae

12 科 71 属约 800 种；中国产 12 科 41 属 245 种；又引入 1 科 34 属 126 种 34 变种。

南洋杉科 Araucariaceae

2 属约 36 种，分布南半球热带、亚热带；中国引入 2 属 6 种。

贝壳杉属 *Agathis* **Salisb**.

约 20 种，分布东南亚至大洋洲；中国引入 2 种。常绿大乔木。

【树脂】　贝壳杉 *A. dammara*（Lamb.）Rich.，树干富含树脂，适作涂料，颜色及透明度均佳；可供药用，称达麦拉树脂。

【木材】　边材黄白略带褐色，心材浅黄褐色，材含脂，细致轻软，干缩小，易加工，不耐腐，供家具、建筑、乐器、造纸等，木材价值中等。此外，引入大叶贝壳杉（*A. macrophylla* Lindl.）Mast.，材同贝壳杉。

南洋杉属 *Araucada* **Juss**.

约 18 种，分布南美洲至大洋洲；中国引入 4 种，广东、广西、海南和福建。常绿乔木。

【木材】　南洋杉 *A. Cunnigamii* Sweet.，材乳白至浅黄褐色，纹理直，轻，易加工，不耐腐，供建筑、室内装修、家具、胶合板、模具材，木材价值下等。尚有大叶南洋杉 *A. bidwillii* Hook.，异叶南洋杉 *A. heterophylla*（Salisb.）Franco，智利南洋杉 *A. araucana*（Mol.）Koch，材近似南洋杉。

【全树】　庭园绿化及观赏树种，4 种均有，长江以南诸省区引种。

三尖杉科 Cephalotaxaceae

1 属 8 种，分布亚洲东部；中国产 7 种 3 变种，分布秦岭以南。常绿乔木或灌木。

三尖杉属 *Cephalotaxus* **Sieb. et Zucc**.

见科。

【枝叶】　药用：三尖杉 *C. fortunei* Hook. f.，主要成分：三尖杉碱、三尖杉酮碱、三尖杉乙酰碱、脱甲基三尖杉碱、表三尖杉碱、长梗粗榧碱、海南粗榧新碱、哈林通碱、高哈林通碱，尚含内消旋肌醇、挥发油，是目前较好的抗癌药物之一，有效成分为三尖杉酯碱和高三尖杉酯碱，对肺癌、淋巴肉瘤效果较好，对胃癌、子宫肉瘤、食管癌也有一定疗效。海南粗榧 *C. hainanensis* Li，主成分：三尖杉酯碱、异三尖杉酯碱、高三尖杉酯碱、脱氧三尖杉酯碱、海南粗榧新碱、海南粗榧内酯、哈林通碱、异哈林通碱，对急、慢性粒细胞白血病和恶性淋巴瘤有一定疗效。西双版纳粗榧 *C. mannii* Hook. f.，主成分：三尖杉宁碱、紫杉醇。篦子三尖杉 *C. oliveri* Mast.，主成分：三尖杉碱、三尖杉酯碱、高三尖杉酯碱，抗癌作用较显著。粗榧 *C. sinensis* Rehd. et Wils. Li，主成分：三尖杉碱、台湾三尖杉碱、3-表台湾三尖杉碱、羟基三尖杉碱、三尖杉酯碱、异三尖杉酯碱、氧三尖杉酯碱、高三尖杉酯碱、日本三尖杉碱、脱甲基三尖杉碱、C-3-表台湾三尖杉碱。

【树皮】　①鞣质：三尖杉树皮含鞣质；粗榧树皮含鞣质 3.7%~6.1% 。②药用：海南粗榧含哈林通碱、高哈林通碱、异哈林通碱。台湾三尖杉 *C. wilsoniana* Hay. 含异三尖杉碱、高三尖杉酯碱、脱氧三尖杉酯碱、海南粗榧新碱、海南粗榧内酯、哈林通碱。

【木材】　三尖杉材浅黄带褐色，重、硬、强度中、较耐腐，适作胶合板、文具、铅笔杆、家具、扁担、工具柄，木材价值上等。篦子三尖杉材性用途同三尖杉，海南粗榧、西双版纳粗榧、粗榧、台湾三尖杉也近同三尖杉。

【种子】　①油用：三尖杉假种皮含油量 38.2%；种仁含油量 52.2%~70.2%，半干性油，碘值 117，皂化值 194.2，酸值 8.3；主成分：亚油酸、次亚油酸、棕榈酸、硬脂酸。作工业用油、肥皂、油漆、鞋油、硬化油及提亚油酸原料。篦子三尖杉种子油可作肥皂、润滑油。粗榧种子含油量 52.2%~67.3%，作工业润滑油、肥皂、发油。②药用：三尖杉种子药用驱虫、消积。粗榧种子驱虫。③肥料：种子油粕可作肥料。

【果实】　三尖杉成熟果实可鲜食。

【全树】　①观赏树种。②物种资源：海南粗榧、篦子三尖杉、贡山三尖杉，为濒危树种，应加强保护物种资源。

柏　科 Cupressaceae

22 属约 150 种，广布南、北两半球；中国产 8 属 30 种 6 变种，又引入 7 属 17 种。常绿乔木或灌木。

翠柏属 *Calocedrus* Kurz

2 种，分布北美洲及亚洲；中国产 1 种 1 变种，常绿乔木。

【木材】　翠柏 *C. macrolepis* Kurz 及其变种台湾翠柏 var. *formosana*（Florin）Cheng et L. K. Fu，心材黄褐色，纹理直，结构细，有香气，轻，硬度中，强度中，干缩中，耐腐，供建筑、家具、铅笔杆、雕刻、工艺品、木模、桥梁、枕木等，木材价值高贵。

【全树】　①观赏树种：树姿优美，叶具浓郁香气，为庭园观赏树种。②物种资源：翠柏为濒危树种，应加强保护和发展。

扁柏属 *Chamaecyparis* Spach

5 种 1 变种，分布北美洲、日本、中国；中国产 1 种 1 变种，又引入 4 种 10 变种。常绿乔木。

【木材】　红桧 *C. formosensis* Matsum.，常绿大乔木，心材黄褐带红色，轻软，易加工，芳香耐腐，适作桥梁、造船、家具、建筑，木材价值高贵。美国扁柏 *C. lawsoniana*（A. Murr.）Parl.，强度中，材有光泽、芳香，适作箱柜（防虫）、建筑内部装饰、造船、航空材、地板，木材价值贵重。日本扁柏 *C. obtusa*（Sieb. et Zucc.）Endl.，材粉红色，有香气，适作高级建筑材料、镶板、桥梁、家具、漆器木胎，价值贵重。日本花柏 *C. pisifera*（Sieh. et Zucc.）Endl.，材质同日本扁柏。美国尖叶扁柏 *C. thyoides*（L.）Britt. Sterns et Poggenb. 材微棕色，轻，具香气，适作建筑、木瓦、木桶、坑木、电杆，木材价值上等。台湾扁柏 *C. obtusa* var. *tomentpsa*（Hay.）Rehd.，材淡黄褐色，轻，芳香，适作建筑、桥梁、造船、车辆、家具，木材价值上等。

【全树】　①观赏树种：日本扁柏、美国扁柏、云片柏 *C. obtusa* cv. Breviramea、洒金云片柏 *faurea* Dull.、黄叶扁柏 cv. Grippsii.、卡柏 cv. Minima.、凤尾柏 cv. Filicoides、孔雀柏 cv. Tetragona、矮扁柏 cv. Nana、日本花柏、线柏 cv. Filifera、绒柏 cv. Squarrosa.、羽叶花柏 cv. Plumosa.，为优良庭园观赏树种。②物种资源：红桧为珍稀树种，应加强保护。

柏木属 *Cupressus* L.

约20种，分布北美洲、东亚、地中海温暖地区；中国产5种，又引入6种，几分布全国。常绿乔木，稀灌木。

【树皮】　柏木 *C. funebris* Endl.，树皮煎汁可作农药。

【树脂】　药用：柏木材脂主治风热头痛、白带；外用治外伤出血。

【木材】　①用材：柏木材黄褐或带微红色，重量中，硬度中，强度中，韧度低，干缩小。干香柏 *C. duclouxiana* Hickle L，轻，硬度中，强度中，韧度中，干缩小。以及岷江柏木 *C. chengiana* S. Y. Hu，巨柏 *C. gigantea* Cheng et L. K. Fu，西藏柏木 *C. torulosa* D. Don 耐腐性均强，适作造船、建筑、车辆、家具、箱柜、桥梁、椿柱、铅笔杆、雕刻、农具、盆桶、文具、枕木，木材价值高贵。其他引种有绿干柏 *C. arizonica* Greene，光枝柏 *C. glabra* Sudw，加利福尼亚柏 *G. goveniana* Gord ex Lindl. 墨西哥柏 *C. lusianica* Mill，大果柏木 *C. macrocarpa* Hartw.，地中海柏 *C. sempervirens* L.，材质均优良，木材价值高贵。②精油：以柏木为例：木材、伐根、树干、边材、木屑、枝丫均含精油，根部最高，含量3%～5%，干材2%～5%，枝叶0.2%～1%，柏木油比重（15℃）0.9567，折光率（20℃）1.5064，旋光度29%～29.35%，主成分：柏木脑（一般含量30%～40%），尚有α-柏木烯、萜品醇、松油醇、松油烃、侧柏酮、樟脑烯，为良好定香剂，保香剂，广泛用于皂用、消毒剂、食品、烟草、显微镜洁净剂、雷达、造影、塑料硬化剂、调配化妆品等。除直接提取柏木脑还可利用柏木烯合成柏木脑，柏木烯含量71.4%，合成柏木脑含量58.5%。

【叶】　①药用：柏木叶可治烫伤。②精油：叶含柏木脑0.2%～1%、侧柏酮60%，尚有萜品烯、樟脑、柏木醇。

【果】　药用：柏木果治胃痛、感冒。

【种子】　①油用：干香柏种子含油6.9%～13%，柏木种子含油9.38%，可作工业用油漆、肥皂、油墨、润滑油。②药用：柏木种子入药，安神、止血、解风邪。

【根】　药用：柏木根治跌打损伤。

【全树】　①水源涵养及水土保持林：如岷江柏木。②砂地裸地造林树种：如加利福尼亚柏。③石灰岩造林树种：如柏木。④园林绿化树种：如柏木、墨西哥柏、地中海柏木。⑤观赏树种：如绿干柏、柏木、加利福尼亚柏。⑥环保树种：柏木抗大气污染性强至中。⑦物种资源：岷江柏木为濒危树种，西藏柏木为濒危树种，应加强保护和发展。

福建柏属 *Fokienia* Henry et Thomas

1 种，产华东以南至西南及广东北部。常绿乔木。福建柏 *F. hodginsii*（Dunn.）Henry et Thomas。

【木材】　心材黄褐带浅红褐色，轻，软，强度小，干缩中，耐腐，适作建筑、家具、雕刻、细木工、胶合板、车船、铅笔杆等，木材价值上等。

【叶】　含维生素 C 191mg/kg，可作饲料添加剂。

刺柏属 *Juniperus* L.

10 余种，分布亚欧及北美洲；中国产 3 种，引入 1 种，分布甚广。常绿乔木或灌木。

【木材】　刺柏 *J. formosana* Hayata，边材黄白色，心材红褐至紫红褐色，重，硬，耐腐，有香气。杜松 *J. rigida* Sieb. et Zucc.，心材淡黄褐色，可供建筑、桥梁、造船、家具、农具、雕刻、文体材等，木材价值高贵。

【干、枝】　精油：刺柏含油 2%~5%，油较柏木油略浅，提取柏木脑作调和香料，作显微镜头油浸剂，主成分：柏木脑（20%~30%），尚有香柏油烃、柏木酮、松油烃等，可作消毒剂、食用、皂用、烟草香料。西伯利亚桧 *J. sibirica* Burgsd. 亦含油。

【叶】　刺柏叶含精油 0.2%~0.3%，主成分：柠檬烃、柏木酮、松油烃等。

【果】　①精油：杜松果含精油 0.5%~1.5%。②药用：杜松果入药，利尿祛风，主治风湿性关节炎。

【种子】　精油：欧洲刺柏 *J. communis* L. 含桧脑，常作调味香料。刺柏种子含精油 0.1%~0.3%，主成分：樟脑烃、龙脑、松油醇。

【根】　①精油：西伯利亚刺柏根含精油。②药用：刺柏根解热透疹，主治麻疹、身热不退。

【全树】　①水土保持树种：西伯利亚刺柏。②观赏：刺柏形态优美，有"缨络柏"之称。

侧柏属 *Platycladus* Spach

1 种，侧柏 *P. orientalis*（L.）Franco，分布全国。常绿乔木。

【树皮】　含鞣质。

【枝叶】　①精油：含量 0.6%~1%，主成分：侧柏酮、松油烃、龙脑等，可配制皂用。②药用：主成分：松柏苦味素、侧柏酮、槲皮苷、小茴香酮、挥发油、鞣质、树脂等，收敛止血，防治咳血、肠出血、尿血、子宫出血等各种出血症。及赤白带下，散瘀解毒。

【木材】　①用材：边材白色，心材黄褐至橘红褐色，有香气，重，硬，强度中，干缩甚小，耐腐蚀，可供造船、电杆、家具、农具、建筑、车辆、桥梁、枕木、铅笔杆、雕刻、工艺品等，木材价值高贵。②精油：含精油 2%~3%，为香料、化妆品调香剂、清毒剂、食品、皂用、烟草香料。

【花】　蜜源：花期 4 月，粉多，为早期粉源树种。

【种子】　①油用：含油量 8.2%~19.7%，工业用油墨及皂用。②药用：安心养神，润肠通便，主治神经衰弱、心悸失眠、便秘。③兽药：牛马心神不安，心痛，牛狂躁，母畜产后便秘，骡马久咳不止。

【全树】　①荒山造林树种：侧柏耐干旱瘠薄，适作荒山造林树种。②绿篱树种：侧柏耐修剪，适作绿篱。③园林观赏树种：品种有千头柏 cv. Siebldii.，丛生灌木，叶绿色；金黄球柏 cv. Semperaurescens.，叶全为金黄色；金塔柏 cv. Berverleyensis.，叶金黄色，树冠塔形；窄冠侧柏 cv. Zhaiguencebae，叶绿色，树冠窄圆锥形。④环保树种：侧柏抗烟尘，对 SO_2、HCl_2 抗性强，净化空气。

圆柏属 *Sabina* Mill.

约80种，分布北半球至北极圈，南至热带高山；中国产17种3变种，多产西部，又引入1种。常绿乔木或灌木。

【枝、叶】　药用：圆柏祛风散寒，活血消肿。祁连圆柏 *S. przewalskii* Kom.，叶镇咳止血，主治咯血、吐血、尿血、便血、子宫出血、鼻血。叉子圆柏叶祛风湿，活血止痛，主治风湿性关节炎，皮肤瘙痒。

【木材】　①用材：圆柏，边材窄，黄白色，心材鲜红至紫红色，重量硬度强度中等，耐腐，适作上等家具、建筑、造船、桥梁、装饰板、铅笔杆、文具、箱盒、雕刻、细木工等，木材价值高贵。昆仑方枝柏 *S. centrasiatica* Kom.，密枝圆柏 *S. convallium*（Rehd. et Wils.）Cheng et W. T. Wang，昆明圆柏 *S. gauccensii*（Cheng）Cheng et W. T. Wang，塔枝圆柏 *S. komarovii*（Florin）Cheng et W. T. Wang，籽圆柏 *S. microsperma*（Cheng et L. K. Fu）Cheng et L. K. Fu，垂枝香柏 *S. pingii*（Cheng ex Ferré）Cheng et W. T. Wang，祈连圆柏，垂枝柏 *S. recurva*（Buch. Ham.）Ant.，小果垂枝柏 var. *coxii*（A. B. Jackson）Cheng et L. K. Fu，方枝柏 *S. saltuaria*（Rehd. et Wils.）Cheng et W. T. Wang，大果圆柏 *S. tibetica* Kom.、北美圆柏 *S. virginiana*（L.）Ant.、材性用途近似圆柏，木材价值高贵，后者为世界著名铅笔杆原料。②药用：铅笔杆柏废料锯屑蒸馏，主成分：柏木烯（80%），作室内清洁剂、杀虫消毒剂。

【种子】　油用：高山柏 *S. squamata*（Buch. Ham.）Ant.，种子含油量6.9%。

【全树】　①固沙及水土保持树种：兴安圆柏，塔枝圆柏，祁连圆柏，新疆方枝柏 *S. pseudo-sabina*（Fisch. et Mey.）Cheng et. W. T. Wang，喀什方枝柏 var. *turkestanica*（Kom.）C. Y. Yang，香柏 *S. sino* Alpina Cheng et. W. T. Wang，大果圆柏，叉子圆柏，滇藏方枝柏 *S. wallichiana*（Hook. f. et Thoms.）Kom.。②绿篱：圆柏，昆明柏。③庭园观赏树种：圆柏及龙柏 cv. Kaizuca，金叶柏 cv. Aurea，球柏 f. Iabosa（Homibr.）Cheng et T. W. Wang，垂枝圆柏 *S. pendula*（Franch.）Cheng et W. T. Wang、塔柏 f. *pyranidalis*（carr.）Cheng et W. T. Wang，鹿角柏 var. *ptitzeriana*（Spach）Hort，偃柏 var. *sargentii*（Henry）Chang et L. K. Fu，金球柏 cv. Aureo globosa，兴安圆柏，铺地圆柏 *S. procumhens*（Endl.）Iwata et Kusaka，祁连圆柏，新疆方枝柏，喀什方枝柏，香柏，大果圆柏，铅笔柏（北美圆柏），叉子圆柏，滇藏方枝柏。④环保树种：圆柏抗性中，龙柏抗性中至强，为常见环保树种，铅笔柏对 SO_2 及其他有害气体抗性较强。⑤油用：圆柏 *S. chinensis*（L.）Ant.，根出油率2%~3%；兴安圆柏 *S. davurica*（Pall.）Ant.，根、干、叶、种子均含芳香油。北美洲圆柏 *S. virginiana*（L.）Ant.，木材蒸馏精油。叉子圆柏 *S. vulgaris* Ant.，亦含精油。精油红色或暗红色，具檀香气，主成分：柏木脑、柏木烯、藤烯醇、柏木烯醇、蒎烯、萜烯；广泛用于饮料、食品、烟草香料、各种香料定香剂、光学传光接触剂、雷达造影、塑料硬化剂、日化香皂及化妆品加香剂，以及医药、农药、兽药。

崖柏属 *Thuja* L.

6 种，分布北美洲及东亚，中国产 2 种，又引入 3 种。常绿乔木。

【木材】　崖柏，*T. sutchuenensis* Fr. 心材浅红褐色，重、硬中等，坚实耐腐，芳香，适作家具、造船、建筑、地板、箱板、桩柱、木梯，价值贵重。尚有北美香柏 *T. occidentalis* L.，北美乔柏 *T. plicata* D. Don，日本香柏 *T. standishii*（Gord.）Carr。

【叶】　芳香油：崖柏叶可提芳香油。

【全树】　①观赏树种：北美香柏，日本香柏。②物种资源：崖柏为濒危树种，应加强保护。

罗汉柏属 *Thujopsis* Sieb. et Zucc.

1 种，罗汉柏 *T. dolabrata*（L. f.）Sieb. et Zucc.，产日本；中国引入。

【木材】　轻，软，有香气，耐水湿，易加工，作一般木结构材、枕木、桥梁、管道用材，木材价值上等。

【全树】　观赏树种：树姿美丽，叶色绿白相间。

苏铁科 Cycadaceae

10 属约 110 种，分布热带、亚热带；中国产 1 属 10 种，分布南部。

苏铁属 *Cycas* L.

17 种，分布东南亚至大洋洲，热带、亚热带；中国产 10 种，分布华南至西南。常绿木本。

【干髓】　食用：苏铁 *C. revoluta* Thunb.，云南苏铁 *C. siamensis* Miq.，干髓含淀粉，可食用。

【叶】　药用：苏铁叶主成分苏铁双黄酮、苏铁苷、新苏铁苷 A、新苏铁苷 B，用于胃、宫颈、肝、肺、鼻咽癌，有较好的抗癌功效；尚有收敛止血止痛效用，用于各种出血、胃炎、胃溃疡、高血压、神经痛、闭经等。

【花】　药用：苏铁花理气止痛，益肾固精。

【果】　药用：云南苏铁。

【种子】　①油用：苏铁种子含油 20.4%，主成分：棕榈酸和硬脂酸，可供工业用油。②药用：苏铁种子主成分为苏铁苷、新苏铁苷 A、新苏铁苷 B、昆布二糖、油脂、葫芦巴碱、胆碱、苹果酸、酒石酸、玉米黄色素，用于平肝降压，固精涩带，主治痢疾，止咳，止血。云南苏铁主治肠炎、痢疾，消化不良，气管炎，呃逆。

【根】　药用：苏铁根祛风活络，补肾。

【全树】　①观赏树种：苏铁普遍栽培作观赏植物。尚有海南苏铁 *C. hainanensis* C. J. Chen，叉叶苏铁 *C. micholitzii* Dyer，攀枝花苏铁 *C. panzhihuaensis* L. Zhou et S. Y. Yang，篦齿苏铁 *C. pectinata* Griff.，华南苏铁 *C. rumphii* Miq.，云南苏铁，四川苏铁 *C. szechuanensis* Cheng et L. K. Fu，台湾苏铁 *C. taiwaniana* Carruth.，均为优美观赏植物。②物种资源：大多

渐危、濒危，应加强保护和发展。

麻黄科 Ephedraceae

1属约40种，分布亚洲、欧洲、美洲及北非干旱荒漠地区；中国产12种，分布西北至西南。

麻黄属 *Ephedra* Tourn. ex L.

灌木、亚灌木或草本状。

【茎干】 ①药用：木贼麻黄 E. equisetina Bunge，主成分：麻黄碱，麻黄恶唑酮，假麻黄碱，主治风寒感冒、怕冷、全身关节痛、咳嗽、气喘、水肿。中麻黄 E. intermedia Schrenk ex Mey.，麻黄碱含量较少，功能同木贼麻黄。山岭麻黄 E. gerardiana Wall.，在产区代麻黄。单子麻黄 E. monosperma Gmel. ex Mey.，作发汗剂，镇咳，喘息，下痢，主治伤寒水肿、关节痛。膜果麻黄 E. Przewalskii Stapf，茎含麻黄碱少，镇咳，止痛，发汗。麻黄 E. sinica Stapf，主成分：麻黄碱、伪麻黄碱、甲基伪麻黄碱、去甲基麻黄碱、麻黄定碱，主治支气管炎，发汗，解热，镇咳，镇痛，止血，止咳，利尿，药性血管收缩剂，扩瞳剂，交感神经兴奋剂。山岭麻黄 E. gerardiana Wall.，丽江麻黄 E. mikiangensis Florin，矮麻黄 E. minuta Florin，藏麻黄 E. saxatilis Royle ex Florin，当地作麻黄用，疗效能否代麻黄、中麻黄、木贼麻黄，尚待研究。可作毒品、冰毒，严禁生产贩卖食用。②燃料：膜果麻黄在产区茎作燃料。

【花】 中麻黄肉质苞片可食。

【根】 ①药用：中麻黄根主治盗汗有汗。麻黄根不含麻黄碱，作用相反，有止汗功效。②燃料：中麻黄。③鞣质：麻黄根含鞣质18.95%，纯度56.6%。

【节】 药用：麻黄节有止汗功效，去节则发汗力强；不去节则发汗力弱。

【全株】 ①药用：中麻黄全株入药，麻黄素含量少。矮麻黄全株入药，祛寒发汗，平喘利尿，扩瞳升压。②固沙植物：中麻黄，单子麻黄，膜果麻黄，麻黄，均为优良固沙树种。

买麻藤科 Gnetaceae

1属约30多种，分布亚洲、非洲、南美洲的热带、亚热带；中国产7种，主产华南、西南的暖热地区。

买麻藤属 *Gnetum* L.

常绿木质藤本，稀直立灌木、乔木。

【树皮】 纤维代麻：买麻藤 G. montarnum Markgr.，含纤维量21%，可织麻袋、绳索、人造麻，麻质性韧。尚有大果买麻藤 var. megalocarpa Markgr.，小叶买麻藤 G. parvif olium (Warb.) C. Y. Cheng。

【树液】 清凉饮料：买麻藤及大果买麻藤。

【种子】 ①食用：买麻藤种子可炒食或酿酒。②油用：买麻藤种子含油量18.88%。小叶买麻藤种子含油量 34.07%，可榨油用。

【藤、根、叶】　药用：小叶麻藤祛风活血，消肿止痛，化痰止咳，主治风湿性关节炎，腰肌劳损，支气管炎，溃疡出血，跌打损伤，蛇咬伤，骨折。

银杏科 Ginkgoaceae

1 属 1 种，我国特有，分布全国除青海、宁夏、新疆外，各地栽培，野生少。

银杏属 *Ginkgo* L.

银杏 *G. biloba* L.，落叶乔木。

【树皮】　①农药：撒粪池可灭金针虫，对蛴螬也有效。②黄色染料。

【木材】　①用材：心材黄褐色，纹理直，结构细，轻，软，强度弱，韧度低，干缩小，不翘裂，适作车工(算盘珠、棋子)、雕刻、印章、文具(笔杆、图板、木尺)、纺织滚筒、砧板、漆器木胎、胶合板、家具、乐器、翻砂木模、X 射线散光板，木材价值上等。②挥发油：木质部含挥发油，主成分：白果酮，芝麻素。

【叶】　①药用：含 3 种黄酮苷元，主成分：异鼠李素、莰菲醇、槲皮素、白果叶素、异白果叶素、莽草酸、β-谷甾醇、多种苦味素、4 种白果内酯、4 种双黄酮、银杏黄素、异银杏黄素、白果黄素、西阿多黄素，对冠心病、心绞痛、脑血管患疾有较好效果；降血清，降胆固醇，降血压，痢疾，有扩张血管作用，对胸闷心悸有效。②杀虫药：叶有去除书蠹作用。③农药：对棉蚜虫、红蜘蛛、稻螟虫、桑蟥，有效率 80% 以上。④肥料：叶可沤作绿肥。

【花】　蜜源植物：花期 3~4 月，粉较多，为蜜蜂早春粉源。

【外种皮】　①农药：主成分：白果酸，氢化白果酸，氧化白果亚酸，白果酚，白果二酚，白果醇，对蚜虫、稻螟、棉蚜杀虫率达 100%；对夜盗蛾杀虫率也较好；对红铃虫、红蜘蛛杀虫率可达 85%；对马铃薯晚疫菌孢子发芽有抑制作用。②药用：新中国成立前土法用外种皮浸液治肺结核，可能由于白果酸抗菌作用较广。③兽药：对牛马肺气肿，肺热咳喘，虚咳尿淋等效果显著。

【种子】　①食用：种子胚乳含水分 53.7%，蛋白质 6.4%，脂肪 2.4%，碳水化合物 35.9%，钙 100mg/kg，磷 2180mg/kg，铁 15mg/kg，胡萝卜素 3.8mg/kg，维生素 B_1 素 2.2mg/kg，核黄素 5mg/kg，尼克酸 13mg/kg，粗纤维 1.2%，可煮食、炒食、甜食、炖肉食，但含氢氰酸，不可多食。②药用：生食解酒，熟食治小便频多。白果酸抑菌，诸如葡萄球菌、结核杆菌、白喉杆菌、大肠杆菌、伤寒杆菌、炭疽杆菌、枯草杆菌、链球菌等、广谱抗菌作用程度不同。白果酚有降压作用，主治肺结核、气管炎、咳喘、多痰、白带、遗精、遗尿、小儿腹泻、癣疮、疥疮等。

【根皮】　药用：含白果内酯 A、B、C、M，可入药。

【全树】　①观赏树种：树姿雄伟，叶形奇特，秋叶黄色，为珍贵园林绿化树种，并有垂枝、裂叶、黄叶、斑叶 4 变种。②环保树种：抗 SO_2 及 O_3，抗性强至中，为常见环保树种。③物种资源：本种应加强保护和发展。

竹柏科 Nageiaceae

1 属 5 种，分布亚洲东南部至太平洋岛屿；中国产 4 种，分布长江流域以南。常绿乔木或灌木。

竹柏属 *Nageia* Gaertn.

单属科，见科。

【树皮】 药用：竹柏 *N. nagi*（Thunh）O. Kuntz.，树皮入药，止血，接骨，祛风湿。

【木材】 竹柏为高大乔木，材黄褐色，轻，软至中，强度弱，韧度中，干缩小，耐腐蚀，不蛀，易加工，最适作雕刻、文具、乐器、家具、建筑、地板，木材价值高。

【种子】 ①食用油：竹柏种仁含油率 50%～55%，半干性油，皂化值 194.2，碘值 117.1，酸值 8.4，主成分：亚油酸，油酸 61.6%～74.2%，油橙黄色，可作食用油，又可提取亚油酸原料，产量比油茶或其他油料树种高数倍至数十倍，单株产果 100～200kg。长叶竹柏 *N. flearyi*（Hick.）De Laub.，种子含油率 43.3%，主成分：油酸、亚油酸 56.2%，油可食用。肉托竹柏 *N. wallichianaa*（Presl.）O. kaantse.，种子油也可食用。②工业用油：长叶竹柏，竹柏种子油可作润滑油、肥皂、工业用油等。

【叶】 药用：竹柏叶止血、接骨，祛风湿。

【全树】 ①观赏树种：竹柏叶形似竹，挺秀美观，适公园观赏。②物种资源：长叶竹柏濒危，应加强保护和发展。

松 科 Pinaceae

10 属约 230 种，分布北半球；中国产 10 属 95 种及 24 变种，分布全国，又引入 24 种 2 变种。常绿、落叶乔木，稀灌木。

冷杉属 *Abies* Mill.

约 50 种，分布亚洲、欧洲、北美洲及非洲北部；中国产 22 种，又引入 6 种，分布东北、北部、西北、西南至广西、湖南、浙江。常绿乔木。

【树皮】 ①鞣质：冷杉 *A. fabri*（Mast.）Craib，含鞣质 5%～15%，粉碎后可作尿醛树脂胶合性增量剂。沙松冷杉 *A. holophylla* Maxim.，树皮含鞣质 5.85%。臭冷杉 *A. nephrolepis*（Traulv.）Maxim.，含鞣质 8.6%，可作栲胶原料。②树脂胶：冷杉初生皮层分泌胶液，可制冷杉胶，为光学仪器重要黏合剂。臭冷杉树皮可取冷杉胶，含树脂酸 65.80%，冷杉油 18%～35%，少量游离有机酸，果酸，单宁，不溶性树脂，是理想的光学胶粘剂（称光学仪器胶），微黄色固体，清洁度高，透光性好，不结晶，胶合力强，固化快，耐高温，最适于军用民用各种光学镜片、元器件、封固生物切片及岩石标本。沙松冷杉亦可割取但产量较低。岷江冷杉 *A. faxoniana* Rehd. et Wiols.，苍山冷杉 *A. delavayi* Franch.，也可割制冷杉胶。

【叶】 ①冷杉油：叶可提芳香油，芳香气浓，冷杉含芳香油 0.2%～0.6%，主成分：檀烯，三环烯，蒎烯，莰烯，β-蒎烯，香叶烯，3-蒈烯，萜二烯，α-萜品烯，α-萜品醇，醋酸莰酯，醋酸冰片酯，1,8-萜二烯（有右旋及左旋），后者在香料工业中有较高的利用价值。沙松冷杉亦含芳香油。冷杉芳香油用于调和化妆品的香精、皂用香精，柠檬香料及薄荷脑等原料。冷杉油中醋酸冰片酯最有价值，可合成樟脑，一般左旋冷杉油中含量高于35%（冷杉含量低仅11.08%）；还可用于喷雾香精、香皂、牙膏。制药及食品工业，臭冷杉主成分为：乙酸龙脑酯17.5%，α-蒎烯17.7%，β-蒎烯19.82%，月桂烯10.4%，1,8-桉树脑6.5%，在医药上提取龙脑，合成樟脑主要原料，冷杉油得率0.8%~0.9%，过去用红松、鱼鳞云杉、落叶松、臭冷杉针叶枝梢混合，由于外贸出口要求高浓度芳香油，现在单用冷杉叶作原料。②药用：臭冷杉等冷杉油入药可治感冒、风湿、神经痛。

【木材】　苍山冷杉轻，软，强度中，韧度低，干缩大；冷杉轻，软，强度弱，韧度低，干缩中；梵净山冷杉 A. fanjingshanensis W. L. Huang et Y. L. Tu，轻，软，强度中，干缩小；巴山冷杉 A. fargesii Franch.，甚轻，软，强度弱，韧度甚低，干缩中；岷江冷杉轻，软，强度中，韧度中，干缩大：沙松冷杉甚轻，甚软，强度弱，韧度甚低，干缩小；臭冷杉甚轻，甚软，强度弱，韧度甚低，干缩中；西藏冷杉 A. spinulosa (Grifr.) Henry.，甚轻，甚软，强度弱，韧度低，干缩中；资源冷杉 A. ziyuanensis L. K. Fu et S. L. Mo，轻，软，强度弱，干缩中；其他：如欧洲银冷杉 A. alba Mill.，白皮冷杉 A. aurantica Mast.，百山祖冷杉 A. beshanzuensis M. H. Wu，希腊冷杉 A. cephalonica Loudon，察隅冷杉 A. chayuensis Cheng et L. K. Fu，秦岭冷杉 A. chensiensis Van Tiegh，小亚细亚冷杉 A. cilicica (Anti et Kotscky) Carr.，黄果冷杉 A. ernestii Rehd.，云南黄果冷杉 var. salouensis (Borderes-Rey et Gaussen) Cheng et L. K. Fu，日本冷杉 A. firma Sieb. et Zucc.，中甸冷杉 A. ferreana Borderes-Rey et Gaussen，川滇冷杉 A. forrestii C. C. Rogers，长苞冷杉 A. georgei Orr，急尖长苞冷杉 var. smithii (Viguie et Gaussen) Cheng et L. K. Fu，台湾冷杉 A. kawakamii (Hay.) T. Ito，林芝冷杉 A. lnzhiensis (Cheng et L. K. Fu) Cheng et L. K. Fu，康定冷杉 A. montigena Mast.，磨里山冷杉 A. Morrionicla Hay.，黑海冷杉 A. nordmanniana (Stev.) Spach，怒江冷杉 A. nukiangensis Cheng et L. K. Fu，紫果冷杉 A. recurva Mast.，新疆冷杉 A. sibirica Ledeb.，长叶冷杉 A. Smithiana (Wall.) Boiss.，鳞片冷杉 A. squamata Mast.，元宝山冷杉 A. yuanbaoshanensis Y. J. Lü et L. K. Fu 木材均轻软，材黄白色或浅黄褐略带微红色，不耐腐，木材适作造纸、箱盒、板料、木桶、火柴杆、牙签、水泥木模、包装材、建筑、家具，经防腐处理可作枕木、电杆、桥梁等，木材价值下等。

【球果】　药用：秦岭冷杉球果调经止血，消炎止痛，主治月经不调、崩中带下、头痛晕眩虚弱。苍山冷杉理气散寒，主治发疹气痛、胸腹冷痛、疝气。巴山冷杉调经止血止带，主治高血压、头晕头痛、心神不安、月经不调、崩漏白带。

【种子】　油用：沙松冷杉种子含油率30.61%，可制工业用油、肥皂、油漆。

【根】　芳香油：沙松冷杉、臭冷杉含芳香油，用途同茎叶。冷杉油调配香料。

【全树】　①水源涵养林树种：秦岭冷杉，苍山冷杉，云南黄果冷杉，巴山冷杉，岷江冷杉，川滇冷杉，长苞冷杉，紫果冷杉，新疆冷杉等，均为重要涵养水源树种。②物种资源：康定冷杉，百山祖冷杉，元宝山冷杉，资源冷杉，梵净山冷杉为稀珍濒危种类，应加强保护扩大。

银杉属 *Cathaya* Chun et Kuang

1种，银杉：*C. argyrophylla* Chun et Kuang，中国特有，分布广西北部、东部，四川东

南、西南，湖南东南，贵州道县。常绿乔木。

【木材】 边材浅黄白色，心材淡红褐至红褐色，具树脂道，微具松香气，纹理略斜，结构细至中，重量中，硬度中，强度中，干缩小，适作电杆、枕木、矿柱、建筑、桥梁、车船、家具、胶合板、机模、地板、门窗，木材价值上等。

【全树】 物种资源：零星分布，为国家重点保护珍稀树种，应加强保护和发展。

雪松属 *Cedrus* Trew

4 种，分布亚洲西部至北非；中国引入 3 种。常绿乔木。

【叶】 雪松 *C. deodara*（Roxb.）Loud，针叶含一种倍半萜二醇，可入药。

【木材】 用材：雪松边材白色，心材黄褐略红色，轻、软，强度弱，芳香，少翘裂，耐久，适作建筑、桥梁、枕木、造船、家具、土木用材、衣柜防蛀，木材价值中等。黎巴嫩雪松 *C. libani* Rich.，北非雪松 *C. atlantica* Manetti，材性及用途同雪松。

【种子】 油用：雪松种子含油量 25.5%，可作轻化工业用油。

【全树】 ①庭园及行道树种：本属广泛用于行道树及庭园观赏树种，与金钱松、日本金松、南洋杉、北美红杉，同为世界五大庭园名木。②观赏树种：雪松树姿优美雄伟，苍翠挺拔，为著名观赏树种，有几个变种：弯枝雪松 var. *robusta* Carr.，枝干弯曲；垂枝雪松 var. *pendula* Beissn.，大枝下垂；金叶雪松 var. *aurea*.，叶金黄色。③环保树种：雪松为常见环保树种，抗有害气体弱，但隔音、防噪、防尘、杀菌，为城市环保指示植物。

油杉属 *Keteleeria* Carr.

12 种 1 变种，分布中国至越南；中国产 10 种 1 变种，分布南部。常绿乔木。

【树皮】 ①鞣质：油杉 *K. fortunei*（Murr.）Carr.，树皮含鞣质。②药用：云南油杉 *K. evelyniana* Mast.，祛瘀消肿，接骨，主治跌打损伤、骨折、疮痛、漆疮。

【树脂】 铁坚油杉 *K. davidiana*（Bertr.）Beissn.，具正常树脂道，可采割松脂。

【木材】 黄枝油杉 *K. calcarea* Cheng et L. K. Fu，重量中，软，强度中，干缩中。江南油杉 k. cyclolepis Flous，轻，软，强度中，干缩中。铁坚油杉重量中，硬度中，强度中，干缩中。云南油杉轻至中、软，强度中，韧度低，干缩中。油杉重量中，软，强度中，韧度中，干缩中。柔毛油杉 *K. pubescens* Cheng et L. K. Fu，重量中，软，强度中，干缩大。木材一般黄褐微红色，富油脂，耐腐。其他台湾油杉 *K. formosana*（Hay.），青岩油杉 *K. dividiana* var. *chienpeii*（Flous）Cheng et L. K. Fu，海南油杉 *K. hainanensis* Chun et Tsiang，矩鳞油杉 *K. oblonga* Cheng et L. K. Fu，旱地油杉 *K. xerophila* Hsüeh et S. H. Huo.，特性近似，适作枕木、电杆、坑木、桩柱、桥梁、家具、建筑、胶合板、农具、盆桶、车船、包装、板料、地板等，木材价值上等。

【种子】 油用：铁坚油杉种子含油量 47.9%～52.7%。云南油杉种子含油量 59.7%。油杉种子含油量 48.4%。适作油漆、油墨、油纸、润滑油、肥皂。

【全树】 ①石灰岩造林树种：黄枝油杉，云南油杉。②荒山造林树种：油杉。③干旱地造林树种：旱地油杉。④物种资源：海南油杉，柔毛油杉，旱地油杉为濒危树种；油杉，黄枝油杉为渐危树种，为国家保护树种，应加强保护。

落叶松属 *Larix* Mill.

约18种，分布北半球及高山地区；中国产10种1变种，分布东北、华北、西北、海南，又引入3种。落叶乔木。

【树皮】 ①鞣质，红杉 *L. potaninii* Batal.，含鞣质10.58%~12%；落叶松 *L. gmeini*（Rupr.）Litvin.，含鞣质7.67%~16.09%，纯度49.67%~74.32%；长白落叶松 *L. olgensis* Henry，含鞣质8.45%~10.88%；华北落叶松 *L. principis-rupprechtii* Mayr.，含鞣质10.28%；新疆落叶松 *L. sibrica* Ledeb.，含鞣质9.62%~12.5%，纯度43.51%，都为我国栲胶树之一，其中落叶松单宁组分为多元酚单宁聚合物，为凝聚类栲胶，产量为我国首位。其他树种尚有：西藏红杉 *L. griffithiana*（Lind. ex Gord.）Hort. ex Carr.，喜马拉雅红杉 *L. himalaica* Cheng et L. K. Fu，日本落叶松 *L. kaempferi*（Lam.）Carr.。②药用：红杉内皮主治痢疾、脱肛、气滞腹账。

【树脂、树胶】 ①树脂：本属树干可割取树脂，如红杉、落叶松、日本落叶松、华北落叶松、长白落叶松、新疆落叶松，可割取松香、松节油，是橡胶、油漆、冶金多种用途工业原料。②树胶：落叶松、日本落叶松、华北落叶松、黄花落叶松含树胶。落叶松树皮经稀碱处理浸提制成落叶松树皮胶，作刨花板质量合格，用12%胶，经160~170℃热压可达1~2级标准，40t树皮可产1t树皮胶，近于酚醛胶，优于尿醛胺，成本低，可充分利用树皮提制木工胶。

【木材】

（1）用材：本属木材及果实可分为两类：①红杉类：心材鲜红褐色，耐腐，很少开裂。四川红杉 *L. mastersiana* Rehd. et Wils.，材轻、软、强度中、韧度低、干缩中；红杉，轻、软、强度中、韧度中至低、干缩小至中；怒江红杉 *L. speciosa* Cheng et Law，轻、软、强度中、韧度低、干缩小；太白红杉 *L. chinensis* Beissn.，软、轻、强度弱、干缩小；以及西藏红杉、喜马拉雅红杉，适作桥梁、枕木、矿柱、家具、建筑、造船、车辆、电杆、桩木、胶合板、包装材等，木材价值上等。②落叶松类：心材黄褐带棕色，耐腐性差，易开裂。落叶松，重量中、软、强度中至强、韧度高至低、干缩大至甚大；长白落叶松，重量中、软、强度中、韧度低、干缩大；新疆落叶松，重量中、软、强度中、韧度低、干缩中；尚有欧洲落叶松 *L. decidua* Mill.，日本落叶松，美国落叶松 *L. occidentalis* Nuttal.，华北落叶松，适作建筑、枕木、桩柱、电杆、造纸、家具、车辆、包装材、桥梁等，木材价值中等。

（2）废材：可提取维生素C，落叶松每100g可提取125mg。

（3）木屑：可提取阿拉伯半乳聚糖：落叶松木屑水抽出物中阿拉伯半乳聚糖为水溶性，与阿拉伯树胶相似。苏联用新疆落叶松，美国用西部落叶松 *L. occidentalis* Nuttal.，废材加工剩余物提取；我国用落叶松提取，木材平均含量10.12%，心材及根材含量25.30%，木屑含量10%以上。落叶松阿拉伯半乳聚糖可代阿拉伯胶用于食用啤酒、糖精等合成甜味剂，橘汁、果露稳定剂，糖果、糕点、墨水黏结剂，火柴、颜料、石膏模、砂轮胚、选矿浮选剂，炸药，制药片丸黏结剂及药液乳化剂。

【叶】 提制维生素C：落叶松每100g叶粉可提出108mg。

【花】 蜜源植物：长白落叶松花期4~5月，为山区辅助粉源。

【种子】 油用：落叶松种子含油18.3%，日本落叶松种子含油18.4%，长白落叶松种子含油28.4%，红杉种子含油9.1%，华北落叶松种子含油17%，可供工业用油。

【全树】　①水源涵养林树种：喜马拉雅红杉，四川红杉，红杉，怒江红杉，西南三江峡谷山高陡峻且雨量大，在西南高山上部防止水土冲刷及水源涵养作用很大。②荒山造林树种：长白落叶松，华北落叶松，为北部荒山造林树种。③物种资源：四川红杉已处濒危，国家Ⅱ级保护树种，应加强保护和发展。

云杉属 *Picea* Dietr.

约40种，分布北半球；中国产20种5变种，分布东北、华北、西北、西南、台湾，又引入6种。常绿乔木。

【树皮】　①鞣质：云杉 *P. asperata* Mast.，含鞣质7.79%~21.1%，纯度37.49%~62%；川西云杉 *E. balfouriana* Rehd. et Wils.，油麦吊云杉 *P. complanata* Mast.，含鞣质9.46%；青海云杉 *E. crassifolia* Kom.，鱼鳞云杉 *P. jezoensis* var. *microsperma*（Lindl.）Cheng et L. K. Fu，含鞣质16.18%；红皮云杉 *P. koraiensis* Nakai，含鞣质6.87%；丽江云杉 *P. likiangensis*（Franch.）Pritz.，含鞣质13.74%；新疆云杉 *E. obovata* Ledeb.；天山云杉 *E. schrenkiana* Fizch. et Mey. var. *tianshanica* Cheng et L. K. Fu，含鞣质7.93%~9.97%；青杆云杉 *P. wilsonii* Mast.，含鞣质7%~12%；可提制栲胶。②胶合剂：云杉树皮粉可作尿醛树脂胶增量剂，节省原料，降低成本。

【树脂、树胶】　①树脂：欧洲云杉 *P. abies*（L.）Karst.，美洲云杉 *E. glauca*（Maench）Voss 分泌树脂；云杉，鱼鳞云杉，红皮云杉，均可割取树脂，提制松香、松节油。②树胶：云杉，日本鱼鳞云杉 *P. jezoensis* Carr.，含树胶。

【木材】　云杉，轻至甚轻，软至甚软，强度中至弱，韧度低至甚低，干缩小至中；麦吊云杉 *E. brachytyla*（Franch.）Pritz.，油麦吊云杉，轻，软，强度中，韧度低至中，干缩中；鱼鳞云杉，轻，甚软，强度中，韧度低，干缩中；红皮云杉，轻，甚软，强度弱，韧度低，干缩中；大果青扦 *P. neoveitchii* Mast.，轻，软，强度中，韧度低，干缩中；紫果云杉 *P. purpurea* Mast.，轻，甚软，强度弱至中，韧度低，干缩中；天山云杉，轻，软，强度弱，韧度甚低，干缩中；西藏云杉 *P. spinulosa*（Griff.）Henry，轻，甚软，强度弱，干缩中；其他欧洲云杉，川西云杉，青海云杉，卵果鱼鳞云杉 *P. jezoensis* var. *ajanensis*（Fisch.）Cheng，美洲云杉，美国黑云杉 *P. mariana*（Mill）B. S. P.，富士山云杉 *P. maximowiczii* Regel et Mast.，白扦云杉 *P. meyeri* Rehd. et Wils.，新疆云杉，日本云杉 *P. polita*（Sieb. et Zucc.）Carr. 锡加云杉 *P. sitchensis*（Bong.）Carr.，青杆云杉，材性近似，材黄白至浅黄褐或带微红色，最适作航空材、乐器、家具、箱盒、火柴杆、文具、造纸、纤维板、胶合板、木模、车辆、坑木、枕木、包装、桥梁、电杆、造船、农具等，木材价值上等。

【叶】　精油：云杉叶可提精油0.1%~0.5%，鱼鳞云杉，青杆云杉，可提精油，作调香原料，消毒剂。②维生素C：云杉叶粉可提1000mg/kg；红皮云杉可提191.5mg/kg；白杆云杉可提148.9mg/kg；青杆云杉可提191.5mg/kg。

【花】　蜜源植物：云杉花期5月，为山区辅助粉源；青海云杉花期5~6月，山区辅助粉源。

【果】　鞣质：云杉果含鞣质5.44%。

【种子】　油用：云杉种子含油23%~33%；长白鱼鳞云杉 *P. jezoensis* var. *komarovii*

（V. Vassil.）Cheng et L. K. Fu，种子含油 44.1%；红皮云杉种子含油 39.3%；新疆云杉种子含油 36.7%，可作工业用油。

【树根】 云杉树根含芳香油，可作调香原料及消毒剂。

【全树】 ①水源涵养林树种：云杉、新疆云杉、天山云杉、青杆云杉。②荒山造林树种：青海云杉、丽江云杉、白杆云杉、紫果云杉、鳞皮云杉、青杆云杉。③园林绿化树种：红皮云杉、青杆云杉。④观赏树种：美洲云杉、锡加云杉。⑤物种资源：濒危树种有川西云杉、康定云杉 P. likiangensis var. montigena（Mast.）Cheng ex Chen；三级濒危树种：麦吊云杉，新疆云杉；珍稀树种：长叶云杉 P. smithiana（Wall.）Boiss.，应加强保护和发展。

松 属 *Pinus* L.

约 80 种，广布北半球至北极圈；中国产 22 种 10 变种，又引入 30 种 2 变种，分布全国。常绿乔木，稀灌木。

单维管亚属 Subgen. Strobus（Sweet）Rehd.

【树皮】 鞣质：华山松 P. armandi Franch.，含鞣质 8.23%；红松 P. koraiensis Sieb. et Zucc.，含鞣质 8.88%；偃松 P. pumila（Pull.）Regel，含鞣质 2.49%。

【树脂】 华山松可割取树脂作松香及松节油，平均单株树脂比马尾松少 6.17%。红松，海南五针松 P. fenzeliana Hand. -Mazz.，乔松 P. griffithii Meel.，华南五针松 E. kwangtungensis Chun et Tsiang，可割材脂作松香、松节油及合成香料。

【木材】 华山松，轻，甚软，强度弱，韧度低，干缩小至中；红松，轻，甚软，强度弱，韧度低，干缩小；华南五针松，轻，软，强度中，韧度低，干缩小；海南五针松，轻，甚软，强度弱，干缩小；其他：大别山五针松 P. dabeshanensis Cheng et Law，台湾五针松 P. morrisonicola Hay.，台湾果松 P. armandi var. mastersiana（Hay.）Hay.，新疆松 P. sibirica（Loud.）Mayr.，北美乔松 P. strobes L.，毛枝五针松 P. wangii Hu et Cheng，材性近似。本亚属心材浅红至红褐色，易加工，不翘裂，适作枕木、坑木、建筑、家具、电杆、车辆、胶合板、包装材、造纸良材（纤维素含量 53.5%~57.2%）火柴杆、桥梁、茶叶箱、造船、乐器、木模、运动器械、文具、航空材、蓄电池隔板、纤维板原料等，木材价值上等。

【松树节】 药用：华山松、红松、新疆五针松，松节祛风除湿，活络止痛，主治风湿性关节炎、腰腿痛、跌打损伤。

【针叶】 ①芳香油：华山松叶可提芳香油，主成分：乙酸龙脑酯，含量较马尾松高，香气也挺好。红松叶含量 0.5%，主成分：乙酸龙脑酯 2%~4%，α-蒎烯 44%，β-蒎烯 8% 莰烯 24%，月桂烯 9.2%，3-蒈烯，香桧烯，二戊烯，β-水芹烯，γ-松油烯，对伞花烃，瑟柏醇，4-表异瑟柏醇，贝壳杉乙醇，兰伯松脂酸，3,5-二甲氧基顺式新冷杉烯醇，β-降脱氢松香 A2-醇，19-降脱氢松香 4（18）烯，脱氧 15-羟基松香，18-酸甲酯，依蓝烯，长叶烯，松烯，芳香油具强烈生理活性，如白蚁追踪信息素；Sinulavin 有抗癌作用；抗纤毛原生动物砂蚕素；烟草香味主成分：duvantrienediot；此外从松柏烯合成大环麝香型香料。②维生素：红松叶含维生素 C 0.26%~0.38%；华山松叶含维生素 C 148.9mg/kg，维生素 E 8.69g/kg。③松糖：乔松叶分泌松糖可食用。④药用：华山松、红松、新疆五针松的叶祛风活血，明目安神，解毒止痒，主治流感，风湿关节痛，跌打损伤肿痛，高血压，神经衰弱；外用治冻疮。⑤农药：叶浸液防治水稻金花虫，烂秧，负泥虫，稻虱，黏虫，蟑螂，土豆晚疫病，灭孑孓，燃烧叶灭蚊。⑥饲料添加剂：松叶粉作饲料添加剂，使家禽产蛋增多9%～19%；增重15%～30%；省饲料8%～28%；抗疾病。⑦松针浸膏用作维生素添加剂，外用药及兽药。⑧改性松针浸膏：用于肥皂，化妆品，松针牙膏，中药皂，健肤灵。⑨松针浓缩维生素原：是化妆品理想的生物活性物质，滋补美容，防治皮肤病。⑩松针叶绿素铜钠：杀菌、脱臭，用于治慢性骨髓炎，溃疡，皮肤创伤，烧伤，白血球减少症；日用化工上用于雪花膏，润肤水，牙膏，香皂制造；食品工业汽水，糖果，酒，果子露，果味粉，罐头，糕点着色剂。⑪松针饮料：营养丰富，并有抗癌作用，增进食欲，消除疲劳，对胃及十二指肠溃疡，肝、肾病有疗效。

【花粉】　①高级营养补品。②药用：镇咳，润肺，滑肠，收敛，止血，主治胃及十二指肠溃疡，咳血；外用止血。

【种子】　①食用：红松、华山松、台湾果松、偃松、海南五针松的松籽均可食用。以红松为例：种子含水36g/kg，蛋白质153g/kg，脂肪633g/kg，碳水化合物124g/kg，钙770mg/kg，磷240mg/kg，铁66mg/kg，品质最佳，畅销国内外。②松仁：可作各种蛋糕、糖果、雪片糕、月饼等多种食品配料。③油用：华山松种仁含油58.1%～68.66%，比重（20℃），0.9198，皂化值196.6，碘值132.2，酸值3.5；红松种仁含油70.1%，比重（15℃），0.9271，皂化值192.5，酸值13～150；偃松种仁含油51.2%～62%，比重（15℃）0.9271，皂化值192.5，碘值146～161，酸值1.8～2.3；新疆五针松种子含油24.8%；北美乔松种子含油26.1%；海南五针松种子也可榨油。松仁油可食用及工业润滑油、油漆、制皂用。④药用：华山松、红松种子油润肺滑肠，主治肺燥咳嗽、慢性便秘。

【根】　①芳香油：红松根提芳香油可作清凉喷雾剂，皂用香精，合成香料，各种消毒剂，去臭剂。②松节油：根材明子含松节油较多，可作合成香料、药用。

【全树】　①荒山造林树种：华山松及台湾果松，台湾五针松。②高山水源涵养林：偃松。③观赏树种：日本五针松 P. parviflora Sieb. et Zucc.，我国作庭园栽培，假山配置，树桩盆景，干花枝劲，翠叶葱茏，秀枝疏展，偃盖如画。偃松多作庭园观赏。④环保树种：红松抗大气污染弱，可作环保指示植物。⑤物种资源：毛枝五针松、大别山五针松、华南五针松，为濒危渐危树种，应加强保护和发展。

双维管亚属 Subgen Pinus.

【树皮】　①鞣质：湿地松 P. elliottii Engelm.，含量13.78%～15.29%，纯度66.07%～80.5%；思茅松 P. kesiya Royle et Gord.，含量5.87%；南亚松 P. latteri Mason；马尾松 P. massoniana Lamb.，含量8%～14%，纯度60%；樟子松 P. sylvestris var. mongolica Litvin.，含量7.85%；油松 P. tabulaeformis Carr.，含量7.02%～13.47%；云南松 P. yunnanensis Franch.，含量9.46%～16.57%，可以提制栲胶。②药用：黄山松 P. taiwanensis Hay.，树皮治烫伤，外用治小儿湿症；思茅松、油松树皮也治烧烫伤及小儿湿疹。

【树脂】　（1）采脂：加勒比松 P. caribaea Morelet 产树脂多，为优良采脂树种；高山松 P. densata Mast.，赤松 P. densiflora Sieb. et Zucc.，均可采脂；湿地松树脂含量丰富，品质好，为优良采脂树种，其变种南湿地松 var. densa Little et Dorman，亦佳。湿地松速生，泌脂量比马尾松高1倍，单株年产脂5～6kg，所含β-蒎烯30%以上，按树高、形状、叶密度、树脂道、树冠5项指标，中间型比粗枝宽冠型产脂高59%，细枝窄冠型高22%，高产型比一般型单株产脂率高61.73%；巴山松 *P. henryi* Mast.，黄山松及其变种大明山松 var. *damingshanensis* Cheng et L. K. Fu，可采脂；思茅松单株一般割脂3～4kg，高者达15kg；南亚松产脂高，单株年产脂14kg；马尾松富树脂，为我国松香、松节油重要资源，单株年产脂3～5kg，高者达13kg，占我国松脂产量90%以上，有3个变种；雅加松 var. *hainanensis* Cheng et L. K. Fu，岭南马尾松 var. *lingnaensish* Hort.，黄鳞松 var. *huanglinsong* Hort.，产脂量较 var. *masoniana* 为高；西藏长叶松 *P. roxburghii* Sarg.，可采脂；樟子松单株年产脂1.5～2kg；油松富树脂，单株年产脂1.5～2kg；火炬松 *P. taeda* L.，产脂量高，质量好，为优良采脂树种；黑松 *P. thunbergii* Parl.，可采脂；云南松产脂量高，单株年产脂5～6kg。

（2）松香：①松香广泛用于化工、国防、肥皂、助焊剂、造纸、油漆、油墨、蜡纸、复写纸、橡胶制品、医药、火柴、炸药等；药用躁湿祛风，生肌止痛，外用主治痈疖疮疡，湿疹、外伤出血，烧烫伤及兽药。②氢化松香：松香高温高压制成，广泛用于助焊剂、胶黏剂、油墨、油漆、造纸、合成橡胶。③马来松香：作造纸施胶剂提高纸张抗水度。④高绝缘松香：除去松香中杂质，用于电缆浸渍原料。⑤聚合松香：抗氧化，不结晶，用于涂料、油墨、黏合剂、造纸、军工、药物。

（3）松节油：松脂中一般含量20%，高者达32%，主成分：思茅松含 α-蒎烯84.33%，莰烯0.9%，β-蒎烯0.49%，香叶烯0.55%，蒈烯5.12%，芋烯0.9%，α-萜品烯0.53%，α-雪松烯1.48%，α-樟香烯0.39%，长叶烯5.3%；马尾松一般含量20%左右，主成分：萜烯类物质，通式$(C_5H_8)n$，链状或环状烯烃类：云南松与马尾松近似，其中β-蒎烯含量较高。松节油作合成香料原料、优良溶剂、合成樟脑、合成冰片、选矿剂、油漆、纺织印染剂、皮鞋油。药用：舒筋活血，外用治跌打肿痛；合成冰片，药用抑菌，通窍散热，明目止痛，主治热病神昏、痰迷、急性扁桃体炎、咽喉炎、口疮、痈疖、阴道炎、烧伤、痔子。

（4）松焦油：用于橡胶原料：可提取汽油15%～20%及柴油、润滑油。

【木材】　高山松，轻，甚软，强度中，韧度低，干缩中；白皮松 *P. bungeana* Zucc. ex Endl.，软，强度弱，干缩大；赤松，轻，甚软，强度中，韧度低，干缩中；黄山松，重量中，软，强度中，韧度中，干缩大；马尾松，轻至中，软至甚软，强度中，初度低，干缩小至中；南亚松重量中，甚软，强度中，韧度低，干缩中；思茅松，轻，软，强度中，韧度低，干缩中；樟子松，轻，软至甚软，强度中，韧度低，干缩中；油松，轻，甚软，强度中，韧度低，干缩中；黑松，轻，甚软，强度中，韧度低，干缩中；云南松，重量中，软，强度中，韧度大，干缩大；湿地松，重量中，硬度中，强度中，韧度低；火炬松，重量中，甚软，强度弱，韧度低，干缩小；加勒比松，重量中，软，强度中，韧度中，干缩中；本亚属木材，边材浅黄褐色，心材黄褐或浅红褐色，纹理直或斜，结构粗，易蓝变色，不耐腐，难加工。其他树种近似，如：加拿大松 *P. banksiana* Lamb.，萌芽松 *P. echinata* Mill.，西藏白皮松 *P. gerardiana* Wall.，欧洲黑松 *P. nigra* Arn.，长叶松 *P. palustris* Mill.，海岸松 *P. pinaster* Ait.，西黄松 *P. ponderosa* Dongl. ex Laws.，刚松 *P. rigida* Mill. 及其变种晚松 var. *serotina* (Michx.) Loud. ex Hoopes.，欧洲赤松 *P. sylvestris* L.，长白松 *P. sylvestriformis* (Takenouchi) Cheng et C. D. Chu，兴凯湖松 *P. takahasii* Nakai，黑皮油松 var. *mukdensis* Uyeki.，扫帚油松 var. *umbrqculifera* Liou et T. Wang，花黑松 *P. thunbergii* cv. Aurea.，一叶黑松 var. *monophylla* Mayr.，虎斑黑松 var. *Tigrima* Mayr.，本亚属木材适作建筑、车厢、蓄电池隔板、桶盆、农具、球架、火柴、胶合板、造纸材、坑木、枕木、桥梁、电杆、木桩、仓库、地板、箱盒、包装材、船壳材等。木材价值中等。

【枝丫】　①造纸材：梢材纤维长 2.68～3.22mm，枝材纤维长 2.58～2.7mm，（木材纤维长 3.35～3.36mm）；纤维素含量：梢材 41.28%，枝材 37.75%（干材 44.56%），打浆性能近似，抄纸强度梢枝较差，但较干材下降不多，工艺条件适宜。②纤维板原料。③能源燃料。

【叶】　①芳香油：赤松含量 0.41%～0.49%；马尾松含量 0.2%，主成分：蒎烯，醋酸龙脑酯；云南松含量 0.2%～0.3%；樟子松及黑松芳香油优于马尾松，可用于喷雾剂，皂用香精调制原料。②维生素：白皮松含维生素 C 191.5mg/kg；北美洲短叶松 *P. banksiana* Lamb.，维生素 C 170.2mg/kg；马尾松含维生素 E 704mg/kg；湿地松含维生素 E 369mg/kg。③饲料添加剂：高山松叶粉含水分 3.58%～8.63%，粗蛋白 4.22%～5.49%，粗脂肪 8.14%～10%，粗纤维 16.2%～17.22%，无氮浸出物 65.63%～67.72%，灰分 2.45%～2.83%，钙 0.4%～0.45%，叶绿素 1.094～1.212g/kg，胡萝卜素 2.436～4.481g/kg，维生素 C 9.9～10.5mg/kg；赤松针叶粉含水分 6.01%，粗蛋白 10.6%，粗脂肪 13.1%，粗纤维 26.8%，无氮浸出物 40.9%，灰分 2.91%，钙 0.45%，磷 0.03%，硅 0.65%，叶绿素 1.057g/kg，胡萝卜素 1170mg/kg；黄山松叶粉含水分 10.97%，粗蛋白 11.92%，粗脂肪 7.06%，粗纤维 28.6% 无氮浸出物 39.17%，灰分 2.98%，钙 1.05%，磷 0.04%，硅 0.7%，叶绿素 2.22g/kg，胡萝卜素 2.73g/kg；马尾松叶粉含水分 9%～11.04%，粗蛋白 9.84%～12.1%，粗脂肪 7.66%～10.31%，无氮浸出物 41.26%～47.56%，灰分 2.4%，钙 0.39%～1.04%，磷 0.05%～0.06%，硅 0.8%～0.97%，叶绿素 1.28～1.86g/kg，胡萝卜素 197～344mg/kg；云南松针叶含单糖 1.66%，双糖 1.04%，淀粉 4%，半纤维素 3.28%，纤维素 11.47%，蛋白质 4.56%，胡萝卜素 45.5mg/kg，维生素 C 976.3mg/kg，叶绿素 513mg/kg。

【花粉】　①营养补品：赤松，黄山松，马尾松，樟子松，黑松，云南松等，以马尾松普遍，亩均产 50kg，全国推算年产达两千万公斤，资源丰富，利用 1% 也比蜂蜜花粉高 300 倍。营养丰富，蛋白质、脂肪、碳水化合物含量高于油菜或紫云花粉，清香味纯，符合食品卫生标准，经济效益及社会效益很高，贫困地区脱贫致富有广阔前景。②药用：思茅松、马尾松、油松等花粉，收敛止血，主治胃及十二指肠溃疡、咳血；外用止血。黑松、赤松、云南松花粉疗效近似。

【球果】　①芳香油：马尾松球果含芳香油 0.2%～0.4%，主成分：柠檬烯，乙酸龙脑酯，可作香料用。②鞣质：云南松果入药治跌打损伤；白皮松球果入药治哮喘。③活性炭：云南松球果可做活性炭。

【种子】　①食用：白皮松种子可食用。②种子油：白皮松种仁含油 61%，赤松种子含油 37%，湿地松种子含油 22.5%，黄山松种子含油 18.2%～22.4%，马尾松种子含油 30%，樟子松种子含油 28.1%，油松种子含油 30%～40%，云南松种子含油 30%，油可供食用或工业用润滑油、肥皂。③药用：黄山松、马尾松种子油，可润肺滑肠。主治肺燥咳嗽、慢性便秘。

【根干】　①松林菌：马尾松、云南松等根干朽木常生松菇及茯苓药材。②松根明子：各种松根均可作明子火把，或可浸提松脂。③松焦油：马尾松等松根可提松焦油，用于橡胶原料。松烟，松香，松节油，也可提汽油、柴油、润滑油。④琥珀：松根油脂埋地下年久呈化石样，成分：琥珀松香高酸，琥珀根松香酸，琥珀脂醇，琥珀松香醇，琥珀酸，挥发抽，入药镇静，利尿，活血，主治惊风、癫痫、心悸、失眠、小便不利、尿血、闭经。但东北"抚顺玻璃"为煤层中所产，重，硬，黑色，有煤气味，不能误作琥珀入药。真琥珀出自南方。

【全树】　①庭园绿化树种：白皮松，湿地松，黑松。②观赏或盆景树种：赤松，黄山松，火炬松。③海岸固沙树种：海岸松，黑松。④环保树种：白皮松抗大气污染性中等，赤松抗性中至弱，马尾松抗性弱，樟子松抗性中，油松抗性弱，黑松抗性强至中，为常见环保树种。⑤物种资源：雅加松，长白松，兴凯湖松为渐危树种；西藏长叶松为珍稀树种，应加强保护和发展。

附：其他我国引入松科树种绝大多数为双维管亚属树种。

【树脂】　加那利松 *P. canariensis* C. Smith，地中海松 *P. halepensis* Mill.，光叶松 *P. leiophylla* Schl. et Cham.，墨西哥松 *P. michoacana* Martinez，卵果松 *P. oocarpa* Schiede，野松 *P. rudis* Endl.，加州松 *P. sabiniana* Dougl.，南加松 *P. torreyana* Parry。

【木材】　加那利松，材坚实耐用；扭叶松 *P. contorta* Dougl.，材轻软，不耐用，可作室内建筑、箱板、纸浆、枕木、地板；大叶松 *P. engelma* nnii Cart.，材轻软，质量较好，适一般建筑及箱材：光松 *P. glabra* Walt.，与火炬松近似，强度稍差；地中海松，黑材松 *P. jeffreyi* Murr.，光叶松，材重硬，可作枕木、建筑、箱材；琉球松 *E. luchuensis* Mayr，材重硬，近似黑松，供一般建筑、薪材；墨西哥松，材重硬，质量较好；加州山松 *P. Monticola* Dougl.，材轻软，易加工，供一般建筑，室内装修，木工，模具，箱材；欧洲山松 *P. mugo* Turra.，作一般结构材，矮小者作薪材；粗糙松 *P. murkata* D. Don，材坚实，纹理较粗，作一般建筑材；卵果松，材轻软，纹理直易加工，良好用材；展叶松 *P. patula* Schl. et Cham.，材轻软而脆，多用作箱板，纸浆材；意大利松 *P. pinea* L.，材重硬，结构粗，作一般结构用材；辐射松 *P. radiata* D. Don，材轻，易加工，适建筑、地板、造船、薪材；野松，材轻软，适箱板、造纸材；加州松，材轻软；南加松，材轻软，结构粗，较脆，适一般结构材、薪材。木材价值一般中等，少数可达上等。

【种子】　食用：意大利松，加州松，南加松。

【全树】　①海岸砂地造林树种：欧洲山松。②观赏树种：欧洲山松，意大利松。

金钱松属 *Pseudolarix* Gord.

1种，金钱松 *P. kaempferi*（Lindl.）Gord. 中国特产，落叶乔木。

【树皮】　①鞣质：金钱松树皮含鞣质。②药用：主成分：土槿皮酸，安息香酸，水杨酸，鞣质，酚性成分，可制复方土槿皮酊剂，含有土槿皮苷，白色粉末，为土槿皮甲酸-β-D-葡萄苷；土槿皮苷，无色粉末，为土槿皮乙酸-β-D-葡萄苷。有毒，止痒杀虫，主治手脚癣、神经性皮炎、湿疹、癫痢头。

【木材】　材黄褐色，纹理直，结构略粗，轻，软，强度中至弱，韧度甚低，干缩小，易蛀，适一般建筑、家具、车船、木桶、茶叶箱、造纸材等，木材价值中等。

【种子】　含油量34.3%~43.9%，可作工业用油。

【根皮】　药用：止痒杀虫，抗霉菌，治顽癣。

【全树】　①观赏树种：叶色多变，秋叶金黄，为优美观赏树种。矮者灌木状，如丛生金钱松 var. *nalla* Beiss.，丛生小灌木，高 30~100cm；矮型金钱松 var. *dewsonii* Homibr，高 50~60cm；垂枝金钱松 var. *annelegana* Homibr，小灌木，2~3m，枝条下垂。②物种资源：本种为国家保护渐危树种，应加强保护和发展。

黄杉属 *Pseudotsuga* Carr.

约 18 种，分布亚洲东部及北美洲；中国产 5 种，分布中亚热带星散分布，又引入 2 种。

【木材】　黄杉 P. *sinensis* Dode，巨大乔木，心材红褐至橘红色，边材窄少黄白色，具树脂道，有松香气，纹理直，结构中至略粗，重量、硬度、强度、韧量、干缩均中等，耐腐，适作车船良材、建筑、枕木、坑木、电杆、桥梁、桶材、纺织材（织机、卷筒、扣筐等）、篱柱、木桩、家具、包装。造纸等，木材价值上等。短叶黄杉 P. *brevifolia* Cheng et L. K. Fu，重量、硬度、强度中等；澜沧黄杉 P. *forrestii* Craib.，材坚韧；华东黄杉 P. *gaussenii* Flous，材质优良，心材红褐色，纹理直，不翘裂，耐水湿，耐腐，用途同黄杉；北美洲黄杉（花旗松）P. *menziesii*（Mirbel）Franco，巨大乔木，材浅橘红色，纹理直，坚实，耐腐，重量适中，强度较大，为世界上有价值用材之一，用途略同黄杉；两变种：海岸花旗松 var. *menziesii* Mirbel；落基山花旗松 var. *glauca* Beissn.（Franco），材质用途近似。大果黄杉 P. *macrocarpa*（Torrey），Mayr，材质用途近似花旗松；台湾黄杉 P. *wilsoniana* Hay.，巨大乔木，心材淡黄褐色，重量中，用途同黄杉。以上木材价值上等。

【全树】　物种资源：本属短叶黄杉，洪沧黄杉，华东黄杉，黄杉，台湾黄杉均已渐危，趋向衰落，要加强保护和发展。

铁杉属 *Tsuga* Carr.

约 16 种，分布亚洲东部及北美洲；中国产 7 种 1 变种，分布秦岭以南，主产西南。常绿乔木。

【树皮】　鞣质：铁杉 T. *chinensis*（Franch.）Pritz.，树皮含鞣质 8.6%~11.76%；云南铁杉 T. *dumosa*（D. Don）Eichl.，树皮含鞣质 14.32%；台湾铁杉 T. *formosana* Hay.，长苞铁杉 T. *longibracteata* Cheng，南方铁杉 T. *tchekiangensis* Flous，树皮均含鞣质、栲胶，适作钻探稀释剂。

【树脂】　铁杉、云南铁杉可割取树脂，提制松香。

【木材】　铁杉材黄褐至红褐色，纹理直，结构细，耐久，轻至中，软，强度中，韧度低，干缩小至中；大果铁杉 T. *mertensiana*（Bong.）Carr.，材性近似；云南铁杉轻至中，软，强度中，韧度低，干缩小；长苞铁杉重量中，软，强度中，韧度低，干缩小；丽江铁杉 T. *forrestii* Downie，短鳞铁杉 T. *oblongisequanata*（Cheng et L. K. Fu）Cheng et L. K. Fu.，台湾铁杉，南方铁杉，材性近似铁杉，适作建筑、家具、车辆、包装、农具、桶材、胶合板、电杆、枕木、坑木、地板、造纸材等，木材价值上等。

【叶】　铁杉、云南铁杉叶可提芳香油，作香料及消毒剂。

【种子】　铁杉含油 52.2%；其他种种子也含油，可作工业润滑油及肥皂。

【根材】　云南铁杉根材可提芳香油，作香料及消毒剂。

【全树】　①观赏树种：南方铁杉树姿美丽，枝叶浓密，为珍贵观赏树种。②物种资源：

丽江铁杉、长苞铁杉、南方铁杉，均已渐危，要加强保护和发展。

罗汉松科 Podocarpaceae

6 属 130 多种，分布热带、亚热带，少数南温带；中国产 1 属 14 种 3 变种，分布华南，中南至西南。常绿乔木或灌木。

陆均松属 *Dacrydium* Soland. ex Forst.

约 20 种，多产南半球；中国产 1 种，分布海南省。常绿乔木或灌木。

【树皮】　蜕皮激素，主成分：β-蜕皮激素、百日青甾酮、陆均松甾酮。

【木材】　陆均松 *D. pierrei* Hickel，纹理直，边材黄褐，心材灰红褐色，结构细，重量重，硬，强度中，韧度低，干缩中，不翘裂，极耐腐，适作造船材、桥梁、车辆、上等家具、建筑、细木工等，木材价值贵重。

【种子】　含油 17.5%，可供工业用油。

【全树】　①观赏：树姿优美，叶色翠绿，为庭园观赏树种。②物种资源：本种渐危，应加强保护。

罗汉松属 *Podocarpus* L. Her. ex Persoon

约 90 多种，分布热带、亚热带，少数南半球温带；中国产 13 种 3 变种，分布长江以南。常绿乔木或灌木。

【树皮】　药用：罗汉松 *P. macrophyllus*（Thuhb.）D. Don，树皮活血散瘀，杀虫，主治跌打损伤、癣疥。

【木材】　本属木材分为 3 类：①竹叶松类：百日青 *P. neriifolius* D. Don，材黄褐红色，纹理直，结构细，重量中，软，强度中，干缩小，易加工，耐腐，不翘裂，不蛀；短叶罗汉松 *P. revifolius*（stapf. Foxw），材红褐带黄色，纹理直，结构细，不裂；重，硬，强度中，干缩小，耐腐，适作家具、建筑、雕刻、文具、乐器、车辆、农具、细木工，木材价值贵重。②鸡毛松类 *P. imbricatus* Bl.，心材黄褐色，边材淡黄色，纹理直，轻，软，强度弱，韧度低，干缩小，不耐腐，供一般建筑、家具、车船板材，木材价值中等。③罗汉松类：罗汉松、小叶罗汉松，材淡黄略带浅红色，轻，软，强度中，干缩小，稍耐腐，适作家具、农具、文具、建筑等，木材价值上等。

【种子】　①工业用油：百日青，可供工业润滑油，肥皂。②药用：罗汉松及短叶罗汉松种子入药，主治心胃气痛。

【叶】　激素：罗汉松叶提取甾醇，用于蚕丝生产激素。

【全树】　①观赏树种：罗汉松树姿秀丽，绿叶葱郁，适庭园观赏。②绿篱：罗汉松耐修剪，适作绿篱。③环保树种：罗汉松、短叶罗汉松、狭叶罗汉松 *P. macrophyllus* var. *angustifolius* Bl.，杜冠罗汉松 var. *chingii* N. E. Gray.，对各种有害气体抗性较强，适作城市、工厂环保树种。④物种资源：鸡毛松为渐危树种，应加强保护和发展。

红豆杉科 Taxaceae

5 属 23 种，产北半球，南半球仅 1 种；中国产 4 属 12 种 1 变种，又引入 1 属 1 种。常绿乔木或灌木。

穗花杉属 *Amentotaxus* **Pilger**

3 种，中国特产。常绿小乔木或灌木。

【木材】 穗花杉 *A. argotaenia*（Hance）Pilger，材黄白或黄褐色，结构细，重，硬，强度中，干缩中，适作雕刻、工艺品、细木工、文具、装饰品、家具、箱盒、农具等，木材价值高贵，台湾穗花杉 *A. formosana* Li，云南穗花杉 *A. yunnanensis* Li，材性用途近似穗花杉。

【叶】 穗花杉叶含维生素 C 1.29g/kg。

【种子】 穗花杉种子含油量 50% 以上，可作肥皂工业用油。

【全树】 ①观赏树种：穗花杉、云南穗花杉，适作庭园观赏树种。②物种资源：云南穗花杉、台湾穗花杉为濒危树种，穗花杉也渐危，应加强保护和发展。

白豆杉属 *Pseudotaxus* **Cheng**

1 种，白豆杉 *P. chienii*（Cheng）Cheng，中国特产，分布华南、华中。常绿小乔木。

【木材】 白豆杉，边材黄白，心材黄褐色，纹理直，结构细，重量中，干缩小，较耐腐，适作雕刻、工艺品、细木工、文具、装饰品，木材价值高贵。

【叶】 白豆杉叶含维生素 C 209.3mg/kg。

【全树】 ①观赏树种：白豆杉为优美观赏树种。②物种资源：白豆杉为国家保护珍稀树种，应加强保护和发展。

红豆杉属 *Taxus* **L.**

约 11 种，分布北半球；中国产 5 种，又引入 1 种，分布自东北至南方林中散生。常绿乔木。

【树皮】 ①鞣质：红豆杉 *T. chinensis*（Pilg.）Rehd.，树皮含鞣质 10%。②药用：红豆杉树皮可提紫杉醇，主治癌症、糖尿病。

【茎皮】 药用：东北红豆杉 *T. cuspidata* Sieb. et Zucc.，茎皮入药，有抗肿瘤及抗白血病作用。

【木材】 ①用材：红豆杉心材红褐色，纹理直或斜，结构细匀，重，硬，强度中，干缩小，耐腐性强，经久耐用；东北红豆杉心材淡红色，坚硬，细密，有弹性及光泽；南方红豆杉 *T. mairei*（Lemée et Lévl.）Cheng et L. K. Fu，心材橘红色，纹理直，重至中，坚韧少裂；欧洲红豆杉 *T. baccata* L.，心材红色或棕色，纹理直，结构细匀，重，韧性大，有光泽，极耐用；云南红豆杉 *T. yunnanensis* Cheng et L. K. Fu，结构细，硬度大，韧性强，少翘裂，适作弓材、高级家具、造船材、雕刻、工艺品、乐器、铅笔杆、文具、细木工、镶嵌地板、装饰品、船桨等，木材价值珍贵。欧洲红豆杉材质用途近似。②色素：红豆杉心材可提取红色色素。③药用：东北红豆杉可提取紫杉醇，主治癌症、糖尿病。

【枝丫】 药用：红豆杉通经止痛；东北红豆杉可提紫杉素治疗糖尿病；红豆杉、南方红豆杉、云南红豆杉可提紫杉醇，为抗癌活性天然物，价值昂贵比黄金贵 7 倍。

【叶】 ①药用：东北红豆杉叶，主成分，紫杉醇，紫杉次碱，紫杉次碱 A，金松黄酮，挥发油，利尿通经，主治肾炎水肿，糖尿病；南方红豆杉，消热解毒；红豆杉、南方红豆杉、云南红豆杉可提紫杉醇为抗癌天然活性物，为高效，低毒、广谱抗癌物，每克 1000 美元。②维生素：南方红豆杉叶含维生素 C 212.8mg/kg。

【种子】 ①油用：红豆杉种子含油 32.1%～34.7%，成分：棕榈酸 4.6%～4.9%，硬脂酸 2.2%，油酸 51.7%～53.3%，亚油酸 21.3%～33.7%，亚麻酸 1.3%～3.3%；东北红豆杉种子可榨油；南方红豆杉种仁含油 69.19%，成分：油酸 50%，亚油酸 42.2%，硬脂酸 1.5%，可供工业用润滑油及制肥皂。②药用：南方红豆杉种子消食驱虫。

【假种皮】 ①食用：云南红豆杉假种皮味甜可食。②染料：云南红豆杉可作红色染料。

【根材】 芳香油，东北红豆杉根材可提芳香油，作调味香料。

【全树】 ①观赏树种：红豆杉树形优美，枝叶青翠，可绿化观赏。欧洲红豆杉及其变种直枝红豆杉 var. *stricta* Laws.，在上海，南京、杭州栽培观赏；南方红豆杉，枝姿古朴，红果满枝，常作庭园观赏树种。②绿篱：南方红豆杉及其变种矮红豆杉 var. *umbraculifera* (Sieb.) Makino，枝叶密生，耐修剪，可作绿篱。③物种资源：西藏红豆杉 T. *wallichiana* Zucc.，已经濒危，应加强保护和发展。

榧树属 *Torreya* Arn.

7 种，分布北半球；中国产 4 种，又引入 1 种，分布秦岭以南。常绿乔木。

【树皮】 鞣质：香榧 T. *grandis* Fort. ex Lindl. cv. Merrillii，含鞣质 3.7%～6.1%。

【木材】 榧树 T. *grandis* Fort. ex Lindl.，材浅黄褐色，纹理直，结构中匀，轻、软，强度弱至中，干缩小至中，耐腐；巴山榧树 T. *fargesii* Franch.，材坚韧细致；香榧为果树，材性用途同榧树，但少有商品材；长叶榧树 T. *jackii* Chun，略同榧树；油榧 T. *nucifera* (L.) Sieb. et Zucc.，材黄白色至灰棕色，细密耐腐，适作雕刻、图板、文具、笔杆、木尺、家具、车船、胶合板、工艺品、算盘珠、模子、乐器、仪器盒、桥梁；云南榧树 T. *yurmanensis* Cheng et L. K. Fu，材坚韧细致，耐腐，更适作造船桥梁，木材价值上等。

【枝叶】 药用：香榧枝叶治风湿疮毒。

【叶】 ①精油：榧树叶含芳香油，香气优良，可作食用及其他香精原料。②药用：榧树叶治脚气及足癣。

【种子】 ①食用：香榧种子炒食味芳香，含水分 6.4%，蛋白质 10%，脂肪 44.1%，碳水化合物 29.8%，钙 710mg/kg，磷 2.75g/kg，铁 36mg/kg。香榧主产浙江及安徽南部，畅销国内外。②油用：本属种子油可食用及工业润滑油用：如巴山榧树、榧树、香榧、长叶榧、油榧、云南榧。③药用：香榧种子入药，有抑菌驱虫作用，主治蛔虫、钩虫、小儿疳积、便秘、痔疮。④兽药：杀虫消积，牛马虫积腹痛、虫瘦病。

【假种皮】 精油：香榧假种皮浸膏得率 1.2%～1.6%，馏精油得率 1%～1.2%，香气主成分：α-松油醇，玫瑰醇，樟脑，金合欢醇，甲酸龙脑酯。

【全树】 ①观赏树种：香榧、长叶榧适庭园种植观赏。②环保树种：香榧抗 SO_2 有害气体，抗性强。③物种资源：长叶榧及云南榧树渐危，应加强保护和发展。

杉　科 Taxodiaceae

10 属 16 种，主产北温带；中国产 5 属 7 种，又引入 4 属 7 种，分布长江以南暖湿地区。常绿或落叶乔木。

柳杉属 *Cryptomeria* D. Don

2 种，分布中国与日本。常绿乔木。

【树皮】　①鞣质：柳杉 *C. fortunei* Hooib renk 树皮含鞣质 5.2%~9.3%。②药用：柳杉皮可治癣疥。③屋瓦：柳杉皮可作屋顶瓦皮。

【木材】　柳杉心材淡红或红褐色，边材黄白色，纹理直，结构中不匀，甚轻，甚软，强度甚弱，韧度甚低，干缩甚小，心材较耐腐，适建筑、桥梁、蒸笼、盆桶、木框、筛斗、包装箱、木模、家具、水车等，木材价值中等。日本柳杉 *C. japonica* (L. f.) D. Don，材色、材性、用途均同柳杉。

【枝叶及根材】　芳香油，柳杉含量 0.4%~0.65%，主成分：杉木脑、α-蒎烯及 β-蒎烯、柠檬烯、萜品烯、柏木烯、龙脑，可作调香料，并可提杉木脑。

【叶】　①线香：柳杉叶磨粉可作线香。②维生素：日本柳杉叶含维生素 C 127.7mg/kg。

【根皮】　药用：柳杉根皮解毒杀虫，外用治癣疥。

【全树】　①风景林及观赏树种：柳杉树姿优美，可作风景林；日本柳杉及矩茸柳杉 var. *lobbii* Carr.，分枝短，叶粗，浓绿色；猴爪柳杉 var. *torta* Maxim.，枝长，宛如猴臂；圆头柳杉 cv. *Compactoalobosa*，树冠紧密圆丛；短叶柳杉 var. *faraucarioides* (Heak. et Hochst.) Beissn 叶短；短丛柳杉 var. *felegans* Beissn，丛生灌木，为优美观赏树种。②环保树种：柳杉对 SO_2、Cl_2 和 HF 抗性尚强，净化空气，保护环境。

杉木属 *Cunninghamia* R. Br.

3 种，分布东亚秦岭以南至越南，台湾 1 种。常绿乔木。

【树皮】　①鞣质：杉木 *C. lanceolata* (Lamb.) Hook.，树皮含鞣质可达 22.2%。②屋瓦：杉木皮可作屋顶瓦皮及造纸原料。

【木材】　①用材：杉木心材大，红黄褐色至浅栗褐色，纹理直，结构细匀，甚轻，甚软，强度弱，韧度低至甚低，干缩小，具浓杉木香气，极耐腐不蛀，适电杆、桥梁、木桩、建筑、造船、盆桶、家具、包装、机模、造纸等，为南方重要用材树种。木材价值上等，台湾杉木 *C. konishii* Hay.，为台湾省主要用材树种；杉木有 3 个生态型：黄杉 cv. *lanceolata*、灰杉 cv. *glauca.*、软叶杉 cv. *mollifolia.*，云南和贵州栽培较少。②芳香油：材部含芳香油，主成分：杉木脑、α-蒎烯及 β-蒎烯、β-水芹烯、柠檬烃、松油醇、红杉油烃、柏木烯、龙脑，可作皂用香精、保香剂及调香原料。

【叶】　含维生素 C 255.3mg/kg。

【花】　蜜源：杉木花期 4~5 月，粉量丰富，重要粉源。

【果】　药用：杉木果祛风躁湿，收敛止血。

【种子】　①油用：杉木种子含油量 19.62%，可制肥皂。②药用：杉木种子主治疝气、遗精、乳痛。

【根皮】 药用：主成分：雪醇，α-松油醇，乙酸杉油酯，α-蒎烯，柠檬烯，对一伞花烃，α-柏木烯，白菖烯甲，β-榄香烯，扁柏双黄酮，苏铁双黄酮，山柰醇；祛风止痛，散瘀止血，主治慢性气管炎、胃痛、风湿性关节痛，外用跌打损伤、烧烫伤、外伤出血及过敏性皮炎。

【全树】 环保树种：杉木对有害气体有一定抗性。

水松属 *Glyptostrobus* Endl.

1 种，水松 *G. pensilis* (Lamb.) K. Koch.，中国特产，分布长江以南。半常绿乔木。

【树皮】 药用：治烫伤。

【木材】 材黄褐或谈红色，重量中，软，强度弱，干缩小，耐腐差，供一般建筑、板料、水闸板等，木材价值下等。

【枝条】 药用：治风湿性关节炎、高血压。

【叶】 药用：治皮炎。

【果】 ①药用：治疝气痛。②染料：鲜果可染渔网。

【种子】 染料：可作紫色染料。

【根材】 极轻，比重 0.12，浮力大，可代木栓作救生圈、瓶塞等。

【根系】 水松喜生水湿处，根系发达，可防风固堤。

【全树】 ①观赏树种。②物种资源：水松为珍稀树种，应加强保护和发展。

水杉属 *Metasequoia* Miki ex Hu et Cheng

1 种，水杉 *M. glyptostroboides* Hu et Cheng，中国特产，原产湖北西部、四川东部，现各地栽培。

【木材】 心材红褐色，纹理直，结构粗不匀，甚轻，甚软，强度弱，韧度甚低，干缩甚小，不耐腐，适作板料，包装材，造纸等，木材价值下等。

【叶】 含维生素 C 139.6mg/kg。

【全树】 ①观赏树种：树姿优美挺拔，为庭园观赏树种。②行道路树种。③环保树种：对有害气体抗性弱，受害面积大，可监测环境污染。④物种资源：本种已渐危，应大力发展。

金松属 *Sciadopitys* Sieb. et Zucc.

1 种，金松 *S. verticillata* (Thunb.) Sieb. et Zucc.，原产日本，中国引入。常绿乔木。

【木材】 纹理直，易加工，坚实耐用，供造船、桥梁、建筑、盆桶，我国无商品材，木材价值中等。

【全树】 优良观赏树种，与雪松、南洋杉同为世界著名庭园观赏树种。

北美洲红杉属 *Sequoia* Lindl.

1 种，北美洲红杉 *S. sempervirens* (Lamb.) Lindl.，原产北美洲；中国 17 个省区引种。常绿巨大乔木。

【木材】　心材红色，边材黄白色，轻，软，易加工，易劈裂，用途广，适合作家具、建筑。枕木、电杆、箱板、桩柱等，中国无商品材，其价值中等。

巨杉属 *Sequoiadendron* **Buchholz**

1 种，巨杉 *S. giganteum*（Lindl.）Buchholz，原产北美洲，中国杭州引种。常绿巨大乔木。

【木材】　心材红色，边材白色，轻，软，纹理直，加工较难，耐腐，数百年不朽，适建筑、栏柱、木瓦、栅木等。

台湾杉属 *Taiwania* **Hayata**

2 种，分布台湾及云南、贵州、湖北至缅甸。常绿大乔木。

【木材】　台湾杉 *T. cryptomerioides* Hay.，心材紫红褐色，边材浅黄褐色，纹理直，结构粗，轻，软，适作桥梁、建筑、造船、家具、柜箱、电杆、车辆、枕木、造纸等；秃杉 *T. flousiana* Gaussen，心材淡紫褐色，边材浅黄红色，纹理直，易加工，轻，软，适作桥梁、建筑、板料、家具等，木材价值中等。

【全树】　①水源涵养林树种，台湾杉、秃杉。②物种资源，两种均为我国珍稀树种，应加强保护和发展。

落羽杉属 *Taxodium* **Rich**

3 种，分布北美洲至墨西哥，中国引入 3 种。落叶或半常绿乔木。

【木材】　池杉 *T. ascendens* Brongn.，心材淡黄褐色，微红，边材黄色，纹理直，结构略粗，甚轻，软，强度弱，韧度低，干缩甚小，较耐腐，不翘裂，适建筑、枕木、电杆、桥梁、船舶、车辆、家具；落羽杉 *T. distichum*（L.）Rich.，材纹理直，结构粗，轻，硬度中，强度中，加工较难，不变形，稍耐腐，抗白蚁，适码头材、桥梁、桩柱、门窗建筑、造船、厨房、运动场座椅、枕木、箱盒等；墨西哥落羽杉 *T. mucronatum* Tenore，近似落羽杉。木材价值中等。

【全树】　①固堤树种：3 种皆为固堤树种。②水土保持树种：池杉。③绿化观赏树种：池杉、落羽杉。

被子植物　Angiospermae

413 科，约 25 万种；中国产 251 科，2946 属，约 25000 种。其中木本植物 8000 种，本书收入（连引入）4343 种 124 变种，包括乔木、灌木、藤本、草本。

双子叶植物纲 Dicotyledoneae

344 科，约 20 多万种；中国产 204 科，2390 多属，约 20000 种。其中木本植物 7000 多种，本书收入（连引入）4171 种 120 变种。包括乔木、灌木、藤本、草本。

爵床科 Acanthaceae

约 250 属 3400 种以上，分布热带、亚热带；中国（连引入）约 68 属 300 种，分布长江流域以南地区。草木、灌木，有时攀援状。

老鼠簕属 *Acanthus* L.

约 50 种，分布亚洲、地中海至非洲；中国产 4 种，分布西南至南部。直立亚灌木。

【根及全株】 老鼠簕 *A. ilicifolius* L.，药用：清热解毒，消肿散结，止咳平喘。主治淋巴肿大、急慢性肝炎、肝脾肿大、胃痛、咳嗽、哮喘。

【全树】 南部海岸红树林组成树种，生海滨或河边泥滩，护岸固堤。

鸭嘴花属 *Adhatoda* Mill.

约 5 种，分布热带亚洲；中国产 1 种，分布华南、云南。常绿灌木。

【叶】 药用：鸭嘴花 *A. vasica* Nees，主成分：鸭嘴花碱、鸭嘴花酮碱、氧化鸭嘴花碱、6-羟基骆驼蓬碱、脱氧鸭嘴花碱、挥发油等。具有增加冠状动脉血流量作用；祛风活血，破瘀止痛，接骨。主治骨折、扭伤、风湿关节痛、腰痛。

【全株】 药用：大驳骨 *A. ventricosa*（Wall.）Nees，活血散瘀，祛风除湿。主治骨折、跌打损伤、风湿性关节炎、腰腿痛、外伤出血。

穿心莲属 *Andrographis* Wall.

约 20 种，主要分布在亚洲热带；中国产 3 种，木本或亚灌木。

本属穿心莲 *A. paniculata*（Burm. f.）Nees，全株入药，清热毒。主成分：穿心莲内酯、脱水穿心莲内酯、去氧穿心莲内酯、新穿心莲内酯。对肝炎双球菌、溶血链球菌有抗菌作用，主治体温上升发烧，临床应用于治钩端螺旋体病。

板蓝属 *Baphicacanthus* Bremek.

1 种，板蓝 *B. cusia* Bremek.，分布中南半岛，印度；中国西南至台湾，北至长江流域以南地区。亚灌木。

【叶】 主要化学成分：靛苷，水解生成吲哚醌和葡萄糖。入药：清热凉血，解毒。主治流行性乙型脑膜炎、流行性感冒、流行性腮腺炎、上呼吸道感染、肺炎、急性肝炎、热病发斑、丹毒、疔疮肿毒、蛇咬伤。

【全株】 ①染料：全株含靛蓝，作蓝靛原料染布。②药用：主治腮腺炎。③普药：清热凉血，消肿，解毒。

【根】 药用：清热解毒，凉血。主治流行性感冒、流行性脑脊髓炎、急性肝炎、咽喉肿痛。

【全草】 治马舌疮、牛喉蛾症、骡马口蹄疫溃疡、鸡瘟症。

鳔冠花属 *Cystacanthus* T. Anders

约 12 种，分布东南亚；中国产 4 种，分布西南。灌木。

根、茎、叶入药，清热解毒，消炎止咳。主治咳嗽、妇科崩漏。

鳔冠花 *C. paniculatus* T. Anders.，滇鳔冠花 *C. yunnanensis* (Levl.) Renl. 。

驳骨草属 *Gendarussa* Nees

3 种，分布东南亚；中国产小驳骨 *G. vulgaris* Nees，1 种，分布西南至台湾。常绿小灌木。

全株入药。含生物碱，续筋接骨，消肿止痛。主治骨折、扭挫伤、风湿性关节炎。

火焰花属 *Phlogacanthus* Nees

约 30 种，分布印度至马来西亚；中国产 4 种，分布西南。草本或灌木。火焰花 *P. curviflorus* (Wall.) Nees，根入药，清热解毒。主治感冒、发烧、腮腺炎。

白鹤灵芝属 *Rhinacanthus* Nees

约 15 种，分布东半球热带；中国产 1 种，灵枝草 *R. nasutus* (L.) Lindau，分布云南、华南。灌木。

【枝叶】 药用：消肿止咳，利湿止痒，主治早期肺结核；外用治体癣、湿疹。

山牵牛属 *Thunbergia* Ret.

约 200 种，分布东半球热带；中国产约 6 种，分布西南至南部。木质藤本。

大花山牵牛 *T. grandiflora* (Roxb. ex Rottl.) Roxb.，茎、叶、根皮，消肿拔毒，排脓生肌，止痛。茎叶主治蛇咬伤、疮疖、胃痛；根皮治骨折、跌打损伤。

槭树科 Aceraceae

2 属约 200 多种，分布亚洲、欧洲、北美洲、非洲北部；中国产 2 属约 140 种，除青藏高原外，分布全国。落叶、常绿乔木或灌木。

槭属 *Acer* L.

约 200 多种，分布亚洲、欧洲、北美洲、非洲北部；中国产约 100 种，又引入 7 种，分布全国。常绿或落叶乔木。

【树皮】 ①鞣质：青窄槭 *A. davidii* Franch.，树皮含鞣质 9.37%；茶条槭 *A. ginnala* Maxim.，树皮含鞣质 34.7%；紫花槭 *A. pseudo-sieboldianum*（Pax）Kom.，树皮含鞣质 13.24%；三花槭 *A. triflorum* Kom.，树皮含鞣质 3.20%；其他含鞣质者尚有髭脉槭 *A. barbinerve* Maxim.，东北槭 *A. mandshuricum* Maxim.，小楷槭 *A. Komarovii* Pojark.，青楷槭 *A. tegmentosum* Maxim.，花楷槭 *A. ukurunduense* Trautv. et Mey.，等，可作栲胶或作黑色染料。②纤维：青窄槭树皮含纤维素 64.35%；色木槭 *A. mono* Maxim.，树皮含纤维素 56.62%；茶条槭树皮含纤维素 57%；三花槭树皮含纤维素 51.9%；其他含纤维者尚有小叶青皮槭 *A. cappadocicum* Gled. var. *sinica* Rehd.，疏花槭 *A. laxiflorum* Pax 等，为很好的人造棉及造纸原料。

【树液】 糖槭 *A. saccharum* Marsh.，树液含糖分，可提取糖浆或制糖；其他尚有色木槭；梣叶槭 *A. negundo* L.，树液均可熬糖。

【木材】 本属木材分作 2 类：①硬槭类：材浅黄褐至浅红褐色，重硬至中，强度强至中，干缩大至中，有光泽，稍耐腐，适作家具、车旋品、胶合板、纺织器材、文具、乐器、枕木、航空材、枪托、砧板、木梳、运动器材等，木材价值中等。如三角槭 *A. buergerianum* Miq.，紫果槭 *A. cordatum* Pax，茶条槭、色木槭、梣叶槭、三花槭、元宝槭 *A. truncatum* Bunge.，东北槭、青楷槭、花楷槭、三花槭 *A. triflorum* Kom.，五裂槭 *A. oliverianum* Pax，中华槭 *A. sinense* Pax，飞蛾槭 *A. oblongum* Wall. ex DC.，引入的红花槭 *A. rubrum* L.，糖槭也属硬槭类，木材价值中等。②软槭类：材浅黄红褐色，轻软至中，强度中，不耐腐，适作胶合板，建筑室内装饰材，一般家具、器具等，木材价值下等。如青窄槭，毛果槭 *A. nikoense* Maxim 等。

【叶】 ①鞣质：髭脉槭含鞣质 19.73%；青窄槭含鞣质 18.90%，纯度 50.92%；茶条槭含量 9.5%；东北槭含量 10.50%；色木槭含量 5.89%；紫花槭含量 13.77%；三花槭含量 21.07%；花楷槭含量 9.81%，可制栲胶。②代茶：茶条槭嫩叶可代茶，有降血压作用及夏日作饮料；苦茶槭叶泡水代茶及暑天清凉饮料；元宝槭嫩叶可代茶。③药用：茶条槭叶含槭树单宁，茶条碱乙素，茶条槭丙素，散风热，清头目，主治风热头胀，色木槭叶入药，祛风除湿，活血逐瘀，主治风湿骨痛、跌打扭伤；鸡爪槭叶含牡荆素，止痛解毒，主治腹痛；外用治痈疖肿毒、关节酸痛。④观赏树种：日本三叶槭 *A. cissifalium* C. Koch.，叶秋季变红色或黄色，供观赏；羽扇槭 *A. japonicum* Thunb.，叶较大，掌状 7～13 裂片，秋变红色，供观赏；鸡爪槭叶为红色，极为美丽，为最佳观赏树种；红槭，秋叶红色或黄色，十分美观。⑤环保树种：三角槭抗有害气体抗性中；飞蛾槭 *A. oblongum* Wall. ex DC.，抗 SO_2 抗性强；

鸡爪槭抗 SO_2 抗性弱。⑥饲料：三角槭叶富含钾元素可作家畜饲料。

【花】 蜜源植物：三角槭花期 4~5 月，蜜粉较多；茶条槭花期 6 月，蜜多粉较少；色木槭花期 6 月，蜜多粉较少；髭脉槭、元宝槭等均为蜜源植物。

【果实】 ①油用：三角槭种子可榨油食用及工业用油，化学成分：棕榈酸 14.2%，硬脂酸 3%，油酸 34%，亚油酸 43.3%，亚麻酸 5.3%；青窄槭种子油化学成分：棕榈酸 9.5%，硬脂酸 2.2%，油酸 15.3%，亚油酸 39.6%，亚麻酸 2.8%，山嵛酸 16.1%；茶条槭种子含油量 11.5%，可制肥皂，化学成分：棕榈酸 5.4%，硬脂酸 2.9%，花生酸 6.1%，油酸 22.01%，亚油酸 34%，亚麻酸 24.9%；苦茶槭果含油量 7.8%，化学成分：棕榈酸 8.6%，硬脂酸 5.4%，油酸 28.4%，亚油酸 16.2%，亚麻酸 1.1%，二十碳烯酸 6%，芥酸 15.8%，二十碳二烯酸 8.5%，二十四碳烯酸 7.1%，可供工业用油；色木槭种子含油量 22.2%~29.3%，化学成分：棕榈酸 4.1%~5.4%，硬脂酸 2.1%~2.8%，花生酸 7.8%，油酸 23.5%~36.4%，二十碳烯酸 4.9%~5.5%，亚油酸 34.1%~36%，亚麻酸 1.2%~41%，可食用及工业用油；悬叶槭果实含油量 12.2%~22%，化学成分：棕榈酸 4.3%~5.7%，硬脂酸 1.5%，油酸 24.1%~39.6%，亚油酸 40.1%~51.4%，二十碳烯酸 7.2%，芥酸 16.4%，供食用及工业用油；鸡爪槭 *A. palmaturn* Thunb. 果实含油量 17.4%，化学成分：油酸 21.4%，20 碳烯酸 7.4%，芥酸 19.3%，二十四碳烯酸 8.5%，亚油酸 31.2%，可食用及工业用油；紫花槭果实含油量 8.28%，化学成分：棕榈酸 6.6%，硬脂酸 1.9%，油酸 21.4%，亚油酸 45.6%，亚麻酸 5.1%，花生酸 5.8%，芥酸 9.1%，可食用或工业用油；青楷槭果实含油量 23.5%，可制肥皂；三花槭，果实油化学成分：棕榈酸 5%，硬脂酸 23%，花生酸 8.3%，油酸 21.3%，亚油酸 49.3%，亚麻酸 1.9%，芥酸 11.4%，油可食用及工业用油；元宝槭果实含油量 31.3%，主要化学成分：棕榈酸 5.3%~5.9%，硬脂酸 2.3%~2.7%，油酸 24.6%~32.9%，二十碳烯酸 8.4%~9.9%，芥酸 12.4%~14.9%，亚油酸 35%~36%，亚麻酸 2.8%，二十四碳烯酸 4.6%，供食用油及工业用油，油粕作饲料或制酱油，油质清亮，色香均好。其他髭脉槭，疏花槭，花楷槭果实均可榨油。②药用：罗浮槭 *A. fabri* Hance 果入药，清热、利喉，主治声音嘶哑、咽喉炎、扁桃体炎。

【全树】 ①观赏树种：三角枫树姿优美，秋时变红，为重要观赏树种之一，适湖畔，溪边，假山，别具姿态；日本三叶槭秋叶红黄，南京作观赏树种；青窄槭树冠秀丽，适庭园观赏；羽扇槭花叶艳丽，为优美庭园观赏树种；茶条槭叶果秀丽，为观赏树种之一；色木槭，叶花开放早，有观赏价值；梣叶槭可作庭园观赏树种；鸡爪槭姿态婆娑，叶形秀丽，为优良庭园观赏树种；鸡爪槭变种羽毛枫 var. *dissectum* (Thanb.) Makino，树姿秀丽呈塔形，叶 7~11 深裂，小羽毛片皱叠；深红羽毛枫 f. *omatum* Andre，叶常现紫红色；红槭，春有红花，夏有红果，秋有红叶，十分美观。②园林绿化行道树种：三角槭、青窄槭、色木槭、科槭、鸡爪槭、挪威槭、糖槭、银槭、元宝槭等。③物种资源：梓叶槭 *A. catalpifolium* R.，材硬致密质优及庙台槭 *A. miaotaiense* P. C. Tsoong 濒危。羊角槭 *A. Yanjuechi* Fang et P. L. Chin，产浙江天目山，濒危。

金钱槭属 *Dipteronia* Oliv.

2 种，分布中国陕西、甘肃、河南、湖北至西南，落叶乔木。

【木材】 材浅红褐色，轻，软，不耐腐。适作一般家具，农具，包装材等。木材价值下等。金钱槭 *D. sinensis* Oliv. 及云南金钱槭 *D. dyerana* Hance，都为稀有种，应加强保护。

猕猴桃科 Actinidiaceae

2 属 80 多种，分布东亚；中国产 2 属 70 多种，南北均有，木质藤本。

猕猴桃属 *Actinidia* Lindl.

约 50 多种，产亚洲；中国 50 多种，产秦岭以南。落叶稀常绿藤本。

【藤茎】　①纤维：造纸，中华猕猴桃 *A. chinensis* Planch. 及其变种，纤维质好，可制高级文化纸。狗枣猕猴桃 *A. kolomikta*（Maxim. et Zucc.）Maxim.，藤皮可造纸、红茎猕猴桃 *A. rubricaulis* Dunn 及其变种，藤皮纤维可造纸。②髓液胶料：造纸用，本属多种茎髓胶液均可造纸用，主成分：L-岩藻糖，L-阿拉伯糖，D-半乳糖，糖醛酸，可制宣纸、蜡纸及其他用纸胶料。如中华猕猴桃，红茎猕猴桃等多种。③建筑及路面拌合剂：本属多种藤茎胶液可作建筑灰泥拌合剂及路面拌合剂，如中华猕猴桃，宽叶猕猴桃 *A. latifolia*（Gardn. et Champ.）Merr.，红茎猕猴桃等。

【叶】　①野菜：如葛枣猕猴桃 *A. Polygama*（Sieb. et Zucc.）Maxim. 等。②药用：中华猕猴桃叶健脾胃、消炎化瘀，主治消化不良，肠胃炎；外用治乳腺炎；宽叶猕猴桃，清热除湿，解毒消肿，主治咽喉肿痛，泄泻；外用治疮疖肿痛。葛枣猕猴桃枝叶的主成分：猕猴桃碱、苯乙醇，利尿化瘀，主治尿路感染，散瘀止血。③饲料：本属多种叶均可作猪饲料。如中华猕猴桃及其变种，叶含淀粉 11.8%，蛋白质 8.2%，维生素 C 含量丰富，是优良饲料。

【花】　①芳香油：软枣猕猴桃 *A. arguta*（Sieb. et Zucc.）Planch.，中华猕猴桃，红茎猕猴桃，花可提芳香油，作糖果及食品香料。②蜜源植物：本属是很好的蜜源植物。如软枣猕猴桃，花期 6~7 月，蜜量较多。中华猕猴桃，花期 6~7 月，蜜量多，粉也多，可取商品蜜。狗枣猕猴桃，花期 6~7 月，蜜粉较多。葛枣猕猴桃，花期 6 月中旬至 7 月上旬，蜜量较多，红茎猕猴桃，花期 4 月中旬至 5 月下旬，蜜量较多。硬齿猕猴桃 *A. callosa* Lindl.，花期 4~5 月。金花猕猴桃 *A. chrysantha* C. F. Liang，花期 5 月中旬。毛花猕猴桃 *A. eriantha* Benth.，花期 4~6 月。黄毛猕猴桃 *A. fulvicoma* Hance，花期 5 月中旬至 6 月下旬。黑蕊猕猴桃 *A. melanandra* Franch.，花期 5 月至 6 月上旬。四萼猕猴桃 *A. tetramera* Maxim.，花期 5 月中旬至 6 月中旬。对萼猕猴桃 *A. valvata* Dunn，花期 5 月。显脉猕猴桃 *A. venosa* Rehd.，花期 6 月下旬至 7 月中旬。本属蜜量较多，为良好蜜源植物。

【果实】　①食用：本属植物果实均可食，择其果大好者如下：软枣猕猴桃及其变种、硬齿猕猴桃及其变种、中华猕猴桃及其变种、金花猕猴桃、毛花猕猴桃、黄花猕猴桃、狗枣猕猴桃、宽叶猕猴桃、黑蕊猕猴桃及其变种、葛枣猕猴桃、红茎猕猴桃、四萼猕猴桃、对萼猕猴桃、肉叶猕猴桃 *A. carnosifolia* C. Y. Wu、粉叶猕猴桃 *A. glauco-callosa* C. Y. Wu、长叶猕猴桃 *A. hemsleyana* Dunn、薄叶猕猴桃 *A. leptophylla* C. Y. Wu.、两广猕猴桃 *A. liangguangensis* C. F. Liang、大籽猕猴桃 *A. macrosperma* C. F. Liang 及其变种、梅叶猕猴桃 *A. macrosperma* var. *mumoides* C. F. Liang、美丽猕猴桃 *A. melliana* Hand. -Mazz.、城口猕猴桃 *A. chengkouensis* C. Y. Chang、清风藤叶猕猴桃 *A. sabiaefolia* Dunn、花楸猕猴桃 *A. sorbifolia* C. F. Liang、星毛猕猴桃 *A. stellato pilosa* C. Y. Chang、毛蕊猕猴桃 *A. trichogyna* Franch.、伞花猕猴桃

A. umbelloides C. F. Liang、扇叶猕猴桃 *A. umbelloides* var. *flabellifolia* C. F. Liang 等。②加工品：由于生食的保鲜、贮藏、运输问题，可转化加工产品，如糖水罐头、蜜饯、果脯、果酱、果晶、果汁、浓缩果汁、果粉、果酒；国外尚有饮料、果冻、果糕、果饼、腌渍品等。本属果实或加工品，营养价值高，又富含维生素 C，为新兴水果，价格昂贵。首推新西兰，主要输出日本、美国、欧洲、澳大利亚、马来西亚等国，年创汇千万美元，我国要选果大、味好、维生素 C 含量高品种大力发展，以供我国人民生活需要及出口创汇，其经济效益和社会效益均高。③维生素 C：维生素 C 可防治心血管病，抗癌，健身，长寿。本属果实维生素 C 含量比柑橘高 6~8 倍；比苹果高 19~83 倍。兹将已测验者列下：软枣猕猴桃维生素 C 含量 5.3~1.43g/kg，中华猕猴桃维生素 C 含量 2.0~4.2g/kg，金花猕猴桃维生素 C 含量虽未测定，但比中华猕猴桃风味更佳，为本属最好的一种，黄毛猕猴桃维生素 C 含量5.61~11.36g/kg，狗枣猕猴桃维生素 C 含量 2.0967g/kg，葛枣猕猴桃维生素 C 含量739mg/kg，还含有维生素 B、维生素 D、维生素 P。④药用：软枣猕猴桃为滋补强壮剂。紫果猕猴桃 *A. arguta* var. *purpurea*(Rehd.) C. F. Liang，补虚益肾，主治吐血、月经不调。中华猕猴桃，可治多种疾病，特别对抗癌作用很大，主成分为猕猴桃素，消肿排瘀，能溶解死细胞，并使人体中亚硝酸氨类致癌物质分解；还含有十几种氨基酸，保健长寿，调中理气，解热除烦，生津润燥主治消化不良、食欲不振、呕吐、烧烫伤；又作中国运动员保健饮料。狗枣猕猴桃为滋补强壮剂，主治维生素 C 缺乏症。红茎猕猴桃，解热，主治脾肾病。葛枣猕猴桃，主成分：伊蚁内酯、异伊多异内酯、二氢假荆芥内酯、异二氢假荆芥内酯、新假荆芥内酯、猕猴桃碱、β-苯乙醇、木天蓼醇、新木天蓼醇、猕猴桃内酯、二氢猕猴桃内酯、葛枣醇，木天蓼酸，理气止痛，主治腰痛、疝痛。

【种子】 油用：软枣猕猴桃种子含油 27.9%，干性油，主成分：棕榈酸 4.9%、硬脂酸 1.9%、油酸 13.9%、亚油酸 13.3%、亚麻酸 66%，可供油漆、涂料、鞣革等工业用。中华猕猴桃种子含油 35%，干性油，主成分：棕榈酸 6.4%、硬脂酸 2.3%、油酸 12.83%、亚油酸 14.6%、亚麻酸 62.9%，亦供油漆、涂料、鞣革等工业用油。

【根皮】 药用：软枣猕猴桃很皮药效同中华猕猴桃。紫果猕猴桃根皮清热利湿，主治慢性肝炎、风湿性关节痛。中华猕猴桃根皮清热解毒，活血消肿，祛风利湿，主治风湿性关节炎、肝炎、丝虫病、痢疾、淋巴结核、痈疖肿毒、癌症(胃癌、乳腺癌)、麻风病。毛花猕猴桃根皮外用，治跌打损伤。

【根】 药用：中华猕猴桃根主治肝炎、淋巴结核、胃癌、乳腺癌、麻风病。软枣猕猴桃药用同中华猕猴桃。毛花猕猴桃消肿解毒，抗癌，主治胃癌、乳癌、食管癌、淋巴结核、疮疖皮炎。红茎猕猴桃行血活血，主治腰背疼痛、内伤吐血、跌打损伤。对萼猕猴桃清热解毒，主治痈疖脓肿、白带、麻风病。

【全株】 观赏树种：国外以其花、果美观，栽培观赏。如软枣猕猴桃、中华猕猴桃等。

藤山柳属 *Clematoclethra* Maxim.

约 20 种，中国特有，主产西南、西北及华北也有分布。落叶木质藤本。

【茎】 含鞣质，可提栲胶，尖叶藤山柳 *C. faberi* Franch.，含鞣质 10%。

【果实】 熟时可食，已知果实较大，宜食者如下：猕猴桃藤山柳 *C. actinidioides* Maxim.，果紫红或黑色，果径 0.5~0.7cm，果熟期 7~8 月。多花藤山柳 *C. floribunda* W. T. Wang.，果球形，径0.5~0.6cm，7~8月熟。尖叶藤山柳，果球形，径0.6cm，7~8月熟。藤山柳 *C. lasioclada* Maxim.，果球形，径0.5cm，果期7~8月熟。榄叶藤山柳 *C. oliviformis* C. F. Liang et Y. C. Chen，果球形，径0.5cm，7~8月熟。厚叶藤山柳 *C. pachyphylla* C. F. Liang et Y. C. Chen，果球形，径0.5cm，8月熟。刚毛藤山柳 *C. scandens* Maxim.，果径0.6~0.8cm，7~8月熟。变异藤山柳 *C. variabilis* C. F. Liang et Y. C. Chen，果淡绿色，径0.8~1.0cm，8月熟。多脉藤山柳 *C. variabilis* var. *multinervis* C. F. Liang et Y. C. Chen，果球形，径0.8cm，8月熟。

桐花树科 Aegicerataceae

桐花树属 *Parmentiera* DC.

1属2种，分布东半球热带；中国产1种，分布华南至南海诸岛屿。灌木或小乔木。

【树皮】　鞣质：桐花树 *P. cerifera* Seem. 树皮富含鞣质，含量20%，可提制栲胶，纯度34%~52%。

【木材】　良好薪柴，少有用材。

【全树】　防浪防风，保护海岸：桐花树在东南沿海及诸岛屿组成红树林，对防浪防风，保护海岸屏障作用很大。

八角枫科 Alangiaceae

1属约30种，分布亚洲、大洋洲、非洲；中国产9种，分布长江流域以南。落叶乔木、灌木，稀攀援。

八角枫属 *Alangium* Lam.

【树皮】　①鞣质：瓜木 *A. platanifolium* Harms，含量8.51%可制栲胶。②纤维：八角枫 *A. chinense*(Lour.)Harms.，含量16%，可拧绳、制人造棉。瓜木也可搓绳、造纸、制人造棉。

【木材】　心材黄褐带绿或浅红褐色，稍耐腐，材轻软，强度弱至中，干缩小，边材易变色。适作家具、建筑、胶合板、包装材、机模、造纸等。木材价值中等。如八角枫，毛八角枫 *A. kurzii* Craib，瓜木，高山八角枫 *A. alpinum*（Clarke）Smith et Cave，土坛树 *A. salviifolium*(L. f.) Wanger.

【叶】　①饲料：八角枫，瓜木嫩叶可作饲料。②药用：八角枫叶治疗浸润型肺结核有一定疗效及治风湿麻痹。

【种子】　油用：八角枫种子含油14.3%~18.2%，种仁含油51.8%，主成分：棕榈酸8.1%~14.6%，油酸18.2%~23.7%，甘碳烯酸56.8%~65.7%。毛八角枫种子含油15.7%，主成分：棕榈酸11.8%，硬脂酸5.8%，油酸29.5%，亚油酸52.1%。供工业用油。土坛树种子也可榨油。

【根皮】　药用：主成分有新烟碱、酚类、氨基酸、树脂、苷类。祛风湿，散瘀止痛，主治风湿筋骨痛，跌打损伤，瘫痪，精神分裂症。小花八角枫 *A. faberi* Oliver，根清热解毒，消积食。瓜木根皮含生物碱，水杨苷。治风湿骨痛，跌打损伤，呕吐剂及解毒剂。土坛树治风湿跌打。②农药：八角枫根或全株作土农药。瓜木根皮水液杀蚜虫有效率92%。

【全株】农药：主杀蚜虫。

漆树科 Anacardiaceae

约60属600多种，分布热带、亚热带；中国产15属约30多种，又引入6属7种。分布长江流域以南。落叶或常绿乔木或灌木。

腰果属 *Anacardium* L.

约8种，分布热带美洲；中国引入1种，华南、台湾、福建、云南种植。常绿大乔木。

【树皮】 ①药用：腰果 *A. occidentale* L.，树皮提取物，可治高血压症；中药则截疟杀虫，主治疟疾。②树皮萃取染料可染渔网及制蓝墨水。

【树液】 可制漆，涂木器防治白蚁、蛀虫，不褪色墨水原料。

【木材】 腰果材灰褐色至红褐色，重量中等。适作一般板料、箱盒、胶合板，木材价值下等。

【叶】 萃取精油，药用，对13种真菌有强的抗菌作用。

【花】 花托肉质，芳香，含还原糖7.9%，可溶物11.7%，单宁15%，可生食，或作饮料，也可酿酒。

【果壳】 ①果壳药用：可治麻风病、象皮病、鳞屑藓等。②工业用途：果壳液提取腰果酚，可合成6种新的钛酸酯偶联剂，广泛用于塑料、涂料、橡胶、合成纤维、黏合剂。在水中作乳化剂。聚氯乙烯微孔泡沫材料明显增塑作用。聚合成树脂作高级油漆、彩色胶卷着色剂、合成橡胶、绝缘电线。又含腰果酚及腰果二酚是硫化橡胶的防老化剂，优质耐磨汽车刹车材料。与甲醛缩合得酚醛清漆，耐酸碱，漆膜性强。

【果仁】 ①食用：腰果仁是世界四大干果之一，产量及贸易量占世界第四位。中国种植60多年，约1.33万hm^2，销路好，国际市场长期稳定；含脂肪47%、蛋白质21%、糖类22%，系著名干果。②油用：果仁含油量42.2%，主含油酸及亚油酸85%以上，为上等食用油，与杏仁油相似。③加工食品：果仁多用于巧克力、点心和油炸、盐渍食品，风味似花生等。

【假果】 肉质，可生食，作饮料，含糖11.6%，还可酿酒。

波漆属 *Boffea* Meissn.

4种，分布马来西亚；中国引入2种，海南、台湾栽培。常绿乔木。柠果 *B. macrophylla* Griff. 及对生叶波漆 *B. oppositifolia* (Roxb.) Meissn.，果熟时橙色，卵圆形，可食。

山楱子属 *Buchanania* Spreng.

约25种，产东南亚至大洋洲；中国产4种，分布华南至西南、台湾。落叶乔木。

【木材】 山楱子材浅黄褐至浅红褐色，材轻软，不耐腐，适作箱板、家具、造纸材等，木材价值低等。如山楱子 *B. arborescens* (Blume) Blume.、台湾山楱子 *B. arborebcans* Bl.、小叶

山槾子 *B. microphylla* Engl.

【果实】　果可食，熟时紫黑色。

【种子】　种子晒干后可磨豆腐食用。

南酸枣属 *Choerospondias* Burtt et Hill

1 种，产中国南部及日本、印度。落叶乔木。南酸枣 *C. axillaris*（Roxb.）Burtt et Hill.。

【树皮】　鞣质含量 7.25%~19.55%，可浸提栲胶。

【枝条】　①纤维：茎皮含纤维晒干物含量 23.5%，可帛绳及造纸。②鞣质：茎皮含鞣质 8.2%，可提制栲胶。

【木材】　南酸枣心材浅红褐色，边材浅黄褐色，重量、硬度、强度、干缩均中等，心材稍耐腐、耐水湿，边材易蓝变，适作车船、家具、胶合板、坑木、建筑、水车等。木材价值中等。

【果实】　①食用：果味酸甜，可生食、制果酱、酿酒。②药用；果皮入药，消炎解毒，止血止痛，主治烫伤及咳嗽。

【种子】　油用：种子含油量 14%，化学成分：棕榈酸 12.4%、硬脂酸 3.4%、油酸 28.8%、亚油酸 55.4%，可食用及工业用油。

【种子壳】　可作活性炭。

【全树】　①行道树：树阴浓密，为很好的庭阴及行道树种。②环保树种：对 SO_2、Cl_2 抗性强。适作厂矿、街道环保树种。

黄栌属 *Cotinus* Tourn. Mill.

约 5 种，分布东亚、北美洲、南欧温带；中国产 3 种，分布全国（东北无）。落叶灌木或乔木。

【树皮】　鞣质：黄栌 *C. coggygria* Scop.，含量 6.94%，可提制栲胶。

【木材】　黄栌心材金黄色，边材浅黄褐色，重硬中等，心材耐腐，适作雕刻、工艺品、器具、细木工、车旋品等。木材价值中等。尚有光叶栌 var. *cinerea* Engl. 及毛黄栌 var. *pubescens* Engl.

【叶】　①鞣质：含量 10.34%，光叶黄栌含量 31.01%~33.11%，主要成分：三没食子酰葡萄糖、没食子酸、杨梅苷，可以提制栲胶，纯度 43%~51%。②芳香油：黄栌叶可提芳香油作调香原料。③药用：叶含杨梅皮素、没食子酸，有抑菌作用，清热解毒，散瘀止痛，可治丹毒、漆疮。

【枝干】　含鞣质 6.5%，所含漆树素和二氢漆树素，制成片剂可治黄疸症、痈肿疮毒。

【根】　药用：毛黄栌根皮可治产后劳损。

【全树】　黄栌秋叶红色，为优良观赏树种，光叶黄栌为著名红叶树种。

九子母属 *Dobinea* Buch. -Ham. ex D. Don

2 种，分布中国西南及尼泊尔、印度北部。半灌木。

【根状茎】　药用：九子母 *D. delavayi*（Franch.）Engl.，清热解毒，止痛止咳，主治肺热咳嗽、腮腺炎、乳腺炎、疔疮肿毒。

人面子属 *Dracontomelon* Blume

8 种，分布亚洲热带，大洋洲；中国产 2 种，分布华南至云南。常绿大乔木。

【木材】 人面子 *D. duperreanum* Pierre，大果人面子 *D. macrocarpum* H. L. Li。心材褐色，边材黄色，重至中，软至中，强度弱至中，耐腐性中。适作家具、建筑、胶合板等。木材价值中等。

【叶】 药用：煎水外洗疮烂、褥疮。

【果实】 ①食用：果可生食、做菜、盐渍食品，味酸甜，健脾止渴。②药用：健脾消食，生津止渴，主治消化不良、食欲不振、热病口渴、喉痛、醒酒解毒。

【种子】 种仁含油量超过 60%，为可食用及工业用油。化学成分：棕榈酸 12.1%~14.4%，硬脂酸 6.4%~12.8%，油酸 42.9%~49.4%，亚油酸 23.4%~38.1%，又种仁可炒食，富含油质，状如花生米。

厚皮树属 *Lannea* A. Rich

约 70 种，分布东半球热带、非洲、亚洲；中国产 1 种，分布华南及云南。落叶乔木。

【树皮】 ①鞣质：厚皮树 *L. coromandelica*（Houtt.）Merr.，树皮含鞣质 10%，可制栲胶；树皮浸液可以染渔网。②药用：树皮浸液可解河豚中毒、木薯中毒。

【木材】 厚皮树心材黄红褐色，耐腐，边材灰褐色，不耐腐，重量轻至中，软，强度弱，干缩小。适作建筑门窗、一般家具、农具、包装材、铅笔杆等。木材价值低。

【叶】 嫩叶作绿肥。

【茎皮】 纤维可织粗布。

【花】 药用：花含槲皮素、桑色素、异槲皮苷、蒽醌类、无色矢车菊素、无色飞燕草素。入药作河豚中毒解药。

杧果属 *Mangifera* L.

约 50 多种，分布亚洲热带；中国产 5 种，又引入 1 种。常绿乔木。

【树皮】 杧果 *M. indica* L. 黄色染料。

【木材】 杧果心材黄褐色，边材灰褐色，轻，软，强度弱，干缩小，不耐腐，易蛀，适作家具、包装材、农具、胶合板、箱板等，木材价值低。扁桃 *M. persiciformis* C. Y. Wu et T. L. Ming，滇南杧果 *M. yunnanensis* Hu.

【叶】 ①染料：扁桃叶可作黄色染料。②药用：叶含杧果苷、异杧果苷，有祛痰、镇咳作用，可抑制病菌。

【花】 蜜源植物。

【果】 ①食用水果：有热带果王之称，汁多，芳香，含糖丰富，维生素含量也高，色、香、味均佳，营养价值高。②加工品：可作蜜饯、果酱、酿酒、干果、罐头、腌渍品。③药用：果皮含杧果酮酸、多酚化合物、没食子酸、槲皮素等，主治慢性咽喉炎、利尿、晕船呕吐。

【果核】 药用：止疝痛，消食滞，食欲不振，坏血病，止咳。

【种子】 油用：种仁含油率 6%~12%，化学成分：棕榈酸 8.8%~11.2%，硬脂酸

31.2%~34%，油酸43.8%~49.8%，亚油酸4.1%，花生酸1.7%~6.7%，可作工业用油。又可入药为杀虫剂及收敛剂。

【全树】　树姿美丽，可作行道树及观赏树。

藤漆属 *Pegia* Colebr.

约3种，分布喜马拉雅山以东；中国产2种，分布西南至华南。攀缘灌木或小乔木。

【茎藤】　泌脂藤 *Sarmentosum*（Lecomle）Hand.-Mazz.及藤漆 *P. nitida* Colebr.入药利尿，解毒消肿。主治毒蛇咬伤、黄疸型肝炎、风湿痹痛、湿疹、疮疡溃烂。

黄连木属 *Pistacia* L.

约10种，分布亚洲、地中海至墨西哥；中国产2种，又引入1种。分布全国。落叶乔木。

【树皮】　①鞣质：黄连木 *P. chinensis* Bge.，树皮含鞣质4.15%，可提制栲胶。②药用：清香木 *P. weinmannifolia* Poiss. ex Franch. 树皮研粉可止血。

【树脂】　黏胶乳香树 *P. lentiscus* L.，树干切割流出树脂入药，亦称"乳香"。主成分：α，β-乳香脂酸38%，α-乳香树脂烃30%，β-乳香树脂烃20%，挥发油2%，乳香酸5%。中医用作乳香用（见橄榄科乳香 *Boswellia corterii* Birdw.）；西医作牙科填齿料及硬膏原料。

【木材】　①紫油木类：清香木，心材红褐至紫黑褐色，甚重，甚硬，强度强，干缩中至大，甚耐腐。适作车船、家具、雕刻、烟斗、工农具柄、算珠、秤杆、手杖、乐器、工艺材等。木材价值贵重。②黄连木类：黄连木，心材黄褐色至金黄色，边材浅黄褐色，重，硬，强度中至强，干缩中至大，心材耐腐，适作车船、家具、雕刻、农具、秤杆、算盘珠、手杖、枪托、烟斗等，木材价值上等。

【叶】　①鞣质：阿月浑子 *P. vera* L.，叶含鞣质10%，可提栲胶；黄连木含鞣质10.81%，除栲胶外还可制革。②芳香油：清香木叶含芳香油0.2%~0.45%，可作香料。③药用：清香木叶清热解毒，收敛止血，主治痢疾、肠炎、腹泻、外伤出血、疮疡湿疹；阿月浑子叶治烧伤、溃疡。④五倍子：黄连木叶常生虫瘿，可代作五倍子，含单宁30%~40%。⑤腌菜：黄连木嫩叶可腌菜，称黄连头。

【花】　蜜源植物：黄连木花期4月，蜜量较多，粉量较少。

【果实】　①食用油：阿月浑子果含油率54.49%~56.37%。主成分：油酸64.9%~7.4%，亚油酸20.2%~23.4%，为优质食用油，不亚于油橄榄油。黄连木果出油率20%~30%，主成分：油酸52.73%，亚油酸26.61%，其他为饱和脂肪酸。油可食用，但味不佳。②工业用油：黄连木油可作工业用油；阿月浑子油可作工业及医药等多种用油；清香木果实油含棕榈酸44%，硬脂酸4.6%，油酸22.8%，亚油酸28.6%，可作工业用油。③食用：阿月浑子果仁可鲜食、炒食、盐渍、烤炸、制糕点、作咖啡、冰淇淋、作香肠配料；含油脂62%、蛋白质20%~22%、糖分9%~13%，味美。④药用：干果可治肾炎、肝炎、胃炎、肺炎。含鞣质50%，可提制栲胶，或药用，治烧伤、溃疡、褥疮、口腔炎。

【全树】　①砧木：黄连木、清香木可作阿月浑子砧木。②绿化、行道树种：阿月浑子可作旱地绿化行道树种；黄连木可作石灰岩山地造林树种。③环保树种：黄连木对SO_2、Cl_2有害气体抗性强，可作厂矿绿化环保树种。

槟榔青属 *Spondias* L.

约 12 种，分布热带美洲和热带亚洲；中国产 3 种，又引入 1 种分布云南、广西、广东、福建。落叶乔木。

【木材】 槟榔青 *S. pinnata*（L. f.）Kurz、岭南酸枣 *S. lakonensis* Pierre 等，材黄白至黄褐色，甚轻软，强度甚弱，干缩甚小，易腐朽虫蛀。适作板料、木屐、包装材、火柴杆、造纸材等，木材价值低。

【树皮】 含鞣质可制栲胶，如槟榔青。

【叶】 槟榔青幼叶可食。

【果】 食用：金酸枣 *S. cytherea* Sonn.，岭南酸枣。

【种子】 岭南酸枣种子含油率 34.28%，主成分：棕榈酸 9.5%、油酸 10.4%、亚油酸 80%，可制肥皂。槟榔青种子油也制肥皂。

盐肤木属 *Rhus*（Tourn.）L.

约 200 种，分布亚热带至温带；中国产约 6 种，又引入 1 种。分布全国（东北地区除外）。落叶乔木或灌木。

【树皮】 鞣质：盐肤木 *R. chinensis* Mill.，树皮含鞣质 3.47%，可作栲胶，纯度 50.22%；红麸杨 *R. punjabensis* var. *sinica*（Diels）Rehd. et Wils.，树皮也可制栲胶；红果漆 *R. typhina* L.，树皮也可制栲胶。

【树脂】 盐肤木树脂可提制作油漆。

【木材】 材黄褐色，轻至中，软，强度中，干缩小至中，边材易蓝变。多为小树，适作一般家具、建筑、农具、细木工、器具等，木材价值下等。如盐肤木，滨盐肤木 var. *roxburghii*（DC.）Rehd.、毛红麸扬 var. *pilosa* Engl.、滇麸杨 *R. teniana* Hand. -Mazz.、青麸杨 *R. potaninii* Maxim.、川麸杨 *R. wilsonii* Hemsl.、白背盐肤木 *R. hypoleuca* Champ. ex Benth.、火炬树 *R. typhina* L.。

【枝条】 ①鞣质：嫩枝虫瘿为五倍子，含鞣质 60%~70%，可作鞣料，黑色染料及墨水。如盐肤木及滨盐肤木、红麸杨，青麸杨。②药用：收敛剂，收敛止血，火烫伤。

【叶】 ①鞣质：盐肤木，青麸杨，红麸杨等虫瘿称五倍子：角倍生叶轴上，肚倍生叶基，倍花生小叶间，肚倍含鞣质 70%，角倍为 50%。②药用：为收敛剂，叶煎汁治漆疮。③饲料：嫩枝叶为很好饲料。④土农药：枝叶有杀虫效率。⑤工业用：五倍子有效成分为五间双没食子酰基葡萄糖，作钻探稀释剂等。

【花】 蜜源植物，盐肤木花期 8~9 月，蜜较多，粉较少，一群蜂年产蜜 5kg。

【果】 ①油用：盐肤木果实含油 10%~20.8%，棕榈酸 33.7%~48.2%，硬脂酸 2.4%~3.5%，油酸 12.5%~23.5%，亚油酸 25.5%~46.8%，亚麻酸 17.3%，可作工业用油。白背盐肤木果实含油 23.2%，棕榈酸 35.7%，油酸 9.9%，亚油酸 38.1%，用作工业用油。红麸杨果含油 19.7%，化学成分：棕榈酸 21.9%，油酸 44.3%，亚油酸 31.1%，工业用油。②药用：果清热解毒，生津润肺，主治感冒发烧，咳嗽，泻痢，风湿痹病，疮疡（盐肤木）。扁果漆果入药，消炎，收敛，舒筋活血，主治消化不良，风湿关节炎，腹泻。③饮料：红果漆果味酸，供制印地安柠檬汁饮料。

【种子】　油用：盐肤木种子含油 20%~25%，主成分：油酸、亚油酸、次亚棕榈酸、硬脂酸、花生酸、山俞酸；可供制肥皂及润滑油。青麸杨种子含油量 23.51%，红麸杨种子均可榨油，用作工业润滑油及制肥皂。

【根】　药用：盐肤木根部入药、功效同果。红果漆根皮入药，治局部出血。

【全树】　①树脂：可作油漆用。如盐肤木。②观赏树种：秋叶红艳，如盐肤木、红果漆，为庭园观赏树种。③水土保持树种：如盐肤木、红果漆。

肖乳香属 *Schinus* L.

约 30 种，分布南美洲；中国引入 1 种：肖乳香 *S. terebinthifolius* Raddi。

【树脂】　树干可割取树脂，工业用。

【花】　①药用：为收敛用药，主治腹泻。②观赏：花鲜红色，芳香，作观赏植物。③全树作行道观赏树。

漆树属 *Toxicodendron*（Tourn.）　Mill.

约 20 种，分布热带至温带；中国产约 13 种，分布华北、陕西、甘肃至长江流域以南。

【树皮，鞣质】　木蜡树 *T. sylvestre*（Sieb. et Zucc.）Kuntze. 树皮含鞣质 21.35%，可作栲胶。

【树脂】　漆树 *T. verniciflnum*（Stokes）F. A. Barkley.，5~10 年开始割漆至 50~60 年，夏季伏天割漆最好。①漆为"涂料之王"，久负盛名，结膜块，色泽光亮，耐酸碱，耐高温，为木器、国防、机械、化工、纺织、建筑重要涂料；又改性作浅色漆。②药用：主成分为漆酚 80%，少量氢化漆酚，虫胶酶，树胶，破瘀散结，通经，杀虫，主治闭经，虫积。野漆树树脂可生产漆，用途同漆树，除漆树外，是产漆最多最好的一种。野腊漆 *T. succedaneum*（L.）O. Kuntze.，产漆较少。

【木材】　材重至中，硬度中，强度中，干缩中至大，心材色深暗黄褐色，较耐腐。适作家具、农具、雕刻、秤杆、烟斗、细木工等。木材价值中等。如漆树，野漆树，木蜡漆，石山漆 *T. calcicolum* C. Y. Wu，尾叶漆 *T. caudatum* C. C. Huang，小漆树 *T. delavayi*（Franch.）F. A. Barkley.，黄毛漆 *T. fulvum*（Craib）C. Y. Wu et T. L. Ming，大花漆 *T. grandiflorum* C. Y. Wu et T. L. Ming，裂果漆 *T. griffithii*（Hook. f.）Kuntze.，香港漆 *T. hypoleuca* Champ. ex Benth.，小果大叶漆 *T. insigne*（Hook. f.）O. Kuntze var. Microcarpum C. C. H，野葛漆 *T. radicans*（L.）O. Kuntze ssp. *hispidum*（Eengl.）Gillis.

【叶】　①鞣质：野漆树叶含鞣质，可制栲胶；野漆树、漆树叶均含鞣质可制栲胶。②药用：漆树，野漆树，木蜡树叶入药，通经、镇咳、驱虫之效。③农药：漆树、野漆树、木蜡树叶可作杀虫农药，对棉蚜虫、蔬菜害虫有效率达 80%。

【花】　蜜源植物：漆树花期 5~7 月，蜜多，每群蜂年产蜜 5~15kg。

【果实】　①油用：尖叶漆 *T. acuminatum*（DC.）C. Y. Wu et T. L. Ming，果含油量 16.17%，化学成分：棕榈酸 59.9%、硬脂酸 7.7%、油酸 19.3%、亚油酸 10.5%。野漆树果含油 18.5%、棕榈酸 50.4%、油酸 12.7%、亚油酸 35.2%，可作工业用油。②蜡质：木蜡树果含腊 47.61%，野漆树、漆树、果蜡可作蜡烛、膏药、香膏等。

【种子】　①油用：山漆树种子含油 20%，化学成分：棕榈酸 25.4%，硬脂酸 5.5%，油酸 20.1%、亚油酸 49%。大花漆种子含油 17%~19%，化学成分：棕榈酸 17.5%，硬脂酸 3.8%，油酸 29.8%，亚油酸 47.3%。野漆树种子含油量 30.1%，化学成分：棕榈酸 30.5%，油酸 22%，亚油酸 44.1%。木蜡树种子含油了 7.61%，化学成分：棕榈酸 70%，油酸 13.1%，硬脂酸 5%~11.6%。漆树种子含油量 31.16%，化学成分：15%~19% 硬脂酸 2.3%~3.5%，油酸 13.8%~26.1%，亚油酸 52.6%~67.7%，可食用、肥皂、油漆、油墨、工业润滑油等。②药用：活血滋补，抗寒去湿，主治气管炎，肺结核。

【根】 药用：山漆树，祛风除湿，消肿止痛，主治风湿病。又作农药杀虫药。如野漆树，漆树。

钩枝藤科 Ancistrocladaceae，1 属约 20 种，分布东半球热带；中国产 1 种，分布海南。藤本。钩枝藤属 Ancistroclad us Wall.，约 20 种，分布东半球热带；中国产 1 种，分布海南。钩枝藤 A. tectorius (Lour.) Merr.，本种含钩枝藤碱，入药，主治皮癣，疮疥。

番荔枝科 Annonaceae

约 120 多属 2100 多种，广布热带、亚热带；中国产 24 属，120 多种，又引入 2 属 7 种。分布西南至台湾，少数至华东、中南。常绿或落叶乔木、灌木、藤本。

藤春属 Alphonsea Hook. f. et Thoms.

约 20 种，分布亚洲热带、亚热带；中国产 6 种，分布华南、西南。乔木。

【木材】 材浅黄绿至黄褐色，细致均匀，重，硬，强度强，干后开裂变形，耐腐性弱，不抗蛀，适造船，车辆，建筑，家具，农具等。木材价值下等。如海南藤春 A. hainanensis Merr. et Chun、石密 A. mollis Dunn.、藤春 A. monogyna Merr. et Chun。

【果实】 食用：藤春果长 3.1~3.5cm，石密果长 1~1.5cm；海南藤春果长 3~4cm，均可食。

【全树】 庭园绿化观赏树种：藤春花黄色，树姿美丽，可供绿化观赏。

番荔枝属 Annona L.

约 120 种，分布南美洲及非洲的热带、亚热带；中国引入 6 种，华南、福建、台湾、云南栽培。乔木或灌木，落叶或常绿。

【树皮】 纤维：番荔枝 A. squamosa L.，树皮纤维可造纸。

【木材】 心材浅栗褐色，材轻至中，硬度中，不耐腐。适作火柴杆、包装箱、瓶塞、浮子、软木、电线板等。木材价值低。如圆滑番荔枝 A. glabra L.、牛心番荔枝 A. reticulata L.等。

【木材】 番荔枝叶治脱肛。

【果实】 ①鲜食：毛叶番荔枝 A. cherimolia Mill，聚合果心形，卵形，最重 1kg，肉白色，酸甜，多汁，有凤梨味，含蛋白质 1.83%，脂肪 0.14%，糖类 18.41%，原产秘鲁，台湾、海南、广东、云南有栽培。圆滑番荔枝，聚合果牛心状，长 8~10cm，径 6~7.5cm，但皮厚，质差。山刺番荔枝 A. Montana Macf.，果大，径 15cm，黄色，生肉质软刺，果可食。刺果番荔枝 A. muricata L.，果大，卵形，长 10~25cm，重 20kg，产量高，肉白色，多汁，含糖 17%，蛋白质 7%，脂肪 4% 稍有芒果香味。牛心番荔枝，聚合果牛心形，长 7.5～12.5cm，含糖 16.8%，蛋白质 1.6%，脂肪 0.26%；次手番荔枝，台湾、海南栽培。番荔枝，聚合果球形、心形，径 5～10cm，甚甜，汁多，含糖 20%，蛋白质 2.3%，脂肪 3%，有独特芳香，品质最佳，宜鲜食，为世界五大名果之一，原产热带美洲，我国华南、福建、台湾、浙江南部、云南、贵州栽培。②转化加工：番荔枝类可加工夏季清凉饮料。果汁、果冻、果酱、蜜饯、酿酒等。

【种子】 油用：牛心果种子含油 20.7%，半干性油，主成分：棕榈酸 9.7%，硬脂酸 9.5%，油酸 43.9%，亚油酸 36.8%。刺果番荔枝种仁含油 35.5%，半干性油，主成分：棕榈酸 18.1%，硬脂酸 2.5%，油酸 38.55%，亚麻酸 40.8%。番荔枝种子含油 39.1%，不干性油，主成分：棕榈酸 14%，硬脂酸 6.2%，油酸 48.2%，亚油酸 37.6%。油适工业用油、润滑油、化妆品、肥皂等。

【根】 药用，番荔枝根，主治急性痢疾，精神抑郁，脊骨痛等。

【全树】 ①砧木：牛心果，山刺番荔枝，牛心番荔枝，可作番荔枝砧木，品质优良。②紫胶虫寄主树：番荔枝、牛心番荔枝、刺果番荔枝。

鹰爪花属 *Artabotrys* R. Br. ex Ker

约 100 种，分布热带、亚热带；中国产 10 种，分布西南、华南至福建。攀缘灌木。

【茎皮】 纤维：毛叶鹰爪花 *A. pilosus* Merr. et Chun，茎皮纤维可编绳索。

【花芳】 香油：鹰爪花 *A. hexapetalus*（L. f.）Bhandari，花可提芳香油 0.75%～1%，鹰爪花浸膏可制高级香水及香皂香料。毛叶鹰爪花也可提芳香油。

【根】 药用：鹰爪花根，主成分为鹰爪甲素，为很好抗疟药。

【全树】 观赏树种：鹰爪花极香，常作庭园观赏树种。

依兰属 *Cananga*（DC.）Hook. f. et Thorns.

约 4 种，分布亚洲热带至大洋洲；中国引入 1 种，1 变种，华南、福建南、四川、云南栽培。常绿乔木或灌木。

【花蕾】 精油：依兰 *C. odorata*（Lamk.）Hook. f et Thorns.，花蕾提取名贵精油，称依兰油，鲜花出油率 1%，从斯里兰卡引入小花品种含油率 2%～3%，品种佳，大花品种油含量低品质差，成熟期时花含油 2.5%～3.5%，含量高。主成分：依兰油烯（19.82），β-石竹烯（33%），金合欢醇（4.75%），苯甲酸苄酯（5.23%），醋酸金合欢酯（0.91%），α-荜草烯（7.69%），香柠檬烯（5.4%），金合欢烯（3.29%），杜松萜烯（2.48%），芳樟醇（0.41%），牻牛儿醇（2.48%），芳樟醇（0.41%），对甲酚甲醚（2.41%），其他尚有：α，β-蒎烯，醋酸苄酸，草蒿素，牻牛儿醛，丁香酚，α-古巴烯，醋酸金合欢酯，橙花醇，橙花叔醇，水杨酸苄酯等，广泛配制香水，香皂，雪花膏，冷霜，发油，面粉，香气浓郁，特别适用于花香型香精，在非花香型东方型中亦常用。小依兰 var. *fruticosa*（Craib）Sincl.，用途近似，花期 5～8 月，香气淡，观赏性好。

【木材】 依兰心材浅红色，轻、软、强度弱、不耐腐、易蛀、适包装材、板条等，不堪大用，木材价值低。

皂帽花属 *Dasymaschalon* (Hook. f. et Thoms.) Dalle Torre et Harms

约 16 种，分布亚洲热带、亚热带；中国产 3 种，分布华南至西南。灌木至小乔木。

本属小乔木者，可利用木材作家具，材浅灰黄色，可作建筑、农具、器具，木材价值低。如：皂帽花 *D. trichophorum* Merr.，喙果皂帽花 *D. rostratum* Merr. et Chun，黄花皂帽花 *D. sootepense* Craib。

假鹰爪属 *Desmos* Lour.

约 30 种，分布亚洲热带、亚热带及大洋洲；中国产 4 种，分布华南、西南。乔木、灌本、藤本。

【茎皮】 纤维：酒饼叶 *D. chinensis* Lour.，含纤维素 13.5%，可代麻制绳索、麻袋、混纺及高级文化用纸。假鹰爪 *D. chinensis* Lour.，用途相同。毛叶假鹰爪，*D. dumosus* (Roxb.) Safford，可作麻绳。

【叶】 ①酒饼食用：海南用酒饼叶及假鹰爪叶制酒饼食用。②药用：假鹰爪叶制治皮癣药及损伤药，风湿骨痛，产后腹痛，疟疾。③兽药：假鹰爪叶治牛肠胃积气、宿革不消。

【果】 食用：假鹰爪、酒饼叶（海南假鹰爪 *D. hainanensis* Merr. et Chun），浆果味甜可食。

【种子】 油用：假鹰爪种子含油 25.76%，主成分：月桂酸 2.52%，棕榈酸 10.18%，花生酸 7.18%，油酸 25.09%，亚油酸 52.3%，亚麻酸 2.25%，供工业用油。

【根】 药用：假鹰爪根，祛风健脾，镇痛，主治风湿骨痛，产后腹痛，跌打损伤。

【全株】 药用：酒饼叶，祛风利湿，健脾理气，散瘀止痛，主治风湿性关节痛、产后风痛腹痛，流血不止，痛经，胃痛，腰痛，腹泻，肾炎水肿，跌打损伤。

【全树】 观赏植物：假鹰爪花瓣似鹰爪，花大，黄白色，芳香，适庭园观赏。

瓜馥木属 *Fissistigma* Griff.

约 75 种，分布亚、非、大洋洲热带、亚热带；中国产 22 种，分布东南到西南。

【茎皮】 纤维：瓜馥木 *F. oldhamii* (Hemsl.) Merr.、多花瓜馥木 *F. polyanthus* (Hook. F. et Thoms.) Merr.，纤维可制绳，织麻袋，造纸。

【叶】 ①食用：白叶瓜馥木、香港瓜馥木 *F. uonicum* (Dunn) Merr.，叶可作酒饼食用。②药用：多花瓜馥木叶可治哮喘、疮疥。

【花】 精油：瓜馥木鲜叶含精油 0.8%，可调制化妆品及皂用香精。

【果】 食用：瓜馥木果径 1.4cm，肉味甜。香港瓜馥木果径 4cm，味甜。

【种子】 油用：多花瓜馥木种子含油 19.2%，干性油，主成分：棕榈酸 9.8%，油酸 28.1%，亚油酸 54.8%。瓜馥木种仁含油 36%，干性油，主成分：棕榈酸 11.7%，硬脂酸 8%，油酸 37.5%，亚油酸 39.9%。凹叶瓜馥木 *F. retusum* (Lévl.) Rehd.，种仁含油量 34.1%，不干性油，主成分：棕榈酸 10.4%，硬脂酸 9.1%，油酸 42.34%，亚油酸 37%。香港瓜馥木种子含油 23.5%，主成分：棕榈酸 9.8%，硬脂酸 4.9%，油酸 30.4%，亚油队 43.7%。适制工业用润滑油及肥皂。

【根皮】 药用：排骨灵 *F. bracteolatum* Chatterjee，舒筋，活血，止血，主治跌打损伤，骨折，外伤出血。多叶瓜馥木，活血除湿，主治劳伤，跌打损伤，月经不调；外用治骨折出血。瓜馥木，祛风活血，镇痛，主治跌打损伤，风湿性关节痛，坐骨神经痛。多花瓜馥木，通经络，强筋骨，活血止痛，主治跌打损伤，小儿麻痹后遗症，风湿性关节炎，半身不遂，感冒。

哥纳香属 *Goniothalamus*（Bl.）Hook. f. et Thoms.

约50种，分布亚洲南部、东南部；中国产10种，分布西南、华南至台湾。灌木或小乔木。

海南哥纳香 *G. howii* Merr. et Chun，种仁含油量33%，属不干性袖，主成分：棕榈酸12%，油酸48.5%，亚油酸38.5%，可作工业润滑油及日用化工用油。

蚁花属 *Mezzettiopsis* Ridl.

1种，产中国及印度尼西亚；中国分布海南、云南。乔木。

蚁花 *M. creaghii* Ridl.，小乔木，可达12m，材可利用。

野独活属 *Miliusa* Lesch. ex DC.

约30种，分布亚洲热带、亚热带；中国产5种，分布华南至西南。小乔木或灌木。

本属为5~6m小乔木，如中华野独活 *M. sinensis* Finet et Gagnep.，材可就地利用。

银钩花属 *Mitrephora*（Blume）Hook. f. et Thoms.

约40种，分布亚洲南部、东南部至大洋洲；中国产3种，分布华南至西南。乔木或灌木。

本属木材黄绿色，重，硬，不变形，但不耐腐。适家具、建筑、车辆、农具、器具等。木材价值下等。如银钩花 *M. thorelii* Pierre、山蕉 *M. maingayi* Hook. f. et Thoms.

蕉木属 *Oncodostigma* Diels

约4种，分布东南亚，中国产1种，分布海南、广西。乔木。

【木材】 蕉木 *O. hainanense*（Merr.）Tsiang et P. T. Li，材坚硬，但耐腐性弱，适作家具、建筑、农具、车辆等。木材利用价值下等。

【全树】 物种资源：本种现已濒危，应加强保护。

澄广花属 *Orophea* BL.

约60种，分布亚洲南部、东南部；中国产4种，分布广东、广西至云南。乔木或灌木。

【茎皮】 广西澄广花 *O. anceps* Pierre，纤维可制绳索、麻袋，造纸。

【木材】 小乔木，造作农具、小家具、细木工等。木材利用价值低等。

暗罗属 *Polyalthia* BL.

约120种，分布东半球热带、亚热带；中国产17种，分布西南至台湾。灌木、乔木。

【茎皮】 纤维：细基丸 *P. cerasoides*（Roxb.）Benth. et Hook. f. ex Bedd.，斜脉暗罗

P. plagioneura Diels。纤维韧性好，可织麻袋、绳索、牛缆、造纸。

【木材】 ①暗罗类：材浅灰褐至暗黄褐色，材甚轻甚软，干缩小，不耐腐，易变色。适作包装材，板条，造纸等。木材价值低。如斜脉暗罗，沙煲暗罗 *P. consanguinea* Merr.，海南暗罗 *P. laui* Merr. ②细基丸类：材黄绿色，材重硬，干后裂翘，稍耐腐。适作农具，器具，建筑等，木材价值下等。如细基丸。

【果】 食用：鸡爪暗罗 *P. suberosa*(Roxb.)Thwaites，果味甜可食。沙煲暗罗，细基丸果亦可食。

【种子】 油用：斜脉暗罗种仁含油 54.7%，主成分：棕榈酸 13%，硬脂酸 3.7%，油酸 23%，亚油酸 20.3%，适工业润滑油及提取亚油酸原料。

【根】 药用：陵水暗罗 *P. nemoralis* A. DC.，根主成分为暗罗素，补脾健胃，补肾固精，主治慢性胃炎，食欲不振，四肢无力，遗精。

金钩花属 *Pseuduvaria* Miq.

约 17 种，分布亚洲南部、东南部；中国产 1 种，分布云南。乔木或灌木。金钩花 *P. indochinensis* Merr.，材可利用。

囊瓣木属 *Saccopetalum* Benn.

约 8 种，分布亚洲热带至大洋洲，中国产 1 种，分布海南。乔木。

【木材】 囊瓣木 *S. prolificum*(Chun et How)Tsiang，大乔木，高达 25m，重，硬，结构细，不变形。适作农具、车辆、机械、农具、建筑、桥梁、矿柱等。木材价值中等。

【全树】 物种资源：本种稀有，应加强保护和发展。

紫玉盘属 *Uvaria* L.

约 150 种，分布东半球热带；中国产 10 种，分布西南至华南。攀缘灌木或小乔木。

【茎皮】 纤维：紫玉盘 *U. microcarpa* Champ. ex Benth.，纤维强韧，可制绳索，织麻袋。刺果紫玉盘 *U. calamistrata* Hce.，纤维坚韧，织绳。

【果】 食用：山椒子 *U. grandiflora* Roxb.，小果浆果状似辣椒，味甜可食。

【根】 茎或带叶药用：紫玉盘，健脾行气，祛风止痛，主治消化不良，腹胀泻，腰腿疼痛，跌打损伤。兽药治牛脚癣，跌打损伤，马藤紫玉盘 *U. tonkuiensis* var. *subglatra* Finet et Gagnep.，主治黄、白尿症。

夹竹桃科 Apocynaceae

约 250 属 2000 种以上，分布热带、亚热带；中国产 46 属，约 160 种，又引入 8 属 16 种。分布长江流域以南，少数分布至北部。草本、灌木、攀缘灌木，或乔木。

罗布麻属 *Apocynum* L.

14 种，分布北温带；中国产 1 种，罗布麻 *A. venetum* L.，分布东北，西北至华东。直立草本或亚灌木。

【叶】 ①橡胶：在花前期含量 4%～5%，可提取利用。②药用：叶含儿茶酚，槲皮素，黄酮类物质，有祛痰，镇咳，降血压，降血脂作用。又可作罗布麻烟，有防哮喘作用。

【茎皮】 优良纤维原料：纤维长 25.19～53.5mm，宽 14.75～20.15mm，平均强度 18.25～19.3g；纤维素含量 54.79%，半纤维素 34.7%，木质素 9.17%，可与棉混纺 60～120 支高级纱类，用于纺织、渔网、皮纸；与棉毛混纺织布、绸缎衣料。

【花】 良好蜜源植物，芳香。

【乳汁】 药用：能愈合伤口。

【根】 主要化学成分：罗布麻苷 A，B，C，白麻苷，毒毛旋花子苷，强心苷。加拿大麻苷。入药：有强心作用与抑菌作用，清热平肝，主治高血压，头痛，失眠，防治感冒。

黄蝉属 *Allemanda* L.

约 15 种，分布热带美洲；中国引入 2 种，华南、福建、台湾广泛栽培。蔓性灌木。

【叶】 黄蝉 *A. neriifolia* Hook.，药用：主要化学成分：黄蝉花辛，黄蝉花定，黄蝉花素，异黄鸡蛋花素，用作外伤出血，疮毒。

【花】 观赏植物：黄蝉花金黄色，花筒长 5cm，有光泽，极美丽，供庭园观赏。软枝黄蝉 *A. cathartica* L.，花金黄色，直径 5～7cm，极美丽，供观赏。

【根】 药用：主要化学成分：鸡蛋花素，黄蝉花素，黄蝉花定，黄蝉花辛，异黄鸡蛋花素，主治外伤出血，疮毒。

鸡骨常山属 *Alstonia* R. Br.

约 50 种，分布亚、非热带；中国产 6 种，又引入 2 种，分布西南至南部。乔木或灌木。

【树皮】 药用：盆架木 *A. scholaris* (L.) R. Br.，主成分：生物碱，作兴奋剂，退热剂，驱虫药，增进食欲，治肠胃病痛。

【树胶】 盆架树树汁可提制硬性橡胶，可作口香糖，含有柠檬醛香气；大叶盆架 *A. macrophylla* Wall. ex G. Don，树液可制硬性橡胶。

【木材】 材浅黄褐色或浅黄微褐色，轻，软，强度弱，干缩小，不耐腐，易变色，不抗蛀。适作包装材，火柴杆，盒，百叶窗，天花板，木履，铅笔杆，胶合板芯材，渔网浮子等。木材价值低。如黄蝉，大叶盆架，小鸡骨常山 *A. mairei* Lévl.，鸡骨常山 *A. yannanensis* Diels，小叶灯台树 *A. pachycarpa* Merr. et Chun，野灯台树 *A. glaucescens* (U. Schum.) Monach，盆架树。

【叶】 药用：小鸡骨常山叶解毒止血；外用治刀伤出血，疮毒。

【果】 油用：鸡骨常山种子含油量 17%，可作工业用油。

【根】 药用：鸡骨常山根含利血平，有降压作用；又解热截疟，止痛，主治疟疾，口腔炎；外用骨折，跌打损伤。盆架树，有退热、降压作用，主治支气管炎，百日咳，胃痛，腹泻，疟疾；外用治跌打损伤。小叶灯台树，野灯台树药性近似。

【全树】 ①庭园绿化及行道树：盆架木。②观赏树种：盆架木。

链珠藤属 *Alyxia* Banks ex R. Br.

约 110 种，分布南亚及太平洋岛屿，中国产约 18 种，分布西南至东南。藤本状灌木。

全株入药。链珠藤 A. sinensis Champ. ex Benth.，祛风活血，通经活络，主治风湿性关节炎，腰痛，闭经，风火牙痛，跌打损伤。大果链珠藤 A. siamensis Craib.，清热解毒，主治疟疾。筋藤 A. Levinei Merr.，消肿止痛，祛瘀生新，主治风湿病，腰痛，心胃痛。

毛车藤属 *Amalocalyx* Pierre

2 种，分布中国云南至中南半岛；藤本。本属毛车藤 A. yunnanensis Tsiang，果可食。根入药，催乳，主治妇女缺奶。

鳝藤属 *Anodendron* A. DC.

18 种，分布中南半岛至印度，斯里兰卡；中国 6 种，分布南部。攀缘灌木。茎，叶入药，主要成分：黄芪苷，汉黄芩索。鳝藤 A. affine (Hook. et Arn.) Druce，主治气虚，腰痛，脘腹痛。

清明花属 *Beaumontia* Wall.

约 15 种，分布亚洲热带；中国产 5 种，分布南部和西南部。藤本。

【种子】 药用：大花清明花 B. grandiflora Wall.，种子主成分：炮弹果苷，比蒙藤苷，祛风湿，散瘀活血，接骨，主治骨折，腰肌劳损，风湿性关节炎。

【根(叶)】 大花清明花主成分：欧夹竹桃苷；思茅清明花 B. murtonii Craib，根(叶)入药，治风湿腰腿痛。

长春花属 *Catharanthus* G. Don

约 6 种，分布东南亚至非洲；中国产长春花 C. roseus(L.)G. Don，各地栽培，草质灌木。长春花化学成分：叶含阿马里新，长春碱，长春多灵，长春里宁；种子含柳叶水甘草碱；根含鸭脚木碱，蛇根碱，长春碱；全株含长春花碱，冠狗牙花定，瓜利文碱，四氢鸭脚木碱，醛基长春花碱。抗癌，降压药，主治淋巴细胞性白血病，淋巴肉瘤，巨滤泡性淋巴肉瘤，高血压病。

假虎刺属 *Carissa* L.

约 30 多种，分布亚、非、大洋洲热带、亚热带；中国产 4 种，分布西南至东部。常绿灌木或乔木。

【果】 食用：假虎刺 C. spinarum L. 果熟时深紫色如樱桃，味美，径 2.5cm，可生食，腌渍，果酱，果冻，布丁，糕点。大花假虎刺 C. macrocarpa (Eckl.) A. DC.，果熟后，皮薄，含乳汁，有红莓子香味。虎刺果 C. edulus Vahl，果可食。

【花】 观赏：假虚刺花白色，芳香，供观赏。

【根】 药用：老虎刺 C. spinarum L.，根入药，消炎，解热，止痛，主治黄疸型肝炎，胃痛，风湿痛，疮疖，淋巴腺炎，急性结膜炎，牙周炎，咽喉炎。

【全树】 绿篱植物：本属各种适作绿篱植物。

海杧果属 *Cerbera* L.

约 10 种，分布亚洲、大洋洲、非洲热带至亚热带；中国产 1 种，分布南部海岸至台湾、云南。乔木。

【树液】 药用：主成分为海杧果苷，具有强心作用，用于治疗心力衰竭急性病例，又有催吐，泻下作用。海杧果 *C. manghas* L.

【果实】 主成分：氢氰酸，海杧果苷，海杧果碱，可以毒鱼。

【种子】 油用：含油量 67.1%，主要成分：棕榈酸 18.8%，硬脂酸 6.8%，油酸 61.2%，亚油酸 10.1%，可供工业用油。

【全树】 观赏树种：海杧果花芳香，美观，供庭园绿化观赏。

鹿角藤属 *Chonemorpha* G. Don

约 20 种，分布亚洲热带，亚热带；中国产 7 种，分布华南，云南。攀缘灌木。

【鹿角藤 *C. eriostylis* Pitard 皮茎，髓部，叶脉，果实】 均含胶乳，可提制橡胶，橡胶含量 85.8%，可制日用橡胶品、鞋底、水袋，可制飞机、汽车、自来水装备零件、瓶塞等用品，品质优良。海南鹿角藤 *C. splendens* Chun et Tsiang，也可制橡胶品。

【药用】 长萼鹿角藤 *C. megacalyx* Pierre 茎藤入药，通经活络，活血止痛，接骨生肌，降血压，主治肾亏腰痛，高血压，风湿性腰腿痛，骨折，跌打损伤。毛叶藤仲 *C. valvata* Chatt.，根茎入药，祛风通络，接骨，止血，主治风湿性关节炎，外用治外伤出血。

花皮胶藤属 *Ecdysanthera* Hook. et Arn.

约 25 种，分布热带、亚热带；中国产 2 种，分布长江流域以南。攀缘藤本。

【花皮胶藤 *E. utilis* Hay. et Kawakami 茎皮，叶脉，果实】 含胶乳，含量 35%，可制轮胎，救生圈，橡皮艇，潜水衣，胶管，雨鞋，珠胎，手套，气球，橡胶制品等。

【茎皮药用】 药皮胶藤茎皮入药，可治小儿泡疮（外敷）。

【全株】 酸叶胶藤 *E. rosea* Hook. et Arn.，全株入药，利尿消肿，止痛，主治咽喉肿痛；慢性肾炎，肠炎，肝炎，风湿骨痛，跌打损伤。又酸叶胶藤乳胶也可作橡胶品。

狗牙花属 *Ervatamia* Stapf

约 120 种，分布亚洲、大洋洲热带；中国产 3 种，分布华南、云南。灌木或乔木。

狗牙花 *E. divaricata* (L.) Burk. cv. gouyahua 根皮入药。主成分：冠狗牙花定，有降压功效。广西狗牙花 *E. kwangsiensis* Tsiang，根皮、叶入药，活血散瘀，主治跌打损伤，接骨。药用狗牙花 *E. officinalis* Tsiang，根入药，主治腹痛。

止泻木属 *Holarrhena* R. Br.

约 20 种，分布热带、亚热带；中国产 1 种，分布华南、台湾、云南。乔木。

【树皮】 药用：止泻木 *H. antidysenterica* Wall. ex A. DC.，树皮有止泻效能，又降血压，治疗肠胃气胀及治疟疾作用。

【木材】 木材轻软，适作木楼，箱板，木梳等。木材价值下等。种子药用：补肾壮阳。

【根皮】 药用：主成分为锥丝碱，也有止泻作用。

腰骨藤属 *Ichnocarpus* R. Br.

约 18 种，分布印度尼西亚、马来西亚至大洋洲；中国产 2 种。分布华南、福建、云南。木质藤本。

【树皮】　药用：少花腰骨藤 *I. oliganthus* Tsiang，树皮舒筋活血，主治筋骨痛。

【种子】　药用：腰骨藤 *I. frutescens*（L.）W. T. Ait.，种子除湿祛风，止痛，主治风湿病。

蕊木属 *Kopsia* Bl.

约 30 种，分布热带，亚热带；中国产 4 种，分布华南，云南。灌木或乔木。

【树皮】　药用：云南蕊木 *K. officinalis* Tsiang et P. T. Li，海南蕊木 *K. hainanensis* Tsiang，蕊木 *K. lancibracteolata* Merr.，树皮煎水治水肿病。

【果（及叶）】　药用：云南蕊木，消炎止痛，舒筋活络，主治咽喉炎，扁桃体炎，风湿骨痛，四肢麻木。

山橙属 *Melodinus* Forst.

约 50 多种，分布亚洲热带至大洋洲；中国产约 10 种，分布华南至西南。高大藤本。茎皮纤维，可织麻袋、麻绳，如山橙 *M. suaveolens* Champ. ex Banth.。

【果实】　药用：山橙果入药，行气止痛，消积化痰，主治消化不良，腹痛，咳嗽多痰，小疝气。尖山橙 *M. fusiformis* Champ. ex Benth.，果活血、祛风、补肺、通乳，主治风湿性心脏病。贵州山橙 *M. henryi* Craib.，果入药。解热、镇痉、活血散瘀，主治小儿脑膜炎角弓反张。

【花观赏】　山橙花白色极香，可栽培观赏。

【种子】　油用：山橙种子含油量 28.3%，主成分：棕榈酸 16.7%、硬脂酸 2.9%、油酸 38.9%、亚油酸 41.5%；尖山橙种子含油量 29.1%，主成分：棕榈酸 14.9%、硬脂酸 2.4%、油酸 41.5%、亚油酸 41.2%。可作工业用油。

夹竹桃属 *Nerium* L.

4 种，分布亚洲至地中海；中国产 2 种，各地常见栽培。常绿灌木。

【树皮】　①纤维：夹竹桃 *N. indicum* Mill.，树皮纤维色白，细柔，有丝光，可作很好的混纺原料，平布，帆布，衣或制绳索及造纸。②药用：夹竹桃皮含酚类结晶物，可作强心剂。

【叶】　药用：夹竹桃叶主成分为欧夹竹桃苷，可提制强心剂，又作杀虫农药。

【花】　观赏树种：花色艳丽，适公园，行道绿化观赏树种。花也含强心甙，作用似洋地黄，具有强心作用。

【种子】　油用：种子含油量 58.5%，可作工业润滑油。

【全树】　①观赏绿化树种：夹竹桃和白花夹竹桃 *N. indicum* cv. Paihua.，前者花色艳丽似桃花，后者花纯白色，为优美的庭园、行道绿化观赏树种。②环保树种：夹竹桃对有害气体抗性很强，对 SO_2、Cl_2、HF 有较强的抗性及一定吸收能力，防尘能力很强，生长健壮，为厂矿重要环保树种。

玫瑰木属 *Ochrosia* **Juss**.

约 40 种，分布马达加斯加至大洋洲；中国引入 2 种，分布南部。乔木。玫瑰木 *O. borbonica* Gmel.，及椭圆叶玫瑰木 *O. elliptica* Labill.，含椭圆叶玫瑰木碱，入药，消炎利胆，主治肝炎、上呼吸道感染。

杜仲藤属 *Parabarium* **Pierre**

约 10 种，分布热带至亚热带；中国产 7 种，分布华南至云南。攀缘藤本或灌木。

【树汁】　橡胶：毛杜仲藤 *P. huaitingii* Chun et Tsiang，含胶量 34.55%；中赛格多 *P. spireanum* Pierre，含胶量 88%；大赛格多 *P. tournieri* Pierre，含胶量 87.75%；牛角藤 *P. lineaxicarpum* (Pierre) Pichon，白杜仲藤 *P. micranthum* (A. DC.) Pierre 也含橡胶，可制橡胶制品，鞋底，瓶塞。赫当杜 *P. barbata* (Bl.) K. Schum，含胶量 87.47%，红杜仲藤 *P. chunianum* Tsiang 也含橡胶。

【藤茎】　药用：毛杜仲藤可治牛皮癣：白杜仲藤可治风湿性腰痛(可代杜仲用)。

【根】　药用：毛杜仲藤，祛风活络，强筋壮骨，主治风湿痛，腰肌劳损，腰腿痛，跌打损伤；外用治外伤出血；白杜仲藤浸酒治风湿腰腿痛(可代杜仲)；兽药，治牛风湿症，软脚症，跌伤断骨，猪丹毒等。

【果】　中赛格多果可食，味酸。

【全株】　长节珠 *P. laevigata* ouss. Maldenke，入药：祛风活血，散瘀止痛，消炎，主治风湿骨痛，跌打损伤，肾下垂，肾炎，壮腰补肾。

鸡蛋花属 *Plumeria* **L**.

约 7 种，分布中美洲；中国引入 2 种，分布华南，福建，云南。灌木至小乔木。

【树皮】　清热下痢，解毒止咳，主治：痢疾，肠炎，咳嗽，感冒发烧。

【茎叶】　主成分：黄鸡蛋花素、异鸡蛋花素、褐鸡蛋花素、二氢鸡蛋花酸、黄酮营、山柰醇葡萄糖苷、槲皮素葡萄糖营，入药，主治消化不良，防治中暑，支气管炎。

【花】　①代茶：鸡蛋花 *E. rubra* var. *acutifolia* Bailey 及红鸡蛋花 *P. rubra* L.，花有香气，晒干代茶，有祛湿之效。②药用：花主要化学成分：鸡蛋花酸、苷类及挥发油，清热解毒，利湿止咳；主治：肠炎，细菌性痢疾，消化不良，小儿疳积，传染性肝炎，支气管炎，预防中暑。③芳香油：鸡蛋花含精油 0.04%~0.07%，作调制化妆品原料及香皂原料。

【全树】　观赏植物：鸡蛋花及红鸡蛋花，花色艳丽，香气沁人，为良好观赏植物。

白麻属 *Poacynum* **Baill**.

2 种，分布中国西部至中亚；中国产 2 种，分布新疆、甘肃、青海、宁夏、内蒙古。直立半灌木。

【茎皮】　纤维：白麻 *P. pictum* (Schrenk) Baill. 及大叶白麻 *P. hendersonii* (Hook. f.) Woodson，纤维含量 50%~60%，最长 180mm，为棉花 5~6 倍，柔软，洁白，光泽，为优良纺织原料与棉、毛混纺为上乘衣料。

【叶】　药用：主成分为槲皮素、黄酮类，主治腹泻，肠炎。

帘子藤属 *Pottsia* Hook. et Arn.

约 5 种，分布亚洲东南部；中国产 3 种，分布长江流域以南。常绿攀缘灌木。

【茎皮】 橡胶：帘子藤 *P. laxiflora* (Bl.) Kuntze、大花帘子藤 *P. grandiflora* Markgr.、毛帘子藤 *P. pubescent* Tsiang，茎皮可提制橡胶，作一般橡胶制品。

【茎根入药】 主治贫血，腰骨酸痛等。

萝芙木属 *Rauvolfia* L.

约 135 多种，分布热带，亚热带；中国产 9 种，分布台湾，福建，江西以南。灌木或乔木。

【树液】 ①药用：四叶萝芙木 *R. tetraphylla* L.，树液有催吐，下泻作用，祛痰，利尿，消肿。催吐萝芙木 *P. vomitoria* Afzel. ex Spreng.，泻下药，主治腹痛。②染料：四叶萝芙木树液可作蓝墨水及黑色染料。

【茎皮】 药用：催吐萝芙木茎皮入药，主治高烧，消化不良，疥癣。

【根皮及根】 药用：大叶萝芙木 *R. latifrons* Tsiang 根祛风活血，主治风湿病；外用接骨。蛇根木 *R. Serpentina* (L.) Benth. et Kurz 根含利血平、血平定等 28 种生物碱；降压、退热、抗癫；主要化学成分：阿马里新，柯楠碱，去甲氧利血平，利血胺，利血匹灵，蛇根精，育亨亭等 28 种生物碱，具有降压，安定，减慢心率作用，清热解毒，活血止痛；主治高血压，头痛，眩晕，失眠，高热不退；外用治跌打损伤，蛇咬伤。红果萝芙木 *R. rubrocarpa*. H. T. Chang 药用：在海南代萝芙木，催吐。萝芙木，可提制利血平及呕吐，下泻药，主成分：去甲氧利血平，降压作用好。云南萝芙木 *R. yunnanensis* Tsiang，根含阿马里新，假利血平，利血平，入药有降压效应。

羊角拗属 *Strophanthus* DC.

约 60 种，分布热带亚、非洲；中国产 6 种，引入 4 种，分布华南，西南。木质藤本或灌木。

【叶】 药用：羊角拗 *S. divaricatus* (Lour.) Hook. et Arn.，有强心作用，可代进口毒毛旋花子 (*S. kombeoliv*)。

【藤】 药用：主成分褐色羊角拗质，有强心作用；又可作箭毒。

【枝，叶，果】 农药：羊角拗枝叶果浸水，可治稻瘿蝇，杀虫率达 90%；杀三化螟虫率达 70%；杀地下害虫；可毒老鼠及雀害；灭蛆。

【种子】 药用：羊角拗种子含油量 30%～40%；主成分：羊角拗苷、辛诺苷、D-毒毛旋花子苷，可治血管硬化症。羊角拗含强心苷类，羊角拗总苷 9%～11%，羊角拗苷，羊角拗异苷，西诺苷，西诺异苷，伪考多苷，伪考多异苷，沙木苷，D-毒毛旋花苷 I，IV，强心消肿，止痛，止痒，杀虫。主治风湿性关节炎，小儿麻痹后遗症，皮癣，疖肿，腱鞘炎，骨折。旋花羊角拗 *S. gratus* (Wall. et Hook. ex Benth.) Baill.，种子含 G-毒毛旋花子苷；箭毒羊角拗 *S. hispidus* DC. 种子含强心苷，毒毛旋花子苷，毒毛旋花子种子含加拿大麻苷，糖芥苷，杠柳苷，毒毛旋花子苷，K-毒毛旋花子苷；以上有强心作用，利尿，或作箭毒。

黄花夹竹桃属 *Thevetia* (L.) **Juss. ex Endl.**

约 15 种，分布亚、美热带；中国引入 2 种，分布福建、江西以南地区。灌木或小乔木。

【叶】　农药：叶浸水可以灭蝇、蚊、孑孓、蛆。

【种子】　①油用：种仁含油量 68.5%～76.2%；主成分：棕榈酸 23.2%～26.5%，硬脂酸 4.7%～7.1%，油酸 35.3%～52.5%，亚油酸 18.7%～28%。供工业润滑油用，肥皂，杀虫剂，鞣革。②药用：黄花夹竹桃 *T. peruviana* (Pers.) K. Schum.，主要化学成分：黄花夹竹桃苷 A，B，黄花夹竹桃次苷 A，B，C，D，单乙酰黄花夹竹桃次碱，梅芒果苷，具有强心作用，强心，利尿，消肿，主治各种心脏病引起的心力衰竭，心房纤颤。③全树：观赏植物：黄花艳丽，绿叶似竹，常见栽培公园，路旁，绿化观赏树种。

络石属 *Trachelospermum* **L.**

约 30 种，分布热带至亚热带；中国产 10 种，除青海、西藏、新疆外，各地均有。攀缘灌木或藤本。

【茎皮】　①纤维：腋花络石 *T. axillare* Hook. f.，茎皮纤维拉力好，可代麻织麻袋，绳索；络石 *T. jasminoides* (Lindl.) Lecomte 茎皮含纤维 10.83%～18%，可制绳索，人造棉，造纸；香络石 *T. lucidum* (D. Don) K. schum.，一年生幼藤可用皮制绳索；温州络石 *T. Wenchowense* Tsiang，茎皮纤维可制绳索，麻袋。②药用：络石茎皮入药，祛风止痛，通络消肿，主治风湿性关节炎，肌肉肿痛，腰膝酸痛，消散诸疮，清热消毒，止血消肿，祛咽喉肿痛。③树脂：香胶花络石茎皮含树脂 21.06%，可提树脂及橡胶。

【藤心】　香络石藤心可编织藤具。树脂及橡胶：腋花络石藤液含树脂 8.61%，含橡胶 7.82%，可提树脂及橡胶用。

【芽】　锈毛络石 *T. dunnii* (Levl.) Levl.，药用：活血散瘀，主治跌打损伤。

【花】　络石花可提芳香油。

【种子】　油用：络石种子含油量 28.87%，油黄色，澄清，可制肥皂及灯油。

【茎叶】　①药用：络石茎叶含强心苷，祛风通络，活血止痛，主治风湿性关节炎，腰腿痛，跌打损伤，痈疖肿毒；外用治创伤出血；亚洲络石 *T. asiaticum* Nakai var. *intermedium* Nakai，含络石苷，乙酸胺，肌醇二甲醛，及一种黄酮体，入药，活血止痛，主治风湿性关节炎，腰腿痛。②兽药：络石藤叶，祛风通络，止血消瘀，治牛劳伤脱力，猪牛风湿软脚，母猪产后瘀血，牛关节肿痛，猪肠炎痢疾，猪仔白痢，牛背生痈，牛伤脾倒栏。

【全株】　药用：络石全株入药，祛风止痛，通经络，利关节，主治风湿骨痛，腰膝酸痛，肾虚腹泻，跌打损伤；腋花络石全株入药，解毒发汗，通经活络，止痛，主治感冒，风湿病，跌打损伤，支气管炎，肺结核。

【绿化树种】　络石四季常青，花白色芳香，冬叶转红，可作假山，墙垣绿化树种。

蔓长春花属 *Vinea* **L.**

约 10 种，分布欧、亚洲；中国产 2 种，分布长江流域以南。蔓性灌木。小蔓长春花 *V. minor* L. 全草入药，主要化学成分：长春碱，长春新碱，长春罗新，长春多赛定，长春罗赛温，罗威定碱，卡罗新碱，派利文碱，派利维定碱，长春刀林宁碱，派利林碱，具有抗癌作用，主要用于绒毛膜上皮癌、淋巴肉瘤、急性白血病、乳腺癌。卵巢癌、睾丸癌、咽喉癌，具有一定疗效。尚有 6 种具有利尿，降血糖作用成分：长春质碱、长春刀林碱、洛克罗斯新碱、长春冠林定碱、洛克尼灵碱、四氢鸡骨常山碱。

盆架属 *Winchia* A. DC.

2 种，分布中国、印度及中南半岛；中国产 1 种，分布海南，云南。常绿乔木。

【树皮】 药用：盆架树 *W. calophylla* A. DC.，树皮分离出吲哚类生物碱，止咳祛痰，平喘，主治急慢性气管炎。

【木材】 盆架树材浅黄褐色，材轻，软至中，强度弱，干缩小，不耐腐，易变色，适作家具、箱板、床板、木屐等，木材价值低。

【树液】 药用：盆架树树木乳汁作外伤止血药。

倒吊笔属 *Wrightia* R. Br.

约 25 多种，分布东半球热带；中国产 6 种，分布华南至西南。乔木。

【茎】 ①纤维：笔木 *W. pubescens* R. Br.，茎皮纤维可作代麻原料。②药用：毛倒吊笔 *W. tomentosa*(Roxb.) Roem. et Schult.，茎皮入药，消毒解肿，主治毒蛇咬伤

【木材】 材浅黄褐色，重量硬度中等，稍耐腐，但边材易变色。适作雕刻。车镟木，印章，箱盒，玩具，棋子，美工材，笔杆，镜框，家具，木屐，代黄杨作二胡把子等。木材价值下等。如笔木、毛倒吊笔、蓝树、海南倒吊笔 *W. hainanensis* Mrr. 等。

【叶】 ①染料：蓝树 *W. laevis* Hook. f.，毛倒吊笔叶可作蓝色染料。②饲料、肥料：笔木叶可饲鱼，又作农田肥料。

【根】 药用：蓝树根外用治跌打损伤，止血药；笔木根祛风利湿，化痰散结，主治淋巴结核，风湿性关节炎，腰腿痛，慢性支气管炎，黄疸性肝炎，肝硬化腹水；毛倒吊笔根解毒消肿，外敷治毒蛇咬伤。

冬青科 Aquifoliaceae

3 属约 400 多种，分布广；中国产 1 属约 120 种，又引入 1 种。分布长江流域以南地区。乔木或灌木。

冬青属 *Ilex* L.

约 400 种，分布南北两半球热带至温带；中国产约 200 种，引入 1 种。分布长江流域以南地区，乔木或灌木。

【树皮】 ①鞣质：冬青 *I. chinensis* Sims，含鞣质 16.45%，可栲胶；枸骨 *I. cornuta* Lindl.，树皮可栲胶或作染料：小果冬青 *I. micrococca* Maxim.，树皮也可栲胶；铁冬青 *I. rotunda* Thunb. 含鞣质 9.46%，可栲胶。②药用：枸骨树皮入药，为滋补强壮剂；铁冬青，树皮主成分：冬青苷 A. B.，有止血作用，消热解毒，消肿止痛，主治感冒，扁桃体炎，咽喉肿痛，急性肠胃炎，风湿骨痛；外用治跌打损伤，痈疖疮疡，外伤出血，烧烫伤。③铁冬青树皮内树脂可粘鸟。

【木材】　材黄白，灰白色至浅黄褐色，重至中，硬至中，强度中，干缩中，耐腐差。适作一般车旋品、文具、棋子、铅笔杆、擀杆面杖、牙签、胶合板等。木材价值下。如满树星 I. aculeolata Nakai，梅叶冬青 I. asprella (Hook. et Arn.) Champ. ex Benth.，冬青，珊瑚冬青 I. corallina Franch.，枸骨，山枇杷 I. franchefiana Loes.，大果冬青 I. macrocarpa Oliv.，小果冬青 I. micrococca Maxim.，具柄冬青 I. pedunculosa Miq.，猫儿刺 I. pernyi Franch.，落霜红 I. Serrata Thumb.，毛冬青 I. pubescens Hook. et Arn.，紫冬青 I. purpurea Hassk.，铁冬青，三花冬青 I. triflora Bl.，亮叶冬青 l. viridis Champ. ex Benth. 等。

【嫩芽】　冬青嫩芽可作野菜食用。

【叶】　药用：梅叶冬青叶入药，含熊果酸0.03%，有增加冠脉流量及心缩作用，对心绞痛及冠心病有一定疗效。清热解毒，生津止渴，主治感冒，高烧烦渴，扁桃体炎，咽喉炎，气管炎，百日咳，痢疾，传染性肝炎，对毒蕈及砒霜中毒有解毒作用；外用治跌打损伤，痈疖肿毒，又可作凉茶主要原料。冬青叶含四季青素(即原儿茶酸)，乌索酸，挥发油，黄酮类。有很强抑菌杀菌作用，又有退热作用，清热解毒，活血止血，主治：上呼吸道感染，慢性气管炎，肾盂肾炎，细菌性痢疾；外用治烧烫伤，下肢溃疡，麻疯溃疡，创伤出血，冻伤，乳腺炎，皮肤破裂。珊瑚冬青叶，清热解毒，活血止痛，主治烫火伤，劳伤疼痛；外用研粉调油敷治黄癣枸骨叶为滋补强壮药，与红糖，红枣煎服作补药；嫩叶泡茶，有治头痛祛风之效。名苦丁茶，清明前采摘泡沧茶有解热效能。山枇杷叶有降压平喘，敛肺止咳，主治久喘气咳，咳痰带血之效。落霜红叶，清热解毒，凉血止血，主治烧烫伤，创伤出血，疮痈溃疡，肺痈。毛冬青叶主成分：齐墩果酸、乌索酸，活血通脉，消肿止痛，清热解毒，主治：心绞痛，心肌梗死，血栓闭塞性脉管炎，中心性视网脉炎，扁桃体炎，咽喉炎，小儿肺炎，冻疮。秃毛冬青 I. pubescens var. glaber Chang，叶主成分：3,4-二羟基苯乙酮，能增加冠脉流量，降压作用缓慢持久，有抑菌作用，功效近似原种。亮叶冬青叶入药，凉血解毒，祛腐生新，主治水火烫伤，外伤出血。

【花】　蜜源植物：冬青花期4~6月，蜜多可收取，粉较少。

【果】　药用：枸骨果用于阴虚，内热，作滋养解毒药。枸骨果固涩下焦，主治白带过多，慢性腹泻。

【种子】　①油用：枸骨种子主要化学成分：棕榈酸6.9%，硬脂酸3.3%，油酸24.5%，亚油酸60%，含油量9.84%，可制肥皂用油。满树星种子含油量11.5%，主成分：棕榈酸8.4%，硬脂酸4%，油酸30.3%，亚油酸57.3%，可作工业润滑油。珊瑚冬青种子油可制肥皂。大果冬青种子含油量6.4%，主要成分：棕榈酸7.3%，硬脂酸3%，油酸35.6%，亚油酸54.1%，可作工业润滑油。小果冬青种子含油量11.4%，主要化学成分：棕榈酸11%，硬脂酸3.9%，油酸32%，亚油酸53.1%，可制作肥皂及润滑油。具柄冬青种子含油量10.4%，主要化学成分：棕榈酸9%，硬脂酸3%，油酸36%，亚油酸51.5%，可制工业润滑油。铁冬青种子含油量20.70%，种仁含油量57.2%，主要化学成分：棕榈酸6.7%~7.2%，硬脂酸2.4%~2.8%，油酸22.2%~28.1%，亚油酸62.3%~67.2%，可制作肥皂，润滑油。三花冬青种子含油量21.8%，主要化学成分：棕榈酸10.2%，硬脂酸1.8%，油酸40%，亚油酸48%，可制作润滑油，肥皂。②药用冬青种子入药，为强壮剂。

【根皮】　药用：满树星根皮入药，清热解毒，止咳化痰，主治感冒咳嗽，牙痛，烧烫伤。梅叶冬青根皮入药，清热解毒，生津止渴，主治高烧频渴，咽喉炎，气管炎，肠炎，痢疾；外用治跌打损伤，痈节肿毒。珊瑚冬青根皮，清热解毒，活血止痛，主治火烫伤，劳伤疼痛。枸骨根皮入药，祛风止痛，主治风湿性关节酸痛，腰肌劳损，头痛，牙痛，黄疸型肝炎。猫儿刺根皮入药，清热解毒，润肺止咳，主治肺热咳嗽，咯血，咽喉肿痛。落霜红根皮入药，清热解毒，凉血止血，主治烧烫伤，创伤出血，疮疖溃疡，肺痈。毛冬青根皮入药，主成黄酮苷，活血通尿，消肿止痛，清热解毒，主治心绞痛，心肌梗塞，血栓闭赛性脉管炎，中心性视网脉炎，扁桃体炎，咽喉炎，小儿肺炎，冻疮。铁冬青根皮入药，清热解毒，消肿止痛，主治感冒，扁桃体炎，咽喉肿痛，急性胃肠炎，风湿骨痛；外用治跌打损伤，痈疖疮疡，外伤出血，烧烫伤。

【全树】　①圣诞树：圣诞树 I. aquifolium L.，取果枝作圣诞节装饰用，叶绿果红，红绿相映，极为美丽。②绿化观赏树种：冬青；枸骨叶形奇特，果红鲜艳，适作假山，绿篱观赏树种。紫冬青核果红色光亮，经冬不落，鲜艳悦目，为优良观赏树种。③环保树种：枸骨，大叶冬青 I. latifolia Thunb.，黄果冬青 I. lutecocarpa Lindd.，温州冬青 I. Wenchowensis S. Y. Hu 对有害气体抗性中。紫冬青抗 SO_2 及 O_3 强，防尘耐烟，适厂矿、城市、街道绿化环保。

沉香科 Aquilariaceae

1 属约 15 种，分布东南亚；中国产 1 种，又引入 1 种。分布华南至福建、台湾。常绿大乔木。

沉香属 Aquilaria Lam.

约 15 种，分布东南亚；中国产 1 种，分布华南至福建，台湾。常绿大乔木。

【树脂】　沉香 A. agallocha Roxb.，树脂经醇提取物约 48%，经皂化后，水蒸气蒸馏挥发油 13%，油中含苄基丙酮，双甲氧基苄基丙酮，倍半萜烯醇，蒸馏残渣有氧化桂皮酸，对甲氧基氢化桂皮酸。从受霉菌感染中本种沉香的挥发油中分离出倍半萜烯醇：沉香螺萜醇，沉香萜醇，蛇床烷，两种倍半萜烯化合物，多羟基酮及羟基的化合物，又在气液层析中发现 5 种癸异构物。①药用：降气，调中，暖肾，止痛，主治胸腹胀痛，呕吐呃逆，气逆喘促。②兽药：降气温中，补五脏，暖肾纳气，治猪、羊、马滞食，胃痛气胀，牛马心气痛，家畜小叶肺炎，母畜不孕。

土沉香 A. sinensis (Lour.) Gilg，土沉香老干或根干受感染菌类在木质部聚集的黑色树脂状物，药用：补脾益肾，助阳，理气止痛，祛痰涎，治气逆喘急，主治腹痛、胃病、积疬、胃寒呕吐、霍乱、牙噤口痛等。

【木材】　土沉香，材乳黄色，材轻，软，不耐腐，易变色。适作门窗，板料，箱盒，器具，胶合板，风箱，锅盖，电线板等。木材价值低等。

【树枝】　纤维：土沉香纤维色白，可制高级纸，人造棉，打字蜡纸，钞票纸。绳索。

【种子】　土沉香种子含油量 71.7%，油可制肥皂，润滑油，鞣皮用油；油粕作肥料，又可提芳香油，作调香原料。

五加科 Araliaceae

约80属900余种，分布两半球热带至温带；中国产21属180多种，引入3属6种，分布各地(除新疆)。乔木、灌木、藤本稀草本。

五加属 *Acanthopanax* (Deche. et planch.) Miq.

约35种，分布亚、洲；中国约18种，广布南北。灌木碗盆磊木。

【树皮】　①芳香油：五加 *A. giacilistylus* Smith，树皮蒸馏得芳香油3%~5%，酒精浸出率25%，主成分：香龋素、香豆素、黄樟油素，可作食品香料原料。②农药：五加树皮加10倍水煮液，可防治棉蚜虫，菜青虫；30倍水对甘薯黑斑病有效率95.9%，棉花柘萎病孢子抑制率100%；15倍水浸液对马铃薯晚疫病抑制率40%，小麦秆锈病抑制率20%；20倍水浸液杀孓孓率91.1%，杀蝇率46.6%。

【木材】　边材黄自心材黄褐色，轻软至中，强度弱至中，干缩小，不耐腐。适家具板料、包装箱、火柴杆、室内装修、文具、绘图板、铅笔杆、模具、农具等。木材价值低。如吴茱萸叶五加 *A. evodiaefolius* Franch. 及其变种乔木五加 var. *ferrugineus* (W. W. Smith) Max.

【茎皮】　药用：刺五加 *A. senticosus* (Rupr. et Maxim.) Harms 主成分为糖苷0.6%~1.5%，异白蜡树定，列为优良补品，主治失眠、神经衰弱、心脏病、冠心病、食欲不振、全身无力、高血压、低血压、性机能减退，与人参作用近似。

【枝叶】　农药：五加茎叶煮水液可防治棉蚜虫，菜青虫；2~3倍水浸液3~5天，防治地老虎、蛴螬、蚜虫。

【花】　蜜源植物：五加花期6~7月，蜜量多。刺五加花期5~6月，泌蜜丰富。同属其他树种也是良好辅助蜜源植物。

【果】　药用：刺五加果含水溶性多糖17%~20%及果胶物质，可入药，补品。

【叶】　①蔬菜：五加嫩叶可作蔬菜。②药用：刺五加叶，主成分为齐墩果酸，抗菌消炎，主治肝炎。三加 *A. trifoliatus* (L.) merr. 叶清热解毒，可治感冒咳嗽，外敷疮疖。

【种子】　油用：刺五加种子含油12.4%，主成分为棕榈酸3.3%，油酸62.5%，亚油酸32%，可作工业用油及肥皂。无梗五加 *A. sessiliflorus* (Rupr. et Maxim.) Seem 种子含油18.5%，主成分：油酸62%，亚油酸34.6%，半干性油，可作工业润滑油，医药，优用油。

【根皮】　药用：红毛五加 *A. giraldii* Harms，根皮祛风除湿，强壮筋骨，主治风湿关节炎，腰腿痛，半身不遂，水肿，跌打损伤。五加根皮为著名中药，祛风湿，强筋骨，主成分：4-甲基水杨醛，鞣酸，脂肪酸，维生素A，维生素B$_1$主治风湿关节痛，腰腿酸痛，半身不遂，跌打损伤。无梗五加根皮也称五加皮，祛风化湿，健胃利尿，强筋通络，泡制药酒服用。糙叶五加 *A. henryi* (Oliv.) Harms，根皮治风湿病。康定五加 *A. lasiogyne* Harms，根皮祛风除湿，壮筋骨，除瘀活血，主治风湿性关节痛，跌打损伤。刺五加根皮主成分：五加苷B$_1$、五加苷E、异白蜡树定、芝麻素、舒血、活血，主治风湿寒痹，腰膝酸痛，阳痿，水肿，脚气，跌打损伤。蜀五加 *A. setchuenensis* Harms ex Diels，根皮泡五加皮酒，活血，主治风湿病。细刺五加 *A. setulosus* Franch.，根皮泡酒，强筋骨。轮叶五加 *A. verticillatus* Hoo，根皮主治风湿性关节痛，筋骨萎软，跌打损伤，阳痿等。藤五加 *A. leucorrhizus* (Oliv.) Harms 根皮入药，主治风湿痛，腰腿酸痛，半身不遂，水肿，跌打损伤。兰加根治胃痛，跌打损伤。

【根及根状茎】 药用：刺五加，春秋雨季挖根，主成分：皂苷，酚性物，香豆精，树脂苷，糖苷，糖类，甾醇，胡萝卜甾醇，少量挥发油，安神，益祛风湿，壮筋骨，添精补髓，顺气化痰，强壮作用与人参相同，镇静作用超过人参，降低血糖功效与人参相同，主治神经衰弱，阳痿，肿瘤，冠心病，风湿症有良效，畅销国际市场。无梗五加根主成分：强心苷，挥发油，皂苷，胡萝卜甾醇，芝麻素，祛风除湿，强筋壮骨，主治风湿关节痛，半身不遂，跌打损伤。根祛风湿，舒筋活血，散瘀止痛，主治黄疸性肝炎，胃痛，腰腿痛，风湿性关节炎；外用治跌打损伤，疮疖肿毒。

楤木属 *Aralia* L.

约40种，分布亚洲、大洋洲、北美洲；中国约28种，南北均有。落叶小乔木，灌木或草本。

【树皮】 药用：楤木 *A. chinensis* L.，主成分：楤木皂苷，原儿茶酸，胆碱，鞣质，试用于胃、肠、胆囊癌，尚治胃窦炎、胃肠溃疡病。龙牙楤木 *A. elata*（Miq.）Seem.，主治糖尿病。

【木材】 材灰褐或至心材带褐色，轻，软，强度弱，干缩小，不耐腐。适包装箱，盆，桶，锅盖，室内装修，机模，胶合板，造纸材等。楤木材价值低。如楤木、龙牙楤木、毛叶楤木 *A. dasyphylla* Miq.。

【嫩叶】 野菜：楤木嫩叶芽，可作蔬菜，营养丰富。台湾楤木 *A. bipinnata* Blanc.，芽及嫩叶，煮熟作蔬菜。

【花】 蜜源植物：龙牙楤木花期7~8月，蜜量较多。

【种子】 油用：楤木种子含油量21%，主成分：棕榈酸2.7%~3.4%，油酸53.7%~81.3%，亚油酸14.5%~35.8%，亚麻酸6.3%，不干性或半干性油，供制肥皂。龙牙楤木种子含油量10.1%，主成分：棕榈酸3.6%，油酸74.6%，亚油酸21.8%，半干性油，供制肥皂及工业用油。

【根皮】 药用：虎刺楤木 *A. armata*（Wall.）Seem.，抗菌消肿，散瘀止痛，可治肝炎、肾炎、前列腺炎。楤木主成分：楤皮素、糖苷、皂苷、鞣质、胆碱，镇痛，消炎，活血散瘀，主治肾炎、胃炎、风湿病、腰腿痛、白带、跌打损伤。黄毛楤木 *A. decaisneana* Hance，消瘀消肿，主治肝炎，肾水肿，风湿病。棘茎楤木 *A. echinocaulis* Hand.-Mazz.，健胃，镇痛。龙牙楤木，主成分楤木苷、代稳木试用于治癌症。

【根】 ①药用：龙牙槐木根主成分：楤木苷、齐墩果酸，抗菌消炎，主治神经衰弱、肝炎。②兽药：楤木根主治牛肚膨胀，跌伤断骨，红痢，热症。

罗伞属 *Brassaiopsis* Decne et Planch.

约30种，分布亚洲南部、东南部；中国产22种，分布华南至西南。乔木或灌木。

本属罗伞 *B. glomerulata*（Bl.）Regel，树皮，叶，根入药，祛风除湿、活血散瘀，主治风湿骨痛、跌打扭伤、腰肌劳损。

华人参属 *Chengioparax* Shang et T. R. Huang

2种，中国、日本落叶乔木，湖南西、湖北西四川东华人参（*Chengioparax*（Fr）Shang et

T. R. Huang)材浅黄色，轻软中，环孔材，强度物玉中，干花纹美观，作料精细木工，绘图板等，价值低。

树参属 *Dendropanax* Decne. et Planch.

约 80 种，分布热带美洲及东亚；中国约 16 种，分布西南至东南。灌木或乔木。

【树皮（及根皮）】 药用：树参 *D. dentiger*（Harms）Merr.，祛风除湿，舒筋活络，主治风湿性关节炎，类风湿关节炎，腰肌劳损，慢性腰腿痛，半身不遂，跌打损伤，扭伤挫伤，并治偏头痛，坐骨神经痛；外用治刀伤出血。窄叶树参 *D. proteus*（Champ.）Benth.，锈毛树参 *D. ferrugineus* Li，三裂树参 *D. trifildus* Makino，可代树参入药。

【花】 蜜源植物：树参花期 5~6 月，蜜量较多。

【木材】 华南树参 *D. chevalieri*（Vig）Merr.，材黄白至灰褐色，略轻软，强度弱，不耐腐，适作包装材，胶合板，木模，农具，家具板料，木材价值低；树参，海南树参 *D. hainanensis*（Merr. et chun）Chun 同。

马蹄参属 *Diplopanax* Hand. -Mazz.

1 种，中国特产，分布华南，西南。乔木。

马蹄参 *D. Stachyanthus* Hand. -Mazz.

【木材】 黄灰色，重量中等，干缩中，不耐腐。适软材类板料，包装箱，桶盆。锅盖，机模，室内装修等。木材价值低。

【种子】 油用：种仁含油 57.1%，主成分：棕榈酸 23.2%，硬脂酸 6.3%，油酸 65.5%，半干性油，适工业用油。

【全树】 物种资源：本种已渐危：应加强保护。

八角金盘属 *Fatsia* Decne. et Planch.

2 种，日本 1 种，中国台湾产 1 种。常绿灌木或小乔木。

【叶】 药用：八角金盘 *F. japonica*（Thunb）Decne. et Planch.，叶煎水洗浴，治风湿病。

【根皮】 药用：八角金盘入药，作祛痰剂。

【全树】 ①观赏树种：叶绿扶疏，供观赏，有绿白色；自边八角金盘 *F. japonicaalbo-margineta* Nakai 有时具黄色斑点；黄班八角金盘 *F. aureo. varigata* Nakai. 多室八角金盘 *F. polycarpa* Hay.，亦供观赏。②环保树种：八角金盘对 SO_2 抗性强，适街道厂矿绿化环保树种。

常春藤属 *Hedera* L.

5 种，分布亚洲、欧洲、北非；中国产 2 变种，分布黄河流域以南。常绿攀缘灌木。

【茎皮】 鞣质：常春藤 *H. nepalensis* var. *sinensis*（Tobl.）Rehd.，含鞣质 12.01%，栲胶纯度 59.45%。

【叶】 鞣质：常春藤叶含鞣质 29.4%，可栲胶，混合类。

【茎、叶、根】 药用：常春藤的主成分：常春藤苷、肌醇、胡萝卜素、糖类，舒筋骨，祛风湿，主治关节酸痛，衄血，痈肿毒疮。

【全藤】 护坡、护墙、观赏树种：常春藤、银斑常春藤 *H. nepalensis* var. *argenteovarigata* Hort.、花叶常春藤 *H. helix* L. var. *tricola* Hibb.

幌伞枫属 *Heteropanax* Seem.

5 种，分布亚洲南部、东南部；中国产 5 种，分布长江以南。常绿灌木、小乔木。

【树皮（根）】 药用：短柄幌伞枫 *H. brevipedicellatus* Li 及华幌伞枫 *H. chinensis*（Dunn）Li，主治疔疮、跌打损伤。幌伞枫 *H. fragrans*（Roxb.）Seem.，清热解毒，治血消肿，主治烧伤、蛇伤、骨髓炎、疔肿、感冒、中暑头痛、淋巴结炎、骨折、扭挫伤。

【木材】 黄白或浅黄褐，浅绿褐色，轻软，强度弱至中，干缩小至中，不耐腐。适作火柴杆，铅笔杆，笼屉，乐器底板，饭甑，铺盖，木屐，茶叶箱，家具板料，造纸材等。木材价值低。如幌伞枫，短柄幌伞枫。

【全树】 观赏植物：幌伞枫羽叶婆娑，常绿奇特，为优美观赏树种。

刺楸属 *Kalopanax* Miq.

1 种，分布东亚；中国产黄河以南，落叶乔木。

【树皮】 鞣质：刺楸 *K. septemlobus*（Thunb.）Koidz.，含鞣质 20%~30%，可浸提栲胶。

【木材】 边材黄白，心材黄褐，轻、软，强度中，干缩小，不耐腐。适作家具，包装材，车厢板料，锅盖，盆桶，浮子，木屐，胶合板，水泥木模，造纸材等。木材价值低。

【枝皮及根皮】 ①药用：主成分刺楸苷 A（水解成常春藤皂苷元，阿拉伯糖，鼠李糖）和刺楸苷 B（水解生成阿拉伯糖，鼠李糖，葡萄糖），祛风利湿，活血止痛，主治风湿痛、腰膝酸痛、肾炎水肿、内痔便血、红白痢疾、跌打损伤。②兽药：牛跌伤、骨折、疮疖。

【叶】 ①食用：刺楸嫩叶可作蔬菜食用。②鞣质：含量 13%，可制栲胶。

【花】 蜜源植物：花期 7 月，蜜量甚多，花粉稍多，良好蜜源植物。

【种子】 油用：种子含油量 31.3%，主成分：油酸 59.1%，亚油酸 34.1%，亚麻酸 4.6%，棕榈酸 2%，半干性油，可制肥皂及润滑油。

【根】 药用：排脓生肌，主治骨折、红白痢疾、痈肿疔痔；外用治牙痛、疥癣。

【全树】 ①防火林树种：枝叶不易着火，可作防火林及油库防护林树种。②观赏树种：叶形似楸，花白或绿色，树干耸直，可作庭园观赏树种。

常春木属 *Merrilliopanax* Li

4 种，分布中国至印度；中国产 3 种，分布云南西北至西藏。常绿灌木至小乔木。

常春木 *M. chinensis* Li、长梗常春木 *M. listeri*（King）Li，生云南西北 1500m 以上，林中，软杂木，适板料，房屋内部装修，生活用材。木材价值低。

大参属 *Macropanax* Miq.

约 7~8 种，分布亚洲南部、东南部；中国产 6 种，分布长江以南。常绿乔木或灌木。

【叶】 药用：短梗大参 *M. rosthornii*（Harms）C. Y. Wu ex Hoo，叶祛风除湿，主治风湿病。

【根】 药用：大参 *M. oreophilus*，理气健脾，舒筋活络，主治筋骨疼痛，小儿疳积。短梗大参根捣烂外敷治骨折；泡酒治风湿病。

梁王茶属 *Nothopanax* Miq.

约 15 种，分布亚洲至大洋洲；中国产 2 种，分布秦岭以南至西南。常绿灌木或小乔木。

【树皮】 药用：异叶梁王茶 *N. davidii*（Franch.）Harms，主治风湿关节痛，跌打损伤。

【叶】 代茶：梁王茶 *N. delavayi*（Franch.）Harms ex Diels，清热生津，可作凉茶代茶。

【根皮】 药用；异叶梁王茶，祛风湿，通经止痛，生津止渴，主治月经不调，风湿性关节炎，肩关节炎，跌打损伤，暑热喉痛。

【全株】 药用：异叶梁王茶，清热解毒，舒筋活络，主治急性喉炎，结膜炎，消化不良，风湿腰腿痛；外用治骨折，跌打损伤。

【木材】 材浅灰褐色，轻软至中，强度弱，不耐腐，适作胶合板，包装材，板料等，木材价值低。如异叶梁王茶、梁王茶。

刺人参属 *Oplopanax*（Torr. et Gray）Miq.

3 种，分布东亚、北美洲；中国产 1 种，分布东北。多刺灌木。本属刺人参 *O. elatus* Nakai。

根及根状茎：药用，根中含挥发油；油主成分：刺人参烯，强壮滋补，解热镇咳，主治体弱、咳嗽、高血压。现资源渐危，应加强保护和发展。

五叶参属 *Pentapanax* Seem.

约 20 种，分布亚洲南部、大洋洲至南美洲；中国产约 15 种，分布南部至西南。乔木、灌木或藤本。

本属五叶参 *P. leschenaultii*（Wight et Arn.）Seem.，在西南，茎皮及根皮入药，祛风湿，散寒止痛，主治风湿关节炎，胃痛。

南洋参属 *Polyscias* J. R. et G. Forst.

约 80 种，分布马达加斯加至太平洋群岛；中国海南、广东引入 4 种。乔木或灌木状。

南洋参 *E. fruticosa*（L.）Harms 及其变种 var. *plumata* Bailey，线叶南洋参 *P. filicifolia*（Ritley）Bailey，圆叶南洋参 *P. balfouriana* Bailey，银边南洋参 *P. guilfoylei* Bailey，在海南、广东栽培或温室栽培观赏，有的枝叶有香气。

鹅掌柴属 *Schefflera* J. R. et G. Forst.

约 400 种，分布热带至亚热带；中国产约 38 种，分布西南至东南。常绿乔木、灌木、攀缘灌木。

【树皮】 ①药用：穗序鹅掌柴 *S. delavayi*（Franch.）Harms，祛风活络，补肝肾，强筋骨，主治风湿关节痛，腰肌劳损，跌打损伤恢复期，扭挫伤，骨折。球序鹅掌柴 *S. glomerulata* Li，主治风湿性关节炎，跌打损伤。白背鹅掌柴 *S. hypoleuca*（Kurz）Harms，主治风湿麻木，关节肿痛，跌打瘀痛，腰膝酸痛，胃痛。②芳香油：鹅掌柴 *S. octophylla*（Lour.）Harms，含芳香油 0.1%~0.2%，用于食品香精。

【木材】 黄白至浅黄色，材轻，软，强度弱，干缩小至中，不耐腐，易蓝变色。适火柴杆，牙签，木屐，浮子，包装材，盆桶，锅盖，饭甑，笼屉，家具板料，琴底面板。木材价值低。如：鹅掌柴，穗序鹅掌柴，球序鹅掌柴，白背鹅掌柴。扁盘鹅掌柴 *S. khasiana* (Clarke) Vig.，星毛鹅掌柴 *S. minutistellata* Merr. ex Li，红花鹅掌柴 *S. rubriflora* Rseng et Hoo，密脉鹅掌柴 *S. venulosa* (Wight et Arn.) Harms。

【嫩棱】 芳香油；鹅掌柴含量 0.1%~0.2%，呈酚类，氨基酸，有机酸反应，有抑菌作用，可作食品香精及药用。密脉鹅掌柴含量 0.1%~0.2%，药用。

【茎】 药用：鹅掌柴 *S. arboricola* Hay.，主治跌打损伤，风湿关节痛，胃及十二指肠溃疡疼痛。白背鹅掌柴，主治跌打损伤，风湿关节痛，胃及十二指肠溃疡疼痛。

【叶】 ①药用：鹅掌柴外用治外伤出血。白背鹅掌柴，主治皮炎、湿疹、风疹。扁盘鹅掌柴，祛风除湿，止痛，主治风湿性关节痛，胃痛，感冒，皮炎，湿疹，外伤出血。鹅掌柴外用治过敏性皮炎，湿疹。密脉鹅掌柴外用治外伤出血。②绿肥：鹅掌柴鲜叶含氮 0.38%、磷 0.1%、钾 0.95%，1000kg 肥效相当卡化肥硫酸铵 41.5kg，亩产鲜叶 500~700kg。③农药：鹅掌柴叶 10 倍水喷洒防治蚜虫。

【花】 蜜源植物：鹅掌柴花期 1 月，具蜜腺，一群蜂年产蜜 10~15kg，蜜色浅，细腻。星毛鹅掌柴为冬季蜜源之一。

【根皮】 药用：穗序鹅掌柴，祛风湿，强筋骨，主治风湿性关节痛，腰肌劳损，扭挫伤，骨折。球序鹅掌柴，主治跌打损伤，风湿性关节炎。鹅掌柴，主治感冒发烧，咽喉肿痛，风湿骨痛，跌打损伤。

【根】 药用：白背鹅掌柴根主治牙痛、胃痛、腹痛、便秘和闭合性骨折。

【全林】 药用：鹅掌柴，止痛、活血、消肿、强筋骨，主治风湿性关节痛、胃痛。扁盘鹅掌柴，凉血解毒，散瘀消肿，主治流感，咽喉肿痛，跌打损伤。密脉鹅掌柴，止痛散瘀，主治风湿性关节炎，跌打损伤。

通脱木属 *Tetrapanax* K. Koch

1 种，中国特产，分布西南至福建、台湾。常绿灌木。

【茎髓】 ①药用：通脱木 *T. papyriferus* (Hook.) K. Koch，主成分肌醇，多聚糖，清热利尿，通气下乳，主治小便不利，尿急尿频，水肿，催乳。②兽药：利尿下乳，主治母畜缺乳，小便淋漓，牛马肠结，母畜乳痛。③工艺品：髓茎切薄片，作纸花及工艺品。

【叶（根）】 药用：主成分齐墩果酸、榴木皂苷，抗炎、消炎，主治肝炎。

刺通草属 *Trevsia* Vis.

2 种，分布亚洲至波利尼西亚；中国产 1 种，分布西南、广西。常绿灌木至小乔木。刺通草 *T. palmata* (Roxb.) Vis.，叶药用，主治跌打损伤。

多蕊木属 *Tupidanthus* Hook. f. et Thoms.

1 种，分布中国云南南至缅甸、越南、印度。藤本。

【多蕊木】 *T. calyptratus* Hook. f. et Thoms.，茎叶药用：舒筋活络，祛风除湿，止痛，主治风湿胃痛，跌打损伤，神经痛，感冒，肝炎。

马兜铃科 Aristolochiaceae

7 属约 400 种，分布热带至温带；中国产 4 属 50 多种，分布全国。藤本。

马兜铃属 *Aristolochia* L.

约 250 种，分布热带至温带；中国产 39 种以上，分布南北各地。藤本。

【藤茎】　药用：马兜铃 *A. debilis* Sieb. et Zucc.，茎作利尿剂，又治消除妇女妊娠水肿，主成分马兜铃碱，尚治胸腹痛，疝痛，风湿病。宝兴马兜铃 *A. moupinensis* Franch.，茎入药清热利湿，行水下乳，排脓止痛，主治小便不利，水肿，尿路感染，阴道滴虫，风湿关节痛，湿疹，荨麻疹，痈肿，主成分马兜铃酸。

【叶】　药用：煎水服或捣烂敷治毒蛇咬伤，主成分马兜铃酸。

【茎皮】　药用：木通马兜铃 *A. manshuriensis* Kom.，利尿药，主治肾脏病及孕妇水肿，并有通经、镇痛、排脓功效，主成分马兜铃酸，齐墩果酸及常春藤皂苷元。朱砂莲，主成分：马兜铃酸，抗肿瘤，增强吞噬细胞能力及免疫作用，主治急性感冒，配合化疗治疗肿瘤，肺结核，迁延性肝炎，肝硬化，小儿肺炎。

【果】　药用：马兜铃果入药，镇咳祛痰，主治喘息、气管炎；外用治疗外伤出血，主成分马兜铃酸。

【种子】　药用：大叶马兜铃 *A. kaempferi* Willd.，种子入药，治腹痛，磨粉煮食散热，主成分：马兜铃酸，木兰碱。

【根】　药用：马兜铃，主成分：土青木香甲素，尿囊素，土清木香丙素，马兜铃酸，马兜铃碱，土青木香酸，木兰碱，马兜铃酮，异马兜铃酮，土青木香酮。行气止痛，解毒消肿，降血压，主治：胃痛，高血压，风湿性关节炎，跌打损伤，咽喉肿痛，流行性腮腺炎，外用治中暑，发痧及腹痛有良效。大叶马兜铃，根主要化学成分：防己碱，青藤碱，双青藤碱，四氢小檗碱，异青藤碱，土杜拉宁，阿苦吐明碱，β-谷甾醇，豆留醇，木防己碱，去甲基梅尼萨碱。利水消肿，祛风止痛，降血压，主治小便不利，水肿，风湿关节炎，高血压症，霍乱，腹痛。广西马兜铃 *A. kwangsiensis* Chun et How ex C. F. Liang，根含大量淀粉，纤维素，糖类，鞣质，色素，四种生物碱，清热解毒，理气止痛，凉血止血，解毒排脓，主治：急性肠胃炎，胃及十二指肠溃疡，咽喉炎，肺结核，跌打损伤，慢性骨髓炎，喉痛腹痛，跌打损伤及蛇药；外用治外伤出血，痈疖肿毒。木通马兜铃根清热解毒，利尿，主要化学成分：马兜铃酸，齐墩果酸，常长藤皂苷元，清热利尿，通乳，主治膀胱炎，小便不利，水肿，乳汁不通，口舌生疮。宝兴马兜铃，清热解毒，行水下乳，排脓止痛，主治小便不利，尿路感染，水肿，阴道滴虫，风湿性关节痛，湿疹，荨麻疹，痈肿，主成为马兜铃酸。卵叶马兜铃 *A. ovatifolia* S. M. Hwang 利尿，除湿，止痛，消炎，主治：泌尿感染，水肿，风湿性关节痛，胃溃疡。香港马兜铃 *A. westlandii* Hemsl.，清热解毒，主治肠炎，腹泻，菌痢，腮腺炎，乳腺炎，过敏皮炎；外敷治疗疮。

【全株】　药用：马兜铃，全草供兽药，治牛胀胆症，肿疽，牛喉风及毒蛇咬伤。大叶马兜铃，主要化学成分：防己碱，青藤碱，双青藤碱，四氢表小檗碱，异青藤碱，土杜拉宁，阿苦吐明碱，β-谷甾醇，豆甾醇，木防己碱，异木防己碱，去甲基梅尼萨碱，利水消肿，祛风止痛，降血压，主治小便不利、水肿、风湿性关节疼痛、高血压。寻骨风 *A. mollissima* Hance，全草含生物碱，挥发油，内酯及树脂，主要用于骨肿瘤、肝癌、子宫癌，尚祛风湿，通经络，主治筋骨痛，肚痛。滇南马兜铃 *A. austroyunnanensis* S. M. Hwang 入药治关节痛，高血压。管兰香 *A. cathcartii* Hook. f.，祛痛生肌，有凉血行血，止痛之效。广防己 *A. fangchi* Y. C. Wu ex L. D. Chow et S. M. Hwang，祛风，行水，主治小便不利，关节肿痛，高血压，蛇咬伤。海南马兜铃 *A. hainanensis* Merr.，煎水洗疗眼疾。南粤马兜铃 *A. howii* Merr. et Chun，抗菌消炎，解毒，主治高烧不退，肺炎，喉痛。海边马兜铃 *A. thwaitesii* Hook. f. 清热解毒，主治咽喉肿痛。变色马兜铃 *A. versicolor* S. M. Hwang，祛风利尿，清热解毒，止痛，主治咽喉炎，肠炎，腹泻。

细辛属 *Asarum* L.

约70种，分布北温带；中国产约30种，广布全国。多年生草本亚灌木。全草入药，主要化学成分：细辛脂素，细辛醚，细辛酮，榄香素，华细辛 *A. sieboldii* Miq.，有祛风散寒，行水，开窍作用，主治：解痉，降压，对心脏有抑制作用，平喘、治癫痫其作用大于苯妥英纳。

萝藦科 Asclepiadaceae

约130属，2000种以上，分布全球；中国产38属，230种左右，分布全国。多年生草本、藤本、灌木、小乔木。

马利筋属 *Asclepias* L.

约180种，分布热带、亚热带；中国栽培1种，分布华南、华东。多年生草本。叙利亚马利筋 *A. curassavica* L.

【叶】 药用：主成分：牛角瓜苷，乌沙苷元，马利筋苷，强心苷，具有强心作用，增加心肌收缩力，强度比 G-毒毛旋花子苷，洋地黄毒苷，洋地黄苷均大，毒性较小。主治心脏病，四肢水肿，骨蒸，淋痛，月经不调，扁桃腺炎。

【果实绒毛】 可作木棉代用品。

【全株】 ①橡胶：美国利用提制橡胶已有多年历史。②燃料：每公顷干物质产量不少于135kg，其中含10%聚合碳氢化合物，6%油，7%多酚，利用作燃料在经济上是合算的。

秦岭藤属 *Bionlia* Schltr.

约6种，分布各地；中国产2种，分布四川、陕西以东。多年生缠绕藤本。全株入药；青龙藤 *B. henryi*（Warbex Schltret Diels）Tsiang et P. T. Li 及秦岭藤 *B. chinensis* Schltr.，舒筋活血，理气祛风，主治：风湿手足麻木，牙痛，下肢冷痛麻木，跌打损伤。

牛角瓜属 *Calotropis* R. Br.

约6种，分布热带亚、非；中国产2种，引入1种，牛角瓜 *C. gigantea*（L.）Dr. yander ex Ait. f.，分布四川、云南，华南；大牛角瓜 *C. procera*（L.）Dru ex Ait. f.，华南、云南栽培。常

绿灌木或小乔木。

【树皮】　药用：大牛角瓜树皮治疥癣。

【茎皮】　纤维：牛角瓜，大牛角瓜，茎皮纤维可造纸，绳索，人造棉，麻布，麻袋。

【茎皮】　乳汁牛角瓜茎皮乳汁可提制橡胶产品；大牛角瓜茎皮乳汁含多种强心苷，可治心脏病，痢疾，风湿病，支气管炎，皮肤病。乳汁提制橡胶后可作黄色染料。

【种子】　①饲料：牛角瓜种子可作家畜饲料。②种子毛：牛角瓜、大牛角瓜种子毛可作丝绒原料及作填充物。

【叶】　①绿肥：牛角瓜叶可作绿肥。②药用：牛角瓜叶祛痰定喘，主治百日咳，支气管炎，哮喘。

【根皮】　药用：牛角瓜根皮入药，可治癫痫，梅毒，主成分：牛角瓜苷，牛角瓜碱。

【全株】　大牛角瓜全株用己烷萃取：ME 密度 0.9299g/cm^3，灰分 5.71%，热值 9973.4cal/g，含碳 78.03%，氢 11.22%，氧 10.71%。用甲醇萃取物：ME 密度 1.2267g/cm^3，灰分 12.05%，氢 6.85%，氧 30.05%。全株己烷萃取物总热值 9769~10070.7cal/g，比煤高，和原油燃料接近。用甲醇萃取物总热值比己烷热值低 1.2 倍，和褐煤近似。己烷萃取可获得富含烃类高密度液体，碳氢比率和原油相似，可作石油代用品。大牛角瓜烃产量超过续随子 *Euphorbia* lathyris L.及绿玉树 *E. friuealli* L.，生长快，且农艺成本低，萃取成本均较低，是值得推广的再生能源。

白叶藤属 *Cryptolepis* **R. Br.**

约 12 种，分布亚、非洲热带；中国产 2 种，分布华南、西南、台湾。木质藤本或攀缘灌木。

【根药用】　根显强心苷反应，舒筋活络，消肿止痛，解毒，主治腰痛，腹痛，跌打损伤，骨折，痈疮，疥癣。如古钩藤 *C. buchananii* Roem et Schult.。

【全株药用】　白叶藤 *C. sinensis*（Lour.）Merr.，主成原儿茶酸，清热解毒，散瘀止痛，止血，主治肺结核，咯血，胃出血，蛇咬伤，疮毒溃疡，跌打损伤，疮疥。

鹅绒藤属 *Cynanchum* **L.**

约 200 种，分布热带至温带；中国产 50 多种，分布全国。直立半灌木。

【花】　蜜源植物：鹅绒藤 *C. chinense* R. Br，花期 6~7 月，40~50 天，蜜量大，干旱时尤甚，一群蜂年产蜜 30~50kg，蜜色深琥珀色，浓度高，不易结晶，有香气，质较好，可作一等品出口蜜，为西北沙漠地区重要发展蜜源植物。

【果】　土农药：取果 1 个捣烂，浸 2.5kg 水，可防治蚜虫。如牛皮消 *C. auriculatum* Royle ex Wight.

【种子】　油用：鹅绒藤种子含油量 35.3%~38.1%，主要化学成分：棕榈酸 5.4%~5.6%，硬脂酸 2.6%~3.8%，碳烯酸 11.6%~11.7%，油酸 25.1%~28.8%，亚油酸 48.1%~51.1%，亚麻酸 1.6%~3%，供工业用油。

【根】　①毒饵：牛皮消根切碎拌米麻雀食即毒死。根粉加 40% 食物与油混合掺鼠食即死。②药用：徐长卿 *C. paniculatum*（Bge.）Kitagawa，白前 *C. glaucescens*（Decne.）Hand. -Mazz.，白薇 *C. atratum* Bge.，入药，清热解毒，主治发烧不退，上呼吸道感染。

金凤藤属 *Dolichopetalum* **Tsiang**

1 种，金凤藤 *D. kwangsiense* Tsiang，分布中国贵州、广西。藤状灌木。全株入药，解毒消肿，主治毒蛇咬伤。

南山藤属 *Dregea* **E. Mey.**

12 种，中国4种，四川、湖北、台湾以南。攀缘木质藤本或灌木。

【茎皮】 纤维：可作人造棉。如假夜来香 *D. sinensis*（Hemsl.）E. Mey.

【种子毛】 可作填充物。如假夜来香、中华假夜来香。

【全株药用】 南山藤 *D. volubilis*（L. f.）Benth. ex Hook. f.，清热，消炎，止吐，主治感冒，妊娠呕吐，食道癌，胃癌，疟疾。中华假夜来香，消炎，通乳，利尿，除湿，止痛，主治乳汁不通，小便不利，虚咳，胃痛，风湿疼痛，外敷治痈疮肿。

钉头果属 *Gomphocarpus* **R. Br.**

约50种，分布热带非洲；中国引入1种，分布云南。灌木或半灌木。

【茎】 药用：作催吐剂。如钉头果 *G. fruticosus*（L.）R. Br.

【叶】 药用：治肺结核。

【全株】 药用：全株浸剂，治小儿肠胃炎。

纤冠藤属 *Gongronema*（**Endl.**）**Decne.**

16 种，分布东半球热带；中国产 2 种，分布华南、云南。攀缘灌木。

【茎皮】 纤维：纤冠藤 *G. nepalense*（Wall.）Decne，茎皮含纤维10.1%，可织麻布，麻袋，造纸。

【全株】 药用：祛风活血，通乳，主治乳汁不通，子宫下垂，关节痛风，腰肌劳损。

天星藤属 *Graphistemma* **Champ. ex Benth. et Hook. f.**

1 种，分布中国华南至越南。藤本、全株药用。如天星藤 *G. pictum*（Champ.）Benth. et Hook. f. ex Maxi.，催乳，主治乳汁缺少。

匙羹藤属 *Gymnema* **R. Br.**

约25 种，分布亚、非、大洋洲，热带至亚热带；中国产8 种，分布福建、台湾至西南。藤本。

【种子毛】 药用：长钩匙羹藤 *G. longiretinaculatum* Tsiang，种毛止血，主治刀伤出血。

【全株】 药用：匙羹藤 *G. sylvestre*（Retz.）Schult.，全株含强心苷，清热解毒，祛风止痛，主治风湿关节痛，痈节肿毒，毒蛇咬伤。

铰剪藤属 *Holostemma* **R. Br.**

30 种，分布热带至亚热带；中国产约10 种，分布华南至西南。灌木或缠绕灌木。

【茎、叶】 药用：醉魂藤 *H. alatum* Wight.，茎叶具强心苷反应，除热，解毒，截疟，主治疟疾，风湿脚气。

　　【全株】　药用：催乳，主治乳汁不下，产后虚弱，少乳，如铰剪藤 *H. annulare*（Roxb.）K. Schum.，催乳藤 *H. oblongifolium* Cost.。

球兰属 *Hoya* R. Br.

　　200 种以上，分布东南亚至大洋洲；中国产 20 多种，分布华南至西南。藤本。

　　【茎叶】　药用：荷秋藤 *H. lancilimba* Menrr.，茎叶入药，主治跌打损伤。香花球兰 *H. lyi* Levl.，活血祛瘀，祛风除湿，主治跌打损伤，风湿关节痛。琴叶球兰 *H. pandurata* Tsiang，活血祛瘀，接筋骨，主治跌打损伤，骨折（鲜叶捣烂外敷），刀枪伤（叶研粉外敷）。

　　【全株】　药用：护耳草 *H. fungii* Merr.，治风湿，跌打损伤，脾肿大，吐血，骨折。

牛奶菜属 *Marsdenia* R. Br.

　　约 100 种，分布热带、亚热带；中国产 20 多种，分布长江流域以南。木质藤本。

　　【藤茎】　①药用：通光散 *M. tenacissima*（Roxb.）Wight et Arn.，藤茎含甾体皂苷类，水解生成肉珊瑚苷元，尚有多糖类，生物碱，树脂，色素，具有平喘，祛痰，抑菌，通乳，利尿，抗癌作用，主治上呼吸道感染，支气管炎，哮喘，乳汁不通，小便不利，癌瘤（主用于食管癌，贲门癌，胃癌，白血病，宫颈癌，肺癌）。②纤维：通光散藤茎可作绳索。

　　【叶】　药用：通光散叶外敷治痈疖疮疡。

　　【果】　药用：蓝叶藤 *M. tinctoria* R. Br.，果入药，主治心胃气痛。

　　【根茎】　药用：通光散根茎入药，主治气管炎。

　　【全株】　药用：大白叶，全株入药，止血接骨，外用治外伤出血，骨折，疮毒。大白药 *M. griffithii* Hook. f.，百灵草 *M. longipes* W. T. Wang，活血止血，止咳平喘，主治跌打损伤，风湿痛，内出血，支气管炎，哮喘；外用治骨折，外伤出血。牛奶菜 *M. sinensis* Hemsl.，壮筋骨，健胃利肠，泡酒治腰肌扭伤，风湿关节痛，跌打损伤。

翅果藤属 *Myriopteron* Griff.

　　1 种，分布热带至亚热带；中国产之西南。缠绕藤本。翅果藤 *M. extensum*（Wight.）K. Schum.，根入药，补中益气，止咳，调经。主治感冒，咳嗽，月经过多，子宫脱垂，脱肛。

尖槐藤属 *Oxystelma* R. Br.

　　4 种，分布亚洲热带至亚热带；中国产 1 种，分布华南、云南。缠绕亚灌木。全株入药：尖槐藤 *O. esculentum*（L. f.）F. A. Schult.，有抗癌作用，主治黄疸型肝炎诱导肝癌。

肉珊瑚属 *Sarcostemma* R. Br.

　　约 10 种，分布亚、非热带至亚热带；中国产 1 种，分布海南。藤本。肉珊瑚 *S. acidum*（Roxb.）Voigt，全株入药，收敛，止咳，催吐，主治咳嗽，腹泻，逆呃。

须药藤属 *Stelmatocrypton* **H. Baill**.

1 种，分布印度、云南、贵州、广西。缠绕大藤本。

【藤】 药用：主治肠胃痛。

【根】 ①芳香油：须药藤 *S. khsianum*（Benth.）H. Baill.，根含芳香油 0.08%~0.5%，可配制香精及作定香剂，油品佳，应大力繁殖。②药用：须药藤主成分：2-羟基，4-甲氧基苯甲醛，入药治肠胃炎，感冒，支气管炎，风湿性关节痛，胃痛。

黑鳗藤属 *Stephanotis* **Thou**.

约 15 种，分布东南亚至马达加斯加；中国产 4 种，分布东部至南部。藤本。假木通 *S. chunii* Tsiang 及黑鳗藤 *S. mucronata*（Blanco）Merr.，叶入药，补血，通经活络，主治产后血虚，乳汁不足，月经不调，痛经。

夜来香属 *Telosma* **Cov**.

约 10 种，分布热带亚、非、大洋洲；中国产 4 种，分布长江流域以南。藤状灌木。夜来香 *T. cordata*（Burm. f.）Merr.，花可提芳香油。花、叶、果药用，清肝明目，拔毒生肌，主治急慢性结膜炎，角膜炎；外用治溃疮脓肿。

弓果藤属 *Toxocarpus* **Wight et Arn**.

约 70 种，分布亚、非洲热带；中国产约 10 种，分布西南至东部。藤本。弓果藤 *T. wightianus*（Wight et Arn.，）全株入药，去瘀止痛，主治腰肌劳损，瘀肿疼痛。

娃儿藤属 *Tylophora* **R. Br**.

约 60 种，分布东半球热带至亚热带；中国产约 30 种，分布湖南、江西以南。木质藤本。

【叶】 药用：绵毛娃儿藤 *T. mollissima* Wight，叶治哮喘病。扒地蜈蚣 *T. renchangii* Tsiang，叶入药，活血散瘀，解毒，治各种毒蛇咬伤及跌打损伤。

【根】 药用：沙地娃儿藤 *T. arenicola* Merr.，根入药，主治跌打瘀肿，毒蛇咬伤。黑果娃藤 *T. arenicola* Merr.，根主成分：娃儿藤碱，娃儿藤宁碱，去瘀止痛，主治：跌打损伤，风湿痛。人参娃儿藤，*T. kerrii* Craib，根入药，止痛，主治腹痛。绵毛娃儿藤，根入药，主成分：娃儿藤定碱、娃儿藤宁碱，清肺热，主治肺热咳嗽。卵叶娃儿藤 *T. ovata*（Lindl.）Hook. ex Steud.，根主成分：娃儿藤碱、娃儿藤定碱、娃儿藤宁碱，有抑菌作用，镇咳，祛风除湿，散瘀止痛，止咳定喘，解蛇毒，主治风湿筋骨痛，跌打损伤，咳嗽哮喘，毒蛇咬伤。四粉娃儿藤 *T. secamonoides* T siang，根入药，止咳，主治咳嗽。圆叶娃儿藤 *T. trichophylla* Tsiang，根主治风湿痛，跌打损伤。云南娃儿藤 *T. yunnanensis* Schltr，根入药，舒筋活络，调经止痛，截疟，主治肝炎，胃溃疡，疟疾，风湿性关节炎，跌打损伤，外用治毒蛇咬伤。

【全株】 药用：乳汁娃儿藤 *T. koi* Merr.，全株入药，解毒，消肿，主治感冒，跌打损伤，毒蛇咬伤；外敷治疥癣。密花娃儿藤 *T. crebriflora* S. T. Baake，全株入药，主成分：娃儿藤异碱、娃儿藤碱、娃儿藤次碱，有抗癌活性，娃儿藤异碱对腺癌-755，白血病 L1210，白血病 P-388 均有明显作用。但在临床中对中枢神经系统有不可逆的毒性。

阳桃科 Averrhoaceae

3 属 16 种，分布热带、亚热带；中国产 1 种，分布福建、台湾以南。乔木。

阳桃属 *Averrhoa* L.

2 种，分布热带，亚热带；中国产 1 种，引入 1 种，分布福建、台湾以南。乔木。

【木材】 材灰红褐色，重量、硬度、强度、干缩均中等，适作房架、檩条、柱材、家具、农具、雕刻、砧板等。木材价值低等。如阳桃 *A. carambola* L.，毛叶阳桃 *A. bilimbi* L.

【果实】 阳桃有甜、酸两类，甜阳桃适合鲜食；酸阳桃适作干果或菜用。

【枝叶】 药用：阳桃枝叶，祛风利湿，消肿止痛，主治风热感冒、急性肠胃炎、小便不利、产后水肿、痈疽肿毒。

【花】 药用：阳桃花清热，治风热感冒。

【果】 阳桃果入药，治风热咳嗽，咽喉痛，肝脾肿大。

【根】 药用：阳桃根入药，涩精、止血、止痛，主治遗精、鼻衄、慢性头痛、关节痛。

小檗科 Berberidaceae

约 15 属 650 种以上，分布北温带至亚热带高山地区；中国产 10 属约 320 种，南北均有分布。多年生草本或灌木。.

小檗属 *Berberis* L.

约 500 种，分布全世界；中国约 250 种分布全国，大部分分布西南部。灌木。

【树皮】 ①染料：黄芦木 *B. amurensis* Rupr.，树皮可提黄色染料。长柱小檗也可提黄色素。②药用：黄芦木茎皮含小檗碱、木兰碱、氧基小檗碱、药根碱、黄芦木碱、受巴枯碱，清热毒，泻火燥湿，主治细菌性痢疾、肠胃炎、副伤寒、消化不良、黄疸性肝炎、肝硬化腹水、泌尿系统感染、急性肾炎、扁桃体炎、口腔炎、支气管炎；外用治中耳炎、目赤、肿瘤、外伤感染。安徽小檗 *B. chingii* Cheng，树皮入药。清热燥湿，利尿杀虫，主治黄疸性肝炎，热痢下血淋浊带下，疮疡热毒，毒蛇咬伤，小儿疳积，目疾。秦岭小檗 *B. circumserrata* Schneid.，树皮含小檗碱，入药，健胃、解毒、消炎、抗菌，可代黄檗(*Phellodendron amurense* Rupr.)皮使用。直穗小檗 *B. dasystachya* Maxim.，树皮含小檗碱，清热解毒，泻火解毒，主治细菌性痢疾，胃肠炎，急住肾炎，眼疾赤目。长柱小檗 *B. lempergiana* Ahrendt.，茎皮入药，清热利湿，泻火解毒，凉血，散瘀止痛，主治结膜炎，菌痢，刀伤出血，筋骨疼痛，退黄疸。细叶小檗 *B. poiretii* Schneid.，树皮可作洗眼疾药。小檗 *B. thunbergii* DC.，茎皮含檗碱，清热燥湿，泻火解毒，主治：菌痢，胃肠炎，急性肾炎，扁桃体炎，目赤肿痛，外伤感染、黄疸。刺小檗 *B. vulgaris* L.，茎皮可提黄连素，抗菌，主治痢疾。黄连素应用日增，小檗植物小檗碱含量很高，如黄芦木、刺黄花 *B. polygantha* Hemsl.、华西小檗 *B. silva-taroucana*

Schneid.，均可提黄连素药用。小黄连刺 *B. wilsonae* Hemsl.，茎皮含小檗碱，清热燥湿，泻火解毒，主治痢疾、肠胃炎、肾炎、目疾。

【叶】 药用：直穗小檗叶煎水可洗眼疾。小檗叶可煎水治眼疾。

【花】 蜜源植物：昆明鸡脚黄连 *B. kunmingensis* C. Y Wu，春季蜜源植物。

【种子】 油用：黄芦木种子含油 16.2%，主成分：棕榈酸 6%，油酸 18.4%，亚油酸 41.9%，亚麻酸 31.8%，可作工业用油。小黄连刺，种子含油量 15.5%，主成分：棕榈酸 7.3%，硬脂酸 2.9%，油酸 12.4%，亚油酸 36.2%，亚麻酸 41.1%，可作工业用油。

【根】 药用：短柄小檗 *B. brachypoda* Maxim.，根含小檗碱，有清热燥湿，泻火解毒功效，主治细菌性痢疾、肠胃炎、急性肾炎、眼疾等。直穗小檗，根皮含小檗碱，可治痢疾、肾炎、肠胃炎。鲜黄小檗 *B. diaphana* Maxim.，根皮入药，健胃，解毒，消炎，抗菌，主成分：小檗碱，主治痢疾、肾炎、肠胃炎。黄刺檗 *B. dielsiana* Fedde，根含小檗碱，可提制黄连素，常用本种代替黄檗药用。豪猪刺 *B. julianae* Schneid.，根含小檗碱、药根碱、邻巴枯碱、九连碱，有清热燥湿，泻火解毒功效，主治细菌性痢疾，胃肠炎，急性肾炎，火眼。长柱小檗，根皮滋阴降火，除湿，主治上呼吸道感染，肠胃炎，痈疮。细叶小檗，根含小檗碱，可提制黄连素，治疗肠胃炎，结膜炎。二籽细叶小檗 *B. poiretii* schneid. var *biseminalis* R Y. Li，根含小檗碱，清热解火，消炎解毒，主治肠胃炎，上呼吸道感染，结膜炎。刺黑珠 *B. sargentiana* Schneid.，根作兽药：清热利湿，散瘀消肿，主治牲畜结膜炎，猪仔乳疖大，牛马咽喉炎，肺炎，牛便血，猪仔白痢，家畜肠炎痢疾。刺檗，根茎主成刺檗碱，非洲防己碱，清热燥湿，泻火解毒，主治菌痢，胃肠炎，急性肾炎。扁桃体炎，目赤肿痛，黄疸，外伤感染。刺黄檗 *B. vulgaris* L.，根含小檗碱，含量较高为 9.4%，可代黄连及黄檗药用。小黄连刺，根皮入药，主成分小檗碱，清热燥湿，泻火解毒，主治菌痢，肠胃炎，肾炎，耳赤眼疾。

淫羊藿属 *Epimedium* L.

约 20 多种，分布北温带；中国产 13 种，分布各地。多年生常绿草本或亚灌木。

【药用】 淫羊藿 *E. brevicornum* Maxim.、大花淫羊藿 *E. grandiflorum* Mort.、箭叶淫羊藿 *E. sagittatum*（Sieb. et Zucc.）Maxim.、朝鲜淫羊藿 *E. komanum* Nakai，主成分：淫羊藿素，入药，补肾壮阳，祛风去湿，主治阳痿，健忘，风湿性关节炎。

【农药】 箭叶淫羊藿，主成分：淫羊藿素。全草捣烂加 5 倍水喷洒治蚜虫。10 倍水浸液，防治马铃薯晚疫病菌；棉花黄萎病；20 倍水浸液杀孑孓。

十大功劳属 *Mahonia* L.

约 60 种，分布亚、美洲；中国产约 35 种，大部产华南、西南。灌木。

【叶】 ①药用：阔叶十大功劳 *M. bealei*（Fort.）Carr.，叶含小檗碱、异汉防己碱、掌叶防己碱、药根碱，清热补虚，止咳化痰，主治肺痨、咳血、腰酸腿痛、头晕耳鸣、心烦目赤，肺结核、感冒。十大功劳 *M. fortunei*（Lindl.）Fedde，主成分：氧基刺檗碱，小檗胺，药根碱，小檗碱，掌叶防己碱，木兰碱，滋阴清热，主治肺结核、感冒。华南十大功劳 *M. japonica*（Thunb.）DC.，叶含小檗碱、异粉防己碱、巴马亭，有抗菌消炎作用，主治菌痢、肠胃炎。②兽药：阔叶十大功劳，清热补虚，解毒，主治牛马结膜炎、猪牛阴虚内热、肺火实热、肠炎腹泻、小猪白痢、家畜水火烫伤、猪无名高烧。③土农药：茎叶切碎 5～10 倍水煮沸，治稻苞虫，卷叶虫；配毒饵杀黏虫；20 倍水浸液杀孑孓。

【茎】 ①药用：阔叶十大功劳茎含小檗碱，清热解毒，主治细菌性痢疾，急性肠胃炎，传染性肝炎，肺炎，肺结核，支气管炎，咽喉肿痛；外用治眼结膜炎，痈疖肿毒，烧烫伤，腰酸，膝软，头晕，耳鸣。细叶十大功劳 *M. gracilipes* Fedde，与阔叶十大功劳可以代用。十大功劳，茎入药，主成分：刺檗碱，清热解毒，主治痢疾，肠胃炎，肝炎，肺炎，气管炎；外用治眼结膜炎，痈疖肿毒，烧烫伤。华南十大功劳茎入药，主成小檗减，小檗胺，异粉防己碱，氧基刺檗碱，掌叶防己碱，药根碱，木兰碱，有抗菌消炎作用，并有抗癌作用，主治痢疾、肠胃炎及抗癌。②兽药：阔叶十大功劳，治牛肺病、咳嗽、膨胀症。③土农药：阔叶十大功劳茎也可作土农药，功效同叶。

【根】 阔叶十大功劳，根煎水，解毒消炎，退热之效，主治：肠胃炎、肝炎、肺炎、支气管炎、咽喉肿痛；外用治眼结膜炎、烧烫伤、痈疖肿毒。十大功劳，主治：菌痢、肠胃炎、肝炎、肺炎、气管炎、咽喉肿痛；外用治烧烫伤、痈疖肿毒、结膜炎。广西十大功劳 *M. shenii* Chun，根入药，清火解毒，主治热痢，赤眼；外用治枪炮创伤、火烫伤，其他各种功效近似：如湖北十大功劳 *M. confusa* Sprague、细梗十大功劳 *M. gracilipes*（Oliv.）Fedde、甘平十大功劳 *M. ganpinensis*（Lcvl.）Fedde、大叶黄刺柏 *M. fargesii* Takeda、滇刺黄柏 *M. mairei* Takeda、黄十大功劳 *M. flavida* Schneid.、西藏十大功劳 *M. calamicauli* Spare et Fisch.。

桦木科 Betulaceae

2 属约 140 多种，分布北温带至亚热带；中国产 2 属 70 多种，又引入 2 属 2 种。全国均有分布。落叶乔木或灌木。

桤木属 *Alnus* Mill.

约 40 种，分布北温带至中南半岛及南美洲；中国产 11 种，引入 1 种。除西北外均有分布。

【树皮】 ①鞣质：桤木 *A. cremastogyne* Burk.，含量 6.06%。赤杨 *A. japonica* Sieb. et Zucc.，含量 5.32%。旱冬瓜 *A. nepalensis* D. Don，含量 21.45%。辽东桤木 *A. sibirica* Fisch.，含量 6.8%～10%。江南桤木 *A. trabeculosa* Hand. -Mazz. 含量 11.44%。②染料：辽东桤木可作褐色染料。③药用：桤木树皮主治鼻衄、肠炎、痢疾。旱冬瓜树皮主治痢疾、鼻衄。

【木材】 ①用材：材浅红褐至浅灰褐色，材重量及硬度轻至中等，强度弱至中，韧度低，干缩小，不耐腐。适作家具、箱盒、包装材、农具、桶材、木尺、薪柴。木材价值低。如桤木、台湾桤木 *A. formosana* Makino、欧洲赤杨 *A. glutinosa*（L.）Gaertn.、赤杨、毛赤杨 *A. sibirica*.、旱冬瓜，江南桤木。②无烟火药：本属木材制炭火药。

【枝叶】 药用：桤木清热凉血，主治痢疾、肠炎。赤杨清热降火，主治鼻血不止、外伤出血。毛桤木解毒清热，主治毒蛇咬伤。

【芽】 药用：桤木芽止血，治腹泻。

【叶】 ①嫩叶代茶：如桤木、旱冬瓜。②鞣质：辽东桤木含量 24.6%～26.2%。③肥料：桤木叶含氮 2.42%～3.2%（干重汁），磷 0.11%～0.12%，钾 0.52%～0.91%，过磷酸钙 5.5% ~ 6%，硫酸钾 10.4% ~ 12.2%，每公顷稻田施鲜叶 7500 ~ 11250kg，可增产 24% ~ 27%。旱冬瓜含氮 2.94%（干重汁），磷 0.41%，钾 1.1%，每公顷施鲜叶 11.25 ~ 15.00t，相当硫酸铵 147kg，过磷酸钙 20.5kg，硫酸钾 22kg 肥效。

【花】 蜜源植物，如辽东桤木。

【果】 ①鞣质：赤杨含量 22.83%、辽东桤木含量 16%。②染料：辽东桤木果可作褐色染料。

【种子（小坚果）】 油用：桤木种子含油量 20.8%，主成分：亚油酸。赤杨含油 22.3%，主成亚油酸。辽东桤木含油量 14.7%，主成分亚油酸，可供工业用油。

【病枯木】 培养木耳，如桤木。

【根系】 本属根系具根瘤菌，可固定氮素，改良土壤，提高肥力。

【全树】 ①改良土壤：本属树种。②固土护堤：桤木、赤杨、辽东桤木。③水源涵养：桤木，赤杨。④海滨固沙：欧洲赤杨。⑤环保树种：如辽东桤木抗大气污染性强。

桦木属 *Betula* L.

约 100 种，分布北半球至亚热带高山区；中国产 26 种，引入 1 种。分布各地。

【树皮】 ①鞣质：红桦 *B. albo-sinensis* Burk.，含量 7.21%。西南桦 *B. alnoides* Buch. Ham. ex D. Don，含量 11.63%。白桦 *B. platyphylla* Suk.，含量 7% ~ 11.7%。尚有大翅桦 *B. baeumkeri* Winkl.、黑桦 *B. dahurica* Pall.、糙皮桦 *B. utilis* D. Don 等均含鞣质。②染料：坚桦 *B. chinensis* Maxim.，树皮可作染料。③桦皮油：红桦、香桦 *B. insignis* Franch.、白桦、糙皮桦、光皮桦 *B. luminifera* H. Winkl.，可提炼桦皮油，主成分：愈创木酚，甲苯酚，儿茶酚，可作消毒剂、矿石浮选剂及制革。④芳香油：香桦可提芳香油。光皮桦可提 0.2% ~ 0.5%，作化妆品及食品香料。⑤桦皮漆：白桦皮可提桦皮漆，用于家具、机械油漆原料。⑥药用：桃叶桦 *B. alnoides. var. pyrifolia. Franch.*，皮温中散寒，祛风除湿，主治感冒、胃痛、风湿骨痛。黑桦皮主治黄疸，利尿。垂枝桦 *B. pendula* Roth，皮入药同白桦。白桦皮含白桦脂醇 35%，清热利湿，解毒消肿，可治痢疾、黄疸、肾炎、尿路感染。⑦桦树皮可剥皮片作屋顶。

【树汁】 白桦树汁含糖、蛋白质、维生素、无机盐。鲜桦汁含干物质 0.9% ~ 1%，酸度 0.01% ~ 0.02%，还原糖 0.79% ~ 0.86%，每公斤桦汁含铁 1.7mg、磷 0.25mg，铜 5.7 ~ 6.36mg，每 100g 桦汁含镁 1.5 ~ 6.08mg、钾 0.5 ~ 3mg、钠 1.2 ~ 2mg。可作饮料已少量试销，又可发酵制酒、糖浆、冰淇淋等。

【木材】 根据红桦、西桦、风桦 *B. costata* Trautv.、香桦、白桦、光皮桦、糙皮桦等试验，材重硬中等，强度中至弱，韧度中至高，干缩中至大，耐腐性差，材黄褐或心材浅红褐色。适作胶合板、家具、建筑、农具、造纸等。木材价值中等。垂枝桦材近似。

【芽】 药用：黑桦芽治胃病。

【嫩枝】 芳香油：光皮桦含量 0.25%，可供化妆品及食品香料。

【叶】 ①芳香油：光皮桦含量 0.05%。②染料：白桦叶可作黄色染料。③药用：西桦解毒敛口，主治疔毒，疮痈不收口。光皮桦清热利尿，主治疔毒水肿。白桦有利尿作用。

【花】 辅助蜜源植物：如红桦、西桦、黑桦、白桦、糙皮桦等。

【果】 鞣质：如大翅桦等。

【种子】　油用：白桦种子含油量 11.43%，尚有红桦、黑桦，可供工业用油。

【全树】　①农田防护林：如垂枝桦等。②物种资源：盐桦 *B. halophila* Ching ex P. C. Li 已经濒危，应加强保护。

紫葳科 Bignoniaceae

约 120 属 650 种以上，分布热带，少数分布至温带；中国产 22 属，50 多种，引入 12 属约 17 种。南北均有分布。乔木、灌木、藤本。

凌霄属 *Campsis* Lour.

2 种，1 种产美洲；1 种产中国及日本。攀缘藤本。

【茎、叶、花】　药用：活血，通经，祛风，利尿。凌霄花 *C. grandiflora* (Thunb.) Loisel.，主治月经不调、小腹胀痛、产后乳肿、闭经、白带、瘀血作痛、全身风疹。硬骨凌霄 *C. radicans* (L.) Seem.，叶主成分：咖啡酸、对香豆酸、阿魏酸，功效见凌霄花。

【根】　凌霄花根入药，活血散瘀、解毒消肿，主治风湿麻痹、跌打损伤、急性肠胃炎、骨折、脱臼、急性胃肠炎、产后恶露不下。

【全树】　观赏植物：凌霄花，花大色鲜，黄赤色，附生石壁、老树、墙垣。为庭园重要栅架植物。硬骨凌霄，花橙黄至红色，两种皆为重要观赏植物。

梓属 *Catalpa* L.

13 种，分布东亚与北美洲；中国产 6 种，（引入 2 种），分布陕西、甘肃、山西、华北、东北以南。落叶乔木。

【树皮】　药用：楸树 *C. bungei* C. A. Mey.，树皮可治痈疽。

【木材】　心材深灰褐色，略带金黄色，边材灰黄褐色，轻软至中，强度弱至中，干缩小，极耐腐，材色花纹美丽。适作造船材、车辆、乐器，上等家具、箱柜、建筑柱材、胶合板、木模、坑木、枕木、电杆、农具、棺廓（历来有"千年楸，万年柏"的利用经验）。木材价值高贵一类。如：楸树、滇楸 *C. duclouxii.* Dode、灰楸 *C. fargesii* Bureau、梓树 *C. ovata* Don、黄金树 *C. speciosa* Warder.、紫葳楸 *C. bignoniodes* Walt.

【叶】　①食用：嫩叶可做菜食用：楸树、梓树。②饲料：楸树、梓树叶可喂猪。

【花】　①蜜源植物：楸树花期 4～6 月，蜜量多，粉少。梓树花期 6～7 月，蜜、粉较少。②食用：楸树花可炒食。③芳香油：楸树花可提芳香油。

【果实】　药用：梓树果入药，利尿、消肿，主治水肿、水肿、脚气病、膀胱炎。楸树种子含梓实苷，清热利尿，主治尿路感染、尿道结石。

【种子】　药用：梓树种子含脂肪，β-谷甾醇，十八-9 反-11，顺-13-三烯酸，有利尿、消肿作用，主治水肿、慢性肾炎、膀胱炎、肝硬化腹水；外用治湿疹、皮肤瘙痒、小儿头疮。

【全树】　①绿化观赏树种：紫葳楸、楸树、灰楸、梓树、黄金树，树姿挺拔，秋后蒴果下垂，甚为美观。②环保树种：楸树抗 Cl_2 抗性中，为常见环保树种。梓树抗有害气体抗性中。黄金树抗 SO_2 抗性中，皆为环保树种。

连理藤属 *Clytostoma* **Miers**.

12 种，分布南美洲：中国引入 1 种，广州、厦门引种。藤本。如连理藤 *C. callistegioides* Bur.。

花大美丽，成对生长，浅紫色，长 7.5cm，花筒黄色，有紫纹，裂片 5~7cm，供观赏。

葫芦树属 *Crescentia* **L**.

5 种，分布热带美洲；中国引入 2 种，华南栽培。常绿小乔木。

【果实】 ①食用：瓠瓜树 *C. cujete* L. 嫩果可腌泡吃。②药用：果瓤入药，作镇痛、缓泻、收敛、祛痰剂。③果壳：果极大，球形，木质，径 20~25cm，可制水瓢，碗，钵使用，或制成各种形状的盒子。外壳可雕刻成工艺品。

【种子】 可炒熟食。

【花】 观赏植物：叉叶木 *C. alata* H. B. K.，世界热带各国栽培，花冠漏斗状，下部紫色，上部淡黄色，长 3~4cm，着生于枝干上，颇为奇特，适庭园观赏。

猫尾木属 *Markhamia* **Seem. ex Baill**.

约 9 种，分布亚、非洲热带；中国产 2 种，分布南部至西南部。常绿乔木。本属利用木材。材黄褐微红色，重至中，硬，强度中，干缩大，稍耐腐。适作坑木、枕木、桥梁、家具、农具、建筑等。木材价值下等。如猫尾木 *M. caudafelira* (Hance) Craib.。

蓝花楹属 *Jacaranda* **Juss**.

约 50 种，分布美洲热带；中国引入 2 种，华南，福州栽培。乔木。

【木材】 材黄白至灰色，轻，软，纹理直，易加工，不耐腐。适作板料，包装箱，家具等，木材价值低。蓝花楹 *J. mimosifolia*，尖叶蓝花楹 *J. cuspidifolia* Mart.

【花】 观赏植物：兰花楹春末至秋季开花，花蓝色，花冠管长约 5cm，排成尖塔形的圆锥花序，一为美丽的观赏树种；尖叶兰花楹，花春夏开，紫色，为极大的圆锥花序，长达 25cm，花冠长 4cm，为美丽的观赏树种。

吊灯树属 *Kigelia* **DC**.

3 种，分布非洲热带；中国引入 3 种，分布华南栽培。乔木。本属果入药，止泻、治痢疾。羽叶吊瓜树 *K. pinnata* DC.，果长达 30~45cm，径 12cm，重 4.5~6.5kg，悬于 1m 长的总梗上。如吊瓜树 *K. aethiopica* Decne.，扁吊瓜树 *K. Africana* Benth.。

烟筒花属 *Millingtonia* **L. f**.

1 种，分布印度、南亚至中国云南。乔木。烟筒花 *M. hortensis* L. f.，叶主成分黄芩素，树皮、果荚肉主成分粗毛豚草素，药用：祛风止痒、驱虫解毒、祛痰止咳，主治荨麻疹、湿疹、皮肤过敏、驱蛔虫、咳嗽痰喘。

千张纸属 *Oroxylum* Vent.

1 或 2 种，分布印度至东南亚；中国产 1 种，分布福建、台湾、华南、西南。乔木。

【树皮】 药用：广西千张纸 *O. indicum*（L.）Vent.，入药，代"黄檗"（*Phallodendron* Clmrense Rupr.）入药，治肝炎、膀胱炎。

【茎皮及叶】 药用：主成分黄芩苷元、白杨素、寅芩苷、黄芩素苷、黄芩素，主治胃痛、肝痛、咳嗽，外用治痈毒。

【种子】 ①药用：千张纸种子入药，清肺热、利咽喉、止咳、止痛，主治急性咽喉炎，声音嘶哑，支气管炎，百日咳，胃痛。②兽药：润肺舒肝，治牛、马、骡、猪、羊，伤风感冒，肺炎。

【木材】 黄白色，轻软，不耐腐，可作板料，包装材，造纸材等。木材价值低。

粉花凌霄属 *Pandorea* Spach.

8 种，分布大洋洲至马来西亚；中国引入 1 种，厦门、杭州、青岛、北京栽培。常绿木质藤本。粉花凌霄 *P. jasminoides* K. Schum.，花白色，有时微粉红色，花冠喉部玫瑰红色，供庭园观赏。

非洲凌霄属 *Podranea* Sprague

数种，分布非洲南部；中国引入 1 种，广州栽培。非洲凌霄 *P. ricasoniana*（Tanfami）Sprague，花秋季开放，淡粉红色，有红色条纹，顶生疏散的圆锥花序，供庭园观赏。

炮仗花属 *Pyrostegia* Presl.

5 种，分布南美洲；中国引入 1 种，华南、云南庭园栽培。常绿藤本。炮仗花 *P. venusta*（Ker. -Gawl.）Miers。

【茎、叶】 药用：清热，主治咽喉炎。

【花】 ①药用：润肺止咳，主治肺结核，咳嗽，咽喉肿痛，支气管炎，肝炎。②观赏：花橙红色，长约6cm，顶生或下垂的圆锥花序，萼钟状或管状，冬春盛开，极为美丽，供观赏。

菜豆树属 *Radermachera* Zoll. et Moritzi

约40 种，分布亚洲热带；中国产6 种，分布台湾、江西以南。落叶或常绿乔木。

【木材】 材浅黄褐至红褐色，重量中，硬，强度强，干缩大。适作车辆、枕木、坑木、家具、农具、建筑等。木材价值下等。如菜豆树 *R. sinica*（Hance）Hemsl.，美叶菜豆树 *R. frondosa* Chun et How。

【叶】 茂盛，为很好绿肥植物。

【叶、花、果、根】 皆可入药，清热解毒，散瘀消肿，接骨止痛，主治伤寒发热、跌打损伤、骨折、痈肿、毒蛇咬伤。

火焰树属 *Spathodea* **Beauv**.

2 种，分布热带非洲；中国引入 1 种，广州栽培。落叶乔木。如喷泉树 *S. campanulata* Bearv.。木材材轻，软，易腐朽，老树多空心。适作一般板料，造纸材等。木材价值低。花喷泉花未开放时苞内含水，开放时喷出水来，花大，杯状，橙红色，着生枝端，雨季开放，十分美丽，供庭园观赏。

羽叶楸属 *Stereospermum* **Champ**.

约 24 种，分布热带、亚热带；中国产 3 种，分布云南、广西，乔木。羽叶楸 *S. colais* (Buch. -Harn. ex Dillwyn) Mabber ley.，毛叶羽叶楸 *S. neuranthum* Kurz.，材浅红褐色，纹理直，重量中，耐腐性中，适作矿柱、地板、梁、屋架、桥梁、篱柱等，木材价值中等。

黄钟花属 *Tecoma* **Juss**.

数种，分布美洲；中国引入 1 种，广州栽培。黄钟花 *T. stans* H. B. K.，常绿灌木或小乔木。

【花】 观赏：花冠钟形，淡黄色，芳香，顶生总状花序或圆锥花序，花期长，花色艳丽，适庭园观赏。

【根】 药用：利尿，驱虫，主成分：黄钟花碱、直黄钟花碱，主治蛔虫，尿路不畅。

硬骨凌霄属 *Tecomaria* **Spach**

2 种，分布非洲；中国引入 1 种，华南、云南、杭州栽培。攀缘或近直立灌木。硬骨凌霄 *T. capensis* (Thunb.) Spach。

【花】 观赏：花为顶生下垂总状花序，黄橙红或鲜红色，美丽，供庭园观赏。

【根】 药用：清热消炎，具有散瘀消肿功效。

【全株】 药用：散瘀消肿，通经利尿，主治肺结核，肺炎，支气管炎，哮喘。咽喉肿痛。

红木科 **Bixaceae**

1 属约 4 种，产美洲热带；中国引入 1 种，云南、广州、海南、台湾栽培。灌木或小乔木。

红木属 *Bixa* **L**.

单属科。如红木 *B. orellana* L.。

【树皮】 纤维优良，可利用制绳等用。

【果实】 外种皮肉质，可提制红色或黄色色素作染料，天然食品色素，如奶油乳制品、糖果、饮料等。亩产种子达 100kg，经济效益很高。

【全树】 适作绿篱及防火林树种。

木棉科 Bombacaceae

约 20 属 180 种，广布热带；中国产 1 属 2 种；引入 6 属 7 种，分布华南、西南至台湾、福建。乔木。

猴面包树属 *Adansonia* L.

10 种，分布亚热带地区；中国引入 1 种，华南，云南栽培。乔木。

【树皮】 ①纤维：猴面包 *A. digitata* L.，纤维可制绳索，织布，渔网，袋子，硬纸。剥皮后可再生利用。②药用：非洲当地代金鸡纳治疗发烧。

【木材】 材浅黄色，轻软，可作箱板、造纸材等。木材价值低。

【叶】 ①蔬菜：猴面包叶当地作蔬菜，富含维生素，钙质。②药用：原产地用叶汁治疗炎症。

【果】 ①食用：未熟果皮白色，有香气，可食用，制粉可作饮料。②药用：当地用果汁治炎症。

【种子】 食用：种子发芽如龙须菜可作蔬菜食用。

【全树】 ①观赏树种：花洁白，芳香美丽，可作观赏树种。②老树：挖空居住，避兽，贮粮、水。

木棉属 *Bombax* L.

约 80 种，分布热带；中国产 2 种，分布西南至华南。落叶大乔木。

【树皮】 药用：木棉 *B. malabaricum* DC.，祛风除湿，活血消肿，主治风湿痹痛，肿痛。

【树胶】 木棉树胶含阿拉伯胶 20.5% 可作胶粘剂用。

【木材】 心材黄褐色，边材白色，甚轻，甚软，强度甚弱，干缩甚小，不耐腐，易虫蛀。适火柴杆、包装箱、瓶塞、浮子、锅盖、模具、胶合板等。木材价值低。如木棉，长果木棉 *B. insigne* Wall.。

【茎】 ①纤维：木棉茎皮纤维可造纸。②药用：木棉茎祛风除湿，主治跌打肿痛，风湿骨痛。

【花】 ①蜜源植物：木棉花为冬季蜜源植物。②蔬菜：木棉花瓣可作蔬菜食用。③制咖喱粉：木棉花萼肉质，可制咖喱粉食用。④药用：木棉花清热利湿，解暑，主治肠炎、痢疾，暑天作凉茶解热。

【果肉】 绵毛木棉绵毛作枕头芯、填充物、救生圈。

【种子】 ①油用：木棉种子含油 26.8%，不干性油，主成分：棕榈酸 23.6%，油酸 19.1%~28.8%，亚油酸 25.8%~36.5%，亚麻酸 1.5%~3%，可作润滑油，肥皂，食用油。②油粕：肥料：木棉粕饼含氮 5.53%，磷 2.57%，钾 2.16%，肥分高于桐油饼、菜油饼。

【根】 药用：木棉根散结止痛，主治胃痛，颈淋巴结核。

【全树】 观赏及行道树：木棉花红绚丽，树姿挺拔荫浓，适作观赏及行道遮阴树。

吉贝属 *Ceiba* Mill.

10 种，分布热带；中国引入 1 种，华南、云南栽培。落叶乔木。

【木材】 浅灰褐色轻，甚软，不耐腐，适作火柴杆，包装箱，造纸材，大径材可挖独木舟。木材价值低。如吉贝 *C. pentandra*（L.）Gaertn.。

【果肉】 绵毛作枕头芯，垫物，救生衣，飞机间隔材料，毛长 2cm 可作纺织原料。

【种子】 ①油用：吉贝种子含油量 20%～25%，属不干性油，主成分：棕榈酸、油酸、亚油酸，可作灯油，肥皂及食用。②肥料：种子及壳含氮 4.5%、磷 1.6%、钾 1.5%、为良好肥料。③饲料：油粕含蛋白质 30%～38%，可作家畜饲料。

【全树】 绿篱：马来西亚常用吉贝作绿篱。

榴莲属 *Durio* Adans.

约 27 种，分布缅甸至马来西亚；中国引入 1 种，华南栽培。常绿乔木。

【未熟果肉】 食用：榴莲 *D. zibethinus* Murr.，可作蔬菜食用，或盐渍长年食用，或与米饭同煮食。

【果肉】 食用，具陈乳酪香气。

【假种皮】 食用：乳白色。

【种子】 食用：种子含糖及淀粉，炒食味美。

【木材】 心材灰红褐色，边材白色，重量中，硬度中，强度弱至中，干缩中，但不耐腐，适作胶合板，家具板料，包装材等，木材价值低。

轻木属 *Ochroma* Swartz

1 种，产热带美洲；中国引入，海南、台湾、云南栽培。乔木。

【木材】 轻木 *O. lagopus* Swartz，材甚浅黄白色，轻，甚软，强度甚弱，韧度甚低，干缩甚小，不耐腐，但最适航空材，航海材，冷藏车，救生圈，飞机模型，瓶塞，浮标等。木材价值中等。

【蒴果】 绵毛：可作救生圈，枕头垫褥等填充物。

瓜栗属 *Pachira* Aubl.

2 种，分布热带美洲；中国引入 2 种，华南、云南、福建栽培。乔木。

【种子】 ①食用：瓜栗 *P. macrocarpa*（Cham. et Schlecht）Walp.，大果瓜栗 *E. macracarpa*（champ. et Schlecht）Walp 均可烤食。味似栗。②油用：大果瓜栗种仁含油量 45%，不干性油，主成分：肉豆蔻酸 5%，棕榈酸 41.5%，硬脂酸 7.1%，二十四碳烯酸 15.3%，油酸 18.8%，亚油酸 7%。食用油。亩产油 80～100kg。

另：海南省引入南美洲木棉 *P. Chorisia speciosa* St. Hil.，落叶乔木，树具刺。

【蒴果肉绵毛】 作枕头，垫子填充物。

【全树】 ①观赏：花白色、粉红色，红色，径 7cm，秋季盛开，艳美，可供观赏。②行道树种：本种适作行道树种。

南华木科 Bretschneideraceae

1～2 种，我国特产，分布西南至东部。落叶乔木。

南华木属 *Bretschneidera* Hemsl.

单属科，南华木 *B. sinensis* Heml

【树皮】　药用：祛风活血，主治筋骨痛。

【木材】　材浅黄褐色，材轻，硬度中，强度中，干缩中，不耐腐，易蓝变色。适作家具，胶合板，室内装饰，农具，器具，板料，防腐后作室外用材。木材价值下等。

【种子】　油用：含油量 20.48%，属不干性油，主成分：棕榈酸 10.7%～11%，油酸 75.7%～77.2%，亚油酸 11.11%～11.9%，适制工业润滑油及肥皂。

【全树】　①观赏：干形通直，羽叶婆娑，花大艳丽，可作庭园观赏树种。②物种资源：本种已经濒危，应加强保护和发展。

醉鱼草科 Buddlejaceae

10 属约 150 种，分布热带、亚热带；中国产约 31 种，分布东南至西部。灌木。

醉鱼草属 *Buddleja* L.

单属科。

【叶（及花）】　①农药：醉鱼草 *B. lindleyana* Fort.，主成分：醉鱼草苷、刺槐素等多种黄酮类化合物，叶切碎浸液，杀蟆虫效 70%，20 倍水防治小麦锈病，5 倍水对稻霜霉病有抑效，杀豆蚜虫效 60%，玉米小夜蛾效 39.5%，斜纹夜蛾效 20%，又灭蝇、蛆、蚊。大叶醉鱼草 *B. davidii* Franch.，也可作农药。②醉鱼：醉鱼草叶、花入塘中可醉鱼捕获。

【花苞】　药用：黄花醉鱼草 *B. caryopteridifolia* W. W. Smith，花苞，润肝明目，散风去翳，主治急慢性结膜炎，弱视，夜盲症。

【花蕾及花】　①药用：醉鱼草，祛风去湿，止咳化痰，散瘀杀虫，主治支气管炎，咳嗽，哮喘，风湿性关节炎，跌打损伤；外用治创伤出血，烧烫伤，杀蛆。②色素：密蒙花 *B. officinalis* Maxim.，花可作食品黄色素，云南用花染饭食。③蜜源植物：密蒙花，花期秋季，醉鱼草花期春季，常成片生长，均为山区辅助蜜源。④药用：密蒙花主成分为密蒙花苷、刺槐素，有清热明目，祛翳障之效，主治青盲翳障，赤肿流泪，羞明畏光。⑤兽药：密蒙花，祛风凉血，润肝明目，主治牛马目赤肿痛，眼目云翳。⑥醉鱼：醉鱼草花（叶），捣碎入塘，可醉鱼捕获。⑦芳香油：醉鱼草花可提芳香油；大叶醉鱼草尚待进一步研究。

【种子】　油用：巴东醉鱼草 *B. slbiflora* Hemsl.，种子含油 4.1%，属不干性油，主成分：棕榈酸 12.2%，硬脂酸 2.2%，油酸 43.1%，亚油酸 42.4%，可作工业润滑油及肥皂。

【根】　药用：大叶醉鱼草主成分为醉鱼草酮，有毒，祛风散寒，活血止痛，主治风湿性关节痛，骨折，跌打损伤；外用治脚癣。黄花醉鱼草，主治肾虚白带，眼雾流泪。

【全株】　药用：狭叶醉鱼草 *B. asiatica* Lour.，全株入药，有小毒，祛风利湿，行气活血，主治产后风痛，胃寒作痛，风湿性关节痛，跌打损伤，骨折；外用治皮肤瘙痒，阴囊湿疹，无名肿毒。

【全树】 ①园林绿化：密蒙花树姿优雅，适作园林绿化树种。②环保树种：醉鱼草对有害气体抗性弱，可作环保指示植物。

橄榄科 Burseraceae

16 属，约 550 种，分布热带至亚热带；中国产 4 属，约 14 种，又引 3 属 5 种。分布福建至华南、西南。乔木或灌木。

乳香属 *Boswellia* Roxb. ex Colebr.

约 24 种，分布非洲红海沿岸；中国引入 1 种，广西栽培。矮小乔木。乳香 *B. carteri* Bridw.。

【树脂】 ①药用：树部伤口渗出树脂入药，主要化学成分：树脂 60%～70%，树胶 27%～35%，挥发油 3%～8%，含乳香酸 33%，结合乳香酸 1.5%，乳香树脂烃 33%，阿拉伯胶素 20%，巴索林 6%，苦味质 5%，挥发油淡黄色，芳香，含蒎烯、二戊烯、水芹烯，活血止痛，主治筋脉痉挛，跌打损伤，疮疖肿痛。②兽药：定痛逐毒，主治马心寒吐水，肝损肾虚，五劳七伤，干湿痉症，鞍压疮，牛脱膊，水牛前蹄肿痛，肩破敷药，家畜火焚伤，骡马伤肾，化脓。另同属药乳香树 *B. bhawdajiana* Birdw.，野乳香树 *B. neglecta* M. Moore，也同样入药。

没药属 *Commiphora* Jacq.

约数种，分布热带非洲及阿拉伯半岛；中国引入 1 种，华南种植。灌木或小乔木。没药 *C. myrrha* Engl.

【树脂】 ①药用：没药含树脂 25%～35%，挥发油 2.5%～6.5%，树胶 57%～61%，杂质 3%～4%。树脂主要化学成分：α，β，γ-没药酸，没药次酸，二种酚性树脂，α-罕没药酚，β-罕没药酸，α-及 β-罕没药酸；挥发油中含对位异丙基苯甲醛，丁香酚，蒎烯，柠檬烯，桂皮醛，间苯甲酚；树胶与阿拉伯胶相似，水解生成阿拉伯糖，半乳糖，木糖。上述没药的醇不溶性成分不超过 70%，灰分不超过 5%，有抑菌作用，散瘀止痛；外用消肿生肌，主治跌打瘀肿，痈疽肿痛；外用治疮口久不收敛。②兽药：散血去瘀，消肿定痛，主治马蹙伤膈痛，内伤跌痛，肾经痛，皮瘦毛焦，牛尿血，毛焦肉瘦。

橄榄属 *Canarium* L.

约 100 种，分布亚，非热带及大洋洲北部；中国产 7 种，引入 1 种。分布福建、台湾以南。灌木至大乔木。

【树皮】 产树脂：吕宋橄榄 *C. luzouicum* Miq.，海南引种，树脂是洋漆、松节油原料，可作船缝填料，火炬燃料。滇榄 *C. strictum* Roxb.，树脂褐色如松脂，可人工采割，点灯照明

【木材】 本属木材分作 2 类白榄类：材黄白至浅黄褐色，轻软，强度弱，干缩小，不耐腐，易变色。适作箱盒、木屐、农具、造船板料等。商品材价值低。如橄榄 *C. album*

（Lour.）Raueseh.，华南橄榄 *C. austrosinense* Huang 及华南毛橄榄 var. *subhirsutum* Huang 等。②乌榄类：心材灰褐至红褐色，重量硬度中等，强度弱，干缩中，耐腐性弱。适作车船板、农具、包装材、建筑门窗等。木材价值下等。如乌榄 *C. pimela* Leenh.，东京榄 *C. tonkinense* EngL. 等。

【果实】　①食用：橄榄，可生食，蜜饯，如五香榄，甘草榄。方榄 *C. bengalense* Roxb.，果可生食或糖渍食用。乌榄，果实漂制后食，常作榄豉调食，为很好的菜品。②药用：橄榄含蛋白质，脂肪，碳水化合物，钙，磷，铁，维生素C，主治百日咳，咳嗽，咽喉炎，唇裂生疮，痢疾，河豚中毒，皮肤病，清热解毒，化痰消积。

【花】　蜜源植物：橄榄花期5月，蜜量较多。

【果核】　①药用：橄榄果核入药，助消化，开胃下气，烧灰研服，治鱼骨鲠，胃痛，疝气。②活性炭：橄榄、乌榄、东京榄、小叶榄 *C. parvum* Leenh.、毛叶榄 *C. subulatum* Guill.，果壳是优良活性炭原料。

【果仁（种子仁）】　①油用：橄榄种仁含油量60.7%，主成分：油酸31.7%，亚油酸40.1%，棕榈酸、硬脂酸、花生酸27.6%，可制肥皂，机械润滑油。华南橄榄，种子含油量20%，制肥皂，润滑油。方榄种仁含油量57%，主成分：棕榈酸29.9%，硬脂酸2.5%，油酸21.2%，亚油酸46.4%，制肥皂，润滑油。乌榄种仁含油量45%，主成油酸、亚油酸，可食用，为营养丰富的食用油。东京榄种子含油量10%~22%，可制肥皂、润滑油。云南橄榄 *C. yunnanensis* Huang，种子含油量20%，制肥皂、润滑油用。②药用：橄榄，种仁入药，解毒，（酒醉鱼毒），研敷止痛。

【根】　药用：橄榄根舒筋活络；乌榄舒筋活络，祛风去湿，主治风湿腰腿痛，手足麻木。

【叶】　药用，乌榄叶清热解毒，消肿止痛，主治感冒，上呼吸道感染，肺炎，疖肿。

嘉榄属 *Garuga* Roxb.

约5种，分布东南亚；中国产4种，分布华南、云南，常绿乔木。

【树皮】　①鞣质，嘉榄 *G. pinnata* Roxb.，树皮含鞣质20.3%，可提制栲胶。②药用，嘉榄皮入药，清热解毒，化腐生肌，主治烧伤，疮疡溃烂。

【木材】　心材红栗褐色，轻，软，易变色，虫蛀。适一般板料、箱盒、造纸材等。木材价值低。

黄杨科 Buxaceae

6属约100种，分布热带，亚热带，少数温带；中国产3属约40种，主产长江以南，少数至黄河流域。常绿灌木或小乔木，稀草本。

黄杨属 *Buxus* L.

约70种，分布亚热带至温带；中国产约30种，分布长江以南，少数至黄河流域。灌木或小乔木。

【木材】　材黄至姜黄色，极细匀，重，硬，干缩小，耐腐。适作木梳，篦子，雕刻，印章，镶嵌，乐器，精细木匣，高级棋子，算珠，烟斗，美术工艺品等。木材价值珍贵特类，论重量计价。如黄杨 B. sinica（Rehd. et Wils.）Cheng、小叶黄杨 var. parvifolia M. Cheng、尖叶黄杨 B. aemulans（Rehd. et Wils.）S. C. Li et S. H. Wu、雀舌黄杨 B. bodinieri Levl.、细叶黄杨 B. harlandii Hance、桃叶黄杨 B. henryi Mayr.

【叶】 药用：黄杨主成分：黄杨碱 D，用于治冠心病；外敷治无名肿毒，细叶黄杨，主含生物碱，清热解毒，主治狂犬咬伤。

【种子】 油用：黄杨含油 26%~34%，主成分：棕榈酸 9.8%~11.1%，硬脂酸 2.5%~3.2%，油酸：24.1%~32.9%，亚油酸 50.2%~62%，作工业用油。

【根（叶）】 药用：雀舌黄杨主治跌打损伤，妇女难产，黄疸病，吐血。黄杨主治风湿病，气滞胀痛，心胃气痛，疝气，复方治风湿心脏病。

【全株】 药用：黄杨主治跌打损伤，痢疾，胃痛，疝痛，牙痛，肿毒。

【全树】 ①观赏树种：尖叶黄杨、雀舌黄杨、细叶黄杨、黄杨、小叶黄杨。②绿篱：黄杨、小叶黄杨、细叶黄杨、雀舌黄杨。③环保树种：雀舌黄杨对 Cl_2 抗性强；黄杨对有害气体 SO_2、Cl_2、HF 抗性很强，隔音力也较强。均适厂矿街道绿化环保树种。

板凳果属 *Pachysandra* Michx.

约 5 种，分布东亚，北美洲；中国产 4 种，分布长江以南。匍匐攀缘半灌木。

【根】 药用：腋花板凳果 P. axillaries Franch.，主治风湿麻痹，跌打损伤。肢体麻木。

【全株】 药用：腋花板凳果，含生物碱，祛风除湿舒筋活络，主治偏头痛，神经性头痛。顶花板凳果 P. terminalis Sieb. et Zucc.，全株含多种甾类生物碱：雪山苓碱，表雪山明碱，雪山明碱，雪山脱明碱；三萜类：雪山二醇，雪山苓醇，无羁醇，表无羁醇，环阿烷醇，豆甾醇，β-谷甾醇等。祛风止咳。舒筋活络，调经止血，主治慢性气管炎，风湿关节炎，白带，闭经，精神病烦躁不安。

野扇花属 *Sarcococca* Lindl.

约 15 种，分布亚热带；中国约 8 种，分布长江以南。常绿灌木。

【果】 药用：野扇花 S. ruscifolia Stapf，补血养肝，主治头晕，心悸，视力减退。

【根】 药用：野扇花，理气止痛，祛风活络，主治急慢性胃炎，胃溃疡，风湿关节痛，跌打损伤，喉痛，颈疮；研粉敷伤有接骨之效；泡酒内服补肾治腰痛。

【全株】 药用：云南野扇花 S. hookeriana Baill. var. digyna Franch.，散瘀止血，行气止痛，拔毒生肌，主治胃痛，支气管炎，肝炎，蛔虫；外用治跌打损伤，刀伤出血，无名肿毒。野扇花全株治胃痛，胃溃疡。

【全树】 观赏：野扇花，花芳香果红色可供观赏。

苏木科 Caesalpiniaceae

约 154 属 2800 种，广布热带、亚热带至温带；中国引入 26 属 140 种，主产华南至西南。乔木、灌木，稀藤本。

顶果木属 *Acrocarpus* **Wight ex Arn**.

2 种，产亚洲热带；中国产 1 种 1 变种，分布华南。落叶大乔木，高 40～50m，胸径 1.2～1.5m。

【木材】 边材黄白色，心材红褐色，重量中，软，强度中，干缩中，心材耐腐，少裂。适作建筑，家具，车辆，胶合板，箱盒，板料，茶叶箱等；纤维细长为良好造纸材及纤维原料。木材价值中等。顶果木 *A. fraxinifolius* Wight ex Arn，及广西顶果木 var. *guangziensis* S. L. Mo et Y Mei。

【种子】 胶用：顶果木种子得胶率 36%，可代瓜尔胶，广泛用于石油，采矿、纺织、造纸、食品、医药、净化污水等。

【全树】 物种资源：本种为珍稀树种，应加强保护。

缅茄属 *Afzelia* **Smith**

约 30 种，分布亚洲南部至南非；中国引入 1 种。常绿大乔木，高达 40m。

【木材】 缅茄 *A. xylocarpa*（Kurz.）Craib.，材黄褐色，常变灰褐色，重，硬，强度强，耐腐，材质优良。适作家具、建筑、胶合板、农具等。木材价值上等。

【花】 药用：清热解毒。

【种子】 ①药用：解毒消肿，可治牙痛，眼炎。②工艺品：假种皮坚硬，可雕刻工艺品、印章等用。

【全树】 观赏树种：树冠广阔，浓密荫蔽，为优良绿化观赏树种。

羊蹄甲属 *Bauhinia* **L**.

约 570 种，广布热带、亚热带；中国约 40 种。乔木、灌木或藤本。

【树皮】 ①鞣质：龙须藤 *B. championii*（Benth.）Benth.，含量 10.75%，洋紫荆 *B. variegata* L.，含量 10%～15%，红花羊蹄甲 *B. blakeana* Dunn，羊蹄甲 *B. purpurea* L.，可栲胶或作染料。②药用：羊蹄甲可治烫伤。洋紫荆可治消化不良，急性肠胃炎。

【韧皮】 纤维：马鞍叶羊蹄 *B. brachycarpa* Wall. ex Benth.，茎皮纤维含量 35%～40%，粉叶羊蹄甲 *B. glauca*（Wall ex Benth.）Benth. 纤维含量 22%。羊蹄藤 *B. kerii* Ganep.、龙须藤、广东羊蹄甲 *B. kwangtungensis* Merr.、硬叶羊蹄甲 *B. racemosa* Lam.等可作造纸、纤维原料、织麻袋，绳索，或直接利用藤茎。

【木材】 ①用材：①黄羊蹄甲类：材黄褐色，轻至中，不耐腐。供一般家具、农具等。木材价值下等。如红花羊蹄甲。②红羊蹄甲类：材红褐色，坚重。更适作农具、家具、器具。木材价值中等。如羊蹄甲。②藤材：如龙须藤，花纹交错，称"菊花木"，适作手杖、笔筒、烟盒等。

【枝干】 ①药用：马鞍叶羊蹄甲，解毒生肌，主治溃疡。龙须藤，散瘀活血，祛风湿止痛。②薪炭材：多数均可作薪材；坚重者可作炭材。

【叶】 ①饲料：如龙须藤、羊蹄甲、洋紫荆（含粗蛋白 15.8%）可作饲料。②药用：马鞍叶羊蹄甲，润肺止咳；外用治癣、烧烫伤。贵州羊蹄甲 *B. lecomtei* Gagnep.，治小便不利，衣胞不下；外用治跌打损伤。多脉羊蹄甲 *B. pernervosa* L. Chen，治脱肛，子宫脱垂。密花羊

蹄甲 *B. tenuiflora* Wall.、羊蹄甲、洋紫荆，润肺止咳、止血。

【花】 ①代茶：洋紫荆花芽可代茶使用。②药用：洋紫荆治肝炎，肺炎，支气管炎。

【嫩果】 食用：洋紫荆嫩荚果可食。

【种子】 ①食用：广东羊蹄甲种子可食用。②油用：马鞍叶羊蹄甲种子含油量 13.1%；洋紫荆种子含油量 15.4%；羊蹄甲种子含油量 20%。可供工业用油。

【根】 ①鞣质：广东羊蹄甲根含鞣质 40%，可栲胶、鞣渔网，纯度 73%。②药用：马鞍叶羊蹄甲，安神，主治心悸失眠；外用淋巴结核。龙须藤，散瘀活血，主治腰腿痛、胃痛、跌打损伤。粉叶羊蹄甲泡酒治腰痛劳伤，又治痢疾，阴囊湿疹。贵州羊蹄甲治劳伤腰痛。多脉羊蹄甲治遗精遗尿、血崩。密花羊蹄甲镇咳止血。洋紫荆治咯血，消化不良。

【全树】 行道观赏树种：叶形奇特，花色美丽，如白花羊缔甲 *B. acuminata* L.、黄花羊缔甲 *B. tomentosa* L.、非洲羊蹄甲 *B. galpini* N. E. Br.，花深红色；洋紫荆花淡红芳香，白色变种 var. *alboflora.*，花白色具黄斑。

苏木属 *Caesalpinia* L.

约 100 种，分布热带、亚热带；中国引入约 25 种，主产长江以南。我国主要为藤本，攀缘灌木，少数小乔木。

【树皮】 鞣质：云实 *C. decapetala* (Roth.) Alston，含鞣质 5.2%。苏木 *C. sappan* L.，含量低。

【木材】 ①用材：苏木心材暗红褐，边材灰褐色，材甚重硬，极耐腐，细致光滑，为小提琴特用弓材及高级美术工艺材、装饰材。价格昂贵，木材价值珍贵特类。②色素：苏木心材，主成分为巴西素，苏木素，为重要红色染料，用于染棉、麻，毛纤维，并为作切片染色，代替苏木精，又可漆器底色。金凤花 *C. pulcherrima* Sw. 也可作红色染料。③药用：苏木心材，行血祛瘀，消肿止痛，主治跌打损伤，闭经腹痛，外用治外伤出血。金凤花心材为通经药。

【藤茎】 ①鞣质：云实含量 5.2%。②药用：云实有解毒杀虫之效；茎内寄生物可治小儿疳积。喙果云实 *C. minax* Hance，清热解毒，消肿止痛，主治感冒发热，风湿关节炎；外用治蛇伤及跌打损伤。金凤花为通经药。

【叶】 药用：大托叶云实 *C. bonduce* (L.) Roxb.，祛风湿，止泻。台湾云实 *C. crista* L.，主治急性胃炎，胃溃疡，痈疮疖肿。喙果云实主治感冒发烧；外治跌打损伤，疮痈肿痛。云实叶捣烂治烫伤。金凤花为缓泻剂。

【花】 蜜源植物：云实花期 6 月，为夏季辅助蜜源植物。刺云实 *C. spinosakinge* 花期长，蜜质好。

【果】 ①鞣质：大托叶云实含量 30%~48%。荻薇豆 *C. cariara* Willd. 含量 40%~50%。台湾云实含量 30%~48%。云实含量 30%~40%。肉荚云实 *C. digyna* Rottler.等含量均高，为良好栲胶原料。②药用：云实有活血通经作用。金凤花可作缓泻剂。刺云实含单宁 47.5%，没食子酸作化工原料。

【种子】 ①油用：爪哇云实含油量 14.3%，主成分：油酸和亚油酸占 77.2%，棕榈酸 19.3%。云实含油量 19.1%，主成分：油酸和亚油酸占 71.5%~90%，棕榈酸 5%~13.4%。喙果云实含油量 16.3%，主成分：油酸、亚油酸 52.1%，棕榈酸 30.7%，硬脂酸 12.9%。

可作工业润滑油、肥皂。②药用：大托叶云实有祛风湿，止泻作用。云实有止痢、驱虫、截疟作用。喙果云实主治白痢、淋浊、急性肠胃炎、膀胱炎，广东尚治流感。

【根】　①药用：云实主治气管炎，风寒感冒，如复方云实糖浆及舒咳片为治疗支气管炎常用药，还治风湿痛、蛇伤及跌打损伤。肉荚云实，主治瘰疬等症。小叶云实 *C. millettii* Hook. et Arn.，治胃病，消化不良。喙果云实，主治感冒发热、风湿关节炎；外用治疮疡肿痛。金凤花内服有退热功效。川云实 *C. szehuensis* Craib.，主治咳嗽。华南云实 *C. kwangtungensis* Merr.，作利尿剂。②染料：苏木根可提黄色素作黄色染料。

【全树】　①绿篱植物：本属为有刺灌木或小乔木，适作绿篱。如大托叶云实、云实及毛云实 var. *pubescens*（Tang et Wang）P. C. Huang、喙果云实、金凤花、苏木、荻薇豆、鄂西云实 *C. sinenesis*（Hemsl.）Vidal。②观赏植物：本属花大美丽，绿篱植物兼观赏。云实花黄盈串，适花架花廊，垂直观赏花卉。金凤花花色黄或橙黄，花丝细长似金凤凰。喙果云实花白色而兼一枚紫红斑，白中透红。苏木花黄兼一枚红斑。大托叶云实花黄兼一枚红斑。春云实 *C. vernalis* Champ.，早春花黄色。夏云实 *C. aestivalis* Chun et How，夏花白色。台湾云实花黄色，瓣似鸡冠状。莲云实 *C. globulorum* Banh. f. et Van Koyen，花大美丽，果球形。草云实 *C. mimosoides* Lam.，羽叶婆娑，早春黄花。以上绿篱、观赏、就近药用，一举三得。

铁刀木属 *Cassia* L.

约 600 种，分布热带、亚热带；中国引入约 25 种，主要分布长江以南。灌木或草本。

【树皮】　①鞣质：铁刀木 *C. siamea* Lam.，含量 4%~9%。翅荚决明 *C. alata* L.、腊肠树 *C. fusluda* L.、望江南 *C. occidentalis* L.，均含鞣质，但含量较低。②染料：腊肠树皮可作红色染料。

【茎皮】　纤维：决明 *C. tora* L.，含纤维素 37.4%，可代麻及造纸原料。

【木材】　①铁刀木类：心材深褐色至暗紫黑色并变黑色，且常有黑色条纹，边材浅黄褐色，甚重甚硬，刀斧难砍，最耐腐，抗白蚁。为制造乐器贵重木材，高级家具，桥梁，车船，装饰雕刻，车轴辊板，辕辐，油榨，滑轮，刨架，刀柄及其他硬木器具。木材价值高贵一类。如铁刀木。②黄槐类：材灰褐至红褐色，坚重。适作农具，车辆，家具、建筑等。木材价值中等。如黄槐 *C. suffrulicosa* Koem. ex Roth、腊肠树、雄黄豆 *C. iavonica* L. var. indo. chinensis Gagnep.、美丽决明 *C. spectabilis* DC.。

【枝丫】　能源薪材：铁刀木枝丫及矮林作业为速生、萌发性强，火力大，耐燃烧，3~5 年轮砍一次，每公顷可获 25~35m³，滇南傣族在村旁广植，轮流取薪。美丽决明比铁刀木生长更快，萌生力强，也耐燃，而且产量高于铁刀木 3 倍以上，为高产优质再生能源薪材树种。

【叶】　①绿肥：如腊肠树 *C. bicapsularis* L.、光叶决明 *C. laevigata* Willd.、短叶决明 *C. lescheaultiana* DC.、薄芒决明 *C. planitiicola* Domin、含羞草决明 *C. mimosoides* L.、望江南决明等为优质绿肥树种。②饲料：如光叶决明、短叶决明等。③食用：决明嫩叶可作蔬菜。④代茶：薄芒决明嫩叶可代茶。⑤药用：主作缓泻药，如翅荚决明、狭叶番泻 *C. angustifolia* Vahl、黄槐、决明。决明内服治咳嗽肺痨、胃病；外用治毒蛇虫螯咬伤。翅荚决明外用，主治神经性皮炎、牛皮癣、疮疖肿疡。有些可用兽药。

【果】　①食用：薄芒决明及决明嫩荚果可作蔬菜食用。②药用：腊肠树为缓泻药。雄黄豆主治感冒、疟疾、麻疹、便秘。狭叶番泻，主成分：番泻苷，大黄素，大黄酚，大黄酸，主治大便秘结，腹胸积滞胀满。

【种子】 ①食用：腊肠树种子可食，味甜。翅荚决明种子炒粉可代咖啡。②胶用：腊肠树种子胶可代进口瓜尔豆胶，黏度超过瓜尔胶。决明种子含半乳甘聚糖，用于钻探，石油，选矿，纺织，造纸，食品工业，代替瓜尔豆胶及长角豆胶。茳芒决明种子含胶 31%；决明种子含胶 36.2%；望江南种子含胶 50%，一般用作造纸用。③油用：腊肠树种子含油 2%。决明种子含油 7.9%，望江南种子含油 9.2%。主成分：油酸、亚油酸及亚麻酸 68.4%~90%，可用于工业用油。④药用：翅荚决明有驱虫药效。腊肠树为缓泻剂。钝叶决明 *C. obtusifolia* L.，主成分大黄素，大黄酚，大黄酸，决明子内酯，主治高血压，眼结膜炎，青光眼，便秘，痈疖疮疡。望江南有致泻作用，主治习惯性便秘、痢疾、肠胃炎、高血压、目赤肿痛、口腔糜烂。茳芒决明主治腹泻、眼疾。决明主治急性结膜炎，目赤肿症，便秘缓泻剂，高血压头胀症。决明为缓泻药，明目、解蛇毒。

【根及根皮】 ①药用：翅荚决明为治风湿常用药。腊肠树为缓泻药。望江南根为强壮、利尿药。②香剂：腊肠树根皮粉可作香烟香剂。

【全树】 ①紫胶虫寄主树：铁刀木。②绿篱：黄槐、腊肠树、铁刀木。③行道树：黄槐、铁刀木、光叶决明。④园林观赏树种：本属花期长，多黄色，花序长串，多作园林观赏树。如翅荚决明、腊肠树、大叶决明 *C. fruticosa* Mill.、爪哇决明 *C. iavanica* L.、黄豆树、光叶决明、密叶决明 *C. multijuga* Rich.、红花决明 *C. nodosa* Buch. -Ham. ex Roxb.。花粉红色有玫瑰香气，如黄槐，美丽决明等。⑤环保树种：黄槐抗有害气体抗性中，为常见环保树种之一。

角豆树属 *Ceratonia* L.

1 种，产地中海，中国引入。常绿乔木。本属角豆树 *C. siligua* L.

【果】 ①食用：荚果内瓤含糖分、蛋白质及胶质，可食，味甜。并可作咖啡代用品。②优良饲料。

【种子】 ①胶用：种子含半乳甘露聚糖，少量戊聚糖、蛋白质、纤维、灰分、种子胶在造纸、纺织、印刷、食品工业方面有广阔用途。②药用：角豆树胶配制浓度 1%~2.5%，的凝胶，可作多种外用药。眼药：膏剂配制浓度 1%~2.5%；滴剂配制浓度 0.02%~1%；水剂用于青光眼配制浓度 0.005%~0.25%。③油用：种子含油量 1.28%~3.11%。④救荒代粮：种子可食用充饥。⑤饲料：可作豆类饲料。

【树胶】 未开发利用。

【木材】 材质不佳，作一般家具、农具、用具，木材价值下等。

【枝丫】 薪材：本种萌发性强，常呈灌木状，可矮林作业，提供能源薪材。

【全树】 水土保持树种：本种能长期耐旱，适应性强，可作水土保持树种。

紫荆属 *Cercis* L.

约 11 种，分布东亚、北美洲、南欧；中国产 6 种，引入 1 种。主产长江流域以南。落叶乔木或灌木。

【树皮】 药用：紫荆 *C. chinensis* Bge.、黄山紫荆 *C. chingii* Chun、巨紫荆 *C. gigantean*

Cheng et Keng f.，药性近似，活血通经、消肿止痛、祛瘀解毒，为外科疮疡用药及蛇虫伤药；内服治月经不调，咽喉肿痛。

【韧皮】　纤维：可代麻用。如黄山紫荆、垂丝紫荆 *C. racemosa* Oliv.。

【木材】　①用材：边材浅灰褐色，心材黄色至金黄褐色，重硬中等，耐腐性中。适作一般家具、建筑、农具、器具等。商品材很少，价值中等。如紫荆，巨紫荆等。②药用：紫荆及巨紫荆药性近似，活血通经，祛瘀解毒。

【花】　①蜜源植物：紫荆花期 3 ~ 4 月，为早春辅助蜜源，蜜粉量少。②花梗：药用：紫荆及巨紫荆花梗为外科疮疡要药。

【根】　药用：紫荆，黄山紫荆，巨紫荆根药性似树皮，活血行气，消肿止痛，祛瘀解毒。

【全树】　①观赏树种：本属早春先叶开花或花叶同放，嫣红满枝。如紫荆、黄山紫荆、巨紫荆、垂丝紫荆、岭南紫荆 *C. chuniana* Metc.、少花紫荆 *C. pauciflora* Li、云南紫荆 *C. yunnanensis* Hu et Cheng；上海尚有白花紫荆 *C. chinensis* cv. Alba；新疆尚引入南欧紫荆 *C. siliquastrum* L.，繁花似锦，绚丽可爱，为著名观赏树种。②环保树种：如紫荆对大气污染有一定抗性，滞尘力强，为城市常见环保树种。

凤凰木属 *Delonix* Raf.

3 种，产热带非洲；中国引入 1 种，落叶乔木。

【木材】　黄白色，轻，软至中，强度弱，易腐蛀。适造纸，火柴杆，包装箱，板料等。木材价值低。如凤凰木 *D. regia*(Boj.) Raf.

【果】　胶用：果未熟绿色时加工胶料黏度高，果熟后黏度低。

【种子】　①胶用：种子含胶质 23%，可代瓜尔豆胶利用，诸如造纸、钻探、石油、纺织、印染、医药、食品工业等。②油用：种子含油率 8%，主成分：油酸、亚油酸占 2/3，棕榈酸、硬脂酸占 1/3，可作工业用油。

【全树】　①行道遮阴树：树冠宽阔，浓叶荫蔽，南方常作行道遮阴树种。②园林观赏：羽叶婆娑，红花盛开，艳丽多姿，为著名观赏树种之一。③紫胶虫寄主树：国外，中国未试验。④环保树种：华南常用环保树种之一。枝叶茂密，防尘防噪声性佳，抗大气污染性弱。

格木属 *Erythrophloeum* R. Br.

约 15 种，分布亚、非、大洋洲热带、亚热带；中国产 1 种，又引入 2 种。常绿乔木。

【木材】　格木 *E. fordii* Oliv.，边材黄褐色，心材深红褐至紫红褐色，具光泽，甚重甚硬，极耐腐耐蛀。最适作造船、桥梁、建筑、高级家具、室内装饰、乐器、雕刻、纺织、工艺品、算盘、秤杆、刨架、工具柄等。木材价值珍贵特级。广东引入几内亚格木 *E. guinense* G. Don. 及香格木 *E. sravelens*(Guill. et Piem) 与格木近似，为世界著名硬木。

【树皮】　药用：几内亚格木树皮极毒，古时作箭毒，主成分：几内亚格木碱、咖萨定、咖萨因、格木胺，用于牙科麻醉剂及心脏兴奋剂。

【种子及荚果皮】　有毒，含强心苷，尚未研究利用。

【茎皮及叶】　香格木茎皮及叶，主成分：几内亚格木碱、咖萨定、格木胺，在药品利用上尚待研究。

皂荚属 *Gleditsia* L.

约 15 种，分布亚、美、非洲热带至温带；中国产 9 种，引入 2 种，分布温带至热带。落叶乔木。

【木材】 材黄褐至淡褐色或边材黄褐心材浅红褐至红褐色，一般重硬，干缩中，略耐腐。适一般家具、农具、建筑、车辆，各种生活用具，尤适作砧板不藏垢发臭。木材价值中等。如皂荚 *G. sinensis* Lam.、云南皂角 *G. delavayi* Franch.、华南皂角 *G. fera* (Lour.) Merr.、日本皂角 *G. japonica* Miq.、山皂荚 *G. melanacantha* Tang et Wang、三刺皂角 *G. triacanthos* L.、野皂角 *G. microphylla* Gordon ex Y. T. Lee。

【枝丫】 能源薪材：本属多以收获荚果及摘枝取刺为用，常年修枝，为农户薪材来源之一。

【刺】 药用：皂荚刺主治瘰疬恶疮，杀虫癣疥；内用祛痰开窍，主治气管炎哮喘，癫痫中风昏迷，牙关紧闭；其主成分：黄酮类黄颜木素、非瑟素及无色花青素，活血消肿，排脓通乳，痈疖肿毒，主治急性乳腺炎，产后缺乳，颈淋巴结核；现临床用作抗癌药，治疗肺、食道、肠、乳腺、宫颈癌等。三刺皂荚药效近似皂荚。日本皂荚、山皂荚，活血祛瘀，消肿排脓，主治淋巴结核、乳腺炎、恶疮痈肿，杀虫治癣。

【叶】 ①食用：皂荚嫩叶可作蔬菜食用。②皂用：皂荚叶含肥皂荚素，可代皂洗濯衣服。③药用：山皂荚，三刺皂荚含三刺皂荚碱，有降压、镇痛药效。

【花】 蜜源植物：皂荚花期 4~5 月，蜜量较多，中蜂喜采蜜，蜜色黄，浓稠，夏季可得少量商品蜜。

【果】 ①洗涤剂：皂荚的荚肉含三萜皂苷化合物皂素 23.4% 及富含碳酸钾约 70%，为天然洗涤剂，最适丝绸毛织品，不损光泽；农村常用洗液、洗发、洗浴，优于肥皂及化学洗衣粉；又用于贵金属洗涤剂和电镀金属洗涤剂。其他云南皂荚、华南皂荚、日本皂荚，山皂荚，均可作洗涤剂。②染料：皂荚、日本皂荚可作染料。③发泡剂：皂荚等可配制泡沫灭火剂，混凝土起泡剂。④提取化学原料：皂荚，日本皂荚等可提取碳酸钾及皂素原料。⑤饲料：三刺皂荚含糖分 29%，适作饲料。⑥药用：皂荚主成分皂荚皂素、皂荚素，为强力祛痰剂，祛痰开窍，主治痰多咳嗽，支气管哮喘，蓄痰呼吸困难，便血下痢，淋病，卒然昏迷，口噤不开，颈淋巴结核，便秘。山皂荚也有祛痰利尿作用。日本皂荚亦祛痰开窍，主治中风癫痫、痰涌哮喘。⑦兽药：皂荚主治牛、马、驴积食腹胀，便结不通，猪哮喘；外用治肿毒症。⑧农药：皂荚水液杀棉蚜虫、菜瓢虫、红蜘蛛、软体害虫等，以及对杀明蛆，灭蚊子孑，毒鼠均有良效；又对小麦秆锈及叶锈病、马铃薯晚疫病均有显效，无化学农药富集污染危害。华南皂荚、山皂荚也有农药效果。

【种子】 ①食用：皂荚、云南皂荚种子可食用。②饲料：皂荚、三刺皂荚种子可用作饲料。③淀粉：日本皂荚种子含淀粉，榨油后可制淀粉或酿造原料。④油用：日本皂荚种子含油 25.2%，皂荚种子含油 30%，可作润滑油及制肥皂。⑤胶用：皂荚种子含胶质 40.8%，主成分：甘露糖，半乳糖，工业用作纺织印染胶料，电池糊料，石油、钻井泥浆润滑剂、凝聚剂。⑥药用：皂荚种子祛痰利尿，通便；外用治瘰疬疮癣。云南皂荚、山皂荚也有祛痰、利尿药效。

【全树】 ①四旁绿化树种：皂荚高大长寿达 600 年，有多种用途，耐寒抗旱，对土壤要求不严，石灰岩地也能生长，适各地四旁绿化，且经济效益与生态效益均高。其他野皂荚等亦是。②绿篱：本属树种多刺，适作绿篱。③环保树种：皂荚为抗大气污染抗性强的常见环保树种。

肥皂荚属 *Gymnocladus* Lam.

5 种，分布东亚及北美洲；中国产 3 种，引入 1 种，主产长江以南。落叶乔木。

【木材】 边材黄色，心材浅红褐至深红褐色，重至中，硬至中，稍耐腐。适一般家具、农具、车辆、建筑、室内装修、各种生活用具、室外椿柱、枕木等。木材价值中等。如肥皂荚 *G. Chinensis* Baill.、美国肥皂荚 *G. dioicus*(L.) K. Koch。

【果实】 ①洗涤剂：肥皂荚、美国肥皂荚，荚肉肥厚，富含皂素，为农村常用洗涤剂，可与皂荚媲美。②药用：肥皂荚主治下痢便血、风湿疼痛、跌打损伤、疔疮肿毒。

【种子】 ①食用：肥皂荚、美国肥皂荚种子可食；美国肥皂荚种子焙粉可代咖啡。②油用：肥皂荚种子含油量 11.6%，主成分：油酸、亚油酸约 2/3，余为饱和脂肪酸，半干性油，可供掺和油漆、润滑油、工业用油。③胶用：肥皂荚种子含胶质 17.4%。

采木属 *Haematoxylum* L.

3 种，产热带美洲及非洲；中国引入 2 种。常绿乔木。

【木材】 ①心材色素：采木 *H. campechianum* L.，心材紫褐色，主成分：苏木精色素，作蓝色，黑色毛纺染料，蓝墨水，植物切片染色剂。南美洲采木 *H. brasiletta* Hors，为红色，紫红色毛纺染料。②用材：非重要商品材，价值中等。

【花】 蜜源植物：采木为优良蜜源植物。

李叶豆属 *Hymenaea* L.

约 30 种，产热带美洲；中国引入 1 种。乔木。

【木材】 ①用材：李叶豆 *H. courbarii* L.，心材红褐色近似桃花心木，重，硬，耐腐，为造船，高级家具，建筑及装饰材，车辆及轮辐，雕刻工艺材，木钉，硬木器械等。商品材价值上等。②心材色素：可作红色染料。

【树胶】 本种树干及近根部盛产脂状胶，商品名柯柏胶 Copal，油漆工业原料。

【果】 食用或酿酒。

仪花属 *Lysidice* Hance

1 种，产中国华南至西南及越南北部。常绿乔木。

【韧皮】 纤维：仪花 *L. rhodostegia* Hance，韧皮纤维可代麻用。

【木材】 材灰褐微红色，重硬中等，耐腐性弱。适作家具、建筑及室内装修、胶合板等。商品材价值下等。

【茎、叶】 药用：散瘀消肿，主治跌打损伤、骨折。

【种子】 食用：仪花种子富含淀粉，可食用及淀粉原料。

【根】 药用：活血散瘀，主治风湿痹痛、外伤出血。

【全树】 ①紫胶虫寄主树种。②庭园观赏树种：花白色或紫堇色，绮丽可爱，为优美观赏树种。

扁轴木属 *Parkinsonia* **L.**

5 种，分布热带美洲及非洲；中国引入 1 种。乔木或灌木。扁轴木 *R. aculeata* L.

【树皮及叶】 药用：虚弱补药。

【全材】 ①绿篱：本种为有刺灌木，适作绿篱。②水土保持树种：本种速生，耐旱，可作水土保持树种。

紫心木属 *Peltogyne* **Benth**.

产热带美洲；我国引入 1 种：紫心木 *R. oppaniculata* Benth.，高大乔木，高 35m。材初时棕色，露空气中变紫红色，材极重硬坚韧，耐腐抗蚁。最适作造船材、桥梁、码头材、高级家具及地板、建筑装饰材、车辆材、经久耐用。商品材贵重一类。

双翼木属 *Peltophorum*（Vogel）**Benth**

约 16 种，分布热带美洲；中国产 1 种又引入 2 种。落叶乔木。

【树皮】 染料：盾柱木 *R. pterocarpum*（DC.）Baker ex K. Heyne，树皮在南洋作黄色染布染料。

【木材】 银珠 *R. tonkinense*（Pierre）Gagnep.，边材浅红褐色，心材红褐色，重硬，花纹美观；适作高级家具、建筑室内装饰、车船、板料、胶合板、农具等。木材价值上等。盾柱木近似。

【全树】 遮阴树种：盾柱木在东南亚作咖啡遮阴树种。

老虎刺属 *Pterolobium* **R. Br. ex Wight et Arn**.

11 种，分布亚、非、大洋洲；中国产 4 种，主产南亚热带。有刺藤本。老虎刺 *R. punctatum* Hemsl.，枝叶药用，治疗疮。

无忧花属 *Saraca* **L.**

约 25 种，产热带亚洲；中国产 3 种，又引入 1 种。乔木。

【树皮】 药用：无忧花 *S. indica* L.及中国无忧花 *S. dives* Pierre，祛风除湿，消肿止痛，主治风湿骨痛，直肠及子宫下垂。

【木材】 材虽高大，但材质差，适作一般建筑、家具板料，包装箱等。木材价值下等。

【叶】 药用：中国无忧花，外用治跌打损伤。

【根】 药用：中国无忧花根药用似树皮药效。

【全树】 观赏树种：无忧花、中国无忧花、云南无忧花 *S. griffithiana* Prain、垂枝无忧花 *S. declonala* Miq.，花形奇特美丽，绮丽可爱，且夜间芳香，为优美观赏树种。

油楠属 *Sindora* **Miq**.

约 25 种，分布热带亚、非洲；中国产 1 种又引入 2 种。乔木。

【树脂】 ①能源：油楠 *S. glabra* Merr. ex De Wit，富含油脂，木质部不产油，大径材胸径约60cm，凿孔后伤口周围创伤部分产油，商名"Supa oil"，油棕黄色，每株可产油10~25kg，最多达50kg。油液主成分：α-依兰烯，β-丁香烯，γ-杜松烯等11种倍半萜烯化合物，民间作灯油。为有发展前途的再生能源。②香料：树脂可转化合成香料，配制定香剂。

【木材】 油楠边材浅红褐色，心材栗绿褐色，重硬，强度强，干缩中，最耐腐，抗蚁蛀。最适海水造船材、高级家具、建筑及地板、胶合板、箱盒、车辆、农具、工具等。木材价值贵重。东京油楠 S. tokinensis A. Chev. ex K. et S. S. Larsen，材性近似，出土400多年棺廓保持良好。

【种子】 越南油楠 S. cochinchinensis A. Baill.，种子含油量3.4%。

酸豆属 Tamarindus L.

1种，原产热带非洲；中国华南主要是台湾、福建及西南栽培。常绿乔木。如酸豆 T. indica L.。

【树皮】 含鞣质，但含量低。

【木材】 黄褐色，坚硬但不耐腐，易变色。可作建筑门窗、家具、车辆、农具、器具等。木材价值下等。

【叶】 ①食用：嫩叶可代蔬菜食用。②饮水清洁剂：叶主成分牡荆素、异牡荆素、荭草素、异荭草素等黄酮类化合物，可代替漂白粉作饮水清洁剂。

【果】 ①食用：中果皮肉质含糖分、蛋白质、醋酸、酒石酸、柠檬酸等，可生食，味酸甜，也可作酸味调料，或盐渍、糖渍酸豆果品。②清凉饮料：果肉富果酸、果糖、天然色素，为优良清凉饮料，并有清热解暑之效。③药用：主治食欲不振、小儿疳积、妊娠呕吐、缓泻剂。

【种子】 ①食用：种子含多糖65%~72%，水解为葡萄糖、木糖、半乳糖，可提制糖浆，凝胶糖适作冰淇淋、罐头食品稳定剂，贮存保味。②胶用：种子含凝胶，广泛用于造纸，纱浆，人造板胶黏剂，橡胶乳化剂及药用凝胶。

【全树】 ①紫胶虫寄主树种。②绿化行道树种。

多疣洋胶属 Trachylobium Oliv.

我国引入多疣洋胶树 T. verrucosum Oliv.，原产非洲马达加斯加。本种树干、根部、荚果含树胶，商品名"桑儿巴尔胶"，具有工业利用前途。我国尚在试种阶段。

翅荚木属 Zenia Chun

1种，我国特产。落叶乔木。如翅荚木 Z. insignis Chun。

【嫩枝叶】 ①饲料：适南方猪、牛、羊饲料。②绿肥：适南方水稻田绿肥或沤堆肥。

【木材】 淡黄白色，轻软，干缩小，不耐腐。适建筑门窗、板条、家具、胶合板等；纤维长而韧更适造纸材。木材价值低。

【枝丫】 能源薪材：本种速生，分蘖强，适矮林作业薪炭林，冬砍后，翌年高2~3m，粗2~3cm，耐干旱瘠薄，为良好速生再生能源薪材树种。

【花】 蜜源植物：花期5~7月，为良好蜜源植物。

【全树】 ①紫胶虫寄主树。②物种资源：本种为珍稀树种。

蜡梅科 Calycanthaceae

2属9种，产东亚、北美洲；中国产2属7种，分布亚热带。落叶或常绿灌木。

夏蜡梅属 *Calycanthus* **L**.

3种，北美洲产2种；中国浙江产1种。落叶灌木。

【叶】　可提芳香油：美国蜡梅 *C. floridus* L.，叶提芳香油，主要成分：桉油精。

【全树】　观赏：夏蜡梅 *C. chinessis* Cheng et S. Y. Chang，花期5月，花大4.5~7cm，美丽，供观赏。美国蜡梅，花深红色，极香，南京引种生长良好。

蜡梅属 *Chimonanthus* **Lindl**.

6种，中国特产，分布亚热带。常绿或落叶灌木。

【叶】　药用：亮叶蜡梅 *C. nitens* Oliv.，叶含挥发油、生物碱、黄酮类成分，清热解毒，解表祛风，预防感冒、流感、中暑、气管炎、胸闷。

【花蕾】　药用：蜡梅 *C. praecox*（L.）Link，清热解毒，润肺止咳，暑热头晕，气郁胸闷，麻疹，百日咳。

【花】　①芳香油：蜡梅花浸膏得率0.19%~0.2%，主成分：苄醇、乙酸苄醇、芳樟醇、金合欢醇、松油醇、桉油素、龙脑、樟脑、蒎烯、倍半萜醇，用于调配化妆品香精。②药用：蜡梅花含蜡梅苷、美洲蜡梅碱、蜡梅碱、内消旋蜡梅碱，解毒生津治心烦口渴、胃闷、麻疹、百日咳。

【种子】　油用：蜡梅种子含油17.1%，主成分：棕榈酸15%，油酸29.5%，亚油酸49.8%。亮叶蜡梅种子含油38.2%~0.1%，主成分：棕榈酸21.1%~24%，油酸25.4%~34.5%，亚油酸39.3%~8.4%，供工业用油。

【根】　药用：蜡梅根主治跌打损伤，风湿麻木，润肺止咳，风寒感冒，风湿关节炎。亮叶蜡梅治劳伤咳嗽。

【根皮】　药用：蜡梅根皮外用治刀伤出血。

【全树】　①观赏植物：蜡梅为冬季观赏植物。亮叶蜡梅为秋季观赏植物。②环保树种：蜡梅对 SO_2、Cl_2 抗性强，可绿化环保。

大麻科 Cannabinaceae

约2属4种，分布北半球，中国产2属3种，浙江、江西以北栽培。攀缘草本或藤本。

葎草属 *Humulus* **L**.

2种，分布北温带；中国产2种，分布浙江、江西以北。攀缘草本或藤本。

【茎皮】　纤维素：啤酒花 *H. lupulus* L.，茎皮含纤维10%~18%，每年春季割茬后从根茎处萌蘖新的地上茎，收取茎皮纤维。蛇麻 *H. lupulus* L. var. *cordifolia* Maxim.，茎皮纤维也可利用，为造纸及代麻原料。

【花】　①啤酒原料：啤酒花雌花序，主成分：挥发油 0.13%～0.45%，内含香叶烯、草烯、香叶醇酯、卢杷酮、卢杷烯醇、卢杷醇、尚含葎草酮、异捧草酮、蛇麻酮、葎草灵酮、后葎草酮等结晶性苦味质和黄酮醇、鞣质等，有特异芳香及爽快苦味，为生产啤酒原料。蛇麻雌花序也有芳香和爽快苦味，也可作啤酒原料。②精油：啤酒花精油主成分：葎草酮、蛇麻酮、月桂烯 30%～50%。蛇麻草香油烃，苦味成分为啤酒花酮及蛇麻酮，为啤酒生产重要原料。③药用：啤酒花雌花药用：健胃，镇痛利尿，主治失眠，膀胱炎，助消化；葎草酮有抑菌作用，蛇麻酮有抗结核作用，两者有抗病毒作用，祛痰，平喘作用，健胃消食，抗痨，安神利尿，主治食欲不振，腹胀，肺结核，胸膜炎，失眠，水肿，慢性支气管炎。蛇麻雌花为健胃，镇静，利尿药，主治失眠，膀胱炎，抗肺结核，癔病，消化不良，食欲不振。

【种子】　啤酒花种子含油量 24.4%～28.5%，主成分：棕榈酸 7%，硬脂酸 3%，油酸 10%，亚油酸 60%，亚麻酸 15%。可作工业润滑油。

白花菜科 Capparidaceae

约 45 属 1000 多种，分布热带至亚热带；中国产 5 属 43 种，分布我国中南部及西藏、新疆。草本、灌木、乔木、藤本。

山柑属 *Capparis* Tourn. ex L.

约 250 种，分布热带至温带；中国产 31 种，分布福建、台湾至西藏、青海、新疆。直立或攀缘灌木。

【茎枝】　药用：独行千里 *C. acutifolia* Sweet，茎枝呈生物碱、氨基酸、有机酸反应，舒筋活络，清热解毒，主治筋不舒，咽喉肿痛；用治疮疖肿毒，跌打损伤。

【叶】　药用：刺山柑 *C. spinosa* L.，叶外用治急慢性风湿关节炎，捣烂敷治痛风。独行千里叶捣烂外敷治跌打损伤。尾叶槌果藤 *C. urophylla* F. Chun，叶解毒消肿，专治毒蛇咬伤。

【花】　药用：刺山柑，花含芸香苷、芸香酸、腰果酸，祛风、散寒、除湿，主治急性慢性风湿性关节炎。

【果】　药用：屈头鸡 *C. versicolor* Griff.，果入药，止咳、平喘，主治咳嗽、胸痛、哮喘。

【种子】　①油用：刺山柑种子含油量 36.4%，主成分：棕榈酸 3.5%，硬脂酸 1.3%～1.8%，油酸 2.6%～27.2%，亚油酸 65.4%～6.5%，亚麻酸 1.6%～2.5%，油可食用及工业用油。屈头鸡，种子含油 22.3%，主成分：棕榈酸 14.1%，硬脂酸 2.9%，十六碳烯酸 31.4%，油酸 48.1%，亚油酸 2.1%，供工业用油。②药用：水槟榔 *C. masaikai* Lévl.，种子入药，味甘甜，清热解渴，催产，主治：热病口渴，咽喉炎，恶疮毒肿，妇女难产。

【根】　药用：独行千里根入药，治风湿关节痛，筋骨不舒，咽喉肿痛，牙痛，腹痛，闭经、扁桃体炎；外用治疮疖肿毒，跌打损伤。刺山柑，根入药，外用治风湿性关节炎。纤枝槌果藤 *C. viminea* Hook. f. et Thoms.，根入药，舒筋活络，消肿止痛，主治胃痛，腹痢，风湿关节痛。

鱼木属 *Crateva* L.

约 10 种，分布热带；中国产 2 种，分布福建、台湾、华南、云南。乔木或灌木。

【果实】 药用：鱼木 *C. formosensis*（Jacobs）B. S. Sun，果实含多种生物碱，破血，退热，主治催产、胃痛、扁桃体炎、关节痛。

【种子】 油用：赤果鱼木 *C. adensonii* DC. Subsp. *frifoliata*（Roxb.）Jacobs，种子含油 13.6%，主成分：棕榈酸 14.1%，硬脂酸 8.3%，花生酸 3%，山嵛酸 2.9%，油酸 55.95%，亚油酸 15.7%；鱼木种子含油量 30.6%，主成分：棕榈酸 15.6%，花生酸 2.4%，油酸 78.4%，亚油酸 2.5%；油可供工业润滑油。

【全树】 行道观赏树：鱼木。

斑果藤属 *Stixis* Lour.

约 7 种，分布南亚；中国产 1 种，分布海南、云南。木质大藤本。

【叶】 斑果藤 *S. suaveolens*（Roxb.）Pierre，嫩叶可代茶。

【果】 斑果藤果可食。

【种子】 油用：种仁含油量 34.11%，主成分：棕榈酸 99.76%，硬脂酸 2.79%。山嵛酸 7.4%，油酸 10.86%，亚油酸 43.26%，亚麻酸 14.79%，可供工业用油。

忍冬科 Caprifoliaceae

18 属约 380 种，主产北温带；中国产 12 属 200 多种，广布全国。灌木、小乔木、藤本、稀草本。

六道木属 *Abelia* R. Br.

约 25 种，分布东亚及墨西哥；中国产 9 种，南北均有分布。落叶灌木。

【枝材】 六道木 *A. biflora* Turcz.，坚硬，适作手杖、筷子、工艺品，又为良好薪炭材，价值中等。

【果】 药用：六道木，祛风湿，消肿毒，主治风湿筋骨痛，痈毒红肿。短枝六道木 *A. engleriana*（Graebn.）Rehd.，去风湿，解热毒，主治风湿筋骨疼痛：外敷痈疮红肿。

【全株】 药用：糯米条 *A. chinensis* R. Br.，清热解毒、止血；捣烂敷患处治腮腺炎，止血，又治牙痛。

【全树】 ①观赏树种：糯米条花期长，花白中夹红，洁莹可爱，芳香，为良好庭园观赏树种。六道木也为华北、西北良好水土保持树种。

双盾木属 *Dipelta* Maxim.

3 种，中国特产，分布西南至西北。落叶灌木或小乔木。

【根】 药用：云南双盾木 *D. yunnanensis* Franch.，散寒表汗，主治麻疹，痘毒，湿热身痒。

【全株】 云南双盾木富含鞣质。

七子花属 *Heptacodium* Rehd.

1 种，中国特产，分布东部至中部。落叶灌木或小乔木。

七子花 *H. miconioides* Rehd.。

【观赏树种】　七子花小花头状花序，具7朵花，花冠白色，花期6~7月，可供观赏。

【物种资源】　七子花渐危，应加强保护和发展。

蝟实属 *Kolkwitzia* Graebn.

1种，中国特产，分布西北至华北。落叶灌木。

猬实 *K. amabilis* Graebn.，花萼美丽奇特可供观赏。

本种渐危，应加强保护和发展。

鬼吹箫属 *Leycesteria* Wall.

约8种，分布喜马拉雅山区至中国西南；中国产6种。落叶灌木、半灌木。

【全株】　药用：风吹箫 *L. formosa* Wall.，全株药用，破血，祛风，平喘，主治哮喘、风湿性关节炎、月经不调、黄疸性肝炎、水肿，西藏尚治眼疾。狭萼风吹萧 *L. formosa* var. *stenospala* Rehd.，全株药用，消炎利湿，理气活血，主治膀胱炎，水肿，支气管炎哮喘，食积腹胀，风湿痛，痔疮；外用治骨折，外伤出血。

北极花属 *Linnaea* Gronov. ex L.

1种，广布北半球寒带；中国东北、内蒙古、新疆有分布。蔓性亚灌木，高10cm。

北极花 *L. borealis* L.，可分布至北极地方，为耐严寒的植被树种。

忍冬属 *Lonicera* L.

约200种，分布北温带至亚热带；中国产约100种，南北均有分布。灌木或藤本，稀小乔木。

【树皮】　纤维：金银忍冬 *L. maackii*(Rupr.)Maxim.，纤维可造纸及人造棉。

【木材】　金银忍冬灌木或小乔木5~6m，材坚硬，耐腐。适作轴辘、鞭杆、小农具、纱锭等，价值中等。

【茎皮】　①纤维：葱皮忍冬 *L. ferdinandii* Franch.，纤维可织麻袋，绳索。②药用：金银花 *L. japonica* Thunb.，清热解毒，消肿通络，主治咽喉肿痛，结膜炎，萎缩性皮炎，腮腺炎，疝气，肺脓肿。苦糖果 *L. standishii* Carr.，祛风除湿，清热止痛，主治风湿性关节炎，劳伤；外敷治疗疮疖肿。

【叶】　①食用：须蕊忍冬 *L. chrysantha* Turcz. ssp. *koehneana*(Rehd.)Hsu，叶可制凉粉。金银花叶可做凉粉；嫩叶可食；叶含淀粉10%可食。②代菜：金银忍冬嫩叶可代茶。③药用：华南忍冬 *L. confusa*(Sweel)DC. 及淡红忍冬 *L. acuminata* Wall.，清热解毒，主治疗疮、痢疾、疳积、皮肤血热。④农药：金银花叶浸水喷洒，防治菜青虫、稻螟、浮尘子。

【花】　①芳香油：金银花提芳香油得率0.3%~0.4%，可配制化妆品香精。金银忍冬花也可提芳香油。②蜜源植物：蓝靛果 *L. caerulea* L.，花期5月；绣毛忍冬 *L. ferruginea* Rehd.，花期5月；刚毛忍冬 *L. hispida* Pall. ex Roem. et Schult.，花期5~6月：泌蜜丰富；金银花，花期4~7月，泌蜜丰富，蜂喜采蜜。均为良好辅助蜜源。③代茶或掺和茶饮：金银花等可代茶，或掺和茶叶饮茶。④药用：金银花花蕾含黄酮类、木犀草黄素、木犀草黄素葡萄糖、肌醇、皂苷，抑菌，清热解毒，主治上呼吸道感染，流行感冒，扁桃体炎，急性乳腺炎，急性结膜炎，大叶性肺炎，肺浓疡，菌痢，急性阑尾炎，痈疖脓肿，丹毒，外伤感染，子宫颈糜烂。刚毛忍冬、菇腺忍冬 *L. hypoglauca* Miq.、大花忍冬 *L. macranthoides* Hand. -Mazz（D. Don）Spreng、毡毛忍冬 *L. fargesii* Franch.、细毡毛忍冬 *L. similes* Hemsl.、盘叶忍冬 *L. tragophylla* Hemsl.、毛萼忍冬 *L. trichosepala*（Rehd.）Hsu、毛柱忍冬 *L. dasystyla* Rehd.、淡红忍冬、长花忍冬 *L. longiflora*（Lindl.）DC.、西藏小忍冬 *L. lanceolata* Wall.、网脉忍冬 *L. reticulata* Champ.，各地均用代金银花，功效略同。⑤兽药：金银花等，主治牛马眼肿、风热感冒、咽喉肿痛、母畜乳肿、猪痢、无名高热、肠炎腹泻、牛马蹄痛，疗效满意。

【果】 ①食用：蓝靛果，含糖 5%~6%，单宁 0.5%，柠檬酸及安息酸 3%~3.2%，味酸甜清香。郁香忍冬 *L. fragrantissima* Lindl. et Pax.，果红色可食。③加工品：蓝靛果可酿酒，制果酱，果露，果酒，饮料。④色素：蓝靛果可提取玫瑰红天然食品色素，提取率 10%。在食品中加 0.3%~1%，饮料中加 0.4%，果冻中加 0.4%，可调色调味。

【种子】 油用：金花忍冬 *L. chrysantha* Turcz.，种子含油 21.4%，干性油主成分：棕榈酸 4.5%，硬脂酸 1.2%，油酸 16.2%，亚油酸 76.4%，亚麻酸 1.8%，葱皮忍冬种子含油 17.6%，干性油，主成分：棕榈酸 3.5%，油酸 19.3%，亚油酸 16.2%，金银花忍冬种子含油 35.7%，干性油，主成分：棕榈酸 6.2%，硬脂酸 2%，油酸 19.2%，亚油酸 12.6%，长白忍冬 *L. ruprechtiana* Regel，种仁含油 23.9%，干性油，主成分：棕榈酸 3%，油酸 19.3%，亚油酸 76.7%。均适作工业掺和油漆，肥皂等用油。

【根】 药用：短柄忍冬 *L. mackiif. molocarpa* Franch. ex Rehd.，根杀菌截疟。

【全株】 药用：金银忍冬，消肿止痛，主治头晕，跌打损伤。

【全树】 ①观赏植物：金银花清香宜人，先白后黄，可作庭园及绿廊观赏。并有两变种：红花金银花 var. *chinensis* Baker，花冠红色；黄脉金银花 var. *aureo. reticuhata*（J. Moore）Vichols.，网脉黄色，亦供观赏。蓝靛果，华南忍冬、郁香忍冬、金银忍冬，均在各地作观赏树种。②绿篱花架：金银花等适作绿篱花架。

接骨木属 *Sambucus* L.

约 20 多种，分布温带至亚热带；中国产 5~6 种，南北均产。落叶灌木或小乔木稀草本、

【干茎】 萌生力强，为良好薪材。如接骨木 *S. williamsii* Hance 及毛接骨木 var. *miquelii*（Nakao ex Kom. et Alis.）Y. C. Tang.。

【茎叶】 ①药用：接骨木，活血消肿，接骨止痛，主治跌打损伤，骨折，脱臼；外用作内折夹板。欧接骨木 *S. racemosa* L.，茎叶为镇痛药，主治手足偏风，关节痛，四肢寒痛，脚肿，跌打损伤，骨痛，风湿，汗疹。接骨草 *S. chinensis* Lindl.，叶治淋病；外敷肿毒。②农药：矮骨木茎叶捣烂浸液喷洒防治蚜虫。

【叶】 ①食用：接骨木及毛接骨木嫩叶可食。②饲料：接骨木叶可作家畜饲料。

【花】 ①蜜源植物：接骨木及毛接骨木花期 6~7 月，可作辅助蜜源。②药用：接骨木花作发汗剂，西洋接骨木 *S. nigra* L.，作粘膜炎漱口剂。

【果】 ①食用：西洋接骨木果可作蜜饯、酿酒。②色素：毛接骨木红色，可作天然色素。③药用：西洋接骨木果汁可作泻药。

【种子】　①油用：朝鲜接骨木 *S. koreana* (Nakai) Kom.，种子含油 18. 86% 。宽叶接骨木 *S. lattipinna Nakai*，种子含油 30. 89% 。东北接骨木 *S. mandhurica* Kitag.，种子含油 22. 4% 。接骨木种子含油 27% ；毛接骨木种子含油 44. 66% 。油适工业润滑油、肥皂。②药用：接骨木种子油可作催吐剂。

【根及根皮】　药用：接骨木含皂苷及多羟基酚类，有活血止痛，祛风利湿作用，主治骨折、跌打损伤、风湿关节痛、水肿、热痢黄疸等。

【全树】　①观赏树种：接骨木及毛接骨木，红果累累，供观赏。②绿篱：接骨木可作绿篱。

毛核木属 *Symphoricarpos* Duhamed

约 16 种，分布北美洲及东亚；中国产 1 种，分布西南至中部。落叶灌木。
毛核木 *S. albus* (L.) Blake.，小灌木，花冠白色，常有栽培观赏。

荚蒾属 *Viburnum* L.

约 200 种，分布东亚及北美洲；中国产 80 种，南北均有。灌木小乔木。

【树皮】　①鞣质：水红木 *V. cylindricum* Buch. -Ham. ex D. Don，含鞣质 0. 3% ，可提制栲胶。②药用：雪球 *V. opulus* L.，树皮可作利尿剂，还治痉挛。

【茎皮】　①纤维：桦叶荚蒾 *V. betulifolium* Batal.，可制绳索，造船。荚蒾 *V. dilatatum* Thunb.，鲜茎含纤维素 13. 77% ，制绳索，人造棉。宜昌荚蒾 *V. erosum* Thunb.，可制绳索及造纸。甘肃荚蒾 *V. kansuense* Balal.，可制绳索及造纸。吕宋荚蒾 *V. luzonicum* Rolfe，可制绳索。显脉荚蒾 *V. nervosum* D. Don，可制绳索及造纸。少花荚蒾 *V. oliganthus* Batal.，可制绳索。皱叶荚蒾 *V. rhytidophyllum* Hemsl.，可制麻袋及绳索。天目琼花 *V. sargentii koehne* var. *calvescens* Rehd.，可制绳索。②药用：水红木皮治慢性腹泻，痢疾，食积胃痛；外洗脓疮疥癣。琼花 *V. macrocephalum* Forl. f. *keleleeri* (Carr.) Nichols.，外用洗疥癣。

【木材】　黄褐至灰红褐色，材轻至中，软至中，强度中，稍耐腐。适作车旋品，雕刻，家具，农具，包装材，生活用品等。商品材价值下等。如珊瑚树 *V. awabuki* K. Koch、水红木、聚花荚蒾 *V. glomeratum* Maxim.、樟叶荚蒾 *V. cinnamomifolium* Rehd.、巴东荚蒾 *V. henryi* Hemsl.、早禾树 *V. odoratissimum* Ker.。

【枝条】　①编织：宜昌荚蒾枝条可编织筐篓。②烟管：烟管荚蒾 *V. utile* Hemsl.，枝条有空髓，民间作烟管。③药用：珊瑚树嫩枝叶，消肿止痛，主治刀伤、蛇咬伤。

【叶】　①饲料：水红木嫩枝叶可作猪饲料。②绿肥：早禾树，叶可作绿肥，用于早稻，故名早禾树。③药用：水红木，叶清热解毒，主治痢疾，急性肠胃炎，口腔炎，尿路感染；外用治烧烫伤，疮疡肿毒，皮肤瘙痒。宜昌荚蒾，鲜叶治口腔炎，湿疹。珍珠荚蒾 *V. foetidum* var. *ceanothoides* (C. H. Wight) Hand. -Mazz.，叶消肿止痛，敛疮生肌，止血止泻；外用治骨折，刀伤，跌打损伤。淡黄荚蒾 *V. lutecens* Bl.，叶去瘀消肿。球核荚蒾 *V. propinquum* Hemsl.，止血，消肿止痛，接骨续筋，主治骨折，跌打损伤，外伤出血。天目琼花，叶活血镇痛，主治腰痛，跌打损伤；煎水外洗疮疖疥癣。常绿荚蒾 *V. sempervirens* K. Koch，消肿活血，主治跌打损伤。

【花】　①芳香油：聚花荚蒾花芳香，可浸提芳香油。②蜜源植物：修枝荚蒾

V. burejaeticum Re. et Herd.，花期 5~7 月，蜜粉均较多。荚蒾花期 6~7 月，蜜较多粉少。天目琼花，花期 5~6 月，蜜粉甚多。均为夏季辅助蜜源植物。③药用：水红木，花清热解毒，润肺止咳。烟管荚蒾，治羊毛疔及跌打损伤。

【果】 ①食用：荚蒾，桦叶荚蒾，宜昌荚蒾，少花荚蒾，天目琼花等。果熟时可食。②加工品：桦叶荚蒾，金腺荚蒾 *V. chunii* Hsu，荚蒾，宜昌荚蒾，吕宋荚蒾，雪球，茶荚蒾 *V. setigerum* Hance，果可酿酒，制果酱，果冻。③油用：修枝荚蒾果核含油 17%，干性油，主成分：棕榈酸 2.8%，油酸 29.8%，亚油酸 65.9%。水红木果核含油 18.1%~27.1%，不干性油，主成分：棕榈酸 16.5%~31.9%，油酸 42.7%~53.6%，亚油酸 19.3%~29.6%。荚蒾果核含油 11.4%~13.2%，半干性油，主成分：油桐酸 3.7%~4.5%，硬脂酸 2.6%~2.7%，油酸 42.1%~59.5%，亚油酸 33.4%~40.2%，亚麻酸 9.7%，毛荚蒾 *V. plicatum* Thunb.，果核含油 11.4%，不干性油，主成分：棕榈酸 6.2%，硬脂酸 4.1%，油酸 57.8%，亚油酸 26.7%，球核荚蒾果核含油 11.7%，主成分：棕榈酸 5.5%，硬脂酸 4%，油酸 39.7%，亚油酸 49.8%。水丝条 *V. propinquum* var. *mainai* W. W. Smith，果核含油 31%，不干性油，主成分：棕榈酸 27.7%，硬脂酸 1.2%，油酸 33.8%，亚油酸 33.9%，亚麻酸 3.3%。天目琼花果核含油 26.3%，半干性油，主成分：棕榈酸 2.2%，油酸 56.6%，亚油酸 41%。茶荚蒾果核含油 10.3%~16.7%，半干性油：主成分：棕榈酸 5.5%~6.3%，硬脂酸 3.2%~3.6%，油酸 37.6%~59.1%，亚油酸 31.4%~52.5%。本属种子油适工业润滑油，灯油，制肥皂用油。④鞣质：水红木果实含鞣质 11.25%，可提制栲胶。少花荚蒾果亦可提制栲胶。⑤药用：荚蒾果，主治食欲不振，肠炎腹泻，月经不调。宜昌荚蒾果补血。珍珠荚蒾果，清热解毒，止咳止血，主治咳嗽，肺炎，百日咳。天目琼花，果止咳。茶荚蒾果主治脾胃虚弱，胃纳呆钝。

【种子(去核皮)】 油用：蓝果荚蒾 *V. atrocyaneum* Clarke，种子含油 24.69%，不干性油，主成分：肉豆蔻酸 20.1%，棕榈酸 18.8%，油酸 37.9%，亚油酸 21%，亚麻酸 2.2%，油制肥皂及灯油，可用于工业润滑降凝剂。修枝荚蒾种子含油 17.02%，制肥皂。水红木种子含油 29.35%，制肥皂及灯油。荚蒾种含油 12.9%，制肥皂及润滑油。宜昌荚蒾种子含油 40%，制肥皂及润滑油。珍珠荚蒾种子含油 9.2%，不干性油，主成分：棕榈酸 5.2%，硬脂酸 4.4%，油酸 50.3%，亚油酸 39.4%，可供润滑油及制肥皂。淡黄荚蒾种子含油 15.6%，不干性油，主成分：棕榈酸 23.42%，硬脂酸 5.1%，油酸 47.1%，亚油酸 22.1%，适润滑油。琼花种子含油 6.4%，不干性油，主成分：棕榈酸 6.3%，硬脂酸 7.5%，油酸 54.2%，亚油酸 12.8%，廿碳烯酸 7.5%，适作工业润滑油。天目琼花种子含油 26%~28%，制肥皂润滑油。

【根】 药用：桦叶荚蒾，调经涩精，主治月经不调，梦遗虚滑，白浊带下。水红木，祛风活络，主治风湿筋骨痛，跌打损伤。荚蒾，主治丝虫病，淋巴结核，跌打损伤。宜昌荚蒾，治风湿痹痛。珍珠荚蒾，主治肠炎，痢疾，血崩，先兆流产，荨麻疹。毛荚蒾，清热解毒，健脾消积，主治小儿疳积。鳞斑荚蒾 *V. punctatum* Buch. -Ham. ex D. Don，活血，主治风湿病。天目琼花，主治风湿性关节炎，腰酸腿痛，跌打损伤。茶荚蒾，主治吐血，肺痈。烟管荚蒾，主治瘀血红肿，痔疮。

【全株】 ①药用：南方荚蒾 *V. fordiae* Hance，散瘀活血，主治月经不调，肥大性脊椎炎，风湿痹痛；外用治湿疹。早禾树，清热祛湿，通经活络，拔毒生肌，主治感冒，风湿，跌打骨折，刀伤，蛇咬伤。球核荚蒾，止血消肿，主治风湿痛，跌打骨折。烟管荚蒾，活血散瘀，除风湿，主治风湿筋骨痛，烧烫伤。②兽药：早禾树全株药用，治牛、猪感冒发烧。

【全树】 ①绿篱：珊瑚树，常绿灌木或小乔木，适作绿篱。早禾树，常绿小乔木，适作绿篱，耐修剪。②防火林：珊瑚树，常绿树种，耐火，适作防火林带。③观赏树种：修枝荚蒾，金腺荚蒾，香荚蒾 *V. farreri* W. T. Stearn，聚花荚蒾，琼花，早禾树，雪球，天目琼花，茶荚蒾，均为著名或常见观赏树种。④环保树种：珊瑚树，抗 SO_2，HF 及其他有害气体抗性强，可净化空气，为城市抗污染的环保重要树种。

锦带花属 *Weigela* Thunb.

约 12 种，分布东亚、北美洲；中国产 4 种，分布北部至长江以南。落叶灌木或小乔木。

【叶】 饲料：锦带花 *W. florida*（Bge.）A. DC.，可作牛马饲料。

【花】 蜜源植物：锦带花，花期 4~6 月；海仙花 *W. coraeensis* Thunb.，花期 5~6 月，均为初夏辅助蜜源植物。

【根】 药用：杨栌锦带花 *W. japonica* Thunb. var. *sinica*（Rehd.）Bailey，有补虚药效。

【全树】 ①观赏树种：锦带花、海仙花、杨栌锦带花，花色艳丽，灿烂若锦，适作庭园观赏树种。②环保树种：锦带花抗二氧化硫等抗性强。

【木材】 杨栌锦带花材浅黄红色，重，硬，耐腐，可作农具、坑木、枕木等，材小价值中等。

石竹科 Caryophyllaceae

约 70 属 2100 种，分布全球；中国 31 属 370 多种，分布全国。草本或亚灌木。

裸果木属 *Gymnocarpos* Forssk.

2 种，分布亚、非洲；中国产 1 种，分布西北、内蒙古。半灌木。如裸果木 *G. przewalskii* Maxim.。

【饲料】 为产区骆驼饲料。

【燃料】 为产区薪柴燃料。

【固沙】 植物为产区固沙植物。

番木瓜科 Caricaceae

4 属，约 50 多种，分布热带美、非洲；中国引入 1 种。

番木瓜属 *Carica* L.

约 45 种，分布热带、亚热带美洲；中国引入 1 种，分布福建、台湾，华南、西南广泛栽培。软木质乔木。番木瓜 *C. papaya* L.

【树枝白浆】 药用：治消化不良。

【叶】 药用：叶捣烂消肿治溃疡。

【果实】 未熟果：①菜食：未熟果炖肉，肉类易软化。②工业用：未熟果含番木瓜蛋白酶，工业用途广。③药用：未熟果含番木瓜碱，可代替洋地黄，吐根，作强心剂，又有抗淋巴性白血病细胞的强烈抗癌活性。①食用：番木瓜含水90%，糖5%~6%。粗蛋白1.1%，粗纤维1%，钙0.02%，磷0.01%，少量酒石酿，柠檬酸，苹果酸，可生食，菜食，加工糖瓜、果汁、果酱、果脯、罐头。②饲料：可作猪饲料，消化能2.27Mcal/kg，鸡2.35Mcal/kg，比南瓜高。③药用：番木瓜主成分：隐黄素、蝴蝶梅黄质、棕榈酸酯、番木瓜蛋白酶，消食健胃，滋补催乳，舒筋通络，主治脾胃虚弱，食欲不振，乳汁缺少，风湿关节痛，肢体麻木，胃及十二指肠溃疡疼痛。

【种子】 番木瓜种子含油率29.5%~36.9%，种仁含油50.1%，主成分：棕榈酸15%~19.1%，硬脂酸3%~5%，油酸74.4%~77%，亚油酸2%~4.7%，可供工业用油。

木麻黄科 Casuarinaceae

1属约65种，主产大洋洲；中国引入5种，南方栽培。常绿乔木稀灌木。

木麻黄属 *Casuarina* L.

单属科。

【树皮】 鞣质：木麻黄 *C. equisetifolia* Forst.，树皮含鞣质12.95%~16.52%，栲胶纯度75%~86%，凝缩类，含水15.07%，鞣质65.77%，非鞣质15.25%，为优良栲胶之一，颜色浅，渗透快，革质优。

【木材】 ①用材：材浅红褐色，材重，硬，强度大，干缩中至大，但不耐腐，易蛀，易翘裂难加工。适作电杆、坑木、房屋、农具、板车、牛轭、木桶、渔船底板、木瓦、室内装饰材等。木材价值下等。如木麻黄、细枝木麻黄 *C. cunninghamiana* Miq.、粗枝木麻黄 *C. glauca* Sieb. ex Spreng.、湿地木麻黄 *C. lorulosa* Ail.。②造纸材：木麻黄速生，含纤维素27%，适作造纸材。

【枝干】 优良薪材：木麻黄类燃烧力强，每公斤热值4950Kcal，为沿海海边及岛屿不可缺少的薪材。如木麻黄、细枝木麻黄、粗枝木麻黄、湿地木麻黄、鸡冠木麻黄 *C. ceistata* Miq.。

【枝叶】 饲料：木麻黄类为干旱地及旱季饲料。

【叶】 药用：木麻黄叶治疝气，阿米巴痢疾，慢性支气管炎。

【种子】 鸡饲料，如木麻黄。

【全树】 ①行道遮阴树种：木麻黄，鸡冠木麻黄，细枝木麻黄，粗枝木麻黄。②海岸固沙防风林：木麻黄，粗枝木麻黄，细枝木麻黄，耐海水浸渍，防风固沙树种。③改良土壤树种：木麻黄类具固氮根菌，可改良土壤。④环保树种：木麻黄对有害气体抗性很强，对Cl_2、SO_2、HS、HF抗性均强，为华南一带城乡工矿环保绿化树种。

卫矛科 Celastraceae

55属800种以上，分布热带至温带；中国产1属200多种，又引入3属3种，分布全国。乔木、灌木、攀缘藤本。

巧茶属 *Catha* Forssk.

1 种，分布非洲；中国引入 1 种，海南、广西种植。小乔木。

【巧茶】 *C. edulis* Forssk.，叶可代茶，有兴奋作用；还可制蜜酒。又可提取兴奋剂，供药用。

南蛇藤属 *Celastrus* L.

约 50 种，分布热带至亚热带；中国产 30 种，分布全国。灌木或藤状灌木。

【茎皮】 ①纤维：苦皮藤 *C. angulatus* Maxim.，茎皮含纤维素 33.3%，细柔，光滑，可制人造棉，棉毛混纺，高级文化纸。大芽南蛇藤 *C. gemmatus* Loes.，茎皮含纤维 62.28%，可搓绳索，人造棉，造纸。南蛇藤 *C. orbiculatus* Thunb.，茎皮含纤维 31.56%，可作人造棉，与羊毛混纺及造纸原料。短梗南蛇藤 *C. rosthornianus* Loes.，茎皮含纤维素 45%，可制人造棉。②药用：若皮藤茎皮入药，杀虫，灭菌功效与苦木 *Picrasma quassioides*（D. Don）Benn. 相似。无毛南蛇藤 *C. stylosus* ssp. *glaber* Hou，茎皮入药，祛风消肿，解毒消炎，主治脉管炎，肾盂肾炎，跌打损伤。

【果实】 药用：刺叶南蛇藤 *C. flugellaris* Rupr.，果含南蛇藤黄质、玉蜀黍黄质，祛风湿，活血止痛，主治风湿性关节炎、跌打损伤。南蛇藤果入药，主成分南蛇藤素，调心脾，续筋骨，主治跌打损伤，消散肿痛，无名肿毒，毒蛇咬伤。

【花】 药用：南蛇藤花能治失眠症。

【种子】 油用：过山枫 *C. aculeatus* Merr.，种子含油量 35.9%，月桂酸 3.2%，棕榈酸 18.2%，硬脂酸 5.5%，油酸 29.1%，亚油酸 17%，亚麻酸 28.8%；苦皮藤种子含油量 55.58%，主成分：月桂酸 7.7%～8.5%，棕榈酸 17.6%～18.8%，硬脂酸 20.6%，亚麻酸 24.7%～32.9%，南蛇藤种子含油量 47.07%，主成分：棕榈酸及硬脂酸 36%，油酸 16%，亚油酸 20%，亚麻酸 21%，红果藤 *C. paniculatus* Willd.，种子含油量 59.79%，主成分：棕榈酸 22.3%，硬脂酸 4.3%，油酸 17%，亚油酸 43%，亚麻酸 13.4%；短梗南蛇藤种子含油量 9.4%，主成分棕榈酸 13.7%，硬脂酸 4.9%，油酸 33.1%，亚油酸 1.5%，以上产油可制肥皂，工业润滑油用。

【根】 ①药用：苦皮藤根入药，抑菌，杀虫，清热利湿，主治黄水疮，头癣，阴痒，骨折肿痛。大芽南蛇藤根入药，舒筋活络，散瘀，主治风湿关节痛，月经不调。毛枝南蛇藤 *C. hookeri* Prain，根入药，活血行气，疏风祛湿，主治：风湿性关节炎，跌打损伤，腰腿痛。粉背南蛇藤 *C. hypoleueus*（Oliv.）Warb. ex Loes.，根入药，化痰消肿，止血生肌，主治：跌打损伤，红肿，刀伤。圆叶南蛇藤 *C. kusanoi* Hay.，根入药，宣肺祛痰，止咳解毒，主治喉痛，喉炎，早期肺结核。南蛇藤，根入药，治无名肿毒，毒蛇咬伤。②土农药：苦皮藤根皮粉加水 60 倍，对棉蚜虫、红蜘蛛、菜青虫有效；5 倍水喷洒防治稻苞虫；根皮粉加草木灰喷洒治猿叶虫；20 倍水浸液杀孑孓，灭蝇蛆。③兽药：南蛇藤，祛风逐湿，活风通脉，治牛马中暑发痧，伤寒闭痧，猪牛风湿脚软，牛马关节肿痛，牛痢拉血，牛毒蛇咬伤。

福木属 *Elaeodendron* **Jacq. f.**

约 17 种，分布东南亚、中国引入 1 种，广州栽培，小乔木。福木 *E. orientale* Jacq.，叶可作鼻烟，植株分泌胶可作胶用。

木材：引入为小材，材供室内装修，画柜，木材价值下等。

卫矛属 *Euonymus* **L.**

约 200 多种，分布北半球温带；中国产约 100 多种，引入 1 种，分布全国。灌木或乔木。

【树皮】 ①提取硬橡胶：大花卫矛 *E. grandiflorus* Wall.，树皮内产树胶 17.25%，可提硬橡胶，用途可用于补牙，电缆，耐酸碱橡胶制品。疏花卫矛 *E. laxiflorus* Champ.，产橡胶，用途见上。华北卫矛 *E. maackii* Rupr.，树皮含橡胶 10%~16%，用途见上。大果卫矛 *E. myrianthus* Hemsl.，树皮含胶量 23%~33%，用途见上。②药用：游藤卫矛树皮入药，祛风除湿，补肾，主治风湿性腰痛，肾虚腰痛，筋骨疲软。山杜仲 *E. virens* C. Y Wu，树皮入药，祛风除湿，壮腰止痛，固精，主治：劳伤腰痛，肾虚腰痛，慢性肾炎，外用接骨。

【木材】 材黄白或浅黄白色，略轻软，干缩中，不耐腐，但结构细匀，适作筷子、梳子、模子、木屐、文具、雕刻、印章、手杖、车旋品等，木材价值中等。诸如：卫矛 *E. alatus*(Thunb.)Sieb.，丝棉木 *E. bungeana* Maxim.大花卫矛，西南卫矛 *E. hamiltonianus* Wall. ex Roxb.，及桃叶卫矛 var. *yedoensis*(Kob.)Blakelock，冬青卫矛 *E. japonicus* Thunb.。

【藤茎】 药用：藤杜仲 *E. acanthocarpus* Franch. var. *scandens*(Loes) R. Λ. Blak.，藤入药，祛风除湿，通经活络，主治风湿疼痛，具木栓藤枝，妇科要药。主治通经，止血崩，产后败血，又为泻下药，杀虫药。冷地卫矛 *E. frigidus* Wall. ex Roxb.，枝茎入药，破血止痛，杀虫，主治月经不调，症结腹痛，血晕，关节炎。胶东卫矛 *E. kiautschovicus* Loes.，藤茎入药，行气活血，祛风通络，补肾，强筋骨，主治腰肌劳损，关节酸痛，慢性腹泻。新疆卫矛 *E. semenovii* Regel et Herb.，茎入药，破血消瘀，活血止痛，主治产后恶露，小腹痛，关节炎，闭经；外用治痈疮红肿。白皮卫矛 *E. tengyuehensis* W. W. Smith，茎皮止血，生肌，主治刀伤，研粉外敷。云南卫矛 *E. yunnanensis* Franch.，茎皮入药，祛风湿，散瘀消肿，主治跌打损伤，腰腿痛，风湿骨痛。

【果实】 丝棉木果实可作红色染料；又可作杀虫剂(青虫)。

【叶】 ①可代茶：丝棉木、华北卫矛。②药用：扶苦藤 *E. fortunei*(Turcz.)Hand. -Mazz.，叶含萜醇，甘露醇，山梨醇，甘油，糖分，散瘀止血，舒筋活络，主治咯血，月经不调，功能性子宫出血，风湿关节炎，跌打损伤，骨折，创伤出血。

【种子】 ①油用：刺果卫矛 *E. accanmthocarpus* Franch.，种子含油量 47%，主成分：棕榈酸 18.6%，硬脂酸 2.6%，油酸 25.3%，亚油酸 50.9%；卫矛种子含油量 47.94%，主成分：棕榈酸 16.7%~23.6%，硬脂酸 1.8%~4.6%，油酸 39%~44.8%，亚油酸 24.8%~31.3%，亚麻酸 7.3%，毛脉卫矛 *E. alatus* var. *pubescens* Maxim.，种子含油量 42.1%；主成分：棕榈酸 15.5%，硬脂酸 1.7%，油酸 47.5%，亚麻酸 1.9%；丝棉木种子含油量 45.7%，主成分：棕榈酸 9.7%~21.9%，硬脂酸 1.4%~2.4%，油酸 28.4%~40.5%，亚油酸 24.9%~49.3%，亚麻酸 3.3%~10.3%；肉花卫矛 *E. carnosus* Hemsl.，种子含油量

47.8%，主成分：棕榈酸27.8%，硬脂酸4.7%，油酸50.1%，亚油酸10.8%，亚油酸5%；中华卫矛 *E. chinensis* Lindl.，种子含油量44.4%，主成分：棕榈酸19.3%，硬脂酸2.5%，油酸13.7%，亚油酸61.3%；扶劳藤种子含油量41.5%～45.4%，主成分：棕榈酸18.7%～41.3%，硬脂酸2.4%～5.6%，油酸35.5%～37.9%，亚油酸11.1%～35.5%，亚油酸0.3%～5.5%；大花卫矛种子含油量51.2%，主成分：棕榈酸21.1%，硬脂酸1.5%，油酸25.1%，亚油酸50.4%，亚麻酸1.9%；西南卫矛 *E. hamiltonianus* Wall. ex Roxb.，种子含油量52.6%，主成分：棕榈酸11.3%，硬脂酸25%，油酸57.3%，亚油酸4.1%；冬青卫矛种子含油量42.7%，主成分：癸酸7%，棕榈酸19.1%，硬脂酸2.2%，花生酸3.8%，油酸48.4%，亚油酸15.5%；胶东卫矛 *E. kiautschovicus* Loes.，种子含油量46.3%，主成分：月桂酸2.6%，棕榈酸1.6%，硬脂酸5.3%，油酸30.1%，亚油酸33.7%，亚麻酸6.5%；华北卫矛种子含油量49.89%～54.51%；大翅卫矛 *E. macropterus* Rupr.，种子含油量47.5%，主成分：棕榈酸16.7%，油酸36.2%，亚油酸41.3%，亚麻酸2%；大果卫矛种子含油量38.2%～58.3%，主成分：月桂酸2.7%～3.3%，肉豆蔻酸2.8%，棕榈酸15.4%～23.1%，硬脂酸3.4%～4.4%，油酸21.7%～25.2%，亚油酸42.5%～51.5%；垂丝卫矛种子含油量45.5%；窄翅卫矛 *E. sterelopterus* Merr. el Chun，种子含油量47.4%，主成分：月桂酸1.6%，棕榈酸15.6%，硬脂酸1.5%，油酸33.6%，亚油酸43.9%；染用卫矛种子含油量44%。以上种子油可供肥皂及工业润滑油用。①药用：卫矛种子含生物碱卫矛羰碱，所含亚油酸降低胆固醇，行血通经，散瘀止痛，主治：月经不调，产后瘀血腹痛，跌打损伤，肿痛；毛脉卫矛 *E. alatus* var. *pubescens* Maxim. 及栓翅卫矛 *E. phellomanus* Loes.也入药，功效同卫矛。

【根】 药用：紫刺卫矛 *E. aculeatus* Hemsl.，根入药，祛风除湿，舒筋活络，丝棉木根皮入药止痛，主治膝关节痛。大花卫矛根入药，软坚散结，祛风除湿，通经活络，补肾，主治淋巴结核，跌打损伤，肾虚腰痛，风湿疼痛，闭经，痛经，痢疾初起，腰痛；肉花卫矛 *E. Carnosus* Hemsl.，功效同大花卫矛。胶东卫矛根入药，行气活血，祛风通络，补肾虚，强筋骨，主治腰肌劳损，关节酸痛，慢性腹泻。新疆卫矛 *E. semenovii* Regel et Herb.，根入药，破血消瘀。活血止痛，主治产后恶露，小腹痛，关节炎，闭经；外用治痈疮红肿。云南卫矛根皮入药，祛风湿，散瘀消肿，主治跌打损伤，腰腿痛，风湿骨痛。长刺卫矛 *E. wilsonii* Spraque，根入药，祛风，除湿，止痛，主治风湿疼痛，劳伤。

【全株】 ①药用：丝棉木全株入药，祛风湿，活血止痛，主治腰膝痛。中华卫矛全株入药，舒筋活络，强壮筋骨，主治风湿腰腿痛，跌打损伤，高血压。②环保树种：丝棉木对各种有害气体抗性强，在 SO_2、Cl_2、HF 污染处生长良好，为重要环保树种。冬青卫矛抗 SO_2、Cl_2、HF 有害气体抗性强，为公园、庭园，厂矿环保树种。③绿篱树种：冬青卫矛（大叶黄杨）。最适绿篱，耐修剪，四季常青，光泽洁净，长江流域以南广为种植，作绿篱最佳。有银边黄杨 var. albo. *marginatus* T. Moore，叶缘白色；金边黄杨 var. *aureomarginatus* Nichops.，叶缘金黄色。金心黄杨 var. aureo. *variogatus* Niehop.，叶面具黄色斑纹，而不及叶缘。以上变种为优良绿篱植物。

美登木属 *Maytenus* Molina

约220种，分布热带至亚热带；中国产11种，分布福建、华南、西南。灌木或小乔木。

【根、茎、叶、种子】 入药：滇南美登木 *M. austro yunnanensis* S. J. Pei et Y. H. Li，分离了美登木素、美登普林、美登布丁三个抗癌有效成分。檗状美登 *M. berberoides*（W. W. Smilh）S. J. Pei etl Y. H. Li，也分离同前三个抗癌有效成分，含量最高。密花美登木 *M. confertiflorus* J. Y. Luo et X. X. Chen，分离了美普林，美登碱两个抗癌有效成分。贵州美登木 *M. esquirolii*（Lévl.）C. Y. Cheng，分离了美登素，美登普林，美登布丁三个抗癌有效成分，含量较低。细梗美登木 *M. gracilirmula* S. J. Pei et Y H. Li，分离出上述三个抗癌有效成分，含量低，广西美登木 *M. guangxinensis* Cheng et Sha，分离了美登碱。云南美登木 *M. hookeri* Loesen.，根茎提抗癌活性成分：美登素，丙酰美登素，异丁酰美登素，异戊酰美登素，进一步合成抗癌活性更强的去水卫矛醇，美登普林，美登碱，主要用于消化系统癌症：食管癌，胃癌，肝癌，也用于宫颈癌，肺癌，鼻咽癌，对白血病也有抗性作用。使癌细胞抑制于细胞分裂中期，不再继续分裂，最后崩解。长梗美登木 *M. longiradiata* S. J. Pei et Y. H. Li，用茎叶提取美登素、美登普林、美登布丁、对淋巴肉瘤疗效明显，多发性骨髓癌，服后疼痛减轻，食欲增加，睡眠好转。刺茶美登木 *M. variabilis*（Hemsl.）C. Y. Cheng，分离了美登素、美登普林、美登布丁三个抗癌有效成分，含量较高。筛选了美登木属：云南美登木、贵州美登木、细梗美登木、刺茶美登木、广西美登木、异叶美登木 *M. direasifolius*（Maxim.）Hou、阿达子 *M. royleana*（Laws.）Ruuex Raju el Babu 是有前景的抗癌药物树种。

【种子】 油用：滇南美登木，种子含油量 57.42%，主成分：棕榈酸 23.93%，硬脂酸 8.89%，油酸 18.47%，亚油酸 30.1%，亚麻 16.91%；云南美登木种子含油量 56.6%，主成分：月桂酸 1.7%，棕榈酸 30.9%，硬脂酸 6.8%，油酸 14.9%，亚油酸 13%，亚麻酸 32.7%。油可供工业用润滑油，肥皂等。

假卫矛属 *Microtropis* Wall. ex Meisn.

约 70 种，分布亚、美洲；中国产 30 种，分布西南至台湾，乔木或灌木。四棱假卫矛 *M. tetragona* Merr. et Freem.，材黄白带褐色，重，硬度中，结构细匀，但不耐腐，可作文具、雕刻、木材价值下等。

独子藤属 *Monocelastrus* Wang et Tang

2 种，分布中国南部至中南半岛；中国产 1 种，分布福建、华南、西南。常绿攀缘灌木。独子藤 *M. monospermus*（Roxb.）Wang et Tang，种子含油量 11.5%，主成分：棕榈酸 20%，硬脂酸 1.4%，油酸 36%，亚麻酸 33.2%，可供工业用油。

雷公藤属 *Tripterygium* Hook. f.

3 种，分布东亚；中国全产，分布东北至西南。落叶蔓性灌木或藤本。

【茎皮】 纤维：东北雷公藤 *T. regelii* Sprague et Takeda，雷公藤 *T. wilfordii* Hook.，f.，茎皮纤维可造纸。

【种子】 油用：昆明山海棠 *T. hypoglaucum*（Lévl.）Hutch.，种子含油量 36.7%，主成分：棕榈酸 28.6%，硬脂酸 6.2%，十六碳烯酸 3.7%，油酸 41.3%，亚油酸 17.9%，亚麻酸 2.2%，可供工业用油。

【茎叶】 土农药：雷公藤有强烈胃毒及触杀作用，可毒鼠，浸液喷洒防治菜青虫，茶毛虫，松毛虫，油桐心蠖，猿叶虫，负泥虫，棉蚜虫，灭孑孓，苹果蠹虫，黏虫。昆明山海棠作土农药同雷公藤。

【根或全株】　药用：昆明山海棠，祛风利湿，活血散瘀，续筋接骨，主成分：雷公藤羟内酯，雷公藤内酯，主治风湿关节炎，跌打损伤，半身不遂，腰肌劳损；外用治骨折，外伤出血。东北雷公藤，根含雷公藤碱，卫矛醇，南蛇藤醇，在东北入药功效同雷公藤。雷公藤根含雷公藤碱，南蛇藤碱，雷公藤羟内酯，霄公藤内酯，雷公藤羰内酯，雷公藤素甲、乙，雷公藤酮，是抗癌活性较高的化合物，主要用于原发性肝癌，肺癌，白血病；也可治类风湿关节炎，麻风病，乳痈，毒蛇咬伤。

连香树科 Cercidiphyllaceae

1 属 1 种 1 变种，产中国及日本。落叶乔木。

连香树属 *Cercidiphyllum* Sieb. et Zucc.

单属科。

【树皮】　鞣质：连香树 *C. japonicum* Sieb. et Zucc.，树皮含鞣质 11.1%。

【木材】　心材浅红褐色，轻，软，强度中，干缩中，不耐腐。适家具、机模、胶合板，包装箱、建筑、文具等。木材价值下等，连香树及毛叶连香树 *C. japonicum* var. *sinense* Rehd. el Wils。

【叶】　鞣质：连香树叶含量 17.2%，主成分茶酚。

【花】　连香树花期 6 月，辅助蜜源。

【全树】　①园林绿化树种。②物种资源：本属减少，列入渐危树种。

藜　科 Chenopodiaceae

约 100 属，1400 种以上，分布全世界；中国产 39 属，约 190 种，分布全国。草本、半灌木、灌木、小乔木。

假木贼属 *Anabasis* L.

约 30 种，分布自地中海至西伯利亚；中国产 8 种，分布西北、西藏、内蒙古。半灌木或小灌木。

【茎叶】　饲料：短叶假木贼 *A. brevifolia* C. A. Mey.，亩产鲜草 50~100kg，营养期含水分 6.9%，脂肪 3.18%，纤维素 12.94%，无氮物 48.01%，灰分 20.31%，骆驼喜食，马、牛也喜食，羊也采食。为荒漠骆驼三大饲料之一。

【全株】　土农药：无叶假木贼 *A. aphylla* L.，主成分：毒藜碱、羽扇豆碱、毒藜素、去氢毒藜素，对昆虫有触杀、胃毒作用，全株浸水液喷洒治蚜虫，红蜘蛛，菜青虫，棉叶桃虫。1000 倍水，亩洒 100kg 防治棉蚜虫。500 倍水防治烟草蚜虫，甘蓝蚜虫，亩洒 50kg，为优良杀虫剂。

滨藜属 *Atriplex* L.

约 200 种，分布温带至亚热带；中国产 19 种，分布西北。草本或小灌木。疣苞滨藜 *A. verrucifera* B.，可作饲料，嫩枝叶、花序，骆驼喜食。

驼绒藜属 *Ceratoides* (**Tourn.**) **Gagnep**.

6 ~ 7 种，分布亚洲、欧洲、北美洲；中国产 4 种，分布西北、华北、东北、西藏。灌木或小灌木垫状。

【饲料】　驼绒藜 *C. latens* (J. F. Gmel.) Rev. et Holmg.，枝叶繁茂，各种家畜喜食，驼、马、羊最适，营养好，鲜枝叶含水分 55%，粗蛋白 9.58%，脂肪 1.72%，无氮物 20.92%，灰分 3.87%，纤维素 8.35%；种子也可作饲料。亩产鲜草 50 ~ 150kg，华北驼绒藜 *C. arborescens* (Loes.) Tsien et C. G. Ma，心叶驼绒藜 *C. ewersmanniana* (Stschegl. ex Losinsk.) Botsch. et Ikonn.，也作饲料。

【固沙】　植物：驼绒藜、华北驼绒藜、心叶驼绒藜均为固沙、防风、保持水土植物。

盐节木属 *Halocnemum* **Bieb**.

1 种，分布中亚、欧洲，北非；中国西北产之，半灌木。生荒漠盐地。盐节木 *H. strobilaceum* (Pall.) Beib.，全株浸水可作杀虫剂。

盐穗木属 *Halostachys* **C. A. Mey**.

1 种，分布西亚至欧洲东南部；中国甘肃、新疆、荒漠、盐湖边产之。灌木。盐穗木 *H. caspica* (B.) C. A. Mey.，为提取碳酸钾植物；又含生物碱，可作杀虫剂。

梭梭属 *Haloxylon* **Bge**.

约 10 种，分布地中海至西亚；中国产 2 种，分布西北至内蒙古。灌木或小乔木。

【饲料】　梭梭树 *H. ammodendron* (C. A. Mey.) Bge.，绿叶同花枝是牲畜喜食饲料，营养期含水分 5.35%，蛋白质 12.14%，脂肪 1.69%，纤维素 21.08%，无氮化合物 46.73%，灰分 18.36%，骆驼终年喜食，羊秋季食。白梭梭 *H. persicum* Bge.，嫩枝叶是骆驼、驴、羊好饲料。

【木材】　边材黄褐色，心材栗褐色，树干弯曲，材很坚硬，可作牛、羊圈棚；白梭梭材坚硬，气干容重大于 1，沉入水中，可作牲畜圈棚，固定井壁材料，价值下等。

【燃料】　梭梭树、白梭梭，耐火力强，是沙区农、牧民喜爱的薪炭材，可以解决沙区燃料问题。

【梭梭树】　肉苁蓉 *Cistanche ambigua* (Bge.) G. Boch.，主要寄主树。

【固沙植物】　梭梭树，白梭梭树是沙区优良固沙植物，固定流沙，绿化沙漠优良树种。

戈壁藜属 *Iljinia* **Korov**.

1 种，分布内蒙古、新疆、蒙古、俄罗斯。半灌木。戈壁藜 *I. regelii* (Bge.) Korov.，为沙区饲料，驼、羊喜食鲜草，干草驼喜食。

盐爪爪属 *Kalidium* Moq.

6 种，分布亚、欧洲；中国产 6 种，分布西北、华北及东北。小灌木。

【枝叶】 饲料：尖叶盐爪爪 *K. cuspidatum* (Ung. Sternb.) Grub.，枝叶骆驼喜食，马、羊稍食。盐爪爪 *K. foliatium* (Pall.) Moq.，枝叶骆驼喜食，马、羊少量食，营养期含水分 10.8%，蛋白质 14.33%，脂肪 3.28%，纤维素 20.07%，无氮化合物 25.24%，灰分 32.26%，钙 0.39%，磷 0.42%。细枝盐爪爪 *K. gracile* Fenzel，干枝叶骆驼喜食。

【种子】 磨粉，盐爪爪人可食，也可喂牲畜。

【全株】 固沙植物：盐爪爪，尖叶盐爪爪，细枝盐爪爪均为固沙植物。里海盐爪爪 *K. caspicum* (L.) Ung. -Sternb.，生沙区盐湖边，全株可提碳酸钾及硫酸钠。

地肤属 *Kochia* Roth

约 35 种，分布全世界温带；中国产 7 种，分布西北、华北至东北。半灌木。本属树种主为荒漠及草原林带的饲料。木地肤 *K. prostrata* (L.) Schrad.，枝、叶、花序，马、羊、骆驼喜食，营养期含粗蛋白 16.25%，脂肪 2.18%，纤维素 17.26%，无氮化合物 48.38%，灰分 15.33%，是干草原及荒漠草原极有前途的饲料。其他灰毛木地肤 var. *canescens* Moq.、密毛木地肤 var. *villosissima* Bong. et Mey.，也是戈壁沙地的饲料。地肤 *K. scoparia* (L.) Schrad.、幼苗可作蔬菜，全国野菜之一。

小蓬属 *Nanophyton* Less.

1 种，分布新疆。小灌木。小蓬 *N. erinaceum* (Pall.) Bge.，为荒漠戈壁滩的饲料，骆驼喜食，冬季枯干，马、羊也采食。

猪毛菜属 *Salsola* L.

约 130 种，分布亚洲；中国产 30 多种，主产西北、华北、东北，少数分布南方。小灌木或半灌木。

【饲料】 木本猪毛菜 *S. arbuscula* Pall.，骆驼全年喜食。松叶貂毛菜 *S. laricifolia* (Turcz) Litw.，茎叶骆驼喜食。珍珠猪毛菜 *S. passerina* Bge.，全年放牧，各种家畜都食。分枝期含水分 9.91%，粗蛋白 19.39%，脂肪 2.44%，纤维素 13.16%，无氮化合物 35.24%，灰分 19.86%，钙 1.69%，磷 0.4%。

【固沙】 植物松叶猪毛菜，珍珠猪毛菜，为荒漠砾质土优势固沙植物。

合头草属 *Sympegma* Bge.

1 种，分布中亚；中国西北至内蒙古。半灌木。合头草 *S. regelii* Bge.。

【饲料】 营养期含水分 10.63%，蛋白质 18.65%，脂肪 1.53%，纤维素 13.2%，无氮化合物 35.52%，灰分 19.42%，钙 0.81%，磷 0.25%，骆驼喜食，干枯时羊采食，马少量采食。

【固沙植物】 根系发达，为荒漠石质土固沙植物。

金粟兰科 Chloranthaceae

5 属约 70 种，分布热带至温带；中国产 3 属约 16 种，分布各地。草本、灌木稀乔木。

金粟兰属 *Chloranthus* Sw.

17 种，分布亚洲；中国均产 13 种，分布长江流域以南。草本或灌木。

【叶】 芳香油：九节红 *C. glaber* (Thunb.) Makino，鲜叶可提芳香油，含量 0.2% ~ 0.3%，用于调制化妆品香精。

【花】 窨茶：珠兰 *C. spicatus* (Thunb.) Makino，花掺入茶叶，称珠兰茶。

【茎叶】 药用：九节红茎叶捣烂治跌打损伤；煎服治风湿麻痹症；珠兰茎捣烂，可治疗疮。

【根茎】 芳香油：珠兰根茎含芳香油 0.66%，作化妆品香精，皂用香精。

【全草】 药用：九节红全草治刀伤效果好。鱼子兰 *C. officinalis* L.，全株入药，通经活络，止血，主治感冒、肾结石、子宫脱垂、产后流血、癫痫、跌打损伤、风湿麻木、关节炎；外治骨折。珠兰全株入药，祛风湿、接筋骨，主治感冒、风湿关节痛、跌打损伤。

草珊瑚属 *Sarcandra* Gardn.

3 种，分布东亚；中国产 2 种，分布长江流域以南。亚灌木。

【种子】 油用：草珊瑚 *S. glabra* (Thunb.) Nakai，种子含油量 49.5% ~ 53.8%，主成分：棕榈酸 11.1% ~ 20%，硬脂酸 3% ~ 3.6%，油酸 13.5% ~ 18.1%，亚油酸 63.2% ~ 67.8%，可供工业用油。

【全株】 ①药用：草珊瑚，主成分：富马酸，异白蜡树定，琥珀酸，乙酸芳樟酯，有抑菌作用，清热解毒，通经接骨，主治流行性感冒，流行性乙型脑膜炎，麻疹，肺炎，细菌性痢疾，急性阑尾炎，疮疡肿毒，跌打损伤，风湿关节痛，骨折。②牙膏：草珊瑚全草加入牙膏中，防治龋齿、牙龈炎。③兽药：消肿解毒，祛风除湿，活血止痛，主治牛马气胀肚痛，母猪产后风瘫，牛马骨折，牛跌打损伤，猪风热感冒，猪丹毒病。

半日花科 Cistaceae

8 属约 200 种，分布北温带；中国引入 2 属 2 种，分布西北、内蒙古以南。小灌木或亚灌木。

岩蔷薇属 *Cistus* L.

约 17 种，分布地中海沿岸；中国引入 1 种，江苏、浙江、上海、福建栽培。亚灌木。

【叶】 精油：赖百当 *C. ladaniferus* L.，叶可提取芳香油，作调和香精保香剂，化妆品、皂用香精。

【枝叶】 精油：赖百当及岩蔷薇 *C. ladaniferus* L. f. *maculatus* (Dunal) D. Anser，枝叶分泌胶体，经加工浸膏称赖百当 (Labdanum)，为优良香料，用于香皂、香粉、奶油、化妆品，枝叶浸膏得率2.5%，最高达8.2%，主成分：苯丙酮、三甲基环己酮。

【全树】　岩蔷薇作庭园观赏树种。

半日花属 *Helianthemum* Mill.

约100种，分布欧、美洲；中国引入1种，半日花 *H. songoricum* Schrenk，小灌木。地上部分可作红色染料。

山柳科 Clethraceae

1属约100种，分布热带至亚热带；中国产约15种，分布长江流域以南。灌木或小乔木。

山柳属 *Clethra*(Gronov.) L.

约100种，分布热带至亚热带；中国产约15种，分布长江流域以南。灌木或小乔木。

【花】　蜜源植物：华东山柳 *C. barbinervis* Sieb. et Zucc.，花期6～8月，蜜量多，一群蜂年产蜜5～10kg。

【根】　药用：华东山柳根入药，清热解毒，主治痈疖肿毒。山柳 *C. fabric.* Hance.，华南山柳 *C. faberi* Hance.，根也入药，功效同华东山柳。

【木材】　材浅黄微红色，轻软至中，强度弱至中，干缩小至中，不耐腐，适作一般农具，包装材，低等家具等，木材价值低，诸如西南山柳 *C. kaipoensis* Levl.、毛叶山柳 *C. brammeriana* Hand. -Mazz.、华东山柳、华南山柳。

山竹子科 Clusiaceae

约35属480种以上，分布热带；中国产4属约27种，分布江西以南，主产华南、云南。乔木或灌木。

红厚壳属 *Calophyllum* L.

约80种，主产东半球热带；中国产3种，分布华南、云南、台湾。常绿乔木。

【树皮】　鞣质：红厚壳 *C. inophyllum* L.，树皮含鞣质15%，可提栲胶，用染渔网。

【木材】　心材暗红褐色，边材浅灰褐色，重，硬，强度中，干缩中，耐腐，耐海水浸渍及耐蛀。适作渔轮，高级家具，屋架，地板，农具，工农具柄，枪托，车厢，仪器盒等。木材价值上等。如：红厚壳，薄叶红厚壳 *C. membranaceum* Gardn. et Champ.，滇南红厚壳 *C. polyanthum* Wall. ex Choisy。

【树脂】　红厚壳树脂可作油漆、胶料、油墨印刷。

【叶】　药用：薄叶红厚壳叶入药，祛风湿、壮筋骨、活血止痛，主治风湿关节痛，腰腿痛，跌打损伤，黄疸性肝炎，月经不调，痛经；外用治外伤出血。

【种子】　油用：红厚壳种子含油量2%～30%，种仁含油量50%～60%，主成分：棕榈酸15.9%，硬脂酸8%，油酸46.6%，亚油酸34.5%，油供制环氧十八酸丁酯，聚氯乙烯塑料增塑剂，又治皮肤病药。薄叶红厚壳种子含油量32.3%，主成分：棕榈酸16.4%，硬脂酸2.2%，油酸28%，亚油酸529%，可供灯油及工业润滑油。

【根】　药用：薄叶红厚壳根入药，活血止痛，主治腰腿痛，跌打损伤，痛经。

【全树】　绿化观赏树种：红厚壳，树姿美观，终年翠绿，花期长，气味芬芳是四旁绿化观赏好树种。

山竹子属 *Garcinia* L.

约400种，分布东半球热带；中国产约21种，分布福建、台湾、江西以南。常绿乔木或灌木。

【树皮】　①鞣质：多花山竹子 *G. multiflora* Champ.，树皮含鞣质可栲胶。岭南山竹子 *G. oblongifolia* Champ.，树皮含鞣质3%~8%，可栲胶。②药用：多花山竹子树皮入药，消炎止痛，收敛生肌，主治肠炎，小儿消化不良。胃、十二指肠溃疡，口腔炎，牙周炎；外用治烧伤，烫伤，下肢溃疡，湿疹。单花山竹子 *G. oligantha* Merr.，内皮入药，功效同多花山竹子。岭南山竹子，树皮消炎止痛，收敛生肌，主治肠炎，小儿消化不良，胃、十二指肠溃疡轻度出血，口腔炎，牙周炎。

【染料】　岭南山竹子树皮含黄色素，可作黄色染料。

【树胶】　①药用：藤黄 *G. morella* Desr. 含树胶70%~80%，主成分：Q-藤黄素，13-藤黄酸，y-藤黄酸及微量挥发油，有缓泻作用，止血消肿，主治痈疔毒，跌打损伤，疔疮肿毒，瘀血凝结，一次极量0.5mg，过量致死，有大毒。②兽药：消肿化毒，止血杀虫，治牛外喉黄，肿毒，皮肤肿毒。③工业用。藤黄树脂作颜料，假漆之用，高级黄色染料。

【木材】　本属木材分作2类：①金丝李类：金丝李 *G. paucinervis* Chun et How，常绿大乔木，心材深黄至淡红褐色，甚重，甚硬，强度甚强，干缩中，极耐腐。适作渔轮，车轴，轱辘，车旋品，齿轮，工具柄，刨架，高级家具，雕刻，工艺品，算盘珠，乐器杆等。木材价值昂贵特类。②山竹子类：材黄褐带红色，重，硬，强度中至强，干缩大至甚大，较耐腐。适作农具、篱柱、矿柱、电杆、地板、桥梁、建筑、家具等。木材价值中等。如多花山竹子、岭南山竹子、大叶山竹子 *G. tinctoria*（DC.）W. F. Wight、云南藤黄 *G. yunnanensis* Hu、大叶藤黄 *G. xanthochymus* Hook. ex T. Anders. 等。

【茎、叶】　药用：云树 *G. cowa* Roxb.，茎叶有小毒、驱虫，治蚂蟥入鼻，汁滴鼻中即死。

【果实】　食用：云树果熟后可食，味酸甜。山木瓜 *G. esculenta* Y. H. Li，果形似木瓜，可食，汁多，味酸甜。山风果 *G. hombroniana* Pierre，台湾栽培，果可食。广西山竹子 *G. kwangsiensis* Merr. ex F. N. Wei，产广西，果可食。莽吉柿 *G. mangostana* L.，果球形，径6~8cm，可生食或制罐头，柔软多汁，味特甘美，入口即融，如食冰淇淋，是世界著名细腻可口的果品。多花山竹子果可食。岭南山竹子果球形，径2.3cm，味略酸。大果藤黄 *G. pedunculata* Roxb.，果橙红色，味略酸。尖叶藤黄 *G. subfalcata* Y. H. Li et F. N. Wei，果味酸甜。大叶藤黄果熟后味略酸，径5cm。云南藤黄果熟后味酸甜，云南当地喜食。大叶藤黄 *G. xanthochymus* Hook. f. ex T. Anders. 台湾栽培，果可食。

【种子】　油用：云树，种子含油量9.37%，主成分：棕榈酸2.4%，硬脂酸28.3%，油酸55.4%，亚油酸1.5%，亚麻酸1.4%；多花山竹子种子含油量51.22%，主成分：油酸 87.09%，亚油酸 7.1%，余为饱和脂肪酸 5.8%；油制肥皂及工业润滑油。岭南山竹子种子含油量 63.7%，主成分：棕榈酸 2%，硬脂酸 24%，花生酸 20.1%，油酸 71%，亚油酸 2%，亚麻酸 1%，制肥皂，灯油，润滑油。大叶山竹子种子含油量 17.72%，工业用油。大叶藤黄种子含油量 17.7%~24.1%，主成分：棕榈酸 3.1%~40.8%，十六碳烯酸 5.9%~13.1%，油酸 8.8%~45.7%。可供工业用油。

【全株(枝、叶、根部)】 药用版纳藤黄 *G. xishuanbannaensis* Y. H. Li，主成分：大叶藤黄醇，异大叶藤黄醇，β-谷甾醇，主治痈疮肿毒，跌打损伤。

黄果木属 *Mammea* L.

约 47 种，分布热带；中国产 1 种，分布滇南。乔木。

【花】 香水：云地黄果木 *M. ynnanensis* (Li.) Ko，花极香，当地种植，观赏，可制香水。曼蜜苹果 *M. anericana* L.，台湾栽培，花制香水。

【果】 食用：曼蜜苹果，果球可食。云南黄果木果熟时味甜可食。

铁力木属 *Mesua* L.

3 种，分布亚洲热带；中国产 1 种，分布云南南部。常绿大乔木。

【木材】 边材浅红褐色，心材暗红褐色，甚重，甚硬，强度甚强，干缩甚大，甚耐腐，抗蚁蛀。适作造船材、建筑、车辆、砧板、刨架、秤杆、算盘珠、工农具柄、高级家具、垫板、电杆、坑木、横担木、码头材等。木材价值高贵一类。如铁力木 *M. ferrea* L.。

【种子】 油用：种子含油量 60.77%，主成分：肉豆蔻酸 1.6%~2.3%，棕榈酸 8.4%~8.5%，硬脂酸 10.4%~14.2%，油酸 65.4%~66.5%，亚油酸 9.7%~11.2%，供制肥皂，润滑油，其他工业用油。是热带优良木本油料树种之一。

猪油果属 *Pentadesma* Sabine

约 5 种，产热带非洲；中国引入 1 种，福建、海南、云南引种成功。乔木。猪油果 *P. butyracea* Sabine，果大，椭圆形，含种子 3~4 个，一株树产果 700~900 个，可得种子 60~70kg，种仁含油量 42.6%，主成分：棕榈酸 2.2%，硬脂酸 43.4%，油酸 53.7%，供作可可油的代用品及人造奶油，也可制肥皂及蜡烛。

使君子科 Combretaceae

约 18~19 属，600 多种，分布热带、亚热带；中国产 6 属 25 种，又引入 2 属 8 种。分布长江以南，主产云南、海南。乔木，灌木、稀藤本。

榆绿木属 *Anogeissus* Wall. ex Guillem et Perr.

约 8 种，产亚、非洲热带；中国产 1 变种，分布云南。又引入 1 种，分布华南。乔木或灌木。

【木材】 榆绿木 *A. acuminata* var. lanceolata Wall.，材红褐色，重，硬，强度强，干缩大，坚固耐用，唯不耐水浸，耐腐性差。适作家具，建筑，室内装饰，车辆，农具，器具等。木材价值中等。引种的婀娜树 *A. leiocarpus* Guill. et Pen.，材红褐色，材重，硬，较密，经久耐腐，耐海水渍浸，不患虫蛀。适造船材、桥梁、桩柱、枕木、车辆、建筑、家具、农具等优良用材。木材价值上等。

【树胶】 婀娜树胶称马拉胶，适工业用胶。

【叶】 饲料：婀娜树叶可作饲料。

【茎干】 染料：婀娜树茎干烧灰可作染料媒剂。

萼翅藤属 *Calycopteris* Lam.

1种，分布中南半岛、马来西亚、印度、中国云南西部。攀缘灌木或大藤本。

【叶】 ①药用：萼翅藤 *C. floribunda*（Roxb.）Lam.，强壮药，妇女产后作饮茶。②烟叶：叶裹烟吸用。

【果实】 药用：兴奋剂。

风车子属 *Combretum* Loefl.

约250种，分布热带、亚热带（大洋洲无分布）；中国产11种，主产云南、海南，少数至长江流域。藤本、稀灌木或乔木。

【枝条】 编织：十蕊风车子 *C. roxburghii* Spreng.，枝条柔软，可编织篮筐。

【叶】 药用：华风车子 *C. alfredii* Hance，叶具驱虫作用，驱蛔虫、鞭虫；外用治烧烫伤。

【根】 药用：华风车子根，清热利胆，主治黄疸性肝炎。

榄李属 *Lumnitzera* Willd.

2种，分布东半球海岸；中国产2种，分布东南沿海红树林中。灌木或小乔木。

【树皮】 鞣质：榄李 *L. racemosa* Willd.，树皮含鞣质20.88%，提制栲胶，纯度63.96%。

【枝干】 薪材：榄李枝干为海边岛屿薪材能源。

使君子属 *Quisqualis* L.

约17种，产热带亚、非洲；中国产2种，分布东南至西南。藤本或灌木。

【叶】 药用：使君子 *Q. indica* L.，叶主成分：葫芦碱，具麻痹作用，可配制驱蛔虫药。

【果壳】 药用：可提取使君子酸钾，配制驱蛔虫药。

【种子】 ①药用：种子主成分：使君子氨酸，葫芦巴碱，有效成分为使君子酸钾、健脾、消积、杀虫，作驱蛔虫药，并治小儿疳积，腹胀泻痢，小儿疥癣。②兽药：主治牛、马、猪蛔虫，家畜肠胃诸虫，骆驼积虫消瘦，疗效显著。③农药：种仁煮水，防治蚜虫效40%，对马铃薯晚疫病效92.7%，灭蝇蛆效50%~70%。④油用：种子含油20%~27%，主成分：棕榈酸、油酸、亚油酸，工业润滑油及制肥皂用。⑤食用：使君子种仁可食，味稍甜，可用于驱蛔虫者食用。

【全树】 观赏：适盆栽，花芳香，供观赏。

诃子属 *Terminalia* L.

约 200 种，分布热带；中国产 8 种，又引入 7 种，分布西南至台湾。乔木。

【树皮】　①鞣质：阿珍榄仁 *T. arijuna* Wight et Arn.，榄仁树 *T. catappa* L.，诃子 *T. chebula* Relz.，滇榄仁 *T. franchetii* Gagnep.，含鞣质 14.35%；光叶滇榄仁 var. *glabra* Exell.、海南榄仁 *T. hainanensis* Exell，含量 20.2%，可提制栲胶。②染料：榄仁树皮可作黑色染料。诃子可制黑色、黄色染料。③香木原料：大翅榄仁 *T. macroptera* Guill. et Perr.，可提香水原料。

【木材】　鸡尖类：边材浅黄褐色，心材黄褐至栗褐色，材甚重，甚硬，强度甚强，干缩大，极耐腐，耐海水浸渍，海虫不蛀。最适作船底板、舵板、肋骨、桥梁、高级家具、建筑良材、农机、运动器械、雕刻。商品材贵重一类。如海南榄仁（鸡尖）。②榄仁类：心材浅黄褐色，材一般重硬，较耐腐，适作车船、建筑、家具等。商品材价值中等。如榄仁树、滇榄仁、诃子等。③软榄仁类：材轻、软，强度中，韧度中，干缩小，材黄白至淡黄色，不耐腐，易虫蛀。适作建筑室内材、门窗、板料、胶合板、造纸材等。商品材价值下等。如千果榄仁 *T. myriocarpa* Van Heurck、毗黎勒 *T. bellirica* (Garln.) Roxb.、象牙榄仁 *T. ivorensis* A. Chev.、艳榄仁 *T. superba* Engloel Diels。

【茎皮】　纤维：尖叶滇榄仁茎皮含纤维素 27%，可制绳索。

【叶】　①鞣质：毗黎勒叶含鞣质。②饲料：榄仁树叶可作 Tasar 蚕饲料。

【未熟果】　药用：毗黎勒未熟果为通便药。

【果实】　①食用：毗黎勒果芳香可食。榄仁树果亦可生食，果仁含脂肪 52.02%，蛋白质 14.6%，糖分 5.98%，钙 0.42%~0.49%，磷 0.92%~0.95%，胡萝卜素 0.4mg/kg，维生素 C 210mg/kg，有杏仁味。②药用：毗黎勒，清热解毒，收敛养血，用于各种热症，泻痢、肝胆病，病后虚弱。诃子果，主成分：诃子素、并没食子酸、番泻苷、诃子酸、诃黎勒酸，涩肠止泻，敛肺化痰，主治肠炎，慢性气管炎，哮喘，慢性喉炎，溃疡病，便血，脱肛，痔疮出血；“藏青果”为干燥幼果，清热生津，利咽解毒，主治慢性咽喉炎，声音嘶哑，咽喉干燥。阿珍榄仁及银叶诃子 *T. argrophylla* Patt. et Praina，可代诃子入药。绒毛诃子 *T. chebula* var. *tomentella* (Kurz) C. B. Clark，涩肠，敛肺，降气，用于久泻久痢，脱肛，久咳失音，肠风便血，崩漏带下，遗精盗汗；在云南也作诃子用。③鞣质：诃子果含鞣质甚高，34.40%，为制革重要原料。毗黎勒果也含鞣质。④染料：毗黎勒果作黑色染料。诃子果作黄色或黑色染料。⑤兽药：诃子，敛肺下气，涩肠止痢，治骡马肺炎咳嗽，发热，家畜肠炎腹泻，拉稀便血，慢性肠炎。

【种子】　油用：毗黎勒种仁含油 44.7%，不干性油，主成分：棕榈酸 37.9%，油酸 27.6%，亚油酸 31.8%，可作工业润滑油，制肥皂。榄仁树种仁含油 59.4%~64%，不干性油，主成分：棕榈酸 28.9%，油酸 32.5%，亚油酸 34.8%，是比较理想的食用油，也可制肥皂，印度代作巴旦杏油。诃子种子含油 33%，半干性油，主成分：棕榈酸 18.1%，硬脂酸 4.4%，油酸 28.5%，亚油酸 49%，适作工业润滑油，制肥皂。

【全树】　①行道树种：阿珍榄仁，榄仁树。②固沙树种：阿珍榄仁。③海岸防风林：榄仁树，现热带各地广泛作行道、遮阴、海岸防风林。

菊　科 Compositae

约 1500 属 2300 种，广布全球；中国 200 属 2000 以上，分布全国各地。草本、木质藤本、灌木稀乔木。

蒿　属 *Artemisia* L.

约 280 种，广布北半球，少数至南亚、中美洲、非洲；中国产约 170 种，分布全国。草本、亚灌木或小乔木。

【茎、叶】　饲料：冷蒿 *A. frigida* Willd.，营养期，含水分 11.88%，粗蛋白 13.15%，脂肪 11.61%，纤维素 30.14%，天氮化合物 25.08%，灰分 8.14%，钙 1.44%，磷 0.61%，胡萝卜素 21.75mg/kg，是草原、荒漠草原优质饲料，是牲畜抓膘，催乳饲料之一，羊、马四季喜食，母羊产奶快多，羔羊健壮，牛也喜食，上膘快，绵羊、骆驼终年喜食。盐蒿 *A. halodendron* Turcz. ex Bess.，营养期含水分 9.9%，粗蛋白 16.34%，脂肪 2.38%，纤维素 18.64%，无氮化合物 40.37%，灰分 12.37%，钙 1.8% 磷 0.21%。春季为羊第一批饲料，对家畜恢复体重很重要，小家畜、骆驼喜食，为较好饲料。黑沙蒿 *A. ordosica* Krasch.，营养期含水分 5.99%，粗蛋白 13.67%，脂肪 11.91%，纤维素 18.38%，无氮化合物 40.41%，灰分 9.64%，钙 1.27%，磷 0.28%，胡萝卜素 0.3mg/kg，绵羊、山羊采食，骆驼喜食，亩产 5~100kg，为荒漠、沙丘牧草之一。白沙蒿 *A. sphaerocephala* Krasch.，分枝期含水分 8.73%，粗蛋白 10.08%，脂肪 6.43%，纤维素 31.62%，无氮化合物 35.35%，灰分 7.8%，钙 2.41%，磷 0.36%，春季骆驼喜食，其他季节乐食，羊间或食，牛、马不喜食，为荒漠、半荒漠饲料之一。旱蒿 *A. xerophytica* Krasch.，营养期含水分 11.49%，粗蛋白 22.06%，脂肪 6.45%，纤维素 19.5%，无氮化合物 43.42%，灰分 8.59%，钙 0.22%，磷 0.37%，本种适口性好，营养高，为春季复体、抓膘、催乳饲草，羊、马、骆驼采食最高，牛次之，羊四季喜食至嗜食，为沙质荒漠重要饲料之一。

【种子(瘦果)】　油用：盐蒿种子含油量 23.2%，油橘黄色，主成分：棕榈酸 9.8%，硬脂酸 2.5%，山嵛酸 4.7%，油酸 12.1%，亚油酸 66.26%；黑沙蒿种子含油量 23.7%~27.4%，主成分：棕榈酸 12.3%，油酸 15.4%，亚油酸 67.5%；白沙蒿种子含油量 16.4%~21.5%，主成分：棕榈酸 6.2%，硬脂酸 2.3%，油酸 15.5%，亚油酸 74.5%。以上油脂可制油漆掺和油，工业润滑油。

【全株】　①药用：山蒿 *A. brachyloba* Franch.，全草入药，清热燥湿，杀虫排脓，主治偏头痛，咽喉肿痛，风湿症。茵陈蒿 *A. capillaris* Thunb.，全草含挥发油，主成分：β-蒎烯，茵陈酮，茵陈色酮，茵陈二酮，6，7-二甲氧基香豆精，绿原酸，具有促进胆汁作用，降压作用，平喘作用，清热利湿，利胆退黄，主治黄疸型肝炎，胆囊炎。蛔蒿 *Seriphidium cinum* (Berg. ex Poljak.) Poljak.，东北蛔蒿 *S. finitum* Kitag.，黄花蛔蒿 *A. arloma* L.，雪岭蛔蒿 *A. sehrenkiana* Ledeb.，含有山道年，β-山道年，假山道年，为蛔虫药，可提取驱蛔药。黑沙蒿全株入药，止血，利尿，祛风湿，清热排脓，主治风湿性关节炎，尿闭，感冒头痛，疮疖痈肿。白沙蒿，消炎散瘀，利气，杀虫，主治：腮腺炎，扁桃体炎，肠梗塞，腹胀，疮疖红肿。②农药：茵陈蒿 5 倍水液防治蚜虫，玉米小夜蛾，杀子孓，灭蛆。③固沙植物：冷蒿，

白蓬蒿 *A. gmelinii* Web. ex Stechm.，盐蒿，黑沙蒿，白沙蒿，旱蒿。

艾纳香属 *Blumea* DC.

约 80 种，分布热带、亚热带；中国产 28 种，分布东南至西南。草本或灌木，有时呈乔木状。

大风艾 *B. balsamifem* L. DC.，嫩枝、叶、根入药。茎叶含挥发油，主成分：左旋龙脑，少量桉油精，左旋樟脑，倍半萜醇，另全草呈黄酮苷，香豆素，三萜类化合物反应。有扩张血管，降压作用，祛风消肿，活血散瘀，主治：感冒，风湿性关节炎，产后风痛，痛经，失眠，高血压；外用治跌打损伤，疮疖痈肿，湿疹，皮炎。本种为提制艾片（天然左旋龙脑，即冰片）的原料。

泽兰属 *Eupatorium* L.

约 1200 种，分布美洲，少数亚、非、欧洲；中国产 14 种，分布全国（除新疆、西藏外）。常绿亚灌木。飞机草 *E. odoratum* L.，全草入药。茎含挥发油 0.3% ~ 0.4% 及香豆精。散瘀消肿，止血，杀虫，主治跌打损伤，肿痛，外伤出血（如旱蚂蟥叮出血不止），疮疡肿痛，全草切碎水沤 1 ~ 2 天，可杀虫，淮钩端螺旋体虫。

旋覆花属 *Inula* L.

约 100 种，分布亚、欧、非洲；中国产 30 种，分布全国各地。亚灌木。羊耳菊 *I. cappa* (Buch. -Ham.) DC. 根及全草入药。根茎含挥发油，油中含香芋酚，百里香酚，达马树脂醇乙酸酯，甾类，并呈黄酮类反应，散寒解表，祛风消肿，行气止痛，主治风寒感冒，咳嗽，神经性头痛，胃痛，风湿腰腿痛，跌打肿痛，月经不调，白带，血吸虫病。

甜菊属 *Stevia* Cav.

约 150 种，分布美洲热带至亚热带；中国引入 1 种，南北各地栽培。草本或亚灌木。引入甜叶菊 *S. rebudiana* (Berl.) Berloni，叶含甜叶菊苷，甜度为蔗糖 150 ~ 300 倍，无毒性，甜味成分尚有莱鲍迪苷 A、B、C、D，杜尔可甙 A、B，为优良甜料天然糖精，广泛用于食品工业中。过去用煤焦油提炼糖精，普遍使用，对人体有害。现用热水反复浸提甜叶菊，脱色，过滤，用甲醇结晶干燥，得产品以代化学糖精。

肿柄菊属 *Tithonia* Desf. ex Juss.

约 10 种，分布美洲；其中，肿柄菊在我国华南、云南已归化呈野生状态。草本呈亚灌木状。肿柄菊 *T. diversifolia* A. Gray。

【果实】　油用：果含油 15.1%，主成分：棕榈酸 12.8%，硬脂酸 11.5%，油酸 5.8%，亚油酸 68.2%，亚麻酸 1.3%，油可作工业润滑油。

【叶】　绿肥：含氮 29%，五氧化二磷 1.08%，氧化钾 5%，亩产鲜草 5000kg，养分高，肥效好。

斑鸠菊属 *Vernonia* **Schreb**.

约 500 种，主产热带；中国产 20 种，分布福建、台湾至华南、西南。草本、藤本或小乔木。本属藤茎或根入药。毒根斑鸠菊 *V. cumingiana* Benth.，入药，祛风解表，舒筋活络，截疟疾；外用治结膜炎。斑鸠菊 *V. esculenta* Hemsl.，根入药，消炎解毒，主治阑尾炎、疮疖。茄叶斑鸠菊 *V. solanifolia* Benth.，根叶入药，凉血止血，润肺止咳，主治咽喉肿痛，肺结核咳嗽，咯血；叶外用治外伤出血。

牛栓藤科 **Connaraceae**

24 属 300 种，主产非洲热带；中国产 5 属约 10 种，分布华南、福建、台湾、云南。藤本、灌木至小乔木。

牛栓藤属 *Connarus* **L**.

约 180 种，分布亚洲、大洋洲，非洲、美洲热带；中国产 2 种，分布华南、云南。小乔木、灌木、藤本。

牛栓藤 *C. paniculatus* Roxb.，藤本，可拴牛；可代绳索。

单叶豆属 *Ellipanthus* **Hook. f**.

13 种，分布亚洲、非洲热带；中国产 1 种，产海南。灌木至小乔木。

【树皮】 鞣质：单叶豆 *E. glabrifolius* Merr. 含鞣质 7.45%，可提制栲胶。

【木材】 单叶豆材黄褐带红色，稍重硬，耐久，少裂，不变形，易加工。适家具房屋建筑，车辆，器具，农具等。木材价值上等。

红叶藤属 *Rourea* **Aubl**.

约 40 种，分布亚、非、大洋洲热带；中国产约 5 种，分布华南、台湾、福建、云南。小乔木或藤本。

【茎皮】 ①鞣质：红叶藤 *R. minor*(Gaerth.) Leenh.，含鞣质 9%，可提制栲胶。②茎皮纤维：红叶藤茎皮含纤维素 65.48%，可制绳索，常作牛犁缆。

【叶】 药用：红叶藤外用主治跌打损伤，外伤出血。

【种子】 油用：云南红叶藤 *R. roxburghii*(Hook. et Arn.) 含油 34.72%，主成分：棕榈酸 31.4%，油酸 32.68%，亚油酸 42%。大叶红叶藤 *R. santaloides* Wight. et Arn.，含油 34.7%，主成分：棕榈酸 31.4%，十六碳烯酸 30.6%，油酸 32.7%，亚油酸 4.2%，适工业用油。

【根】 药用：红叶藤根活血通经，主治闭经。

旋花科 **Convolvulaceae**

约 56 属 1600 多种，分布全世界；中国产 22 属约 118 种，分布全国。草本、攀缘藤本、亚灌木或灌木。

丁公藤属 *Erycibe* Roxb.

约 67 种，分布东南亚至大洋洲；中国产约 10 种，分布华南、云南、台湾。攀授灌木。丁公藤 *E. obtusifolia* Benth.，根茎入药，祛风去湿，舒筋活络，消肿止痛。主治风湿性关节炎、类风湿性关节炎、坐骨神经痛、半身不遂、跌打肿痛。主成分：丁公藤碱 Ⅱ，东茛菪素、东茛菪苷。治疗性药酒乃用丁公藤茎泡酒制成。

土丁桂属 *Evolvulus* L.

约 100 种，主产热带美洲；中国产 1 种，分布长江流域以南各省。草本、亚灌木或灌木。土丁桂 *E. alsinoides* L.，全株药用，散瘀止痛，清湿热，主成分甜菜碱，主治风湿性关节痛，风热痛。

腺叶藤属 *Stictocardia* Hall. f.

约 13 种，分布热带；中国产 1 种，分布华南、台湾沿海。腺叶藤 *S. tiliaefolia*（Desr.）Hall. f.，大藤本。全藤入药，主成麦角醇碱，主治：风湿痹痛，跌打损伤。

马桑科 Coriariaceae

1 属约 10 种，分布中国、日本、尼泊尔、新西兰；中国产 3 种，分布西北、西南至华东。小乔木或灌木稀草本。

马桑属 *Coriaria* L.

单属科。

【茎皮】 鞣质：马桑 *C. sinica* Maxim.，茎皮含鞣质 6.32%～10.98%，可提制栲胶。

【茎材】 可作小农具、小器具、薪材等，边材黄白色，心材黄褐色，轻软，不耐腐，价值低。

【嫩枝、茎叶】 ①绿肥：马桑含氮 0.5%～0.6%，磷 0.09%～0.15%，钾 0.2%～0.34%，每年刈割 3~4 次，再生力强，为优质有机肥源，每 1000kg 肥效相当于硫铵 25～30kg，过磷酸钙 4~8kg，硫酸钾 4~7kg。②薪柴：每丛马桑可刈割 5～10kg。

【叶】 ①药用：马桑外用治烧烫伤，头癣，湿疹，疮疡肿毒。②农药：马桑叶主成分：马桑碱，有毒，可作农药，防治棉蚜虫，稻螟，红蜘蛛，灭蝇，灭蚊子孑；还可防治马铃薯晚疫病、抑制棉枯病。

【果】 ①农药：马桑果含有毒成分：马桑内酯，羟基马桑内酯，可作农药。②淀粉：马桑果含淀粉 5%~6%，可制酒精。

【种子】 ①药用：马桑种子近年用于治疗精神病药。②油用：马桑种子含油 19.9%，主成分：十八碳烯酸 57%～65.2%，为工业很好润滑油原料，可代蓖麻油。

【根】 药用：主治淋巴结核，牙痛，跌打损伤，狂犬咬伤，风湿关节痛。

【全树】 ①药用：寄生于马桑上的桑寄生，毛叶桑寄生，有控制兴奋作用，用于治疗精神分裂症。②水土保持树种：马桑为优良水土保持树种。

山茱萸科 Cornaceae

14 属约 100 种，分布温带至亚热带；中国产 5 属约 45 种，分布温带至亚热带。乔木、灌木稀草本。

桃叶珊瑚属 *Aucuba* Thunb.

约 11 种，产喜马拉雅山区以东至日本；中国产 10 种，分布长江以南。常绿乔木或灌木。

【木材】 可制手杖，筷子，烟管，如峨嵋桃叶珊瑚 *A. omeiensis* Fang，价值中等。

【茎叶】 药用：洒金珊瑚 *A. japonica* Thunb. f. variegate(D Kmbr.)Rehd.，治火烫伤。

【叶】 饲料：洒金珊瑚可作牛羊饲料。

【果】 药用：洒金珊瑚对腹水肝癌有抑制作用。

【全树】 观赏植物：东瀛珊瑚 *A. japonica* Thunb.及其变种洒金珊瑚为珍贵观赏植物。桃叶珊瑚 *A. chinensis* Benth.亦为观赏植物。

株木属 *Conus* L.

约 33 种，产北温带；中国约 20 种，南北均有。落叶稀常绿乔木或灌木。

【树皮】 ①鞣质：灯台树 *C. contlroversa* Hemal.，含量 14.3% ~ 30.02%；株木 *C. macrophylla* Wall.，含量 8%~20%。矩圆叶株木 *C. oblonga* Wall.，含量 20%~25%。可栲胶。②染料：株木树皮可作紫色染料。③纤维素；小株木 *C. paucinervis* Hance，树皮可搓绳及造纸原料。④药用：株木祛风止痛，舒筋活络，主治风湿筋骨痛，腰腿痛，肢体瘫痪。

【木材】 本属材重量，硬度、强度，干缩均中等，耐腐差，材黄褐至浅红褐色。适作家具，建筑，农具，胶合板，包装材，雕刻，铅笔杆，纺织纱管，造纸等。木材价值中等。诸如：沙株 *C. bretschneideri* Henry.，株木，矩圆叶株木，小株木，广东株木 *C. fordii* Hemsl.，毛株 *C. walteri* Wanger.，光皮树 *C. wilsoniana* Wanger. 等。

【叶】 ①鞣质：椂木含量 5%~13%，毛椂含量 16.82%，可提制栲胶。②饲料：株木，毛椂，光皮树等，叶可作青饲料。③绿肥：株木，光皮树等叶可作绿肥。④药用；小株木叶可敷烧烫伤。毛株叶捣烂可治漆疮。

【花】 蜜源植物：灯台树花期 3~5 月，蜜量多。毛株花期 4~5 月，蜜量多。均可作辅助蜜源。

【果】 油用：灯台树果含油 16.6%~32.3%，果肉含油 55.5%，主成分：棕榈酸 17%~24%，硬脂酸 2.5%~11.1%，油酸 29.51%~8.9%，亚油酸 24.38%，可作润滑油，制肥皂。株木果肉含油 28%~35%，主成分：油酸 38.3%，亚油酸 35.85%，可食用，对高血脂有显效；也可作轻工用油原料。矩园叶株木果肉也可榨油。小株木果可榨油。毛椂果含油 28%~35%，主成分：棕榈酸 23.7%，硬脂酸 37.8%，亚油酸 28%，可作钟表润滑油，油漆原料，肥皂，食用。光皮树果含油 30.44%~32.6%，果肉含油 57%，主成分：棕榈酸 17.1%~24.7%，油酸 25.5%~37.1%，亚油酸 39.7%~43.9%，可作食用油及工业用油。

【种子】 油用：红瑞木 *C. alba* L.，种子含油 30%，供食用及工业用油。沙株种子含油

22.4%可制肥皂及润滑油。灯台树种子含油22.9%，可制肥皂及润滑油，主成分：棕榈酸12.6%~28.8%，亚油酸40%~57.3%。广东株木种子含油25%，可食用。株木种子含油13.45%，主成分：棕榈酸10.2%，油酸24%，亚油酸65.2%，可制肥皂及润滑油，可食用，但有异味。毛株种子含油35.7%，主成分：棕榈酸及油酸37.8%，亚油酸28%，可食用，营养价值高于豆油、花生油；也可作钟表润滑油；油粕作饲料及肥料。光皮树种子含油11.8%~15.5%，主成分：棕榈酸8.6%~11.3%，油酸22.3%~25.3%，亚油酸57%~66.7%，可食用及工业用油。

【全株】　药用：小株木全株药用，清热解表，止痛，主治感冒头痛，风湿关节痛。

【全树】　①绿篱：红瑞木可作绿篱。②行道树：灯台树可作庭荫及行道树。毛梾也适作庭荫及行道树。③环保树种：毛梾抗 SO_2 性强，可作环保树种。

四照花属 *Dendrobenthamia* Hutch.

10种，分布东亚；中国产8种，分布陕西、甘肃至长江以南。常绿乔木或灌木。

【树皮】　鞣质：狭叶四照花 *D. angustata*（Chun）Fang 含鞣质。

【木材】　材浅红褐至红褐色，重，硬，强度强，干缩中至大，较耐腐。适作胶合板，家具，建筑，机模，农具，包装箱，造纸等。木材价值上等。诸如狭叶四照花，头状四照花 *D. Capitata*（Wall.）Hutch.，大型四照花 *D. gigantea*（Hand.-Mazz.）Fang，香港四照花 *D. hongkongensis*（Hemsl.）Hutch.，四照花 *D. japonica*（A. P. DC.）Fang var. *chinensis*（Osborn）Fang，西南四照花 *D. tonkinensis* Fang。

【叶】　药用：狭叶四照花，收敛止血，主治外伤出血，痢疾；外用治骨折。

【果实】　①食用：狭叶四照花果味甜，可酿酒、制糖。头状四照花果味甜可食及酿酒。大型四照花果可食。香港四照花果可食及酿酒，四照花果味甜可食及酿酒。西南四照花果味甜可食。②药用：头状四照花果（叶），清热解毒，利尿行水，消积杀虫，主治食积气胀，小儿疳积，肝炎，蛔虫；外用治烧烫伤，外伤出血。

【种子】　油用：狭叶四照花含13.5%，主成分：棕榈酸9.5%，油酸15.1%，亚油酸74.1%，可工业用油。香港四照花含油14.1%，主成分：棕榈酸12.2%，油酸13.8%，亚油酸73.2%。四照花含油7.6%，主成分：棕榈酸7.8%，油酸23.5%，亚油酸66.7%。可供工业用油。

【全树】　观赏植物：四照花树姿端正，初夏白花，为庭园美丽观赏树种。

山茱萸属 *Macrocarpium* Nakai

4种，分布东亚、北美洲、欧洲；中国产2种，分布陕西、甘肃、河南至长江以南。落叶乔木或灌木。

树皮（叶）　鞣质：川鄂茱萸 *M. chinensis*（Wanger）Hutch.，含鞣质。

【木材】　材重硬中等，干缩中，耐腐差。适作家具、农具、箱、桶，造纸等。木材价值中等。如川鄂山茱萸，山茱萸 *M. officinalis*（Sieb. et Zucc.）Nakai。

【花】　蜜源植物：山茱萸为春季辅助蜜源植物。

【果】　①药用：山茱萸主成分：山茱萸苷，莫罗忍冬苷，獐牙菜苷，马鞭草苷，没食子酸，苹果酸，酒石酸，齐墩果酸，鞣质，维生素 A，糖类，补肝益肾，涩精止汗，利尿降压，为收敛性补药，主治神经衰弱，贫血，耳鸣，自汗盗汗，遗精，旱泄，阳痿，小便数频，月经过多，健胃，腰痛，头晕目眩，癌症化疗白血球下降。②兽药：主治马体虚多汗，牛马肾虚多尿，母畜不孕。

【种子】　油用：山茱萸种子含油 6.9%，可制肥皂。川鄂山茱萸种子榨油工业用。

【全树】　观赏树种：山茱萸，簇果如珠，绯红艳丽，为优美观赏树种。

榛　科 Corylaceae

4 属约 67 种，分布北温带至亚热带；中国产 4 属 46 种，引入 1 属 1 种，分布北部至南部。落叶乔木或灌木。

鹅耳枥属 *Carpinus* L.

约 40 种，分布亚、欧及北美洲；中国产 30 多种，分布东北以南。

【树皮】　鞣质：千金榆 *C. cordata* Bl.，含鞣质。鹅耳枥 *C. turczaninowii* Hance，含鞣质 16.4%。

【木材】　材浅黄褐微红色，重硬中等，强度中，韧度中，干缩中，稍耐腐，易裂。有无宽射线材性用途近似，适作农具，车辆，家具，建筑，工农具柄等。木材价值下等。诸如千金榆，川黔千金榆 *C. fangiana* Hu，海南鹅耳枥 *C. londoniana* H. Winkl. var. *lanceolata* (Hand.-Mazz) R C. Li，鹅耳枥，大穗鹅耳枥 *C. viminea* Wall.。

【叶】　鞣质：鹅耳枥含量 16.43%。

【花】　蜜源植物：千金榆花期 5 月，粉量中等。鹅耳枥花期 6 月，粉量丰富，为山区辅助蜜源。

【果穗】　药用：千金榆果穗健明消食，主治胸腹胀满，食欲不振，消化不良。

【小坚果】　油用：千金榆含油量 46.62%，鹅耳枥含油 21%，大穗鹅耳枥等，供工业用油或食用。

【根皮】　药用：千金榆根皮主治跌打损伤，痈肿毒，赤白淋症。

【全树】　物种资源：普陀鹅耳枥 *C. putoensis* Cheng，濒危只剩 1 株，应严加保护，物种消失是不可再生的。

榛　属 *Corylus* L.

约 20 种，分布亚欧及北美洲温带；中国产 8 种，引入 1 种。分布自东北至西南。

【树皮】　鞣质：榛 *C. heterophylla* Fisch. ex Bess. 含量 5.95%～14.58%。毛榛 *C. mandshurica* Maxim. 含量 9.4%。尚有华榛 *C. chinensis* Franch.，绒苞榛 *C. fargesii* Schneid，川榛 *C. heterophylla* var. *szechuensis* Franch.，滇榛 *C. yunnanensis* A. Camus 亦含鞣质。

【木材】　浅黄褐微红色，重量中等，硬至中，强度中，干缩中，耐腐性中。适作家具，农具，车辆，建筑，工农具柄，小器具等。木材价值下等。诸如华榛，绒苞榛，刺榛，芏刺榛等。

【枝干】　可作手杖，如榛等。

【枝条】　编筐：如榛。

【叶】　①鞣质：榛含量 5.95%～14.5%。毛榛含量 11.19%。尚有华榛，绒苞榛，刺榛等。②饲料：如榛，川榛，叶可作饲料。③饲蚕：榛叶可作柞蚕饲料。

【花】　辅助蜜源植物：华榛，绒苞榛，榛，毛榛。

【总苞】　鞣质：榛含量 8.52%，毛榛含量 3.65%，尚有华榛，绒苞榛，滇榛均含鞣质。

【坚果】　①食用：华榛含淀粉 30%～40%，蛋白质，脂肪。刺榛含淀粉 30%。芒刺榛含淀粉 30%。榛子含油 50%～54%，蛋白质 16.2%～23.6%，淀粉 16.5%，维生素。川榛含淀粉 15%，脂肪 20%，蛋白质，维生素。毛榛含淀粉 20% 及糖分，蛋白质，维生素。尚有绒毛榛，滇榛，欧榛 *C. avellana* L.，均可食用。②药用：榛子乳，止咳，开胃，明目。川榛健胃，治消化不良。

【坚果壳】　制活性炭，如毛榛等。

【种仁】　油用：华榛含油 50% 以上。刺榛 62%，主成分：油酸 80.2%，亚油酸 14.7%。榛子含油量 46.7%～1%，主成分：油酸 59.8%～82.5%，亚油酸 12.7%～35%。毛榛含油量 63.77%：油酸 65.2%，亚油酸 31.1%。欧榛含油量 60%～70%。尚有绒苞榛。油供食用及工业用。

铁木属 *Ostrya* Scop.

7 种，分布北半球；中国产 4 种，分布华北以南。落叶乔木。

本属现仅利用木材：铁木 *O. japonica* Sarg. 边材浅黄灰色。心材红褐色，纹理直，结构细，重，硬，强度强，干缩甚大。适作家具，农具，器具，建筑，工具柄等。其他 3 种亦仅利用木材，价值中等。

虎榛子属 *Ostryopsis* Decne.

4 种，中国特有，分布华北至西南。灌木。

【树皮】　鞣质：虎榛子 *O. davidiana* Decne. 含量 5.95%。

【枝条】　编织农具，经久耐用。

【叶】　鞣质：虚榛子含量 14.88%。

【坚果】　食用：含油 10%，可炒食，或食用油。

【全树】　黄土沟岸水土保持树种。

隐翼科 Crypteroniaceae

1 属 4 种，分布亚洲热带、亚热带；中国产 1 种，分布云南，乔木。

隐翼属 *Crypteronia* Bl.

单属科。

隐翼 *C. paniculata* Bl.，高大乔木，材可利用，但为珍稀树种，应加强保护。

葫芦科 Cucurbitaceae

约 110 属 700 多种，分布全球；中国产 29 属 140 多种，分布全国。草本、藤本。

油瓜属 *Hodgsonia* Hook. f. et Thoms.

2 种，分布东南亚；中国产 2 种，分布华南，云南，西藏。常绿巨型木质大藤本。如油瓜 *H. macrocarpa*(B1.)Cogn.

【叶】 药用：油瓜叶入药，治鼻疾。

【种子】 ①食用：油瓜种子可食，味甜，与杏仁类似，含蛋白质似花生，为最佳干果之一。②油用：油瓜种子含油量 68.02%，种仁含油率 71.9%~77%，主成分：棕榈酸 11.02%，硬脂酸 37.73%，油酸 27.36%，亚油酸 23.41%，主要供食用油，清香，凝因如猪油。油渣果 *H. heteraclita*(Roxb.)Hook. f. et Thoms.，种子很大，可供食用，油食用。③药用：油瓜种仁入药，凉血止血，解毒消肿，主治胃及十二指肠溃疡出血，外伤出血，疮疖肿毒，湿疹。

【根】 药用：油瓜根入药，杀菌，主治疟疾。

苦瓜属 *Momordica* L.

约 40 种，分布热带至亚热带；中国产 6 种，分布长江流域以南。1 年或多年生藤本。

【果实】 ①食用：罗汉果 *M. grosvenori* Swingle，果可食。②饮料：罗汉果汁可作饮料，1% 罗汉果甜素为蔗糖 260 倍。③甜味剂：果粉碎，用 50% L 醇反复提 4 次，过滤，浓缩得浸膏，可直接使用或与其他载体混合为甜味剂。④药用：罗汉果汁止咳清热，主治咳嗽。⑤兽药：木鳖子 *M. cochinchinensis*(Lour.)Spreng.，消肿散结，生肌祛毒，治牛马体毒生疮，恶毒肿瘤，猪牛脱肛，家畜癣疥。

【种子】 ①油用：木鳖子种子含油量 22.5%，主成分：棕榈酸 32.1%，硬脂酸 21.9%~52.5%，油酸 14.1%~22.6%，亚油酸 13.6%~14.1%，α-桐酸 29%~38.6%；罗汉果种仁含油量 41.1%，主成分：棕榈酸 14.7%，硬脂酸 7.1%，油酸 7.1%，亚油酸 52.5%；大叶木鳖子 *M. macrophylla* Gagnap.，种仁含油量 46.4%，主成分：棕榈酸 4.9%，硬脂酸 59.8%，16-碳烯酸 2.5%，油酸 10.2%，亚油酸 11.3%，α-桐酸 7.2%，可供工业用油。②药用：木鳖子种子药用，含齐墩果酸，抗菌消炎，主治肝炎，疮毒，瘰疬，跌伤。

栝楼属 *Trichosanthes* L.

约 60 种，分布亚洲及大洋洲；中国产约 55 种，分布全国各地。攀缘藤本。

【果实】 ①药用：栝楼 *T. kirilowii* Maxim. 果实取汁妇科催乳剂。②兽药：润肺化痰，散结润肠，治牛肺热咳喘，马肺气胀，牛马肺黄病，母畜乳房肿痛，猪牛水肿，牛马大便燥结。

【种子】 ①油用：栝楼种仁含油量 51%，主成分：棕榈酸 5.8%，硬脂酸 5%，油酸 17.6%，亚油酸 71.6%；翅子栝楼 *T. ascendens* C. Y. Cheng et Yuch，种子含油量 24.7%，主成；棕榈酸 8.1%，硬脂酸 3.6%，油酸 15.4%，亚油酸 37.9%，石榴酸 34.9%；长方子栝

楼 *T. fissibracteata* C. Y. Wu et C. H. Yueh，种仁含油量 61.3%，主成分：棕榈酸 11.8%，硬脂酸 8.7%，16-碳烯酸 2%，油酸 20.3%，亚油酸 55.8%；趾叶栝楼 *T. Pedata* Merr. et Chun，种仁含油量 56.8%，主成分：棕榈酸 18.1%，硬脂酸 9.9%，油酸 12.4%，亚油酸 56.8%；五角叶栝楼 *T. quinquangulata* A. Gray，种子含油量 30.17%，主成分：棕榈酸 13.9%，硬脂 5.2%，油酸 15.7%，亚油酸 65.2%；密毛栝楼 *T. villosa* Bl.，种仁含油量 51.1%，主成分：棕榈酸 5.2%，硬脂酸 4.1%，油酸 19.3%，亚油酸 45.6%，亚麻酸 1.9%，以上油脂适作油漆涂料及工业用油。②药用：栝楼及双边栝楼 *T. uniflora* Hao 种子仁入药，止咳祛痰药。

【根】　①药用：栝楼根研粉（名天花粉），主成分：Y-氨基丁酸，双边栝楼根研粉，主治皮肤湿毒。②兽药：栝楼根，生津止渴，降火润燥，排脓消肿，治马肺热，牛马喉肿痛，肺痈，咳喘，干咳，羊流鼻，脊背发黄。

虎皮楠科 Daphniphyllaceae

1 属约 30 种，分布亚热带；中国产 13 种，分布长江以南。常绿或落叶乔木或灌木。

虎皮楠属 *Daphniphyllum* Bl.

单属科。

【树皮】　药用：牛耳枫 *D. calycinum* Benth.，树皮主成分：牛耳枫碱，灰青碱，灰青次碱，解热去毒，活血舒筋，主治感冒发热，扁桃体炎，风湿关节痛，跌打肿痛，骨折，毒蛇咬伤毒肿。交浪木 *D. macropodum* Miq.，主成分：交浪木碱，交浪木明碱，交浪木明碱 A、B，消肿拔毒，杀虫，外用主治疮疖痈肿。

【木材】　材浅黄褐至浅红褐色，重硬中等，强度弱，干缩大，不耐腐。适作一般家具，农具，板料，室内装修，造纸等。木材价值下等。诸如交浪木，虎皮楠 *D. oldhamii*（Hemsl.）Rosenth.，长柱虎皮楠 *D. longistylum* S. S. Chien，长序虎皮楠 *D. longeracemosum* Rosenth.，显脉虎皮楠 *D. paxianum* Rosenth.。

【叶】　①药用：交浪木，主成分：交浪木碱，车叶草苷，外用治疮疖肿毒。②农药：交浪木叶浸水液可杀蚜虫。

【果】　油用：长柱虎皮楠含油 10.3%，主成分：棕榈酸 11.8%，油酸 40.7%，亚油酸 46.5%，牛耳枫果含油 26.8%，主成分：肉豆蔻酸 12.23%，油酸 33.92%，亚油酸 51.21%。油供制肥皂及润滑油。

【种仁】　油用：长序虎皮楠种仁含油 29%，主成分：棕榈酸 17.7%，油酸 50%，亚油酸 32.2%。交浪木种仁含油 35.57%，主成分：油酸、亚油酸 80%，次为棕榈酸及硬脂酸 9.2%~15.3%。虎皮楠种仁含油 34.1%，主成分：棕榈酸及硬脂酸 10.2%，油酸 67.1%，亚油酸 22.7%。油适工业润滑油及制肥皂。

【根（或带叶）】　药用：虎皮楠及显脉虎皮楠，清热解毒，活血散瘀，主治感冒发热，扁桃体炎，脾脏肿大，毒蛇咬伤，骨折。

珙桐科 Davidiaceae

1 属 1 种 1 变种，中国特产，分布西南。落叶乔木。

珙桐属 *Davidia* Baill.

单属科。

【木材】 材黄白至浅黄褐色，轻，软，强度中，干缩中，不耐腐。适作火柴杆，包装材，胶合板，室内装修，造纸，板料，雕刻等。木材价值下等。珙桐 D. involucrata Baill. 及其变种光叶珙桐 var. *vilmorinana*(Dode) Wanger。

【全树】 ①观赏树种：花洁白美丽为著名观赏树种。②物种资源：珙桐及光叶珙桐为我国珍稀树种，应加强保护，禁止滥伐利用，并建立保护区加以发展。

毒鼠子科 Dichapetalaceae

4 属约 200 种，分布热带；中国 1 属 3 种，分布华南、西南。灌木、小乔木、藤本。

毒鼠子属 *Dichapetalum* Thou.

约 150 种，分布热带，主产非洲；中国产 4 种，分布华南、西南。小乔木或灌木、藤本。

本属植物有毒，可以毒鼠。诸如毒鼠子 D. *gelonioides*(Roxb.) Engl.，海南毒鼠子 D. *Howii* Merr. el Chun，长瓣毒鼠子 D. *longipetalum*(Turcz.) Engl.，均可毒鼠。

五桠果科 Dilleniaceae

11 属 400 余种，分布热带、亚热带；中国产 2 属 5 种，引入 1 属 2 种，分布华南、云南。乔木、灌木、藤本、稀草本。

五桠果属 *Dillenia* L.

约 60 种，分布热带亚洲；中国 3 种，引入 2 种，分布华南、云南。常绿或落叶乔木稀灌木。

【树皮】 ①鞣质：小花五桠果 D. *pentagyna* Roxb. 含鞣质 8%~10%，可提制栲胶。毛五桠果 D. *turbinata* Finet et Gagnep. 亦含鞣质。②染料：菲律宾五桠果 D. *philippensis* Rolfe.，树皮可作红色染料，广东有引种。③药用：五桠果 D. *indica* L. 皮收敛解毒，防治疟疾。

【木材】 材灰红褐至心材红褐色，重，硬度中，强度强，韧度高，干缩大至甚大，不耐腐。可作家具，建筑，农具，工艺材等。木材价值低。如五桠果，小花五桠果，毛五桠果，菲律宾五桠果。

【叶】 鞣质：小花五桠果含量 5%~9%；毛五桠果亦含鞣质。可提制栲胶。

【果】 食用：五桠果径 1cm，可食也可作饮料。小花五桠果，径 1.5cm。鲜红色，香甜可食。毛五桠果，径 4~5cm，暗红色，酸甜可食。

【种子】　油用：五桠果含油 23%，主成分：月桂酸 8%，肉豆蔻酸 42%，棕榈酸 10%，油酸 21%，亚油酸 17%。毛五桠果含油 22.3%，主成分：癸酸 4.7%，月桂酸 37.5%，肉豆蔻酸 22.7%，棕榈酸 8%，硬脂酸 2.8%，油酸 14.4%，亚油酸 9.9%，最适制肥皂等工业用油等。

【根】　药用：五桠果根可防治疟疾。

【全树】　①绿化遮阴：小花五桠果叶大荫浓，适作绿化遮阴树种。②观赏树种：毛五桠果树冠浓密，花果美丽，可作观赏树种。

锡叶藤属 *Tetracera* L.

约 40 种，分布热带，主产美洲；中国产 2 种，分布华南，云南。藤本。

【藤皮】　纤维：锡叶藤 *T. asiatica*（Lour.）Hoogl.，茎皮含纤维素 48.35%，韧性强，耐水湿，可捆扎水车，又作小船缆绳，扎排筏。

【叶】　①擦锡器：锡叶藤叶面粗糙，可擦锡器发光。②药用：锡叶藤叶主成分：鼠李素，可治痢疾。

【根藤】　药用：锡叶藤，收敛止血，消肿止痛，主治腹泻，便血，肝脾肿大，子宫脱垂，白带，风湿性关节痛。

龙脑香科 Dipterocarpaceae

16 属约 529 多种，分布东半球热带；中国产 5 属 13 种，引入 4 属 5 种，分布华南、云南。常绿半常绿大乔木。

龙脑香属 *Dipterocarpus* Gaertn. f.

约 70 种，分布亚洲热带；中国产 2 种，又引入 1 种，分布云南东南至南部。常绿大乔木。

【树脂】　①精油：龙脑香 *D. turbinatus* Gaertn. f，树脂中含芳香油，经蒸馏得精油，可调制香精。②油用：龙脑香树脂含油率 60%~75%，油滇南傣族点灯油，还可直接使用油料。滇龙脑香 *D. relusa* Bl.，树脂中含油量也高。③药用：龙脑香树脂可生产龙脑，为中医常用药：苏合香丸，安宫牛黄丸，紫雪丹等数十种中成药需其配伍。

【木材】　心材浅红至红棕色，重量，硬度，强度，韧度，干缩均中等。适作车厢材，枕木，电杆，坑木，农具，包装，建筑，胶合板，船壳板等。木材价值上等。如滇龙脑香，龙脑香。

冰片龙脑属 *Dryobalanops* Gaertn. f.

约 7 种，主产印度尼西亚，爪哇；中国进口。常绿乔木。

冰片龙脑树 *D. aromatica* Gaertn. f.。

【药用】　冰片龙脑树（亦称梅片树），主成分：右旋龙脑，树脂由树干裂缝流出，白色透明结晶，或砍树干枝条切片蒸馏结晶而成，为我国进口南药。我国中医常用作药物，如苏合香丸，安宫牛黄丸，紫雪丹等数十种中成药需冰片配伍，为天然右旋龙脑，含量高达 2%。

【兽药】 冰片龙脑，通窍散郁，去翳明目，消肿止痛，治牛马风火喉症，舌疮，肝经风热，伤风感冒，家畜脱肛，骡马舌疮，牛马化脓蹄漏，猪风热感冒。

坡垒属 *Hopea* Roxb.

约 90 种，分布东南亚热带；中国产 3 种，分布广东、广西、海南、云南东南。常绿乔木。

【树脂】 本属树脂在马来西亚一带称达麻脂，主要用于喷漆制造，色淡光洁，品质差的可用涂刷船底。

【木材】 材深黄褐色，甚重，甚硬，强度甚强，韧度甚高，干缩甚大，极耐腐。适作造船材，桥梁，建筑，家具，机械，细木工，水工用材等。木材价值珍贵特类。如坡垒 *H. chinensis* Hand. -Mazz.，海南坡垒 *H. hainanensis* Merr. et Chun，毛叶坡垒 *H. mollissima* C. Y. Wu。

望天树属 *Parashorea* Kurz

约 12 种，分布东南亚热带；中国产 2 种，分布云南南、广西西南。高大乔木，高达 70m。

【树脂】 西双版纳望天树 *P. xishuabanneansis* S. C. Pei et Y. H. Li，树脂白色，微香，可作喷漆涂料。

【木材】 材重，硬，强度甚强，干缩中，心边材颜色不明，心材淡褐带灰红褐色，耐腐性强。适作造船，桥梁，枕木，胶合板，车辆，家具，矿柱，优良建筑材等。木材价值高等。诸如：望天树 *P. chinensis* Wang Hsie 及擎天树 var. *kwangsiensis* Lin Chi，西双版纳望天树。

娑罗双属 *Shorea* Roxb.

约 190 种，分布东南亚热带；中国引入 2 种，娑罗双 *S. robusta* Baerln. f.，海南引种，半常绿大乔木。

【木材】 材浅红褐色，重，硬，强度强。适作枕木，矿柱，电杆，优良建筑材，车船等。木材价值中等。

【种子】 饲料：娑罗双种子含淀粉 57%～60%，蛋白质 10%～14%，但含单宁 10%～14%，除去单宁后为很好的饲料。

青梅属 *Vatica* L.

约 65 多种，分布亚洲南部，东南部热带；中国产 2 种，引入 1 种，分布海南、广西、广东。常绿乔木。

【木材】 材黄褐色至暗褐色，重，硬，强度强，韧度高，干缩大至中，耐腐性强，抗海蛆蛀。适作造船材，车辆，高级家具，桥梁建筑，细木工，木梭，轮托等，价值高贵。青梅树 *V. astrotricha* Hance，青皮 *V. hainanensis* H. T. Chang.，广西青梅 *V. guangxiensis* X. L. Mo,

青楣 *V. tinkinensis* Chev.。

【种子】　油用，青梅种子含油量 21.4%，主成分：棕榈酸 10.1%，硬脂酸 37.8%，花生酸 2.6%，油酸 48.8%，油可作轻工，日化用油。

柿　科 Ebenaceae

3 属 500 多种，主产两半球热带，亚热带；中国产 1 属约 57 种，又引入 4 种；乔木或灌木。

柿树属 *Diospyros* L.

约 500 种，广布热带，中国产 57 种，引入 4 种，主产南部，少数北部，乔木灌木。

【树皮】　①鞣质：野柿 *D. kaki* Thunb. vat *silvestris* Nakino，君迁子 *D. lotus* L. 树皮含鞣质可栲胶。②纤维：野柿韧皮纤维可制人造棉原料。③药用：罗浮柿 *D. morrisiana* Hance. 茎皮及叶，解毒消炎，幸治腹泻，赤白痢。④兽药：柿 *D. kaki* Thunb. 皮治牛马拉稀，便血，猪仔久痢．

【木材】　①乌木类：心材黑色及重硬，强度甚强，极耐腐，刨面光滑，最适作乐器黑管，镶嵌材，室内装饰，珍贵家具，美术工艺镜框等，价值贵重，如乌木 *D. ebenum* (Koeing) Koen.，文柿 *D. mun* Lec.。②乌材柿类：心材黑灰褐或具黑色胶斑纹，重，硬，耐腐，颇似乌木，但可用苛性钾处理，辨别真伪。适作车辆，家具，木梭，船锚，农具，建筑，手杖，镜框，车旋品，细工木等，价值上等。诸如，乌材柿 *D. eriantha* Champ. ex Bonth.，象牙柿 *D. ferrea* (Willd.) Bakh，琼岛柿 *D. maclurei* Merr.，菲律宾柿 *D. Phillippensis* (Desr.) Gurke.，美国柿 *D. virginiana* L.。③柿木类：材黄色、黄褐色，渐变灰红褐色，浸水也可变乌，重至中，硬至中，强度中至弱，干缩中至大，耐腐蚀不很强，有些易虫蛀。适作一般家具，农具，工农具柄，建筑，鞋楦等。木材价值下等。如：山柿 *D. cathayensis* A. N. Stewart，粉叶柿 *D. glaucifolia* Metc.，海南柿 *Hainanensis* Merr.，柿，野柿，长苞柿 *D. longibracteata* Lec.，君迁子，海边柿 *D. maritima* Bl.，罗浮柿，油柿 *D. oleifera* Cheng，老鸦柿 *D. rhombifolia* Hemsl.，青茶柿 *D. rubra* Lee.，山榄叶柿 *D. siderophyllus* H. L. Li，黑柿 *D. nitida* Merr.。

【叶】　①柿叶茶：柿叶富含维生素，多种氨基酸，黄酮类化合物，可作保健饮茶。青茶柿嫩叶也可代茶。②药用：山柿叶捣烂，敷治疖肿，火烫伤。岩柿 *D. dumetorum* W. W. Smith，叶清热消炎，健脾胃，主治小儿营养不良，慢性腹泻，小儿消化不良；外用调油敷烧烫伤，疮疖；柿，叶含黄酮苷，异槲皮素，香豆精，酚类，鞣质，糖分，挥发油，有机酸 V，胡萝卜素，主治咳嗽，内出血，高血压。君迁子叶可提 V。罗浮柿叶，研粉撒敷水、火烫伤。③农药：山榄叶柿，叶已作农药应用。④醉鱼：山榄叶柿与茶麸捣烂撒水中，可醉鱼捕获。

【花】　蜜源植物：柿，花期 5～6 月，7～10 天，含蜜量多，一群蜂可产蜜 10～20kg，蜜浅黄色，浓香，质较好。君迁子花期 5～6 月，蜜量多。

【未熟果】　①制柿漆：岩柿，乌材柿，粉叶柿，柿，野柿，罗浮柿，油柿，保亭柿 *D. potingensis* Merr. et Chun，老鸦柿，均可制柿漆，用作鞣渔网，制伞扇涂料，油墨，补船，建材防腐剂，胶粘剂用。②鞣质：野柿未熟果含鞣质 25%，可提制栲胶，或提柿漆。③药用：柿，未熟果主含鞣质样柿漆酚，胆碱，乙酰胆碱，主治高血压。

【果实】 ①食用：法国柿 *D. argentea* Griff.，果甜，结实多。柿，果含糖类(果糖，葡萄糖，蔗糖，甘露糖)16%，蛋白质 1.3%，脂肪 0.75%，尚有维生素，胡萝卜素，甘露醇，柿醇，果期 8~11 月，品种很多，约 200 以上。野柿、君迁子果含糖分 18.25%。油柿，甜味浓郁，在树上脱色软化，水分较多。菲律宾柿果大，径 16cm，果肉白色，芳香柔软。保亭柿，美国柿果也可食但较小，径 1~2cm。②加工品：柿可加工柿饼，果丹皮，酿酒。野柿亦制柿饼。君迁子可制糖，酿酒，制醋。③药用：柿，降压，解酒毒，缓和滋补品，内服止血，润大便，止痔血及直肠出血。君迁子，含桦木醇，止渴除痰，治消渴，烦热。罗浮柿，消炎收敛，主治食物中毒，腹泻，赤白痢疾。④鞣质：油柿果含鞣质可烤胶。⑤醉鱼：海边柿果磨粉撒水中可醉鱼捕获。

【果蒂】 ①药用：柿果蒂主成分：三萜烯酸，乌苏酸，齐墩果酸，桦木酸，主治呃逆，夜尿症。②鞣质：粉叶柿果蒂含鞣质 36.1%，可提制烤胶。③兽药：柿蒂及柿霜，清热润肺，涩肠止泻，主治牛马心热舌疮，胃寒呕吐，肠炎腹泻，猪羊痢疾，疗效 95%。

【柿霜】 柿霜润肺生津，祛痰镇咳，解酒，主治咽喉肿痛，咳嗽。

【种子】 油用：君迁子含油量 20%~25% 柿树种子也含油，可制肥皂。

【根】 药用：山柿根，清热除湿，主治痔疮，肠风下血，风火牙痛，肺热咳嗽，心气痛。老鸦柿根，活血利肝，主治肝硬化，急性黄疸性肝炎，骨结核，跌打损伤。

【全树】 ①砧木：粉叶柿，野柿，君迁子，油柿，老鸦柿，美国柿，均可作柿砧木。②行道树：法国柿树形美观，适作行道树及风景树。③观赏树：柿树冠如伞，秋后叶红，红果累累，丹翠交映。老鸦柿朱实满枝，秋冬观赏。④环保树种：对有害气体 HF 抗性中等。

厚壳树科 Ehretiaceae

3 属约 300 种，分布热带至亚热带；中国产 3 属约 50 多种，分布长江流域以南。灌木或小乔木。

破布木属 *Cordia* L.

约 250 种，分布热带至亚热带；中国产 5 种，分布福建、台湾、华南、云南、西藏。灌木或乔木。

【果实】 油用：越南破布木 *C. coehinensis* Gagnep.，果实含油 10%，主成分：棕榈酸 18.4%，硬脂酸 5.5%，山嵛酸 3.3%，油酸 34.8%，亚油酸 36.3%，可供工业润滑油。破布木 *C. dicholona* Forst. f.，果实含油量 22.2%，果肉含油量 35.9%，主成分：棕榈酸 23.9%，硬脂酸 2.5%，油酸 40.8%，亚油酸 30.7%，亚麻酸 1.3%，主成分不饱和脂肪酸，与花生油相仿，既可食用，也可作工业用油。

【种子】 破布木种子含油量 51.8%，主成分：棕榈酸 17.2%，硬脂酸 6.6%，花生酸 1.9%，山嵛酸 1%，油酸 25.4%，亚油酸 46.5%，西藏门巴族土法榨油食用。

【根】 药用：破布木根入药，行气止痛，化痰止咳，主治心胃气痛，湿热腹泻，急慢性支气管炎。

【木材】 心材褐色，轻至中，硬度、强度、干缩中，不耐腐，可作橱柜板料，胶合板，包装材等，价值低。

厚壳树属 *Ehretia* P. Br.

约 50 种，大部产东半球热带；中国产 11 种，分布黄河流域以南诸省区。落叶乔木或灌木。

【树皮】　①药用：台湾厚壳树 *E. resinosa* Hance，树皮入药，收敛止泻，主治肠炎腹泻。②染料：厚壳树树皮可作染料。

【木材】　①用材：材黄褐色至浅栗褐色，重量中，硬度中，强度弱，干缩中至大，稍耐腐，易裂。适作建筑，装饰材，农具，日常用具等。木材价值低。如：厚壳树 *E. thyrsiflora*(Sieb. et Zucc.) Nakai，粗糠柴 *E. dicksoni* Hance，台湾厚壳树，西南厚壳树 *E. corylifolia* C. H. Wright，海南厚壳树 *E. hainanensis* Johnst.，长花厚壳树 *E. longiflora* Champ.，滇南厚壳树 *E. wallichiana* Hook. f. et Thoms. t 等。②心材：药用：台湾厚壳树心材入药，破瘀生新，止痛生肌，主治：跌打损伤，骨折；外用，研粉涂痈疮红肿。

【叶】　厚壳树嫩叶可食。

【花】　蜜源植物：粗糠柴，花期 6 月，蜜粉稍多。

【果(叶)】　土农药：厚壳树，粗糠柴，果叶捣烂加等量水，再加 2 ~ 3 倍水喷洒防治棉蚜虫，红蜘蛛。

【全树】　绿化树种，厚壳树枝茂盛，可作庭园绿化树种。

胡颓子科 Elaeagnaceae

3 属约 80 多种，分布北半球温带至亚热带；中国产 2 属约 60 种，分布全国。落叶或常绿灌木或乔木。

胡颓子属 *Elaeagnus* L.

约 38 种，分布北半球温带至亚热带；中国产约 50 种，分布全国。落叶或常绿乔木或灌木。

【树胶】　沙枣 *E. angustifolia* L.，树胶在理化性质上与进口阿拉伯胶及黄蓍胶差别不大，可代用之。

【木材】　用材：心材黄褐色，轻，硬度中，强度弱，干缩小，干缩差异小至中，较耐腐。适作家具，建筑，门窗，车工，工农具柄，农具，矿柱等。多为小树，价值下等。如沙枣，大叶胡颓子 *E. macrophylla* Thunb.，翅果油树 *E. mollis* Diels，胡颓子 *E. pungens* Thunb.，牛奶子 *E. umbellata* Thunb.，海南胡颓子 *E. gaudichaudiana* Schlecht 等。

【茎皮】　纤维：木半夏 *E. multiflora* Thunb.，茎皮含纤维素 27%，可代麻用，造纸，人造纤维用。胡颓子茎皮含纤维 63%，可造纸、纤维板用。牛奶子茎皮含纤维 22.93%，可作造纸，纤维板原料。

【叶】　①饲料：沙枣叶可作饲料，晒干后备冬季饲料。翅果油树叶也可作饲料。②药用：蔓胡颓子 *E. glabra* Thunb.，叶显生物碱，黄酮苷，酚类，糖类，氨基酸，有机酸，平喘止咳，主治支气管哮喘，慢性支气管炎，感冒咳嗽。角花胡颓子 *E. gonyanthes* Benth.，叶平喘止咳，主治支气管哮喘，慢性支气管炎。大叶胡颓子，叶平喘止咳。木半夏，叶入药，治哮喘。藤胡颓子 E. glabra Thunb.，叶入药，同木半夏。福建胡颓子 E. oldhamii Maxim.，叶下气定喘，主治哮喘。长葡茎胡颓子 E. sarmentosa Rehd.，叶入药，止咳平喘，主治哮喘，虚咳，慢性支气管炎。滇绿胡颓子 E. viridis Serv. var. delavayi Lecomte，叶止咳定喘，主治支气管哮喘，慢性支气管炎。

【花】 ①芳香油：沙枣鲜花含芳香油 0.2%~0.4%，可作调香原料，用作香皂，化妆品。木半夏，花也提芳香油。胡颓子鲜花可提芳香油，作调香原料，化妆品，皂用香精。牛奶子花也提芳香油。②蜜源植物：牛奶子花期 5 月，蜜量多，粉稍多，一群蜂年产蜜 5~15kg，蜜浓，琥珀色，有香气，质好。沙枣花期 5 月，干旱时产蜜，一群蜂年产蜜 7.5~15kg，浓度高，琥珀色，易结晶，有香味，质良好。翅果油树花芳香，蜜源植物，含蜜量多。

【果】 ①食用：沙枣果可食，味甜，含水 12%，糖分 50%，蛋白质 4.5%，脂肪 4.2%，粗纤维 2.9%，灰分 1.6%，钙 460mg/kg，磷 670mg/kg，铁 33mg/kg，硫铵 0.7mg/kg，尼克酸 14mg/kg，维生素 C 70mg/kg，胡萝卜素，核黄素等，营养丰富。羊奶果 E. conferta Roxb.，果可食。胡颓子果可食，味甜。牛奶子果可食。角花胡颓子 E. gonyanthes Benth.，果或食，味酸。玉山胡颓子 E. morrisonensis Hay.，核果熟时红色可食。②加工品：沙枣果可熬糖，制酱，提味精，酿酒。木半夏果可酿酒。牛奶子酿酒、蜜饯。③药用：蔓胡颓子果入药，收敛止泻，主治肠炎腹泻。角花胡颓子果收敛止泻，主治泄泻。大叶胡颓子果入药，收敛止泻，代丹皮应用于妇科病。木半夏果入药治痢疾。胡颓子果入药，消食止痛，主治泻痢、咳嗽。长葡茎胡颓子果入药，收敛止泻，主治肠炎，腹泻。

【种子】 油用：沙枣种子含油量 26%，主成分：棕榈酸 7.8%~10.4%，硬脂酸 2.3%~4.3%，油酸 24%~46.6%，亚油酸 29.3%~34.1%，亚麻酸 3.7%~22.1%，16-碳烯酸 1.9%，20 碳烯酸 2.9%；秋胡颓子 E. crispa Thunb.，种子含油量 9.8%，主成分：棕榈酸 6.5%，硼酯酸 2.2%，油酸 33.8%，亚油酸 42%，亚麻酸 14.7%，油可作工业用油。翅果油树，种子含油量 51%，出油率 30%~35%，种仁含油量 46.58%~51.46%。主成分：棕榈酸 4.4%，油酸 37.3%，亚油酸 50.3%，亚麻酸 7.6%，质好，理化性质接近二级麻油和花生油，产区习惯食用；还可制造亚油酸丸，治高血压、动脉硬化症。

【根】 药用：铜色胡颓子 E. cuprea Rehd.，根入药，温下焦，祛寒湿，主治大小便失禁，外感风寒。蔓胡颓子根入药，利水通淋，散瘀消肿，主治吐血，尿路结石，跌打肿痛。角花胡颓子根入药，祛风通络，行气止痛，消肿解毒，主治：风湿性关节炎，腰腿痛，河豚中毒，狂犬咬伤，跌打肿痛。披针叶胡颓子 E. lanceolata Warb.，根入药，温下焦，祛风湿，主治大小便失禁，外感风寒。鸡相子藤 E. loureirii Champ.，根入药，止咳平喘，收敛止泻，主治哮喘，支气管炎，腹泻，咯血，慢性骨髓炎。大叶胡颓子根入药，收敛止泻。木半夏，根入药，治痢疾，跌打损伤，痔疮。福建胡颓子，根入药，祛风利湿，固肾，主治：风湿性关节炎，肾虚腰痛。胡颓子，根入药，祛风利湿，行瘀止血，主治咯血，吐血，便血，崩漏，跌打损伤，咽喉肿痛。长葡胡颓子，根入药，收敛止泻，主治肠炎，腹泻；跌打肿痛，风湿疼痛，咯血，吐血，咽喉肿痛，小儿惊风；外用治疮癣。滇绿胡颓子，根入药，利尿排石，行气止痛，主治慢性肾炎，胃瘤，尿路结石。

【全株】 ①防风固沙林：沙枣。②环保树种：沙枣对 SO_2，HF，NO 抗性较强，可作北方、西北大气污染环保绿化树种。③药用：鸡柏子藤，全株入药，主治急性睾丸炎，慢性肝炎，胃痛；外用治疮癣，痔疮，肿痛，跌打瘀血。

沙棘属 *Hippophae* L.

4 种，分布欧亚；中国产 3 种，分布西北，西南。落叶灌木或小乔木。

【树皮】　鞣质：沙棘 *H. rhamnoides* L.，树皮含鞣质 11.98%，可提制栲胶。

【木材】　心材黄褐色，重，硬，适作农具，小家具，小件工艺品等。木材价值中等。

【叶】　①代茶：沙棘叶中含甘油硬脂酸酯和三萜烯，乙醇提取可得胡萝卜素，生育酚，聚戊烯醇，环阿屯醇乙酸酯，羽扇豆醇乙酸酯，β-谷甾醇，降烯乙酸酯，三萜二烯，α-谷甾醇及还原醛，制作沙棘茶有保健作用。②饲料：沙棘叶为骆驼饲料。

【花】　①精油：沙棘花可提取香精油，用于化妆品精油。②蜜源植物：沙棘花期 3～4 月，蜜量多，粉较多，是西北，西南蜜源植物之一。

【果实】　①食用：沙棘果含维生素 C 3000～8820mg/kg，胡萝卜素 340mg/kg，维生素 E100～150mg/kg，维生素 B1 2～140mg/kg，维生素 B_2 140～5mg/kg，5-有机酸 3%～4%，糖分 20.89%～64%，蛋白质 18.5%，维生素 A1000mg/kg，营养丰富，酸甜可食。②加工品：酿酒，果酱，糕点，果子露等。③果汁：果汁出汁率 65.70%，蛋白质 3%，有机酸 3.27%，果胶 3.7%，水解糖 2.5%，脂肪 0.2%，维生素 C 1260～1850mg/kg，α-胡萝卜素 17mg/kg，13-胡萝卜素 12mg/kg，番茄红素 4.1mg/kg，黄酮醇 262mg/kg，三萜烯酸 1230mg/kg，绿原酸 1030mg/kg，还有氨基酸；其中：天门冬氨酸 820mg/kg，谷氨酸 36mg/kg，脯氨酸 220mg/kg，氨羰丁氨酸 180mg/kg，苯丙氨酸 570mg/kg，丙氨酸 1200mg/kg，亮氨酸 1340mg/kg，半胱氨酸 370mg/kg，可加工浓缩果汁。为运动员保健饮料。④日化品：沙棘果可提制浴后化妆乳剂，洗发膏，刮须洁净剂，卸妆剂，高级润肤蜡，医药推拿油，按摩霜等。⑤药用：沙棘果含维生素 A、B1、B2、C、E、K，还有 20 多种微量元素，20 多种氨基酸，活血散瘀，化痰宽胸，健胃补脾，主治风湿病，皮肤病，肺结核，胃溃疡，软化血管，降血压，缓解心绞痛；跌打损伤，瘀血肿痛，食欲不振，胃痛，痰多。

【种子（果核）】　①油用：沙棘种子含油率 10.7%～18.81%，主成分：棕榈酸 4.1%，硬脂酸 1.8%，油酸 22.5%，亚油酸 46.8%，亚麻酸 17.6%，花生酸 2.3%，芥酸 4.5%，还含玉蜀黍黄素，隐黄素，α-胡萝卜素，γ-胡萝卜素，番茄烃，谷甾醇，维生素 E，油供食，为宇航员食品之一。②药用：沙棘油：促进新陈代谢，创口愈合，有镇痛作用，主治烧伤，湿症，体表溃疡不愈，胃肠溃疡，老人滋补强身，扩张血管，抗放射病，为国际市场大量需求商品，每千克 50 美元。

【全树】　沙棘为保土固沙及荒山造林树种，耐干旱，耐盐碱，耐水湿，可耐 -50℃ 低温，是保持水土，改良土壤，绿化荒山树种。

杜英科 Elaeocarpaceae

12 属约 400 种，分布热带至亚热带；中国产 2 属约 50 多种，又引入 1 属 1 种，分布长江流域以南。乔木或灌木。

杜英属 *Elaeocarpus* L.

约 200 种，分布亚洲热带至亚热带；中国产约 40 种，分布长江流域以南。常绿乔木。

【树皮】 ①鞣质：中华杜英 *E. chinensis*（Gardn. et Champ.）Hook. f. 树皮含量 9.92%，干皮含量 14.08%；山杜英 *E. sylvestris*（Lour.）Poir.，树皮含量 11.92%，可以提制栲胶。②纤维：山杜英树皮含纤维素 16%，可以造纸。

【木材】 材黄灰褐至红褐色，轻，硬度中，强度弱，干缩中，不耐腐，常变色，有虫害。适作家具，一般建筑板料，包装箱，文具铅笔杆，胶合板，造纸材等。价值低下。诸如：长芒杜英 *E. apiculatus* Mastirs.，节栖杜英 *E. arthapos* Ohwi，黑脉杜英 *atro-punctatus* H. T. Chang，金毛杜英 *E. auricomis* C. Y. Wu ex H. T. Chang，华东杜英 *E. austrosinicus* H. T. Chang，滇南杜英 *E. austro. yunnanensis* Hu，中华杜英，杜英 *E. decipiens* Hemsl.，显脉杜英 *E. dubius* A. DC.，褐色杜英 *E. duclouxii* Gagnep.，大果杜英 *E. fleuryi* A. Chev.，多花杜英 *E. floribundioides* H. T. Chang，秃瓣杜英 *E. glabripetalus* Merr.，秃蕊杜英 *E. gymnogynus* H. T. Chang，水石榕 *E. hainanensis* Oliv.，少花杜英 *E. bachmaensis* Gagnep.，大叶杜英 *E. balansae* A. DC.，滇北杜英 *E. boreali. yunnanensis* H. T. Chang，滇藏杜英 *E. braceanus* Wall. ex C. B. Clake，短穗杜英 *E. brachystachyus* H. T. Chang，锈毛杜英 *E. howii* Merr.，广西杜英 *E. kwangsiensis* H. T. Chang，日本杜英 *E. japonicus* Sieb. et Zucc.，多沟杜英 *E. lacunosus* Wall. ex Kurz，披针叶杜英 *E. lanceaefolius* Roxb.，灰毛杜英 *E. limitanens* Hand. -Mazz.，老挝杜英 *E. laoticus* Gagnep.，绢毛杜英 *E. nitentifolius* Merr. et Chun，长圆叶杜英 *E. oblongilimbus* H. T. Chang，滇越杜英 *E. poilanei* Gagnep.，长柄杜英 *E. petiolatus*（Jaus.）Wall. ex Kwrz，樱叶杜英 *E. prunifolioides* Hu，锯叶杜英 *E. serratus* L.，山杜英，圆果杜英 *E. sphaericus*（Gaertn.）K. Schum，阔叶杜英 *E. sphaerocarpus* H. T. Chang，屏边杜英 *E. subpetiolatus* H. T. Chang；云南杜英 *E. varunua* Buch. Ham. 等。

【花】 蜜源植物：中华杜英，花期 5 月，蜜量多至稍多，一群蜂年可产蜜 10～25kg，粉稍多。山杜英，花期 5 月，蜜量多，粉稍多。

【果】 ①果皮：鞣质：中华杜英果皮含鞣质 16.4%～18.5%，可提栲胶。②食用：杜英果可食。日本杜英果可食，味甜，核果长 1～1.5cm，9～10 月成熟。锯叶杜英果可食，或作咖喱配料。③油用：山杜英果含油量 7.1% 主成分：月桂酸 3.1%，肉豆蔻酸 3.2%，棕榈酸 17.5%，硬脂酸 7.4%，十六碳烯酸 4.5%，油酸 35.4%，亚油酸 26.8%，癸酸 1.3%。可供工业润滑油用。

【种子】 杜英种仁含油量 40%，水石榕种仁含油量 40.4%，主成分：肉豆蔻酸 1.2%，棕榈酸 25.5%，硬脂酸 5.4%，十六碳烯酸 4.1%，油酸 42.3%，亚油酸 21%，日本杜英种子含油量 22%，主成分：棕榈酸 24.2%，硬脂酸 6.3%，十六碳烯酸 6.2%，油酸 56.8%，亚油酸 3.8%，长柄杜英种子含油量 5.1%，主成分：棕榈酸 15.8%，硬脂酸 5.9%，十六碳烯酸 13.8%，油酸 28.6%，亚油酸 35.7%，锯叶杜英种仁含油量 40.2%，主成分：辛酸 1.7%，癸酸 2.7%，棕榈酸 30.6%，硬脂酸 5.7%，花生酸 18.3%，油酸 19.8%，亚油酸 20.4%，云南杜英种仁含油量 30.8%，主成分：硬脂酸 8.9%，十六碳烯酸 3.5%，油酸 33.2%，亚油酸 20%～3%，以上油可供制肥皂及工业用润滑油。

【根皮】 药用：山杜英根皮可入药，散瘀消肿，主治跌打损伤，瘀血肿痛。

【全树】 环保树种：山杜英对 SO_2 抗性强，污染区厂矿可以绿化环保。

文丁果属 *Muntingia* L.

3 种，分布南美洲热带；中国引入 1 种，福建、台湾、华南栽培。常绿小乔木。

【叶】 文丁果 *M. calabara* L.，叶可泡茶。

【果】 文丁果橙红色，可生食，味香甜，似奶油饼干；也可作果酱食用。

猴欢喜属 *Sloanea* L.

约 120 种，分布热带至亚热带；中国产约 13 种，分布长江流域以南地区。常绿或半常绿乔木。

【木材】 材浅黄灰褐至浅红褐色，轻至中，硬度中，强度弱，干缩小至中。不耐腐。适作一般建筑，家具，包装材，火柴杆盒，胶合板，木屐，文具，器具等。木材价值低。诸如：长叶猴欢喜 *S. assamica*（Benth.）Rehd. et Wils.，樟叶猴欢喜 *S. changii* M. J. E. Coode，百色猴欢喜 *S. chingiana* Hu，心叶猴欢喜 *S. cordifolia* K. M. Feng el H. T. Chang，膜叶猴欢喜 *S. dasycarpa*（Benlh.）Hemsl.，海南猴欢喜 *S. hainanensis* Merr. ex. Chun. 仿栗 *S. hemsleyana*（Ito）Rehd. et Wils.，薄果猴欢喜 *S. leptocarpa* Diels，滇越猴欢喜 *S. mollis* Gagnep.，圆叶猴欢喜 *S. rotundifolia* H. T. Chang，苹婆叶猴欢喜 *S. stercuiacea*（Benth.）Rehd. et Wils.，猴欢喜 *S. sinensis*（Hance）Hemsl.，毛叶猴欢喜 *S. tomentosa*（Benth.）Rehd. et Wils. 等。

【总苞】 鞣质：猴欢喜总苞含鞣质 17%，纯度 38%，可栲胶。

【假种皮】 油用：猴欢喜假种皮含油量 73.8%，主成分：棕榈酸 29%，硬脂酸 4.5%，油酸 42%，亚油酸 24.1%，可作工业用油。

【种子】 猴欢喜种仁含油量 66.7%，主成分：月桂酸 1.2%，肉豆蔻酸 8.6%，棕榈酸 16.7%，硬脂酸 5.3%，十六碳烯酸 1.9%，油酸 41.1%，亚油酸 24.9%，油可制肥皂及工业用润滑油。

杜鹃花科 Ericaceae

约 50 属 1300 种以上，分布全世界；中国产 14 属约 720 多种，又引入 1 属 3 种，分布全国。灌木，亚灌木，稀小乔木。

天栌属 *Arctous* Niedz.

3~4 种，分布北极至北温带高山地区；中国产 3 种，分布东北、西北、西南。落叶矮小灌木。天栌 *A. rubra* Nakai. 黑果天栌 *A. japonicus* Nakai，果可食。

锦绦花属 *Cassiope* D. Don

约 12 种，分布北极至喜马拉雅山区；中国产 8 种，分布西南。常绿矮小灌木。岩须 *C. selaginoides* Hook. f. et Thoms.，全株入药，行气止痛，安神，主治肝胃气痛，食欲不振，神经衰弱。

假木荷属 *Craibiodendron* W. W. Smith

约7种，分布东南亚；中国产5种，分布南部至西南部。灌木或小乔木。

【树皮】 鞣质：克雷木 *C. henryi* W. W. Smith，树皮含鞣质15.1%~85%，可提制栲胶。

【叶】 药用：云南假木荷 *C. yunnanensis* W. W. Smith，叶散瘀止痛，祛风除湿，止血通窍，主治：跌打损伤，外伤昏迷，扭挫伤，腰腿痛，半身不遂，瘫痪，风湿性关节炎，骨折，外伤出血。

【根】 药用：广东假木荷 *C. kwangtungensis* Hu，根入药，通经活络，消瘀散肿，主治跌打损伤，扭伤，捣烂外敷。

【木材】 云南假木荷材浅红褐色，轻软至中，耐腐性弱，可供玩具，农具。算盘珠，秤杆，擀面杖等生活用具。木材价值下。

吊钟花属 *Enkianthus* Lour.

约16种，分布喜马拉雅山和日本；中国产8种，分布西南至东南。灌木或小乔木，其中灯笼花 *E. chinensis* Franch.，齿叶灯笼花 *E. serrulatus*(Wils.)Schneid.，材浅红褐色，重硬中等，稍耐腐，易加工，可作玩具，工艺品，家具，工农具柄，生活用具等。木材价值下等。

石南属 *Erica* L.

约10种，分布欧洲；中国引入3种，浙江，湖南种植。灌木或小乔木。

本属烟斗木 *E. arborea* L.，花大，白色芳香，可供观赏。根是作烟斗的好材料。

红花烟斗木 *E. carnea* L.，花玫瑰红色，极为美丽供观赏。浙江引种。

直皮木 *E. tetralix* L. 花玫瑰红色，可作黄色染料。上海、长沙引种。

白珠树属 *Gaultheria* Kalm ex L.

约200种，分布亚洲、美洲和大洋洲；中国产24种，分布长江流域以南地区。常绿灌木。

【枝、叶】 芳香油；地檀树 *G. forestii* Diels，鲜枝含精油0.3%~0.5%；滇白珠 *G. yunnanensis*(Franch.)Rehd.，鲜枝叶含精油0.5%~0.85%；白珠树 *G. cumingiana* Vidal.，四川白檀树 *G. numularioides* D. Don，鲜枝叶也含精油，精油可作食品香精，高级牙膏香精，牙科口腔消毒水，主成分为水杨酸甲酯。

【花】 蜜源植物：地檀树，花期7~8月，蜜量较多，一群蜂年产蜜5kg，芳香质优。滇白珠，花期6~7月，蜜量多，一群蜂年产蜜5~7.5kg，芳香，质优。

【根(叶)】 药用：地檀树根叶入药，祛风除湿，主治风湿瘫痪，冻疮(外用)。

【全株】 药用，香白珠 *G. fragrantissima* Wall，全株入药，祛风除湿，止咳平喘，主治风湿关节痛，跌打损伤，胸膜炎，咳嗽哮喘。滇白珠全株入药，祛风除湿，舒筋活络，活血止痛，主治：风湿性关节炎，跌打损伤，胃寒疼痛，风寒感冒：外用治疮疡肿毒。

杜香属 *Ledum* L

约10种，分布北半球寒带；中国产1种，分布东北、内蒙古。常绿小灌木。

【叶】 芳香油：细叶杜香 *L. palustre* L. var. *angustum* N. Busch. 叶含芳香油 1.25%~2%，宽叶杜香 *L. palustre* L. var. *dilatatum* Wahlanb.，叶含芳香油 1.21%~3.4%；枝、花果也含芳香油，油可作调和香精。

【枝】 鞣质：宽叶杜香枝含鞣质 7.43%，可提制栲胶。

【叶】 药用：宽叶杜香，叶主成分：P-伞花烃，桧烯，蒎烯，β-蒎烯，有镇咳祛痰作用，化痰止咳，主治慢性气管炎。细叶杜香，功效近似宽叶杜香。

南烛属 *Lyonia* Nutt.

约 30 种，分布亚洲及北美洲；中国产 9 种，分布西南至台湾。常绿或落叶灌木稀乔木。

【木材】 材浅黄褐至红褐色，重量中，硬度中，耐腐中。适作家具，农具，擀面杖，秤杆，雕刻，小用具等。木材价值下等。诸如南烛 *L. ovalifolia* (Wall.) Drude 及缐木 *L. ovalifolia* var. *elliplica* (Sieb et Zucc.) Hand. -Mazz.，长毛南烛 *L. villosa* (Wall.) Hand. -Mazz. 狭叶南烛 *L. ovalifolia* var. *lanceolata* (Wall.) Hand. -Mazz.

【叶】 药用：南烛叶，主成分：胡萝卜素甾醇，香草酚，南烛醇 A、B，芹素，表儿茶精，槲皮素-3-半乳糖苷，木犀草黄素，槲皮素，受木毒素，13-谷甾醇，活血，祛痰，止痛，外用治跌打损伤，闭合性骨折。长毛南烛叶杀虫止痒，主治疥癣发痒(外用)。

【根】 药用：缐木，健脾止泻，活血强筋，主治跌打损伤，全身酸麻，脾虚腹泻；外用治刀伤。

马醉木属 *Pieris* D. Don

约 10 种，分布东亚、北美洲；中国产 6 种，分布长江流域以南。常绿灌木或小乔木。

【叶】 药用：马醉木 *P. polita* W. W. Smith et J. F. Jeff，叶有剧毒，不可内服，外用主治疥癣；又可作兽药，洗治牛马皮肤病；及农药除虫害药。美丽马醉木 *P. formosa* (Wall.) D. Don，叶很毒家畜误食昏迷，但可入药，外用治人癣疥，毒疮；又作农药，茎叶 10 倍水防治稻飞虱，浮尘子，稻螟蛉；20 倍水喷洒防治蚜虫。菜青虫，壁虱，软体虫，杀蝇蛆。

【花】 蜜源植物：美丽马醉木，花期 4~5 月，蜜量较多，为春季蜜源植物。

【木材】 马醉木，材浅黄褐至灰红褐色，重硬中等，强度干缩中，稍耐腐。适作小家具，工农具柄，包装材，价值下等。

杜鹃属 *Rhododendron* L.

约 960 种，分布北温带至亚热带；中国产约 542 种，分布全国(新疆除外)，西南最盛。常绿或落叶灌木或乔木。

【树皮】 鞣质：杜鹃 *R. simsii* Planch.，树皮含鞣质 7% 可提栲胶。

【木材】 心材浅黄至红褐色，重量、硬度、强度、干缩中等，耐腐性中，适作家具，建筑、农具、枪托、雕刻、日用小器具等。木材价值中等。诸如：安徽杜鹃 *R. anhweiense* Wils.，牛皮杜鹃 *R. aureum* Georgi，马缨杜鹃 *R. delavayi* Franch.，马银花 *R. ovatum* Planch.，大叶杜鹃 *R. spimuliferum* Franch.，红花杜鹃 *R. arboreum* Smith. f. *roesum* Sweet.，四川杜鹃 *R. sutchuenense* Franch. 等。

【叶】 ①芳香油：牛皮杜鹃叶含芳香油 1.95%，可作调香原料。烈香杜鹃

R. anthopogonoides Maxim.，叶含芳香油，主成分：3 种黄酮类，3 种小叶枇杷素，杨梅酮，双氢槲皮素，金丝桃苷，苄基丙酮，桉脑，柠檬烯，可作调香原料。兴安杜鹃 *R. dahuricum* L.，叶含芳香油0.94，香气浓，主成分：侵木毒素，萹蓄苷，丁香酸，香草酸，可作调和香精。小花杜鹃 *R. minutiflorum* Hu，叶含芳香叶 0.2%～1%，主成分：金丝桃苷，东莨菪素，丁香酸，香草酸，可提芳香油作香精。白花杜鹃 *R. mucronatum* G. Don，叶含丁香酸，香草酸，可提芳香油。秀雅杜鹃 *R. concinnum* Hemsl.，叶含芳香油0.28%，可提芳香油。小叶杜鹃 *R. parvifolium* Adams，叶含芳香油2.7%，可提芳香油，香气浓，可作调和香精。②鞣质：牛皮杜鹃叶含鞣质12.22%，可提栲胶。杜鹃叶含鞣质，可提栲胶。③药用：云绵杜鹃 *R. fortunei* Lindl.，叶入药，清热解毒，主治皮肤溃烂，捣碎外敷。毛果杜鹃 *R. seniavinii* Maxim.，叶入药，止咳祛痰，平喘消炎，主治慢性气管炎。大杜鹃叶入药，叶捣烂外敷，主治跌打损伤，疮疖痈癣。烈香杜鹃叶入药，祛痰镇咳，抑菌，主治咳嗽、哮喘、支气管炎。头花杜鹃 *R. capitamm* Maxim.，叶止咳平喘，主治慢性气管炎、咳喘。兴安杜鹃叶含齐墩果酸，抗菌消炎，祛痰平咳，主治肝炎、慢性气管炎、咳嗽。小花杜鹃，叶含杜鹃酮，黄酮苷，水解生成槲皮素、梫木毒素I，有镇咳，祛痰，平喘作用，主治慢性支气管炎、风湿痹痛、腰痛、痛经、产后关节痛。羊踯躅 *R. molle*(Bl.) G. Don，叶含杜鹃素，闹羊花毒素，梫木毒素，有镇痛作用，主治慢性气管炎、咳嗽。陇蜀杜鹃 *R. przeqalskii* Maxim.，叶入药，主成分：杜鹃酮，黄酮苷，梫木毒素I，尚有鞣质，糖类，蜡类，有止咳、降压、抑菌作用，主治老年慢性支气管炎、高血压。杜鹃叶捣烂外敷疥疖；叶含二氢黄酮类，杜鹃花醇苷，并含乌索酸，止咳祛痰，主治支气管炎。岭南杜鹃 *R. mariae* Hance，叶入药，主成分：挥发油，黄酮类，酚类化合物，有机酸，三萜类，从黄酮类中提出5种结晶：紫花杜鹃素甲，乙，丙，丁及槲皮素，镇咳祛痰，解痉，抑菌，主治咳嗽、哮喘、支气管炎。百里香杜鹃 *R. thymifolium* Maxim.，叶入药，主治慢性支气管炎。头花杜鹃 *R. capitatum* Maxim.，叶入药，主成分：顺-β-罗勒烯，芳樟醇，α-萜品醇，松油醇，香草醇，醋酸龙脑酯等。具平喘作用，对慢性支气管炎疗效好。迎红杜鹃，叶入药，主成香草酸，齐墩果酸，抗菌消炎，主治肝炎。杜鹃叶入药，主治支气管炎、荨麻疹；外用治痈肿。④代茶：牛皮杜鹃叶可代茶。

【花】 ①蜜源植物：本属花含蜜量虽较少，但对蜂的繁殖有利。诸如：马银花 *R. ovatum* Panch.，杜鹃，大白花杜鹃 *R. decorum* Franch.，露珠杜鹃 *R. irroratum* Franch.，锈叶杜鹃 *R. siderophyilum* Franch.，炮仗花杜鹃 *R. spinuliferum* Franch.，满山红 *R. mariesii* Hemsl. et Wils.，羊踯躅，白毛杜鹃，蓝杜鹃 *R. plenum* Wils.，石岩杜鹃 *R. obtussum*，锦绣杜鹃 *R. pulchrum* Sweet。②药用：马缨杜鹃，花入药，清热解毒，止血调经，主治骨髓炎、流行性感冒、痢疾、消化道出血、衄血、咯血、月经不调。云锦杜鹃，花入药，清热解毒，捣烂治皮肤溃烂。兴安杜鹃，花入药，主成分：杜鹃酮，荜草烯，γ-蛇麻烯，莰烯，蒎烯。镇咳，祛痰，止咳，制消咳喘酊剂，片剂，主治慢性支气管炎。羊踯躅，花入药，主成分：梫木毒素，杜鹃素，闹羊花毒素，日本羊踯躅素。有镇咳作用，主治咳嗽哮喘；外用搽癣疥。白杜鹃 *R. mucronatum* G. Don，主成分：白花杜鹃花苷，白杜鹃花素。固精止带，主治咳嗽、遗精、白带。红花杜鹃 *R. arboreum* Smith. 花入药，平喘，清热，拔毒，止血，调经，主治慢性支气管炎、骨髓炎、消化道出血、衄血、咯血、月经不调。③农药：羊踯躅花加水煮液防治稻褐虱、竹蝗、稻蝗。

【根】 ①药用：安徽杜鹃根入药，活血止痛，主治跌打损伤。亮毛杜鹃 *R. microphyton*

Franch.，根入药，清热解表，利尿，主治感冒，急慢性肾炎，肾盂肾炎，小儿惊风。马银花根入药，清药利湿，主治：湿热带下；外洗疔疮。大杜鹃根入药。通筋活络，消炎，主治：崩漏，白带；外敷治跌打损伤，疮疖痈癣。兴安杜鹃根入药，止痢，主治：肠炎，痢疾。羊踯躅根入药，祛风，止咳，散瘀止痛，主治：风湿痹痛，跌打损伤，神经痛，慢性支气管炎；外用治肛门瘘管，杀钉螺。杜鹃根入药，祛风湿，活血去凝，主治：风湿性关节炎，跌打损伤，闭经；外用治外伤出血。大杜鹃根入药，祛风除湿，通经活络，消炎，主治：崩漏，白带；外用治疮疖痈癣。②农药：羊踯躅根 5 倍水浸液防治二十八星瓢虫，玉米小夜蛾，稻瘿蝇，黄花菜蚜虫。大杜鹃根投入粪池灭蛆蝇、孑孓，浸水喷洒杀竹蝗，稻螟虫，黏虫，软体动物。

【全树】 ①观赏植物：小花杜鹃夏季开白色花供观赏及园林绿化。迎红杠鹃，早春先叶开花，淡紫色，鲜艳夺目，为美丽观赏植物。马银花，绿叶疏容，繁花映发，可作假山点缀观赏植物。②农药：羊踯躅，全株加水喷洒对螟虫，蚂蟥，稻飞虱，卷叶虫杀灭率好；对小麦叶锈病也可防治。

古柯科 Erythroxylaceae

2 属约 250 种，分布热带；中国产 1 属 2 种，分布东南至西南。灌木或乔木。

古柯属 *Erythroxylum* P. Br.

灌木或小乔木。

【叶】 药用：古柯 *E. coca* Lam.，东方古柯 *E. kunthienum*（Wsll.）Kurz. 及引种爪哇古柯 *E. novagranalense*（Monis）Hier.，主为叶提取生物碱，用作局部麻醉剂。古柯叶含生物碱 0.54%~1.48%，主成分：1-古柯碱，桂皮酰古柯碱，α-组丝酰古柯碱。爪哇古柯叶含生物碱 0.7%~1.5%。药用局部麻醉剂主用于眼、鼻、耳小手术麻醉剂。古柯碱为世界可卡因毒品，严禁生产，贩毒，吸食毒品。

【木材】 东方古柯，材褐色，轻，硬度中，强度中，稍耐腐，适作一般家具，农具，生活器具，包装材等，木材价值下等。中国古柯 *E. sinense* Wu 近似。

鼠刺科 Escalloniaceae

约 10 属 130 多种，主产南半球；中国产 2 属 16 种，分布长江以南。乔木或灌木，单叶互生。

鼠刺属 *Itea* L.

约 26 种，分布东亚；中国产 15 种，分布长江以南。灌木或小乔木。

【树皮】 ①鞣质：云南鼠刺 *I. yunanensis* Franch.，含鞣质 25%~30% 可栲胶。②韧皮纤维：大叶鼠刺 *I. macrophylla* Wall. 含纤维素 39.75%，可制绳、麻袋、造纸。

【木材】 材黄或黄褐微红色，重量及硬度中，干缩大，稍耐腐。适作农具，小器具，工农具柄。木材价值下等。诸如：鼠刺 *I. chinensis* Hook. et Arn. 及其变种矩叶鼠刺

var. *oblonga*（Hand. -Mazz.）Wu；大叶鼠刺。

【花】 ①蜜源植物：腺鼠刺 *l. glutinosa* Hand. -Mazz. 花期 4~5：月，产蜜量多，一群蜂年产商品蜜 5~10kg；花粉较少。②药用：矩叶鼠刺花治喉干咳嗽。

【根】 药用：矩叶鼠刺根，祛风除湿，滋补强壮，解毒消肿，主治身体虚弱，劳伤脱力，产后风痛，腰痛，白带，跌打损伤。

杜仲科 Eucommiaceae

1 属 1 种，中国特产，分布西部至东部。落叶乔木。

杜仲属 *Eucommia* Oliv.

单属科。

【树皮】 ①药用：杜仲 *E. ulmoides* Oliv.，主成分：杜仲胶 22.5%，桃叶珊瑚苷，还有糖苷，生物碱，果胶，树脂，有机酸，醛类，绿原酸等，有补肝益肾，强筋骨，安胎，降压作用，主治腰膝酸痛，足膝萎弱，肾虚尿频，胎动不安，丸剂：天麻杜仲丸，治筋脉牵掣，周身酸痛，肢体麻木，腰膝酸痛，顽固性头痛。针剂：10%~20% 醇液，治各种高血压症，效果良好。酊剂：治疗各种高血压。民间多用杜仲皮泡滔，主治腰痛，高血压，肾亏阳痿，风湿骨痛等。②兽药：补肾壮骨，安胎助阳，主治骡马胯痛，牛马腰闪，公畜阳痿，母畜安胎。

【树胶】 叶含 3%~5%（鲜叶含胶 2.25%，嫩叶含 4%~6%），嫩枝含胶 4.67%，老枝含胶 10%（薄皮含胶 11.4%，厚皮含胶 14.32%，干陈皮含胶 20%），根皮含胶 10%~20%，树皮含胶 22.5%，每公顷均产胶 100~125kg。其中树皮产量：21 年树高 9.9m，单株皮重 11.4kg；树高 7.4m，皮重 4.1kg；树高 6.6m，皮重 1.9kg。树龄 1~5 年，单株叶量 0.7kg；9 年单株叶量 11.65kg；17 年单株叶量 17.5kg；22 年单株叶量 20.65kg。如实行矮林作业，翌年叶量增至 3.5~4 倍。果量，20 年单株 8.5kg。杜仲胶主用于海底电缆硬性胶，有高度绝缘性，各种耐酸碱胶管原料，航空工业，输油管，电子绝缘器材，高级黏合剂，医药作补牙材料。

【木材】 材黄褐微红色，重量硬度中，干缩小，稍耐腐，易翘裂。适作车船，家具，建筑，农具，日用品，木模，雕刻，枕木等。木材价值下等。

【叶】 药用：主治高血压，用量为皮 2~3 倍。

【种子】 油用：含油量 27%~32.3%，干性油，主成分：棕榈酸 9.4%，硬脂酸 3.3%，油酸 29.5%，亚油酸 15.9%，亚麻酸 41.9%，用于工业掺和油漆及制肥皂。

【全树】 ①庭荫树。②环保树种：抗有害气体弱，为环保指示植物。

大戟科 Euphorbiaceae

约 300 属 5000 种以上，广布全世界；中国产 32 属约 450 种，分布全国各地。又引入 8 属 10 种，分布华南、西南、福建、台湾。草本、灌木、乔木。

喜光花属 *Actephila* Bl.

约 35 种，分布印度，马来西亚至大洋洲；中国产 2 种，分布海南、云南。乔木或灌木。喜光花 *A. memlliana* Chun 及云南喜光花 *A. dalichanthe* Craiz.，种子含油量 24.3%～29.8%，主成分：棕榈酸 5.2%～6.4%，硬脂酸 12.2%～13.8%，油酸 14.2%～17.5%，亚油酸 11.6%～13.1%，亚麻酸 56.8%～52.7%，油可供工业用肥皂，润滑油。

铁苋菜属 *Acalypha* L.

约 450 种，分布热带至亚热带；中国产约 15 种，分布华南。草本、灌木或乔木。本属主为观赏植物及绿篱植物。狗尾红 *A. hispida* Burm. f. 花丝绒形，鲜红或紫色，为美丽观赏植物。红桑 *A. wikesiana* Muell. et Arg.，叶色不一，杂以红、紫、粉红多种变种，雄花序淡紫色，花期长，花庭园观赏或作绿篱植物。其变种：大叶红桑 var. *macrophylla* Hort.，叶赤褐色，红边红桑 var. *marginata* Hort.，叶缘鲜红色；变色红桑 var. *musaica* Hort.，叶绿色，缘白色，久变红色。斑叶红桑 var. *triumphans* Hort.，叶片有红色，绿色、棕色斑点。

山麻杆属 *Alchornea* Sweet

约 70 种，分布热带；中国产 6 种，分布秦岭以南。落叶灌木或小乔木。

【茎皮】 ①纤维：山麻杆 *A. davidii* Franch.，茎皮出麻率 15%～18%，纤维细长，拉力强，可代麻，棉絮，造纸。②药用：山麻杆茎皮入药，解毒，杀虫，止痛，主治：一疯狗咬伤，蛇咬伤，驱虫，腰痛。③饲料：山麻杆叶可作饲料。

【根】 药用：红背山麻杆 *A. trewioides* (Benth.) Muell. Arg.，根入药，显酚类反应，有祛痰解痉作用，清热利湿，散瘀止血，主治：痢疾，小便不利，血尿，尿路结石，红崩，白带，腰腿痛，跌打损伤肿痛；外用治外伤出血，荨麻疹，湿疹。

【全株】 观赏树种：山麻杆，嫩叶红色，为路边、四旁园林观赏树种。

五月茶属 *Antidesma* L.

约 170 种，分布旧大陆热带；中国产约 16 种，分布东部至西南。常绿乔木或灌木。

【木材】 材黄褐至心材暗红色，重，硬，抗虫害。适作农具，家具，建筑，雕刻，造纸材等。木材价值下等。诸如：五月茶 *A. bunius* Spreng.，黄毛五月 *A. fordii* Hems l.，酸味五月茶 *A. japonicum* Sieb. et Zucc.，山地五月茶 *A. montanum* Bl.，大果五月茶 *S. nienkui* Merr. et Chun，红柳 *A. maclurei* Merr. 等。

【果实】 食用：五月茶核果近球形，径 0.7cm，深红色，可食。

【根(叶)】 药用：五月茶根叶入药，收敛止泻，止渴生津，行气活血，主治：津液缺乏，食欲不振，消化不良；外用治跌打损伤。

银柴属 *Aporosa* Bl.

约 75 种，分布南亚；中国产 4 种，分布南部至西南部。常绿乔木或灌木。材浅红褐色，重量、硬度、干缩中等，稍耐腐，抗虫蛀。适作农具，家具，建筑，造纸等。木材价值下等。诸如银柴 *A. chinensis* (Champ.) Merr.，毛叶银柴，*A. villosa* (Wall.) Rehd.，南银柴

A. yunnanensis(Pax et Hoffm.) Mete.

木奶果属 *Baccaurea* **Lour**.

约 80 种，中国 2 种，分布印度、马来西亚至中国海南、云南。常绿乔木。

【木材】 材灰黄褐色，轻，软。适作造纸材，建筑板料。木材价值下等。诸如白皮木奶果 *B. ramiflora* Lour.，木奶果 *B. sepida*(Roxb.) Muell. Arg

【果】 食用：木奶果，果熟时黄色，卵形，径 1.5～2cm，味酸甜可食。

斑籽木属 *Baliospermum* **Bl**.

约 6 种，分布印度、马来西亚至中国云南；中国产 3 种，分布云南南。灌木。斑籽木 *B. effusum* Pax et Hoffm.，根叶入药，解毒驱虫，散瘀消肿，主治蛔虫，黄疸型肝炎，跌打损伤，骨折。山地斑籽木 *B. montanum*(Willd.) Muell. Arg.，傣族用根皮树叶入药代用斑籽木。

重阳木属 *Bischofia* **Bl**.

2 种，分布南亚至中国；中国 2 种皆产，分布山东、河南、陕西至长江流域以南。落叶或常绿乔木。

【树皮】 鞣质：秋枫 *B. javanica* Bl.，树皮含鞣质，可提制栲胶。重阳木可作红色染料。

【木材】 心材暗红褐色，边材浅黄褐色，重量中，硬，强度中，韧度中，干缩中，耐腐。适作坑木，枕木，椿柱，桥梁，造船，车辆，家具，农具，雕刻等。木材价值中等。秋枫，重阳木 *B. polycarpa*(Levi.) A. Shaw。

【叶】 ①绿肥：秋枫叶可沤作绿肥。②药用：秋枫叶含表无羁萜醇；无羁萜醇，谷甾醇，捣烂外敷治无名肿毒；重阳木功效同秋枫。

【果实】 ①食用：秋枫、重阳木果可酿酒食用。②油用：重阳木果肉含油 33.6%，主成分：棕榈酸 8.5%，硬脂酸 5.3%，油酸 18%～3%，亚油酸 35.5%，亚麻酸 32.3%，可作工业润滑油。

【种子】 油用：秋枫种子含油量 25.5%～26.2%，主成分：棕榈酸 3.2%～10.5%，油酸 18.4%～23.9%；重阳木种子含油量 30.1%，主成分：棕榈酸 10.2%，硬脂酸 6.4%，油酸 19.6%，亚油酸 25.9%，亚麻酸 37.9%，可作工业润滑油用。

【根】 药用：秋枫根入药，行气活血，消肿解毒，主治传染性肝炎，疳积，肺炎，咽喉炎；外用治痈疽，疮疡。重阳木根入药，功效略同秋枫。

【全树】 ①防护林：秋枫根系发达，抗风力强，耐水湿，宜作水源涵养林，护岸林树种。重阳木根系发达，抗风，适作堤岸林。②行道树：重阳木树姿优美，秋叶变红，艳丽悦目，适作庭荫行道林树种；秋枫枝叶茂密，秋叶红色似枫，可作行道庭荫树种。③环保树种：重阳木对 SO_2 抗性较强，适作街道、厂矿绿化环保树种。

土密树属 *Bridelia* **Willd**.

约 60 多种，分布东半球热带至亚热带；中国 5 种，分布台湾、福建、云南。灌木至小乔木。

【树皮】 鞣质：禾吊树树皮含鞣质 9.45%，干时为 17.3%，烘干为 25.89%，可提制栲胶。

【木材】 心材浅栗褐色，重量中，硬至中，强度中至弱，干缩小至中，稍耐腐，边材易变色。适作农具，家具，包装箱，板车等。木材价值下等。诸如：禾吊树 *B. balansae* Tulch.，土密树 *B. monoica*（Lour.）Merr.，大串连果 *B. stipularis*（L.）Bl. 等。

【叶】 药用：土密树，叶含黄酮萤，无羁萜，无羁萜烷 β-醇，豆甾醇，β-谷甾醇，安神调经，清热解毒，主治：神经衰弱症，月经不调；外用治狂犬咬伤，疔疮肿毒。

【果】 药用：大串连果，果入药，解草乌、曼陀罗中毒。

【根】 药用：大串连果，根入药，消炎止泻，主治：腹泻，脱肛。

黑面神属 *Breynia* J. R. et G. Forst

约 25 种，分布马来西亚、中国华南至西南，印度；中国产 7 种。灌木至小乔木。

【树皮】 鞣质：黑面神 *B. fruticosa*（L.）Hook. f.，树皮含鞣质 12.02%，可栲胶。

【茎皮】 入药：黑面神叶捣烂与酒糟、蜜糖服，可治乳管不通，乳少。又叶显酚类、三萜类反应，外用治烧烫伤，湿疹，过敏性皮炎，皮肤瘙痒，阴道炎。

【根】 药用：黑面神根，清热解毒，散瘀止痛，主治急性肠胃炎，扁桃体炎，支气管炎，尿路结石，产后子宫收缩疼痛，风湿性关节炎。小黑面神 *B. hyposauropus* Croial.，根入药，清热解毒，消肿止痛，主治感冒发热，气管炎，肠炎腹泻；外用毒蛇咬伤，跌打肿痛。小叶黑面神及滇南黑神 *B. palens*（Roxb.）Benth.，及 *B. prostrate* Merr.，根入药，清热解毒，止血止痛，主治；感冒发热，扁桃体炎，咽喉炎，急性肠胃炎，痢疾，月经过多，崩漏，白带，痛经；外用治外伤出血，烧伤，湿疹。

【种子】 油用：黑面神种子含油量 29.1%，主成分：棕榈酸 30.5%，硬脂酸 1.9%，油酸 28.2%，亚油酸 17.8%，亚油酸 20.4%，可供工业润滑油用。

坚果树属 *Caryodendron* Karslen

3 种，分布南美洲；中国引入 1 种，分布华南。乔木。本属引入奥里诺坚果树 *C. orinocensis* Karsten。

【果实】 食用：奥里诺坚果树果实含油 37.4%，淀粉 33.6%，葡萄糖 2.6%，蛋白质 20%，粗纤维 4.5%，灰分 3.2%，可供食用；印第安人用果汁哺育婴儿。

【种子】 油用：种子含油量 47.5%，主成分：饱和脂肪酸 17.75%，油酸 35.4%，亚油酸 34.4%，亚麻酸 12.5%，为木本油料，潜力很大，又作当地食品。

【木材】 当地用木材烧炭，作家具，建筑等用。

白桐树属 *Claoxylon* A. Juss.

约 80 种，分布东半球热带；中国产 5 种，分布华南至西南。乔木或灌木。白桐树 *C. indicum*（Reinw. ex Blume）Hassk.，叶入药，外用治烧伤烫伤，外伤出血。根入药，祛风除湿，消肿止痛，主治：风湿性关节炎，腰腿痛，跌肿痛，脚气水肿。

棒柄花属 *Cleidion* Bl.

约 20 多种，分布热带；中国产 3 种，分布华南至云南。常绿、半常绿小乔木。

【树皮】　短柄棒柄花 *C. brevipetiolatum* Pax et Hoffm.，树皮入药，消炎解表，利湿解毒，通便，主治：感冒，急慢性肝炎，疟疾，膀胱炎，脱肛，子宫脱垂，月经过多，产后流血，疝气，便秘；外治疮疖。

【木材】　材浅黄褐色，重量、硬度、干缩中等。适作农具，家具，雕刻，器具等。木材价值下等。诸如：短柄棒柄花，棒柄花 *C. specifolium*（Bum. f.）Merr.，等。

【种子】　油用：大苞棒柄花 *C. bracteatum*，种子含油量 20.72%，主成分：棕榈酸 7.18%，硬脂酸 19.81%，油酸 21.31%，硬脂酸 19.8%，油酸 21.3%，亚油酸 49%，亚麻酸 2.7%；棒柄花种仁含油量 58.29%，主成分：棕榈酸，硬脂酸，十四碳烯酸，油酸，亚油酸，油可作选矿剂，印染表面活性剂，润滑油，彩色胶片成色剂，橡胶工业成型剂等。

蝴蝶果属 *Cleidiocarpon* Airy-Shaw

2 种，中国 1 种，分布云南、贵州、广西、越南南北、缅甸北。常绿乔木。

【木材】　材淡黄灰色或灰红褐色，轻，软，不耐腐。适作箱盒，建筑及家具板料。商品材价值低。蝴蝶果 *C. cavaleriei*（Lévl.）Airy Shaw。

【果实】　食用：果实含油，蛋白质，淀粉，糖分，炒食，味如板栗，富营养。

【种子】　油用：种子含油 21%，种仁含油 35%，主成分：棕榈酸 16.37%～20%，硬脂酸 4.63%～4.88%，油酸 30.2%～53.8%，亚油酸 25.62%～42%，可作食用油，味如麻油、花生油。

【果壳】　种子壳：鞣质，可栲胶。

【全树】　是木本粮油兼及四旁绿化树种，生长快，产果量高，果期长，适应性广，山地石灰岩都能生长，华南、西南均可发展。

闭花木属 *Cleistanthus* Hook. f. ex Planch.

约 110 种，分布东半球热带；中国产 5 种，分布华南、云南。小乔木。闭花木 *C. saichikii* Merr.，越南闭花木 *C. tonkinensis* Jahb.。

【种子】　含油量 51.97%，主成分：棕榈酸 28.92%，硬脂酸 12.66%，油酸 39.22%，亚油酸 17.34%，油可作工业润滑油用。

【闭花木材】　紫红褐色，重量中，硬，强度中，韧度中，干缩小，少裂，耐腐，适作车船，桥梁，桩，柱，建筑，家具，农具，木材价值中等。

变叶木属 *Codiaeum* A. Juss.

约 15 种，分布马来西亚、大洋洲及太平洋岛屿；中国引入 1 种，分布华南。灌木或乔木。引入变叶木 *C. variegatum* Bl. *piemm* Muell. Arg，叶形及颜色变化大，常见以黄色斑点，华南各园圃栽培观赏。

巴豆属 *Croton* L.

约 750 种，分布热带至亚热带；中国约 20 种，分布长江流域以南。灌木、乔木，很少草本。

【木材】　材浅黄褐色，略轻，软，易腐杇。适作家具，建筑板料，家具包装材等。木材价值低等。诸如：毛叶巴豆 *C. caudatus* Geisel. var. *tomentosa* Hook. f.，银叶巴豆 *C. crassifolius* Geisel.，宽叶巴豆 *C. euryphyllus* W. W. Smith，光叶巴豆 *C. laevigatus* Vahl，矩叶巴豆 *C. oblong* folia Roxb.，巴豆 *C. tiglium* L. 等。

【种子】　①油用：宽叶巴豆，种子含油量 39.4%，主成分：棕榈酸 11%，硬脂酸 4.1%，花生酸 0.9%，油酸 21.6%，二十碳烯酸 9.8%，亚油酸 44.1%，亚麻酸 2.1%；光叶巴豆，种子含油量 29.49%，主成分：棕榈酸 7.1%，油酸 1.1%，亚油酸、亚麻酸 8%，黑果巴豆 *C. miglium* L.，种子含量 53%~57%，主成分：肉豆蔻酸 11.3%，棕榈酸 1.3%，花生酸 2.3%，油酸 56%，亚油酸 29%，巴豆种子含油量 53%~57%，主成分：肉豆蔻酸 11.3%，棕榈酸 1.3%，花生酸 2.3%，油酸 56%，亚油酸 29%，另有巴豆酸及顺藏酸，种子油为强烈致泻剂，稀释液外用皮肤药；对血吸虫寄主钉螺姜片虫寄主扁螺蛳有杀死功效。②药用：巴豆种仁含油 40%~60%，油中含巴豆树脂，系巴豆醇，甲酸，丁酸，巴豆油酸结合而成的酯，有强烈致泻，还含蛋白质 18%，其中包括一种毒性球蛋白（称巴豆素），巴豆苷 1%~3.8%，精氨酸，赖氨酸，解脂酶及一种类似蓖麻碱的生物碱，有大毒，泻下祛积，主治：寒积停阻。③兽药：果熟取仁研粉制巴豆霜，行水，化积逐痰，杀虫灭疥，治马七结症，脚生附骨疽，水疗疮，马疥症，鸡瘟，牛百叶干咳。④农药：巴豆粉加水 1000~5000 倍，喷洒防治桑螟，棉大卷叶虫，蚜虫，稻瘟瘿虫，防治桑树上、蔬菜上软体害虫，小麦锈病菌夏孢子抑制发芽，杀粪坑蛆，油茶毛虫，大麦蚜虫，小麦中浆虫，棉花蚜虫。

【药用】　巴豆叶，温中散寒，祛风活络，外用治冻疮，跌打肿痛，毒蛇咬伤。

【根】　药用：银叶巴豆，根入药，行血止痛，祛风消肿，主治风湿性关节炎，腰腿痛，胃痛，腹痛，疝痛，痛经，跌打肿痛。毛果巴豆 *C. lachnocarpus* Benth.，根显生物碱、酚类、三萜类反应，祛风除湿，散瘀消肿，主治：跌打损伤，骨折，疟疾，胃痛。巴豆，温中散寒，祛风活络有致泻作用，主治：胸腹胀满，便秘难下。

【全株】　药用：毛叶巴豆，全株入药，镇静祛风，退热止痛，舒筋活络，主治：疟疾高烧，惊痛抽搐，风湿关节炎，四肢麻木。

东京桐属 *Deutzianthus* Gagnep.

1 种，分布云南、广西、越南南北。常绿乔木。东京桐 *D. tonkinensis* Gagnep.，种仁含油量 49.7%，主成分：月桂酸 1.3%，肉豆蔻酸 28.1%，硬脂酸 13.8%，油酸 27.4%，亚油酸 24.8%，油可供工业润滑油用。

黄桐属 *Endospermum* Benth.

约 100 种，分布南亚；中国产 1 种，分布华南。常绿大乔木。本属黄桐 *E. chinensis* Benth.。

【树皮】　药用：黄桐树皮可治疟疾。

【木材】　材浅黄白色，轻至甚轻，软，强度弱，干缩小，不耐腐，易蓝变色。适作胶合板，文具，火柴杆，家具、门窗，农具，日常用具等。木材价值低。

【叶】　药用：黄桐叶入药，舒筋活络，祛瘀生肌，镇痛，主治：关节痛，腰腿痛，四肢麻木。

【种子】 油用：黄桐种子含油 32.5%，主成分：棕榈酸 7.8%，硬脂酸 2.7%，油酸 19.8%，亚油酸 20.8%，亚麻酸 48.9%，适作工业用油漆代用油，机械润滑油。

风轮桐属 *Epiprinus* Griff.

6 种，分布印度至东南亚；中国产 1 种，风轮桐 *E. siletianus*（Baill.）Croiz.，分布琼、滇，乔木或灌木。材浅黄色，重硬中等，稍耐腐，适作建筑门窗，木模，造纸材等。木材价值下等。

大戟属 *Euphorbia* L.

约 2000 种，分布亚洲热带至温带；中国产约 60 种，分布全国。草本或亚灌木。

【茎】 药用：金刚纂 *E. antiquorum* L.，茎入药，主成分：无羁萜 3B 醇，无羁萜烷-3-醇及 13-异构体，富马酸，蒲公英赛醇，蒲公英赛酮，黄酮类，氨基酸，糖类，消肿，拔毒，止泻，液汁逐水，主治：急性肠胃炎，疟疾；液汁治肝硬化腹水。铁海棠 *E. milii* Ch des Moulins，茎叶拔毒消肿，外用治痈疮肿毒。

【种子】 油用：续随子 *E. lathyris* L.，种子含油量 46.84%，油棕黑色，比重 0.9177，不溶性脂肪酸 92.81%，可制肥皂，软皂，润滑油用，主成分：棕榈酸 7%，硬脂酸 2%，油酸 84%，亚油酸 3%，亚麻酸 3%，甘碳烯酸 1%，国外研究因其资源多，可作能源油用。

【花】 药用：铁海棠花入药，止血，主治功能性子宫出血。

【根】 药用：铁海棠，根入药，含铁海棠碱 A、B，拔毒消肿，治痈疖肿毒。

【全株】 ①药用：一品红 *E. pulcherrima* Willd.，全株入药，调经止血，接骨消肿，主治：月经过多，跌打损伤，外伤出血；外敷治骨折。霸王鞭 *E. ropheana* bioss.，全株入药，祛风消炎，外用治皮癣，疮疡肿毒。绿玉树 *E. tirucalli* L.，全株入药，催乳，杀虫，主成分：蒲公英甾醇，13-萵苣甾醇，大戟醇，主治乳汁缺乏，外用治癣疥。②观赏植物：霸王鞭作盆栽观赏，南方作绿篱植物。铁海棠，总苞片鲜红色，十分美丽，栽培供观赏。一品红叶生下部者绿色，生上部者红色或乳黄色，十分美丽，各地栽培观蔷。绿玉树枝绿色，叶线形，供观赏。

核果木属 *Drypetes* Vahl.

约 200 种，分布热带至亚热带；中国产 10 多种，分布华南。常绿乔木或灌木。材黄褐色，重硬，强度强至中，干缩甚大，但不耐腐，易变色。适作工、农具柄，家具，建筑，车船板料等。木材价值下等。如核实 *D. hainanensis* Merr.，网脉核实木 *D. pereticulata* Gagnep.，等。

海漆属 *Excoecaria* L.

约 40 种，分布东半球热带；中国产 55 种，分布华南、西南。灌木。

【叶】 药用：绿背桂花 *E. cochinchinensis* Lour. var. *viridis*（Pax et Hoffm.）Merr.，叶入药，杀虫止痒，外用治牛皮癣，慢性湿疹，神经性皮炎。

【种子】 油用：草沉香 *E. acerifolia* F. Didr.，种子含油量 25%，可制肥皂。

【全株】 ①药用：草沉香全株入药，祛风散寒，健脾利湿，解毒，主治：风寒咳嗽，疟疾，黄疸型肝炎，消化不良，小儿疳积，风湿骨痛，闭经，狂犬病，草乌，毒蕈食物中毒。红背桂花 *E. cochinchinensis* Lour.，全株入药，通经活络，止痛，主治：麻疹，腮腺炎，扁桃体炎，心绞痛，肾绞痛，腰肌劳损。②鞣质：海漆 *E. agallocha* L.，分布东南沿海红树林中，可提鞣质，单宁 8%。

白饭树属 *Flueggea* Willd.

约 6 种，分布东半球热带；中国产 2 种，分布台湾、华南、西南。落叶灌木。白饭树 *F. virosa* (Roxb. ex Willd.) Baill. 全株入药，主成分：白饭树碱，清热解毒，消肿止痛，止痒止血，外用治湿疹，脓泡疮，过敏性皮炎，疮疖，烧焚伤。

算盘珠属 *Glochidion* J. R. et G. Forst.

约 300 多种，分布热带至亚热带；中国产约 20 多种，分布长江流域以南。常绿或半绿灌木或乔木。

【树皮及茎皮】　鞣质：算盘珠属多种树皮含单宁 15.36%～16.14%，纯度 67.36%～70.2%，为混合类单宁，一吨栲胶需树皮茎皮原料 4.5t。渗革速度快，鞣猪皮淡红色，符合规定，革丰满，有光泽，坚韧有弹性。诸如厚叶算盘子 *G. desyphyllum* K. Koch，毛果算盘子 *G. eriocarpum* Champ.，山柑算盘子 *G. fagifolium* Miq.，馒头果 *G. fortunei* Hamce，香港算盘子 *G. hongkongense* Muell. -Arg. 算盘子 *G. puberum* (L.)，圆果算盘子 *G. sphaerogymum* Kurz.，白背算盘子 *G. wrightii* Benth.，华西算盘子 *G. wilsonii* Hutch. 等。

【木材】　材灰黄至灰红褐色，重量中，硬度中，干缩中至大，耐腐性中等。适作农具，建筑板料，造纸，器具等。木材价值下等。诸如厚叶算盘子，算盘子，白背算盘子，庐山算盘子等。

【叶】　①药用：厚叶算盘子，叶祛风消肿，主治牙病。毛果算盘子，叶入药，解毒止痒，主治生漆过敏，水田皮炎，皮肤瘙痒，荨麻疹，湿疹，剥落性皮炎。山相算盘子，清热解毒，主治感冒发烧，暑热口渴，口腔炎，湿疹；外用治疮疡溃烂。算盘子，叶入药，清热解毒，消滞止泻，主治：感冒发热，咽喉肿痛，痢疾腹泻。细叶算盘 *G. rubrum* Bl.，叶治风湿病，神经痛。②农药：算盘子叶浸水喷洒防治稻螟虫，蚜虫，稻飞虱，浮尘子，叶撒粪中杀蛆。馒头果叶也可作农药，喷洒防治虫害。

【种子】　油用：厚叶算盘子种子含油量 24.7%，主成分：棕榈酸 22.7%，硬脂酸 1.8%，油酸 30.4%，亚油酸 23.8%，亚麻酸 21%；馒头果种子可榨油；算盘子种子含油量 20%，主成分：棕榈酸 29.1%，硬脂酸 0.9%，油酸 23.2%，亚油酸 32.7%，亚麻酸 14.1%；白背算盘子，种子含油量 11%，主成分：棕榈酸 22.1%，亚油酸 24.9%，以上种子油可制肥皂及工业润滑油。

【根】　药用：厚叶算盘子，收敛固脱，祛风消肿，主治风湿骨痛，跌伤肿痛，脱肛，子宫下垂，白带，泄泻，肝炎。毛果算盘子根入药，有抑菌作用，主治肠炎，痢疾。馒头果根入药，功效同上。算盘子根入药，清热解毒，祛风活络，主治：感冒发热咽喉痛，疟疾，急性肠胃炎，消化不良，痢疾，风湿关节炎，跌打损伤，白带，痛经。

橡胶树属 *Hevea* Aubl.

约 20 种，分布南美洲热带；中国引入 1 种，分布华南，台湾、福建、云南。常绿乔木。橡胶树 *H. brasiliensis*(Willd. ex A. Juss.) Muell. -Arg.

【树胶】 割制乳胶，制成各种橡胶制品：广泛用于汽车，飞机，电缆，传送带，薄膜制品，多种农业机具，人民生活用品等。

【木材】 ①用材：材浅黄褐色，轻，软，干缩小，不耐腐，易蓝变色。适作胶合板，家具板料，造纸材等。木材价值低。②木材炭化：橡胶木材化学组成：热水抽出物 4.36%，1% NaOH 抽出物 21.9%，苯醇抽出物 2.08%，戊聚糖 24.57%，纤维素 43.43%，木素 38.45%，灰分 5.66%，橡胶木材疏松，易炭化，木炭多孔性远比其他木炭大，木材最佳炭化温度为 400~450℃，适作炭化木材各种用途。

【花】 蜜源植物：花期 4~7 月，蜜量多，一群蜂年产蜂蜜 5~10kg。

【果实(果壳)】 ①人造纤维：橡胶果壳含 α-纤维素 92.2%~94.72%，可制取人造纤维原料。②活性炭：橡胶果壳可制优质活性炭，及醋酸等化工原料。

【种子】 ①油用：橡胶种仁含油量 37.8%~45%，主成分：棕榈酸 8.9%~10.6%，硬脂酸 6.5%~9.6%，花生酸 1%，油酸 21.4%~26.7%，亚油酸 33.3%~41.7%，亚麻酸 16.7%~24.9%，一般作肥皂及固化油用，近来经处理作食用油，有降血脂作用。②代替豆油试制醇酸树脂，制树脂漆，酚醛调和漆，氨基树脂漆。③硬脂酸进一步制十八胺，作选矿剂，印柒表面活性剂，润滑油活化剂，彩色胶片成色剂，橡胶工业成型剂。④药用：可提制治疗高血压、冠心病用药。

水柳属 *Homonoia* Lour.

约 5 种，分布印度至马来西亚；中国产 2 种，分布华南，西南。常绿灌木。

【茎皮】 纤维可搓绳，水柳仔 *H. riparia* Lour.

【种子】 油用：水柳仔种子含油量 21.2%~23.4%，主成分：棕榈酸 10.4%~17.3%，硬脂酸 2.4%~3.7%，十六碳烯酸 6.7%~9%，油酸 23.1%~34.5%，亚油酸 25.5%~26.5%，亚麻酸 11%~29.2%；假轮生水柳 *H. pseudoverticillata* 种子含油量 59.32%，主成分：棕榈酸 9.78%、硬脂酸 4.53%，油酸 14.32%，亚油酸 6.81%，亚麻酸 64.65%，油适用工业掺和油漆用。

【根】 药用：水柳仔根入药，清热利胆，消炎解毒。主治急慢性肝炎。

虎拉属 *Hura* L.

数种，分布热带美洲；中国引 1 种，虎拉 *H. crepitens* L.，海南种植。落叶大乔木，高达 60m，胸径 2m。虎拉用途如下：

【木材】 材灰白色，轻，软，不耐腐。适作胶合板，箱板，建筑室内装饰材，造纸材等。木材价值低等。

【种子】 药用：可提制泻剂药。

麻疯树属 *Jatropha* L.

约 175 种，分布热带至亚热带；中国产 4 种，引入 2 种，分布华南、西南。乔木、灌木或草本。

【叶】 蚕饲料，饲蚕丝质好，可作优质丝织品。麻疯树 *J. curcas* L.。

【种子】 ①油用：种仁含油量 59.68%，主成分：棕榈酸 12%~17.5%，硬脂酸 5%~6%，油酸 37%~63%，亚油酸 19%~40%，麻疯树油可与柴油、汽油、沼气、煤气混合使用为能源燃料，也可单独使用。②麻疯树油可生产十八胺，作金属矿物浮选剂。③工业用：用作肥皂、润滑油用。④药用：麻疯树油，含蓖麻子白朊（称麻疯毒素），散瘀消肿，止血止痒，外用治麻风病，痢疾，慢性皮肤溃疡，跌打肿痛，出血，皮肤瘙痒，关节挫伤，阴道滴虫，湿疹，脚癣。

【全树】 ①药用：佛肚树 *J. podagrica* Hook.，全株入药，清热解毒，消肿止痛，主治：毒蛇咬伤。②观赏树种：佛肚树，基部膨大肉质，有"佛肚"之称，花红色可作观赏树种。棉叶木花生 *J. gossypifolia* L. var. *elegans* Muell. Arg. 及多花麻疯树 *J. multiflora* L.，广州栽培，作观赏树种。

安达树属 *Joannesia* Vell.

2 种，分布热带美洲；中国引入 1 种，广州栽培，大乔木，安达树 *J. princeps* Veil.，用途如下：

【木材】 材重，硬。适作家具，农具，胶合板等。木材价值下等。

【种子】 ①食用：安达树种子可煮食。②药用：安达树种子研粉服用可止泻；又可外用治皮肤病。

【全树】 掌状复叶 3~7 板，有长柄，可作观赏树种。

白茶树属 *Koilodepas* Hassk.

约 10 种，分布印度、马来西亚至中国；中国产 1 种白茶树 *K. hainanensis*（Merr.）Airy-Shaw.，分布海南，小乔木，材橙黄色，纹理交错，甚重甚硬，强度甚强，干缩甚强，耐腐，小材可作扁担。工农具柄，农具，桩柱等，价值中等。

轮叶戟属 *Lasiococca* Hook. f.

约 3 种，分布热带地区；中国产 1 种，分布云南、海南。灌木：轮叶戟 *L. comberi* Haines var. *pseudoverticillata*，种子油用：种子含油量 59.3%，主成分：棕榈桐 9.3%，硬脂酸 4.5%，油酸 14.2%，亚油酸 7.3%，亚麻酸 64.7%，油可供工业掺和油漆用。

血桐树属 *Macaranga* Thou.

约 280 种，分布东半球热带至亚热带；中国产 10 多种，分布华南、云南。常绿乔木或灌木。

【茎皮】 纤维：血桐 *M. tanarius*（L.）Muell. Arg.，茎皮纤维可制绳。

【木材】 材浅灰红褐色，轻中，硬度中至软，强度弱，干缩小，不耐腐。适作造纸，木屑，板料，包装材，火柴杆，建筑室内板料等。木材价值低等。诸如盾叶木 *M. adenantha* Gagnap.，血桐，印度血桐 *M. indica* Wight，齿叶血桐 *M. dentiandala*（Bl.）Mull. Arg.，刺果血桐 *M. poilancei* Gagnap.，二翼血桐 *M. sisensis*（Baill.）Muell. Arg. 等。

【叶】 饲料：血桐。

【种子】 油用：盾叶木，种仁含油量 60.3%，主成分：棕榈酸 1.1%，花生酸 2.3%，山嵛酸 32.4%，油酸 2.9%，二十四碳烯酸 55.9%，亚油酸 0.9%，种子油可供工业用制肥皂用油。印度血桐种子合油量 16.03%，主成分：棕榈酸 10.3%，油酸 57.7%，亚油酸 19.2%，亚麻酸 1.7%，油可供工业用润滑油。血桐种子油也可利用。中平树 *M. denticulata*（Bl.）Muell. Arg.，含油 23.46%，主成分：棕榈酸 17.6%，油酸 23.4%，亚油酸 3.7%，亚麻酸 5%，可供工业用润滑油。

野桐属 *Mallotus* Lour.

约 140 多种，分布旧大陆热带至亚热带；中国产约 40 多种，分布长江流域以南。灌木或乔木。

【树皮（茎皮）】 纤维：白背叶 *M. apelta*（Lour.）Muell. Arg.，茎皮含纤维素 46.96%；毛桐 *M. barbatus*（Wall.）Muell. Arg.，茎皮含纤维素 38.02%~42.96%；白楸 *M. cochinchpensis* Lam.，茎皮含纤维素 8.18%；白背桐 *M. nepalensis* Muell. Arg.，茎皮含纤维素 23.17%；粗糠柴 *M. philippensis*（Lam.）Muell. Arg.，树皮含纤维素 53.7%；石岩枫 *M. repandus*（Willd.）Muell. Arg.，茎皮含纤维素 40%；野桐 *M. tenuifolius* Pax，茎皮含纤维素 50%，可织麻袋，绳索，人造棉，混纺，造纸，麻布，蜡纸，草鞋用。

【木材】 材灰白至浅红褐色，轻中，硬至软，强度中，干缩中，稍耐腐，有虫蛀，适作一般器具，木尺，造纸，农具，家具板料，铅笔杆，车旋品等。木材价值低。诸如：白背叶，毛桐，白楸，野梧桐 *M. japonicus* Muell. Arg.，白背桐，粗糠柴，石岩枫，野桐等。

【种子】 油用：白背叶含油量 32.8%~36.4%，主成分：棕榈酸 3.31%，硬脂酸 2.11%，油酸 13.77%，亚油酸 10.74%，Q-粗糠柴酸 70.07%，可作桐油代用品，干燥性能与桐油近似，调制清漆，皱纹漆；也制肥皂，油墨，鞣革油，润滑油，制聚酯，聚酰胺及合成大环香料的原料。毛桐种仁含量 27%，主成分：棕榈酸 10.6%~17.6%，硬脂酸 2.2%~7.2%，十六碳烯酸 35%~54.9%，油酸 10.2%~24.4%，亚油酸 12.2%~48.3%，可作工业润滑油。野梧桐种子含油量 37.92%，用途同白背叶，可制油墨，肥皂，鞣革油，润滑油。大穗野桐 *M. macrostachyus*（Miq.）Muell. Arg.，种子含油量 32.2%，主成分：棕榈酸 15.8%，硬脂酸 4.3%，十六碳烯酸 32.4%，油酸 28.7%，亚油酸 17.6%，可作工业用润滑油。白背桐种子含油量 30%，可作油漆，蜡烛，肥皂用油。白楸种子含油量 10.7%，主成分：棕榈酸 15.8%，硬脂酸 2.7%，十六碳烯酸 34%，油酸 21.4%，亚油酸 20.4%，亚麻酸 2.7%，可作工业用润滑油。粗糠柴种子含油量 34%，主成分：棕榈酸与硬脂酸 9.1%~10.1%，油酸 2.7%~7.2%，亚油酸 4.3%~6.7%，亚麻酸 17%~19%，羟基桐酸 58.6%~66.2%，可制肥皂及润滑油。石岩枫种子含油量 35.9%，主成分：棕榈酸 21.2%，油酸 53.8%，亚油酸 15.8%，桐酸 21.46%，可制油漆，油墨，肥皂用油。野桐种子含油量 30.8%，主成分：棕榈酸 13.6%，硬脂酸 4.6%，油酸 31.8%，亚油酸 48.5%，亚麻酸 1.5%，可作润滑油，肥皂，油漆原料。四籽野桐 *M. tetracoccus* 种子含油量 32.18%，主成分：棕榈酸 15.8%，硬脂酸 4.3%，油酸 28.7%，亚油酸 17.6%，十六碳烯酸 32.4%，可作工业润滑油。

【叶】　①饲料：白背叶的叶可作猪饲料。白背桐叶嫩叶可作猪饲料。粗糠柴叶含粗蛋白 13.37%，为饲料价值较高树种。②药用：白背叶的叶入药，外用治中耳炎，疖肿，跌打损伤，外伤出血。

【花】　蜜源植物：粗糠柴，花期 10~11 月，蜜量稍多，一群蜂年产蜜 2~3kg。

【果实】　①染料：粗糠柴蒴果披红粉，可作丝织品红色染料。②药用：粗糠柴果上腺毛主成岩石菜素，楸毒素，粗糠柴素及异粗糠柴素，为驱虫药，也对蛲虫、线虫有驱虫作用。

【根】　药用：白背叶根入药，舒肝活血，健脾化湿，收敛固脱，主治慢性肝炎，肝脾肿大，脱肛，子宫脱垂，白带，妊娠水肿。毛桐根入药，清热利尿，主治肠炎，腹泻，消化不良，尿道炎，白带。白背桐，根入药，生新解毒：主治骨折，骨结核，狂犬咬伤。粗糠柴根入药，清热利湿，主治：急性痢疾，咽喉肿痛；石岩枫根入药，祛风活络，舒筋止痛，主治：风湿性关节炎，腰腿痛，产后风瘫；外用治跌打损伤。

木薯属 *Manihot* Mill.

约 170 种，分布热带美洲；中国引入 2 种，分布华南、西南。亚灌木至小乔木。

【树胶】　木薯橡胶树 *M. glaziovii* Muell. Arg.，树胶管含纯橡胶 49.6%~77.8%，树脂 4.74%~6.85%，可以制工业用各种产品，如车胎、胶管等。

【叶】　饲料：木薯 *M. esculenta* Crantz，鲜叶含蛋白质 4.9%，干叶含蛋白质 20.6%~36.4%，可作叶粉，作牲畜饲料及养蚕。

【种子】　油用：木薯种子含油量 22.3%~28%，主成分：棕榈酸 10.4%，硬脂酸 2.3%，花生酸 4.2%，油酸 14.8%，亚油酸 68.3%，油供工业用润滑油，制皂。

【块根】　①食用：木薯块根含淀粉 15%~22%，经水漂煮食。②工业用：木薯淀粉可作纺织等工业用淀粉。⑤饲料：淀粉渣是家畜好饲料。

小盘木属 *Microdesmis* Hook. f. ex Hook.

约 10 种，分布热带、亚热带；中国产 1 种，分布华南、云南。灌木至小乔木。小盘木 *M. caseariifolia* Planch.，种子含油量 10%，主成分：棕榈酸 19.2%，硬脂酸 3.5%，油酸 33.2%，亚油酸 43.9%，油可供工业用润滑油。

肥牛树属 *Muricocoum* Chun et How.

1 种，分布中国广西。常绿大乔木，高达 35m，胸径 1.5m。

【木材】　材甚重硬。适作家具，农具，建筑，枕木，坑木，桥梁，车船等。木材价值中等。肥牛树 *M. sinensei* Chun et How。

【叶】　饲料：肥牛木叶含粗蛋白 3.92%，粗脂肪 1.67%，是牛、马好饲料，亩产鲜叶 1000~1500kg，取矮林作业，便于采收叶子，为冬季青饲料树种。

【种子】　富含油脂，可作工业用油。

叶轮木属 *Ostodes* Bl.

约 12 种，分布印度至马来西亚；中国产 3 种，分布华南、云南。小乔木。叶轮木 *O. paniculata* Bl.，种子含油量 53.94%，主成分：棕榈酸 6.7%～6.9%，硬脂酸 1.7%～5.5%，亚油酸 11.5%～16%，亚麻酸 7%～3%，桐酸 52.2%～52.6%。为新的桐油资源，具优良干性油品质，与桐油相似。

油柑属 *Phyllanthus* L.

约 600 种，分布热带至温带；中国产约 30 多种，分布长江流域以南。落叶或半常绿乔木或灌木。

【树皮】 鞣质：余甘子 *P. emblica* L.，树皮含鞣质 20%～40%。纯度 65.31%，属缩合类，鞣革色浅、渗透快，革质好。

【木材】 心材灰红褐色，边材黄褐色，重、硬、干缩、稍耐腐，易翘裂。适作家具，建筑，农具，器具，室内装修材等。木材价值下等。诸如油柑，木本油柑 *P. flexuosus* (Sieb. et Zucc.) Muell. Arg.，印度油柑 *P. indieus* (Dalz.) Muell. Arg.，海南油柑 *P. hainanensis* Merr.，龙眼睛 *P. reticulates* Poir. 等。

【叶】 ①鞣质：余甘子叶含鞣质 23%～48%，可栲胶。②药用：余甘子叶及印度油柑叶入药，治水肿，皮肤湿疹。

【果实】 ①食用：余甘子果含大量维生素 C，碳水化合物，有机酸，维生素 8.82，P，胡萝卜素，蛋白质，脂肪，色氨酸，蛋氨酸，赖氨酸，钙、磷、铁、钾等，碳水化合物主要有 D-葡萄糖，D-果糖、蔗糖，果胶由 D-半乳糖，D-阿拉伯糖，D-木糖，D-鼠李糖，D-葡萄糖，D-甘露糖组成，还有半乳糖二酸，油柑素，可以生食，初味涩，回甜生津，酒后茶余好水果。可以加工盐渍品，蜜饯，罐头，果汁，饮料及食品添加剂。②药用：余甘子果入药，健胃，消食，润肺生津，收敛止泻，清热解毒，下气除瘀，消滞止咳，主治：消化不良，胃脘痛，腹泻，感冒发烧，疝痛，咽喉痛，牙痛，坏血病（维生素 C 含量 4000～4700mg/kg），胆绞痛，胆道蛔虫，乙型肝炎，降血压。③鞣质：余甘子未熟果含鞣质 30%～50%，可提制栲胶。

【根】 药用：余甘子根入药，祛虚利尿，主治：感冒发热，咽喉痛，咳嗽，口干烦渴，牙痛，维生素 C 缺乏症。印度油柑根入药，解郁镇痛，清湿热，降血压，主治口干烦渴，喉痛，润肺化痰。龙眼睛根入药，消炎，收敛，止泻，主治痢疾，肠炎，肠结核，肝炎，肾炎，小儿疳积。

拟蓖麻木属 *Ricinachendron*

约数种，分布热带非洲；中国引入 1 种，分布海南。拟蓖麻木 *R. africanum* Muell. Arg.，木材轻软，适板料，造纸等用。木材价值低。种子可榨油，供工业用油及医药用油。

蓖麻属 *Ricinus* L.

1 种，广布热带；中国北部为一年生草本，南方为多年生草本、灌木或乔木。蓖麻子 *R. communis* L.。

【茎皮】　蓖麻子茎皮含纤维素 51.6%，可作人造棉，造纸原料。

【叶】　饲蚕：蓖麻子叶饲蓖麻蚕，可作蚕丝织品。又可浸水作农药。

【花】　蜜源植物：蓖麻子花期 5~8 月，蜜，粉较多。

【种子】　①油用：蓖麻子种子含油量 45%，种仁含油量 80%，主成分：硬脂酸 3%，蓖麻酸 80%~88%，油酸 3%~9%，亚油酸 2%~3%，可作飞机、汽车、海轮，车床、高速润滑油、印章泥油，还可制肥皂、发油，印刷油、护革油。②药用：蓖麻子油主成蓖麻碱，蓖麻毒素，蓖麻毒蛋白，解脂酶，主用子宫颈癌，皮肤癌；又排脓拔毒，润肠通便，主治：便秘，润肠通便，主治：便秘，排毒消肿。③肥料：蓖麻子油粕可作肥料。④土农药：蓖麻子含蓖麻毒蛋白，蓖麻碱，可致虫害致死。

【根】　药用：蓖麻子根祛风活血，主治风湿关节痛，破伤风，癫痫，精神分裂症。

乌桕属 *Sapium* P. Br.

约 120 多种，分布热带至亚热带地区；中国产约 10 种，分布长江流域以南。常绿或落叶乔木或灌木。

【木材】　材浅黄褐色，甚轻至中，软，强度弱，韧度中，干缩小至甚小，不耐腐，易变色，虫蛀。适作火柴杆，包装材，造纸材，木屐，压絮板，洗衣板，砧板，棋子、木盒等。木材价值低。诸如：浆果乌桕 *S. baecalum* Roxb.，山乌桕 *S. discolor*（Champ.）Muell. Arg.，白乳木 *S. japonicum*（Sieb. et Zucc.）Pax et Hoffm.，圆叶乌桕 *S. rotundifolium* Hemsl.，乌桕 *S. sebiferum*（L.）Roxb. 等。

【叶】　①药用：山乌桕叶含无羁萜醇，并显酚类，黄酮类反应，散瘀散肿，外用治跌打损伤，毒蛇咬伤，皮炎，湿疹、疱疹。乌桕叶含槲皮苷，鞣质，乌桕苦味质，清热利湿，拔毒消肿，杀虫，利尿，通便。②饲料：乌桕叶可饲柏蚕。③染料：乌桕叶可作黑色染料。④绿肥：山乌桕叶可沤绿肥。⑤农药：山乌桕，乌桕叶可作农药，叶汁加水喷洒杀蚜虫，红蜘蛛，金花虫。

【花】　蜜源植物：山乌桕，花期 4~8 月，一群蜂年产蜜 10kg，琥珀色，质量中等。圆叶乌桕，花期 6~7 月，蜜量多，每群蜂年产蜜 10~20kg，色较黄，质量中。乌桕花期 5~7月，每群蜂年产蜜 15~35kg，浅黄色，质量一般。

【果实】　①果壳：乌桕果壳可提制糠醛。②果肉：含油率 35.13%，主成分：肉豆蔻酸0.5%~0.7%，棕榈酸 58%~72%，硬脂酸 1.2%~7.6%，油酸 20%~35%，可作选矿剂，印染表面活性剂，润滑油活性剂，橡胶成型剂。

【种子】　①种子皮油（皮油）：乌桕皮油为白色凝固体，约占 40%，为制造蜡烛，肥皂重要原料。②种仁油（梓油）：乌桕种仁油含油量 41%，主成分：月桂酸 3.1%~6.2%，棕榈酸 12%~34.5%，油酸 16.6%~25.6%，亚油酸 6.7%~14.9%，亚麻酸 16.2%~39.7%，为制漆，油墨，防锈油，电器绝缘油，润滑油，变速冷轧机油 SC9.4。③油粕：乌桕油粕含氮 4.47%，磷 0.92%，钾 0.87%，是良好有机肥料。浆果乌桕种子含油率 43.19%，主成分：肉豆蔻酸 1.3%，棕榈酸 4.7%，油酸 7.2%，亚油酸 69.6%，亚麻酸 8.5%，是良好工业润滑油。山乌桕种子含油率 41%~9%，主成分：棕榈酸 6%~8%，硬脂酸 4%~5%，油酸 6%~8%，亚油酸 35%~42%，亚麻酸 34%~40%，十二碳烯酸 4%~5%，可制肥皂。白乳木，73.45%，主成分：棕榈酸 4%，硬脂酸 1%，油酸 19%，亚油酸 55%，亚麻酸 8%，可作润滑油，油漆，肥皂，蜡烛。圆叶乌桕种子含油量 32.4%，主成分：月桂酸 3.8%，棕榈酸 13%，硬脂酸 2.2%，油酸 22.8%，亚油酸 28.5%，亚麻酸 29.7%，可作润滑油，制漆，蜡烛，肥皂。

【树皮】 药用：山乌桕根皮入药，泻下遂水，主治。肾炎水肿，肝硬化腹水，二便不利。白乳木根皮入药，散瘀消肿，利尿。乌桕根皮入药，利尿泻下，主治血吸虫腹水。

【全树】 ①观赏树种：乌桕春秋叶红，妖艳夺目，不下丹枫，种植池畔，溪边，也作行道树，秋叶红色。②环保树种：乌桕对 SO_2，HF 抗性强，为厂矿环保树种。

守宫木属 *Sauropus* Bl.

约 40 种，分布印度至马来西亚；中国产 6 种，分布华南至西南。灌木、亚灌木。龙目利叶 *S. spatusifolius* Beille 及守宫木 *S. androgynus*(L.) Merr.，牛耳叶 *S. mstrata* Miq.，叶可入药，清热化痰，润肺通便，主治：肺燥咳嗽，咯血，便秘。

一叶荻属 *Securinega* Comm. ex Juss.

约 25 种，分布温带至亚热带；中国产 2 种，分布东北以南。灌木。

【枝条】 一叶荻 *S. suffruticosa*(Pall.) Rehd.，枝条可编筐篓用具。

【茎皮】 纤维：一叶荻茎皮含纤维索 46%，可制绳索，造纸原料。

【叶】 药用：一叶荻主成分：一叶荻碱，有中枢神经兴奋作用，主治：神经衰弱，阳痿，小儿麻痹后遗症。白叶仔 *S. virosa*(Roxb.) Pax el Hoffm.，叶入药杀虫拔毒。

【种子】 油用：一叶荻种子含油量 7.13%。可以榨油，供润滑油用。

【根】 ①鞣质：一叶荻根含鞣质，可栲胶。②兽药：一叶荻及叶底珠 *S. acicularia* Croiz.，根皮煎水，可治牛马虱子。③药用：白叶仔根入药，消炎，止痛，解毒。

地构叶属 *Speranskia* Baill.

2 种，分布华南至中南。半灌木。地构叶 *S. cantonensis*(Hance) Pax et Hoffm.，及瘤果地构叶 *C. tuberculata* Baill.，全株入药，祛风去湿，活血调经，止痛，主治感冒，虚劳咳嗽，淋巴结核，风湿关节炎，坐骨神经痛，跌打损伤，月经不调，白带。

狭瓣木属 *Sumbaviopsis* J. J. Smith

1 种，分布马来半岛至中国云南南。灌木鱼小乔木。狭瓣木 *S. albicans*(Bl.) J. J. Smith，种子含油量 58.24%，主成分：硬脂酸 22.8%，棕榈酸 7%，油酸 12.2%，亚油酸 32.5%，亚麻酸 24.65%，其中硬脂酸可进一步制十八胺，作选矿剂，印染表面活性剂，润滑油活化剂，彩色胶片成色剂，橡胶成型剂。

滑桃属 *Trewia* L.

1 种，分布中国云南、广西、海南至中南半岛、印度、菲律宾、印度尼西亚。乔木。滑桃树 *T. nudiflora* L.

【种仁】 含油量 57.9%，主成分：棕榈酸 12.6%，硬脂酸 13.5%，油酸 34%，亚油酸 38.2%，亚麻酸 1.9%，油酸供制皂及润滑油。

【木材】 浅黄，轻、软、不耐腐，可作板料、包装材、火柴杆、造纸材等。木材价值低。

油桐属 *Vemicia* Lour.

3 种，分布东亚：中国产 2 种分布陕西、甘肃、河南以南至越南、马来西亚。乔木。

【树皮】 鞣质：石栗树皮含鞣质 18.26%，油桐 *V. fordii* (Hemsl.) Airy. Shaw，木油桐 *V. montana* Lour.，树皮含鞣质可烤胶。

【木材】 材黄白至黄褐色，轻至甚轻，软至甚软，强度弱，干缩小，不耐腐。适作床板，家具板料，火柴杆，包装材，造纸材，农具，木屐等。木材价值低。油桐，千年桐，石栗。

【叶】 ①饲白蜡虫：油桐。②农作物覆盖物：石栗。③药用：油桐叶入药，外用治疮疡，癣疥。石栗叶入药，止血，捣烂外敷。

【花】 ①蜜源植物：油桐花期 5 月，蜜量多，一群蜂年产蜜 5kg。

【果实】 ①外壳：油桐外壳可提制碳酸钾，桐碱，是钾肥，玻璃、软片，化妆品，香料，鞣皮剂，洗涤剂原料。②桐子壳：可制活性炭：油桐，木油桐，石栗。

【种子】 ①油用：油桐种仁含油量 51.59%，主成分：棕榈酸及硬脂酸 3%~5%，油酸 4%~10%，亚油酸 8%~15%，亚麻酸 14.3%，桐酸 71%~82%，干性油，干燥快。有光泽，抗冷热，防腐，防锈，主要用作喷漆(飞机，车船，机械)，防水涂料，电气绝缘体，也可提炼汽油，灯油。木油桐，种仁含油量 49.4%~8.6%，主成分：棕榈酸 4.9%~6%，硬脂酸 2.4%~5.4%，油酸 12.4%~16.2%，亚油酸 18.9%~22.2%，桐酸 44.9%~55%，干性油，可代用桐油用。石栗种仁含油量 61.5%~72.4%，主成分：棕榈酸 5.5%~7.2%，硬脂酸 1.9%~3.6%，油酸 27.6%~41.9%，亚油酸 20.7%~28.5%，干性油，干燥快，有光泽，不怕热，耐酸碱，为车船，飞机、渔网、机械、家具。农具、乐器等涂料，还有人造橡胶、人造汽油、人造皮革。印刷工业、电器。塑料原料。①药用：桐油在医药上作杀虫剂，呕吐剂，治头癣，疥疮。石栗油也可作医药用。②肥料：桐油麸含有机质 77.58%（氮 3.59%，磷 0.97%，钾 0.57%），是良好有机肥。石栗油麸含有机质 77.15%（氮 3.59%，硫 0.97%，氧 0.57%），提高产量，改良土壤。

【根】 药用：油桐根入药，消积驱虫，祛风利湿，为驱蛔虫药，食积腹胀，风湿筋骨痛，湿气水肿。

【全株】 ①行道树：石栗树高大，适作行道树，风景树。②环保树种：石栗对有害气体抗性中，为常见环保树种。

领春木科 Eupteleaceae

1 属 2 种，分布东亚；中国产 1 种 1 变种，分布北部至华东、西南。落叶乔木。

领春木属 *Euptelea* Sieb. et Zucc.

单属科。

【树皮】 鞣质：大栗领春木 *E. pleiosperma* Hook. f. et Thoms. 树皮含鞣质可烤胶。

【木材】 浅黄褐色，重量，硬度，强度，干缩均中等，不耐腐。适作家具，木模，胶合板，包装箱，室内装修，火柴杆，铅笔杆，绘图板，雕刻等。木材价值下等。大果领春木，领春木 *E. pleiospermaftczk. et Thomg*

【叶】 药用：日本产多蕊领春木 *E. Polyandra* Sieb. et Zucc. 叶含领春木苷 A，B，具抗菌作用；国产树种可作临床试验。

【全树】 ①观赏植物：领春木，树形美观，先叶开花，可作庭园绿化观赏。②物种资源：大果领春木已渐危，应加保护。

蝶形花科 Fabaceae

约 480 属 12000 多种，广布世界各地；中国有 108 属约 1100 种，其中木本 57 属约 450 种，又引入 17 属 29 种，产全国各地。乔木、灌木、藤本。

相思子属 *Abrus* Adans.

6 种，产热带、亚热带；中国产 4 种，分布华南至西南。攀缘灌木。

【茎皮】 纤维：相思子 *A. precatorius* L. 茎皮纤维可搓绳。

【叶】 凉茶：相思子及广东相思子 *A. fruficulosis* Wall. ex Wight. et Arn.，叶可配制夏季凉茶饮料。

【种子】 ①药用；相思子种子主治瘴疟，虫积等；外用治癣疥，疮痈，但有剧毒，主成分：相思子碱，刺桐碱，红豆碱，胆碱，相思子酸，没食子酸及毒蛋白，误食轻者呕吐，虚脱；重者致命。②装饰品相思子种子红色，近基部黑色，可作装饰工艺品。

【根、藤、叶或全草】 药用：相思子、主成分：刺桐碱，葫芦巴碱，甘草酸，主治支气管炎，咽喉肿痛；外用拔毒排脓，主治痈疮。广东相思子，主治急、慢性肝炎，肝硬化腹水；外用治癣疥，毒蛇咬伤。毛相思子 *A. mollis* Hance，主治乳疮，小儿疳积。

合萌属 *Aeschynomene* L.

约 250 种，分布热带至亚热带；中国产 1 种，又引入 1 种，分布各地。灌木、半灌木或草本。

【茎】 ①药用：合萌 *A. indica* L.，茎髓（去皮），有通乳利尿药效。②农药：合萌浸水可作杀虫农药。③软木制品：合萌及美洲合萌 *A. Americana* L.，茎基部甚软甚轻，可加工救生圈，游泳带，瓶子塞等。

【叶（带茎）优良绿肥】 合萌茎含氮 1.6%，磷 0.5%，钾 2.1%；叶含氮 4.6%，磷 0.73%，钾 0.69%；全株含氮 3.2%，磷 0.66%，钾 0.6%。茎叶柔软易烂，肥效好，再生力强，耐多次刈割，月均亩产 1500kg，如收割早稻后 10 天，亩产 500～700kg，适黏土田，砂质田，烂泥田，酸性田均可。可作早稻后间作晚稻基肥或单季晚稻基肥，可使晚稻亩增产 13%～37%，为优质绿肥。

【种子】 油用；合萌种子含油量 7%，主成分为棕榈酸及硬脂酸 23%，其余为油酸、亚油酸，可作工业用油。

【全株】 ①药用：合萌主治，尿路感染，小便不利，黄疸性肝炎及其腹水，肠炎，痢疾，小儿疳积，夜盲症，结膜炎，荨麻疹；外用主治外伤出血，疖肿。②土壤改良树种：合萌，美洲合萌有根瘤菌及茎瘤菌，茎高 60cm 也生瘤菌，可充分固定空气中氮素，固氮力强，对改良土壤细菌化、结构化、有机化具有很大作用。

骆驼刺属 *Alhagi* Gagnebin

约 5 种，分布亚洲西部至地中海；中国产 3 种，分布西北至内蒙古、华北。落叶具刺灌木。

【枝干分泌物】 药用；骆驼刺 *A. pseudoalhagi*(Bieb.)Desv.，分泌物，主治腹泻，痢疾。

【嫩茎叶】 饲料：骆驼刺嫩茎叶含粗蛋白 11%~13%，骆驼喜采食，羊也采食。为沙区主要饲料之一。

【叶】 除作饲料外，尚可作发汗利尿药。

【花】 蜜源植物：骆驼刺花可作辅助蜜源植物。

【种子】 ①油用：骆驼刺种子含油量 8%，可作工业用油。②药用：骆驼刺种子可治胃痛，牙病。

【全株】 ①药用：骆驼刺全株含乌索酸，生物碱，胡萝卜素，维生素 C，维生素 Bl，维生素 K，涩肠止痛，主治腹痛，腹泻，痢疾。②固沙树种：骆驼刺深根性，可入地 20cm，生沙地，耐干旱盐碱，为流沙、半流沙固沙树种。③绿篱：骆驼刺具刺，耐瘠，为良好绿篱植物。

银砂槐属 *Ammodendron* Fisch. ex DC.

约 7 种，产中亚至西亚；中国新疆西部产 1 种。落叶具刺灌木。

银砂槐 *A. argenteum*(Ball.)Kitze，生新疆伊犁地区荒漠盐碱土及丘陵。为固沙灌木树种之一。

沙冬青属 *Ammopiptanthus* Cheng f.

2 种，产我国西北及内蒙古；分布蒙古及中亚。常绿灌木。

【茎干】 薪材：沙冬青 *A. mongolicus*(Maxim. ex Kom.)Cheng f.，高达 2m，为沙区优良薪材，耐燃烧，无烟。

【枝叶】 沙冬青，主成分：黄花木素及多种生物碱；新疆沙冬青 *A. nanus*(Popov)Cheng f.，主成分：沙冬青碱，均有毒，牲畜不食，可作外用药，主治冻伤，风湿性关节炎，但不能内服。

【全树】 ①固沙防风树种：沙冬青属枝叶密茂，四季常青，为西北，内蒙古优良防风固沙灌木树种。②物种资源：本属为渐危树种，应加强保护和发展。

紫穗槐属 *Amorpha* L.

约 25 种，分布北美洲至墨西哥；我国引入紫穗槐 1 种，已有 60 年，分布北部至长江以南福建、江西、湖南、四川。落叶灌木，半灌木。

【枝干】 ①编织品：紫穗槐 *A. fruticosa* L.，枝条细长，韧性好，可编织篓、筐、篮、藤帽等用。②建筑材料；可作屋棚，壁帘等。③优良薪材能源：紫穗槐萌发快，年可刈割 2~

3 次，产量高，第 1 年产量 1500kg/hm^2；2 年产量 3000kg/hm^2；3 年产量 7500kg/hm^2，为农村，尤其三北地区，优良再生能源薪材。

【韧皮纤维】 可代麻制绳索及造纸纤维原料。

【叶】 ①优质木本饲料：紫穗槐鲜叶含干物质 42.3%，粗蛋白 9.1%，粗脂肪 4.3%，无氮浸出物 27%，粗纤维 5.4%，灰分 2.8%，钙 0.8%，磷 0.4% 及维生素，营养丰富，比紫花苜蓿高 25%，比胡枝子高 1 倍。除作草食家畜饲料外，还适猪、鸡，其中含紫穗槐甙可通过水解除去，或调制粉作商品饲料。②优质木本绿肥：鲜叶含水分 61%，含氮 1.32%，磷 0.3%，钾 0.79%。第 2 年产 1500kg/hm^2；第 3 年产 22500kg/hm^2，每 1000kg 肥效相当于硫酸铵 66kg，过磷酸钙 15kg，硫酸钾 15.8kg，足够一亩高产水稻基肥，比单纯施化肥硫酸铵可增产 13% 以上；旱地麦田也增产，其肥效比草木樨，高 2.2 倍，比紫花苜蓿高 2.3 倍，比紫云英高 3.8 倍，且不占耕地，旱涝保收，有铁杆绿肥之称的优良绿肥。③农药：按各种比例配制农药喷洒，可防治菜蚜虫，棉铃虫，麦蛾虫及果树害虫等，且无化学农药富集污染之弊。紫穗槐本身很少病虫害，与其所含甙类、精油、单宁有关。

【花】 蜜源植物：紫穗槐花期 5～6 月，一群蜂可产商品蜜 5kg 左右，蜜琥珀色，花粉量也多。

【果】 荚果皮具有疣状油腺点，含精油 2.5%，主成分：桉油精，可作调香原料。

【种子】 ①芳香油：种皮含芳香油 1～1.2%，可提取精油作调香原料。②油用：种子含油 9.4%～10.3%，含饱和脂肪酸，棕榈酸，硬脂酸 9.4%～16.5%，不饱和脂肪酸，油酸，亚油酸，亚麻酸 69.2%～90%，属干性油，适作油漆，肥皂，润滑油等工业用油。③饲料：种子富含蛋白质及脂肪，油中维生素 C 高于小麦和玉米，适作家畜精饲料。④多糖类：种子含多糖化合物（半乳甘露聚糖），可开发用于石油，选矿，纺织，造纸，药品，食品工业等。

【全树】 ①水土保持、防风固沙树种：紫穗槐根系发达，主树深达 1 米，水平根系达 3～4 平方米，抗寒，耐旱，耐盐碱，萌发力强，可有效防止水土流失，防风固沙，以及护堤、护路坡等。②土壤改良：紫穗槐富含根瘤菌，2～3 年根瘤菌达 20～400 个，固氮力强，在沙荒地种植 5 年，有机质提高 4 倍；在海滨盐碱地种植 2～3 年，可使地面 10cm 含盐量下降 30%。③环保树种：紫穗槐吸收有害气体，属抗性强的环保树种之一。

虫豆属 Atylosia Wight et Arn.

约 35 种，分布热带亚洲，大洋洲及非洲，马达加斯加；中国产 4 种，分布华南及滇、藏南。藤本。

虫豆 A. mollis (Willd.) Benth.，全株药用，主治疮癣。

藤槐属 Bowringia Champ. ex Benth.

2 种，分布热带亚洲及非洲；中国产 1 种，分布华南及福建。攀缘灌木。

藤槐 B. callicarpa Champ. ex Benth. 茎皮纤维可代麻制绳索。

紫矿属 Butea Roxb. ex Benlh.

3 种，分布印度至中国；其中紫矿分布滇南，贵州、四川多人工栽培。常绿乔木或灌木。紫矿 *B. monsperma*（Lam.）Kuntze Rev. Gen. Pl.。

【树皮】　药用：外用治蛇伤。

【韧皮】　纤维：制绳索，造纸原料及造船填料。

【树脂】　药用：收敛剂，主治腹泻。

【木材】　坚实耐用，滇南作建筑房屋，家具，农具等，木材价值中等。

【枝条】　药用：外用治蝎子蜇毒刺伤。

【花】　染料：主成紫铆花素，橘红色，加明矾可作不褪色的红色染料。

【种子】　①油用：种子含油量 18.9%，主成分：棕榈酸 21%，硬脂酸 9.1%，油酸 27.9%，亚油酸 25.7%，花生酸 6%，山嵛酸 5.7%，作工业用油。②药用：驱虫剂，主治蛔虫，蛲虫，以新鲜种子药效好；又有避孕作用。

【全树】　①紫胶虫寄主树：8~10 年即可放养，一年可放两代，第一代 8~9 月；第二代翌年 4 月。健壮树株产原胶 3.5kg，原胶含水分 2.4%，树脂 77.4%，色素 13%，残渣 14.1%，灰分 1.8%。②观赏树种：花大鲜红，春季怒放，为美丽观赏树种。

木豆属 *Cajanus* DC.

2 种，分布热带亚、非；中国引入 1 种，长江流域以南栽培。直立灌木。木豆 *C. cajan*（L.）Milsp.。

【杆茎】　①编织品：木豆杆茎可编织篓筐篮箩。②建筑材料：可作屋棚壁帛材料。③能源薪材：木豆耐干旱瘠薄，易繁殖，生长快，适南方红壤，为良好薪材能源树种之一。

【叶】　①饲料：鲜茎叶含水 70%，粗蛋白 7.11%，粗脂肪 1.65%，无氮浸出物 7.68%，粗纤维 10.74%，灰分 2.64%，为家畜良好饲料。②饲蚕：木豆叶为饲蚕饲料之一。③绿肥：木豆鲜叶含氮 0.64%~0.69%，磷 0.07%~0.1%，钾 0.35%~0.45%，亩产鲜茎叶 750~1000kg，肥效相当于硫铵 32kg，过磷酸钙 1kg，硫酸钾 10.4kg。6~7 月刈割压青作晚稻基肥。④药用：木豆叶有消炎止痛药效；国外尚治膀胱结石。

【果】　①嫩荚食用：木豆嫩荚果可作蔬菜。②饲料：木豆荚果含水分 6%，粗蛋白 6.3%，粗脂肪 3.3%，无氮浸出物 50.7%，粗纤维 31.6%，灰分 2.1%，可作家畜饲料。

【种子】　①食用：木豆种子含水分 15.2%，蛋白质 22.3%，脂肪 1.7%，碳水化合物 57.2%，矿物醣 3.6%，并含钙、磷、维生素 a、b、c，可食用，或转化加工豆腐，豆浆，酱油，糕点馅，称"豆蓉点心"。②精饲料：木豆种子与蚕豆、豌豆、绿豆营养价值近似，为优良精饲料。

【根】　药用：主治黄疸性肝炎，喉肿痛，便血，衄血等。

【全树】　①紫胶虫寄主树：放养式有缅甸法，泰国法，越南法。木豆为短期寄主树，一般只放养 2~4 代，当年播种，当年放胶，并作保种树，主要收获夏胶，株产原胶约 1kg，色深。我国主产滇、琼、粤南，向北有早熟品种。②改良土壤树种：木豆根系大，根瘤菌多，固氮力强，对南方红壤提高有机质生态效益好，并可间种菠萝，草莓，砂仁副业收益。

丽豆属 *Calophaca* Fisch.

约 7 种，分布中国及俄罗斯。灌木或半灌木。丽豆 *C. sinica* Rehd.。

【茎皮】　纤维：可代麻及造纸原料。

【种子】 可作家畜饲料。

【全树】 观赏：花大黄色，花瓣直立，甚为美观，可供观赏。

莸子梢属 *Campylotropis* **Bge**.

约 60 种，分布亚洲东部；中国约 40 种，大部产西南，少量分布三北。落叶灌木。

【枝条】 编织品：如莸子梢 *C. macrocarpa*（Bge.）Rehd.，枝条细韧，可编织篓筐。

【茎皮】 纤维：①造纸原料：莸子梢茎皮含纤维素 73.92%，可作造纸原料。②代麻：莸子梢茎皮出麻率 13%~14%，可代麻制绳，

【叶】 ①饲料：莸子梢嫩枝叶可作家畜青饲料。②木本绿肥：如兢莸子梢，西南兢莸子梢 *C. delavayi*（Franch.）Schindl.，可作绿肥。

【花】 蜜源植物：莸子梢，花期 6~9 月，为秋季辅助蜜源树种之一。

【根】 药用：银背莸子梢 *C. argentea* Schindl. 及滇南莸子梢 *C. harmsii* Schindl. 清热利湿，祛瘀止痛，主治肠炎痢疾，跌打损伤，刀伤骨折。毛莸子梢 *C. hirtella*（Franch.）Schindl. 及豆角柴 *C. eavaleriei*（flevl.）lc. Y. Wu，调绎活血，收敛止痛，主治痛经，闭经，赤白痢疾，慢性肝炎：毛莸子梢外用治烧烫伤及黄水疮。三棱莸子梢 *C. trigonoclada*（Franch.）Schindl. 及毛三棱莸子梢 *C. bonatiana*（Pampan.）Schindl. 西南莸子梢，发汗解表，清热利湿，主治感冒发烧，肾炎，膀胱炎，肠炎痢疾，风湿性关节炎。

【全株】 药用：莸子梢全株入药，清热解表，舒筋活血，主治感冒，肾炎，肢体麻木，半身不遂。

【全树】 水土保持及改良土壤树种：本属多数树种具有水土保持及改良土壤生态效益。

锦鸡儿属 *Caragana* **Fabr**.

约 100 种，分布亚洲、欧洲；中国约 60 种，全国均有分布。落叶灌木稀小乔木。

【干材】 薪柴能源：如树锦鸡儿 *C. arborescens*（Amm.）Lam.，中间锦鸡儿 *C. intermedia* Kuang et H. C. Fu，小叶锦鸡儿 *C. microphylla*（Pall.）Lam.，柠条锦鸡儿 *C. korshinskii* Kom. 发火力强，干湿均燃，为优良能源薪柴。

【韧皮】 纤维：鬼箭锦鸡儿 *C. dubata*（Pall.）Poir.，含纤维素 38.92%，可代麻制绳索。柠条锦鸡儿，剥皮沤制毛条麻袋。小叶锦鸡儿，中间锦鸡儿，矮锦鸡儿 *C. pygmaea*（L.）DC. 狭叶锦鸡儿 *C. stenophylla* Pojark.，等可作造纸纤维原料。

【枝条】 编织品：如柠条锦鸡儿，中间锦鸡儿，小叶锦鸡儿，枝条可编织篓筐。

【叶】 ①饲料：中间锦鸡儿营养期：水分（占风干）14.95%，粗蛋白 26.43%，粗脂肪 5.86%，无氮浸出物 26.29%，粗纤维 32.74%，灰分 8.65%，钙 2.54%，磷 0.61%，亩产干草 25.6~27.5kg，适口性好，绵羊、山羊喜食，骆驼四季喜食。小叶锦鸡儿：营养期水分（占风干）12.27%，粗蛋白 31.5%，粗脂肪 4.48%，无氮浸出物 19.62%，粗纤维 23.29%，灰分 8.8%，钙 2.09%，磷 0.45%，胡萝卜素 47.9mg/kg，骆驼、绵羊、山羊喜食。狭叶锦鸡儿：分枝期水分（占风子）12.37%，粗蛋白 18.73%，粗脂肪 5.59%，无氮浸出物 31.05%，粗纤维 38.14%，灰分 6.16%，钙 2.27%，磷 0.83%，胡萝卜素 60mg/kg，绵羊、山羊、骆驼喜食，再生力强，亩产干草 40~50kg。川青锦鸡儿 *C. tibetica* Kom.，花期：水分 6.66%（占风干），粗蛋白 3.94%，粗脂肪 7.99%，无氮浸出物 44.4%，粗纤维 26.5%，灰

分 17.16%，钙 1.86%，磷 0.06%。山羊、骆驼喜食；牛也采食。尚有柠条锦鸡儿，矮脚锦鸡儿等，羊、骆驼喜食，夏季生长旺盛，茎叶带花均采食；冬季覆雪，骆驼、羊也掘食。②木本绿肥：如柠条锦鸡儿，中间锦鸡儿，小叶锦鸡儿，枝叶富含氮、磷、钾；小叶锦鸡儿每 1000kg 干枝叶含氮 29kg，磷 55kg，钾 14.3kg，相当化肥硫酸铵 145kg，硫酸钾 28.6kg，过磷酸钙 27.4kg，一般增产粮食 13.20%。

【花】 ①蜜源植物：柠条锦鸡儿，花期 4～5 月，蜜量多，陕北有商品蜜，花粉也多。小叶锦鸡儿，花期 5～6 月，泌蜜好，为重要蜜源。锦鸡儿 *C. sinica*(Buchoz)Rehd.，花期 4～5 月，蜜多粉少，为重要蜜源。甘蒙锦鸡儿 *C. opulens* Kom.，花期 5～6 月，蜜粉少，辅助蜜源。红花锦鸡儿 *C. rosea* Turcz.，花期 4～5 月，蜜粉丰富，重要辅助蜜源。中间锦鸡儿，花期 5 月，辅助蜜源。鬼箭锦鸡儿，花期 5～6 月，蜜粉多，重要辅助蜜源。②药用：黄荆条 *C. frutex*(L.)C. Koch 花活血补血，主治痘疮，跌伤。中间锦鸡儿，花主治高血压，头晕耳鸣，肺虚咳嗽，小儿消化不良。云南锦鸡儿 *C. franchetiana* Kom，花入药，药效似锦鸡儿。

【种子】 ①食用：锦鸡儿种子可食。②油用：树锦鸡儿种子含油量 12.7%，主成分：油酸、亚油酸 94%，半干性油至干性油，适作肥皂、油漆工业用油。柠条锦鸡儿种子含油量 11.6%，主成分：油酸、亚油酸、亚麻酸 84%，余为棕榈酸、硬脂酸为 12.5%，含单宁及生物碱，味苦涩，适工业用油。小叶锦鸡儿种含油量 13%，味苦，可作润滑油，灯油等用。其他中间锦鸡儿，矮锦鸡儿种子含油量低。③饲料：柠条锦鸡儿种子产量高，含粗蛋白 27.4%，粗脂肪 12.28%，粗淀粉 31.6%，营养价值高，但含单宁 1.98%，生物碱 0.43%，有苦涩味，可用水浸泡去苦味作饲料。小叶锦鸡儿，矮锦鸡儿，中间锦鸡儿种子也可作饲料。④肥料：各种种子榨油后，油粕均可作肥料。⑤药用：中间锦鸡儿种子主治：神经性皮炎，牛皮癣。小叶锦鸡儿种子与根同入药，有滋补、养血、通经、镇静药效。

【根】 药用：树锦鸡儿，主治乳汁不通，脚气水肿。短叶锦鸡儿 *C. brevifolia* Kom. 及鬼箭锦鸡儿，外用主治痈疽，疔疮，镇静作用。锦鸡儿根主治高血压，头晕，耳鸣眼花，体弱乏力，风湿骨痛；根皮活血舒筋，滋补强壮，主治风湿麻痹；半身不遂，月经不调，跌打损伤。云南锦鸡儿在云南代锦鸡儿药用。

【全树】 ①防风固沙树种：如矮脚锦鸡儿，中间锦鸡儿，小叶锦鸡儿，柠条锦鸡儿等均为三北地区重要防风固沙树种。②水土保持树种：矮锦鸡儿，中间锦鸡儿，小叶锦鸡儿，柠条锦鸡儿等，根系发达，枝叶密集，覆盖地面，均是防蚀保土树种。③改良土壤树种：如柠条锦鸡儿，小叶锦鸡儿等；根瘤菌多，改良土壤生态效益很高。④绿篱树种：本属多为有刺灌木，适作绿篱。⑤观赏树种：本属花色美丽，可作观赏树种。

澳洲栗属 *Castanosperum* A. Cunn.

原产澳大利亚新南威尔士至昆士兰；我国广州、福州引种成功，已结果。在原产地为常绿巨大乔木，高达 40 米。我国尚在引种试种阶段。澳洲栗 *C. australe* A. Cunn：

【木材】 心材深褐色，重硬，坚韧，花纹美丽。适作高级家具，建筑及装饰材，箱柜，车船，桥梁等大材用途，正板为澳大利亚最好箱柜材树种之一。商品材价值上等。

【种子】 ①食用：种子大如栗，微涩，可水浸除去单宁涩味，可食用或加工各种食品及淀粉原料。②饲料：种子浸水去涩，为良好饲料。

香槐属 *Cladrastis* Raf.

约 12 种，分布东亚、北美洲；中国产 4 种，分布陕南至长江以南。落叶乔木。

【木材】 ①用材：边材浅黄褐色，心材黄至黄红褐色，重硬至中，能耐腐。适各种农具，器具，家具，建筑，车辆等。木材价值上等。如香槐 *C. wilsonii* Takeda，翅荚香槐 *C. platycarpa*(Maxim.)Makino，小花香槐 *C. sinensis* Hemsl. ②黄色染料：小花香槐，翅荚香槐，心材含黄色素，可作黄色染料。

【花】 蜜源植物：小花香槐花期 6~7 月，为产区辅助蜜源植物。

【果】 药用：香槐果有催吐药效。

【根】 药用：香槐根可治寄生虫，腹痛，关节疼痛。

【全树】 ①荒山造林改良土壤植物：小花香槐，翅荚香槐，具根瘤菌，喜光，耐旱，尤适石灰岩荒山造林改良土壤。②观赏：香槐花大，白色，芳香，花序常下垂，花时绿叶扶疏，为优良观赏树种。

耀花豆属 *Clianthus* Soland ex Lindl.

8 种，分布东南亚及大洋洲；中国产 1 种，分布海南、广西。攀缘灌木。

耀花豆 *C. scandens*(Lour.)Merr. 观赏植物，花大紫红，花序长下垂，艳丽耀眼优良观赏植物。

舞草属 *Codariocalyx* Hassk.

2 种，分布东南亚至澳大利亚；中国皆产，分布台湾、福建、华南至西南。灌木。舞草 *C. motorius*(Houtt.)Ohashi，全株入药，安神镇静，去瘀生肌，活血消肿，主治神经衰弱，胎动不安，跌打肿痛，骨折，风湿腰痛，狂犬咬伤。

膀胱豆属 *Colutea* L.

约 26 种，分布亚洲、欧洲、北非；中国产 2 种，分布西南至华南。落叶灌木。本属均为小灌木，观赏植物，如膀胱豆 *C. delavayi* Franch. 花色艳丽，果形奇特，供观赏。

巴豆藤属 *Craspedolobium* Harms

1 种，中国特产，分布西南至广西。攀缘植物。巴豆藤 *C schochii* Harms 全株药用，行血调经，祛风除湿，主治月经不调，贫血，内出血，红崩白带，跌打损伤，风湿关节痛及腰腿痛。药效近似花香崖豆藤(*Millettia dielsiana* Harms ex Diels)。本种主含鸡血藤醇，云南成药鸡血藤膏即由本种提制，商品名"禄劝鸡血藤膏"。

猪屎豆属 *Crotalaria* L.

约 350 种，分布热带、亚热带；中国约 60 种，分布全国。灌木、亚灌木或草本。

【韧皮】 纤维：猪屎豆 *C. pallida* Ait. 纤维素含量(晒干)31%，纤维长 25.32mm，性韧，可织麻袋，搓绳索。柽麻 *C. juncea* L.(1 年生草本半灌木)，纤维素含量 80%，可作绳索，麻袋，渔网，麻布，造纸，为优良纤维植物。

【茎叶】　①绿肥：本属树种多可作绿肥及果园绿肥：如猪尿豆，鲜茎叶含氮 0.44%，磷 0.09%，钾 0.41%，亩产 750～1000kg，相当于化肥硫酸铵 22kg，过磷酸钙 4.5kg，硫酸钾 8.2kg，肥效似猪屎厩肥。尚有美洲野百合 *C. anagyroides* H. B. K.；光萼猪屎豆 *C. zanzibarica* Benth.；大猪屎豆 *C. assamica* Benth.；黄花野百合 *C. ferruginea* Grah.；凹叶野百合 *C. retusa* L. 等均为很好绿肥。②饲料：本属一些树种有毒，不能作饲料；但有些无毒可作饲料；如猪屎豆，光叶猪屎豆 *C. incana* L. 及一些草本类等。

【种子】　①树胶：怪麻胚乳含半乳甘露聚糖，可代瓜尔胶，用于石油、造纸、纺织工业及药用胶。②药用：猪屎豆，主成分：猪屎豆碱（34.3%），猪屎豆零碱，树胶，糖类，氨基酸，黄酮类，甾醇，可作强壮剂，补肾，固精，明目，主治神经衰弱，头晕目花，遗精，早泄，遗尿，便频，但要适量。③代咖啡品：猪屎豆种子粉，可代咖啡，有类似阿托品作用，但要掌握适量。

【根】　药用：猪屎豆根，散毒散积，主治淋巴结核，乳腺炎，小儿疳积。

瓜尔豆属 *Cyamopsis* DC.

瓜尔豆 *C. tetragonoloba*（L.）Taub.

原产热带非洲，美国、印度、欧、亚、南美洲、非洲已广为种植；我国云南引种成功。

【茎叶】　饲料及绿肥。

【种子】　①食用：青豆可作蔬菜，含蛋白质 26%，营养丰富。②饲料：蛋白质含量丰富，饲喂乳牛，每公斤豆粉可增产牛乳 1.6kg，但有异味，应加处理，改善适口性。③胶用：种子含胚乳 38%～40%，胚乳中含甘露半乳聚糖 50%，其中甘露糖 65%，半乳糖 35%，折合种子含瓜尔豆胶 33%～34%，属亲水性胶体，形成高黏度胶液。适作黏合剂，胶凝剂，絮凝剂，用途广泛：食品工业冰淇淋，卤汁等；纺织工业上浆及印染；造纸工业打浆；石油工业有显著增产效果；选矿；污水净化；化妆品；香料；烟叶；药剂；炸药；胶合板等。④蛋白质资源：瓜尔豆粉提取瓜尔豆胶后，余下蛋白质 39.65%，是良好食品蛋白质及饲料资源。

【全树】　①轮作收益：瓜尔豆可与棉花，小麦，马铃薯，亚麻，乃至水稻轮作，可使作物增产，又兼获瓜尔豆资源。②荒地种植及改良土壤：瓜尔豆在荒地上种植，耐旱，耐瘠，适干热气候，收获产品，又改良土壤。

金雀花属 *Cytisus* L.

约 50 种，分布西亚、欧洲，北非；中国引入 1 种，华北及宁、杭栽培。小灌木。金雀花 *C. scoparius* Link，枝叶入药，主成分：金雀花碱，鹰爪豆碱，可作镇静剂及利尿剂。

黄檀属 *Dalbergia* L. f.

约 180 种，分布热带、亚热带；中国产约 25 种，主产淮河以南，又引入 4 种，分布海南、广东、台湾、云南。乔木或攀缘状灌木。

【木材】　①用材：①红木类：海南产降香黄檀 *D. odorifera* T. Chen，引种印度黄檀 *D. sissoo* Roxb. 坂进口越南黄檀 *D. cochinchinensis* Pierre，心材红褐至紫红色，常杂有深色条纹，色红光泽，花纹美丽，甚重甚硬，强度甚强，极耐腐。为我国高级名贵家具材，室内装饰材，乐器，雕刻，镶嵌，高级算珠，工艺品材等。为世界著名红木，商品材名 *Rosewood*，商品价值特级昂贵。②黑木类：国产黑黄檀 *D. fusca* Pierre，与非洲乌木 *D. melanoxylom* Guill. et Perr. 及印度乌木 *D. latifolia* Roxb. 近似，心材紫黑至黑色或红褐间黑色条纹，色黑光泽，花纹瑰丽似大理石纹，甚重甚硬，强度甚强，极耐腐，有翘裂。适作高级名贵家具，管弦乐器(如黑管等)，雕刻，镶嵌，镜框，精美工艺品，民间讲究用于刀把，枪托，枪柄，刨架，高级算珠，秤杆，烟嘴等，为世界著名黑木，商品材名 *Blackwood*，商品价值特级昂贵。③硬黄檀类：以黄檀 *D. hupeana* Hance，分布广，最普遍。材黄色至黄褐色，常多少间有带紫红条纹，材甚重甚硬，强度甚强，韧度甚高，耐腐，光滑不裂。城乡生活用途甚广：各种农具(扁担、犁、牛轭、车轴、农具柄)，刨架，凿柄，锯锥，擀面杖，刀斧锤柄，秤杆，算盘，油榨，鞋楦，各种家具，车旋品，雕刻，箱盒，乐器，纺织，体育器材等。商品材价值一类。海南黄檀 *D. hainanensis* Merr. et Chun，材重硬，海南常见，逊于黄檀，但优于软黄檀类，木材价值上等。④软黄檀类：南岭黄檀 *D. balansae* Prain，钝叶黄檀 *D. obtusifolia* Prain，思茅黄檀 *D. szemoensis* Prain，材浅黄至灰黄褐色，重量硬度强度中等，易加工不耐腐蛀，浸水处理可防蛀。供一般用材，农具，生活用具，车镟材等。木材价值中等。其他诸如西南黄檀 *D. assanica* Benth. 缅甸黄檀 *D. burmanica* Prain，昆明黄檀 *D. collettii* Prain，含羞草叶黄檀 *D. mimosoides* Franch. 多体蕊黄檀 *D. polyadelpha* Prain，托叶黄檀 *D. stipulacea* Roxb. 斜叶黄檀 *D. pinnata* (Lour.) Merr，中越黄檀 *D. tonkinensis* Prain，滇黔黄檀 *D. yunnanensis* Franch. 均为小乔木或灌木状藤本。②心材佛香料：佛院降香缭绕，印度以印度黄檀心材作香料，心材含黄檀素；海南收购降香黄檀心材，出口东南亚作佛香已久，燃之有蔷薇香气，成分有待测定。③香料：降香黄檀心材碎片蒸馏可提取香料。④药用：蒸馏降香黄檀之降香油入药，为镇静剂。

【树皮】 鞣质：菜黄檀 *D. hancei* Benth. 树皮含鞣质，可烤胶。

【韧皮】 纤维：①代麻：藤黄檀含纤维素 16%～28.9%，可代麻制麻袋，麻布，绳索。南岭黄檀，滇黔黄檀木亦可制绳索。②造纸原料：两广黄檀 *D. benthamii* Prain，韧皮可作造纸原料。

【枝条】 ①薪柴能源：本属紫胶虫寄主树，修枝正形及其他树种枝丫，均是优良的再生能源薪炭材。②蕈类培料：如南岭黄檀可培养木耳，白木耳。③药用：两广黄檀藤茎，活血通经。藤黄檀，主治胃脘痛，胸肋痛。

【叶】 绿肥：南岭黄檀速生，萌发力强，为提高紫胶产量，每年修枝整形，树叶资源可作绿肥。

【花】 蜜源植物：钝叶黄檀花期 2～3 月，为春季辅助蜜源植物。

【种子】 油用：藤黄檀种子含油量 19.6%。降香黄檀种子含油量 16.3%，主成分：油酸、亚油酸 72.4%，棕榈酸 21.1%，硬脂酸 6.4%，不干性油，可作润滑油及肥皂。'

【根】 ①药用：藤黄檀根茎，强壮活络，主治腰腿痛，关节痛。斜叶黄檀根皮，消炎解毒，截疟。滇黔黄檀，发表理气，主治风寒头痛，食积胀痛。②兽药：降香黄檀根材，理气止血，行瘀定痛，治牛胃寒呕吐，牛马外伤出血，猪类癫症。

【全树】 ①紫胶虫寄主树：本属紫胶虫树种较多；如南岭黄檀，海南黄檀，黄檀，钝叶黄檀，多体蕊黄檀，多裂黄檀 *D. rimosa* Roxb. 思茅黄檀，印度黄檀，滇黔黄檀等。但紫胶虫习性怕寒怕热，既不适干燥环境，又不适高温多雨气候。其中以南岭黄檀，钝叶黄檀，思茅黄檀，为我国紫胶寄主树优良树种，冬夏均可放养，夏代产胶量高质量好，冬代保种好。南岭黄檀株均产原胶 2.15kg，紫胶成分：树脂 86.7%，蜡质 6.7%，色素 1.3%，易栽培，生长快，萌发力强，为南方新胶区优良寄主树，多培养矮林型，提高放、管、收工效，以增产量，亩产原胶达 1.18kg。钝叶黄檀，夏代固生率 70.80%，冬代保虫率 50%~60%，株均产干胶 0.75~1kg，含胶量 82.68%，含脂量 6.7%，一般 5 年左右即可放养（过早、过小产量低）。思茅黄檀，一般固虫率 70.80%，株均产干胶 1.5kg，含胶量 82.5%，含脂量 6.6%。紫胶树脂广泛用于国防武器，宇航，军舰，大量民用电子绝缘，胶粘，灯泡，仪表，手表，印刷，墨水，唱片，塑料等。又入药，主治经血不止，拔毒生肌，药片外膜防潮剂。紫胶蜡用于鞋油，油墨，地板蜡，复写纸及果菜保鲜剂。紫胶色素，无毒，用于食品着色剂，水果涂料保鲜剂。②荒山荒地造林树种：黄檀，黑黄檀等耐干旱瘠薄，可为荒山造林先锋树种。③改良土壤树种：黄檀等具根瘤菌，具有固氮作用，提高土壤肥力。③蔽荫、行道、绿化、观赏树种：诸如黄檀，南岭黄檀，钝叶黄檀等。④物种资源：降香黄檀，黑黄檀，已为渐危树种，应加强保护和发展。

假木豆属 *Dendrolobium* (Wight et Arn.) Benth.

11 种，分布热带亚洲至大洋洲；中国产 4 种，分布西南至南部。灌木或乔木。

【叶】 绿肥：假木豆 *D. triangulare* (Retz.) Schindl.，为南方绿肥树种之一。

【根】 药用：假木豆，清热凉血，强壮筋骨，主治喉痛，腹泻，内伤吐血，跌打损伤，骨折。

【全株】 ①固沙保土植物。②热带作物覆盖植物。

鱼藤属 *Derris* Lour.

约 70 种，分布热带、亚热带；中国产约 20 种，分布南部至西南。攀缘灌木、藤本稀乔木。

【茎皮】 纤维：代麻：中南鱼藤 *D. fordii* Oliv.，含纤维素 20%，可织麻袋及绳索。粉叶鱼藤 *D. glauca* Merr. et Chun，也可织麻袋，麻布，绳索。

【茎藤】 ①药用：中南鱼藤外用治疮毒。鱼藤 *D. trifoliata* Lour. 茎叶外用治湿疹，风湿关节肿痛。②农药：绣毛鱼藤 *D. ferruginea* Benth. 浸液杀黏虫，棉蚜虫，桃蚜虫，桑毛虫，白背稻飞虱，水稻铁甲虫，玉米蚜虫，菜蚜虫有效，也可防治稻虱及浮尘子。边荚鱼藤 *D. marginata* (Roxb.) Benth. 每亩田 5~6kg，浸液防治稻飞虱，浮尘子有效。鱼藤根状茎主成分：鱼藤酮，鱼藤素，灰叶素，灰叶酚，对动物有显著毒性，可作农药杀虫剂。

【叶】 绿肥：中南鱼藤叶可作绿肥。

【根】 ①药用：毛果鱼藤 *D. eriocarpa* How，根主治发烧胸闷。毛鱼藤 *D. elliptica* (Roxb.) Benth. 外用治癣疥湿疹。②农药：毛鱼藤根部含鱼藤酮 1%~1.3%，鱼藤素，灰叶素，灰叶酚，防治菜虫，猿叶虫，桑金龟子，带麻黄蛱蝶，蚜虫，软体害虫，红蜘蛛，棉蚜虫，稻飞虱，浮尘子有效。绣毛鱼藤，根捣烂浸水为广效农药，对菜蚜虫，桑毛虫，螟虫，金龟子，桃蚜虫，稻飞虱，铁甲虫，玉米蚜虫，柑橘木虱，黄瓜虫，二十八星瓢虫，茶毛虫，菜白蝶幼虫，洋桃鸟羽蛾，棉盲蝽象及孑孓均有效。边翅鱼藤，对螟虫，红蜘蛛，棉蚜虫，猿叶虫，菜青虫，黄守瓜，稻飞虱，浮尘子，桑金龟子及林木食叶虫均有效。中南鱼藤对豆蟓虫，蚜虫有效，与边荚鱼藤近似。鱼藤药效也与边荚鱼藤近似。粉叶鱼藤药效其高。

【全树】 观赏植物：带纹鱼藤 *D. timoresis* Bl. ex Miq.，花红色，粉叶鱼藤粉红色，美丽，可作观赏植物。

山蚂蟥属 *Desmodium* Desv.

约250种，分布热带、亚热带，少数至温带；中国产约50多种，主产西南至东南。灌木或草本。

【茎皮】 纤维代麻：圆锥山蚂蟥 *D. elegans* DC. 茎皮含纤维54.3%，可代麻用。假地豆 *D. heterocarpon*（L.）DC.，茎皮纤维可制绳索或作造纸原料。

【叶】 可放牧，也可刈割制干草。银叶山蚂蟥 *D. ucinatum* DC.，亩产鲜草2000kg。①饲料：绿叶山蚂蟥 *D. intortum* Urd. 鲜茎叶含水分83.93%，粗蛋白2.54%，粗脂肪0.3%，无氮浸出物6.32%，粗纤维5.49%，粗灰分1.51%，产量高，营养较高，适口性好，亩产鲜草达4000kg，适口性次于绿叶山蚂蟥。小槐花 *D. caudatum*（Thunb.）DC. 也适作饲料。②绿肥：本属适作绿肥者较多，如小槐花，大叶山蚂蟥 *D. gangeticum*（L.）DC.，假地豆，绿叶山蚂蟥，金钱草 *D. styracifolium*（Osb.）Merr. 银叶山蚂蟥等，均适作绿肥。③药用：小槐花，叶含当药黄素，捣烂外用治疮疖。④农药：小槐花叶浸液，可防治菜蚜虫，稻螟虫。⑤灭蛆：小槐花叶可作酱油灭蛆剂。

【果】 药用：波叶山蚂蟥 *D. sequax* Wall.，果止血消肿，主治内伤出血。

【种子】 农药：小槐花种子研粉防治稻螟虫有效率60%。

【根（或全株）】 ①药用：小槐花清热解毒，活血，主治肠胃炎，痢疾，腹泻，淋巴炎，腮腺炎，咳嗽吐血，风湿性关节痛；外用治毒蛇咬伤，痈疽疔疮，乳腺炎。大叶山蚂蟥，消炎杀菌，调经止痛，主治腹痛闭经，脱肛，子宫脱垂；外用治牛皮癣，神经性皮炎。假地豆，清热解毒，消肿止痛，主治腮腺炎，喉痛，流行性乙脑炎；外用治毒蛇咬伤，痈疖肿痛。异叶山蚂蟥 *D. heterophyllum*（Willd.）DC. 利水通淋，散瘀消肿，主治泌尿系统结石；外用适量治跌打痈肿，外伤出血。饿蚂蟥 *D. multiflora* DC.，清热解毒，消肿止痛，主治腮腺炎，淋巴结核，小儿疳积，胃痛；外用治毒蛇咬伤。波叶山蚂蟥，润肺止咳，驱虫，主治肺结核，哮喘，盗汗，分娩胎盘不脱，驱蛔虫药。金钱草，清热，利尿，排石，主治泌尿系统感染，膀胱结石，胆结石，急性黄疸性肝炎。

无叶豆属 *Eremogoarton* Fisch et Miy 4 种，苏联中亚，北疆，中国 1 种，无叶豆 *E. songoricum*（Litv.）Vass. 灌木，叶不发育，北疆流动或半固定沙丘，优良先锋固沙植物，家畜不食。②兽药：小槐花根及全株，治牛膨胀，水泻，软脚症。

刺桐属 *Erythrina* L.

约200种，分布热带、亚热带；中国产6种，分布南部至西南；又引入3种。乔木或灌木。

【树皮】 药用：刺木通 *E. arborescens* Roxb.，主治跌打损伤，风湿骨痛，脱臼肿痛，小儿疳积，尿道炎，乳腺炎，驱蛔药。龙牙花 *E. corallodendron* L.，主成龙牙花素，用作镇静，镇痛，麻醉剂，南美洲治哮喘症。刺桐 *E. variegata* L.，主成分：生物碱刺桐灵及 *Hypaphorine*，主治骨痛，跌打损伤；外用治顽癣。

【韧皮】　纤维：刺桐皮纤维可制绳索。

【木材】　①用材：材白黄色，轻软，强度弱，易腐，易蓝变色。适作板料，箱板，风箱，水桶，锅盖，木屐，天花板条。木材价值低。诸如刺桐，刺木通，龙牙花，象牙红 *E. coffra* Thunb.，硬核刺桐 *E. lithosperma* Bl.，劲直刺桐 *E. stricta* Roxb.。②代软木：本属木材可代软木作瓶塞，浮子，水标，浮水品等。③造纸材：本属木材适作造纸材。

【叶】　①饲料：刺桐叶可作家畜饲料。②药用：刺桐叶，主成分：*Hypophorine*. N. 去甲基东方碱，网叶碱，刺酮定，刺桐灵碱，刺桐次碱，刺桐新碱，有驱虫、催吐之效，印度作退热药。

【种子】　①油用：刺桐种子含油率 17.8%，不干性油，可作工业润滑油。②药用：刺桐种子含刺桐灵。刺木通种子含刺桐品碱。药效尚不明了。

【根】　①药用：刺桐根皮成分与树皮成分近似，祛风湿，通经络，主治风湿麻木，腰腿筋骨痛。刺木通根皮，主治跌打损伤，风湿骨痛，脱臼肿痛，尿道炎，驱蛔药。②兽药：刺桐根皮或树皮，主治牛膨胀，马伤蹄，猪风湿坐栏，骡驴关节痛。

【全树】　观赏树种：花大，形美，色鲜艳，诸如刺木通，龙牙花，刺桐，非洲龙牙花 *E. senegalensis* DC.。

毒豆属 *Laburnum* Fabr.

4 种，分布西亚、南欧、北非；引入 1 种。毒豆 *L. anagyroides* Medic. 分布。

【花蜜源】　花期 4 月，为早春蜜源植物。

【种子】　含臭豆碱，有毒，可作杀虫农药。

【全株】　黄花累累，美丽醒目，早春观赏树种。

马鞍槐属 *Maackia* Rupr. ex Max.

约 12 种，东亚；中国 7 种，东北，华南。

木材：边材黄白色，心材暗红褐色，轻软（气干密度 0.53g/cm³），强度弱，耐腐中，作家具、建筑、桥梁、车辆、农具器具等，价值上。

崖豆藤属 *Millettia* Wrigh et Arn.

约 200 种，分布热带、亚热带；中国约 40 种，西南台湾。乔木，灌木。木材分作 2 类①黑崖藤类：木材名 *Black* Millettia，心材深紫黑色，甚重甚硬，甚耐腐，作珍贵家具、雕刻、装饰材、乐器等，价值珍贵，黑木崖豆藤 *M. leptobotrya*，非洲崖豆藤 *M. thonneri*。②崖豆藤类：*Common Millettia*，材黄白色，重硬中等，不耐腐，作板料、农具、器具等，价值下，崖豆藤 *M. dulchra*。

南美洲槐属 *Myroxylon* L. f.

约数种，产南美洲；引入种，分布海南。乔木。厄瓜多尔胶树 *M. peruliferum* L.。

【树胶】　主要成分：肉桂酸单宁树脂醇，称秘鲁胶，主供外伤用药。

【木材】　心材深红褐色，甚重甚硬（气干密度 0.9~1.18g/cm³），有香气，作家具、车船、建筑、桥梁等，木材价值高。

红豆树属 *Ormosia* Jacks.

约 120 种，分布热带、亚热带；中国 35 种引入 1 种，长江以南，常绿乔木。

【木材】 分作 3 类：①红心红豆类：*Red Omnosia*，边材黄褐色，心材红紫红褐色，重硬中等，(气干密度 0.71g/cm³) 强度中，干缩小甚耐腐，作家具、算珠、棋子、秤杆、乐器、工艺品等，价值高，小叶红豆 *O. microphylla*；②花闾木类 *Henry Ormosia*，边材黄褐色，心材褐栗褐色，重硬中 (气干密度 0.706 ~ 0.826g/cm³)，强度中，干缩小。中，心材耐腐，作工艺品、镶嵌、镜框、印章盒、剑柄、秤杆、算珠、乐器板、家具、室内装修等，价值高，花闾木 *O. henryi*，红豆树 *O. hosiei*；③红豆树类 *Common Ormosia*，边材黄褐，心材暗黄褐一栗褐色，轻一中 (气干密度 0.5 ~ 0.7g/cm³)，强度中，干缩中大，心材耐腐，作家具、农具、建筑、箱盒、车旋品等，价值中，长眉红豆 *O. balsanisce*，海南红豆 *O. pinnata*，木荚红豆 *O. xylocarpa*，光叶红豆 *O. glabrina*，荔枝叶红豆 *O. semicastrata litchifolia*。

【种子】 饰物：红豆属种子红色作饰物佩戴。

水黄皮属 *Pongamia* Vent.

1 种，亚洲、大洋洲；中国华南分布。乔木、水黄皮 *P. pinnata*，轻软，易腐蛀，作家具、板料等，价值低。

四棱豆属 *Psophocarpus* Neck. ex DC.

5 种，分布热带亚、非洲；中国引入 1 种，四棱豆 *R. tetragonolobus* (L.) DC. 南部。

【叶】 ①食用：四棱豆嫩叶可作蔬菜食用。②饲料：叶含蛋白质 5.7% ~ 15%，优质饲料。③绿肥：四棱豆叶可作绿肥。

【花】 食用：花含蛋白质 5.6%，作蔬菜、营养好。

【果】 ①食用：嫩荚果可作蔬菜食用。②饲料：荚果可作饲料。③药用：荚果入药，清热解毒。

【种子】 ①食用：含蛋白质 29.8% ~ 37.4%，粗脂肪 15% ~ 20%，碳水化合物 21.6% ~ 28%，维生素，蔬菜营养好。②饲料：富含蛋白质，为牲畜优质饲料。③油用：种子含油 16.7% ~ 17.2%，主成分：棕阁酸及硬脂酸 12% ~ 13.8%，油酸及亚油酸 68.4% ~ 80%，油可食及工业用油。

【块根】 ①食用：含蛋白质 12.2% ~ 15%，碳水化合物 21.6% ~ 27.2%，可食用。②饲料：营养高。

【全株】 ①饲料：叶、花、果、豆、根、全株皆可作饲料。②改良土壤：白平地至山地为很好改良土壤植物。

紫檀属 *Pterocarpus* Jacq.

约 30 种，分布热带；中国引入 5 种，华南、福建、台湾、云南。

【木材】 (1)用材：①紫檀木类：檀香紫檀 *P. santlinus* L. f. 原产印度南部，海南、厦门引入。心材紫红黑色，具黑色条纹，具香气，甚重 (气干密度 0.99 ~ 1.1g/cm³)，结构细至甚细，纹理交错，在紫檀红木中，本种最佳，称紫檀或檀香紫檀，最适作珍贵家具，乐器，屏风，装饰品，工艺美术品等。②花梨木类：印度紫檀 *R. indicus* Willd，原产印度、马来西亚、菲律宾、华南、云南、福建、台湾引入。心材深红褐色，重(气干密度 0.65 ~ 0.99g/cm³)；囊状紫檀 *P. marsupium* Roxb，原产印度尼西亚、斯里兰卡、海南引种，心材紫红至紫黑色，重(气干密度 0.8 ~ 0.9g/cm³)；菲律宾紫檀 *R. vilalianus*，原产菲律宾、云南、台湾引入；刺紫檀 *P. echinatus* Perr. 原产菲律宾，广州、海南引入。花梨木类红木适作高级家具、乐器(钢琴)、装饰材、胶合板工艺材，但次于紫檀木类的檀香紫檀，不能代替紫檀木类的檀香紫檀。(2)心材：紫檀、印度紫檀含紫檀素作红色染料。(3)药用：紫檀心材粉，治疮毒，有消肿之效。

【树脂】 ①药用：印度紫檀、束状紫檀树脂入药作收敛剂，治泌尿结石症。②油漆原料：印度紫檀、囊状紫檀树脂可作油漆混合原料。

【花】 蜜源：印度紫檀、囊状紫檀花期 4 ~ 6 月，辅助蜜源植物。

【种子】 油用：印度紫檀含油 6%，做工业用油。

【全树】 庭园绿化：印度紫檀。

刺槐属 *Robinia* L.

约 20 种，分布北美洲至墨西哥；引入 2 种，辽宁、内蒙古、宁夏以南。

【树皮】 鞣质：刺槐 *R. pseudoacacia* L.，可栲胶。

【韧皮】 纤维：刺槐可作编织造纸原料。

【木材】 刺槐边材黄白色，心材金黄褐色，重硬(气干密度 0.79 ~ 0.81g/cm³)，耐腐、易裂，适桩柱，电杆，横担木，枕木，坑木，车辆，体育器材。

【枝丫】 能源薪材：速生、萌发性强，火力旺，耐烧，修枝量 100 ~ 150kg/亩，或专营薪炭林。

【叶】 ①食用：嫩叶可食，救荒植物。②饲料：干叶含水分 9.8% ~ 13.2%，粗蛋白 19.6% ~ 23.5%，粗脂肪 2.6% ~ 4.4%，粗纤维 10.7% ~ 15.5%，无氮浸出物 42.7% ~ 43.8%，灰分 6.9% ~ 8.2%，蛋白质中有 18 种氨基酸、维生素、微量元素，营养丰富，猪、羊、牛、骡、喜食，可矮林作业，年采叶 2.3 次，磨粉贮存，优良饲料。③绿肥：干叶含氮 4.08%，磷 0.55%，钾 1.1%，1000kg 叶相当化肥硫铵 48kg，过磷酸钙 22.5kg，硫酸钾 22kg，肥力高，矮林作业亩产绿肥 500kg。④药用：刺槐叶含刺槐素，刺槐甙，洋槐甙，有利于止血功效。

【花】 ①蜜源：刺槐花期 4 ~ 6 月，一群蜂年产蜜 15.25kg，蜜琥珀色，透明，不结晶，清香，上等蜜。②食用：刺槐花可食用。③饲料：刺槐花与叶可同作饲料。④芳香油：刺槐花含精油 0.15% ~ 0.2%，主成分：邻氨基苯甲酸甲酯，橙花醇，芳樟醇，苄醇，香气浓郁，具金合欢醇香气，作调香原料。⑤药用：刺槐花有止血作用，主治大肠下血，咯血吐血，妇女红崩，国外作消炎抗菌剂，主治急慢性肾炎，膀胱炎，尿毒症，泌尿系统疾病。

【种子】 油用：刺槐种子含油 7.2% ~ 13.3%，主成分：棕榈酸 5.6% ~ 14.5%，硬脂酸 1.8% ~ 7.9%，油酸 12.4% ~ 15.8%，亚油酸 51.3% ~ 63.1%，亚麻酸 7.5% ~ 20.5%，掺和油漆用油。

【根皮】 药用：刺槐根皮有利水止血功效。

【全树】 ①水土保持：每亩刺槐林截留降水 28.37%，每亩枯枝落叶吸水 244 ~ 300kg，

14 年根可固土 2~3m。②土壤改良：刺槐具根瘤菌，适应性强，为黄土高原、沙漠造林改良土壤树种。③行道树：刺槐耐旱瘠，可在酸碱性 pH3 以下盐碱土生长，适公路、铁路行道绿化树种。④环保：刺槐抗有害气体性强，尤对 SO_2 抗性强，防尘力强，为重要环保树种。⑤观赏：刺槐花白色微香，红色刺槐 *R. desaineana* (Carr.) Voss，花粉红色；毛刺槐 *R. hispida* L.，花粉红至浅紫色，观赏树种。

田菁属 *Sesbania* Scop.

约 70 种，分布热带，引入 1 种木田菁 *S. grandiflora*(L.) Pers.，原产印度尼西亚；云南、福建、台湾栽培。

【树胶】 木田菁含阿拉伯胶，可代阿拉伯胶用于胶水、印染、食品、制药等。

【树皮】 药用：作收歛剂。

【木材】 烧炭作火药原料。

【茎皮】 作纤维造纸原料。

【叶】 牛羊饲料及绿肥。

【花】 嫩荚果，作咖喱汤调料吃奶油煎食。

【观赏】 花红色、白色、枣红色，美丽观赏。

槐树属 *Sophora* L.

约 52 种，热带、亚热带，中国 20 种，南北均有。灌木、乔木。

1. 木材名 *Pogoda tree*，槐树 *S. japonica* L. 边材黄白，心材黄褐红褐栗褐色，重硬一中（气干密度 $0.78g/cm^3$），强度中，韧度中，干缩中，心材耐腐强，作家具、建筑、农具、车辆、桥梁、用具等，价值上。

鹰爪豆属 *Spartium* L.

1 种鹰爪豆 *S. junceum* L.，分布地中海至大洋洲，江苏、上海、浙江、陕西、河南引种。花大黄色芳香，花期长达 5~9 月，红色者 *F. ochrodeum*(Spreng) Rehd，供观赏。

荆豆属 *Ulex* L.

1 种荆豆 *U. europaeus* L.，产欧洲，华南引入。

【嫩枝叶】 牛羊饲料。

【种子】 药用：提取液作血型测试剂。

紫藤属 *Wisteria* Nutt.

约 9 种，分布东亚、北美洲；引入 2 种，藤本各地栽培垂直绿化树种，紫藤 *W. floribunda*(Willd.) DC.，白花紫藤 *venusta* Rehd. et Wils.，为垂直绿化观赏树种。

壳斗科 Fagaceae

9 属，约 900 种，除南洋水青冈属 *Nothofagus* BL.，分布南半球外，其余分布北半球温带、亚热带至热带；中国产7属，300余种，又引入3属8种。常绿、半常绿至落叶乔木稀灌木。

栗　属 *Castanea* Mill.

约12种，分布北温带至亚热带；中国产3种，又引入1种。分布自东北至南部各地。落叶乔木或灌木。

【树皮】 ①鞣质：锥栗 *C. henryi* (Skan) Rehd. et Wils. 含鞣质6.9%～12%，栲胶纯度46.5%；栗 *C. mollissima* Bl. 含鞣质6.21%；茅栗 *C. seguinii* Dode，含鞣质9.4%，纯度68.6%。②染料：茅栗树皮可作丝绸黑色染料。③药用：栗含槲皮素，鞣质，外用主治口疮、腐烂、丹毒、烧灰治癣疥，漆疮。茅栗治丹毒。

【木材】 ①栲胶：锥栗含鞣质13.5%；栗含鞣质8.53%。我国未作栲胶原料；法国主用栗木浸提栲胶，栲胶后木材生产纸浆、木纤维、纤维板、刨花板，原料利用率达100%，栲胶出口世界90多个国家。②用材：本属木材心材浅栗褐色。重量中软至硬，强度弱至强，韧度低至高，干缩小至中，干时少裂，甚耐腐。适室外坑木、桩木、桥梁、造船、枕木、盆桶、建筑、家具、胶合板、薪炭材等。木材价值上等。

【枝条】 栗枝条含鞣质6.21%。

【叶】 ①饲蚕：栗叶可作柞蚕饲料。②药用：栗叶主治喉疔、火毒、咳喘。

【花】 ①蜜源植物：栗花期5～6个月，蜜粉较多，一群蜂可产蜜2.5～3kg。②药用：锥栗花治痢疾。栗花主治腹泻，红白痢疾，外泻不止，小儿消化不良，瘰疬瘿瘤。

【总苞】 ①鞣质：锥栗含量6.5%；茅栗含量9.4%；栗含量3.7%～21.25%，纯度56%。②药用：栗治丹毒红肿。

【果(干果仁)】 锥栗果仁含淀粉64.7%，蛋白质6%，脂肪2.8%及维生素C，胡萝卜素，生食，炒食，栗粉加工品。茅栗种子含淀粉46.44%，蛋白质5.48%，粗脂肪3.09%. 栗生果含水分48%，蛋白质4.6%，脂肪1.4%，碳水化合物43.7%，钙100mg/kg，磷750mg/kg，核黄素17mg/kg，尼克酸20mg/kg，维生素C 610mg/kg，铁15mg/kg，胡萝卜素3mg/kg，维生素 B_1 1mg/kg；干果含淀粉及糖70.1%，蛋白质10.7%，脂肪7.4%，粗纤维2.9%，灰分2.4%及维生素B，钙，钾，铁，脂肪酶，生食、炒食、煮食、菜食均可，营养丰富，高于米、面、加工各种点心，糖炒栗尤味美，为我国传统出口干果，常年出口120kt。

【果壳(坚果外种皮)】 药用：栗清热止咳，除湿化痰，主治慢性气管炎，淋巴结核。茅栗治丹毒、疮毒。

【根】 根皮药用：锥栗根皮洗疮毒。栗根皮治疝气。茅栗根皮治失眠，消化不良，肺结核，肺炎。

【全树】 ①砧木：茅栗可作栗砧木。②环保树种：栗抗 SO_2 性强，其他抗性中。

栲　属 *Castanopsis* Spach

约130种，分布亚洲亚热带至热带(北美洲2种)；中国产70多种，分布白秦岭至长江以南，主产云南、华南。常绿乔木。

【树皮】 含鞣质可栲胶：米槠 *C. carlesii* (Hemsl.) Hay. 含量5.4%，瓦山栲

C. ceratacantha Rehd. et Wils. 含量 7.96%；高山栲 *C. delavayi* Franch. 含量 7.78%~17.38%；甜槠 *C. eyrei*（Benth. et Champ.）Tutch. 含量 3.72%~7.85%；纯度 63%；栲 *C. fargesii* Franch. 含量 10.7%，纯度 53%；黧蒴栲 *C. fissa*（Champ. ex Benth.）Rehd. et Wils. 含量 8.07%，乙 10.09%；南岭栲 *C. fordii* Hance，含量 11.37%~15.66%，纯度 64.7%；红锥 *C. hystrix* Miq. 含量 10.03%~18.63%，纯度 64.35%；苦槠 *C. sclerophyllIa*（Lindl.）Schottky 含量 10.6%，纯度 57%；大钩栲 *C. tibetana* Hance 含量 6%~7.37%；蒺藜栲 *C. tribuloides*（Lindl.）A. DC. 含量 10.77%；本属其他树种含量一般 10% 左右如：华南栲 *C. concinna*（Champ.）A. DC.，吊皮栲 *C. kawalamii* Hay.；印度栲 *C. indica*（Roxb.）A. DC.；海南栲 *C. hainanensis* Merr.；湄公栲 *C. mekongensis* A. Camus；桂林栲 *C. chinensis*（Spreng）Hance；黄楣栲 *C. formosana* Hay.；秀丽栲 *C. jucunda* Hance；红壳栲 *C. rufotomentosa* Hu；越南栲 *C. annanensis* Hick. et A. Camus；尖峰岭栲 *C. jiangfenglingensis* Damu.；屏边栲 *C. ouonbiensis* Hick. et A. amus；思茅栲 *C. ferox*（Roxb.）Spach；细刺栲 *C. tonkinensis* Seem.；南宁栲 *C. amabilis* Cheng et Chao；泽礴鞘牛柠 *C. nigresceones* Chun et Hunag；小果栲 *C. fleuryi* Hick. et A. Camus；短刺栲 *C. echidnocarpa* A. DC.；银叶栲 *C. argrophylla* King；薄叶栲 *C. tcheponensis* Hick. et A. Camus；龙陵栲 *C. rockii* A. Camus；棕毛栲 *C. poilanei* Hick. et A. Camus；贵州栲 *C. kewichowensis* Hu；鹿角栲 *C. lamontii* Hance；元江栲 *C. orthacantha* Franch.；罗浮栲 *C. fabri* Hance；厚皮栲 *C. chunii* Cheng；扁刺栲 *C. platyacantha* Rehd. et Wils.；淋漓栲 *C. uraiana*（Hay.）Kaneh. et Hatus.；大果杯状栲 *C. cerabr. ina*（Hick. et A. Camus）Barnett；杯状栲 *C. calathiformis*（Skan）Rehd. et Wils. 等均含鞣质可栲胶。

【木材】 鞣质：苦槠含量 10.3%；红锥含量 2.9%；大钩栲含量 12.02%，含量高者浸提栲胶后用作造纸、纤维板原料。

【用材】 ①红锥类：心材红色，重硬至中，强度强至中，韧度高至甚高，干缩小至大，甚耐腐至耐腐。最适造船材，桥梁、建筑、高级家具等。木材价值高。如红锥，吊皮栲，大钩栲，华南栲，南岭栲。②硬栲类：材深黄褐色，重至甚重，硬至甚硬，强度甚强，韧度甚高，干缩中至大，干时少裂，甚耐腐至耐腐。最适室外用材，造船材，车辆，木梭，建筑、家具等。木材价值高。如湄公栲，海南栲，黄楣栲，高山栲，银叶栲等。③槠木类：材黄褐或带微红色，轻软至中，强度强至中，韧度低至中，干缩小至中，干时少裂，耐腐，易加工，花纹美观。适作家具，车船，建筑，地板、胶合板等。材价值上等。如甜槠，苦槠，黑叶栲，鹿角栲，元江栲，秀丽栲，厚皮栲等。④栲木类：材黄白或浅黄褐色，轻软至中，强度弱至中，韧度中至高，干缩小至大，干时开裂至易裂，稍耐腐至不耐腐。供作一般建筑，包装，家具等。价值中等。如栲，印度栲，小果栲，尖峰岭栲，细刺栲，罗浮栲，短刺栲，米槠，淋漓栲等。⑤大叶栎类：材黄白色，轻软，强度弱，韧度低，干缩大，易裂，易腐，可作包装、造纸、板料，价值下，如大叶栎，大果大叶栎，杯状大叶栎。

【枝材】 栲树枝材含鞣质 6.2%~9.3%，纯度 53%，可栲胶。

【叶】 ①饲料：苦槠鲜叶含水分 50%，粗蛋白 4.2%；干叶含粗蛋白 8.5%，粗脂肪 5%，总氮 1.35%，还原性物质 24.4%，可提取叶蛋白为家畜饲料。②药用：桂林栲叶治腹泻，湿热。

【花】 蜜源植物：如米槠花期 3~4 月，蜜量较多，粉量较少，一群蜂年产蜜 5~17.5kg。

【壳斗(总苞)】　①鞣质：瓦山栲含量 15%~30%；鬎蒳栲含量 10%~30%；红锥含量 15%；其他树种均含鞣质一般比树皮含量高，可浸提栲胶。②药用：桂林栲总苞有健胃补肾，除湿热，止腹泻功效。

【果实(坚果外皮)】　药用：高山栲果治心悸，耳鸣，腰痛。大钩栲果主治痢疾。桂林栲主治肾虚，痿弱，消瘦。

【种仁】　①食用：高山栲种仁含淀粉 86.86%，单糖 1.38%，双糖 3.25%，鞣质 0.26%，脂肪 0.22%，纤维素 1.99%，维生素 B_1 1mg/kg，维生素 B_2 29.1mg/kg。杯状栲含淀粉 57.47%，单糖 5.71%，双糖 3.56%，鞣质 0.26%，脂肪 3.58%，纤维素 3.02%，维生素 B_1 73mg/kg。红锥含淀粉 74.31%，单糖 12.28%，鞣质 0.14%，蛋白质 2.91%，脂肪 0.36%，纤维素 2.01%，维生素 B_2 23mg/kg。蕨藜栲含淀粉 86.8%，单糖 2.46%，双糖 11.42%，鞣质 0.26%，脂肪 3.58%，纤维素 3.02%，维生素 B_2 21mg/kg。由于鞣质含量低，无涩味，可以生食，炒食，煮食。尚有米槠，甜槠，桂林栲，华南栲，栲树，南岭栲，海南栲，印度栲，秀丽栲，吊皮栲，湄公栲，大钩栲等，均无涩味可食，有的味甜或微甜。②淀粉：上述树种种仁含淀粉外，尚有米槠含量 15%~20%：桂林栲含量 50%；甜槠含量 25%~30%；栲树含量 23%，黎蒳栲含量 40%；苦槠含量 25%~30%：蕨藜栲含量 35%~40%。本属其他树种均含淀粉，如银叶栲，瓦山栲，华南栲，罗浮栲，思茅栲，鹿角栲，小果栲，峨眉栲等，可以食用及工业用淀粉，制糕点，豆腐，酱油，粉丝，饲料，酿酒(酒糟作饲料)。其中苦槠鞣质含量高味涩，要磨粉水浸脱涩做豆腐食用。③油用：桂林栲种子含油量 20%，可食用及工业用。

【根】　药用：高山栲根皮主治肠炎，腹泻。

【病枯木】　培养香菇，如栲树等。

【全树】　①水源涵养林：如甜槠林夏季可涵养水分。②能源薪柴：如甜槠抚育幼林提供能源薪柴每亩价值 100 多元，既解决邻近居民烧柴，又使每亩成材林增加 1 倍以上。③环保树种：如苦槠对 SO_2 等有害气体抗性强，又防尘耐烟，为厂矿常用环保树种。④物种资源，吊皮栲稀有已渐危，华南栲已濒危，要加强保护并加以发展。

青冈属 *Cyclobalanopsis* Oerst.

约 150 种，分布亚洲东部及南部；中国产 70 多种，分布秦岭淮河以南。常绿乔木稀呈灌木状。

【树皮】　①鞣质：栎子青冈 *C. blakei* (Skan) Schott. 含量 22.75%；黄背青冈 *C. delavayi* (Franch.) Schott. 含量 10.24%；饭甑青冈 *C. fleuryi* (Hick. et A. Camus) Chun 含量 12.2%；青冈 *C. glauca* (Thunb.) Oerst. 含量 16%；滇青冈 *C. glaucoides* (Koidz.) Schott. 含量 10.27%~16.45%；尖齿青冈 *C. oxyodon* (Miq.) Oerst. 含量 10.27%；其他树种含量一般在 10% 以上，如窄叶青冈 *C. augustinii* (Shan) Schott，竹叶青冈 *C. bambusaefolia* (Hance ex Seem.) Schott.，槟榔青冈 *C. bella* (Chun et Tsiang) Chun，毛斗青冈 *C. chrysocalyx* (Hick. et A. Camus) Hjelmq.，黄槠青冈 *C. chungii* (Metc.) Chun，华南青冈 *C. edithae* (Skan) Schott.，赤皮青冈 *C. gilva* (Bl.) Oerst.，细枝青冈 *C. gracilis* (Rehd. et Wils.) Cheng et T. Hong，雷公青冈 *C. hui* (Chun) Chun，大叶青冈 *C. jenseniana* (Hand.-Mazz.) Cheng et T. Hong，毛叶青冈 *C. kerrii* (Craib) Hu，广西青冈 *C. kouangsiensis* (A. Camus) Hsu et Jen，薄片青冈 *C. lamellosa* (Smith) Oerst.，多脉青冈

C. multinervis Cheng et T. Hong，小叶青冈 *C. myrsinaefolia*（Bl.）Oerst.，云山青冈 *C. nubium*（Hand. -Mazz.）Chun，倒卵叶青冈 *C. obovatifolia*（Huang）Hsu et Jen，托盘青冈 *C. patelliformis*（Chun）Chun，屏边青冈 *C. pinbianensis* Hsu et Jen，大果青冈 *C. rex*（Hemsl.）Schott.，褐叶青冈 *C. stewardiana*（A. Camus）Hsu et Jen 等，可以利用。②药用：毛叶青冈树皮，解毒截疟，主治痢疾。

【木材】 ①白青冈类：材灰黄褐色，甚重(重)，甚硬(硬)，强度甚强，韧度甚高，干缩大至甚大，干时易裂，耐腐至甚耐腐。最适木梭，车船，工具柄，滑轮，刨架，凿柄等。商品材价值高贵一类。如青冈，细枝青冈，滇青冈，细叶青冈，尖齿青冈，多脉青冈，大叶青冈，屏边青冈等。②红青冈类：心材红褐色，甚重甚硬(重硬)，强度甚强，韧度甚高，干缩大至甚大，干时开裂，甚耐腐。最适造船材，车辆，木梭，农机，工具柄，秤杆，滑轮，刨架凿柄，琴杆，运动器材等。商品材价值贵重一类。如栎子青冈，黄背青冈，饭甑青冈，窄叶青冈，竹叶青冈，槟榔青冈，黄槠青冈，华南青冈，赤皮青冈，雷公青冈，毛叶青冈，广西青冈，薄片青冈，云山青冈，倒卵叶青冈，托盘青冈，褐叶青冈等。

【枝丫】 ①能源薪炭材：本属各种均为优质薪炭材。②培养香菇：如槟榔青冈可培养香菇。

【叶】 鞣质：青冈叶含量10.2%。

【壳斗(橡碗)】 ①鞣质：本属壳斗含鞣质一般比树皮含量高，平均在12%左右。树种见树皮项。②药用：毛叶青冈壳斗，涩肠止泻。

【坚果】 药用：雷公青冈果可治胃病。

【种仁】 ①淀粉：滇青冈含淀粉52.52%，鞣质9.09%，蛋白质1.85%，脂肪4.73%，纤维素2.64%，灰分1.3%。黄背青冈含淀粉57.26%，单糖2.17%，鞣质2.21%，蛋白质1.71%，脂肪1.87%，纤维素5.89%，灰分3.4%，维生素B_2 250~420mg/kg。青冈含淀粉55.51%，鞣质15.75%，蛋白质4.5%，脂肪3.3%，纤维素1.13%，灰分2.51%，维生素B_2 263.3mg/kg。窄叶青冈含淀粉58.85%~59.55%，单糖3.32%，鞣质6.6%~9.09%，蛋白质1.96%~2.48%，脂肪5.77%~5.82%，纤维素2.34%~2.64%，灰分1.3%~3.6%，维生素B_2 213.7~223.4mg/kg。竹叶青冈含淀粉30%。槟榔青冈含淀粉40.37%。饭甑青风含淀粉25.32%。其树种含量淀粉也较多，但本属种仁含鞣质较高，经浸提鞣质后才可食用。还可用于酿酒，饲料，浆纱，糊料等用。②饲料：本属树种经浸提鞣质后可作饲料，或酿酒后提出鞣质，酒糟作饲料。

【全树】 ①石灰岩造林树种：如青冈，小叶青冈等。②能源薪炭材：抚育幼林枝丫叶为优质薪炭材；又可培养通直高大良材。③环保树种：如青冈对SO_2，Cl_2，O_3均有强的抗性，其叶受害面积在7%以下，为良好环保树种。④物种资源：大果青冈已经濒危，应加强保护和发展。

水青冈属 *Fagus* L.

约11种，分布北温带至亚热带高山；中国产5~6种，又引入2种。分布秦岭淮河以南。落叶乔木。

【木材】 浅黄褐色至浅红褐色，材重，硬至中，强度中至强，韧度甚高，干缩大，干时开裂，稍耐腐。适作家具，箱盒，胶合板，乐器，车船，建筑，文体材等。商品价值上等。有平武水青冈 *F. chienii* Cheng，米心水青冈 *F. engleriana* Seem.，台湾水青冈 *F. hayatae* Palib. ex Hay.，水青冈 *F. longipetiolata* Semm.，亮叶水青冈 *F. lucida* Rehd. et Wils.，日本水青冈 *F. iaponica* Maxim.，欧洲水青冈 *F. sylvatica* L. var. *atropunica* West.

【壳斗】　含鞣质，唯分散难加收集利用。

【坚果】　油用：水青冈含油量 46.9%，主成分：棕榈酸 11.2%~12.3%，硬脂酸 9.9% ~2.5%，花生酸 4.2%，油酸 40.3%，廿碳烯酸 7.9%，亚油酸 23.6%~36.7%。亮叶水青冈含油量 49.49%，主为油酸、亚油酸，次为棕榈酸、硬脂酸、花生酸、山萮酸。可作食用油及工业油，唯我国树种不如欧洲水青冈组成森林，资源集中，收集困难未加利用。

【全树】　物种资源：台湾水青冈渐危，平武水青冈已灭绝，如发现即保护。

石栎属 *Lithocarpus* Bl.

约 250 种，分布亚洲东部、南部亚热带至热带山地，北美洲有 1 种；中国有 100 多种，分布秦岭南坡以南，主产云南、华南。常绿乔木。

【树皮】　鞣质：包石栎 *L. cleistocarpus*（Seem.）Rehd. et Wils. 含量 9.9%~10.24%；白皮石栎 *L. dealbatus*（DC.）Rehd. 含量 10.86%；耳叶石栎 *L. gandifolius*（Don）Biswas 含量 9.48%~10.34%；硬斗石栎 *L. hancei*（Benth.）Rehd. 含量 9.45%；本属其他树种含量在 8% 以上，诸如桃叶石栎 *L. amygdalifolius*（Skan）Hay.，茸果石栎 *L. bacgiangensis*（Hick. et A. Camus）A. Camus，猴面石栎 *L. balansae*（Drake）A. Camus，短穗石栋 *L. brachystachyus* Chun，美叶石栎 *L. calophyllus* Chun，尾叶石栎 *L. caudatilimbus*（Merr.）A. Camus，金毛石栎 *L. chrysocomus* Chun et Tsiang，窄叶石栎 *L. confinis* Huang，烟斗石栎 *L. corneus*（Lour.）Rehd.，鱼蓝石栎 *L. cyrtocarpus*（Drake）A. Camus，皱叶石栎 *L. dictyoneuron* Chun，刺斗石栎 *L. echinotholus*（Hu）Chun et Huang，厚斗石栎 *L. elizabathae*（Tutch.）Rehd.，万宁石栎 *L. elmerrillii* Chun，泥锥石栎 *L. fenestratus*（Roxb.）Rehd.，琼崖石栎 *L. fenzelianus*（Merr.）A. Camus，勐海石栎 *L. fohaiensis*（Hu）A. Camus，密脉石栎 *L. fordianus*（Hemsl.）Chun，石栎 *L. glaber*（Thunb.）Nakai，川石栎 *L. fangii*（Hu et Cheng）Cheng，瘤果石栎 *L. handelianus* A. Camus，波缘石栎 *L. hardlandii*（Hance）Rehd.，绵石栎 *L. henryi*（Skan）Rehd. et Wils.，梨果石栎 *L. howii* Chun，环片石栎 *L. gagnepainensis* A. Camus，多穗石栎 *L. litseifolius*（Hance）Chun，柄果石栎 *L. longipedicellatus*（Hick. et A. Camus）A. Camus，光叶石栎 *L. mairei*（Schott.）Rehd.，大叶石栎 *L. megalophyllus* Rehd. et Wils.，小果石栎 *L. microspermus* A. Camus，卵叶石栎 *L. obovatilimbus* Chun，峨嵋石栎 *L. omeiensis* A. Camus，星毛石栎 *L. petelotii* A. Camus，毛果石栎 *L. pseudovestitus* A. Camus，黎耙石栎 *L. silvicolarum*（Hance）Chun，滑皮石栎 *L. skanianus*，（Dunn）Rehd. 截果石栎 *L. truncates*（King）Rehd.，紫玉盘叶石栎 *L. uvariifolius*（Hance）Rehd.，多变石栎 *L. variolosus*（Franch.）Chun，木壳石栎 *L. xylocarpus*（Kurz）Markg. 等。

【木材】　①白石栎类：材浅黄灰色，重硬至中，强度中至强，韧度中，干缩中，干时开裂，不耐腐至稍耐腐。适一般家具，建筑，农具，车辆，包装材等。商品材价值中等。如烟斗·石栎，梨果石栎，密脉石栎，猴面石栎，紫玉盘叶石栎，包石栎，鱼蓝石栎，皱叶石栎，木壳石栎等。②硬石栎类：心材红褐至深红褐色，甚重甚硬，强度甚强，韧度甚高，干缩甚大，干时开裂，甚耐腐。最适造船材，木梭，车辆，农具水车轴，木木机械，秤杆，刨架，凿枘，运动器材等。商品材价值贵重一类。如桃叶石栎，尾叶石栎，卵叶石栎，瘤果石栎，白皮石栎，金毛石栎，琼崖石栎等。③红石栎类：心材浅红至红褐色，重硬至中，强度中至强，韧度中至高，干缩中，干缩差异中至大，干时开裂至易裂，稍耐腐至耐腐。适一般家具 9 车船，包装，农具，工具，文体材等。商品材价值上等。诸如茸果石栎，短穗石栎，美叶石栎，窄叶石栎，刺斗石栎，厚斗石栎，万宁石栎，泥锥石栎，川石栎，勐海石栎，石栎，耳叶石栎，硬斗石栎，波缘石栎，绵石栎，多穗石栎，柄果石栎，环片石栎，光叶石栎，大叶石栎，小果石栎，峨眉石栎，星毛石栎，毛果石栎，犁耙石栎，滑皮石栎，多变石栎等。

【枝丫】　本属枝丫均为优良薪柴能源材。

【叶】　①甜味素：多穗石栎嫩叶可制甜茶，分离主成为二氢查耳酮葡萄糖苷，冲泡 6 次。仍有甜味，且不变味。②药用：多穗石栎叶清热利湿，滋阴补肾，解毒降暑，对痈疮肿毒，咽喉肿痛有明显疗效。

【花】　①蜜源植物：石栎花期 8~9 个月，蜜较多，粉较少，一群蜂年可产蜜 5~10kg。②药用：白皮石栎花序，顺气消食，健胃杀虫，主治食积腹胀，食积不化。

【壳斗】　鞣质：包石栎含量 6.73%；其他树种如美叶石栎，白皮石栎，金毛石栎，石栎，泥锥石栎，波缘石栎，犁耙石栎，均含鞣质，但含量不如栲属、青冈属、栎属高。

【坚果】　外种皮活性炭，以果壳厚硬者最适制活性炭。诸如猴面石栎，滇南石栎 *L. laoticus*（Hick. et A. Camus）A. Camus，棱果石栎 *L. triqueter*（Hick. et A. Camus），厚子石栎 *L. pachyphyllus*（Kurz）Rehd.，多变石栎，桃叶石栎，香菇石栎 *L. lycoperdon*（Skan）A. Camus，平头石栎 *L. tabularis* Hsu et Jen，截果石栎，薄叶石栎 *L. tenuilimbus* H. T. Chang，金毛石栎，屏边石栎 *L. laetus* Chun et Huang，白穗石栎 *L. craibianus* Barn，大叶苦石栎 *L. paihengii* Chun et Tsiang，梨果石栎，木斗石栎、烟斗石栎，紫玉盘叶石栎，密脉石栎，厚鳞石栎 *L. pachylepis* A. Camus，槟榔石栎 *L. areca*（Hick. et A. Camus）A. Camus. 等，果壳活性炭品质达到标准。

【种仁】　①淀粉：大叶石栎种仁含淀粉 50.01%，单糖 2.57%，鞣质 1.1%，蛋白质 4.86%，脂肪 4.24%，纤维素 2.1%，灰分 4.9%，维生素 B_2 22.5mg/kg。石栎含淀粉 62.01%，双糖 4.78%，鞣质 613%，蛋白质 2.67%，脂肪 2.28%，纤维素 2.23%，灰分 4.2%。白穗石栎含粉 77.58%，单糖 0.82%，双糖 4.03%，鞣质 1.77%，蛋白质 3.52%，脂肪 0.1%，灰分 2.13%。窄叶石栎含淀粉 69.7%，单糖 2.6%，鞣质 2.25%，蛋白南 3.1%，脂肪 4.7%，纤维素 2.3%，灰分 1.97%。多穗石栎含淀粉 58.29%，单糖 2.43%，鞣质 3.31% 蛋白质 2.51%，脂肪 3.17%，纤维素 5.3%，灰分 3%，维生素 B_2 20.7mg/kg。包石栎含淀粉 71.66%，单糖 2.7%，双糖 6.18，鞣质 2.23%，蛋白质 2.23%，脂肪 2.51%，纤维素 4.6%，灰分 2.4%，VB_2 26.1mg/kg。石栎含淀粉 64.11%，单糖 2.73%，鞣质 3.37%，蛋白质 2.3%，脂肪 2.68%，纤维素 1.81%，灰分 2.61%。波缘石栎含淀粉 73.96%，单糖 1.92%，双糖 7.16%，鞣质 0.52%，蛋白质 3.34%，脂肪 1.47%，纤维素 1.74%，灰分 1.97%，维生素 B_2 4.2mg/kg。耳叶石栎含淀粉 66.07%，单糖 2.3%，双糖 11.21%，鞣质 1.69%，蛋白质 3.6% 脂肪 3.08%，纤维素 232%，维生素 B_2 29mg/kg。茸毛石栎 *L. vestita*（Hick. et A. Camus）A. Camus 含淀粉 34.84%，单糖 1.49%，双糖 3.66%，鞣质 0.77%，蛋白质 3.44%，脂肪 1.31%，纤维素 3.19%，灰分 1.96%，维生素 B_1 0.4mg/kg。白皮石栎含淀粉 66.77%，单糖 2.75%，双糖 4.52%，蛋白质 1.79%，脂肪

1. 38%，纤维素 2.87%，灰分 1.64%，维生素 $B_2$11.5mg/kg。金毛石栎种子含淀粉 30%。烟斗石栎种子含淀粉 47.78%。原斗石栎种子含淀粉 50.95%。泥锥石栎种子含碳水化合物 58.48%。硬斗石栎种子含淀粉 50.64%。绵石栎种子含淀粉 40%~50%。柄果石栎种子含碳水化合物 45.96%。犁耙石栎种子含碳水化合物 63.11%。两广石栎 L. synbalanus (Hance) Chun，种子含碳水化合物 53.25%。还有多种未作过分析。本属种仁鞣质含量低者(1%以下)，无涩味或微涩，高者在 1%~5% 之间，应除去种子鞣质方可食用或加工粉丝、粉条、粉皮、酿酒，或加工糊料，纱浆，饲料(酒糟也作饲料)。②油用：本属树种含油量一般低，也有高者如烟斗石栎种仁含油 17%，主成分：棕榈酸 21.5%，油酸 48.1%，亚油酸 28.8%，可供肥皂，油漆用油。

【根】 ①鞣质：包石栎根皮含鞣质 15.5%，可连同树皮烤胶。②药用：多穗石栎根补肾滋阴，主治虚弱症。

【枯病木】 可培养香菇，如烟斗石栎。

【全树】 ①能源薪炭材：本属树种修抚材可充分利用，为良好能源薪炭材。②环保树种：如波缘石栎抗大气污染，特别是对 SO_2 抗性强。

栎 属 *Quercus* L.

约 300 种，分布北温带至亚热带；中国产 60 余种，又引入 5 种，南北均有分布。常绿、半常绿、落叶乔木或灌木。

【树皮】 ①鞣质：槲栎 *Q. aliena* Bl. 含量 8.95%~11.2%. 菠萝栎 *Q. dentata* Thunb. 含量 7.83%~14.44%，纯度 35%~71%。木包栎 *Q. glandulifera* Bl. 含量 5.3%~11.54%。大叶栎 *Q. griffithii* Hook. f. et Thoms. 含量 8.29%~13.24%。蒙古栎 *Q. mongolica* Fisch. 含量 13%~16%。麻栎 *Q. acutissima* Carr. 含量 19.55%~29.10%。小叶栎 *Q. chenii* Nakai 含量 3.4%，纯度 63%，高山栎 *Q. semecarpifolia* Smith 含量 16.7%~25.44%。巴东栎 *Q. engleriana* Seem. 含量 11.5%~18.63%，纯度 64.35%。乌冈栎 *Q. phillyraeoides* A. Gray 含量 9.1%，纯度 63%。其他树种含量大致 7%~13%，常见为 10%，如锐齿槲栎 *Q. aliena* var. *acutiserrata* Maxim ex Franch.；白栎 *Q. fabri* Hance；云南菠萝栎 *Q. dentata* var. *oxyloba* Franch.；短柄木包栎 *Q. glandulifera* var. *brevipetiolata* (DC.) Nakai；辽东栎 *Q. liaomngensis* Kokz.；黄山栎 *Q. stewardii* Rehd.；刺叶高山栎 *Q. spinosa* David. ex Franch.；橿子栎 *Q. baronii* Skan 等，可浸提烤胶。②药用：麻栎皮可治细菌性及阿米巴性痢疾。菠萝栎可作收敛剂。锥连栎 *Q. franchetii* Skan，止咳定喘，主治感冒。蒙古栎清热、利湿、解毒，主治细菌性痢疾，急性肠炎，慢性支气管炎，黄疸，痔疮。

【栓皮】 (木栓层)栓皮栎 *Q. variabilis* Bl. 可制隔音板，救生衣，浮标，冷藏软木砖，引擎垫板，瓶塞，软木纸，火药库、广播室隔音板。我国江苏、浙江、湖北、广西、四川、贵州，还引入欧洲栓皮栎 *Q. suber* L.，为世界著名栓皮，可在我国北纬 30° 以南大力发展。

【木材】 ①高山栎类：材黄褐或红褐色，甚重甚硬，强度甚强，韧度甚高，干缩甚大，干缩差异中，干时易开裂，耐腐。主产西南亚高山地区，由于山高路远，运输不便，加工困难，或为小树，一般就地烧炭，炭质最优。能适作硬材用品，如垫板，滑轮，刨架，凿枘，木槌，木楔，木钉，车轮辐，浆桩，将军柱，机舱板等。商品价值可达上等。诸如川滇高山栎 *Q. aquifolioides* Rehd. et Wils.，川西高山栎 *Q. gilliana* Rehd. et Wils.，帽斗高山栎

Q. guyavaefolia Lévl.，长穗高山栎 *Q. longispica* A. Camus，矮高山栎 *Q. monimotricha* Hand. -Mazz.，黄背高山栎 *Q. pannosa* Hand. -Mazz.，光叶高山栎 *Q. rehderiana* Hand. -Mazz.，灰背高山栎 *Q. senscens* Hand. -Mazz.，高山栎，刺叶高山栎。②山栎类：材黄褐色，甚重甚硬，强度甚强，韧度甚高，干缩甚大，易裂，耐腐，多生低山岩畔或干热河谷，运输困难，且常为小树，一般就地烧炭，炭质最佳。也适作硬材用品，亦如高子栎类。商品材价值可达上等。诸如岩栎 *Q. acrodonta* Seem.，橿子栎，铁橡栎 *Q. cocciferoides* Hand. -Mazz.，巴东栎，尖叶栎 *Q. oxyphylla*（Wils.）Hand. -Mazz. 匙叶栎 *Q. spathulata* Seem.，乌冈栎，炭栎 *Q. utilis* Hu et Cheng，等。③白栎类：心材浅黄褐色，重，硬至中，强度中至强，韧度甚高，干缩小至大，干缩差异中至大，干时开裂至易裂，耐腐。适作家具，车船，建筑，盆桶，胶合板，文体材等。商品材价值上等。诸如槲栎，菠萝栎，包栎及其他们的变种，白栎，锥连栎，大叶栎，辽东栎，蒙古栎，黄山栎，日本栎 *Q. crispula* Bl.，大果栎 *Q. macrocarpa*. Michx.，沼生栎 *Q. palustris* Muench.。④麻栎类：心材红褐色，甚重，硬，强度强，韧度甚高，干缩大至甚大，干缩差异中至大，干时易裂，耐腐。适作车船，打梭板，地板家具，农具，体育器械等。商品材价值上等。麻栎，小叶栎，栓皮栎。引入的红栎类 *Q. mbra* L.，材质近似。

【枝丫】 ①鞣质：白栎含量 7.8%，纯度 45%。②薪材能源：本属树种均适，尤以白栎及短柄枹栎为南方常见薪材能源树种。

【叶】 ①鞣质：麻栎含量 8.2%。辽东栎含量 10.29%~15.26%。蒙古栎含量 11.74%。大叶栎含量 4.3%~13.23%。②虫瘿含鞣质：辽东栎含量 16.76%。③饲料：白栎干叶含蛋白质 9.9%，脂肪 3.5%。麻栎干叶含粗蛋白 14.1%，粗脂肪 7.4%。其他一些树种含粗蛋白最高达 30%，可提叶蛋白，为家畜优质饲料。④饲蚕：柞蚕丝为中国特产，自古作丝织衣料，现今工业用途更广，如火药囊，降落伞，工作服，电线，轮胎布等，本属落叶栎类均可，如麻栎，槲栎及变种，菠萝栎及变种，枹栎及变种，辽东栎，蒙古栎，栓皮栎等，饲养秋蚕省工收益高。⑤药用：蒙古栎叶入药，清热解毒，主治痢疾，慢性支气管炎。高山栎叶清热解毒，主治泻痢，肠炎，哮喘。

【花】 重要辅助蜜源植物：麻栎花期 5 月，粉量丰富，叶柄基部有腺体泌蜜，为重要辅助蜜源。槲栎花期 3~4 个月，蜜少粉多。菠萝栎花期 5~6 月，蜜少粉多。包栎花期 3~4 月，蜜少粉多，叶缘具腺体。辽东栎花期 6 月，粉量丰富。岩栎花期 4~5 月，粉量丰富。为山区重要粉源。矮高山栎花期 5 月，粉量中等。尖叶栎花期 4~5 月，粉量丰富，山区重要粉源。刺叶高山栎花期 5 月，粉量丰富，高山地区重要粉源。

【壳斗（橡碗）】 ①鞣质：麻栎含量 32.6%，纯度 65.88%。栓皮栎含量 27.3%，纯度 62.6%，槲栎含量 9.64%，纯度 72.81%。菠萝栎含量 3.83%~5.13%，纯度 32.01%。蒙古栎含量 9.6%~16.73%，纯度 64.4%。辽东栎含量 7.33%。枹栎含量 9.3%~10.5%。小叶栎含量 14.4%，纯度 70%。其他树种均含鞣质。橡碗浸提最适温度 70~80℃，浸出鞣质多达 23.57%；50~60℃为 17.75%；60~70℃为 19.65%；80~90℃为 22.74%。橡碗栲胶主用于鞣革，浸染渔网，软化锅炉水垢以及钻探等。以麻栎类为高，白栎类较低。②染料：栓皮栎、麻栎等壳斗可作黑色染料。③橡碗渣：提取橡碗栲胶后渣子，可生产糠醛，活性炭，醋酸钠，质量不低于其他原料。④药用：栓皮栎壳斗，止咳涩肠，主治咳嗽，水泻；外用治头癣。辽东栎收敛、止血、止泻。

【坚果】 ①外果皮制活性炭，如麻栎，栓皮栎等。②药用：辽东栎果健脾止泻，收敛止血，主治脾虚腹泻，久痢，痔疮出血，脱肛，便血，子宫出血，白带，恶疮痈肿。

【种仁】　①淀粉：麻栎含淀粉51.66%，单糖5.25%，双糖1.57%，鞣质13.88%，蛋白质3.16%，脂肪7.99%，纤维素3.5%，灰分2.2%。栓皮栎含淀粉51.83%，单糖6.27%，鞣质9.6%，蛋白质1.96%，脂肪6.87%，纤维素5.26%，灰分2.1%，维生素B_2 7.65mg/kg。槲栎含淀粉46.4%，单糖2.53%，鞣质17.14%，蛋白质2.17%，脂肪3.85%，纤维素3.46%，灰分2.5%，维生素B_2 6.73mg/kg。锐齿槲栎含淀粉46.45%，单糖9%，鞣质9.85%蛋白质33.3%，脂肪6.86%，纤维素5.7%，灰分2.8%，维生素B_2 26.6mg/kg。菠萝栎含淀粉50.43%，鞣质16.42%，蛋白质5.13%，脂肪6.11%，纤维素4.9%，灰分2.89%。尖齿菠萝栎含淀粉51.77%，单糖5.28%，鞣质11.42%，蛋白质2.08%，脂肪3.5%，纤维素2.4%，灰分2.19%，维生素B_2 47.2mg/kg。锥连栎含淀粉57.26%，单糖2.17%，鞣质2.21%，蛋白质1.71%，脂肪1.87%，纤维素5.89%，灰分3.4%，维生素B_2 54.2mg/kg。辽东栎含淀粉62.88%，鞣质14.5%，蛋白质6.06%，脂肪3.59%，纤维素4.58%，灰分2.84%。矮高山栎含淀粉30.36%，单糖7.74%，双糖2.03%，鞣质12.89%，蛋白质5.57%，脂肪5.25%，纤维素4.19%，灰分2.53%，维生素B_2 35.4mg/kg。灰背高山栎含淀粉52.25%，单糖7.37%，鞣质5.78%，蛋白质3.58%，脂肪5.8%，纤维素3.44%，灰分2.42%。铁橡栎含淀粉42.65%，单糖5.77%，鞣质9.72%，蛋白质4%，脂肪5.9%，纤维素2.77%，灰分2.46%，白栎种子含淀粉30%。包栎种子含淀粉50.4%~68.07%；短柄包栎种子含淀粉68%。蒙古栎种子含淀粉55.79%。黄山栎种子含淀粉40%。高山栎种子含淀粉30%，刺叶高山栎种子含淀粉40%。橿子栎种子含淀粉50.43%，鞣质16.42%，蛋白质5.13%，脂肪6.11%，纤维素4.9%，灰分2.89%。乌冈栎种子含淀粉40%。本属种子含鞣质颇高，需浸提鞣质后才能食用，饲料，酿酒，加工粉丝，粉条，豆腐，酱油，纱浆等工业用淀粉。②鞣质：可浸提栲胶，树种见上。③饲料：浸提鞣质后或酿酒后酒糟作饲料。④油用：麻栎种子含油15%~20%，可分离作工业用油。

【枯病木】　可放养木耳，银耳，香菇，灵芝。如麻栎，栓皮栎等。

【全树】　①水源涵养及水土保持林：如麻栎，栓皮栎等。②行道绿化树种：我国引入红栎 *Q. rubra* L.，大果栎 *Q. macrocarpa* Michx. 等。③环保树种：栓皮栎抗SO_2等有害气体抗性强至中。槲栎抗性中至强。

三棱栎属 *Trigonobalanus* Forman

3 种，分布亚洲及南美洲；中国产三棱栎 *T. dolichangensis*（A. Camus）Forman 1 种，分布滇南。常绿乔木。三棱栎产云南澜沧海拔1000~1900m 林中，稀有，为我国珍稀树种，应尽力加强保护。本种现所知木材特性近似青冈属树种。澜沧县作解板，纹理直，易加工，作板料，家具。

大风子科 Flacourtiaceae

约96属500多种，分布热带至亚热带，中国产13属40多种，又引入3属5种，分布南部。乔木、灌木稀草本。

山羊角属 *Carrierea* **Franch**.

3 种, 分布中南半岛至中国, 中国产 2 种, 分布西南至中部, 落叶乔木。山羊角 *C. calycina Franch*., 材黄白色, 重, 硬, 强度强, 干缩中, 耐腐性中, 适作农具, 家具, 工农具柄等, 木材价值中等。

木莓属 *Doryalis* **E. Mey**.

约 30 种, 分布亚洲、非洲; 中国引入 1 种。灌木或小乔木。锡兰莓 *D. hebecarpa* (Gardn.) Warb., 果实红紫色, 近圆形, 味酸可食, 又可制饮料、果酱。

刺篱木属 *Flacourtia* **Comm**. **ex L'Herit**.

约 15 种, 分布热带至亚热带; 中国产 4 种, 引入 1 种, 分布华南至西南。落叶或半常绿乔木或灌木。

【木材】 心材暗红褐色, 重, 硬, 干缩大, 耐腐, 适作篱柱, 农具, 家具, 雕刻, 车旋品, 生活用具等, 木材价值上等。如挪挪果木 *F. ramontchii* L, Herit., 刺篱木 *F. indica* (Burm. f.) Merr., 大叶刺篱木 *F. rukam* Zoll. et Mor.

【果实】 食用: 刺篱木, 核果浆果状, 球形至椭圆形, 径 8~12mm, 可食。刺篱木果味甜可食。大叶刺篱木果熟时暗红色, 酸甜多汁, 可生食或制果酱、蜜饯。无刺篱木 *F. inermis* Roxb., 罗旦梅 *F. jangomas* Raeusch, 果实均可食。

大风子属 *Hydnocarpus* **Gaern**.

约 44 种, 分布印度到马来西亚; 中国产 3 种, 分布华南、云南。乔木。

【木材】 海南大风子 *H. hainanensis* (Merr.) Sleum。边材黄白色, 心材黄褐微红色, 重, 硬, 耐腐, 适作家具, 农具, 车辆, 建筑, 船板, 椿柱等, 木材价值上等。如大风子 *H. anthelminticus* Pierre ex Laness。

【种子】 ①药用: 大风子种子含大风子油 20%~50%, 主成分: 大风子油酸, 次大风子油酸及去氢大风子油酸的甘油酯, 尚有大风子油烯酸, 祛风, 攻毒, 杀虫, 主治麻风病; 外用治癣疥。

海南大风子种仁含油 26.9%~54.3%, 主成分: 棕榈酸 2.7%~4%, 十六碳烯酸 3.6%, 油酸 4.4%, 亚油酸 0.1%~1.9%, 副大风子酸 58%~79.4%, 晃模酸 14.8%~23.6%, 有效成分比大风子高。种子油治麻风病, 牛皮癣, 湿气病。高山大风子 *H. alpine* Wight. 种仁含油量 51.2%, 主成分: 棕榈酸 9%, 硬脂酸及油酸 7.4%, 副大风子酸 49.8%, 晃模酸 26.2%, 告尔酸 2.9%, 油治麻风病及皮肤病。梅氏大风子 *H. merrillianos* Li., 种仁含油量 45.5%, 主成分: 棕榈酸 10.9%, 十六碳烯酸、硬脂酸、油酸及亚油酸 4.1%, 副大风子酸 45.9%, 晃模酸 21.9%, 告尔酸 13.6%, 油治麻风病及顽癣。尚有异叶大风子 *H. heteraphylla* Bl., 蔻氏大风子 *H. kurzii* (King) Warb.. 月桂叶大风子 *H. laurifolia* (Dermstedf) Sleum., 种子均可治麻风病。②兽药: 大风子油治牲畜癣疥, 疮疥瘙痒, 猪仔湿毒, 驴马皮癣。

【物种资源】 海南大风子渐危, 宜迁地扩大

山桐子属 *Idesia* Maxim.

1种，分布中国及日本，中国分布秦岭以南，落叶乔木。山桐子 *I. polycarpa* Maxim. 圾毛山桐子 var. *vestita* Diels.

【木材】 浅黄褐色，轻，软，强度弱，干缩小，不耐腐，适作火柴盒杆，牙签，木屐，包装材，生活用品(锅盖、盆桶、风箱)次等家具，造纸材等，用途较多。木材价值低等。

【茎皮】 纤维：可搓绳，造纸。

【果实】 油用：山桐子果实含油量 20.9%～32.1%，主成分：棕榈酸 14.8%～20.9%，硬脂酸 1.4%～5.7%，十六碳烯酸 2.7%～8.6%，油酸 5.5%～1.6%，亚油酸 52.5%～73.2%，亚麻酸 1.9%，可作食用油，四川山区有食用油习惯。毛叶山桐子果实含油量 33.7%～42.3%，主成分：棕榈酸 14.6%，硬脂酸 1.4%～2.1%，十六碳烯酸 3.2%～7.6%，油酸 7.3%，亚油酸 51.8%～67.7%，亚麻酸 0.9%～1.5%，油也可食用。

【种子】 ①油用：山桐子种子含油量 22.4%～31.6%，主成分：棕榈酸 6.2%～9.1%，硬脂酸 2.1%～2.6%，油酸 6.6%～8.3%，亚油酸 80.5%～81.4%，亚麻酸 1.4%～2.9%；毛叶山桐子种子含油量 20.1%～26.1%，主成分：棕榈酸 7.1%，硬脂酸 1.8%～3.5%，油酸 6.5%～10.3%，亚油酸 80.2%～81.8%，亚麻酸 0.6%～1%，种子油可制肥皂，润滑油及掺和油漆用。②药用：山桐子种子油可降低胆固醇，制造益寿宁、脉通药的主要原料。

【全树】 观赏树种：果实入秋成串下挂，红色夺目，为庭园观赏树种。

栀子皮属 *Itoa* Hemsl.

2种，1种产马来西亚；1种产中国，分布西南至广西落叶乔木。栀子皮 *I. orientalis* Hemsl.

【木材】 材黄灰褐色，轻，软，不耐腐，易蛀，可作造纸材，板料等。木材价值低。

【种子】 含油量 22.4%，主成分：棕榈酸 14.9%，硬脂酸 5.8%，十六碳烯酸 1.9%，油酸 11.4%，亚油酸 62.9%，油可提制亚油酸作降低胆固醇药用。

山拐枣属 *Poliothyrsis* Oliv.

1种，山拐枣 *P. sinensis* Oliv. 分布长江流域以南，落叶乔木。材浅黄褐色至灰褐色，略重至中，硬度中，干缩小，不耐腐，可作包装材，木尺，绘图板，造纸材等，木材价值下等。

刺柊属 *Scolopia* Schreber.

约45种，分布东半球热带；中国产 5 种，分布华南至台湾。灌木至乔木。刺柊 *S. chinensis*(Lour.) Clos，莉血 *S. saeva*(Hance) Hance，材红褐色，甚重，甚硬，强度甚强，韧度甚高，干缩甚大，甚耐腐，但难加工，可作桥梁，车船，桩木，枕木，水车，机械，雕刻，烟斗等。木材价值上等。

龙角属 *Taraktogenus*

大叶龙角 *T. anamensis* Oagnep，分布于云南南、广西西南。

种子油近似进口大风子油，含大风子酸，副大风子酸，苦尔酸，主治麻风病。稀少，可在原产地保护或迁地保护，扩大药用资源。

柞木属 *Xylosma* Forst.

约100种，分布热带；中国产4种，分布长江流域以南。乔木或灌木。

【树皮】 药用：柞木 *X. congestum* (Com) Merr. 树皮入药；清热利湿，散瘀止血，主治黄疸水肿，死胎不下。

【木材】 材黄褐至浅线褐色，甚重甚硬，强度中，干缩大，耐腐，难加工，可作农具，秤杆，木梳，车旋品，篱柱，房屋，凿柄，工农具柄等。木材价值上等。柞木；长叶柞木 *X. longifolium* Clos 及岭南柞木 *X. controversum* Clos 近似。

【叶】 药用：柞木叶入药，散瘀消肿止痛，主治跌打损伤，脱臼。

【种子】 柞木种子含油量20%~25%，可制肥皂。

【根皮】 药用：柞木及长叶柞木根皮药用，主治跌打损伤，肿痛，脱臼，骨折。

牻牛儿苗科 Geraniaceae

11属850种，分布热带至亚热带；中国产4属70种，分布全国。草本、亚灌木。

天竺葵属 *Pelargonium* L'Hér.

中国产4属70种，分布非、大洋洲、印度，中国引入5种，分布全国。亚灌木草本

【茎叶】 芳香油：香叶天竺葵 *P. graveolens* L'Hér.，茎叶含精油0.1%~0.2%，主成分：香茅醇，香叶醇，L. 异薄荷酮，芳樟醇，松油醇和烃类，香叶油主要用于香皂，化妆品，玫瑰型香精，食用香精。

【花】 药用：天竺葵 *P. hortorum* Bailey，花榨汁滴耳内，主治中耳炎。

【全株】 ①药用：香叶天竺葵供全草入药，治风湿病，治阴囊湿疹，疥癣。②观赏植物：天竺葵，花红色、粉红色、白色，香叶天竺葵 var. *marginaum* Baihay. 叶有香气，为美丽盆景观赏植物。

苦苣苔科 Gesneriaceae

约120属2000种以上，分布热带、亚热带地区；中国产38属240种以上，分布长江流域以南。草本、灌木、乔木。

芒毛苣苔属 *Aeschynanthus* Jack.

约80种，分布亚洲热带至亚热带；中国产约24种，分布华南至西南。木本。芒毛苣苔 *A. acuminatus.* Wall. 全株入药，安神，主治神经衰弱症，慢性肝炎。

宽萼苣苔属 *Chlamydoboea* Stapf.

2种，分布西南至湖北。矮小半灌木。宽萼苣苔 *C. sinensis* (Oliv.) Stapf，全株入药，清热

利湿，止咳平喘，主治：黄胆性肝炎，咳嗽，支气管炎，哮喘，痢疾；外用治荨麻疹。

石吊兰属 *Lysionams* D. Don.

约 20 种，分布印度、中国至东南亚；中国产 13 种，分布秦岭以南。常绿附生灌木。全株入药，石吊兰 *L. pauriflorus* Maxim.，清热利湿，祛痰止咳，活血调经，主治：支气管炎，咳嗽，痢疾，钩端螺旋体病，风湿疼痛，跌打损伤，月经不调，白带，又吊石苣苔 *L. carnosus* Hemsl.，石豇豆 *L. cavaleriei* Loul.，石光棍 *L. serratus* D. Don 药效同石吊兰。

醋栗科 Grossulariaceae

1 属约 150 种，分布北温带及南美洲；中国产约 50 种，主产东北、华北、西北到西南。落叶稀常绿灌木。

醋栗属 *Ribus* L.

单属科

【叶】　①山野菜：东北茶子 *R. mandchuricum*（Maxim）Kom，东北山坡及杂木林下较多，叶可作野菜食用。②代茶：黑醋栗 *R. nigmm* L. 嫩叶可代茶。

【茎枝】　①手杖：美丽茶藨 *R. pulchellum* Turcz，杆茎坚硬，可作手杖。②药用：糖茶藨 *R. emolense* Rehd.，茎枝药用解毒，主治肝炎。

【花】　①蜜源植物：醋栗 *R. grossularia* L.，花期 4～5 月，蜜量较多。东北茶藨子，花期 4～5 月，蜜量中等。为良好辅助蜜源。②香花：芳香茶藨子 *R. odoratun* Wendl. 花多，香浓，似丁香，为香花植物。

【果】　①食用浆果：醋栗，果熟后含糖分 12%，香甜，芳香，可生食，制果酱，果汁，果冻，酿酒，尚含磷，铁，果酸，维生素等，果形卵球形，径 1cm，红色，黄色，绿色，原产欧洲，北非，高加索，黑龙江栽培。黑醋栗，果黑色，近球形，径 1cm，含碳水化合物 10%～13%，有机酸 2.6%～3.7%，维生素 C 2000mg/kg，还有钙、镁、磷，可生食，制果浆，原产亚洲中部及欧洲，新疆阿尔泰有野生，黑龙江、牡丹江、松花江有栽培，现已超过 2.3 万亩，每加工 1t 浆果，产值 1 万元，亩均产值 5000 元，经济效益与生态效益均高，营养价值也高于猕猴桃，等于苹果 7 倍，尤适作果汁，饮料，果酱，果酒，果胶，果糖，果脯等保健食品。刺梨 *R. burejense* F. Schmidt. 果味美，品质好，绿色，近球形，径 1cm。水葡萄茶藨 *R. procumbens*. Pall. 果味美甜，芳香，褐色，卵圆形，径 1cm。芳香茶藨，果椭圆形，长 1cm，有香气，有黄果、桔果、大果变种。东北茶藨，果红色，球形，径 0.7～0.8cm，味甜，东北资源较多，可加工果酱或酿酒。高山醋栗 *Ealpestre* Wall. ex Decne.，果近椭圆形，长 1.6cm，可生食或酿酒。红穗醋栗 *R. rubrum* L. 原产欧洲，东北、华北栽培，果红色，可生食或酿酒，维生素 C 含量 410mg/kg。四川蔓茶藨 *R. ambigin* Maxim，果可生食，绿色，近球形，径 1.2cm。二刺茶藨 *R. diacanthum* Pall. 果红色，球形，较小，径 0.4～0.8cm，可生食。糖茶藨，果球形，紫红色，味甜，可生食。华茶藨 *R. fasciculatum* Sieb. et Zucc. var. Chinense Maxim. 果小径 0.5～0.8cm，红褐色，近球形，熟时味甜，含糖分，可鲜食，制果酱，酿酒。冰川茶藨 *R. glaciala* Wall.，果红色，近球形，较小，径 0.5～0.6cm，味酸甜。长白茶藨 *R. komarovi* A. Pojark.，果红色，球形，径 0.8cm，可生食。长串茶藨 *R. longiracemosum Franch.*，果球形，径 0.9cm，黑色，可生食及酿酒。美丽茶藨，果红色，较小，径 0.5～0.6cm，可生食。细枝茶藨 *R. tenue* Jancz. 果红色，小，径 0.4cm，可生食。尚有多种浆果可生食或加工果酱、酿酒：阿尔泰醋栗 *R. aciculara* Smith. 果淡黄色，球形至椭圆形，径 1cm。黄花茶藨 *R. aureum* Pursh. 原产北美洲，华北栽培。冬茶藨 *R. davidii* Franch. 产四川西部，果秋冬可采。密花茶藨 R. 1iouii l. Wang et J. Y. Yang. 产内蒙古，果红色，径 1cm。花茶藨 *R. fargesii* Franch. 产四川东，果绿色，倒卵形，台湾茶藨 *R. formosanum* Hay.，产台湾高山林缘，果红色，球形，径 1cm。鄂西茶藨 *R. franchetii* Jance，产湖北西、四川东疏林中，果小，红色，腺毛茶藨 *R. giraldii* Wall. 产辽宁、甘肃、山西，果小，径 0.5～0.7cm，球形，红色。拟醋栗 *R. growsularioides* Maxim. 产河北。华中茶藨 *R. henryi* Franch. 产四川、湖北，果大，绿色，倒卵长圆形，长 2cm。美洲茶藨 *R. hirtellum* Mix. 原产北美洲，华北栽培。黄果茶藨 *R. humile* Jarlcz. 产四川，果黄色，球形小。阔叶茶藨 *R. latifolium* Jancz. 产河北。桂叶茶藨 *R. laurifolium* Jancz. 产四川，果大，紫黑色，椭圆形，长 1.5cm。紫花茶藨 *R. luridum* Hook. et Thoms。产江西、湖北、四川、云南山地，果黑色。刺果茶藨 *R. maxiroowczii* Bata.，产湖北、四川、河北、山西林下，果黄色或淡绿色，卵圆形，径 0.6～0.7cm。天山茶藨 *R. meyeri* Maxim.，产新疆天山、昆仑山，果黑色球形。宝兴茶藨 *R. moupinenes* Franch.，产四川、湖北、云南、陕西、甘肃、宁夏林下，果小黑色，球形，径 0.4～0.5cm。多花茶藨 *R. multifloum* Kit.，产河北。东方茶藨 *R. orientale* Desf. 产陕西，四川。黄杨茶藨 *R. pachysandroides* Hook. 产四川。英吉利茶藨 *R. palczewskii*（Jancz）A. pojark. 产内蒙古，果红色，近球形，径 0.7～0.8cm。兴安茶藨 *R. paueifolium* Turcz. 产内蒙古大兴安岭，果大，暗紫红色，球形，径 1～1.3cm。石生茶藨 *R. petraeum* Wulfl 产辽宁，内蒙古，河北。栗毛茶藨 *R. spicatum* Robson. 产内蒙古，果小，红色，球形，径 0.6cm。伏生茶藨 *R. repens* Baranov，产黑龙江大兴安岭，果小，红色，径 0.6～0.8cm。南川茶藨 *R. rosthomii* Jancz. 产四川南川，果红色，球形。茶藨 *R. sativum* Syme. 原产西欧，各地栽培。岩生茶藨 *R. saxatile*. Pall. 产新疆沙丘低地，果小红色，近球形，径 0.5cm。长果茶藨 *R. stenocarpum* Maxim，产陕西、甘肃、青海，果大，绿色带红晕，长圆形，长 2～2.5cm。三尖叶茶藨 *R. tricuspis* Makai. 产内蒙古，三裂茶藨 *R. tripartitum* Batal. 产甘肃。矮茶藨 *R. triste* Pall. 产吉林长白山。乌苏里茶藨 *R. ussuriense*（Turcz.）Jancz. 产黑龙江东部，果灰蓝黑色，径 0.8cm。尖叶茶藨 *R. acuminatum* Wall. 产西南，果小，红色卵圆形，径 0.5cm。蓝果茶藨 *R. coeleste* Jancz. 产四川、陕西，果蓝黑色。臭茶藨 *R. gravealens* Bge 产新疆阿尔泰，果红褐色，球形，径 0.7～0.8cm。细穗茶藨 *R. haoii* C. Y. Yang et Y. L. Han，产甘肃，果小，红色，倒卵形，径 0.5cm。小叶茶藨 *R. heterothichum* J. A. Mey，产新疆天山，果小，淡黄色，球形，径 0.5～0.8cm。北方茶藨 *R. maximowiczianum* Kom. 产辽宁，华北，陕西、甘肃，果红色，球形，径 0.7～0.8cm。青海茶藨 *R. pseudofasscicialata* Hao，产青海，果小，黑色，球形，径 0.5cm。四川茶藨 *R. setchuenes* Jancz. 产川东，果黑色，形形。甘青茶藨 *R. tangaticum*（Jancz.）Pojerk. 产陕西、甘肃、青海、四川，果黑色形形。绿花细枝茶藨 *R. tenue* Jancz. var. *viridiflorum* Cheng，产浙江，果猩红色，球形，径 0.8～1cm。矮茶藨 *R. triste* Pall. 产吉林长白山，果小，鲜红色，径 0.6～0.8cm。小果茶藨 *R. villmorinii* Jancz.，产四川、云南、陕西、甘肃，果小，黑色。西藏茶藨 *R. villosum* Wall. 产西藏，果橙黄色。②药用：东

北茶藨，果含枸橼酸，苹果酸，酒石酸，性解毒，主治感冒。

【种子】 ①油用：长白茶藨种子含油5.1%，主成分：棕榈酸6.9%，油酸15.9%，亚油酸43.6%，亚麻酸21.2%，供工业用油。二刺茶藨，东北茶藨，种含油，供工业用油。②药用：四川蔓茶藨种子煎水，主治水肿，利尿，通径。

【根】 药用：绿花细枝茶藤，清热，调经，止痛，主治虚热乏力，月经不调，痛经。

【全株】 药用：冬茶藨全株入药，活血祛瘀，舒筋理气，主治风湿性关节炎，月经不调，闭经腰痛，产后腹痛，痢疾。

【全树】 ①绿篱：高山茶藨等可作绿篱。②固沙及水土保持树种：二刺茶藨，美丽茶藨等。③绿化观赏树种：二刺茶藨，糖茶藨，蔓茶藨，东北茶藨，芳香茶藨等。

金缕梅科 Hamamelidaceae

27属约140种，分布东亚，大洋洲，北美洲、中美洲，南非，中国产17属75种，又引入1属2种。分布长江以南，少数分布至陕西、河南。常绿或落叶乔木或灌木。

蕈树属 *Altingia* Noronha.

约12种，分布亚洲南部至印度；中国产8种，分布长江以南。常绿乔木。

【树脂】 ①香料：细柄蕈树 *A. gracilipes* Hemsl. 树脂含芳香油，可供香料定香剂。细青皮 *A. excelsa* Noronha，树脂芳香，也可作香料。②药用：细柄蕈树可入药。

【木材】 ①蕈树类：黄褐至浅红褐色，材重硬至中，强度强，干缩中，耐腐性中。适电杆，桥梁，车辆，家具，建筑，造纸材等。木材价值中等。诸如蕈树 *A. chinensis*（Champ.）Oliv. ex Hance 细青皮，细柄蕈树。②硬蕈类：材红褐色，重，甚硬，强度甚强，韧度甚高，干缩甚大，耐腐蛀，适作造船，电杆，桥梁，坑木，枕木等，树价值上等，如海南蕈树 *A. obovata* Merr. et Chun，云南蕈树 *A. yunnanensis* Rehd. et Wils.

【树干】 伐倒木、梢头：培养香菇：蕈树，细柄蕈树等，为农、林重要副业。

【叶】 ①芳香油：蕈树叶可蒸浸芳香油作香料。②嫩叶可食：细青木。

【根皮】 药用：蕈树根皮治跌打损伤，风湿，瘫痪。

山铜材属 *Chunia* Chang.

1种，山铜树 *C. bucklandioides* Chang，中国海南特产。常绿乔木。

【木材】 材重硬，似铜褐色，耐腐性中。适建筑，地板，梁，柱，家具，车辆等，木材上等。

【全树】 物种资源：山铜树为我国珍稀树种，应加强保护和发展。

蜡瓣花属 *Corylopsis* Sieb. et Zucc.

30种，分布亚洲东部；中国产20种，分布长江以南。落叶或半常绿灌木、小乔木。

【木材】 黄褐微带红色，重量、硬度、强度中等，干缩中，耐腐中。适小家具，农具，雕刻，细木工，小器具，薪炭材等。木材价值中等。诸如：大果蜡瓣花 *C. multiflora* Hance，蜡瓣花 *C. sinensis* Hemsl. 等。

【叶】 药用：蜡瓣花叶，主成分：槲皮苷，岩白菜内酯，主治烦乱昏迷，恶寒发热，呕逆心跳。

【根皮】 药用：蜡瓣花根皮入药，药性见叶部。

【全树】 观赏树种，蜡瓣花等，总状花序下垂，花黄似蜡，先叶开放，芳香美丽，为优美观赏树种。

双花木属 *Disanthus* Maxim.

1 种，产日本南部；中国产 1 变种，分布湖南山地。浙江已灭绝。落叶灌木。我国产长柄双花木 *D. cercidifolius* Maxim. var. *longipes* Chang.。

【盆景】 观赏冬季开花，花枝宿存去年果实，小枝曲折，宜作盆景观赏。

【物种】 资源本变种为我国濒危树种，宜加强保护，并迁地保存。

蚊母树属 *Distylium* Sieb. et Zucc.

18 种，分布东亚至印度及中美，中国产 13 种，分布南方。常绿灌木至小乔木。

【树皮】 鞣质：杨梅叶蚊母树 *D. myrioides* Hemsl.，含量 6.98% ~ 13.8%。蚊母树 *D. racemosum* Sieb. et Zucc.，含量 6.62% ~ 9.2%，可提制栲胶，纯度 54.53%。

【木材】 浅棕褐色，重，硬，强度中至强，干缩中，稍耐腐。适作坑木，篱柱，枕木，车辆，农具，房屋，茶叶箱，造纸，薪炭材等。木材价值中等。诸如蚊母树，杨梅叶蚊母树等。

【果】 鞣质：杨梅叶蚊母树含量 5.86%。

【种子】 油用：蚊母树种子含油量 23.2% 主成分：棕榈酸 10.7%，硬脂酸 3.3%，油酸 11.3%，亚油酸 49.7%，亚麻酸 24.5%，适工业肥皂，润滑油，掺和油漆用。

【根】 药用：杨梅叶蚊母树根治手足水肿。

【全树】 ①观赏树种：川鄂蚊母树 *D. chinensis* (Franch.) Diels.，花期 4 ~ 6 月，雄蕊、花药深红色供观赏。蚊母树先叶开花，枝叶葱绿，适庭园观赏。②环保树种：蚊母树对有害气体抗生性强，防尘隔声，适长江以南绿化或绿篱环保树种。

秀柱花属 *Eustigma* Gardn. et Champ.

2 种，产中国南部及越南北部。常绿乔木。

秀柱花 *E. oblongifolium* Gardn. et Champ.，材黄褐色，重，硬中等，干缩大，干缩差异中，耐腐性中。适作工、农具柄，农具，细木工等。木材价值下等。尚有越南秀柱花 *E. balansae* Oliv.。

马蹄荷属 *Exbucklandia* R. W. Br.

4 种，分布中国南部，中南半岛至印度尼西亚；中国产 3 种，分布南部至西南。常绿乔木。

【木材】 材黄褐至红褐色，重量及硬度中等，强度强至中，干缩中，耐腐中。适作车辆、船舶，桥梁，家具，胶合板，雕刻，建筑，车工，砧板等。木材价值上等。诸如马蹄荷 *E. populnea* (R. Br.) R. W. Br.，大果马蹄荷 *E. tonkinensis* (Lecomte) Steenis.。

【茎】 药用：马蹄荷舒筋活血，活血止痛，主治风湿性关节炎，坐骨神经痛。

【全树】 ①防火林树种、马蹄荷树皮防火力强，为优良防火林树种。②观赏树种：马蹄荷树冠浓密，树形美观，可供观赏。

牛鼻栓属 *Fortunearia* Rehd. et Wils.

1 种，中国特产，分布秦岭以南，五岭以北。落叶小乔木或灌木。

【木材】 牛鼻栓 *F. chinensis* Rehd. et Wils. 材极坚硬，作牛鼻栓，农具等。无商品材。价值中等。

【枝叶】 药用：叶含牛鼻栓苷，岩白菜内酯，益气止血，主治血虚，刀伤出血。

【种子】 油用：牛鼻栓种子含油 15.5%，主成分：棕榈酸 12.2%，油酸 17.2%，亚油酸 49.4%，亚麻酸 18.1%，适作工业润滑油，掺和油漆用。

金缕梅属 *Hamamelis* L.

6 种，分布北美洲及东亚；中国产 2 种，分布长江以南。落叶灌木或小乔木。

【树皮】 纤维可制绳索；金缕梅 *H. mollis* Oliv.。

【木材】 小材可作农具，工、农具柄，小器具等。价值低等。如金缕梅。

【叶】 鞣质：金缕梅含鞣质 17.1%，可提栲胶。

【种子】 油用：金缕梅种子榨油，可工业用。

【根】 药用：金缕梅根含山柰酚，槲皮素，紫云英苷，主治劳伤乏力。

【全树】 观赏：金缕梅花先叶开放，金黄色似金缕，适庭园观赏。

枫香属 *Liquidambar* L.

6 种，产北美洲及东亚，中国产 2 种，又引入 2 种，分布长江以南。落叶乔木。

【树皮】 鞣质：枫香 *L. formosana* Hance，含量 5%~12%，可提制栲胶。

【树脂】 ①药用：苏合香 *L. orientalis* Mill. 主成分：苯乙烯，桂皮酸乙酯，桂皮酸桂皮酯，桂皮酸苯丙酯，香兰醛，游离桂皮酸，开窍，解毒止痛，调气血，祛痰，主治中风，痰厥，惊风。缺萼枫香 *L. acalyina.* H. Y. Chang，可代苏合香，解毒止痛，止血生肌。枫香可代苏合香，主成分：桂皮醇，桂皮酸，左旋龙脑，活血生肌，开窍化瘀，解毒止痛，主治外伤出血，跌打疼痛；外用治癣疥。胶皮糖香树 *L. styraciflua* L. 也可代苏合香。②兽药：苏合香通窍辟秽，开郁化痰，主治牛瘟疫，母猪胎衣不下。枫香凉血活血，解毒止痛，主治牛衄血不止，痈毒久不溃穿，家畜骨折。

【木材】 ①用材：材黄褐色，重量，硬度，强度，干缩均中等，易变色腐朽虫蛀。适作棕棚床架，胶合板，茶叶箱，木桶，水果箱，线轴，造纸材等。木材价值低。诸如枫香，缺萼枫香，胶皮糖香料。②木材蒸馏，所得树脂称苏合香，可作药用，化妆品用，并可提取桂皮酸原料。

【枝丫】 枫香枝丫可培养香菇，木耳。

【茎叶】 ①药用：缺萼枫香茎叶入药，祛风除湿，有活血通络之效。②绿肥：枫香干枝叶含氮 2.13%，磷 0.55%，钾 1.49%，1000kg 相当于化肥硫酸铵 106.5kg，过磷酸钙 27.5kg，硫酸钾 29.8kg，易腐烂分解，肥效快，为较好绿肥。

【叶】　①鞣质：枫香叶含鞣质8%～13.5%，可提栲胶，纯度45%。②芳香油：枫香叶可提芳香油得率0.2%，主成分：龙脑，莰烯，但质量不如采割枫酯香液。③饲料：枫香叶可饲天蚕及柞蚕。④土农药：枫香叶浸水防治各种软体害虫，对稻热病有效率80%，还可灭孑孓。

【果实】　①药用：枫香果江浙等地称路路通，主成分：倍半萜烯类，桂皮酸酯，桂皮酸，桂皮醇，左旋龙脑，莰烯，祛风通络，利水通乳，主治乳汁不通，月经不调，风湿关节痛，腰腿痛，小便不利，荨麻疹。②兽药：枫香果可治水牛水泻，牛红白痢疾。

【种子】　芳香油：枫香种子可提芳香油，但质量不如割枫脂香液，主成分：龙脑，莰烯，可作香料。

【根】　药用；枫香根祛风止痛，主治风湿性关节痛，牙痛。

【全树】　①观赏树种：枫香经霜叶红鲜艳，为红叶观赏树种。②行道树种：胶皮糖香树，秋叶黄、红、橙、紫、棕色，华东引种作行道树。③造林先锋树种：枫香对瘠地、干旱地适应性强，与马尾松相似，为优良阔叶林造林先锋树种及次生林抚育树种。④环保树种：枫香对SO_2，Cl_2有害气体抗性中至强。

檵木属 *Loropetalum* R. Br.

4种，分布中国至印度，中国产3种，分布长江以南。常绿、半常绿灌木或小乔木。

【木材】　浅黄褐至浅红褐色，重、硬、强度强、干缩大，稍耐腐。但纹理交错，难加工，小材适农具，车工，车辆，家具，建筑等。木材价值下等。檵木 *L. chinense* (R. Br.) Oliv. 等。

【枝条】　木枝条柔韧，可捆扎木排及捆柴。

【茎皮】　鞣质：木含量5.7%。

【叶】　①鞣质：檵木含量8.68%，纯度29.3%，可提栲胶。②药用：木枝叶含鞣质，没食子酸，黄酮类，止血，止痛，生肌，主治子宫出血，腹泻；外用治烧伤，外伤出血。

【花】　药用：木花主成分：槲皮素，异槲皮素，清热止血，主治鼻衄，外伤出血。

【种子】　油用：木种子含油14.1%，主成分：棕榈酸10.1%，油酸22.8%，亚油酸36.4%，亚麻酸26.8%，供工业润滑油。

【根】　药用：木根行血去瘀，主治血瘀，闭经，跌打损伤，急性关节炎。

【全树】　木根系发达，适陡坡生长，为水土保持护坡效果良好树种。

壳菜果属 *Mytilaria* Lecomte

1种，分布中国、越南、老挝；中国分布于广东、广西及云南南。常绿乔木。

【木材】　材微黄褐色，略重至中，耐腐中。适造船，车辆，家具，建筑，农具，胶合板，雕刻等。木材价值中等。壳菜果 *L. laoensis* Lecomte.。

【种子】　油用：壳菜果种子含油36.8%～38.1%，主成分：棕榈酸13.44%～34.5%，硬脂酸5.35%～14.8%，油酸16.25%～36.9%，亚油酸10.1%～32.31%，亚麻酸1.3%～31.73%，适作工业用油。

红花荷属 *Rhodoleia* Champ. ex Hook. f.

9 种，分布亚洲东南部；中国产 6 种，分布华南至西南。常绿乔木或灌木。

【木材】 浅红褐带黄色，重，硬，强度强，干缩大，耐腐中。适造船，车辆，榨油，鞋楦，工具柄，农具，胶合板，家具等。木材价值中等。如红花荷 *R. championii* Hook. f. 小花红花荷 *R. parvipetala* Tong.。窄瓣红花荷 *R. stenopetala* Chang.。

【叶】 药用：红花荷及小苞红花荷叶可止血，治刀伤。

【全树】 观赏行道树种：红花荷花红艳满树，为行道观赏树。

半枫荷属 *Semiliquidambar* Chang.

3 种，分布中国南部及东南部。常绿、乔木。

【木材】 浅黄褐色，重量、硬度、强度、干缩均中等，不耐腐。适胶合板，茶叶箱，水果箱，造纸材等。木材价值低。如半枫荷 *S. cathayensis* H. T. Chang.。

【叶及根】 药用：半枫荷祛风除湿，舒筋活血，主治风湿性关节炎，类风湿性关节炎，腰肌劳损，慢性腰腿痛，跌打瘀积，半身不遂，扭挫伤；外用治刀伤出血。细柄半枫荷 *S. chingii* (Metc.) Chang.，药用，与半枫荷相似。

【全树】 物种资源：半枫荷为珍稀树种，应加强保护和发展。

水丝梨属 *Sycopsis* Oliv.

10 种，分布亚洲南部；中国产 8 种，分布华南至西南。常绿乔木或灌木。

【木材】 黄白略红色，材重至甚重，硬，强度强，干缩大至甚大。适家具、农具、建筑、器具、文具、雕刻、坑木、车辆等。木材价值中等。诸如水丝梨 *S. sinensis* Oliv.，尖叶水丝梨，钝叶小丝梨。

【枝丫】 碎木可培养香菇。

【种子】 油用，尖叶水丝梨含油量 17.8%，主成分：硬脂酸 14%，油酸 13.3%，亚油酸 48.1%，亚麻酸 19%，适工业用油。

山白树属 *Sinowilsonia* Hemsl.

单种，山白树 *S. henryi* Hemsl.，陕西、湖北稀有，加强保护或迁地保护物种资源。

四药门花属 *Tetrathyrium* Benth.

单种，四药门花 *T. subcordatum* Benth.，常小乔，在香港已灭绝，现在广西龙州发现，应保护物种。

青荚叶科 Helwingiaceae

1 属 4~5 种，分布喜马拉雅山区和日本；中国产 4 种，主产西南，分布全国。落叶稀常绿灌木。

青荚叶属 *Helwingia* Willd.

单属科：

【嫩叶】 食用：青荚叶 *H. japonica*（Thunb.）Dietr. 嫩叶野菜食用。

【全株】 药用：西南青荚叶 *H. bimalaica* Clarket. 活血化瘀，清热解毒，主治跌打操作，骨折，风湿性关节痛，胃痛，痢疾，月经不调；外用治烧烫伤，疮疗痈肿，毒蛇咬伤。中华青荚叶 *H. chinensis* Batal.，功效同西南青荚叶。青荚叶，清热解毒，活血消肿，主治痢疾，疗疮，跌打损伤，骨折，风湿关节痛，月经不调；外用治烧烫伤。白背青荚叶 *H. japonica* var. *hypoleua* Hemsl.，清热，利尿，通乳。

【全树】 观赏：本属花生叶上奇物，可供观赏。

莲叶桐科 Hemandiaceae

约 24 种，分布热带亚洲及中美洲；中国产 1 种，分布台湾省。常绿乔木。

莲叶桐 *H. sonora* L.，产台湾沿海海滩，为一般用材。根皮主成分：厚果唐松草碱，未报道药用功效。

青藤属 *Illigera* Bl.

约 30 种，分布西半球、非洲热带；中国产 13 种，分布南部。常绿藤本。

【茎（根）】 药用：心叶青藤 *I. cordata* Dunn.，祛风除湿，散瘀止痛。大花青藤 *I. grandiflora* W. W. Smith et Jeff.，消肿，解热，散瘀，外敷治跌打损伤，骨折，接骨。

【根】 药用：小花青藤 *I. parviflora* Dunn.，主治风湿骨痛，小儿麻痹。

【全株】 药用：红花青藤 *l. rhodantha* Hance，祛风散瘀，消肿止痛，主治风湿关节炎，跌打肿痛，小儿麻痹后遗症，大青藤 *I. celebica* Miq. 治风湿头痛。

七叶树科 Hippocastanaceae

2 属 30 多种，分布北半球温带；中国产 1 属约 10 种，又引入 2 种。分布温带至亚热带。落叶乔木或灌木。

七叶树属 *Aesculus* L.

约 30 多种，分布北半球温带至亚热带；中国产约 10 种引入 2 种，分布温带至亚热带，落叶乔木或灌木。

【木材】 材黄褐微红色，轻，硬度中，不耐腐。适作胶合板，图板，包装材，生活用具，箱板，造纸材等。诸如七叶树 *A. chinensis* Bunge.，浙江七叶树 *A. chekiangensis* Hu et Fan.，欧洲七叶树 *A. hippocastanum* L.，滇南七叶树 *A. panduana* Hieron.，日本七叶树 *A. turbinata* Bl.，云南七叶树 *A. wangii* Hu.，天师栗 *A. wilsonii* Rehd. 等。

【叶】 染料：七叶树叶含单宁，可作黑色染料。嫩叶芽可以代茶。

【花】 ①蜜源植物：七叶树花期 5～6 月，蜜量多，粉量稍多。②染料：七叶树花可作黄色染料。③药用：欧洲七叶树花含山奈醇-3-鼠李葡萄糖苷，用于作风湿药剂。

【果实】 ①药用：七叶树果入药，有散郁闷，安心神之效，主治胃病，疳积，胀满，痢疾。浙江七叶树果入药，宽中，下气，杀虫，主治：胃寒作痛，气郁胸闷，脘膈膨胀，疳积，疟疾，虫腹痛。天师栗果入药，理气宽中，安神，杀虫，主治疳积，胀满，胃痛，痢疾。②饲料：七叶树果可作家畜饮料。

【种子】 ①淀粉：七叶树种子含淀粉36%，供工业用淀粉。欧洲七叶树种子磨粉与面粉混合食用。②油料：七叶树种子含油36.8%，可制肥皂。云南七叶树，种子含油25.4%，主成分：棕榈酸9.9%，硬脂酸3.3%，油酸69.3%，亚油酸17.5%，上用油酸为原料，制合成洗涤剂，同时油酸经裂变成壬酸壬二酸，作合成纤维与尼龙原料。天师栗种子含油量20%，可供制肥皂用。③药用：七叶树带皮种子入药，理气宽中，安神，杀虫，主治胃痛，疳积，胀满，痢疾。滇南七叶树种子药，散郁闷，治胃闷气前。天师栗种子入药，解郁，主治胸闷气胀，胃痛胀满。④兽药：日本七叶树，种子煎汁，治马眼疾。

【根】 七叶树根含碱质，可供作洗涤剂。

【全树】 ①行道树种：七叶树，树干挺直，叶形美丽，可作庭园行道树，与悬铃木、椴树、榆树为四大行道树之一。②观赏树种：七叶树，欧洲七叶树，天师栗，树姿挺拔，叶形美丽，为世界著名观赏树种之一。③物种资源：云南七叶树滇东南，为很好的行道观赏树，扩大种植。

翅子藤科 Hipporateaceae

18属约300种，分布热带至亚热带地区；中国产3属约13种，分布华南至云南。藤本、灌木或乔木。

翅子藤属 *Loesenerilla* A. C. Smith

约20种，分布亚洲、大洋洲；中国产5种，分布海南、云南。木质藤本。

翅子藤 *L. merrilliana* A. C. Smith.，种子含油量45.7%，主成分：棕榈酸5.2%，硬脂酸2.5%，油酸3.7%，亚油酸23.62%，亚麻酸60.17%，云南翅子藤 *L. yunnanensis* (Hu) A. C. Smith. 种子含油量53.9%，主成分：棕榈酸5.5%，硬脂酸5.3%，十六碳烯酸1.7%，油酸4%，亚油酸24.2%，亚麻酸57.9%，油可供润滑油，掺和油漆用油。

五层龙属 *Salacia* L.

约200种，分布热带地区；中国产6种，分布华南、云南。攀缘灌木或乔木。阔叶五层龙 *S. amplifolia* Merr.；种子含油量6.4%，主成分：棕榈酸9%，硬脂酸1%，油酸46.3%，亚油酸43.7%，油可供作工业润滑油。

绣球花科 Hydrongiaceae

16属约200种，主产北温带至亚热带，中国产10属约100种，分布华北、西北至长江以南。草本、灌木、稀少乔木及藤本。

草绣球属 *Cardiandra* Sieb. et Zucc.

约 3 种，分布东亚；中国产 2 种，分布南部。多年生草本或半灌木。

草绣球 *C. moellendorffii*（Hance）Li，块状根茎入药，活血散瘀，主治跌打损伤。

赤壁木属 *Decumaria* L.

2 种，北美洲 1 种；中国 1 种。攀缘灌木。赤壁木 *D. sinensis* Oliv.，常绿攀缘灌木可作绿篱；花芳香。

常山属 *Dichroa* Loun.

约 13 种，分布东南亚；中国产 4 种，分布陕西、甘肃以南。落叶灌木。

【嫩枝叶】 绿肥：常山 *D. febrifuga* Lour.，枝叶茂盛，嫩叶作绿肥可改良土壤。

【根及叶】 ①药用：常山叶主成分：黄常山碱甲，根主成分：常山碱甲、乙、丙。叶含总生物碱 0.5%；根含总生物碱 0.1%。抗疟作用强，并有解热，催吐及降压扩冠作用，主治恶性疟疾，瘰疬。②兽药：根截疟杀虫，主治猪丹毒，传染性肠炎。③农药：叶浸水防治地下虫害效果 100%，对棉蚜、红蜘蛛效果 60%，杀孑孓效果 58.5%。

绣球属 *Hydrangea* L.

约 80 种，分布东亚及美洲；中国产约 30 种，分布秦岭至长江以南。落叶灌木稀小乔木或攀缘灌木。

【树皮】 ①药用：冠盖绣球 *H. anomala* D. Don.，内皮药用，收敛剂。②糊料：圆锥绣球 *H. panicutala* Sieb. 皮含黏液，可作糊料。

【茎、叶】 ①药用：桑绣球 *H. aepera* D. Don. 茎叶入药，主治疟疾。②除虫剂：绣球花 *H. macrophylla*（Thunb.）Seringe.，茎叶烧烟熏除臭虫。

【叶】 药用：绣球花叶，主成分：八仙花酚，*phylloclucin*，治疟疾效好。圆锥绣球，伞形绣球 *H. unbellata* Rehd.，叶有抗疟作用。

【髓心】 药用：西南绣球 *H. davidii* Franch.，髓心治麻疹，小便不通，疟疾。

【花】 药用：绣球，花清热，抗疟，又治心脏病。圆锥绣球花主成分：芦丁，伞花内酯，主治疟疾。

【果】 油用：冠盖绣球果含油 4.7%，主成分：棕榈酸 15.1%，油酸 10.9%，亚油酸 72.6%，可供工业用油。

【根】 ①药用：绣球花根治喉头溃烂，皮肤痒。圆锥绣球根，清热解毒，抗疟及接骨药。蜡莲绣球 *H. strigosa* Rehd.，清热解毒，截疟退热，主治疟疾，食积不化，腹胸胀满。伞形绣球根含生物碱，其抗疟作用为奎宁 10 倍。挂苦绣球 *H. xanthoneura* Diels. 根主成分：对羟基苯甲酸，原儿茶酸，香草酸，活血祛瘀，续筋接骨；外用活血，接骨。②生活用具：绣球花根可制烟斗。

【全株】 药用：西南绣球治疟。绣球花全株，清热抗疟，主治疟疾，心热惊悸。圆锥绣球清凉抗疟。

【全树】 ①观赏植物：绣球花初时白色，渐变红又蓝色，色彩多变艳丽可爱，为著名观赏植物：其变种银边绣球 var. *maculata*（Bl.）Wils.，叶缘白色，花浅红色，供观赏。②环保树种：绣球花对 SO_2 有害气体抗性强，用于厂矿绿化环保树种。

冠盖藤属 *Pileostegia* Hook. f. et Thorns.

3种，产东亚；中国产2种，分布长江以南。常绿灌木。

根、藤、叶：药用：冠盖藤 *P. viburnoides* Hook. f. et Thorns.，祛风除湿，散瘀止痛，接骨，主治腰腿酸痛，风湿麻木；外用治跌打损伤，骨折，外伤出血。星毛青棉花 *P. tomentosa* Hand. -Mazz.，根茎药用。

蛛网萼属 *Platycrater* Sieb. et Zucc.

1种，产中国及日本。落叶灌木。棉花甜茶 *P. arguta* Sieb. et Zucc.，花白色，萼片半透明，黄绿色，美丽，供观赏。本种为保护树种，应加强保护，迁地种植。

钻地风属 *Schizohragrna* Sieb. et Zucc.

约8种，产东亚；中国产6种，分布长江以南。落叶藤本。

根、藤：药用：钻地风 *S. integrifolium*（Franch.）Oliv.，活血除湿，清热解毒，舒筋活络，主治风湿筋骨痛，四肢关节酸痛。白背钻地风 *S. hypoglucum* Rehd.，根藤入药，功效同钻地风。

金丝桃科 Hypericaceae

约10属400种以上，分布北半球；中国产3属60种，分布全国。草本、灌木、小乔木。

黄牛木属 *Cratoxylum* Bl.

6种，分布印度、中国至马来西亚；中国产3种，分布华南、云南。灌木至小乔木。

【树脂】　黄牛木 *C. ligustrinum*（Spach）Bl. 茎皮可提取树脂，作胶粘剂用。

【木材】　黄牛木的木材心材浅红褐色，重，硬，强度中，干缩大，稍耐腐。可作农具，坑木，家具，建筑，雕刻，细木工等用。木材价值中等。

【叶】　①代茶：黄牛木嫩叶可代茶。②芳香油：黄牛木叶可提取芳香油。③药用：黄牛木，越南黄牛木 *C. cochinchinense*（Lour.）Bl. 及毛叶黄牛木 *C. dasyphyllum* Hand. -Mazz.，叶清热解暑，利湿消滞，主治感冒，中暑发热，急性肠胃炎，黄疸型肝炎。

金丝桃属 *Hypericum* L.

约400种，分布北半球；中国产约50种，分布全国。草本、亚灌木或灌木。

【枝叶】　药用：金丝桃 *H. chinensis* L. 叶主成分：金丝桃蒽醌，治肿毒。金丝梅 *H. patulum* Thunb. 叶外用，治皮肤瘙痒，黄水疮。

【花】　蜜源植物：金丝桃花期6~7月，蜜、粉稍多。金丝梅花期6~7月，蜜量多，粉量稍多。

【果】 药用：金丝桃果入药，祛风湿，止咳，治腰痛，百日咳，肺结核。贵州金丝桃 *H. kouytchouense Léve.* 果治月经不调。金丝梅果入药，治血崩，鼻衄。

【根】 药用：金丝桃根入药，清热解毒，祛风消肿，主治：急性咽喉炎，眼结膜炎，肝炎，蛇咬伤。贵州金丝桃，根入药，解热利湿，主治黄疸性肝炎。大花金丝梅 *H. patulum* var. *henryi* Veiteh.，根入药，清肝利湿，解毒散瘀，主治急慢性黄疸性肝炎，泌尿系统感染，尿路结石，风湿疼痛，口腔炎，腹泻菌痢：外用治刀枪伤，毒蛇咬伤。

【全株】 ①药用：金丝梅全草入药，清热解毒，凉血止血，杀虫止痒，主治：上呼吸道感染，肝炎，痢疾，肾炎，驱蛔虫。②观赏树种：金丝桃，叶绿花黄，适假山、庭园、花坛、花篱、盆景观赏。

茶茱萸科 Icacinaceae

约58属400多种，分布热带地区；中国产13属约20多种，分布华南、西南、湖南、福建。乔木、灌木、藤本。

柴龙属 *Apodytes* E. Mey. et Arn.

约1种，分布热带；中国产1种，分布海南、广西、云南。常绿乔木或灌木。材黄褐至暗褐色，轻至中，硬度中，强度弱至中，干缩小至中，不耐腐。适作造纸材，胶合板，农具，火柴杆盒，包装材，建筑，农具等。木材价值低等。有柴龙 *A. dimidiata* E. Mey.。云南柴龙树 *A. yunnanensis* Hu.。

粗丝木属 *Gomphandra* Wall. ex Lindl.

约30多种，分布亚洲及大洋洲热带地区；中国产2种，分布海南、广西、云南。小乔木。粗丝木 *G. mollis* Merr. 及海南粗丝木 *G. hainanensis* Merr.，根入药，清热利湿，解毒，水煎服治急性肠胃炎；研粉调膏外敷治骨髓炎。

琼榄属 *Gonocaryum* Miq.

约9种，分布亚洲热带；中国产2种，分布台湾、海南、云南。常绿灌木或小乔木。

【木材】 材黄褐色，重，硬，强度中，韧度甚高，干缩差异中，但不耐腐，适作一般家具，农具，建筑，器具等。木材价值低等。琼榄 *G. maclurei* Merr.，台湾琼榄 *G. mollis* Merr.

【种子】 油用：琼榄种仁含油量35.06%，主成分：棕榈酸19.3%，硬脂酸1.9%，油酸78.8%，可作肥皂，润滑油。

微花藤属 *Iodes* Bl.

19种，分布热带亚洲，非洲；中国产4种，分布华南至西南。木质藤本。微花藤 *I. cirrhosa* Turcz.，种仁含油量61.39%，主成分：棕榈酸49%，油酸23.4%，亚油酸24.5%，可用于日化工业方面。小果微花藤 *I. ovalis* Bl. var. *vitiginea*（Hance）Gagnep.，种仁含油量39.3%~50.5%，主成分：棕榈酸11.2%~36.7%，十六碳烯酸54.3%~67.2%，油酸

4%~12.1%，亚油酸4.4%~9.5%，油可供肥皂，化妆品，蜡烛用油。瘤枝微花藤 *I. Sequini* (Lévl) Rehd.，种子含油量12.2%，主成分：肉豆蔻酸56.6%，十六碳烯酸7.2%，油酸5.2%，亚油酸23.5%，亚麻酸3.9%，油可供润滑降凝原料及胶片成色剂。

甜果藤属 *Mappianthus* Hand. -Mazz.

2种，1种产加里曼丹；1种产中国华南、福建、湖北、贵州、云南。木质藤本。甜果藤 *M. iodoides* Hand. -Mazz.。

【藤茎】　药用：祛风除湿，调经治血，止痛，主治风湿性关节炎，黄疸性肝炎，月经不调，痛经，闭经；外用治外伤出血，毒蛇咬伤。

【果实】　甜果藤果肉味甜可食。

【种子】　油用：甜果藤种子含油量13.9%，主成分：月桂酸1.1%，肉豆蔻酸1%，棕榈酸34%，硬脂酸5.4%，花生酸1.9%，十六碳烯酸7.2%，油酸46.5%，亚油酸0.5%，亚麻酸0.6%，油可供工业用润滑油，日用化工用油。

假柴龙属 *Nothapodytea* Bl.

4种，分布印度、马来西亚、中国、菲律宾；中国产3种，分布海南、台湾、贵州。小乔木。假柴龙 *N. obtusifolia* (Merr.) Howord. 及贵州假柴龙 *N. pittosporoides* (Oliv.) Sleam.，根皮药用，祛风除湿，理气散寒，主治水肿，小儿疝气，关节疼痛。

肖榄属 *Platea* Bl.

约5种，分布亚洲南部；中国产2种，分布海南、广西、云南。常绿或半常绿乔木。材浅灰褐至浅红褐色，轻，硬度中，强度弱至中，干缩小至中，不耐腐。适作一般家具，包装材，造纸材，火柴杆盒，胶合板，农具，一般建筑等。木材价值低等。海南肖榄 *P. hainanensis* Howard.，小叶肖榄 *P. parvifolia* Merr. et Chun.。

假海桐属 *Pittosporopsis* Crmb.

1种，产中国云南、缅甸，泰国。灌木。假海桐 *P. kerri* Craib.

【树皮】　药用：清热解毒，祛风解表，主治感冒，流行性感冒发热，百日咳，痢疾。

【种子】　油用：假海桐种仁含油量42.19%，主成分：棕榈酸10.3%，硬脂酸3.7%，花生酸7.7%，十六碳烯酸3.2%，油酸22.6%，亚油酸40.9%，油可供润滑油，肥皂用油。

八角科 Illiciaceae

1属约50种，分布亚洲东南部及美洲；中国产30种，分布东部至西南。常绿乔木或灌木。

八角属 *Illicium* L.

单属科：

【树皮（茎皮）】　药用：地枫皮 *I. difengpi* K. I. et K. I. M.，祛风除湿，行气止痛，主治风

湿性关节炎，腰肌劳损。为正品的枫皮；假地枫皮 *I. mjiadifangii* B. N. chamg，大八角 *I. mgius Hook*. f. et. Thoms. 有毒。

【小枝】 香油：八角 *I. vemm* Hook. f.，小枝可蒸馏茴香油。

【木材】 黄褐到浅红褐色，重量，硬度，强度、干缩均中等，稍耐腐。适一般家具，板料，建筑，木模等。商品材价值下等。诸如红花八角 *I. dunnianum* Tutch.，披针叶八角 *Iomceoladoum* A. C. Smith.，少药八角 *Oligandrum* Merr. et Chun，野八角 *I. simonii* Maxim.，八角。

【叶】 芳香油：八角鲜叶含油 0.3%～0.5%，每 100kg 叶可蒸馏油 1.75kg，主成分：大茴香脑(80%)，黄樟油素，茴香酮，连同果油，用于食品，啤酒，化妆品香精及药用己烷雌育酚。红茴香叶含芳香油 0.126%。披针叶茴香叶提芳香油作香料及药用，含有毒物莽草毒素，不能食用。野八角叶也含芳香油。

【花】 芳香油：如野八角。

【果】 ①芳香油：八角鲜果含油率 2%～3%，干果含油 8%～12%，鲜果皮含油 5%～6%，主成分：大茴香脑(80%以上)，黄樟油素，大茴香醛，茴香酮，及反式茴香醚；大茴香脑再合成大茴香醛，大茴香醇单体香料，广泛用于食品，牙膏，香皂，化妆品香精及医药工业己烷雌育酚。红茴香果含芳香油 0.24%，有毒，不能食用。披针叶茴香含芳香浊 0.66%，作香料原料，有毒不能食用。野八角鲜果含芳香油 0.24%，有毒，不能食用。②香料：八角为正品调味香料。③药用：八角开胃下气，暖肾散寒，止痛，主治胃寒呕吐，气逆，膀胱虚冷，肾虚腰酸，疝气痛等。披针叶茴香，散瘀止痛，祛风除湿，主治腰腿痛，风湿性关节炎，跌打损伤。

【种子】 ①芳香油：八角种子含芳香油 1.7%～2.7%，随果蒸馏，用途相同。②油用：八角种子含油 42.3%，主成分：棕榈酸 21%，硬脂酸 4.3%，油酸 40.2%，亚油酸 34.5%。披针叶茴香种子含油 38.3%，主成分：棕榈酸 18.3%，硬脂酸 5.3%，油酸 36.2%，亚油酸 4.02%。种子油供工业用。③农药：披针叶茴香，种子有毒，浸液可作农药。

【根】 药用：红花八角，散瘀消肿，祛风止痛，主治跌打损伤肿痛，扭挫伤，骨折，风湿性关节炎。小花八角，行气止痛，散瘀消肿，主治胃痛，胸腹气痛，跌打损伤。红茴香，散瘀止痛，祛风除湿，主治风湿性关节炎，跌打损伤。披针叶茴香，散瘀止痛，祛风除湿，主治跌打损伤，风湿性关节炎，腰腿痛。

【全树】 环保树种：披针叶茴香抗有害气体性中。

粘木科 Ixonanthaceae

2 属约 40 种，分布亚、非、美热带：中国产 1 属 2 种，分布华南、云南、西南、湖南、福建。常绿乔木。

粘木属 *Ixonanthes* Jack.

11 种，分布亚洲热带至亚热带；中国产 2 种，分布华南、西南、湖南、福建。常绿乔木。

1. 树皮鞣质：粘木 *I. chinensis* Champ. 树皮含鞣质 8.46%，可提制栲胶。

2. 木材浅红褐色，材重至中，干缩大，不耐腐。适作家具，农具，车辆，器具，坑木，枕木等。木材价值下等。粘木，云南粘木 *I. yunnanensis* Pierre.。粘木渐危应加强保护和发展。

胡桃科 Juglandaceae

9 属约 63 种，分布北半球温带至热带；中国产 8 属 24 种，又引入 2 属 4 种，分布东北至南部。落叶稀常绿乔木。

喙核桃属 *Annamocarya* A. Chev.

1 种，喙核桃 *A. sinensis*（Dode）Leroy.，产华南、西南及越南。落叶乔木。

【木材】 材浅红褐色，重硬中等，材性略同山核桃，耐腐性中，适作家具，枪托，木模，胶合板，农具，建筑，工农具柄。无商品材，其价值上等。

【种仁】 食用：种仁含油量 14.8%，主成分：棕榈酸 29.6%，油酸 18.9%，亚油酸 41.2%，亚麻酸 7.6%，可供工业用。

【全树】 物种资源：本种为珍稀树种，应加强保护和发展。

山核桃属 *Carya* Nutt.

约 17 种，分布北美洲及东亚；中国产 4 种，引入 1 种，分布长江以南。落叶乔木。

【木材】 边材黄褐，心材红褐色，轻软至重硬，强度中，韧度高，干缩小至大，耐腐性中等。适作家具，弯曲木，胶合板，工农具柄，军工枪托等。木材价值上等。如山核桃 *C. cathayensis* Sarg.，湖南山核桃 *C. hunanensis* Cheng et R. H. Chang.，云南山核桃 *C. tonkinensis* Lecomte.。

【枝丫】 药用：山核桃，主成分：胡桃醌，抗癌成分有待探索。

【花】 蜜源植物：薄壳山核桃 *C. illinoensis*（Wangh.）K. Koch.，花期 5 月，可作辅助蜜源。

【果壳】 制活性炭，如山核桃。

【果仁】 ①干果：山核桃果仁含脂肪 69.8%～74.01%，蛋白质 18.3%，维生素，可炒食及糕点原料。湖南山核桃果仁可食。薄壳山核桃果仁含脂肪 74.48%，蛋白质 11.4%，碳水化合物 10.7%，生食，炒食，糕点。②食用油：山核桃果仁含油率 67.1%，主成分：油酸 79.3%，亚油酸 14%，湖南山核桃种仁含油 54.8%，主成分：油酸 61.3%，亚油酸 26.3%，薄壳山核桃种仁含油量 63.5%，主成分：油酸 55.2%，亚油酸 34%。贵州山核桃 *C. kweichowensis* Kuang et A. M. Lu. 种仁含油，但果壳及种隔厚，利用价值不高。云南山核桃果壳及种隔厚，利用价值低。③药用：山核桃种仁润肺滋养，主治腰痛。

【根皮】 药用：山核桃根皮治皮肤瘙痒，脚癣。

【全树】 ①行道遮阴树种：薄壳山核桃。②环保树种：薄壳山核抗有害气体性弱，可指示有害气体污染。

青钱柳属 *Cyclocarya* Iljinsk.

1 种，青钱柳 *C. paliurus*（Batal.）Iljinsk. 中国特产，分布长江以南。落叶乔木。

【树皮】 鞣质含量 6.25%。

【茎皮】 含纤维 17.8%～19%，可搓绳，造纸。

【木材】 浅黄褐微红色，轻，软至中，强度中，干缩小，不耐腐，比枫杨类稍好。适作箱盒，火柴杆，胶合板，包装材，家具等。商品价值下等。

【叶】 药用：叶捣汁可擦癣。

【种子】 油用：含油量 6.4%，主成分：棕榈酸 8.1%，油酸 14.9%，亚油酸 31.5%，亚麻酸 43.9%。适作掺和油漆用。

黄杞属 *Engelhardtia* Leschen ex Bl.

约 15 种，分布东亚热带至亚热带及中美洲；中国产 8 种，分布长江以南。常绿、半常绿乔木。

【树皮】 ①鞣质：槭果黄杞 *E. aceriflora* (Reineul.) Bl. 含量 28%。白皮黄杞 *E. fenzelii* Merr.。黄杞 *E. roxburghiana* Wall.，含量 5.79%～6.38%；又报道含量 10%～18%。齿叶黄杞 *E. serrata* Bl. 含量 11%。云南黄杞 *E. spicata* Bl. 含量 8.85%～16.37%。可栲胶。②纤维素：短翅黄杞 *E. colebrookiana* Lindl. ex Wall. 含量 18%。少叶黄杞。黄杞含量 17.5%～37.2%。云南黄杞含量 37.9%。可制绳索。③药用：毛叶黄杞茎皮及根皮，收敛消炎，主治痢疾，慢性肠炎，腹泻，外伤出血。黄杞行气导滞，主治脾胃湿滞，胸腹胀闷，湿热泄泻。④农药及毒鱼，如黄杞等。

【木材】 浅灰黄至浅红褐色，重量硬度中等，强度中，韧度低，干缩小，稍耐腐。适家具，建筑，车辆，胶合板，包装材等。木材价值中等。树种如上述 6 种。

【叶】 ①药用：黄杞清热解毒止痛，治感冒发烧，疝气腹痛。②土农药：黄杞，少叶黄杞等叶浸水有毒，可作土农药。③毒鱼：黄杞，少叶黄杞等可毒鱼。

【种子】 油用：黄杞含油 24.8%，主成分：亚麻酸 50.3%，亚油酸 29.2%，油酸 10.6%，棕榈酸 7.5%，可作工业用油。

【全树】 紫胶虫寄主树：毛叶黄杞。

胡桃属 *Juglans* L.

约 18 种，分布北半球温带至亚热带：中国产 4 种，引入 2 种，分布全国。落叶乔木。

【树皮】 ①鞣质：核桃 *J. regia* L.。野核桃 *J. cathayensis* Dode. 含量 48.92%。华东野核桃 *J. cathayensis* var. *formosana* (Hay.) A. Lu et R. H. Chang.，核桃楸 *J. mandchurica* Maxim. 均含鞣质。②纤维：核桃、野核桃含量 48.92%。核桃楸含量 29.37%。可制绳索或造纸。③染料。核桃皮可作染料。④药用：核桃楸皮可治慢性痢疾。

【木材】 ①核桃类：核桃、核桃楸，重硬中等，强度强，韧度中，干缩中，心材栗褐色，材色花纹美观，耐腐。最适枪托良材，高级家具，车船，胶合板，雕刻，乐器等。商品价值高贵一类。②野核桃类：野核桃，华东野核桃，材心材浅栗褐色，轻软，强度弱，干缩小，可代核桃类用，但商品材价值逊于核桃类为二类。日本核桃 *J. sieboldiana* Maxim. 材质近似。

【枝条、种隔及未熟果皮】 药用：核桃主成分：胡桃醌，黄酮苷，没食子酸，其抗癌药效有待探索。

【叶】　①鞣质：核桃楸含量 6.25%~9.35%。②染料：核桃楸叶常作褐色染料。③农药：核桃，核桃楸作农药，防治蚜虫，蜘蛛，螟虫，稻负泥虫等。④药用：核桃叶治皮肤瘙痒，象皮肿。

【花】　蜜源植物：核桃花期 5 月；野核桃花期 5~6 月，可作辅助蜜源。

【外果皮】　①药用：核桃皮治癣症，牛皮癣，慢性气管炎。②兽药：核桃皮主治牛马肺虚久咳，鞍伤疔肿；母猪缺乳；牛马蹄甲枯死。③农药：核桃，核桃楸果皮作农药，药性似叶作农药。

【内果皮】　①活性炭：如核桃，核桃楸。②染料：核桃壳可作褐色染料。③药用：核桃壳治血崩，血淋。核桃楸壳主治胃及十二指肠溃疡。

【种仁】　①干果：核桃仁含脂肪 63%，蛋白质 15.4%，碳水化合物 10%，粗纤维 5.8%，灰分 1.5%，钙、磷、铁，维生素 A，维生素 B_1，维生素 B_2。野核桃种仁小。核桃楸种仁含脂肪 63.14%，蛋白质 15%~20%。为著名干果。②食用油：核桃含油 58.3%~74.7%，主成分：亚油酸 47.4%，油酸 23.8%，亚麻酸 15.8%。野核桃种仁含油 65.25%，主成分：亚油酸 64.3%，油酸 21.01%，亚麻酸 9.3%。核桃楸种仁含油 68.2%，主成分：亚油酸 74.5%，油酸 13.4%，亚麻酸 7.6%。漾濞核桃 *J. sigilata* Dode. 种仁含油 62.9%~77.9%，主成分：亚油酸 37.1%~67.8%，油酸 17.3%~39.6%，亚麻酸 3.5%~9.6%。③工业用油：核桃等油可作绘画油，高级油漆，印刷油墨，健身皮肤油，化妆品等。④药用：核桃油治疗各种皮肤病。核桃楸油，敛肺定喘，温肾润肠，主治肺虚咳嗽，肾虚腰痛，便秘，遗精，阳痿，尿路结石，乳汁缺少。

【全树】　①砧木：野核桃、核桃楸可作核桃砧木。②环保树种：核桃抗有害气体性中至弱，可指示大气污染。③物种资源：核桃楸渐危，应加强保护和发展。

化香树属 *Platycarya* Sieb. et Zucc.

2 种，分布中国、朝鲜、日本；中国皆产，分布山东、陕西至长江以南。落叶乔木。

【树皮】　①鞣质：化香 *P. strobilacea* Sieb. et Zucc.，含量 11.79%，纯度 67.86%。园果化香 *P. longipes* C. Y. Wu. 亦含鞣质。②纤维：化香皮纤维可代麻纺织搓绳。

【木材】　边材浅黄褐，心材浅栗褐色，重至中，硬度中，强度中，韧度高，干缩中至大，耐腐性不强。适作家具，农具，胶合板，包装材，火柴杆，造纸等。商品材价值中等。

【茎皮】　纤维：化香含量 65%；圆果化香亦含纤维，可制绳索及麻袋。

【叶】　①鞣质：化香含量 20.24%，纯度 58.75%。②药用：化香叶外用治疮疖，肿毒，顽癣。③农药：叶配液防治棉蚜虫，红蜘蛛，菜青虫，地老虎，稻苞虫，负泥虫，卷叶虫，灭蛆，灭孑孓。

【花】　染料：化香花作黄色染料。

【果】　①鞣质：化香含量 22.8%，纯度 74.59%。园果化香含量 41.92%，纯度 82.75%。②鳞片含鞣质：化香含量 27.12%，纯度 76.94%。③果梗含鞣质：化香含量 8.35%，纯度 33.09%。④驱虫药：化香果实燃烧可驱虫。

【种子】　①鞣质：化香含量 20.56%，纯度 63.37%。②油用：化香种子含油 7.3%~10.7%，主成分：棕榈酸 8.6%~10.4%，油酸 7.5%~8.4%，亚油酸 23.9%~24.5%，亚麻酸 53.6%~57%，供工业用油。

【根部】 化香根部含芳香油，可作调香原料。老根含油量高。

枫杨属 *Pterocarya* Kunth.

约 10 种，分布北半球温带；中国产 7 种，分布华北至长江以南。落叶乔木。

【树皮】 ①鞣质：枫杨 *P. stenoptera* DC. 含量 6.9%，纯度 51%。滇桂枫杨 *P. tonkinensis* Dode，亦含鞣质。②纤维：云南枫杨 *P. delavayi* Franch.，湖北枫杨 *P. hlpehensis* Skan，华西枫杨 *Pinsignis* Rehd. et Wils.，水胡桃 *Prhoifolia* Sieb. et Zucc.，枫杨均含纤维，其中枫杨出麻率 38%。滇桂枫杨含量 32.24%。可搓绳，织麻袋，造纸等。③药用：枫杨皮主治癣疥。

【木材】 枫杨类材轻至甚轻，软至甚软，强度弱，韧度低，干缩小，不耐腐、易翘曲。材灰褐至浅黄褐色。适作火柴杆，茶叶箱，包装箱，造纸，棕绷床柜等。木材价值低。

【枝丫】 可培养木耳、银耳。如枫杨。

【叶及茎皮】 ①药用：枫杨可杀血吸虫钉螺，又治风湿，齿痛；外用治癣疥，麻疯溃疡。②农药：枫杨，滇桂枫杨可防治棉蚜虫，地老虎，菜青虫，蝼蛄，棉红铃虫，浮尘子，稻虱，麦锈病，土豆晚疫病；又杀孑孓。③绿肥：枫杨 1000kg 叶肥效近似硫酸铵 153kg；过磷酸钙 21.5kg；硫酸钾 32kg。

【花】 蜜源植物：湖北枫杨花期 6 月；甘肃枫杨 *P. rymacroptera* Batal. 花期 6 月。可作辅助蜜源植物。

【果】 饲料：如枫杨等。

【种子】 油用：枫杨含油量 22.83%，主成分：棕榈酸 8%，油酸 8.7%，亚油酸 55.2%。滇桂枫杨含油量 7.8%，主成分：棕榈酸 8.6%，油酸 9.3%，亚油酸 28.4%，亚麻酸 47.7%。供工业用油。

【全树】 ①护堤固岸树种：湖北枫杨，枫杨等。②砧木：枫杨等可作核桃砧木。③环保树种：枫杨抗大气污染性中至弱。

唇形科 Labiatae

约 220 属 3500 种以上，分布全球；中国产约 100 属 800 种以上，分布全国。草木、亚灌木、藤本，稀乔木。引入 4 属 4 种，分布南北。

羽萼木属 *Colebrookea* Smith

1 种，分布中国云南、印度、尼泊尔、锡金、缅甸、泰国。直立灌木。羽萼木 *C. oppositifolia* Smith，叶入药，消炎止血，主治：鼻衄，咳血；外用治外伤出血，皮炎。

青兰属 *Dracocepholum* L.

约 60 种，中国 30 种，草本、半灌木、灌木青兰 *D. kurticolosum* Stap´，产内蒙古、青海，全株入药治肝炎。

香薷属 *Elsholtria* Willd.

约 40 种，分布亚洲、欧洲、非洲；中国产约 33 种，分布各省。本属用途如下，草本、亚灌木或灌木。

【叶】 ①精油：垂花香薷 E. penduliflora W. W. Smith.，叶含精油0.55%，可提制调香原料。②药用：吉笼草 E. communis (Call. et Hensl.) Diels.，叶入药，清热解毒，解表，主治伤风感冒，扁桃体炎；外敷治疔疮。

【花】 ①蜜源植物：唇形科植物在野生蜜源植物中占重要地位，尤以香薷属为多，如柴荆芥 E. stauntoni Berrth.，花期8~9月，一群蜂可产蜜50kg左右，蜜浅琥珀色，不易结晶，透明芳香，质优，为上等蜜。其他如吉笼草，鸡骨柴 E. fruticosa (D. Don) Rehd. 垂花香薷等，均是良好蜜源植物。②精油：垂花香薷花含精油0.5%，可制调香原料。

【根】 药用：鸡骨柴，根入药，温经通络，祛风除湿，主治风湿性关节炎（泡酒服）。

【全株】 药用：垂花香薷全株入药，清热解毒，截疟，主治流行性脑脊髓膜炎，感冒，扁桃体炎，支气管炎，肺炎，疟疾。

薰衣草属 *Lavandula* L.

约28种，分布欧洲、亚洲亚热带至温带地区；中国产2种，分布华北、新疆至南部。亚灌木。

【叶】 精油：狭叶薰衣草 L. angustifolia Mill. 叶可提取精油，作薰衣油。

【花】 ①精油狭叶薰衣草鲜花提取精油得率0.7%~2.3%；药用薰衣草 L. officinalia Chaix. 鲜花提取精油得率0.8%~1.5%。薰衣草主成分：芳樟酯，芳樟醇，乙酸香叶酯，香叶醇，乙酸橙花酯，橙花醇，乙酸松油脂，松油烯，乙酸龙脑酯，龙脑，樟脑，桉叶素，莰烯，柠檬烯，罗勒烯，乙酸薰衣草酯，薰衣草醇，油无色或黄色，香气透发，有清爽之感，以花香浓，酯香足，无杂味为上等，主要用于日用化妆的香精，花露水，爽身粉，香皂，发乳。药用薰衣草主要化学成分：芳樟醇，桉叶醇，樟脑，龙脑，薰衣草醇，薰衣草酯等。油清鲜，芳香宜人，调制化妆品，皂用香精，花露水。②药用：药用薰衣草油为兴奋剂，驱虫剂。薰衣草油药用，有防腐，镇痛，利尿作用。③药用薰衣草为很好的蜜源植物。④观赏树种：薰衣草为美化园林观赏树种。

【药用】 狭叶薰衣草治风湿关节痛。

米团花属 *Leucosceptrum* Smith

1种，分布中国四川、云南、西藏至印度、尼泊尔，不丹，缅甸，老挝，越南。灌木或小乔木。

【树皮】 药用：米团花 L. canum Smith，清热解毒，利湿消肿，主治：无名肿毒，肝炎，肺结核，骨折，骨髓炎，肌炎，高热无汗。

【叶】 药用：蜂蜜树药用止血，主治外伤出血，皮肤溃疡。

【花】 蜜源植物：秋季开花，花期很长，是良好的蜂蜜来源树种。

罗勒属 *Ocimum* L.

约150种，分布热带至温带；中国引入5种，分布吉林、华北、华中、华东、华南、西南。草本或小灌木。

【茎叶】 芳香油：罗勒 O. basilicum L. 茎叶含精油0.1%~0.12%，主成分：草蒿素，芳樟醇，丁香酚，用于调香料，化妆品，皂用、食用香精，牙膏，漱口剂、作矫味剂。丁香罗勒 *O. gratissimum* L.，茎叶含芳香油 0.2%~0.4%，主成分：丁香酚，芳樟醇，罗勒香油精，丁香酚含量高达 54%，可代丁香油用于食用，化妆及皂用香精。毛叶丁香罗勒 *O. gratissimum* var. Suare(Willd.)Hook.，茎叶可提芳香油，含量 0.64%~1.27%，主成分：丁香酚(75.6%)，尚有芳樟醇，樟脑烃，丁香烯，α-蒎烯等，可代丁香油作辛香料，花露水，皂用香料，牙膏消毒防腐剂，食品，化工原料。

【花穗】 精油：丁香罗勒，花穗含精油最高，达 50%~60%，主成分：丁香酚(60%~70%)，尚有芳樟醇，对伞花素，罗勒烯，可代丁香油 *Syzygium aromaticum* (Baill.) Memet Perry，丁香酚是制造香兰素最重要原料之一，用于食品、化妆品，香皂香料，还用于制造雷米封(异菸肼)治疗肺结核特效药。毛叶丁香勒在花穗始花期 9~10 月精油含量 1.25%，用途见丁香罗勒。

【坚果】 油用：罗勒坚果含油量 14%，主成分：棕榈酸 8.2%，硬脂酸 2.3%，油酸 7.5%，亚油酸 18.8%，亚麻酸 62.9%，半干性油，可作保护性涂料。丁香罗勒坚果含油量 15.1%，主成分：棕榈酸 9.3%，硬脂酸 1.5%，油酸 10.1%，亚油酸 27.8%，亚麻酸 15.3%，可作润滑油。毛叶丁香罗勒，坚果含油量 15.1%，主成分：棕榈酸 9.3%，硬脂酸 1.5%，油酸 10.1%，亚油酸 27.8%，亚麻酸 51.3%，半干性油，可作油漆涂料。

【种子】 油用：罗勒种子含油量 24%，棕榈酸等饱和脂肪酸 8%，油酸 15%，亚油酸 22%，亚麻酸 50%，适作涂料掺和油漆用。

【全株】 ①精油：罗勒全草含挥发油 0.1%~0.12%，油主成分：异茴香醚约 55%，芳樟醇约 34%~40%，少量 1.8 桉叶油素，乙酸沉香酯，丁香酚，可作香精原料。②药用：罗勒全草入药，发表解热，祛风利温，散瘀止痛，主治风寒感冒，头痛，胃腹胀满，消化不良，胃痛，肠炎腹泻，跌打肿痛，风湿关节痛；外用治蛇咬伤，湿疹，皮炎；果明目，主治目赤肿痛，角膜云翳。毛叶丁香罗勒，全草入药，可治风湿痛，健胃痛，跌打肿痛。

刺蕊草属 *Pogostemon* Desf.

约 60 种，分布亚洲热带至亚热带；中国产 16 种，分布台湾、福建、华南、云南。草本或亚灌木。

【梗、叶】 药用：广藿香 *P. cablin*(Blanco)Benth. 芳香健胃剂，解热，镇吐，主治妊娠呕吐，胃气痛，防止感冒。

【全株】 ①精油：广藿香全草含挥发油 1.5%，主成分：广藿香醇，刺蕊草醇，桂皮醛，广藿酮，尚有苯甲醛，丁香酚，倍半萜烯，具强烈浓厚香味，为优良定香剂，也是白玫瑰馥香型调和原料，为东方型香精调和基础。②药用：广藿香油促进胃液分泌，增进消化，对肠胃解痉，解暑化湿，行气和胃，主治中暑发热，头痛胸闷，食欲不振，恶心呕吐，泄泻，手足癣。成药有藿香正气丸。

香茶菜属 *Rabdosia* Bl. Hassk.

约 150 种，分布亚洲、非洲、大洋洲；中国产 90 多种，分布西南至东部。草本、灌木、亚灌木。

【叶】 药用：毛叶香茶菜 *R. japonica*(Burrn. f.)Hara.，叶分离出延胡素，香茶菜醛，冬凌草素，毛梣利素，香茶菜素 A、B，有抑制菌作用及抑制肿瘤作用。大叶香茶菜 *R. mocrophylla* C. Y. Wu et H. W. Li., 叶含冬凌草素，香茶菜醛，香茶菜素；冬凌草 *R. mbescens* (Hemsl.) C. Y. Wu et Hera., 叶含冬凌草素 A，冬凌草素 B，有抑菌及抑制癌肿作用。

【花】　蜜源植物：毛萼香茶菜 *R. eriocalyx* (Dunn) Kudo, 花期 8~10 月，蜜量多，粉量稍多，一群蜂年产蜜 10~20kg。

【果实】　油用：毛萼香茶菜，坚果含油量 24%，主成分：棕榈酸 6.9%，硬脂酸2.4%，油酸 9.8%，亚油酸 31%，亚麻酸 49.9%，油可供掺和油漆，涂料用油。

【根】　药用：香茶菜 *R. amethystroides* (Benth.) Hara. 根入药治劳伤，毒疮，蛇咬伤。

【全草】　药用：牛尾菜 *R. temifolia* (D. Don) Hara. 清热解毒，散疗消肿。

迷迭香属 *Rosmaririus* L.

约 3~5 种，分布地中海，南欧及北非；中国引 1 种，数百年，南方栽培，常绿灌木。迷迭香 *R. officinalis* L. 全草含桦木醇，地奥明，泽兰叶黄素，迷迭香碱，乙酸龙脑酯，为芳香油提取植物及观赏植物。

钩子木属 *Rostrinucula* Kudo.

2 种，分布中国西南、湖南、湖北、广西、陕西。灌木。钩子木 *R. dependens* (Rodh.) Huds. 及中华钩 *R. sinensis* (Hemsl.) C. Y. Wu., 坚果，油用，含油量 15.4%，主成分：硬脂酸 1.7%，油酸 24.5%，亚油酸 54.5%，亚麻酸 3.4%，油可供润滑油及工业用油。

鼠尾草属 *Salvia* L.

约 700 种，分布热带至温带；中国产约 80 种，分布全国。草本、半灌木或灌木。

【根】　药用：丹参 *S. miltiorrhiza* Bunge., 主成分：丹参酮，隐丹参酮，丹冬素，丹参酸 8，二氢丹参酮 I，主治：冠心病，效果好（如成药丹参片），又为强心通经剂，也治疗多种炎症。

【全株】　观赏植物：如一串红 *S. splendens* Ker. Gawl. 为著名观赏植物。花红色较小，开时成串，尚有蓝色、白色变型。

百里香属 *Thymus* L.

约 300~400 种，分布旧大陆温带；中国产 12 种，分布东北、西北、华北。矮小亚灌木。

全草油　①芳香油：五脉地椒 *T. quinfuecostatus* Celda. 全株可提芳香油，出油较高亩产可 50kg，得率 0.2%~5.8%，主成分：α-蒎烯，桉叶素，对伞花烃，1-辛烯-3-醇，芳樟醇，百里香甲醚，萜品烯-4-醇，龙脑，石竹烯，甜浸药烯，杜松烯，香叶醇，百里香氢醌，百里香酚，香荆参酚，可供香料及食品工业。②蜜源植物：五脉地椒花期 6~8 月，一群蜂年产蜜 10~15kg，蜜饯琥珀色，香郁，浓度大，质较好。③药用：五脉地椒，全株药用，驱虫剂，发汗剂，防腐剂，祛风镇咳。地椒 *T. przewalsbii* (Komar.) Nakai.

百里香 *T. serphyllum* L., 全株含挥发油，香芹酚，对伞花烃，百里酚，芹菜甙元，麝香草酚，苦味质，鞣质，祛风，解表，行气止痛，止咳，降压，主治感冒，咳嗽，头痛，牙痛，消化不良，急性肠胃炎，高血压症。亚洲百里香，蒙古百里香补气止痛。④饲料：亚洲百里香为牛马羊喜食饲料。⑤固沙植物：亚洲百里香、蒙古百里香、三北、沙区、草原、沙漠固沙植物。

木通科 Lardizabataceae

7属约50种，分布大部分亚洲；中国产5属40种，分布长江流域以南。木质藤本，少数灌木。

木通属 *Akebia* Decne

4种，分布亚洲东部；中国产3种，分布秦岭以南。木质藤本。

【茎皮】 ①纤维：三叶木通 *A. trifoliate*(Thunb.)Koidz.，茎皮含纤维素，可搓绳用。②药用：木通 *A. quinata*(Thunb.)Decne. 主成分：木通皂苷，常春藤皂苷，齐墩果酸，清热解毒，通经活络，主治小便赤涩热痛，口舌生疮，月经不调，乳汁不通，风湿关节痛。三叶木通，主成分：木通素，钾盐，活经络，安胎，脚肿，风湿关节痛。③兽药：白木通 *A. trifoliate* var. *australis*(Dids)Rehd.，泻火行水，通血通腺，治牛瘀肚胀，气胀不消，马腹痛，牛马热淋，马小便闭结，猪尿血。④农药：三叶木通及白木通，茎叶捣烂4倍水喷洒防治棉蚜虫，20倍水防治马铃薯晚疫病，杀孑孓。

【果实】 ①食用：木通果味甜可食，也可酿酒。三叶木通果可生食或酿酒。裂叶木通 *A. lobata* Decne.，长序木通 *A. longeracemosa* Matsam.，果也可食。②药用：木通，果入药，解毒，杀虫，利尿，催生，主治：小便不利，难产；外用治蛇虫毒伤。三叶木通果入药，主治消化不良，风湿关节痛，肾炎，骨髓炎，泻痢，疝气，孕妇水肿，白带。白木通果实入药，舒肝补肾，止痛，消炎，利尿，除湿，主治关节炎，骨髓炎，胃痛，疝痛，腰痛，遗精，月经不调，白带，子宫脱垂。

【种子】 油用：裂叶木通种子含油量43.2%，主成分：棕榈酸26.4%，硬质酸2.2%，油酸40.8%，亚油酸30.5%，可供润滑油及日化用油。木通种子油可制肥皂，种子含油量25%，日本部分地区食用。

【全株】 绿化树种：木通为优良垂直绿化树种，可作花架，栅栏护家，花紫红色，可供绿化观赏遮阴。

猫儿屎属 *Decaisnea* Hook. et Thoms.

2种，中国1种，分布中国陕西、甘肃以南地区。落叶灌木或小乔木。

【果实】 ①食用：猫儿屎及印度猫儿屎 *D. insignis* Hook. et Thoms，果味甜可食，或酿酒。②饲料：果实酿酒可作家畜饲料。③果皮：橡胶：猫儿屎果皮中含橡胶21.87%，可提制橡胶。

【种子】 油用：猫儿屎种子含油量18.5%～20.5%，主成分：棕榈酸13.1%，硬脂酸1.7%～1.8%，十六碳烯酸46.4%～55.9%，油酸22.9%～25.8%，亚油酸8.9%～11.1%，亚麻酸1.4%，油可供制肥皂。

【根】 药用：猫儿屎根入药，清肺止咳，祛风除湿，主治肺结核，咳嗽，风湿关节痛，阴痒。

八月瓜属 *Holboellia* **Wall**.

约 12 种，分布中国至印度、越南；中国产 11 种，分布秦岭以南地区。常绿藤本。

【茎皮】　药用：鹰爪枫 *H. coriacea* Dids.，狭叶牛姆瓜 *H. angustifolia* Wall.，五月瓜藤 *H. fargesii* Reaub.，牛姆瓜 *H. granmdiflora* Reaub.，五风藤 *H. latifolia* Wall. 茎皮入药，利湿，通乳解毒，止痛，主治小便不利，脚气水肿，乳汁不通，胃痛，风湿骨痛，跌打损伤。

【果实】　食用：牛姆瓜，鹰爪枫，果可食，酿酒，含淀粉 14%，能食用。

【种子】　鹰爪枫种子可榨油，酿酒，制醋。

【根】　药用：鹰爪枫根入药，祛风活血，消肿止痛，主治风湿骨痛，腰痛，筋骨疼痛。

串果藤属 *Sinofranchetia* **Hemsl**.

1 种，分布中国陕西、甘肃、湖北、四川、云南、江西，落叶攀缘灌木。串果藤 *S. chinensis* (Frand.) Hemsl.。

【果实】　果实含糖分 6%，果肉多汁，可食。

【种子】　淀粉：串果藤种子含淀粉可食用及酿酒。

野木瓜属 *Staumtonia* **DC**.

25 种以上，分布东亚；中国产 22 种，分布长江流域以南地区。常绿藤本。

【果实】　食用：本属果实味甜可食，诸如：西南野木瓜 *S. cavalerieana* Gagnep.，野木瓜 *S. chinensis* Bunge.，椭圆野木瓜 *S. euiptica* Hemsl.，台湾野木瓜 *S. formosana* Hayata，牛藤果及鸭脚莲 var. *urophylla* Hand. -Mazz.，倒卵叶野木瓜 *S. obovata* Hemsl.，少叶野木瓜 *S. oligophylla* Melt. et Chun.

【种子】　油用：野木瓜种子含油量 35.2%，主含油酸 46% 及亚油酸 31.5%，棕榈酸 20.6%，硬脂酸 1.8%，抽可食用，制肥皂。

【根】　药用：六月瓜根入药：调气补虚，止痛，止痢，主治：风湿骨痛，劳伤咳嗽，肾虚腰痛，疝气痛，痢疾。野木瓜根或全株入药，散瘀止痛，利尿消肿，主治：风湿性关节炎，跌打损伤，各种神经性疼痛，水肿，小便不利，月经不调。牛藤，根含甙类；维生素 A、B、C 及野木瓜甙，作止痛药，无论手术前后疼痛，一般服药后 15 分钟止痛，药效持续 4 小时以上。鸭脚莲根或全株入药，散瘀止痛，利尿消肿，主治：风湿性关节炎，跌打损伤，各种神经性疼痛，水肿，小便不利，月经不调及镇痛作用。

水东哥科 Saurauiaceae

1 属约 300 多种，分布亚洲、美洲的热带至亚热带；中国产约 14 种，分布华南，西南，西藏，福建，台湾。乔木或灌木。

水东哥属 *Saurauia* **Willd**.

同科：

【木材】　材黄红褐色，轻，软，强度甚弱，干缩小，不耐腐。适作家具，蒸笼，造纸，火柴杆，包装材等。木材价值低。诸如：水东哥 *S. tristyla* DC.，蜡质水东哥 *S. cerea* Griff. ex Dyer.，红果水东哥 *S. erythrocarpa* C. E. Lang et Y. S. Wang，绵毛水东哥 *S. griffithii* Dyer.，砾毛水东哥 *S. miniata* C. E. Liang et Y. S. Wang，尼泊尔水东哥 *S. napaulensis* DC.，少脉水东哥 *S. paucinervis* C. E. Liang et Y. S. Wang，大花水东哥 *S. punluana* Wall.，红萼水东哥 *S. rubricalyx* C. E. Liang et Y. S. Wang，云南水东哥 *S. yunnanensis* C. F. Liang et Y. S. Wang。

【果实】　食用：多数果可食，味甜。如锥序水东哥，聚锥水东哥 *S. thyrsiflora* C. E. Liang et Y. S. Wang。

【根(叶)】　药用：水东哥，根叶入药，散瘀消肿，止血，主治：骨折，跌打损伤，创伤出血，疮疖。锥序水东哥，根叶入药，清热解毒，止咳止痛，主治：风热咳嗽，风火牙痛；外用治烧伤。

樟　科 Lauraceae

约 45 属 2500 种，分布热带；中国约 20 属 400 多种，又引入 3 属 5 种。大部产长江以南，少数分布较北。常绿稀落叶乔木、灌木稀草本、藤本。

黄肉楠属 *Actiuodaphne* Ness.

约 100 种，分布亚洲热带、亚热带；中国约 19 种，分布南部。常绿乔木或灌木。

【树皮】　药用：倒卵叶黄肉楠 *A. obovata* (Ness) Bl.，树皮外敷治骨折。毛黄肉楠 *A. pilosa* (Lour.) Merr.，树皮入药，祛风湿，消肿，散瘀解毒，止咳，并治疮疖及跌打损伤。

【木材】　黄肉楠一般为小乔木，材带黄红色，重至中，强度中，干缩中，稍耐腐。适作家具，建筑，工具，车船等。商品材价值多为中等。诸如：豹皮黄肉楠 *A. chinensis* (Bl.) Ness.，尖叶黄肉楠 *A. acuminata* Moiss.，思茅黄肉楠 *A. henryi* Gamble.，广东黄肉楠 *A. koshepangii* Chun.，南投黄肉楠 *A. nantoensis* (Hay.) Hay.，叶黄肉楠 *A. lecomter* Allen.，雾社黄肉楠 *A. mushaensis* (Hay.) Hay.，毛黄肉楠，毛果黄肉楠 *A. trichocarpa* Allen. 等。

【枝、叶】　提取芳香油：如柳叶黄肉楠，毛果黄肉楠。

【叶】　药用：倒卵叶黄肉楠，主成分：芬罗坦他宁，N. 甲基芬罗坦他宁，波尔定碱，舒筋活络，主治骨折。

【种子】　油用：红果黄肉楠榨油作润滑油，肥皂。毛尖树 *A. forestii* Kosterm. 种仁含油量 26.4%，不干性油，主成分：癸酸 14.5%，月桂酸 32.3%，肉豆蔻酸 7.3%，棕榈酸 4.4%，硬脂酸 1.3%，油酸 12.2%，亚油酸 26.4%，可提月桂酸用于工业油。思茅黄肉楠种仁含油率 33.4%。柳叶黄肉楠，毛果黄肉楠，红果黄肉楠，*A. cupularis* (Hemsl.) Gamble. 种子油可作润滑油及肥皂。倒卵叶黄肉楠种仁含油量 51%，主成分：月桂酸 91.8%，可作工业化妆品用油。

油丹属 *Alseodaphne* Ness.

约 50 种，分布亚洲热带；中国产 9 种，分布华南至西南。常绿乔木。

【用材】　油丹 *A. hainanensis* Merr.，边材黄褐色，心材红褐色，纹理直，结构细，重量中，硬度中，强度强，干缩中，韧度中，甚耐腐，有香气。适做造船材，桥梁，桩木，家具，细木工。商品材价值高贵。毛叶油丹 *A. andersonii* (King) et Hook. Kosten.，材性近似，材带红色。长柄油丹 *A. petiolaris* (Meisso) Hook.，油丹为渐危树种，应加强保护和发展。皱皮油丹 *A. rugosa* Merr. et Chen. 也很少应保护发展。

琼楠属 *Beilschimedia* Nees.

约 200 种，主产热带非洲及东南亚、大洋洲、北美洲；中国产约 35 种，产西南、华南及台湾。常绿乔木或灌木。

【用材】　广东琼楠 *B. fordii* Dunn.，材浅灰黄褐色，重量中，硬度中，强度中，干缩中。尖峰琼楠 *B. Assamica* Meiss. 重量中，硬度强，韧度中，干缩中，不耐腐。琼楠 *B. intermedia* Allen.，红枝琼楠 *B. lavis* Allen. 等，适做家具，农具，包装箱，建筑，胶合板，文体器材等。木材价值中等。滇琼楠 *B. Yunnanensis* Hu.。

【种子】　油用：美脉琼楠 *B. delicata* S. Lee et Y. T. Wei. 种子含油 13% 。贵州琼楠 *B. kweichowensis* Cheng. 种子含油 6.8% 。长柄琼楠 *B. longipetiolata* Allen. 等种子油供工业用油。

樟　属 *Cinnamomum* Trew.

约 250 种，分布热带亚洲、大洋洲、美洲：中国产 46 种，引入 3 种。分布长江以南。常绿乔木或灌木。

樟组 Sect *camphora* (Trew) Meissn.

【树皮】　①精油：樟 *C. camphora* (L.) Presl 树皮及干、根均含精油，可分馏樟脑及樟油。②鞣质：云南樟 *C. glanduliferum* (Wall.) Ness.，树皮及叶含鞣质。③药用：猴樟 *C. bodinieri* Levi. 祛风，镇痛。樟树皮外用治湿毒疥癣。云南樟皮祛风散寒，理气镇痛；干皮代肉镇痛；干皮代肉桂皮药用，温中补阳，散寒止痛。

【木材】

（1）精油：樟材含精油 3.5266% ；树干中部含量 4.23% ：下部最多。油樟 *C. longepaniculatum* (Gambl) N. Chao ex H. W. Li. 材含精油 2% ~ 3% 。坚叶樟 *C. chartophylla* H. W. Li. 含量 0.5% 。黄樟 *C. partheuoxylon* (Jack) Nees. 含量 2% ~ 4% 。精油可供化妆品、皂用香料。

（2）用材：可分为三类：①香樟类：樟：具樟脑香气，纹理斜至交错，轻至中，软，强度中，干缩小，甚耐腐，耐水温，耐虫蛀，但易翘裂。适樟木箱，衣柜，车船，水车板，家具，木模，雕刻等；樟木有红樟、白樟之分，红樟箱柜贮白衣会变褐色，当地喜用白樟。商品材价值高贵一类。②黄樟类：黄樟，材黄褐至红褐色，纹理直，轻至中，甚软，强度弱至中，干缩小至中，耐腐、耐蛀性次于香樟。可代樟木用于车船、建筑、家具，木模，细木工，胶合板，但木材价值上等。③芳樟类：（水樟类，白樟类）：猴樟，云南樟，油樟，毛叶樟 *C. mollifolium* H. W. Li.，沉水樟 *C. micrantheona* (Hay.) Hay. 坚叶樟，岩樟 *C. saxntile* H. W. Li.，银木 *C. septentrionale* Hand. -Mazz.，细毛樟 *C. tenuiplum* Kosteml.，材浅黄褐至浅灰褐色，一般轻软，耐腐蚀，用于板料，家具，木模等，材性次于黄樟类。木材价值中等。钝叶樟 C. bejolghota (Bruch. Ham) Swed. 。

【叶】 ①精油：猴樟含量 1.2%。樟幼枝叶含量 1%，老枝叶含量 3.7%，鲜叶主成分：芳樟醇。云南樟含量 0.44%，出脑量 3%。毛叶樟含量 0.68%~2%。黄樟含量 2%~3.7%。尚有沉水樟，长柄樟 C. longipetiolatum H. W. Li.，银木等均含精油。②鞣质：樟：含量 13.4%。尚有云南樟。③樟蚕饲料：樟，云南樟叶可饲樟蚕，樟蚕丝用于外科手术缝合线。④药用：樟叶外用治慢性下肢溃疡，能上能下皮肤瘙痒。⑤黏合剂：银木叶可作纸浆黏合剂。

【茎】 精油：樟含量 1.17%~2.2%。云南樟出脑量 0.15%。其他树种亦含精油。

【果实及种子】 ①精油：芳樟型 C. camphora var. linloolifera Fujita. 果实及种子含量 1.8%~2.2%，主成分：黄樟油素 53.2%~61%，松油醇 10.86%~18.09%，红没药烯 11.29%，柠檬烯 8.02%，2，3 甲基环乙烷叉乙醇 1.94%，4-蒈烯 1.69%，2-甲基丙烯酸戊酯 1.31%，苊尼酮 0.42%，α-蒎烯 0.32%，13.蒎烯 0.32%，苊烯 0.32%，α-水芹烯 0.38%，1-8-桉叶油素 2%，香茅醛 0.25%，芳樟醇 0.16%，松油-4-醇 0.36%，大茴香脑 0.18%~0.41%，α-松油醇 0.42%~0.63%，揽香烯 0.18%，烯-反式石竹烯 0.16%~0.39%，甲基丁香酚 40.93%~51.77%，异甲基丁香酚 0.48%~0.78%，荜草烯 0.48%，13-马揽烯 1.18%，杜松烯 0.38%，杜松烯 0.09%，檀香烯 0.06%，橙花叔醇 2.16%，揽香醇 0.76%。用于食品及化妆品调香原料。②油用：樟树种仁含油量 62.8%，主成分：癸酸 53%，月桂酸 32%，芳樟型果含油 30%~40%，主成分：癸酸 10%，月桂酸 63.4%，油酸 5.87%，为轻化工业重要原料。云南樟种仁含油量 59.9%，主成分：癸酸 28.2%，月桂酸 44.9%。油樟种仁含量 55.4%，主成分：癸酸 28.5%，月桂酸 54.4%。岩樟种仁含油量 54.8%，主成分：癸酸 18.4%，月桂酸 73.7%。银木种仁含油量 56.3%，主成分：癸酸 67.5%，月桂酸 29.8%。均为良好轻化工业原料。③药用：樟果实治胃寒冷前，食积腹胀。猴樟祛风行气，温中镇痛。

【根部】 精油，樟含量 3.04%~5%，侧根 2.63%，黄樟 2%~4%，芳樟根精油主成分：黄樟油素 78%。猴樟根含量 2.9%。云南樟含量 0.33%。黄樟 2%~4%。坚叶樟含 1.18%~1.2%。尚有油樟，银木等均含芳香油，为轻化工业原料。以上各部位精油成分很多。其中樟脑在医药上作强心剂，兴奋剂，防臭防腐剂；工业上制胶片，香料，炸药，赛璐璐，照相感光材料，假漆，人造象牙，橡胶，塑料，电气绝缘材料，并为出口物资。樟油经分馏可得白樟油，主成分桉叶油素，可作矿石浮选剂，除臭剂。其他树种主成分芳樟醇，作化妆品，制皂常用原料及合成维生素 E。黄樟油素为日用化工、医药、农药，香料及提制洋茉莉醛原料。桉叶油素用于医药工业杀菌，消肿止痛，日化痱子粉，口腔清洁剂。除虫剂。尚有丁香酚，柠檬醛，可作日化原料。

【全树】 ①行道绿化树种，如樟树等。②环保树种：如樟树抗性强至中，为常见环保树种，抗污染，杀菌等。③物种资源沉水樟大多渐危，应加强保护发展。

桂樟组 Sect. *cinnamomum*.

【树皮】 ①香料：肉桂 C. cassia Presl. 主成分桂醛 75%~90%。钝叶桂 C. bejo ghota (Buch. Ham.) Sweet.，香桂 C. subavenium Miq.，斯里兰卡桂 C. verum Presl (C. zeylanicum Nees).，桂皮均作香料。②精油：钝叶桂；阴香 C. burmanni (Ness) Bl. 主成分：桂醛；毛桂

C. appelianum Schewe.，主成桂醛：肉桂；天竺桂 *C. japonicum* Sieb.；野黄桂 *Cdesenianum* Hand. -Mazz；香桂银叶桂 *C. mairei* Levi；斯里兰卡桂，含桂醛 50% ~ 70%，丁香酚 4% ~ 10%。桂皮精油在香料工业中合成桂醇，桂酸及酯类，作食品、化妆赋香剂，医药用。③钝叶桂树皮捣碎入药，消肿，止血，接骨。阴香健胃，外敷蛇伤，恶疮。肉桂治麻风病，制清凉油。毛桂可代肉桂入药。天竺桂主治肠腹痛；外用治跌打损伤，创伤出血。野黄桂可代天竺桂，功效同。银叶桂主治胃腹痛；外用治跌打损伤，骨折。香桂主治胃寒气痛，胸腹胀痛，寒结肿痛。斯里兰卡桂祛风健胃，驱臭剂。华南桂 *C. austro.* Sinense H. T. Chang. 可代肉桂。少花桂 *pauciflorum* Ness.，主治胃病，腹痛。川桂 *C. wilsonii* Gamble. 可代肉桂，治风湿，筋骨痛，腹痛吐泻。柴桂功效同川桂。

【木材】　桂樟类材褐至浅红褐色，轻软，强度中，干缩小至中，不耐腐蛀。适一般家具，建筑，板料，包装箱等。商品材价值一般中等。诸如肉桂，钝叶桂，香桂，斯里兰卡桂，阴香，毛桂，天竺桂，野黄桂，川桂，卵叶桂樟 *C. ovatum* Allen.，辣汁桂樟 *C. tsangii* Merr.，清化桂 *C. lourerii* Ness. 等。

【枝】　①香料：如肉桂，川桂。②精油：肉桂鲜枝叶含精油 0.3% ~ 0.4%，主成分桂醛，制化妆品，食品，日用香精。银叶桂亦作化妆品及食用香精。少花桂枝茎含精油 0.76% ~ 0.92%。

【叶】　①精油：钝叶桂含油 0.12%，主成分：桂醛。阴香含量 0.2% ~ 0.3%，主成丁香酚，黄樟油素。肉桂含量 0.33% ~ 0.37%，主成分：桂醛。香桂主成分：黄樟油素。少花桂主成分：黄樟油素。香桂含量 0.3% ~ 0.5%，主成分：丁香酚。柴桂主成分：桂醛。斯里兰卡桂主成分：丁香酚，桂醛，含量 1.5% ~ 1.8%。尚有华南桂，银叶桂，川桂等。桂醛为贵重香料及多种合成香料的原料，广泛用于食品饮料增香剂及可口可乐；香精，香水，化妆品，香皂。②香料：阴香及平托桂 *C. tsoi* Allen. 叶可做罐头香料。③薰香：华南桂叶研粉作薰香。④药用：阴香叶煎汁有祛风之效。天竺桂，理气止痛，行气健胃。香桂可作杀虫剂。

【果】　①精油：华南桂，肉桂，香桂等含精油。②药用：华南桂果入药治虚寒胃痛。肉桂散寒止痛，化瘀活血，健胃。

【种子】　油用：阴香种子含油率 57.6%。卵叶桂 *C. rigidissimum* H. T. Chang. 种子含油 72.5%。平托桂含量 50%。尚有天竺桂，川桂等。种子油供工业润滑油，肥皂。

【根】　①精油：卵叶桂含油率 1.44%。尚有钝叶桂，银叶桂，川桂，少花桂，均可提取精油。②药用：阴香根入药：治心气痛。

【全树】　阴香可作行道绿化树种。

厚壳桂属 *Cryptocarya* R. Br.

约 200 ~ 250 种，分布热带亚洲；中国产 19 种，分布南部各省。常绿乔木或灌木。

【木材】　厚壳桂 *C. chinensis*（Hance）Hemsl.，丛花厚壳桂 *C. densiflora* Bl.，材轻，硬度中，韧度低，强度中，干缩中，耐腐性差，材浅黄带红色。供一般家具，建筑，箱盒，农具，车辆材等。木材价值中等。

【刨花】　浸水黏液作发胶，如硬壳桂 *C. chingii* Cheng.。

【种子】　油：岩生厚壳桂 *C. calicola* H. W. Li. 含油量 12.7%，硬壳桂种仁含油量 4.7%。

莲桂属 *Denassia* **Bl**.

约 35 种, 分布东南亚; 中国产 3 种, 分布海南、广东、台湾。常绿灌木至小乔木。

【茎】　腰果楠 *D. incrassata*(Jack.)Kostem. 含小檗碱可药用。

【木材】　本属小乔木者材可利用。

土楠属 *Endiandra* **R. Br**.

约 30 种, 分布东南亚至大洋洲; 中国产 3 种, 分布海南、广西、台湾。常绿乔木或灌木。土楠 *E. hainanensis* Merr. et Metc. ex Allem., 材灰褐色, 重量中, 硬, 干缩中, 不耐腐, 作一般家具, 室内建筑, 胶合板等, 木材价值中等。

月桂属 *Laurus* **L**.

2 种, 产大西洋及地中海沿岸; 中国引入 1 种, 月桂 *L. nobili*。常绿小乔木。

【叶】　①香料: 作肉罐头调味剂。②精油: 叶含精油 0.3%~0.5%, 可作食品及化妆品香精用。

【果】　①精油: 含量 1%, 主成分: 芳樟醇, 丁香酚, 香叶醇, 桉叶醇, 作食品香精, 皂用及化妆品香精。②油用: 果肉含油 26%, 果核(种子)含油 13%~30%, 供工业制皂或药用。

【全树】　绿化树种, 桂叶茂密郁香。

山胡椒属 *Lindera* **Thunb**.

约 100 种, 分布亚洲及北美洲, 中国产 40 种, 主产长江以南。落叶或常绿乔木或灌木。

【树皮】　精油: 芬叶钓樟 *L. supracostata* Lecomete. 可提精油作香料.

【木材】　灰褐至暗褐, 或心材浅红褐色, 材重量中, 硬度中, 强度中至强, 干缩小至中, 稍耐腐。适作家具, 建筑, 桥梁, 枕木, 坑木, 车船, 胶合板, 农具, 包装材等。木材价值中等。诸如香叶树 *L. communis* Hemsl., 广东山胡椒 *L. kwangtungensis*(H. Liou)Allen., 海南山胡椒 *L. robusta*(Allen)H. P. Tsai., 黄脉山胡椒 *L. flavinervia* Allen., 黑壳楠 *L. megaphylla* Hemsl., 三桠乌药 *L. obtusifolia* Bl., 香面叶 *L. caudata* (Nees.) Hook. f., 广西钓樟 *L. Kwangsiensis* Chun., 滇粤山胡椒 *L. metcalfiana* Allen. 等。

【枝(叶)】　①精油: 香叶子 *L. ffagrans* Oliv., 含精油 0.5%~0.8%, 三股筋 *L. thomsonii* Allen. 也含精油。可作化妆用品。②薰香: 香叶树枝叶磨粉可作薰香。

【叶】　①精油: 乌药 *L. aggregate*(Smis)Kosterm. 叶含精油 0.3%, 配制皂用香精及化妆用品。香面叶含量 0.7%。绿叶甘木 *L. neesiana*(Ness.)Kuerz L. 可调和香料香精用。山胡椒(Sieb. et Zucc.)B., 叶含芳香油 1%, 主成分: 香叶醇, 香划醇及桉叶醇, 作化妆、皂用香精。广东山胡椒, 黑壳楠, 菱叶钓樟叶含芳香油。三桠乌药含精油 0.4%~0.6%, 主成分: 乌药醇, 制化妆品及皂用香精。钓樟 *L. reflexa* Hemsl., 含量 0.5%~1%, 主成分: 芳香醇, 香叶醇, 桉叶醇, 柠檬烃, 供制化妆品及精油香精。红脉钓樟 *L. rubronervia* Gamble. 叶含精油 0.33%, 代皂用香精。②食用: 一些树种叶可煮食及磨粉掺面粉食用。③工业用: 山胡椒叶研粉用作蚊香, 钻探用及造纸添加剂。④药用: 乌药叶: 捣烂敷患处治跌打损伤。山胡椒叶捣烂治筋骨痛，痈疮肿痛；针剂治上呼吸道炎症，有效率83.9%。三桠乌药叶解疮毒。

【花】　蜜源植物：三桠乌药花期4月，蜜、粉丰富，为林区早春重要蜜源。钓樟花期4月，泌蜜丰富，为山区主要蜜源之一。

【果】　①精油：香面叶果皮含精油3.13%。香叶树果含精油0.2%～0.5%。团香果 *L. latifolia* Hook.，果含精油0.36%。红脉钓樟果含精油0.28%。三股筋骨含精油0.4%。其他乌药，山胡椒，黑壳楠，钓樟，菱叶钓樟果均含精油。供制化妆品及皂用香精。②果肉油用：乌药含量50.21%。山胡椒含量40%，主成分：月桂酸，癸酸，棕榈酸硬脂酸，供皂用，化妆品，润滑油，防水剂。团香果含量50.2%～56.8%。滇粤山胡椒含量56.6%。供工业肥皂、润滑油。③药用：乌药果入药，主治胃痉挛，气喘，疝气，轻微脑溢血，腹痛。香叶树果有抑菌作用，散瘀消肿，止血止痛，主治骨折，跌打损伤，外用治出血，疮疖痈肿。山胡椒果治中风不语，跌打损伤，肾炎水肿。④兽药：山胡椒果治牛咳嗽，膨胀病，软脚症。

【种子（核仁）】　①油用：乌药核仁含量50.21%。香面叶核仁含油45.46%。狭叶山胡椒 *L. angustifolia* Cheng.，种仁含油41.84%。浙江山胡椒种仁含油49.3%。香叶树含油53.2%。鼎湖钓樟含油48.7%～59.4%。绿叶甘疆46%，山胡椒含油50%，广东山胡椒含油59.7%。团香果含油56.4%～58.8%。黑壳楠含油47.55%。滇粤山胡椒含油57.3%。绒毛山胡椒含油61.6%。三桠乌药含油61.52%。大果山胡椒含油42.9%～43.1%。钓樟含油69.5%，红脉钓樟含油44.9%，菱叶钓樟含油62%，三股筋含油50.5%。假桂钓樟 *L. tonkinensis* Lecomte.，黄脉钓樟等。以上种子油供工业润滑油，肥皂用油等。②药用：香叶树种子可治肺结核。③农药：乌药种子磨粉，对菜蚜虫，小麦叶锈病，土豆晚疫病，效果97%～100%。

【根】　①精油：乌药根含精油0.1%～0.2%，可配制化妆品及皂用香精。鼎湖钓樟根油可作香料。②药用：乌药根含乌药碱甲、乙，乌药醇，乌药油，乌药酸，龙脑，萜烯，温中散寒，理气止痛，主治心胃气痛，吐泻腹痛，痛经，痈痛，风湿骨痛，外伤出血。鼎湖钓樟根膨大可代乌药，泡"台乌酒"，有祛风湿之效。香叶子根入药治腹脘胀痛。狭叶山胡椒主治消化不良，胃肠炎，痢疾，风湿关节痛，颈淋巴结核。香面叶根主治跌打损伤，外伤出血，胸痛，咳嗽。山胡椒祛风活络，解毒消肿，主治风湿麻木，筋骨疼痛，跌打损伤，肾炎水肿，风寒头痛。钓樟根止血消肿，止痛，主治胃痛，刀伤出血；并治疥癣，风疹。③兽药：乌药根治骡马胸痛，牛肚胀，马食积气胀，猪腹泻。

木姜子属 *Litsea* Lam.

约200种，分布亚洲热带、亚热带及北美洲；中国产6种，分布河南以南。落叶或常绿乔木或灌木。

【树胶】　潺槁木姜 *L. glutinosa*（Lour.）C. B. Rob.，树胶可用作胶粘剂或润发。

【木材】　①乌心木姜类：心边材区别明显或略明显，心材黄褐、绿褐色，重量中，硬度中，强度中至强，耐腐。适作家具，建筑，车船，器具等。木材价值上等。诸如尖脉木姜 *L. acmivena* Hay.；豹皮樟 *L. coreana* Levi. var. *sinensis*（Allen. Yang et）P. H. Huang.，毛豹皮樟 var. *longinosa*（Migo）Yang et P. H. Hang.；黄丹木姜 *L. elongata*（Wall. ex Nees.）Benth. et Hook. f.；大果木姜 *L. lancilimba* Merr.；华南木姜 *L. greenmaniana* Allen.；豹皮樟 *L. rotundifolia*

(Nees.) Hemsl. var. *oblongifolia*(Ness.) Allen.。②木姜类：心边材区别不明显，浅黄褐色，一般略轻软，不耐腐包装材，一般器具等。木材价值一般中等。诸如天目木姜子 *L. auriculata* Chien et Cheng.；黑果木姜子 *L. atrata* Chen et S. Lee.；山苍子 *L. cubeba*(Lour.) Pers.，毛山苍子 var. *formosana*(Ness.) Yang et Eet. Huang.；潺槁木姜子；柿叶木姜子 *L. monopetala* Pers.；清香木姜子 *L. euosma* W. W. Smith.，木姜子 *L. pungens* Hemsl.：变叶木姜子 *L. variabilis* Hemsl. 等。

【枝、叶】 ①精油：山苍子叶含精油 0.2%~0.4%，主成分：柠檬醛。清香木姜子枝叶含精油 0.9%，杨叶木姜子 *L. pupulifolia*(Hemsl.) Gamble.，主成分：柠檬醛，α-蒎烯，莰烯，桉叶油酚，芳樟酚，松油醇等；鲜叶含精油 0.54%。尚有高山木姜 *L. chunii* Cheng.；L 黄丹木姜；宝兴木姜 . *moupinensis* Lecomte.；木姜子；秦岭木姜 *L. tsinlingensis* Yang et Huang.，配制皂用香精，化妆品用。②药用：天目木姜叶外敷治筋伤痛。山苍子叶外用治痈疖肿痛，乳腺炎，虫蛇咬伤，防蚊叮。潺槁木姜叶消肿毒止血，主治腮腺炎，疮疖痈肿，外伤出血。假柿叶木姜叶敷治关节脱臼。轮叶木姜 *L. verticillata* Hance.，叶治跌打积瘀，风湿痹痛，痛经；外敷骨伤，蛇伤。③农药：山苍子叶防治各种粮食害虫。

【花】 ①精油：山苍子花含芳香油，雄株可采花制油，香气好，价值高。②蜜源植物：山苍子为春季蜜源植物。木姜子花期 3~4 月，可作辅助蜜源。

【果】 ①精油：山苍子果含精油 2%~6%（少数达 10%），主成分：柠檬醛含量 60%~80%，可提紫罗兰酮，配制香精原料，化妆品，皂用香精，提制维生素 A，供出口。毛叶木姜 *L. mouis* Hemsl. 出精油 3%~5%。木姜子鲜果含精油 3%~4%；干果含精油 2%~6%，主成分：柠檬醛 60%~90%，香叶醇 5%~9%，柠檬烃等，用作食用香精，高级香料，并提制紫罗酮及维生素原料。尚有高山木姜子；石木姜子 *L. elongata* var. *fabric*(Hemsl.) Yang et P. H. Huang.；清香木姜；宜昌木姜 *L. ichangensis* Gamble.：杨叶木姜等也含精油可利用。②食用：宝兴木姜果可作食用香料。③药用：天目木姜果可治寸白虫。山苍子果治感冒头痛，消化不良。清香木姜果祛寒止痛，顺气止呕。毛叶木姜代山苍山药用。四川木姜子 *L. moupinensis* var. *szechuonica*(Allen) Yang et P. H. Huang. 果亦代木姜子。木姜子果祛风行气，健脾利湿，主治胸胀腹痛，消化不良，中暑吐泻；外治疮疡肿痛。红叶木姜 *L. rubescens* Eecomte.，果散寒止痛，消食化滞，主治肠胃炎，胃酸腹痛，食滞腹痛。④农药：山苍子果可消除黄曲霉素。

【种子】 油用：黑果木姜种仁含油 19.89%，主成分：月桂酸含量高达 60%。高山木姜含油 49.4%，主成分：癸酸 12%，月桂酸 38.1%。豹皮樟种仁含油 61.9%，主成分：癸酸 41.2%，月桂酸 43.7%。山苍子种仁含油 61.8%，主成分：月桂酸 63.46%，广泛用于冶金、石油、化工，地质钻探润滑减阻剂，电子，农药。五桠果木姜 *L. dilleniaefolia* P. H. Pei et P. H. Huang 种子含油 34.53%，主成月桂酸含量高达 92.6%，为理想化工原料。黄丹木姜种子含油量 56.2%，主成月桂酸 85.6%。潺槁木姜种仁含油 62.9%，主成分：月桂酸 81.7%。华南木姜种子含油 37.8%，主成分：癸酸 21%，月桂酸 41.2%。玉兰叶木姜 *L. magnoliaefolia* Yang et P. H. Huang. 种仁含油 29.8%，主成分：月桂酸 67.1%。毛叶木姜种子含油 25%。假柿叶木姜种子含油 18.5%~30.33%，主成分：月桂酸 75.3%。香花木姜种仁含油 51.2%，主成分：月桂酸 87%。思茅木姜 *L. pierrie* Lecomte var. *szemaois* Liou. 种仁含油 18.65%，主成分：月桂酸 71.7%。杨叶木姜种仁含油 36%~49.4%。木姜子种仁含油

48.2%，主成分：癸酸 41.7%，月桂酸 39.5%。豹皮樟种仁含油 62.5%，主成分：癸酸 29.4%，月桂酸 36.3%。秦岭木姜种子含油 45.31%。尚有大果木姜，宝兴木姜，亦含油。以上种子油大都制皂，润滑油等工业用油。

【根】　①药用：天目木姜根治寸白虫。潺槁木姜根皮捣烂可治恶疮，内服清热解毒。山苍子根治风湿骨痛，四肢麻木，腰腿痛，跌打损伤，感冒头痛。毛叶木姜根可代山苍子入药。红叶木姜根治风湿骨痛，跌打损伤，感冒头痛。豹皮樟根祛风湿，止痛主治风湿性关节炎，跌打损伤，腰腿痛，痛经，胃痛。轮叶木姜根主治跌打损伤，积瘀，胸痛，风湿痹痛，痛经。②精油：山苍子根皮含精油 0.2%~1.2%，主成分：柠檬醛，供香料皂用。

【全树】　①紫胶虫寄主树：假柿叶木姜为紫胶虫寄主树之一。②物种资源：天目木姜，思茅木姜为濒危树种，应加强保护。

润楠属 *Machilus* Nees.

约 100 种，分布东南亚；中国产 20 种，分布陕西、甘肃以南。常绿乔木或灌木。

【树皮】　①染料：宜昌楠 *M. ichangensis* Rehd. et Wils.，红楠 *M. thunbergii* Sieb. et Zucc.，树皮可作褐色染料。②薰香料：红楠，滇润楠，*M. yunnanensis* Lecomte.，树皮粉可作薰香原料。③药用：宜昌楠可治吐泻及霍乱。红楠皮入药，舒筋消肿。滇润楠皮温中行气，主治胃腹胀痛，急性肠胃炎。

【树胶】　刨花楠 *M. pauhoi* Keneh 刨花浸水黏液可润发，及扩大利用作胶黏剂。红楠树内亦含树胶。

【木材】　材黄褐或边材浅褐，心材红褐色，有些具香气，材重量中，软，强度中，韧度中，干中，耐腐。适作建筑梁柱，车壳车厢，胶合板，农具，家具乐器，文具等。木材价值上等。诸如华润楠 *M. chinensis* (Champ. ex Benth.) Hemsl.，润楠 *M. pingii* Cheng ex Yang.，红楠，短序楠 *M. breviflora* (Benth.) Hemsl.，两广楠 *M. kwang tungensis* Yang.，绒楠 *M. velutina* Champ. ex Benth.，小果楠 *M. microcarpa* Hemsl.，大叶润楠 *M. kusanei* Hay. M. leptophylla Hand. -Mazz. 等。

【叶】　①精油：红楠叶含精油 0.21%。②药用：宜昌楠叶(皮)入药，治霍 NLnEN。绒楠叶(根)，化痰止咳，消肿止痛，收敛止血，主治支气管炎，外伤出血，骨折肿痛。滇润楠叶解毒消肿，治跌打骨折，外伤出血，骨折肿痛，烧烫伤，腮腺炎，疮毒。

【果】　药用：滇润楠果(皮)入药，温中行气，主治胃腹胀痛，急性肠胃炎。

【种子】　油用：短序润楠种子含油 3.3%。宜昌楠种仁含油 50%。刨花楠种仁含油 50%~52%。红楠种子含油 65.09%。华东楠：绒楠。种子供工业制皂，蜡烛，润滑油原料。

【根】　药用：华南楠消肿解毒，主治疮疖。红楠根皮，主成；降香黄罂粟碱，牛心果碱，舒筋活血，消肿止痛，主治扭挫伤，抽筋足肿。红楠根入药(见叶部)。滇润楠根入药，温中行气，主治胃腹胀痛，急性肠胃炎。

【全株】　药用：黄绒润楠 *M. grijsii* Hance.，全株入药，散瘀消肿，止血消炎，主治跌打损伤，骨折脱臼，散瘀消肿，外伤出血，口腔炎，喉炎，扁桃体炎。

【全树】　①护堤树种：柳叶润楠 *M. salicina* Hance.，建润楠 *M. oreophila* Hance. ②观赏树种：刨花楠，红楠。

新樟属 *Neocinnamomum* H. Liou.

约 7 种，分布亚洲热带、亚热带；中国产 5 种，分布华南至西南。常绿灌木或小乔木。

【叶】　①精油：新樟 *N. delavayi*（H. Lecomte）H. Liou. 叶含精油 1.72%，可作化妆品香料。②药用：新樟叶入药，祛风去湿，舒筋止痛，主治风寒感冒，胃痛，风湿痹痛，跌打损伤，外伤出血。

【种子】　油用：滇新樟 *N. caudatum*（Nees.）Merr. 种仁含油率 57.4%，主成分：棕榈酸 11.28%，硬脂酸 21.6%，油酸 15.82%，亚油酸 33.4%，亚麻酸 13.1%。新樟种仁含油率 62.8%，主成分：棕榈酸 8.8%，硬脂酸 3.1%，花生酸 7.8%，油酸 35.7%，亚油酸 44.5%。适工业用油。

【全株】　药用：滇新樟祛风活络，散寒止痛，主治风湿性关节痛，跌打瘀血肿痛，骨折，痛经，风寒感冒，麻疹，皮疹。海南新樟 *N. lecomtei* H. Liou. 祛风湿，活筋络，活血散瘀，行血止痛，主治风湿骨痛，跌打损伤，腰肌劳损，神经痛，麻痹后遗症，乙脑炎后遗症，产后筋骨痛。

新木姜子属 *Neolitsea*（Benth.）Merr.

约 90 种，分布南亚至东亚；中国产 51 多种，分布南部。常绿乔木或灌木。

【树皮】　树胶黏质：锈叶新木姜子 *N. cambodiana* Lecomte.，树皮连同枝叶粉碎后作线香粉，尤以树皮为佳，胶合力强还可作净水剂，钻探工程加压剂，外销名"大青石粉"。

【用材】　①绿心新木姜子类：心材黄绿色，重量中，硬度中，强度中，干缩小，不翘裂变形，耐腐性强。适作枕木，坑木，桥梁，车船，乐器雕刻，胶合板，农具等。木材价值上等。诸如：云和新木姜子 *N. aurata*（Hay.）Koidz. var. *paraciculata*（Nak.）Yang et P. H. Huang.，浙江新木姜子 var. *chekiangensis*（Nak.）Yang et R. H. Huang.，大叶新木姜子 *N. levinei* Merr.，香果新木姜子 *N. ellipsoidea* Allen.。②新木姜子类：心边材区别不明显，材黄褐微红色，软，重量中，强度中，干缩中，耐腐性差。适作一般板料，家具，包装材，家具等。木材价值中等。诸如：鸭公树 *N. chunii* Merr.，簇叶新木姜子 *N. confertifolia*（Hemsl.）Men.，显脉新木姜子 *N. phanerophlebia* Merr.，舟山新木姜子 *N. sericea*（Bl.）Koidz.。

【叶】　①精油：叶带嫩枝可蒸馏芳香油：如浙江新木姜子；团花新木姜子 *N. homolantha* Allen. 鲜叶含油 0.7%，可作化妆品原料。②药用：锈叶新木姜子叶治疥癣。

【种子】　油用：鸭公树种仁含油率 67.1%。香果新木姜子种仁含油 60.5%，长圆叶新木姜子 *N. oblongifolia* Merr. et Chun. 种子含油率 25%~30%。显脉新木姜子种子含油 51.4%，主成分：癸酸 11.1%，月桂酸 42.8%，肉豆蔻 5.9%。多果新木姜子 *N. polycarpa* Liou. 种仁含油 45%。小新木姜子 *N. umbrosa*（Nees.）Gamble. 种子含油率 57.5%，主成分：癸酸 29.2%，月桂酸 54.1%。尚有浙江新木姜子，簇叶新木姜子。大都适作工业润滑油，肥皂，灯油，油墨。

【根】　药用：新木姜子 *N. aurata*（Hay.）Koidz.，根理气止痛消肿，主治胃脘，胀痛，水肿，气痛。

【全树】　物种资源，舟山木姜子产舟山，稀有，宜迁地保护。

鳄梨属 *Persea* Mill.

约 50 种，大部产美洲少数产东南亚；中国引入 1 种鳄梨 *P. americana* Mill.，华南、西南、台湾、福建栽培。常绿乔木或灌木。

【果实】　为热带新兴水果之一，营养丰富，主要生食水果，也作冰淇淋，凉拌菜食。

【果油】　果肉含油量 50%，属不干性油，主成分：亚油酸 60%，硬脂酸 38%，为优质食用油之一。也可作高级化妆品油，润滑油，药用油。

楠　属 *Phoebe* Nees.

约 90 多种：分布亚洲、美洲；中国产 30 种，分布长江以南。常绿乔木或灌木。

【用材】　材黄褐色或带绿色，材重量、硬度、强度中等，干缩中，不变形耐腐，有些具楠木香气。最适做高级家具，乐器，建筑梁柱，橱柜，箱盒，车船，机模，文具，体育器材等。木材价值高贵一类。诸如：浙江楠 *P. chekiangensis* C. B. Shang.；闽楠 *Rboumei* (Hemsl.) Yang；山楠 *Echinensis* Chun.；竹叶楠 *Efaori* (Hemsl.) Chun.；湘楠 *P. hunanensis* Hand. -Mazz.；红毛山楠 *Ehungmaoensis* S. Lee；粉叶楠 *P. glaucoplylla* H. W. Li in Act；白楠 *P. neurantha* (Hemsl.) Gamble.；普文楠 *P. puwenensis* Cheng.；紫楠 *P. sheareri* (Hemsl.) Gamble；乌心楠 *P. tavoyana* (Meissn.) Hook. f.；桢楠 *P. zhenan* S. Lee et E. N. Wei.。

【枝叶】　①精油：紫楠枝叶提制精油，用于皂用香精。②药用：紫楠叶温中理气，治腹胀，脚气水肿。

【种子】　油用：白楠种子含油 1.6%，紫楠种子含油 5.2%，可做肥皂、润滑油。

【根】　药用：紫楠根祛瘀消肿，主治跌打损伤。

【全树】　①庭园绿化树种：如闽楠。②环保树种：紫楠抗大气污染性中至强。③物种资源：闽楠，浙江楠，楠木，桢楠均渐危，应加强保护和发展。

檫木属 *Sassafras* Trew.

3 种，产东亚及北美洲；中国产 2 种，分布长江以南。落叶乔木。

【树皮】　鞣质：檫木 *S. tzumu* (Hemsl.) Hemsl.，含量 5%~8%。

【用材】　心材栗褐色，材重量、硬度、强度、韧度、干缩中、耐腐，抗腐，耐钉锈。最适造船材，家具，木模，胶合板，建筑，车厢，桥梁，坑木，水车，桶材等。木材价值珍贵一类。尚有台湾檫木 *S. randianianse* (Hay.) Rehd.。

【叶（及种子）】　精油：檫木含量 2%~3%，主成分：黄樟油素，可做合成香料。

【种子】　油用：檫木种仁含油率 44.08%，主成分：癸酸、月桂酸，可做工业用油，肥皂，润滑油，油漆原料。

【根】　①鞣质：檫木根部含鞣质 5%~8%。②精油：檫木根部含精油 1%。③药用：檫木根（叶）有发汗利尿作用，主治风湿，腰肌劳损，风湿性关节炎，半身不遂，扭挫伤。

【全树】　①行道观赏树：檫木树形挺拔，秋叶红艳，为良好观赏行道树种。②环保树种：檫木抗大气污染性中至弱。

油果樟属 *Syndiclis* Hook. F.

约 10 种，分布亚洲东部；中国产 9 种，分布西南、广西、海南、常绿乔木。

【木材】 乐东油果樟 *S. lotungensis* S. Lee.，材红褐色，干后易裂变形，不耐腐。适做一般家具，建筑，器具等。木材价值上等。

【种子】 油用：蒜头果 *S. loeifera* Chun et S. Lee.，种子含油量 56%，主成分：油酸、亚油酸，适做肥皂，润滑油。

玉蕊科 Lecythidaceae

20 属约 350 种，分布热带亚热带地区；中国产 1 属 3 种，又引入 1 属 1 种，分布海南、云南、台湾。灌木或乔木。

玉蕊属 *Barringtonia* J. R. et G. Forst.

约 40 种，分布热带地区；中国产 3 种，分布福建、云南、台湾。灌木或小乔木。布敦玉蕊 *B. butonica* L.，亚洲玉蕊 *B. asiatica*（L.）Kurzz.，玉蕊 *B. racemosa*（L.）Bl.，全株药用，主成分：当归酸，有养血补益功效。

巴西栗属 *Bartholletia* Humb. et Bonpl.

约数种，分布南美洲热带：中国引入 1 种，台湾栽培。巴西栗 *B. excelsa* H. B. K.。

【木材】 材适作胶合板，装饰材，家具，建筑材等。木材价值中等。

【果实】 巴西栗，坚果球形，壳厚，径 15cm，其中种子长 10cm，径 4cm，可食，并可榨油食用油。

亚麻科 Linaceae

9 属约 150 种，分布全球；中国产 4 属 11 种，南北均有分布。草本或亚灌木、灌木。

亚麻属 *Linum* L.

约 90 种，分布全球；中国产 6 种，分布全国。草本或半灌木。

【茎皮】 纤维原料亚麻 *L. ustiatissimal* L. 茎皮纤维是很好的纺织品原料，可纺织亚麻布，制衣裙，蚊帐，餐桌布，油画布等。

【种子】 油用：亚麻种子含油量 29.6%~46%，主成分：棕榈酸 3.7%~7.9%，硬脂酸 2.9%~3.7%，花生酸 4.8%，十六碳烯酸 1.7%，油酸 28.3%，亚油酸 13%~16.8%，亚麻酸 41.8%~60.7%，是极好的干性油，大量用作油漆，涂料，印刷，油墨；北方民间常食用，但油易氧化变质，作食用油不宜。药用：润燥，便秘，皮肤瘙痒，溃疡湿疹，野亚麻种子用途同。

【根】 跌打损伤。

石海椒属 *Reinwardtia* Dun.

2 种，分布中国及印度，中国产 2 种，分布云南、湖北西、广西。半灌木。石海椒 *R. indica Dwmart.* trigyna(Roxb.) Planch.，嫩枝叶入药，清热利尿，主治黄疸型肝炎，肾炎，小便不利，鼻衄。

白花柴属 *Tirpitzia* H. Hall.

2 种，分布中国华南、云南、越南。灌木或小乔木。白花柴 *R. ovoidea* Chun et How. 及丰富木 *T. sinensis*(Hemsl.) Hallier.，嫩枝茎叶入药，活血散瘀，舒筋活络，主治跌打损伤，骨折(外敷)，外伤出血，风湿性关节炎，小儿麻痹后遗症，疮疖。

髯管花科 Loganiaceae

约 7 属 130 多种，分布热带至亚热带少数温带；中国产 2 属 2 种，分布浙江、福建、湖北以南地区。木质藤本。

胡蔓藤属 *Gelsenium* Juss.

3 种，亚、美洲产 2 种；中国产 1 种，分布浙江、福建、湖南以南地区。常绿藤本，胡蔓藤 *G. elegans*(Gardn. et Chemp.) Benth.。

【叶】 药用：将叶捣烂外敷治红肿，不可内服，如食 40～10 片小叶，2 小时后腹绞痛而死，故有"断肠草"之名。

【花】 蜜源植物：花期 6~7 月，蜜量粉稍多，福建等地可取蜜。

【茎、根】 ①药用：主成分：钩吻碱甲、丑、寅、卯、申、丁、戊具镇痛作用，抑制动物脑脊髓运动神经，有大毒，攻毒拔毒，散瘀止痛，杀虫止痒，外用治皮肤湿疹，体癣，跌打损伤，骨折，痔疮，疔疮，麻风病，禁止内服，误食致命。②农药：全株捣烂浸水喷洒，防治稻螟虫，瘿蝇，杀蛆，灭子孑。

桑寄生科 Loranthaceae

约 65 属 1300 种以上，大部分布热带，少数分布至温带；中国产 11 属 60 种，全国均有分布。常绿，半寄生灌木，草本。

桑寄生属 *Loranthus* Jacq.

约 10 多种，分布亚洲、欧洲温带至亚热带；中国产 6 种，分布华北、陕西、甘肃以南。半寄生灌木。石栎寄生 *L. delavayi* Van Tiegh.，寄生壳斗科树上。南桑寄生 *L. guizhouensis* H. S. Kiu. 寄生青冈等栎属树上。台中桑寄生 *L. kaoi*(J. M. Chao) H. S. Kiu. 寄生于梨果寄生属植物枝条上。吉隆桑寄生 *L. lambertianus* Schult.，寄生栎树上。香味桑寄生 *L. odorams* Wall.，寄生栎属树上。华中桑寄生 *L. pseudoodoratus* Lingelsh.，寄生栗、栲、栎树上。北桑寄生 *L. tanakae* Franch. et Sav.，寄生栎、栗、榆、李、桦树上，全草入药，有利尿、降压作用，治高血压，血管硬化。

鞘花属 *Macrosotlen*（Bl.）Reichb.

约 40 种，分布亚洲南部及东南亚；中国产 5 种，分布华南、云南。本属短序鞘花 *M. robinsonii*（Gomble）Danser.，寄生栎属上。勐腊鞘花寄生 *M. suberosus*（Lauterb.）Danser.，寄生滇南百蕊花属上。三色鞘花 *M. tricolor*（Lecomte）Danser.，在华南寄生香叶树、橘树、龙眼、银柴，红花李榄树上，危害较大。鞘花 *M. cachinchinensis*（Lour.）Van Tiegh.，寄生亚洲南部壳斗科、山茶科、桑科等多科属植物上，危害很大，但全株可药用，以寄生杉树上者为佳品，可清热止咳。

梨果寄生属 *Scurrula* L.

约 50 种，分布亚洲东南部；中国产 11 种，分布华南、云南、西藏。寄生灌木。本属滇藏梨果寄生 *S. buddleioides*（Desr.）G. Don.，寄生桃，李，梨，马桑，荚蓬，石栎，一担柴树上。卵叶梨果寄生 *S. chingii*（Cheng）H. S. Kiu.，寄生油茶，木油桐，木菠萝树上，短序卵叶梨果寄生 *Var. yunanensis* H. S. Kiu，寄生石桃，夹竹桃，蒲桃木姜子树上。高山梨果寄生 *S. elata*（EdgeW.）Denser.，寄生枸子，杜鹃，荚蓬，冬青或高山栎树上。锈毛梨果桑 *S. ferraginea*（Jack.）Densr.，寄生余甘子，李，柑橘树上。贡山梨果寄生 *S. gongshanensis* H. S. Kiu. 寄生油桐，桑，壳斗科树上。小叶梨果寄生 *S. notothixoides*（Hamce）Denser.，寄生倒吊笔，蓝果树，三叉苦，鹊肾树，酸橙树上。红花梨果寄生 *S. parasitica* L. 寄生芸香科树上，全株药用，治风湿关节炎，胃痛。梨果寄生 *S. philipensis*（Cham. et Schlcht.）G. Don.，寄生梨树等阔叶树上。楠梨果寄生 *S. phoebformosana*（Hay.）Danser.，寄生台湾樟科树上。白花梨果寄生 *S. pulverulenta*（Wall.）G. Don.，寄生枣林，山牡荆，野桐属树上。元江梨果寄生 *S. soolepensis*（Craib.）Danser.，寄生五月茶、铁青树上，危害均大。

钝果寄生属 *Taxillus* Van Tiegh.

约 25 种，分布亚、非热带至温带：中国产 15 种，分布长江流域以南。寄生灌木。本属广寄生 *T. chinensis*（DC.）Danser.，寄生构、槐、榆、木棉、朴树、白兰、八角树等，带叶茎枝入药，为强壮剂及安胎剂，有消肿催乳作用，主治腰膝神经痛，高血压，血管硬化，四肢麻木，孕期腰痛，筋骨不利，用之最宜，胎动不安，先兆流产。又可作饮料。毛叶钝果寄生 *T. nigrans*（Hance）Danser.，生多种树上，以樟，桑，油茶，栎，柳较多；茎叶入药，祛风去湿，补肝肾，强筋骨，降血压，安胎下乳。木兰钝果寄生 *T. limprichtii*（Gruning）H. S. Kiu.，寄生木兰，含笑，枫木，油桐，樟，香叶树，桑，栲，梧桐上。高雄钝果寄生 *T. pseud T. chinensis*（Yamamoto）Denser，寄生台湾低海拔阔叶林中。龙陵钝果寄生 *T. sericus* Danser. 寄生早冬瓜，桦树，壳斗科树上。桑寄生 *T. sutchuenensis*（Lecomte）Darlser.，寄生桑树，梨，桦，椿，壳斗科树上：全株药用，治风湿痹痛，腰痛，胎动。栗毛钝果寄生 *T. balansae*（Lecomte）Danser，寄生松，油杉，云杉，雪松树上。柳叶钝果寄生 *T. caloreas*（Diels）Donse 寄生小楂，樱桃，桃，马桑，柳，桦栎，槭树上，全株药用，治妇女腰痛，安胎。小叶钝果寄生 *T. kaempferi*（De.）Danser，寄生马尾松，黄山松，南方铁杉。锈毛钝果寄生 *T. levinei*（Merr.）H. S. Kiu，寄生油茶，樟树，壳斗科树上；全株药用，祛风除湿。

槲寄生属 *Viscum* L.

约 70 种，分布东半球热带至温带；中国产 11 种，分布各地。寄生灌木或草本。本属扁枝槲寄生 *V. articulatum* Burm. f.，寄生枫香，桐树，栗，壳斗科，大戟科，樟科；全树药用，祛风利湿，舒筋活血，止血，主治：风湿性关节炎，腰肌劳损，崩漏，鼻衄，白带，尿路感染。棱枝槲寄生 *diosoyrosicolum* Hay. 及瘤果槲寄生 *V. oralium* DC. tale Widdl. 全株药用，功效见槲寄生。槲寄生 *V. coloratum*（Kom.）Nakai.，常寄生槲树，榆，桦，柳，桐，桑，樟，梨，枫，杨树上。全株入药，补肝肾，强筋骨，降血压，安神，催乳，主成有土当归酸，香树脂醇，肌醇，黄碱素，主治风湿关节炎，腰酸背痛，高血压，胎动不安，咳嗽，冻伤。又作兽药：治牛马筋骨痛，肌肉麻痹，关节痛，胎动腹痛，牛拉脓血不止，骡马胸脯痛。五脉槲寄生 *V. monoicum* Roxb. ex DC.，寄生垂叶榕，桂花，吴莱萸。槲寄生 *V. diopyrosicoltim* Hay.，寄生柿，樟，梨，油桐壳斗科。钱叶槲寄生 *V. fargesii* Lecomte.，寄生山杨，山楂树。枫香槲寄生 *V. liguidambaricolum* Hay.，寄生枫香，油桐，柿壳斗科，全株药用，治风湿性关节炎，腰肌劳损，急性膀胱炎。聚花槲寄生 *V. loranthi* Elmer.，寄生桑科。果槲寄生 *V. multinerve* Hay.，寄生栲，石栎，樟树。绿黄槲寄生 *V. nudum* Danser，寄生杨，柳，榛，化香，青冈，桦，梨，桃；全株入药，祛风湿，安胎。瘤果槲寄生 *V. ovalifolium* DC.，寄生柚，黄皮，柿，无患子，柞木，栗，海桑，全株药用，祛风止咳，清热解毒，云南槲寄生 *V. yunnanensis* H. S. Kiu.，寄生中平树。

千屈菜科 Lythraceae

约 25 属约 550 种，分布热带、亚热带，少数至温带；中国产 11 属约 47 种，又引入 4 属 5 种，分布各地。灌木或乔木。

黄薇属 *Heimia* Link et Otto.

3 种，分布美洲，中国引入 1 种，杭州栽培。落叶灌木。黄薇 *H. myrtifolia* Chama et Schlecht.，树冠浑圆，金花成串，适假山，小径，池边，湖畔，种植观赏。

紫薇属 *Lagerstroemia* L.

约 55 种，分布东南亚及大洋洲北部，中国产 8 种，引入 2 种，分布普遍，华北以南各地均有。灌木或乔木。

【木材】　边材灰黄褐色，心材黄褐至暗褐色，重，硬，强度中，干缩中，稍耐腐。木材适作家具，农具，建筑，车船，桥梁等。木材价值下等。诸如紫薇 *L. indica* L.，毛萼紫薇 *L. balansae* Koehne.，广东紫薇 *L. fordii* Oliv.，云南紫薇 *L. intermedia* Koehne.，福建紫薇 *L. limii* Merr.，大花紫薇 *L. speciosa*（L.）Pers.，南紫薇 *L. subcostata* Koehne.，毛紫薇 *L. tomentosa* Pres.，微毛紫薇 *L. villosa.*。

【花】　蜜源植物：紫薇花期 6~7 月，蜜量粉量稍多。

【种子】　油用：紫薇种子含油量 19.9%，主成分：棕榈酸 5.9%，硬脂酸 1.9%，油酸 8.5%，亚油酸 81.4%，亚麻酸 2.1%；大叶紫薇种子含油量 6.1%，主成分：棕榈酸

7.9%，硬脂酸 5.7%，油酸 13.1%，亚油酸 71.2%，廿碳烯 2%～3%，油可供日化及润滑油。

【全株】 ①药用：紫薇茎、皮、叶、花、果、根入药，含 6 种生物碱：德雪宁碱，德卡明碱，甲基紫薇碱，紫薇碱，二氢轮生碱，德可定碱，活血止血，解痛消肿，主治各种出血，痈疮疔肿，湿疹，骨折。②观赏树种：紫薇花期长，树干光滑，色泽艳丽，是园林庭园等优良观赏树种，其中翠薇 var. *rubm* Lay.，花带蓝紫色：银薇 var. *alba* Nichols.，花白色，倚丽动人，大叶紫薇花大美丽，常作园林观赏树种。③环保树种：紫薇抗 SO_2，有害气体抗性中至强，多有种植。④物种资源：云南紫薇濒危，可供保护发展。

丽薇属 *Lafoensia* Vand.

约 12 种，分布热带美洲；中国引入 2 种，广州栽培。丽薇 *L. vandelliana* Cham. et Schlecht.，及肖石榴 *L. punicaefolia* DC.，除观赏树种外，可提取质量好的黄色染料。

散沫花属 *Lawsonia* Linn.

1 种，分布东半球，中国南部常见栽培，有刺大灌木。散沫花 *L. inermis* L.，叶可染指甲。花色美丽，常见栽培观赏。花可提浸膏。

虾子花属 *Woodfordia* Salisb.

2 种，1 种分布非洲埃塞俄比亚；另 1 种分布印度、马来西亚及中国西南、华南。灌木。虾子花 *W. fruticosa*(L.)Kurz. 茎皮含鞣质 20%～37%，叶含鞣质 12%～20%，花含鞣质 20%，可提制栲胶，花及根入药，调经活血，凉血止血，通经活络，主治血崩，月经不调，风湿关节痛，腰肌劳损，鼻衄，咯血。花美丽可供观赏树种。

木兰科 Magnoliaceae

约 14 属约 250 种，主要分布亚洲东南部及北美洲东南部；中国产 11 属约 90 余种，又引入 4 属 9 种。主产东南部至西南部，乔木或灌木。

长蕊木兰属 *Alcimandra* Dandy

1 种，长蕊木兰 *A. cathcardii*(Hook. f. et Thons.) Dandy，分布印度东北部至中南半岛北部，中国西藏、云南。常绿乔木。

【木材】 本种在滇东南山地常绿阔叶林中，利用木材，但现今濒危。材黄白色，轻，软适作胶合板，箱盒，包装材，造纸材，价值中。应加强保护物种资源。

五味子科 Schisandraceae

2 属约 50 种，分布亚洲东南部及北美洲东南部；中国产 2 属约 30 种，分布东北至长江以南。常绿或落叶藤本。

南五味子属 *Kadsura* Koemot ex Juss.

24 种，产亚洲东部至东南部；中国产 8 种，分布东部至西南。常绿藤本或攀缘灌木。

【藤茎】 代绳：黑老虎 *K. coccinea*(Lem.) A. C. Smith，海风藤 *K. heteroclita*(Roxb.) Craib.，南五味子 *K. Longipedancalata* Finer. et Gaguep.，冷饭藤 *K. oblongifolia* Merr.，全藤代绳，捆竹、木筏及编织用。

【药周】 海风藤行气止痛，被动风除湿，治风湿骨痛，跌打损伤，黑老虎尚治胃溃疡。

【茎、叶】 精油：南五味子茎叶可提芳香油。

【果】 ①食用：黑老虎果可食，味甜。南五味子果甜可食。②精油：南五味子干果可提精油，得率 0.5%～1%。③药用：海风藤果，有强心补肾，止咳祛痰之效，主治肾虚腰痛，神经衰弱，支气管炎。

【种子】 ①油用：南五味子种子含油 43.9%～50.6%，主成分：棕榈酸 14.2%，油酸 11.2%～16.4%，亚油酸 67%～72.4%，供工业用油。②药用：南五味子种子为滋补强壮剂，镇咳剂，主治神经衰弱，痛经，跌打损伤，支气管炎。

【根藤】 药用：黑老虎行气止痛，祛风活络，散瘀消肿，主治胃及十二指肠溃疡，慢性胃炎，急性肠胃炎，风湿性关节炎，跌打肿痛，痛经，产后瘀血腹痛。海风藤，行气止痛，祛风消肿，主治风湿骨痛，跌打损伤，腰肌劳损，坐骨神经痛，胃及十二指肠溃疡，痛经，产后腹痛。南五味子，活血理气，祛风活络，消肿止痛，主治溃疡病，肠胃炎，中暑腹痛，月经不调，风湿关节炎，跌打损伤；根皮研粉用于胃痛，蛔虫腹痛，烫火伤。

鹅掌楸属 *Liriodendron* L.

2 种，中国产 1 种，北美洲产 1 种，现杂交 1 种。落叶乔木。

【树皮】 药用：鹅掌楸 *L. chinensis*(Hemsl.) Sarg.，主治风湿关节痛，风寒咳嗽。美国鹅掌楸 *L. tulipifera* L.，味苦，有解热驱虫之效，并提取生物碱作强心剂。

【木材】 黄白带微绿色，轻软，强度中，干缩小，不耐腐，适一般水果箱，家具，包装箱，胶合板，造纸等。木材价值中等。

【叶】 药用：鹅掌楸，叶祛风湿，强筋骨。

【花】 鹅掌楸花期 5～6 月，蜜量较多。

【种子】 油用：鹅掌楸种子油主成分：亚油酸 34%，油酸 24.4%，余为饱和脂肪酸的棕榈酸、硬脂酸等，工业用。

【全树】 行道庭园观赏树，树形优美，叶形奇特，花大美丽，杂交鹅掌楸 *L. tulipifera* X. L. Chinese.，生长旺盛，已在江苏诸省推广表现良好。鹅掌楸稀有，可在庭园种植保护。

木兰属 *Magnolia* L.

约 40 种，分布亚洲及北美洲，中国产 30 种，又引入 5 种。分布华北以南。常绿或落叶乔木或灌木。

【树皮】 ①药用：厚朴 *M. officinalis* Rehd. et Wils.，树皮主成分：厚朴酚，四氢朴酚，异厚朴酚，林兰醇，生物碱，挥发油，鞣质。温中下气，散食满，健脾胃，化食消痰，主治胸胃冷逆，呕吐，腹痛胀满，泻痢，咳喘，血瘀气滞。树龄越老，药质越好。凹叶厚朴 *offi-*

cinalis ssp. biloba(Rehd. et Wils.) Law.，主治胸腹胀满，血瘀气滞，退热利尿，功用同厚朴，力较强。山玉兰 *M. delavayi* Franch.，可代厚朴，温中理气，健脾利湿。日本厚朴 *M. hypoleuca* Sieb. et Zucc. 树皮主成分：桉醇和厚朴酚，木兰箭毒碱，厚朴酚药用代厚朴。凹叶木兰 *M. sargentiana* Rehd. et Wils. 可代厚朴。圆叶玉兰 *M. sinensis*(Rehd. et Wils.) Stapf 可代厚朴。武当木兰 *M. sprengeri* Pamp. 主成木兰毒碱，柳叶木兰碱，可代厚朴。西康玉兰 *M. wilsonii*(Finet et Gagnep.) Rehd. 可代厚朴。枝子皮 *M. wilsonii* var. *petrosa* Law et M. J. Chia，为厚朴优良代用品。紫玉兰 *M. liliflora* Desr. 树皮治腰痛，头痛。长喙厚朴 *M. rostrata* W. W. Smith 树皮主成分：木兰箭毒碱，厚朴酚入药。②芳香油：厚朴树皮含芳香油 4% ~ 5%，主成分：厚朴酚，异厚朴酚，四氢厚朴酚，厚朴简明毒碱，浸提作皂用、化妆品香精。③兽药：厚朴皮主治马积食气胀，牛羊呕屎，马肚痛伤水。

　　【木材】　黄褐或心材带绿色，材轻软至中，强度中，干缩小，稍耐腐。适作胶合板，装饰材，箱盒，包装材，板料，除上述树种外；尚有望春玉兰 *M. biondii* Pamp.，黄山木兰 *M. cylindrical* Wils.，玉兰 *M. denudata* Desr.，广玉兰 *M. grandiflora* L.，天女木兰 *M. seiboldii* K. Koch. 等。木材价值一般中等。

　　【嫩枝】　精油：望春玉兰嫩枝与花芽可提精油，成分相似，可代花芽精油。

　　【芽】　药用：厚朴芽作妇科药。

　　【叶】　①芳香油：毛叶玉兰 *M. golbosa* Hook. f. et Thoms.，叶可提芳香油，配制香精原料。天女木兰含芳香油 0.2%，可提精油。②药用：广玉兰叶可治高血压。③绿肥：厚朴干叶含氮 3.29%，磷 0.54%，钾 1.25%，亩产鲜叶 750 ~ 1000kg，每 1000kg 干叶肥效相当维生素 B_1 164kg、过磷酸钙 27kg、硫酸钾 27kg。

　　【花蕾】　①药用：紫玉兰花蕾作镇痛药，主治头痛，肥厚性鼻炎，鼻窦出血症。望春玉兰花药代替辛夷，蕾药用代辛夷。滇芷木兰 *M. campbellii* Hook. et Thoms. 花蕾入药代辛夷。玉兰花蕾入药代辛夷，功效近似，祛风，通窍，主治头痛鼻塞。天目木兰 *M. amoena* Cheng.，花蕾利尿消肿，润肺止咳，利尿解毒，主治肺虚咳嗽，痰中带血。花蕾入药。黄山木兰花入药，润肺止咳，利尿解毒，主治肺虚咳嗽，痰中带血。广玉兰花蕾有降压作用。武当木兰花蕾入药代辛夷。星花木兰 *M. stellata*(Sieb. et Zucc.) Maxim. 花蕾入药。②兽药：玉兰花蕾治牛马肺痈咳嗽，猪流感。

　　【花】　①精油：望春玉兰花制浸膏或提精油。夜香木兰 *M. coco*(Lour.) DC.，鲜花提精油，可作化妆品及皂用香精调和原料。玉兰花可提浸膏或作薰茶香料。紫玉兰花精油主成分：丁香酚，黄樟油素，柠檬醛，大茴香脑，草蒿素，可调制香皂化妆品。天女木兰花可提浸膏。长叶木兰 *M. paenetalauma* Dandy. 龙极香可提精油，落无玉兰。②药用：夜香木兰花入药，治淋浊带下。山玉兰花治鼻窦炎，支气管炎，咳嗽。厚朴花治感冒咳嗽，胸闷不适。凹叶厚朴花药用同树皮。③食用：玉兰花瓣裹面炸食。④蜜源：武当木兰花期 3 月，为早春辅助蜜源。

　　【果】　药用：厚朴宽中理气，主治胸闷不适。凹叶厚朴果可消胃胀。

　　【种子】　①芳香油：毛叶玉兰种子可提芳香油，配制香精原料。②油用：玉兰种子含油量 20.5%，主成分：棕榈酸 15.6% ~ 30.1%，硬脂酸 2.9%，油酸 24.6% ~ 46.8%，亚油酸 55.5%。广玉兰种子含油量 42.5%。大叶玉兰 *M. henryi* Dunn.，种含油量 32.95，主成分：棕榈酸 26.05%，硬脂酸 4.06%，油酸 32.61%，亚油酸 36.16%。厚朴种子含油量

35.29%。天女木兰种子含油量 16.4%～30.2%，主成分：棕榈酸 6.1%～6.5%，油酸 45.1%，亚油酸 3.1%。种子油可作工业用油。

【根皮】 药用：庭香木兰根皮散瘀除湿，主治风湿，跌打损伤。

【全树】 ①园林绿化，早春花大美丽观赏树种，如望春玉兰，滇藏木兰，庭香木兰，山玉兰，玉兰，毛叶玉兰，广玉兰，日本厚朴，日本辛夷 *M. kobus* DC.，辛夷，厚朴，凹叶厚朴，天女木兰，武当木兰，星花木兰，西康木兰。长叶木兰，夜香木兰。②环保树种：玉兰抗大气污染性中；广玉兰对 S_2、C_{12} 抗性强；凹叶厚朴抗性中。③物种资源：天目木兰，黄山木兰，大叶玉兰等，厚朴，凹叶厚朴，长喙厚朴，天女木兰，圆叶木兰，西康玉兰，宝化玉兰 *M. zenii* Cheng.，众多濒危树种，应加强保护物种资源。有些迁地保护，药用树种人工种植。

木莲属 *Manglietia* Bl.

约 50 余种，分布热带、亚热带；中国产 17 多种，引入 1 种。分布长江以南。常绿乔木。

【树皮】 药用桂南木莲 *M. chingii* Dandy，木莲 *M. fordiana*（Henmsu.）Oliv.，乳腺木莲 *M. yuyuannensis* Law.，树皮可代厚朴入药。

【木材】 ①用材：a. 木莲类：边材浅灰白，心材黄微绿色，材轻软，强度中，韧度低，干缩小，稍耐腐。适作家具，文具，建筑，细木工，胶合板等。木价值上等。尚有香木莲 *M. aromatica* Dandy.，灰木莲 *M. glauca* Bl.，毛桃木莲 *M. moto* Dandy.，木材价值亦上等。b. 绿楠类：海南木莲 *M. hainanensis* Dandy.，心材黄绿色，纹理直，结构细，轻，软，不开裂变形，心材极耐腐，质量系数很高，适作乐器，工艺品，胶合板等，木材价值高贵。②芳香油：香木莲木质部含芳香油，可调配香料。

【叶】 ①芳香油：香木莲叶含芳香油。②药用：乳源木莲叶入药祛痰。

【花】 芳香油：香木莲，乳源木莲可提芳香油。

【果】 药用：木莲果主治老年干咳，便秘。乳源木莲果可治胃气痛，脘胀，便秘，干咳。

【种子】 油用：桂南木莲含油 30.57%，主成分：棕榈酸 32.6%，油酸 26.2%，亚油酸 36.5%，毛桃木莲种子含油量 35.1%，主成分：棕榈酸 20.7%，油酸 35%，亚油酸 41.5%。可供工业用油。

【全树】 ①庭园观赏树种：香木莲，桂南木莲，木莲，灰木莲，乳源木莲等。②环保树种，乳源木莲对有害气体抗性强。③物种资源：香木莲濒危，应加强保护。

华盖木属 *Manglietiastrum* Law.

1 种，华盖木 *M. sinicum* Law.，中国特有，分布云南东南。常绿大乔木。
本种为珍稀树种，分布区狭小，应严加保护。木材价值中等。

含笑属 *Michelia* L.

约 60 余种，分布亚洲热带、亚热带：中国产 33 余种，引入 2 种。分布长江以南。常绿乔木或灌木。

【树皮】 药用：白兰 *M. alba* DC. 树皮主成分：去甲含笑碱，含笑碱，氧化含笑碱，柳叶木兰碱，尖刺碱，小檗碱，掌叶防己碱，药根碱，木兰碱，芳香化湿，止咳，利尿主治小便不利，胸闷咳嗽。

【木材】 ①白兰类：心材浅黄褐微绿色，材轻软于中，强度中，韧度低至中，干缩小至中，稍耐腐。适家具，胶合板，农具，雕刻，建筑等。木材价值通常上等。诸如白兰，黄兰 *M. champaca* L.②苦梓类：心材通常黄绿色，重硬中等，耐腐，适作造船，建筑，家具，桥梁，诸如苦梓含笑 *M. balansae* (A. DC.) Dandy.，火力楠 *M. macclurei* Dandy var. *sulansea*，吊鳞苦梓 *M. mediocris* Dandy.，石碌苦梓 *M. shiluensis* Chun et Y. F. Wu. 价值高。

【叶】 ①芳香油：白兰叶含油量 0.7%，调配百花香精。黄兰叶可蒸油，调制香料。含笑。*M. figo* (Lour.) Spreng. 叶可提芳香油。黄心含笑 *M. martinii* (Lévl.) Lévl.，叶可提芳香油。②香粉：云南含笑 *M. yunnanensis* Franch ex Finet. et Gagnep. 叶磨粉作香粉。③药用：白兰叶油行气化渴，止咳。

【花】 ①精油：白兰花浸膏得率 2.2%~2.5%，花蕊得油率 1% 左右，主成分：月桂稀，柠檬烯，桉叶油素，芳樟醇氧化物，13-松油醇，荜澄茄烯，石竹烯，丁香酚甲醚，异丁香酚甲醚，反式香芹醇等，用于化妆品，香皂香精，为某些花香型重要香原料。黄兰精油含量 0.16%~0.2%，浸膏得率 0.2%~0.35%，主成分：异丁香酚，苯甲醇，桉叶醇，对甲基苯甲醚，芳香樟醇等。含笑花可提芳香油。多花含笑 *M. floribunde* Finet et Gangep. 花含芳香油。香子含笑精油含量 11%，主成分：黄樟油素(95%)，余为柠檬烯，甲基丁香酚，樟醇，饱和脂肪烃。醉香含笑含精油。黄心夜合花可提芳香油。深山含笑花可提芳香油。云南含笑花可浸提浸膏，用作香料。②熏茶香料：白兰，黄兰，含笑。③佩戴：白兰花为常佩戴香花。④药用：白兰浸膏药用行气化浊，主治咳嗽，支气管炎，百日咳，胸闷，干渴，前列腺炎，白带。云南含笑花主治咽喉炎，鼻炎，结膜炎。

【果】 药用：黄兰果主治胃痛，消化不良。

【种子】 ①精油：黄兰种子可提芳香油。②油用：黄兰种子含油量 34%~35.8%，主成分：棕榈酸 23.6%~25%，油酸 24.3%~25.7%，亚油酸 35.2%~43.1%，亚麻酸 0.9%~5.2%。含笑种子含油量 18.1%，主成分：棕榈酸 20.7%，硬脂酸 5%，油酸 17.3%，亚油酸 56.7%。香子含笑种子含油量 41.2%，主成分：棕榈酸 25%，硬脂酸 2.5%，油酸 15.5%，亚油酸 37.1%。长蕊含笑 *M. longistamina* Law. 种子含油 43.8%，主成分：棕榈酸 19.6%，油酸 28.9%，亚油酸 48.2%。醉香含笑种子含油量 28%，主成分：棕榈酸 24%，油酸 32.2%，亚油酸 40.4%。深山含笑种子含油量 39.1%，主成分：棕榈酸 18.6%，油酸 38.1%，亚油酸 33.5%，可供工业用油。

【根】 药用：白兰根主成分：去甲含笑碱，含笑碱，氧化含笑硬，柳叶木兰碱，主治泌尿系统感染，小便不利，痈肿。黄兰根主成分：银胶菊内酯，祛风湿，利咽喉，主治风湿骨痛，鱼刺梗喉。

【全树】 ①行道庭园观赏树种：白兰，黄兰，香子含笑，醉香含笑，深山含笑，石碌含笑。②环保树种：白兰抗有害气体抗性弱，有助监测环境污染。③物种资源：香子含笑，峨眉含笑 *M. wilsonii* Finet et Gagnep. 已为濒危树种，应加强保护。

拟单性木兰属 *Parakmeria* **Hu et Cheng**

5 种，分布亚洲东南；中国产 5 种，分布西南、华南、台湾。常绿乔木。

光叶拟单性木兰 *P. nitida*（W. W. Smith）Law. 常绿大乔木，高达 30m，胸径 90cm，为用材树种价值中。

其他均为濒危树种，应加强保护。如乐东拟单性木兰 *P. lotungensis*（Chun et C. Tsoong）Law 峨眉拟单性木兰 *P. omeiensis* Cheng，云南拟单性木兰 *P. yunnanensis* Hu，可迁地保护作庭园观赏树种。

合果木属 *Paramichelia* **Hu**

约 3 种，分布亚洲；中国产 2 种，分布西南。常绿高大乔木。

【木材】 合果木 *P. baillonii*（Pierre）Hu，心材淡绿褐色，有光泽，花纹美观，纹理交错，少翘裂，耐腐抗蛀，重量中，软，强度中，干缩中。适大径级胶合板，高级家具，建筑，滇南喜做梁柱桁条，室内装修材。材质上等。

【花】 芳香（未试验提取芳香油）。

【种子】 油用：合果木种子含油量 36.67%，主成分：棕榈酸 19.4%，油酸 13.4%，亚油酸 63.1%。可供工业用油。

【物种】 资源合果木渐危，在云南南部应保护发展。

五味子属 *Schisandra* **Michx.**

25 种，分布亚洲及北美洲东南部；中国产 19 种，分布自东北至长江以南。藤本。

【藤茎】 ①药用：灰叶五味子 *S. glaucescens* Diels.，主治劳伤，甲状腺肿大。②代绳：五味子 *S. chinensis*（Tuecz.）Baill. 全藤可绳。

【叶】 药用：合蕊五味子 *S. propinqua*（Wall.）Baill.，叶外用治疮疖，毒蛇咬伤，外伤出血。

【花】 蜜源植物：五味子花期 6 月，蜜量较多。华五味子 *S. sphenanthera* Rehd. et Wils.，花期 6 月，蜜粉中等。为夏季辅助蜜源。

【果】 ①调味品：五味子果酸甜，种子苦咸，可作调味品。②药用：二色五味子 *S. bicolor* Cheng.，果健脾，主治胃口不好。五味子，主成分：枸橼酸，五味子素，去羟基五味子素，γ-五味子素，五味子醇，尚有糖分，苹果酸，酒石酸，鞣质，具有对中枢神经，脑，肝，呼吸兴奋作用，增强心血管张力，促进胆汁分泌，敛肺止咳，滋肾涩精，止泻止汗作用，主治肺虚咳喘，自汗盗汗，遗精久泻，神经衰弱，慢性肝炎。灰叶五味子果清肺补虚。翼梗五味子 *S. henryi* C. B. Clarke，果滋肾固精，敛肺止咳，自汗盗汗，遗精，其主要成分为翼梗五味子酯及五味子乙酯；云南五味子 *S. henryi* var. *yunnanensis* A. C. Smith，功能近似，有强壮，健胃，镇咳作用。矩叶五味子 *S. lancifolia*（Rehd. et Wils.）A. C. Smith，果补肾益智，主治神经衰弱。红花五味子 *S. mbriflora*（Franch.）Rehd. et Wils.，果主成分：五味子酚，镇咳滋养，强壮，止泻止汗。华五味子，果入药代五味子，主成分：五味子酯甲，乙，丙，丁。③兽药：五味子主治牛劳伤虚汗，肺虚咳喘，牛马脾虚泄泻，公畜肾虚阳痿，家畜疮疡溃烂。④芳香油：五味子果含芳香油 0.89%，供制香精。

【种子皮】 芳香油：五味子种子皮含芳香油，主成分：柠檬醛，五味子素，甲基壬酮，十三烷酮，供制香精。

【种子】 油用：五味子种子含油量 33%，主成分：棕榈酸及硬脂酸 9%，油酸 29%~35%，亚油酸 56%~62%，供工业润滑油，制肥皂用。华五味子种子含油 15.3%~42.4%，主成分：棕榈酸 8.5%~9.9%，油酸 12.5%~24.7%，亚油酸 63.1%~68.7%，供工业用油。

【根藤】 药用：二色五味子，理气活络，主治劳力过度，四肢酸麻，胸闷。翼梗五味子，通经活络，祛风除湿，主治风湿骨痛，脉管炎，骨折，跌打损伤。云南五味子舒筋活络，止痛生肌，主治风湿骨痛，跌打损伤，自汗盗汗，神经衰弱，肾虚腰痛。矩叶五味子，止血消肿，主治跌打损伤，骨折；外用止创伤出血。

【根】 药用：小花五味子 S. micrantha A. C. Smith，根祛风利湿，理气止痛，主治风湿骨痛，跌打损伤，胃痛，肾炎，月经不调。合蕊五味子，活血止痛，解毒消肿，主治风湿麻木，跌打损伤，月经不调，血栓性脉管炎。绿叶五味子 S. viridis A. C. Smith 祛风除湿。

观光木属 *Tsoongiodendron* **Chun.**

1 种，观光木 T. odorum Chun.，中国特产，常绿乔木。

【木材】 心材黄绿色，质软，但耐腐，适家具，胶合板，建筑，乐器，细木工。材质上等。

【花】 可提芳香油。

【种子】 油用：含油量 43%，主成分：棕榈酸 26.6%，油酸 27.6%，亚油酸 43.5%。供工业用油。

【全树】 ①庭园绿化及行道树，树形优美，花美丽芳香。②物种资源：本种为珍稀树，应加强保护和发展，可作城市行道观赏树保护发展。

金虎尾科 Malpighiaceae

约 60 属 800 种以上，分布热带地区；中国引入有 6 属 17 种，分布华南、台湾、西南。灌木或藤本。

盾翅藤属 *Aspidopterys* **A. Juss.**

约 20 种，分布亚热带；中国产 8 种，分布南部至西南部。常绿灌木或藤本。盾翅藤 A. obcordata Hemsl.，藤茎入药，消炎利尿，清热排石，主治：尿路感染，泌尿道结石。

风筝果属 *Hiptage* **Gaerta**

约 20 种，分布东南亚及非洲，中国产 5 种，分布台湾、华南、西南。灌状藤本。风筝果 H. benghalensis(L.) Kurz.，藤茎入药，涩精敛汗，固肾助阳，主治：遗精，盗汗，早泄阳痿，尿频，风寒痹痛。

金虎尾属 *Malpighia* **L.**

约 35 种，分布热带美洲；中国引入 2 种，分布海南、广东。小乔木。光果樱 *M. glabra*

L. 果实红色，果肉多汁，富含维生素 C 高达 2%~3%，美味可口，可生食，制果汁，果冻，果粉，果酱，蜜饯。

锦葵科 Malvaceae

约 50 属 1000 多种，分布热带温带；中国产 18 属 85 种，又引入 4 属 5 种。分布全国，南方较多。草本、灌木至乔木。

苘麻属 *Abutilon* Mill.

约 150 种，分布热带、亚热带；中国产 9 种，木本 7 种，分布南北。草本、亚灌木、灌木。

【茎皮】　纤维：磨盘草 *A. indicum* (L.) Sweet.；苘麻 *A. theophrasti* Medic.，茎皮纤维可织麻布，麻袋，麻绳，填充物。

【种子】　①油用：磨盘革种子含油 11.5%~14.1%，半干性油，主成分：棕榈酸 23.31%，油酸 13.3%~15.8%，亚油酸 45%~57.9%；苘麻种子含油量 11.5%~21.7%，半干性油，主成分：棕榈酸 15.3%~35.3%，油酸 6.8%~29.3%，亚油酸 31.4%~66%，亚麻酸 1.3%~22.8%，适制肥皂，润滑油用。②药用：苘麻种子，利尿通乳，主为治乳腺炎，顺产药。

【全株】　药用：磨盘草，全草开窍活血，散风，主治耳聋。

大萼葵属 *Cenocentrum* Gagnep.

1 种，分布中国滇南及越南、老挝。灌木。

大萼葵 *C. tonkinensis* Gagnep.，花大美丽，滇南种植观赏。

十裂葵属 *Decaschistia* Wight et Arn.

约 12 种，分布亚洲热带；中国产 1 种，产海南。灌木。十裂葵 *D. nervifolia* Masamume，花红色可供观赏。

棉　属 *Gossypium* L.

约 35 种，分布热带至亚热带；中国栽培 5 种，南北均栽培。草本或亚灌木，或矮林状。

【种子】　毛纤维用：海岛棉 *G. barbadense* L.，含纤维素 91%，纤维长 3~5cm。树棉 *G. arboretum* L. 纤维较短。草棉 *G. herbaceum* L. 草本或亚灌木状，生长期短，适西北地区栽培。现在我国广种陆地棉 *G. hirsutum* L.。种子毛广作纺织优质原料。巴西棉 *G. brasiliense* Macf. 可纺细纱。

【种子】　油用：棉棉种仁含油 38.2%，半干性油，主成分：棕榈酸 19.4%，油酸 25.5%，亚油酸 52.6%，海岛棉种仁含油 47.92%，主成分：棕榈酸 20.2%，油酸 35.2%，亚油酸 14.7%，草棉种子含油 24.6%，主成分：棕榈酸 7.5%，油酸 22.7%，亚油酸 43.5%，亚麻酸 22.5%。油供润滑油，灯油用，如经精炼，提出棉酚后，可以食用油。地棉种子含油 40%。

【油粕】 ①家畜饲料；②有机肥料。

【药用】 树棉治月经不调。

木槿属 *Hibiscus* L.

约 200 种，分布热带、亚热带；中国产 20 多种，引入 1 种。分布全国。草本、灌木、乔木。

【树皮、茎皮】 ①纤维：大叶木槿 *H. macrophylla* Roxb.，含 α-纤维素 53.21%，坚韧可代麻用，生长快，萌芽力强，可持续利用。美丽芙蓉 *H. indicus*（Burm. f.）Hochr.，可代麻用。木芙蓉 *H. mutabilis* L.，含纤维素 37%~39.4%，纤维长 3~8mm，可代麻用。木槿 *H. syriacus* L. 含纤维素 45.5%，其中 α-纤维素占 85%，纤维长 0.45~1.67mm，可代麻用。黄槿 *H. tiliaceus* L. 以上各种可制麻袋，渔网，绳索，人棉，造纸，纺织品等用。②药用：木槿，清热利湿，杀虫止痒，主治痢疾，痢后热渴，白带；外用治疖疮痈肿，烫伤，手脚癣。

【木材】 大叶木槿，黄槿，材灰褐色，轻软，干缩小。适作小器具，小农具，椽子等。木材利用价值低。吊灯花 *H. schizopetalus*（Mast.）Hook. f.，木材价值亦低。

【叶】 ①代茶：木槿嫩叶可代茶。②药用：木芙蓉，主成分：黄酮苷，酚类，氨基酸，消炎解毒，专用于化脓性炎肿。木槿，叶治痈疽，腮肿。黄槿，散瘀消肿，外用治疮疖肿痛。

【花】 ①蜜源植物：木槿花期 6~8 月，蜜粉较多，可作辅助蜜源。②蔬菜：木槿白花可作蔬菜。花萼做清凉饮料，如玫瑰茄。③药用：辐射刺芙 *H. radiatus* Cavon.，止咳，主治肺结核，咳嗽。木芙蓉花主含黄酮苷，主用于胃癌，食道癌，肺癌，乳腺癌，皮肤癌等，尚治咳嗽，白带，乳腺炎，腮腺炎，肿疖，毒蛇咬伤，烫伤等。木槿花主成分：槲皮素，山奈醇，棉花素，矢车菊素，解毒，利尿，调经，主治月经不调，乳腺炎，淋巴腺炎，赤白痢。朱检花主成分：肥皂草甙，异牡荆素，清热凉血，解毒消肿，主治痢疾，痔疮出血，白带；外用治疮疖痈肿，烫伤。黄槿叶，清热解毒，治木薯中毒。④兽药：木槿等，清热解毒，消肿凉血，治母畜乳痈肿毒，牛马肩伤肿烂，家畜火烧伤，效果好。

【果】 药用：木槿果，清肺化痰，解毒止痛，主治痰喘咳嗽，神经性头痛；外用黄水疮。

【种子】 油用：美丽芙蓉种子含油 12%。木芙蓉种子含油 12.3%~13.2%，半干性油，主成分：棕榈酸 19.6%~25.4%，油酸 10.4%~26.2%，亚油酸 39.4%~66.2%；可制肥皂及润滑油。黄槿种子含油 12.7%，不干性油，主成分：种子含油 37.4%，油酸 21.7%，亚油酸 33%，适工业用油。

【根】 药用；木槿，解毒，利尿，调经，主治腮腺炎，支气管炎，尿路感染，子宫颈炎，白带，月经不调，闭经。木芙蓉根治肿毒，牙痛。黄槿根解热催吐。

【全株】 农药：木槿浸水喷洒，杀棉蚜虫，菜蚜虫，马铃薯晚疫病。

【全树】 ①绿篱，吊灯花 *H. schizopetalus*（Mast.）Hook. f.，光籽木槿 *H. leiospermus* K. T. Fu et C. C. Fu，木槿常作绿篱。②行道树：黄槿。③观赏树种：木芙蓉，吊灯花，扶桑 *H. rosa-sinensis* L.，华木槿 *H. sinosyriacus* Bailey，木槿，美丽芙蓉为美丽观赏树种。洋槿 *H. vidalianus* Naves ex Vidal 原产非洲，广东引入，花黄色，供观赏。④环保树种：木芙蓉抗有害气体强；木槿抗性强；黄槿花抗性也强，为城市工矿环保优良树种。

翅果麻属 *Kydia* Roxb.

约 4 种，分布喜马拉雅山区及东南亚；中国产 3 种，分布云南。乔木。

【茎皮】　纤维：翅果麻 *K. calycina* Roxb.，茎皮含纤维素 46.3%~62.2%，可代麻制绳索，造纸。

【种子】　油用：翅果麻种子含油 12.81%，主成分：棕榈酸 21%，油酸 9.1%，亚油酸 52.2%，亚麻酸 2.4%，可供工业润滑油，制肥皂。

【全树】　翅果麻为紫胶虫寄主树。

赛葵属 *Malvastrum* A. Cray

约 60 种，分布美洲热带、亚热带、中国南方有分布。草本或亚灌木。

【叶】　药用：赛葵 *M. coromandelianum* (L.) Garcke，叶治疮疖。

【全株】　药用：赛葵全株药用治肝炎。

悬铃花属 *Malaviscus* Car.

3 种，产热带美洲；中国引入 1 种 2 变种。灌木或草本。我国引入作绿篱及观赏用。

【绿篱】　悬铃花 *M. arboreus* Cav. var. *pendulifloms* (DC.) Schery，小悬铃花 *M. arboreus* Cav. 耐修剪，为很好绿篱植物。

【观赏】　花红色，雄蕊伸出花冠外，栽培作观赏用。

黄花稔属 *Sida* L.

约 90 种，广布全世界；中国产 13 种，分布西南至东部。草本或半灌木。

【茎皮】　纤维：黄花稔 *S. acuta* Burm. f.，四川黄花稔 *S. szechuensis* Matsuda，含纤维素 57%，可代麻制麻袋、绳索、人造棉、垫料。

【叶】　药用：四川黄花稔叶外敷拔毒，治疮疖。

【种子】　油用：四川黄花稔，种子含油 12.7%，半干性油，主成分：棕榈酸 9.3%，亚油酸 71.5%，适工业润滑油及提取亚油酸用。

【根】　药用：黄花稔抗菌消炎，治疮疖发炎。

【全株】　药用：白背黄花稔 *S. rhombifolia* L.，清热利湿，排脓止痛，主治感冒发烧，扁桃体炎，菌痢，尿道结石，黄胆肝炎，疟疾；外用治痈疖疔疮。榛叶黄花稔 *S. subcordata* Span.，抗菌消炎。四川黄花稔，调经通乳，解毒消肿，拔毒生肌，主治急慢性扁桃体炎，乳汁不通，乳腺炎，肠炎，痢疾，外用跌打损伤，痈肿拔毒。

桐棉属 *Thespesia* Sol. ex Corr.

约 15 种，分布亚、非洲热带；中国产 3 种，分布云南、广东、台湾。乔木或灌木。

【茎皮】　纤维：肖槿 *T. lampas* (Cav.) Dalz & Gibs.，茎皮含 α-纤维素 35.8%，可积麻袋，绳索，造纸。

【嫩叶及花】　可作蔬菜。

梵天花属 *Urena* L.

约 6 种，分布热带、亚热带；中国产 3 种，分布长江以南。草本或灌木。

【茎皮】 纤维：肖梵天花 *U. lobata* L.，茎皮含纤维素 30% ~ 46.5%；梵天花 *U. procumbens* L. 含纤维素 30%，可织麻袋，绳索及造纸原料。

【叶(及根)】 药用：梵天花，祛风利湿，清热解毒，主治感冒，风湿性关节炎，肠炎痢疾，咳嗽；外用治跌打损伤，疮疡肿毒，毒蛇咬伤。

【种子】 油用：地桃花，种子含油 20.8% ~ 21.4%，半干性油，主成分：棕榈酸 15.4% ~ 15.9%，油酸 14.8% ~ 17.2%，亚油酸 63.4% ~ 69.8%，粗叶地桃花 var. *scabriusscula*(DC.) Walp.，种子含油 13.8%，成分略同地桃花。梵天花，种子含油 30.8%，半干性，主成分：棕榈酸 17.8%，油酸 24.7%，亚油酸 54%。种子油供工业润滑油，制肥皂。

【根】 药用：地桃花，主治白痢，风湿性关节炎，疟疾，感冒，肠炎，白带；外用毒蛇咬伤。

【全株】 药用：地桃花显酚类、甾醇反应，祛风活血，清热利湿，解毒消肿；外用治跌打损伤，骨折，毒蛇咬伤，乳腺炎。

隔蒴苘属 *Wissadula* Medicus

约 40 种，主产热带美洲，中国 1 种，海南分布。小灌木。

隔蒴苘 *W. periplocifolia*(L.) Presl ex Thwaites，灌木，1m，为海南具生态作用的干燥沙质土常见植被。

野牡丹科 Melastomaceae

约 240 属 3000 种，分布热带、亚热带；中国产 25 属 160 多种，分布长江流域以南。草本、灌木、稀乔木。

异形木属 *Allomorphia* Bl.

约 25 种，分布印度至东南亚；中国产 6 种，分布华南、云南。灌木或草本。

异形木 *A. balansae* Cogn. 全株药用，作刀伤药。

柏拉木属 *Blastus* Lour.

约 18 种，分布自印度至日本，中国产 14 种，分布西南至台湾。灌木。

【茎】 鞣质：柏拉木 *B. cochinensis* Lour. 含鞣质 9.99%，可提栲胶，属水解类。

【叶】 药用：匙柏拉木 *B. cavaleriei* Lévl. et Van.，叶可止血。柏拉木叶治外伤出血。金花树 *B. dunnianus* Levi. 叶敷治痔疮。

【根】 药用：柏拉木根收敛止血，消肿解毒，主治产后流血不止，月经过多，肠炎腹泻。

【全株】 药用：绒萼金花树 *B. aprious*(Hand. -Mazz.) H. L. Li，主治水肿，月经不调。柏

拉木，拔毒生肌，治疮疖。少花柏拉木 *B. pauciflorus*（Benth.）Guillaum. 主治疮癣。

野海棠属 *Bredia* Bl.

约30种，分布印度至亚洲东部；中国产14种，产西南至东部。草本或亚灌木。

【叶】 药用：中华野海棠 *B. sinensis*（Diels）H. L. Li，叶煮水洗澡治感冒。

【根】 药用：中华海棠根治头痛，疟疾。

【全株】 药用：秀丽野海棠 *B. amoena* Diels，祛风利湿，活血调经，主治风湿性关节炎，月经不调，白带，跌打损伤，毒蛇咬伤。心叶野海棠 *B. esquirolii*（Lévl）Lauener var. *cordata*（H. L. Li）C. Chen 治刀伤出血。

酸脚杆属 *Medinilla* Gaund.

约400种，分布非洲至大洋洲热带，；中国产16种，分布西南、华南及台湾。灌木或小乔木。

【果】 食用：酸脚杆 *M. lanceolata*（Nayer）C. Chen 及北酸脚杆 *M. septentrionalis*（W. W. Smith）H. L. Li 浆果可食。

【木材】 小乔木可达5m，材可作器具等利用。

野牡丹属 *Melastoma* L.

约100种，分布亚洲南部至大洋洲；中国产9种，分布长江流域以南。灌木。

【叶】 ①鞣质：地念 *M. dodecandrum* Lour. 叶含鞣质7.4%，可栲胶。②药用：地念叶煎水治疳等，热毒，疥癣，烂脚，蛇咬伤。野牡丹 *M. contidurti* D. Don 叶外用治跌打损伤，外出血。毛念 *M. sanguineum* Sims. 根、叶显黄酮苷，酚类，氨基酸反应，拔毒生肌，治跌打损伤，接骨，疮疖。

【果】 食用：多花野牡丹 *M. affine* D. Don，展毛野牡丹 *M. normale* D. Don，果熟时肉质多汁可食。

【根】 药用：多花野牡丹根内服可催生。野牡丹根消肿止痛，散瘀止血，主治肠炎痢疾，消化不良，肝炎，衄血，便血，血栓性脉管炎，地念根显酚类，氨基酸，鞣质反应，清热解毒，止血补血，预防流行性脑脊髓炎，肠炎，痢疾，肺脓肿，盆腔炎，子宫出血，贫血，白带，风湿骨痛，外伤出血，蛇咬伤，毛念根收敛止血，主治痢疾，水泻便血，妇女血崩。

【全草】 药用：多花野牡丹，清热利湿，化瘀止血，主治痢疾，肠炎，肝炎，外用治跌打损伤，外伤出血。展毛野牡丹，主治腹泻，肠炎，痢疾，慢性支气管炎。地念，涩肠止痢；外用治疮痈疽疖。

【全树】 酸性土指示植物：野牡丹，展毛野牡丹，地念等。

谷木属 *Memecylon* L.

约130种，分布亚、非、大洋洲热带；中国产11种，分布华南、西南。灌木或乔木。

【木材】 用材：边材黄褐色，心材浅栗褐色，材甚重甚硬，稍耐腐，适作工、农具柄，农具，船只桨桩，小器具等。木材价值中等。诸如蓝果谷木 *M. cyanocapum* C. Y. Wu ex

C. Chen，多花谷木 *M. floribundum* Bl.，海南谷木 *M. hainanense* Merr. et Chun，谷木 *M. ligustrifolium* Champ.，黑叶谷木 *M. nigrescens* Hook.，et Arn.，少花谷木 *M. pauciflorum* Bl.，滇谷木 *M. polyanthum* H. L. Li，细叶谷木 *M. scutellatum*（Lour）Hook. et Arn.

【果实】　食用：蓝果谷木，果熟时紫果色，径1.3cm，多汁味甜。

金锦香属 *Osbeckia* L.

约100种，分布亚洲、非洲热带、亚热带；中国产12种，分布长江流域以南。草本、亚灌木或灌木。

【根】　药用：假期天罐 *O. crinita* Benth. 根治痢疾，淋病。大叶金锦香 *O. nepalensis* Hook. 根清热消炎，主治黄疸性肝炎，肠炎，痢疾；外用治外伤出血。

【全草】　药用：金锦香 *O. chinensis* L. 全草显黄酮类、氨基酸，酚类反应，清热解毒，止咳化痰，收敛止血，主治急性细菌痢疾，阿米巴痢疾，肝脓肿，肠炎，感冒咳嗽，咽喉肿痛，支气管炎，肺结核咯血，阑尾炎，毒蛇咬伤，疗疮痈肿。

尖子木属 *Oxyspora* DC.

约20种，分布印度至中南半岛；中国产3种，分布西南。灌木。

尖子木 *O. paniculata*（D. Don）DC.，全株药用：清热解毒，利湿，主治痢疾，疔疮，腹泻。

锦香草属 *Phyllagathis* Bl.

约50种，分布中国至马来西亚，中国产28种，分布长江流域以南。灌木或草本。

【叶】　①鞣质：狭叶锦香草 *P. stenophylla*（Merr. et Chun）H. L. Li，含鞣质。②药用：叶底红 *P. fordii*（Hance）C. Chen. 治小儿疳积。

【茎皮】　鞣质，狭叶锦香草含鞣质12.05%，可栲胶，属水解类。

【全草】　药用：叶底红止血止痛，祛瘀，主治吐血，通经，月经不调，跌打损伤，烫火伤，洗疥疮。

蜂斗草属 *Sonerila* Roxb.

约170种，分布亚洲热带；中国产12种，分布华南、云南、江西、福建。草本或小灌木。

全草药用：蜂斗草 *S. cantonensis* Stanf. 全草通经活血，治跌打损伤，翳膜疾患。溪边桑勒草 *S. rivularis* Cogn. 全草敷治枪弹伤口。

长穗花属 *Styrophyton* S. Y. Hu

1种，长穗花 *S. caudatum*（Diesl）S. Y. Hu，我国特有，分布云南、广西。灌木。茎圆柱形。根入药；治子宫脱垂，脱肛。

棟 科 Meliaceae

约 50 属 1400 种以上，分布热带、亚热带，少数至温带；中国产 15 属约 60 种，又引入 4 属 6 种，分布长江流域以南。乔木或灌木。

米仔兰属 *Aglaia* Lour.

约 250 ~ 300 种，分布亚洲热带至大洋洲，中国产 10 多种，分布西南至台湾。乔木。

【木材】 本属木材分作 2 类：①米仔兰类：边材灰黄褐色，心材黄褐色，重至中，硬，强度中至甚大，耐腐。适作家具，造船，桥梁，码头材，胶合板，农具，雕刻，枕木，车辆，建筑，箱板等。木材价值中等。诸如米仔兰。*A. odoraa* Lour.，台湾米仔兰 *A. formosana* Hay.，广西米仔兰 *A. wangii* Li，等。②红椤类：边材浅红褐色，心材红褐色，重量中，硬至中，强度中，干缩中至小，易加工，耐腐。适作家具，胶合板，车船等。木材价值上等。诸如四瓣红椤 *A. tetrapetala* Pienre，山椤 *A. roxburghiana* Miq.，铁椤 *A. tsicmgimerr.*。

【枝叶】 ①药用：米仔兰枝叶入药，活血散瘀，消肿止痛，主治：跌打损伤，骨折，痈疮。②精油：米仔兰叶可提制精油，主成分：α-胡椒烯，β-石竹烯，α-蛇麻烯，芳樟醇，α-榄香烯，β-芹子烯，叶精油香气较花精油稍差，可作代用品，调配中档香水，香皂，化妆品香精，亦作定香剂。

【花】 ①精油：花极香，含芳香油 0.5% ~ 0.8%，主成分：毕澄茄烯，β-檀香烯，ν-杜松烯，月桂烯，ν-榄香烯，白蒿烯，甜旗烯，广藿香烯，石竹烯，α-萆草烯，花精油为我国天然香料独特产品，香韵好，调配香水，香皂，化妆品香精的高级原料，也是定香剂。②薰茶：米仔兰花是配制花茶重要原料。③药用：米仔兰花入药，行气解郁，主治胸膈胀满，食滞腹胀，噎痛，头晕。

【全树】 观赏：米仔兰，小叶米仔兰，四季米仔兰，全年开花。

山棟属 *Aphanamixis* Bl.

约 25 种，分布亚洲南部，中国产 3 种，分布华南、云南。乔木或灌木。

【树皮】 鞣质：山棟 *A. polystaehya*(Wall.) R. N. Parker，树皮含鞣质可栲胶。

【木材】 边材红灰褐色，心材红褐色，重至中，硬，强度中，干缩中至大，耐腐。适作车船，桥梁，家具，建筑，胶合板等。木材价值中等。诸如山棟，大叶山棟 *A. grandifolia* Bl.，华山棟 *A. sinensis* How et T. Chen。

【种子】 油用：山棟种子含油量 41.6% ~ 46.4%，主成分：棕榈酸 19.4% ~ 22.8%，硬脂酸 9.3% ~ 14.5%，油酸 20.6% ~ 25%，亚油酸 35.6% ~ 38%，亚麻酸 6.2% ~ 6.6%，油可作选矿剂，印刷表面活性剂，润滑油，彩色胶片成色剂，橡胶工业成型剂。大叶山棟种子含油量 60%，主成分：棕榈酸 24.7% ~ 25.3%，硬脂酸 9.1% ~ 11.1%，油酸 20.4% ~ 21.3%，亚油酸 31.2% ~ 38.1%，亚麻酸 5.7% ~ 13%，可制肥皂，润滑油；油粕可作有机肥料。

洋椿属 *Cedrela* P. Br.

9 种，分布热带美洲：中国引入 2 种，分布海南、广东。落叶乔木，高 20 ~ 40m。洋椿

C. glaziavii C. DC. 及墨西哥椿 *C. mexicana* Roem.，，木材有香气，边材黄白色，心材浅红棕至暗褐色，近似桃花心木，轻软至中，强度弱，干缩中，易加工，耐腐，无蛀害。适作高级家具，划艇，船板，香烟箱，室内装修，建筑，细木工等。木材价值高贵一类。

溪桫属 *Chisocheton* Bl.

约 100 种，分布亚洲南部至印度；中国产 2 种，分布华南以及云南。小乔木。（华）溪桫 *C. chinensis* Merr. 种子含油 29.38%，主成分：棕榈酸 21.4%，油酸 69.2%，亚油酸 6%，亚麻酸 2.6%；滇南溪桫 *C. siamensis* Craib.，种子含油量 44.7%，主成分：棕榈酸 24.4%，硬脂酸 4.4%，花生酸 1.3%，山嵛酸 1.6%，油酸 57.9%，亚油酸 7%，亚麻酸 3.4%，油可供用于日化用品及润滑油。

麻棟属 *Chukrasia* A. Juss.

1 种 1 变种，分布亚洲中南部及非洲。落叶大乔木。中国产于华南、西南。

【木材】　边材灰红色，心材栗黄色，重量、硬度、强度、干缩均中等，耐腐。适作胶合板，船壳板，车旋品，乐器壳，家具，建筑，车厢，箱盒等。木材价值高。麻棟 *C. tabularis* A. Juss. 及毛麻棟 var. *velutina*（Wall.）King。

【油用】　麻棟种子含油率 50.9%，毛麻棟种子含油率 35.9%，主成分：棕榈酸 8.1%，硬脂酸 4.5%，油酸 9.7%，亚油酸 42.5%，亚麻酸 34%，油可供作润滑油，油漆掺和油，鞣革油等工业用油。

浆果棟属 *Cipadessa* Bl.

3 种，分布印度至马来西亚，中国产 2 种，分布西南、广西。灌木或小乔木。

【种子】　油用：浆果棟 *C. baccifera*（Roth.）Miq. 种子含油量 18.3%，主成分：棕榈酸 14.7%，硬脂酸 7.5%，油酸 28.1%，亚油酸 24.7%，亚麻酸 23.7%，灰毛浆果棟 *C. cinerascens*（Pell.）Hand.-Mazz.，种子含油量 18.2%，主成棕榈酸 17.4%，硬脂酸 5.8%，花生酸 24.3%，油酸 23.3%，亚油酸 28.9%，油可制肥皂。

【根(叶)】　药用：浆果棟，根叶入药，疏风解表，截疟，主治：感冒，腹泻痢疾，疟疾，皮肤瘙痒，外伤出血。灰毛浆果棟根叶入药，清热解毒，行气通便，截疟，主治：感冒发烧不退，疟疾，大便秘结，腹痛，痢疾，风湿关节痛；外用治，皮炎，皮肤瘙痒，烧烫伤。

【木材】　浅红褐色，重量中，耐腐，易加工，适作用胶合板，家具，箱盒，钢琴壳，网球、羽毛球拍，木材价值上等。

樫木属 *Dysoxylum* Bl.

约 200 种，分布亚洲热带至大洋洲；中国产 11 种，分布华南、云南、台湾。乔木或大乔木。

【木材】　本属木材可分作 2 类：①红樫木类：边材浅黄褐色，心材红褐色，重至中，硬，强度强，韧度高，干缩大，耐腐。适作车船，家具，桥梁，胶合板，建筑等。木材价值中等。诸如红果樫木 *D. binectariferum*（Roxb.）Hook. f. et Bedd.，海南樫木 *D. hainanense* Merr.，及光叶樫木 var. *glaberrimum* How et T. Chen 等。②白樫木类：材浅黄褐色，轻，软，强度弱，干缩小，不耐腐，造纸，板料，包装，价值低，香港樫木 *D. hongkongensis* (Tutch.) Merr.。

【种子】 油用，红果樫木假种皮含油量 52.2%，主成分：月桂酸 14.9%，肉豆蔻酸 5%，棕榈酸 17.6%，硬脂酸 2.7%，十二碳烯酸 6.3%，油酸 31.7%，亚油酸 20.3%，亚麻酸 1.5%，适作日化用油及润滑油。樫木 *D. excelsum* Bl. 种子含油量 10.3%，主成分：棕榈酸 29%，硬脂酸 3%，油酸 59%，亚油酸 7.8%，亚麻酸 1.2%，油可供工业用润滑油及日化用油。赤木 *D. lukii* Merr.，种子含油率 4.7%，主成分：月桂酸 5.8%，肉豆蔻酸 2.9%，棕榈酸 21.3%，硬脂酸 2.2%，油酸 31.3%，亚油酸 27%，亚麻酸 8.1%，油适作润滑油，肥皂用油。

非洲楝属 *Khaya* A. Juss.

8 种，分布非洲热带；中国引入 1 种，分布华南，福建南部。短期落叶大乔木。我国引入过塞楝 *K. senegalensis* (Desr.) A. Juss.。

【树皮】 鞣质：树皮含鞣质 10%，可提制栲胶。

【木材】 心材浅红褐色，材色花纹美丽，重，硬度适中，易加工，较耐腐，纹理交错，切面花纹如云彩，耐腐。适作高级家具，舰艇，枪托，车厢，胶合板，建筑，细木工等。商品价值高贵一类。

【叶】 饲料：叶含粗蛋白 21.7%，常作牛、骆驼饲料。

【根】 兽药：非洲将根煎汁作马疾用药。

【全树】 ①庭园荫树。②防护林树种，非洲国家列为防护林树种。

莲心果属 *Lansium* Correa.

6~7 种，分布印度、马来西亚、菲律宾、中国海南；中国产 1 种，引入 1 种，分布海南、台湾。小乔木。莲心果 *L. damesticum* Jack.，果淡黄色，葡萄状成串下垂，球形，果肉半透明，芳香多汁，味酸甜，可生食，或加工蜜饯。椰色木 *L. dubium* Melt. 果也可食。

楝属 *Melia* L.

约 15 种，分布旧大陆热带至亚热带，中国产 3 种，分布华北以南。落叶或常绿乔木。

【树皮】 ①鞣质：楝树 *M. azedarach* L.，树皮含鞣质 6.9%，可提制栲胶。②纤维：楝树皮纤维可制麻袋及造纸。川楝 *M. toosendan* Sieb. et Zucc.，树皮纤维可作造纸及人造棉原料。③药用：楝树皮入药，主成分：川楝素，正卅烷，β-谷甾醇，川楝酮，苦楝碱，驱蛔虫，蛲虫，兴奋肠肌，增加张力，有缓泻作用。川楝树皮入药，驱杀蛔虫，疗效很高，并可作虫积腹痛，胃痛，疝痛药。

【木材】 边材黄褐色，心材红褐带紫色，轻至中，软至中，强度弱至中，韧度中，干缩小，心材耐腐。适作胶合板，家具，建筑，盆桶，木屐，床板，包装材，造纸材等。商品材价值上等。楝树，川楝，南岭楝树 *M. dubia* Cav.。

【叶】 ①绿肥：楝树叶含氮 3.18%~4.43%，磷 0.78%~1.3%，钾 20.44%~5.58%，是良好的绿肥。②农药：楝树，川楝的叶皮种子可作农药：捣烂加水喷洒可防治稻螟，棉蚜虫，小麦吸浆虫，卷叶虫，小麦秆锈病，甘薯黑斑病，又入薰灭蛆。

【花】①蜜源植物：棟树花期4~5月，蜜粉较多，川棟蜜粉也较多，是很好的蜜源植物。②精油：棟树花蒸馏可得精油0.3%~0.4%，可掺和作香料。

【果实】①棟树果壳与木材、棉秆用尿醛胶压制碎料板。②药用：棟树果入药，主成分：苦楝子酮，苦楝子醇，苦楝子三醇，苦楝子毒碱，有收敛作用，主治心腹痛，疝痛，蛔虫绞痛。川棟果入药，主成分：川棟素，山奈醇，生物碱，鞣质，有小毒，泻火，止痛，杀虫，主治胃痛，虫积腹痛。疝痛，痛经；外用煮水洗手脚防治冻疮。③淀粉：川棟果出粉率11.11%，可制浆糊，浆纱。④农药：棟树果煮水5~10倍喷洒防治稻螟，棉蚜虫，菜青虫，小麦秆锈病，马铃薯晚疫病。⑤兽药：川棟果，清热平肝，强腰止痛，杀虫去疥，治马腰胯疼痛，肾虚腿水肿，牛马肾冷拖腰，马小肠气，牛小肠淋血。⑥果肉含糖：棟树果肉含糖可酿酒。

【种子】棟树种子含油39%，主成分：棕榈酸8.1%，硬脂酸1.2%，油酸20.8%，亚油酸67.7%，十六碳烯酸1.5%，可制肥皂，润滑油。种仁含油25%~46%，主成分：棕榈酸7.7%~10.5%，硬脂酸2.9%~5.2%，油酸15.4%~31.4%，亚油酸55.2%~73.2%，可作润滑油，制肥皂。

【根】药用：棟树根皮，主成分：川棟素，有驱虫作用及收敛作用。川棟根入药，主成分：川棟素，可杀蛔虫，虫积腹痛，疝痛，痛经。

【全树】棟树对 SO_2，抗性较强，可作四旁绿化环保树树种。川棟抗烟尘，HCl，HF有害气体抗性较强，可作环保树种。

地黄连属 *Munronia* Wight.

约17种，分布亚洲热带；中国产8种，分布台湾至西南。灌木或半灌木。

【枝叶】药用：海南地黄连 *M. hainanensis* How et T. Chen，枝叶入药，清热解毒，主治蛇咬伤，鲜汁内服，药渣外敷。

【全株】药用：云南地黄连 *M. delavayi* Franch.，清热解毒，消肿止痛，主治跌打骨折，风湿痹痛，咽喉炎；外敷治痈肿疔毒。滇黔地黄连 *M. henryi* Harms，全株入药，舒筋活络，祛风止痛，解毒截疟，主治跌打损伤，风湿关节炎，胃痛，气胀腹痛，感冒发烧，疟疾。地黄连 *M. sinica* Diels。全株入药，祛风降湿，活血止痛，消肿解毒，主治风湿病痛，跌打损伤，咳嗽；外用治疮疡肿毒。小地黄连，治风湿骨痛，跌打损伤。

桃花心木属 *Swietenia* Jacq.

约8种，分布南美洲，中国引入2种，华南栽培。短期落叶大乔木，高达40m。为世界名贵用材。边材浅红褐至心材红褐色，花纹美丽，重硬适中，强度中，干缩甚小，耐腐，适作高级家具箱盒，镶嵌装饰材、造船、车辆、枪托等。木材价值高，有桃花心木 *S. mahozon* (L.) Jacq.，大叶桃花心木 *S. macrophylla* King。

香椿属 *Toona* Roem.

约15种，分布亚洲至大洋洲，中国产3种，分布华北以南，落叶乔木。

【树皮】红椿 *T. sureni* Merr. 树皮含鞣质11.48%~18.12%，可以栲胶，香椿 *T. sinensis* (A. Juss.) Roem. 树皮也可提制栲胶。

【树胶】　香椿分泌树胶较多，可采收利用。

【木材】　本属木材可分作 2 类：①香椿类：边材在红褐色心材深红褐色，轻至中，硬度中，强度中，韧度中，干缩小，耐腐，材色花纹美丽，适用车船、建筑、烟盒、文具、文体材、琴板等，木材价值贵重一类香椿。②红椿类：边材灰黄褐色，心材深红褐色，轻软，强度弱，韧度中，干缩小，稍耐腐，适作建筑、车船、文具、胶合板、文体材等，木材价值上等。红椿、小果香椿 *T. microcarpa*（C. DC.）Harms，毛红椿 *T. sureni* Merr. var *pubescens*（Fr.）*handmazz.*。

【芽及嫩叶】　早春蔬菜，称香椿头，含胡萝卜素、维生素 E、维生素 C，味清香。

【叶】　红椿干叶含氮 3.22%，磷 0.09%，钾 0.29%，为很好绿肥。

【茎皮】　纤维：香椿茎皮纤维较长，可制绳索，红椿茎皮纤维也可制绳索。

【种子】　油用，香椿种子含油量 38.5%，主成分：棕榈酸 7.7%，硬脂酸 3%~3.6%，油酸 10.6%~12.5%。

【果实】　香椿果主治风寒外感，心胃气痛，风湿性关节料，疝气。

【根】　①药用：香椿根皮入药，含脂肪油、蜡醇、植物甾类、鞣质、皂甙，主治久泻久痢，便血，崩漏带下，遗精，白浊，蛔虫，疥癣，尿路感染。②香椿根皮及木屑含芳香油 0.51%，用作雪茄烟赋香剂。③兽药：红椿根皮、除热燥湿，涩肠止血，杀虫灭疥，治骡马肠类泄泻，牛马便秘，羊泻肚，母畜白带，猪痘疹，牛背生疮，牛积食肚胀。

【全树】　环保树种，香椿树对 SO_2 有一定抗性对 Cl_2 抗性中，可作城镇厂矿绿化环保树种。

鹧鸪花属 *Trichilia* P. Br.

约 300 种，分布热带地区；中国产区分布华南、西南。小乔木。

【木材】　鹧鸪花 *T. connaroides*（Wight. et Arn.）Bentvel. 边材黄褐色，心材浅红褐色，重硬，稍耐腐，但易裂，适作一般家具、器具，木材价值中等。

【种子】　鹧鸪花种仁含油量 33.03%，主成分：棕榈酸 16.16%，硬脂酸 5.47%，油酸 70.93%，亚油酸 4.79%，十六碳烯酸 1.1%，亚麻酸 1%，油可供工业用油，不能食用。

【根】　药用：鹧鸪花根叶用治猩红热，海木 *T. trijuga* Roob. 根入药，清热解毒，祛风湿，利咽喉，主治风湿腰腿痛，咽喉炎、扁桃体炎、心胃气痛。

【全株】　药用：绒果木 *T. sinensis* Bentv. 根、叶、果入药，杀虫止痒，燥湿、止血，主治蛔虫腹痛，下肢溃疡，慢性骨髓炎，外治外分出血，疮疥湿疹（煎水洗或外敷）。

木果棟属 *Xylocarpus* Koenig

3 种，分布亚、非、大洋洲，热带红树林，中国产 1 种，海南、广东，乔木或灌木。木果棟 *X. granatum* Koenig，树皮含鞣质 21.70%，可提制栲胶。木材红褐色，重量中，强度弱，干缩小，可作家具、车辆、建筑器具等，木材价值下等。种子含油 35%，油可制肥皂、假漆。

厚壳树科 Ehretiaceae

3 属约 300 种，分布热带至亚热带；中国产 3 属约 50 多种，分布长江流域以南。灌木或小乔木。

破布木属 *Cordia* L.

约 250 种，分布热带至亚热带；中国产 5 种分布福建、台湾、华南、云南、西藏。灌木或乔木。

防己科 Menispermaceae

65 属约 370 种，热带亚热带中国产 20 属 70 多种，南北均有。藤木，少数灌木、乔木。

古山龙属 *Arcangelisia* Becc.

3 种中国产，1 种海南木质大藤木古山龙 *A. gusanlung* H. S. Lo 藤茎、根入药主成小壁碱、掌叶防己碱，清热利湿解毒止痛，主治钩端螺旋体急性胃炎、菌痢扁桃体炎、支气管炎、疟疾预防感冒治结膜炎、皮肤湿疹、浓沧疟、阴道炎。

约 25 种分布热带、亚热带；中国产 1 种 1 变种，分布云南、贵州、广西。藤本。锡生藤 var. *hirsute*(Buch. Ham. ef.) DC. Forman 根或全株入药，碱：锡生藤碱，海牙梯定，贝比碱，异粒枝碱，防己诺林碱，粉防己碱，雅江隆碱，活血散瘀，麻醉止痛，止血生肌，主治跌打损伤，创伤出血，减少麻醉药用量；锡生藤碱对伪外试验鼻咽癌细胞有抑制作用。

木防己属 *Cocculus* DC.

约 8 种，分布热带、亚热带；中国产 2 种，分布南北各地(除西北外)。藤本。

【茎皮】 纤维：木防己 *C. sarmentosus*(Lour.) Diels，茎皮纤维坚韧，可代麻制绳索，编织造纸。木防己 *C. orbiculdus*(L.) DC. 茎皮纤维坚韧，不易拉断，可代绳，编斗笠，藤椅，提包，人造棉。

【根】 ①淀粉：木防己根含淀粉 65%，可酿酒。②药用：木防己根入药，含多种生物碱，木防己碱，异木防己碱，高木防己碱，木防己胺碱，木防己新碱，祛风止痛，利尿消肿，解毒降压，主治：风湿性关节痛，肋间神经痛，急性肾炎，尿路感染，高血压，风湿性心脏病，水肿，外用治毒蛇咬伤。③兽药：行气利水，泻下湿热，治牛寒气臌，牛马四肢风湿，骡马疝痔，牛便淋沥，牛生皮虱。

轮环藤属 *Cyclea* Arn. ex Wight

约 30 种，分布亚洲热带、亚热带；中国产 12 种，分布湖南、湖北、福建以南。缠绕藤本。

【种子】 油用：粉叶轮环藤 *C. hypoglauca*(Schauer) Diels，种子含油量 25.1%，主成分：棕榈酸 15.8%，硬脂酸 4.5%，油酸 33%，亚油酸 66.1%，油可供润滑油，日化用油。

【根(叶)】 药用：轮环藤 *C. polypetala* Dunn，清热解毒，利尿止痛，主治咽喉炎，白喉，扁桃体炎，尿路感染，尿路结石，牙痛，胃痛，风湿骨痛；外用，治无名肿毒，痈疮，毒蛇咬伤。总序轮环藤 *C. racemosa* Oliv.，根入药，清热，理气，止痛，主治急性肠胃炎，消化不良，中暑腹痛，胃痛。

秤钩风属 *Diploclisia* Miers

2 种，分布东亚；中国产 2 种，分布华南、云南。常绿木质藤本。苍白秤钩风 *D. glaucescens*(Bl.)Diels，藤叶入药，清热利湿，消肿解毒，主治风湿骨痛，胆囊炎，尿路感染，毒蛇咬伤(内服外敷)。

天仙藤属 *Fibraurea* Lour.

5 种，分布亚洲热带至亚热带，中国产 1 种，分布南部。藤状灌木。藤黄连 *F. recisa* Drierre 根茎入药，主成分：掌叶防己碱，藤黄连素甲、乙，藤黄连内酯，甾醇，药根碱，有抑菌作用，清热利湿，解毒，主治防止流行性脑膜炎，发热头痛，急性扁桃体炎，咽喉炎，眼结膜炎，急性肠胃炎，痢疾，黄疸性肝炎；外用治疮疖。

夜花藤属 *Hypserpa* Miers

20 种，分布印度至马来西亚；中国产 1 种，分布华南，福建、云南。木质藤本。夜花藤 *H. nitida* Miers，全株入药，凉血止血，消炎利尿，主治咳血，便血，外伤出血。

蝙蝠葛属 *Menispermum* L.

2 种，东亚一种，北美洲一种，中国产 1 种，分布东北，华北，陕西以南。落叶木质缠绕藤本。蝙蝠葛 *M. dauricum*。

【茎皮】 纤维：可代麻，也可造纸。

【茎秆】 编织，可编织篓筐，笼罩。

【种子】 油用：种子含油量 16.94%，供工业用润滑油，主成分：棕榈酸 3.1%，硬脂酸 0.8%，油酸 19.7%，甘碳烯酸 1.2%，亚油酸 48.4%，亚麻酸 17.1%。

【根或根状茎】 ①药用：蝙蝠葛主成分：蝙蝠葛碱，粉汉防己碱，蝙蝠葛汉碱，青藤碱，山豆根诺林，山豆根可林林，山豆根碱，苦参碱，梯穿均碱，山豆根异醇灵碱，千金藤碱，尖防己碱，N-光甲基尖防己碱，清热解毒，消肿止痛，通便，主治咽喉炎，扁桃体炎，牙龈肿痛，肺热咳嗽，湿热黄疸，便秘，痢疾，气管炎，烫伤，还主要用于肺癌，咽喉癌，膀胱癌驻白血病，也可与喜树碱联合治疗。②兽药：清热解毒，消肿止痛，治马喉头肿痛，牛锁喉黄，牛马疮黄肿毒。③农药：捣烂加 20 倍水，喷洒防治蚜虫，稻螟，杀灭孑孓。

【全株】 在科尔沁沙区固定沙丘。

细圆藤属 *Pericampylus* Miers

3 种，分布东南亚；中国产 1 种，分布浙江、广西、四川、云南。藤状乔木。细圆藤 *P. glucus*(Lour.)Merr. 全株药用：通经络，除风湿，镇痉，主治：风湿麻木，腰痛，小儿惊风，破伤风，跌打损伤。作藤椅原料。

风龙属 *Sinomenium* Diels

1 种分布东亚；中国产于陕西、河南以南。落叶藤本。风龙 *S. acutum* (Thunb.) Rehd. et Wils.，藤茎入药，主成分：青风藤碱，青藤碱，异青藤碱，四氢表小檗碱，双青藤碱，青藤防己碱，N-去甲表藤防己碱，地勿辛碱，土杜拉平碱，含笑碱，千金藤碱，木兰碱，祛风湿，通经络，主治风湿性关节炎，关节肿痛，肌肤麻木。

千金藤属 *Stephania* Lour.

约 50 种，分布东半球热带至温带；中国产约 30 种，分布秦岭以南。攀缘状灌木。

【藤茎】 纤维：千金藤 *S. japonica* (Thunb.) Miers，藤茎供编织用。

【种子】 油用：海南地不容 *S. hainanensis* H. S. Lo et Y. Tsoong，种子含油量 20.1%，主成分：棕榈酸 14.7%，硬脂酸 4%，油酸 26%，亚油酸 54.5%，油可供润滑油，日化用油。

【根】 ①块根：淀粉：金钱吊乌龟 *S. cepharantha* Hay.，块根含淀粉，作淀粉原料或酿酒。千金藤块根含淀 32.6%，可作淀粉原料可酿酒。粉防己 *S. tetrandra* S. Moore，块根含淀粉 17.99%，可食用或酿酒。②根：药用：金钱吊乌龟根含环轮藤素，高阿罗莫灵，异粉防己碱，小檗胺，小檗碱，头花千金藤碱，头花藤碱，氧。四基异根毒碱，西克来碱，小檗胺甲醚，头花诺林碱，高千金藤碱，哈苏巴诺林碱，清热解毒，凉血止血，散瘀消肿，主治急性肝炎，细菌性痢疾，急性阑尾炎，胃溃疡，内出血，跌打损伤，毒蛇咬伤；外用治流行性腮腺炎，淋巴结核，神经性皮炎，地不容 *S. delavayi* Diels，根含四氢掌叶防己碱，清热解毒，利湿止痛，主治：胃痛，腹痛，急性肠胃炎，风湿性关节炎，疟疾，外用治肿疖肿毒，湿疹。桐叶千金藤 *S. hernandifolia* (Willd.) Walp.，短蕊千金藤 *S. brachyandra* Diels，也作地不容入药。雅致千金藤 *S. elegans* Hook. f. et Thoms.，根入药，清热解毒，杀虫止痛，主治咽喉肿痛，牙痛，痔肿，腹痛下痢，咳嗽气喘，驱蛲虫，毒蛇咬伤，蜘蛛伤。纤花千金藤 *S. gracilenta* Miers，根入药，解表，健胃，止痛，消炎，主治感冒，口腔炎，喉炎，胃痛，哮喘。千金藤，根入药，主成分：千金藤碱，原千金藤碱，变千金藤碱，假变千金藤碱，真千金藤碱，去氢表千金藤碱，梅塔防宁碱，原塔千金藤碱，哈苏巴诺宁碱，清热解毒，利尿消肿，祛风止痛，主治咽喉肿痛，牙痛，胃痛，水肿，脚气，尿急毒痛，小便不利，外阴湿疹，风湿关节痛；外用治跌打损伤，毒蛇咬伤，痈肿疮疖。圆叶千金藤 *S. rotunda* Lour.，根入药，祛风除湿，消肿解毒，主治：风湿性关节炎，水肿，疮肠肿毒。海南地不容、华千金藤 *S. sinica* Diels，根主成分：左旋四氢掌叶防己碱，四氢巴马亭，镇痛，镇静，清热解毒，散瘀止痛，主治上呼吸道感染，咽喉炎，胃痛，急性肠胃炎，细菌性痢疾，疟疾，风湿疼痛，外伤疼痛；外用治跌打损伤，毒蛇咬伤，疮疡肿毒。粉防己根入药，主成分：粉防己碱，去甲基粉防己碱，镇痛，抑菌，利水消肿，祛风除湿，行气止痛，主治水肿，小便不利，风湿性关节痛，高血压；外用治毒蛇咬伤，痈疔肿毒。③兽药：金线吊乌龟，治马肺病，咳喘，胸膈痛，家畜无名肿毒。千金藤，清热解毒，祛风利湿，治牛喉肿，中暑发痧，风湿坐栏，牛马四肢麻木，牛羊四肢水肿，牛泻带血，牛马扭伤。粉防己，行水消肿，泻下焦热，治马劳伤肺，鼻出浓，牛慢性鼓胀，中暑发痧，家畜风湿坐栏，牛马关节痛，肾虚腿肿。公畜阴囊水肿，猪水肿，牛马宿水。

大叶藤属 *Tinomiscium* Hook. f. et Thoms.

7 种，分布亚热带；中国产 1 种，分布云南、广西。藤状灌木。大叶藤 *T. tonkinense* Gagrep.，藤茎入药，壮筋骨，活血通络，主治风湿痹痛，小儿麻痹后遗症，肥大性脊髓炎，骨折。

青牛胆属 *Tinospora* Miers ex Hook. f. et Thoms.

约 30 种，分布东半球热带，少数非洲，中国产 7 种，分布秦岭以南地区。草本或灌木。

【藤茎】 药用：中华青牛胆 *T. sinensis*（Lour.）Merr.，藤茎入药，舒筋活络，祛风止痛，主治风湿痹痛，坐骨神经痛，腰肌劳损，跌打损伤。波叶青牛胆 *T. crispa*（L.）Hook. f. 治痢疾

【根】 药用：金果榄 *T. capillipes* Gagnep.，块根入药，主成分：青牛胆素，防己碱，抑菌，清热解毒，清利咽喉，散结消肿，主治急性咽喉炎，扁桃体炎，口腔炎，急性肠胃炎，胃痛，细菌性痢疾，痈疖肿毒，淋巴结核；外用治毒蛇咬伤。青牛胆 *T. sagittata*（Oliv.）Gagnep.，块根入药，清火解毒，主治咽喉肿痛，热咳失音；外敷治痈肿毒疮。

含羞草科 Mimosaceae

约 56 属 2800 种，分布热带、亚热带至温带；中国产 9 属 60 多种，又引入 12 属 31 种。主产南部至西南。

金合欢属 *Acacia* Mill.

约 900 种，产热带、亚热带，大洋洲为多；中国产 10 种，又引入 12 种，分布亚热带至热带。常绿稀落叶乔木、灌木、藤本。

【树皮】 鞣质：黑荆树 *A. meamsii* Willd. 树皮含鞣质 37.05%~48.17%，栲胶含单宁 42.81%~49.65%，纯度 77.46%~85.91%，属凝缩类，色浅透明，溶解度高，渗透快，沉淀少，鞣透好，除大量用于鞣革外，还用于石油钻探，矿石浮选，污水净化，人造板，橡胶、石棉胶粘剂，金属防锈剂，木材涂饰剂等，7~8 年生株均产皮 10kg，每公顷可产栲胶 10000kg，为世界著名高产、速生、优质鞣料树种。绿荆树 *A. decurrens* Willd.，树皮含鞣质 31.88%，栲胶纯度 72.62%，仅次于黑荆树。银荆树 *A. dealbata* Link.，树皮含鞣质 25%，栲胶纯度 75%。台湾相思 *A. richii* A. Gray.，树皮含鞣质 23.23%~25.54%，栲胶纯度 46%~64.98%，过去常用鞣染渔网。我国应大力发展黑荆树，建立种植加工基地，集约经营，树皮原料可长至 8 年乔木，也可矮至 3 年矮林经营，长短结合，以满足栲胶原料需要。

【韧皮】 纤维：阔叶金合欢 *A. delavayi* Franch.，含纤维素 75%，可作造纸及填充原料利用。

【树胶】 阿拉伯胶树 *A. Arabica* Willd.，我国台湾、海南引种，单株年产胶 0.9kg，广泛用于胶水，乳化剂，墨水，印染，食品，糖果，制药等工业。本属有些树种树胶可代阿拉伯胶，质量也有好者，如黑荆树，金合欢 *A. famesiana*（L.）Willd. 高金合欢 *A. elata* A. Cunn. ex Penth. 刺金合欢 *A. sanegal*（L.）Willd.，柔毛金合欢 *A. mollissima* Willd. 等。

【木材】　①用材：①荆树类：如黑荆树，绿荆树，银荆树，高金合欢，苏门答腊金合欢 *A. glauca*（L.）Moench，主要利用树皮栲胶，伐期早，材径小，心材黄红褐色，重量中，硬至中，稍耐腐，以及云南金合欢 *A. yunnanensis* Franch.，可供矿柱，枕木，农具，桶材，造纸材。商品材价值中等。硬类：②金合欢材重至甚重，坚硬，心材暗褐至黑褐色，耐腐，材色花纹美丽。适作高级家具，贵重器具，室内装饰，车船，柱材，木梭，家具，枕木，工农具柄。木材价值上等，诸如儿茶 *A. catechu*（L. f.）Willd. 金合欢，黑木金合欢 *A. melanoylon* R. Br 阿拉伯胶树，台湾相思等。②心材：药用：儿茶为重要南药之一，生药由心材切片煎汁浓缩的浸膏，主成分：儿茶鞣酸，儿茶素，表儿茶酚及树胶，脂肪油，蜡等混合物，主治小儿消化不良，肺热咯血，腹泻，口疮，扁桃体炎；外用治疮疡久不收口；又有杀腹水癌细胞作用。尚有无刺儿茶 *A. catechu* var. *wallichiana*（DC.）P. C. Hunag，产印度及滇南，用途同儿茶。

【枝干】　①能源薪材：本属不少树种生长快，耐瘠薄，萌发强，燃值高，如黑荆树 2～3 年生每亩可收获枝干 300kg，8 年生枝干可达 1000kg，为优良再生能源薪材。②炭材：硬材类可制取优质炭材，耐燃，烟少，火力强。③兽药：儿茶、金合欢枝干煎汁浓缩可作兽药。④培菇：银荆树可培养木耳。

【叶】　①饲料：如银荆树，金合欢，刺金合欢，澳荆 *A. oswaldii* E Mnell.，富含蛋白质及碳水化合物，可作牛、羊饲料。②绿肥：如黑荆树，富含氮、磷、钾，产量大、肥效高，矮林亩产叶 500kg，肥效比红三叶 *Trifolium pretense* L. 约高一倍。③药用：如儿茶，藤金合欢 *A. sinuata*（Lour.）Merr.。

【花】　①蜜源植物：本属有些树种，如耳叶相思 *A. auriculaeformis* A. Cunn ex Benth.，黑荆树，花期长，为良好蜜源植物。②精油：金合欢花浸膏得率 0.5%～0.8%，主成分：金合欢醇，香叶醇，芳樟醇，苄醇，α-松油醇，葵醛，苯甲醛，大茴香醛，莳萝醛，香豆素，对甲酚，柳酸甲酯及酸类，香气浓郁持久，为名贵香料之一，制高级香水，化妆品，香料等。鸭皂树含精油 0.5%～0.8%。

【果】　①鞣质或染料：金合欢果含鞣质 23%，可提栲胶或黑色染料，或代皂洗发，尚有阿拉伯胶树，藤金合欢。②饲料：尼罗河金合欢 *A. nilotica*（L.）Willd.，荚果含干物质 92.5%，粗蛋白（占干物）5.6%，粗脂肪 0.4%，碳水化合物 17.6%，粗纤维 23%，可作饲料。阿拉伯胶树果也可。③药用：藤金合欢果荚提取一种天然新甙 Sonuside，用于研制防癌、抗癌，避孕新药。金合欢果荚也可药用。

【种子】　①食用：澳荆种子在澳洲东部用作粮食用。②饮料：尼罗河金合欢种子含粗蛋白 45.2%，粗脂肪 11.5%，饲用价值很高。③油用：台湾相思种子含油量 5.3%～6.2%。金合欢种子含油量 14.7%。黑荆树种子含油 10% 左右，亩产油 40～80kg，资源多，具工业利用前途。④胶粘剂用：台湾相思种子可作胶合板胶粘剂，有利用前途。

【全树】　①紫胶虫寄主树：如儿茶为重要寄主树：8 年可放胶。又阿拉伯胶树，苏门答腊金合欢，国外作紫胶虫寄主树。②荒山造林先锋树种：如金合欢，黑荆树，台湾相思，耐旱耐瘠，耐酸性红壤，为干热稀树荒山造林先锋树种。③水土保持，防护林树种：如阿拉伯胶树，绿荆树，黑荆树，黑木金合欢，印度金合欢，羽叶金合欢。④绿篱林、环境林树种：如耳叶相思，儿茶，银荆树，金合欢。黑荆树等。⑤土壤改良树：如银荆树，黑荆树，台湾相思，耳叶相思，具根瘤菌，可固定空气中氮素，改变土壤，使土壤细菌化，结构化，有机化，提高能力。⑥环保树种：如台湾相思抗性强，为常见环保树种。⑦观赏树种：本属一些树种，黄花纷繁，绿叶秀雅，绚丽，为园林观赏树种。

海红豆属 *Adenanthera* L.

约 10 余种，分布亚洲热带及大洋洲，中国产 1 种；又引入 1 种，分布南亚热带以南。落叶乔木。

【树皮】 鞣质：海红豆 *A. pavinina* L.，树皮含鞣质。

【木材】 ①用材：海红豆心材金黄红色，重硬至中，耐腐蛀。适高级家具及室内装饰材，车辆，船舶，桥梁建筑，箱盒，工艺材等。木材价值高贵一类。小籽海红豆 *A. microsperma* Taijsm. et Binn.。在国外列为珍贵用材之一。②心材：红色染料：海红豆心材碎片可提取红色染料。

【种子】 装饰品，海红豆种子鲜红色，圆而偏，发亮，极美丽，可作装饰品。

【种仁】 海红豆种仁含油率 24%，主成分：棕榈酸 2.5%，硬脂酸 0.7%，花生酸 2.4%，油酸 20.6%，亚油酸 64.2%，山嵛酸 9.6%，可作润滑油及提取亚油酸原料。

【全树】 观赏树种：海红豆树姿挺拔，羽叶美观，为优良观赏树种。

合欢属 *Albizia* Durazz.

约 150 种，分布亚、非洲至大洋洲；中国产 15 种；又引入 3 种，分布热带至温带。落叶乔木或灌木，稀藤本。

【树皮】 ①鞣质：山合欢 *A. macrophlla* (Bge.) PC. Huang 含量 11.41%～22.31%。合欢 *A. julibrissin* Durazz. 含量 6.23%～8.6%。毛叶合欢 *A. mollis* (Willd.) Boivar. 含量 15.93%。香合欢 *A. odoratissima* (L. f.) Benth. 含量 12%～15%。红荚合欢 *A. procera* (Roxb.) Benth. 含量 12%～17%。楹树 *A. chinensis* (Osbeck.) Merr. 含量 9.86%～11.39%。南洋楹 *A. falcataria* (L.) Fosberg 含量 13%。其中山合欢及楹树已用作栲胶试生产，栲胶纯度 65%～68.5%，属凝缩类，色较浅，结合力强，渗透快，制革丰满。楹树速生，5～6 年即可剥皮利用。在黑荆材原料紧缺，油柑 *Phyllanthus emblica* L. 及杨梅 *Myrica* spp. 皮原料不足情况下，也是较好栲胶树种之一。②药用：合欢皮为常用中药之一，有强壮兴奋，利尿，驱虫作用；外用治骨折痛肿；又可作兽药。楹树皮主治肠炎腹泻痢疾，外用治外伤出血，久溃不敛。阔叶合欢 *A. lebbeck* (L.) Benth. 及山合欢，主治消肿止痛。③染料：红荚合欢皮可提染料。④皂用：乌楹 *A. saoonaria* (Lour.) Bt. 树皮含皂素，可代皂荚用，菲律宾用作洗衣。

【韧皮】 纤维：合欢、山合欢韧皮纤维可造纸及纤维原料，山合欢干皮含纤维素 24%。

【树胶】 红荚合欢可产生较多树脂，属硬性胶，有工业用途。

【木材】 本属树种可分作 3 类：①硬合欢类：边材黄褐色，心材紫褐色至紫黑褐色，有时具黑色斑纹，有光泽，硬度中，强度中，耐腐性强。适作高级家具，室内装饰材，建筑，车船桥梁，胶合板。材重硬至中。木材价值上等。如阔叶合欢，香合欢，红荚合欢。②合欢类：边材黄白色，心材红褐至栗褐色，略有光泽花纹美丽，轻软至中，较耐腐。适作家具，胶合板，农具，器具等。木材价值中等。诸如山合欢，白花合欢 *A. kalkora* Prain. 合欢也归于本类，但多为庭园观赏树种，很少商品材。③楹树类：心材黄白色，心材红褐色，木材轻软至甚轻软，强度弱，干缩小，速生，不耐腐。为理想的造纸材，如楹树，南洋楹，纤维素含量84%以上，纤维均长1142mm，均宽27.6mm，4～5年即可利用，最佳利用期12年，此后纤维长度下降，生长渐慢，为我国速生树种之一，每公顷材积生长量350m³，除作造纸材外，尚用作火柴杆，包装箱，茶叶箱，软木器具等。商品材价值下等。

【枝丫】 ①能源薪柴：如楹树，南洋楹等生长快，萌发力强，适应广，生长量大，在南方能源短缺地区为良好再生能源树种之一。②培菇：南洋楹枝丫可作培养白木耳的段木。

【饲料】 地阔叶合欢含粗蛋白16.81%，为优良家畜饲料。合欢干叶含粗蛋白21.21%，粗脂肪6.83%，粗纤维19.04%，可溶性无氮物43.03%，为优良饲料。绿肥：楹树、南洋楹，叶量大，易腐烂，富含氮，磷，钾，钙，是肥效好的木本绿肥。

【花】 ①蜜源植物：合欢花期5～7月，蜜量较多，在华群蜂年可产蜜5～10kg。山合欢花粉量中等，为辅助蜜源植物。②药用：合欢花蕾及花为常用中药，主治失眠健忘，神经衰弱，郁结胸闷。

【果】 鞣质：红荚合欢含鞣质15%～18%，资源少，难做原料。

【种子】 油用：合欢种子含油量9.4%～10.1%。小合欢种子含油9.7%。楹树种子含油10%，阔叶合欢种子含油5.5%。资源分散，不如黑荆树可大面积综合利用。

【根】 根皮药用：合欢清利湿，解毒消积。山合欢消肿止痛。

【全树】 ①紫胶虫寄主树：如阔叶合欢，香合欢，毛叶合欢，蒙自合欢 *A. bracteata* Dunn.，②檀香寄主树：苏门答腊合欢 *A. sumatrana* Van Steenis. 在广州作檀香寄主树；在福建试作紫胶虫寄主树。③遮阴树种：南洋楹常作咖啡遮阴树。楹树常作茶园遮阴树。④荒山造林树种：如楹树。⑤行道绿化树种：合欢，山合欢，楹树，南洋楹，阔荚合欢。⑥土壤改良树种：本属根系多含根瘤菌，可改良土壤。如南洋楹为世界著名速生树种，得自根系固氮，提高土壤肥力。香合欢混交林，可提高单位面积生长量。⑦环保树种：合欢为常见抗大气污染树种，城市均常种植。⑧观赏树种：合欢，山合欢，阔荚合欢，羽叶婆娑，花丝似缨，花色美丽，为常见观赏树种。

朱缨花属 *Calliandra* Benth.

约200种，分布美洲、非洲热带、亚热带及印度；中国引入3种。常绿小乔木或呈灌木状。

我国引入作观赏树种：花期长，8～12月，隆冬鲜花盛开，红色鲜丽，花丝长出似缨，如朱缨花 *C. haematocephala* Hassk.，苏里南朱缨花 *C. surianensis* Benth. 朱缨花在国外作紫胶虫寄主树，我国尚未报道试验情况。

棋子豆属 *Cylindrokelupha* Kosterm.

约6～7种，分布亚洲东南部；中国产4种，分布云南、广西乔木。

【木材】 棋子豆 *C. robinsonii*（Gagnep.）Kosterm.，大叶棋子豆 *C. macrophylla* T. L. Wu，绣毛棋子豆 *C. balansae*（Oliv.）Kosterm.，一般高10～15m，也有高于25m，材可作工业用材。

【种子】 工艺品：种子形似棋子，可加工棋子或其他工艺品。

代儿茶属 *Dichrostachys* Wight. et Arn.

约20种，分布亚洲热带、大洋洲及南非；中国引入1种，广东栽培。有刺，小灌木或半灌木状。

代儿茶 *D. cinerea*（L.）Wight. et Arn.，枝条药用：浸提浓缩浸膏，有止血止泻定痛作用，主治胃及十二指肠溃疡出血，主成分：儿茶酚，儿茶鞣酸（65.1%），比进口儿茶膏多一半。进口儿茶膏为茜草科儿茶钩藤 *Uncariagambier* Roxb. 药品，引进代儿茶可扭转进口儿茶膏需求。

象耳豆属 *Enterolobium* Mart.

约 10 种，分布中、南美洲；中国引入 2 种，华南、福建、江西、浙江南栽培。落叶乔木。

【树皮】　鞣质：红皮象耳豆 *E. cyclocarpum*（Jacq.）Griseb. 及青皮象耳豆 *E. comortisitiqum*（Vell.）Morong.，树皮均含鞣质，后者含量 15%。

【树胶】　药用：红皮象耳豆树胶入药，可治气管炎。

【木材】　未成大材前，材黄白色，轻软至甚轻，适作造纸材，商品材价值低。大树高达 20~30 米，心材浅栗褐色，耐腐，适作室内装饰材，家具，胶合板，车船，包装材等，商品价值增高，如利用大径级心材，具商品材价值可达中等；边材仍作造纸或包装材。

【嫩枝叶】　可作绿肥。

【嫩荚果】　可作饲料。熟荚果可代皂荚作洗涤剂。

【种子】　红皮象耳豆种子可食。

【全树】　①紫胶虫寄主树：红皮象耳豆在一些国家作紫胶虫寄主树，我国尚未试验。②遮阴树：两种树冠宽阔，可作庇荫树及行道树。③改良土壤：两种根瘤发达，可作荒山造林改良土壤树种。

榼藤属 *Entada* Adans.

约 40 种，分布热带亚、非、美洲；中国产 5 种，分布华南、台湾、福建至西南。常绿无刺木质大藤本。

【茎皮】　①药用植藤子 *E. seandens*（L.）Benth.，有催吐、下泻作用。鸭踵藤 *E. phaseoloides*（L.）Merr.，主治风湿关节炎，跌打损伤，四肢麻木。②皂素：榼藤子茎皮含皂素可代肥皂。

【韧皮】　纤维：榼藤子韧皮纤维可作造纸原料。

【种子】　①药用：鸭踵藤种子主成分：榼藤皂苷 A、B，主治黄疸水肿。②油用：榼藤子种仁含油量 15.1%。鸭踵藤种仁含油 12.2%~13.5%，主成分：棕榈酸 11.7%~15.3%，硬脂酸 1.9%~2.9%，山嵛酸 3.9%，油酸 32.6%~41.4%，亚油酸 40.9%~45.6%，一株藤可产种子 25~35kg，可供工业用油。③皂素：榼藤子种子可代皂用。④工艺品：榼藤子种子扁圆形，直径 4~7cm，可加工工艺品，装饰品。

银合欢属 *Leucaena* Benth.

约 40 种，产中美洲，北美洲南部；中国引入银合欢及几个类型。无刺乔木或灌木。

银合欢 *L. leucocephala*（Lam.）de. Wit 原产中美，我国引入已 70 多年，现逸为野生。60 年代我国引入新银合欢 *L. lencocephala* cv. Salvador 及其优良品种 K8，K28，K67 等，其用途

如下：

【树皮】 含鞣质。

【树胶】 可代阿拉伯胶，食品乳化剂用。

【木材】 ①重要能源薪炭材树种：生长快，萌发强，轮伐期短，可多次刈割，每公顷年可获干物质 2 万~3 万 kg，相当于年产木材 25~100m³，为世界著名速生高产能源树种。②造纸材：材径 10cm 即可作造纸材。③速生用材：银合欢高达 8m；新银合欢可高达 20m，胸径 30cm，边材黄白色心材灰褐可为速生用材树种，价值下等。

【嫩枝叶】 ①优质饲料：新银合欢年亩产鲜茎叶 2500~6000kg，含水分 74.45%，粗蛋白 6.24%，粗脂肪 1.12%，无氮浸出物 11.4%，粗纤维 5.18%，灰分 1.61%，蛋白质含量高，纤维含量低，折合每亩年获蛋白质 156~200kg，远超过其他热带作物，营养高，适口性好，为牛羊优质饲料。但银合欢含含羞草碱 3.79%，而新银合欢含量低 1.87%，含羞草碱对反刍类牛、羊影响不大，如作猪饲料，则应煮熟处理以免有毒性。②优质木本绿肥：产量高，萌发快，耐刈割，年可刈割 3~4 次，年亩可获茎叶 1500~2500kg，含氮 2.62%，磷 0.45%，钾 2.61%，广为热带植物肥源。

【嫩荚果】 可食用。

【种子】 ①种子可食，含油 7.74%，油用前途不大，但含蛋白质 57.3%，碳水化合物 10.43%，为很好的精饲料。②药用：银合欢种子未熟时可作驱虫药。

【全树】 ①改良土壤树种：具根瘤菌，可固定空气中氮素，改良土壤使之细菌化，结构化，有机化，为造林先锋树种，形成林、农、牧良好循环树种。②荒瘠地造林树种：适应性强，抗旱，耐高温，耐瘠薄，对土壤要求不严，可在低海拔荒山，尤其水土流失裸地可直播造林，防止水土侵蚀，西沙群岛瘠地也能生长，生态效益很高。③遮阴树种：根深叶茂，抗风力强，为热带经济林遮阴，能抑制杂草。

含羞草属 *Mimosa* L.

约 600 种，主产热带美洲；我国引入 3 种。乔木、灌木、草本。

【茎叶】 ①药用：含羞草 *M. pudica* L. 有抑菌作用，主治气管炎，肠胃炎；外用治跌打损伤，疮疡肿痛。②绿肥：巴西含羞草 *M. invisa* Mart. 及无刺变种 var. *inermis* Adelb. 亩产鲜茎叶 1500~2250kg，含水分 78%，氮 2.93%，磷 0.49%，钾 2.21%，为热带经济作物绿肥。

【木材】 ①能源薪材：光叶含羞草 *M. sepiania* Benth. 耐旱瘠，萌发性强，2~4 年即可作薪材，萌发更新快。②用材：光叶含羞草小乔木可达 12m，材淡黄褐色，可作家具，农具等，价值下等。③花：蜜源植物：含羞草花期 6~7 月，花粉丰富。光叶含羞草，花芳香，花期 5~8 月，蜜源植物。

【种子】 油用：含羞草种子含油 17%，主成分：棕榈酸 8.7%，硬脂酸 8.9%，油酸 31.1%，亚油酸 50.9%，可作工业用油。

【全树】 ①覆盖植物：无刺含羞草，生长快，长势旺，根系发达，能防止土壤暴露淋溶及暴雨冲刷水土流失，能有效覆盖热带经济林及作物。②水土保持树种：光叶含羞草，耐旱瘠，能在水土流失冲刷严重地方正常生长，2~3 年即郁闭。③绿篱植物：光叶含羞草可作绿篱。④观赏植物：含羞草，花淡红色，羽叶触之闭合，美丽奇观。

球花豆属 *Parkia* R. Br.

约60种，分布热带地区；中国产1种，分布云南。无刺乔木。

【树皮】　鞣质：非洲球花豆 *P. africana* R. Br. 栲胶可鞣制红色皮革。

【木材】　球花豆 *P. roxburghii* G. Don. 落叶高大乔木，可达30m，胸径100cm，材黄褐色，轻软至中，强度弱，干缩甚小，不耐腐，速生。适家具，胶合板，箱板，造纸材等。商品价值低等。

【种子】　①食用：非洲球花豆种子味甜可食；又炒焙代咖啡，称苏丹咖啡。②油用：球花豆种子含油量20%，可作工业用油。

【全树】　热带行道树：球花豆生长快，高大蔽荫，台湾栽培作行道树。

猴耳环属 *Pithecellobium* Mart.

约120种，分布热带，主产热带美洲；中国产4种，引入2种。乔木或灌木。

【树皮】　①鞣质：猴耳环 *P. clypearia*（Jack）Benth. 含鞣质12.59%~19.96%。牛蹄豆 *P. dulce*（Roxb.）Benth. 含鞣质15%~26.6%，为墨西哥栲胶树种之一。②染料：牛蹄豆树皮可作黄色染料。

【木材】　①软材类：猴耳环及亮叶猴耳环 *P. lucida* Benth. 材轻软，边材灰红，心材红褐，耐腐差，易虫蛀，适作家具，箱板，室内装修，造纸，薪材等。商品材价值下等。②硬材类：材重硬，心材红色，耐腐。适作建筑、家具，农具，器具，薪炭材等。商品材价值中等。如牛蹄豆。

2. 大纤维：

【树胶】　牛蹄豆产树胶，红褐色，水溶性。可作胶用。

【枝段】　培养白木耳，如猴耳环。

【叶】　药用：猴耳环，主治子宫下垂，疮肿，烧伤。

【果】　饲料：牛蹄豆。

【种子】　食用：牛蹄豆假种皮肉质味甜可食。

【全树】　①紫胶虫寄主树：牛蹄豆，猴耳环。②沙地造林树种：牛蹄豆适应性强，可在侵蚀地及海岸沙地造林。③绿篱：牛蹄豆在台湾作绿篱。④观赏树种：牛蹄豆在热带广泛用作观赏树种。

牧豆树属 *Prosopis* L.

约45种，分布热带、亚热带，主产美洲；中国引入1种。具刺灌木或乔木。

牧豆树 *P. juliflora*（Swartz.）DC. var. *glandulosa* Ckll.，原产美国西南部，我国华南生长已结果，浙南受冻害。

【木材】　①用材：心材红褐色，坚硬，耐久。适车辆，枕木，桩柱，家具，建筑等。木材价值中等。②薪材：牧豆树耐旱耐瘠耐盐碱，为华南良好再生能源薪材。

【花】　蜜源植物：蜜质好。

【果及种子】　荚果含大量糖类，种子含蛋白质丰富，两者均无毒，为优良饲料。

【根】　鞣质：根含鞣质6%~7%。

【全树】　耐旱耐盐碱树种：牧豆树极耐旱，耐盐碱，年雨量 250mm 也能生长，2~4 年即结果。

雨树属 *Samanea* **Merr.**

18 种，产南美洲及热带非洲；我国引入 1 种，无刺乔木。

【木材】　心材棕褐色，较轻软，强度弱，干缩小，不翘裂。适作家具，建筑，车船等，价值下等。雨树 *S. Saman*(L.) Merr.

【叶】　饲料及绿肥。

【全树】　①优良紫胶虫寄主树：泰国普遍采用；印度也常用。5~6 年即可放养，每亩可收原胶 9~60kg；9~10 年可产原胶 30~120kg。原胶含树脂 71%，色素 7.2%，色较深。②热带经济林遮阴树。③土壤改良树种：雨树具根瘤菌，可改良土壤。④热带四旁绿化树种。⑤热带观赏树种：树姿优美，花色粉红，为热带观赏树种。

木荚豆属 *Xylia* **Benth.**

约 12 种，分布热带亚、非；我国引入 1 种。无刺乔木。缅甸铁木 *X. xylocarpa* (Roxb.) Taub.

【木材】　边材黄褐色，心材深红色，其重硬，比重 1.01，强度甚强，甚耐腐。在缅甸，枕木大部用本种，不经处理也可使用 10 年。也适作造船材，车辆材，桥梁，电杆，码头，船坞，矿山，油井建筑等优良用材。商品材价值一类。

缅甸铁木，原产热带雨林中，落叶大乔木，高达 35m，胸径 120cm，海南引种生长良好，速生耐旱，可在海南、云南热带雨林区大量发展优良用材林。

桑　科 Moraceae

约 80 属 1400 多种，广布热带至温带；中国产 16 属约 150 多种，又引入 4 属，10 种。分布全国。常绿、落叶乔木或灌木。

见血封喉属 *Antiaris* **Lesch.**

5 种，产热带非洲及亚洲：中国产 1 种，分布华南、滇南。常绿大乔木。见血封喉 *A. toxicaria* Lesch.

【树皮】　纤维：见血封喉树皮纤维长而柔软，强力大，易脱胶，可代麻或作人造棉原料。

【树汁】　见血封喉树干乳汁有剧毒，主成分：见血封喉糖苷，见血封喉多糖苷，α-见血封喉糖苷，将乳汁涂箭头，猪兽中箭毒死故毒箭木，又作武器箭射，中箭毒后见血封喉致死，具有药用价值。

【木材】　材浅黄褐色，轻，软，不耐腐，不耐蛀，易蓝变色。适作造纸材，包装箱，家具板料，胶合板，建筑材等。商品材价值低。

【物种资源】　该种为我国稀有种，可用种子繁殖，必要时药物园迁地种植研究。

波罗蜜属 *Artocarpus* Forst.

约 60 种，分布亚洲南部；中国产约 10 种，引入 4 种。分布南部热带至亚热带。常绿乔木。

【树液】 ①橡胶：面包果 *A. altilis*（Park.）Fosberg.，树液含少量树胶；白桂木 *A. hypargyraea* Hance，树液含胶量 26.31%，属硬性胶，可用于海底电缆，耐酸碱胶管，输油管，电子绝缘材料，高级黏合剂，波罗蜜树液可治溃疡病。

【木材】 本属木材可分作 2 类：①波罗蜜类：心材黄褐色，轻至中，硬度中，强度弱，干缩甚小，不耐腐。适作一般家具板料，盆桶，胶合板等。木材价值下。诸如：波罗蜜 *A. heteropyyllus* Lam.②桂木类：边材黄褐色，心材黄栗褐色，轻至中，软至中，强度弱至中，干缩小至中，但耐腐。适作车船，家具，建筑，农具，盆桶等。木材价值中等。诸如白桂木 *A. hypargyraea* Hance，胭脂木 *A. tonkinensis* A. Chev.，桂木 *A. nitidus* Frec. ssp. *lingnaensis*（Merr.）Jarr.，台湾桂木 *A. lanceolata* Trec. 木屑可作黄色染料。

【叶】 ①饲料：面包果叶可作家畜饲料。②药用：波罗蜜叶磨粉，可敷治创伤，内服可止泻。

【果实】 ①食用：波罗蜜花被肉质果可生食，味甜蜜。重达 20kg，品种很多，以脑状多汁香味浓郁者为佳，尖百达波罗蜜 *A. chanpden*（Lour.）Spreng.，果较波罗蜜稍小。面包树 *A. communis* Forst. 产印度，马来西亚，果直径 10~15cm，热带名果，主成分：含脂肪 7.2%，蛋白质 17.5%，碳水化合物 6.8%，纤维 3.2%，切片油榨大烤，味香似面包，饼干，颇可口，台湾又常作蔬菜，煮粥。波罗蜜果肉富含糖，可作水果鲜食，也可调制饮料，制果脯，果干，饮料，罐头，酿酒。桂木果熟时味酸甜可口，可生食或糖渍。白桂木果甜可糖渍。二色波罗蜜 *A. styracifolius* Pierr，短绢毛波罗蜜 *A. brevisericea* Wu et Wang，鸡脖子 *A. callarn gallinacea* Wu et Wang，台湾桂木 *A. lancaolata* Tree. 果均可食。②药用：波罗蜜果皮制取波罗蜜蛋白酶，抗水肿，消炎，用于治上呼吸道感染，消炎，退肿，治创伤。桂木果入药，清热开胃，收敛止血，治咳嗽，鼻衄，支气管炎，咽喉肿痛。

【种子】 ①食用：面包果种子可煮食炒食，味近似板栗。波罗蜜种子含淀粉煮食味似栗。②药用：波罗蜜种仁入药，通乳，生津益气，治产后乳少，脾胃虚弱，淋巴对发炎，湿疹。

【根】 药用：桂木根入药，健胃行气，活血祛风，主治胃炎，食欲不振，风湿痹痛，跌打损伤。白桂木根入药，活血通络，祛风利湿，止痛。主治风湿关节炎，腰膝酸软，胃痛，黄疸。二色波罗蜜根入药，祛风除湿，舒筋活络，主治风湿性关节炎，腰肌劳损，慢性腰腿痛，半身不遂，跌打损伤，扭挫伤。

【全树】 行道绿化树种，波罗蜜尚可净化空气。

【物种资源】 滇波罗蜜 *A. laucocha* 在滇南濒危，白桂木也多遭采伐，均需加强保护。

构　属 *Broussonetia* L'Hér.

4 种，分布东亚；中国产 3 种，分布华北以南。落叶乔木或灌木。本属用途如下：

【树皮】 构树 *B. papyrifera*（L.）Vent. ①可制复写纸，蜡纸，制伞纸，高档布，草鞋，制绳。葡蟠 *B. kazinoki* Sieb. et Zucc. 树皮纤维含量 25%，具韧性，制枪缘纸，伞纸，代麻，人造棉。②鞣质：构树皮含鞣质 8.45%，可提栲胶。

【树液】　构树乳液可治癣，鼻又可作糊料，可治蛇、蜂、蝎、犬咬伤。

【木材】　心材浅黄褐色，边材黄白色，轻，软，强度中，干缩中，不耐腐。适作造纸材(宣纸)，板料，包装材，木屐，砧板，低级家具等。木材价值低。

【叶】　①饲料：构树叶可作猪饲料。②绿肥：构树叶可作绿肥。③药用：葡蟠，治毒咬伤，无名肿毒，咽喉肿痛，肝炎，构树叶汁治鼻病、病毒。④农药：构树叶可作农药，杀蚜虫及瓢虫。

【果实】　①食用：构树果可食或酿酒。②药用：构树果入药，壮筋骨，明目健胃，治阳痿，消水肿，腰膝痛。

【种子】　①油用：构树种子含油量 44.83%，主成分：棕榈酸 15.2%，硬脂酸 3.6%，油酸 8.7%，亚油酸 72.4%，可制肥皂，油漆，润滑油。②药用：构树种子入药，补肾，明目，利尿，主治腰膝酸痛，肾虚目盲，阳痿，水肿。

【根】　药用：构树皮入药，为利尿剂。葡蟠根或根皮入药，散瘀止痛，治跌损伤，腰痛。小构树根皮入药，功效似葡蟠。

【全树】　环保树种：构树对有害气体抗性强，在 SO_2，Cl_2，HF，HCl 气体污染下能正常生长，在 SO_2 严重污染处能自生自长，在石油污染处生长良好，吸收有害气体也强，防尘能力强，为各地大气污染严重地区主要绿化环保树种。

大绿柄桑属 *Chlorophora* Gaudich.

约 12 种，分布美、非；中国引入 1 种，分布海南。

【用材】　大绿柄桑 *C. excelsa* (Welw.) Benth. et Hook. 大乔木，高达 50m，胸径 2.5m，心材浅黄棕至深褐色，纹理美观，强度强，极耐用，抗白蚁，适作胶合板，室内装饰材，造纸，船，车辆，建筑，地板，船坞等。木材价值上等。

号角树属 *Ceropia* Loel.

约 120 种，分布南美洲至西印度群岛；中国引入 2 种，分布华南、福建南。号角树 *C. peltata* L.，深裂号角树 *C. abenepus* ex Miq.，材轻软，基中空，可作造纸材，代水管用，价值低。叶：药用：号角树叶汁治肝病，水肿，赤痢。号角树小嫩芽可作蔬菜。

柘属 *Cudrania* Trèc.

约 9 种，分布亚洲及大洋洲；中国产约 5 种，分布河北以南。落叶或常绿乔木或灌木。

【树皮】　纤维：柘树 *C. tricuspidata* (Carr.) Burr.，树皮含纤维素 62.67%，可制人造棉，可混纺，造纸，代麻，制绳索。葨芝 *C. cochincinensis* (Lour.) Kudo et Masam.，茎皮含纤维 13%，可作绳索或造纸。

【木材】　①用材：边材浅黄褐色，心材金黄褐色，甚重，甚硬，强度强，干缩小，耐腐，但边材变色。适作车辆，车旋品，算盘珠，雕刻，农具，工农具柄等。多为小树，木材价值高。如柘木，葨芝。②染料：柘树及葨芝心材可作黄色染料。

【叶】　饲料：柘树叶可饲柘蚕。

【果】　柘树果可食或酿酒。构棘果可食或酿酒。

【种子】 油用：柘树种子含油量 27.5%，主成分：棕榈酸 12.5%，硬脂酸 4.2%，油酸 16.8%，亚油酸 65.8%，供工业润滑油用。

【根】 皮药用：柘树根皮，清热凉血，主治牙痛，骨折，跌打损伤。蒐芝根皮，止咳化痰，祛风利湿，散瘀止痛，主治肺结核，黄疸性肝炎，肝脾肿大，胃及十二指肠溃疡，风湿性腰腿痛；外用治骨折，跌打损伤。

榕属 *Ficus* L.

约 800 多种，分布热带至亚热带；中国产约 120 种，引入 3 种。分布南部。乔木，灌木，藤本。

【树皮】 ①纤维：天仙果 *F. erecta* var. *beechegona*（Hook. et Arn.）King 树皮含纤维量 22.8%，可造纸及人造棉。青果榕 *E. rariegata* Bl. var. *chlorcarpa* Benth. King 树皮含纤维素 21% 及韧皮纤维可织麻布，麻袋。小枇杷果 *F. cunia* Ham.，树皮含纤维素 48%，可代麻及造纸。珍珠莲 *F. sarmentosa* var. *henryi*；树皮含纤维 8.2%，可制人造棉及造纸；全藤可搓制绳索，犁缆。台湾榕 *F. formosana* Maxim.，树皮含纤维 27%，可代麻制麻袋。斜叶榕 *F. gibbosa* Bl. 树皮含纤维 33.74% ~ 57.7%，可造纸及人造棉。海南榕 *F. oligodonmiq hainanensis* Merr. et Chun. 树皮含纤维 18.2%，可制麻袋，搓绳索，造纸。尖尾榕 *F. langkokensis* Drdke.，树皮含纤维 23.1%，可制绳索，代麻，造纸，人造棉，絮棉。异叶榕 *F. heteromorpha* Hemsl.，树皮含纤维 51%，可造纸及人造棉。粗叶榕 *F. hirta* Vahl.，茎皮纤维可制麻绳麻袋；其变种翁志 var. *roxburglii* King. 纤维素含量高达 85.7%，可制麻绳麻袋。对叶榕 *F. hispidata* L.，树皮含纤维 55.34%，可制麻绳，麻袋，人造棉。爬藤榕 *F. martinii* Levl. et Vant.，茎皮纤维含量 25%，可作人造棉，造纸，全藤可搓绳索，制犁缆。榕树 *F. microcarpa* L.，树皮纤维可代麻，制麻袋，渔网，绳索，人造棉。枇杷果 *F. obsura* Bl.，茎皮含纤维 44.7%，拉力强，可代麻及人造棉。琴叶榕 *F. pandarata* Hance，茎皮含纤维 45%，可作人造棉及造纸。薜荔 *F. pumila* L.，茎皮含纤维 33.3%，可作人造棉，造纸，绳索。变叶榕 *F. variolosa* Lindl. 树皮含纤维 25%，可作人造棉，麻绳麻袋。黄葛树 *F. virens* Air.，树皮含纤维 51.8%，可制麻袋，或纺纱。②鞣质：榕树皮含鞣质可栲胶。③药用：黄毛榕 *F. fulva* Reinw. 健脾益气，活血祛风，主治气血虚弱，子宫下垂脱肛，水肿，风湿痹痛，便溏泄泻。斜叶榕树皮入药，清热消炎，解痉，主治感冒，高热抽搐，痢疾腹泻，风火腿痛。黄葛树皮入药，治风湿痹痛，四肢麻木，半身不遂。榕树皮入药可止牙痛，固齿功效。

【树胶】 印度橡胶树 *F. elastica* Roxb. 5 ~ 6 年含胶量 20%，20 ~ 30 年含胶量 45%，可提炼硬橡胶。作电缆，胶管，牙托硬胶。薜荔树胶，也可提橡胶。菩提树 *F. religiosa* L. 树液可提硬橡胶。

【木材】 材黄白、浅黄褐至浅红褐色，轻，软，强度弱，干缩小，不耐腐，加工发毛，易蛀。适作造纸材，包装材，木屐，砧板，家具板料等。木材价值低。诸如：高山榕 *F. altissima* Bl. 大果榕 *F. auriculata* Lour. 天仙果，垂叶榕 *F. benjamina* L.，无花果 *F. carica* L.，白肉榕 *F. champimii* Benth.，丛毛榕 *F. comata* Hand. -Mazz.，青果榕，印度橡胶树，黄毛榕，斜叶榕，尖尾榕，海南榕，异叶榕，粗叶榕，黄葛树，榕树，九丁树 *F. nervosa* Heyne ex Roth. 琴叶榕，雅叶榕 *F. concinamiq*（Miq.）Miq. 菩提树 *F. religiosa* L.，裂掌榕 *F. simplicissima* Lour.，变叶橇笔管榕 *F. rirens* Ait.。

【叶】　①代茶：大果榕 *F. auriculata* Lour.，嫩叶可代茶。厚皮榕 *F. callosa* Willd.，嫩叶及芽可食用。②饲料：尖尾榕叶可作猪饲料。枇杷果叶可作饲料。菩提树叶含粗蛋白10.5%~20.7%，是象、牛营养价值高的饲料。③药用：无花果叶入药，含补骨脂素，β-谷固醇，β-香树脂醇，佛手柑内酯，可生产抗菌剂"呋喃林"，又含愈疮木酚，芸香苷，可治痔疮。黄葛树叶入药，消肿止痛，主治筋骨疼痛，风眼流泪，皮肤瘙痒；外用治跌打损伤。榕树叶入药，清热解毒，化湿，主治流行性感冒，疟疾，支气管炎，急性肠炎，细菌性痢疾，百日咳。棱果榕 *F. septica* Burem. f. 叶浸汁作泻药。④放养紫胶虫：黄葛树枝叶可放养紫胶虫。尖尾榕 2~3 年适放养紫胶虫，为优良寄主树。⑤农药：无花果叶捣烂加水浸汁喷洒防治棉蚜虫。

【果实】　①食用：大果榕果味甜可食。天仙果果可食。含丰富葡萄糖，生食可口。原叶榕果可食。无花果，果含葡萄糖，蔗糖，柠檬酸，琥珀酸，草酸，苹果酸，莽草酸及植物生长激素，蛋白酶，维生素 C，为营养丰富防癌果实，可鲜食，制果酱，罐头，果脯，酿酒，有 400 多品种，果实形状有异，果皮颜色也多种。鸡嗦果 *F. pubigera*（Wall. ex Miq.）Miq.，果可食。地瓜榕果味甜酸可食，也可加工果酱，酿酒。台湾榕，果生食，味美。棱果榕，果生食，味甜，青果核味甜。②药用：无花果，果润肺止咳，清热润肠，主治咳喘，咽喉肿痛，便秘，痔疮，生食无花果助消化，有缓泻作用，对艾氏肉瘤有抑制作用。异叶榕果入药，下乳补血，主治脾虚胃弱，缺乳。薜荔果入药，含多糖类物质，肌醇，芦丁，β-谷甾醇，主用于宫颈癌，乳腺癌，前列腺癌，睾丸癌，尚治：遗精，阳痿，乳汁不通，闭经。花托含肌醇，芦丁，β-香树精乙酸酯，补肾固精，活血，催乳。天仙果可治痔疮。

【种子】　①油用：无花果种子含油量 30.4%，主成分：棕榈酸 5.5%，硬脂酸 2.3%，花生酸 1.1%，油酸 19.8%，亚油酸 35.1%，亚麻酸 34.2%，可作工业润滑油。薜荔种子 25.9%，主成分：棕榈酸 7.4%，硬脂酸 3.5%，油酸 12.5%，亚油酸 13.7%，亚麻酸 62.9%，可作掺和油漆用油。

【根（包括气根）】　药用：天仙果根入药，祛风化湿，止痛，主治风湿关节痛，头痛，跌打损伤，月经不调，腹痛，腰痛，带下，发育缓慢。无花果根入药，治筋骨痛，风湿麻木，颈淋巴结核；外洗治痔疮。从毛榕 *F. comata* Hand. -Mazz.，根入药，祛风行气，健脾利湿，主治风湿关节痛，劳倦乏力，消化不良，胸闷，白带，痈疽，溃疡久不收口。珍珠莲根入药，祛风化湿，主治慢性关节炎，乳腺炎。尖尾榕根入药，补气润肺，活血利尿，主治肺痨刀伤，跌打，小便不利，湿热胀泻。对叶榕根入药，清热利湿，消积化痰，主治感冒，气管炎，消化不良痢疾。风湿性关节炎。撕裂榕根入药，清热解毒，主治痢疾，尿路感染。黄葛树入药，祛风除湿，泡酒治劳伤腰痛。爬藤榕，根入药，祛风湿，行气血，消肿止痛，主治风湿性关节炎，神经痛，跌打损伤，消化不良，气血亏虚。榕树气根入药，发汗，清热，透疹。琴叶榕根入药，行气活血，舒筋活络，主治月经不调，乳汁不通，跌打损伤，腰腿疼痛，外用治乳腺炎。梨果榕 *F. poyriformis* Hook. et Arn.，根茎入药，清热利尿，止痛，主治肾炎，膀胱炎，尿道炎，肾性水肿，胃痛，珍珠莲，根茎入药，祛风除湿，消肿解，主治风湿性关节炎，乳腺炎，疮疖癣。粗叶榕，根入药，健脾化湿，行气化痰，舒筋活络，主治肺结核咳嗽，慢性支气管炎，风湿性关节炎，腰腿痛，肝炎水肿，病后溢汗，白带，竹叶榕 *F. stenophylla* Hemsl.，根入药，祛痰止咳，行气活血，祛风除湿，主治咳嗽，胸痛，跌打肿痛，肾炎，风湿骨痛，乳少。笔管榕，根入药，清热解毒，主治漆疮，鹅儿疮，乳腺炎。台湾榕根治白带，风湿病。

【全树】　①行道遮阴树：印度橡胶树，榕树，黄葛树，青果榕，高山榕，菩提树。②环保树种：无花果对多种有害气体抗性强，耐烟尘，为石矿、城市绿化环保树种。榕树对有害气体抗性强，SO_2，Cl_2 污染严重地区能正常生长，有一定吸收 Cl_2 能力，为重要环保树种。③紫胶虫寄主树：青果榕，高山榕，黄葛树，斜叶榕

牛筋藤属 *Malaisia* Blamco.

1 种，分布华南、台湾。藤本、牛筋藤 *M. scandens*（Lour.）Planch.，树皮含纤维素 48.54%，可制绳索或全藤搓制绳索。

桑　属 *Morus* L.

约 10 种，分布北温带至亚热带；中国产 9 种，分布各地。落叶乔木或灌木。

【树皮】　①纤维：桑树 *M. alba* L. 树皮含纤维素 48%，可制蜡纸，绝缘纸，皮纸，人造棉。鸡桑 *M. australis* Poir.，茎皮含 α-纤维素 90%，可制蜡纸，绝缘纸，人造棉。华桑 *M. cathayana* Hemsl.，含纤维素 67.32%，可制蜡纸，绝缘纸，皮纸，人造棉。蒙桑 *M. mongolica*（Buneau）Scheid.，茎皮纤维质优，可造纸，人造棉。②药用：桑树皮（桑白皮），含桑皮素，桑皮色烯素，环桑皮素，环桑皮色烯素，桦皮酸，泻火平喘，利水消肿，主治：肺热咳嗽，小便不利。③兽药：桑白皮，清肺平喘，行水消肿，治牛肺大，马前胸脯痛，鼻湿声空，牛马肺黄气喘，牛咳嗽，红痢，风寒感冒，骆驼大小便不通。

【木材】　边材黄白色，心材金黄至暗褐色，重量中，硬，强度中，干缩小，甚耐腐。适作：弓，扁担，乐器，运动器具，农具，车工，雕刻，建筑，椿柱等。木材价值上等。诸如桑，鸡桑，华桑，蒙桑，长果桑 *M. laevigata* Wall.，黑桑 *M. nigra* L.，湘桑 *M. wittiorum* Hand. -Mazz.

【枝条】　桑枝可编筐，农具。

【叶】　①饲桑：桑叶饲蚕。华桑、蒙桑叶不适饲。②药用：桑叶含腺嘌呤，叶酸，牛膝甾酮，桑色素五碳糖，葡萄糖，胡萝卜素，胆碱，黄酮苷，酚类，氨基酸，维生素 B_1，维生素 B_2，铜，锌，硼，镁，祛风清热，明目，主治头痛发热，目赤，口渴，吐血，风眼下泪，痈口不收敛，牙痛，咽喉红肿，下肢象皮肿，感冒，成药桑菊感冒冲剂。鸡桑，长果桑，蒙桑叶入药，功效同桑。③兽药：桑叶，祛风清热，凉血明目，治牛马角膜炎，风热感冒初起，喘咳，肺伤粗喘，猪红眼病，牛肩伤肿烂，骡、马、猪风热感冒。④农药：桑叶 5 倍煮液喷洒，防治棉蚜虫，红蜘蛛，棉炭疽病，小麦赤霉病，菜蚜虫，甘薯黑斑病，杀蛆，灭孑孓。

【花】　蜜源植物：桑花期 3~5 月，蜜粉较多。

【果】　①食用：桑葚可食，味甜或酿酒。鸡桑；华桑；蒙桑，黑桑，果均可食，味甜或酿酒，制醋。或作饮料。②药用：桑葚含糖，带果酸，维生素 B_1，维生素 B_2，维生素，胡萝卜素，丁二酸，矢车菊素，钙，滋补肝胃，养血祛风，主治水肿胀满，瘰疬结核，失眠健忘，便秘，明目安神，关节痛。华桑果入药，功效略次于桑。鸡桑果利尿，镇咳。

【种子】　油用：桑种子含油量 20%~35.4%，主成分：棕榈酸 8.1%~11.9%，硬脂酸 3.4%~3.6%，油酸 6.5%~7.8%，亚油酸 76.8%~81%，亚麻酸 1%，油可供制肥皂，掺和

油漆。

【根】 药用：桑根皮入药，含桑皮素，桑皮色烯素，环桑皮色烯素，桦皮酸，利尿，镇咳，主治水肿，喘咳，风湿，高血压。鸡桑，华桑，蒙桑，根皮入药，功效略同桑。

【全树】 环保树种，桑对 HS，SO_2 有害气体抗性强，为厂矿、城乡绿化环保树种。

鹊肾树属 *Streblus* Lour.

约 22 种，分布东亚；中国产 6 种，分布南部至西南。乔木。

【树皮】 药用：假鹊肾树 *P. aspera* Lour. Comer. 树皮入药，止血止痛，主治消化道出血，胃痛；外用治外伤出血。

【木材】 材浅黄褐至浅红褐色，轻，软，强度弱，干缩小，不耐腐。适作板料，木屐，造纸，包装材等。木材价值低。如鹊肾树、假鹊肾树等。

米杨噎属 *Teonongia* Stapf.

1 种，分布东亚：中国产 1 种，分布云南，华南。常绿乔木。

【树胶】 米杨噎 *T. tonkinensis* Stapf，树胶含量 46.54%，可制橡胶制品，耐酸碱，可制胶管，垫圈，车胎，胶板，胶鞋。

【木材】 材黄褐色，重量中，干缩小，不耐腐。适作板料，包装材，造纸材等。木材价值低。

辣木科 Moringaceae

1 属 12 种，分布非洲至西亚；中国引入 1 种，原产印度，广东、广西、台湾、福建厦门栽培。落叶乔木。

辣木属 *Moringa* Adans.

单属科

【叶，嫩果】 食用：辣木 *M. oleifera* Lam. 叶可作蔬菜或盐渍食用；叶果可研粉作咖喱粉配料。

【种子】 ①油用：辣木种仁含油 30%~49%，属不干性油，主成棕榈酸 5.5%，硬脂酸 7.8%，花生酸 2.7%，山嵛酸 1.2%，二十四碳烷酸 5.3%，油酸 75.8%，亚油酸 0.8%，油清澈透明，可作钟表润滑油，精密仪器润滑油。②凝香剂：辣木种子油为配制香优良凝香剂。

【根】 调料：根有辛辣味，可代辣根(Horseadish)，作调味品料。

杨梅科 Myricaceae

2 属 50 余种，分布热带、亚热带、温带，中国产 1 属 4 种，分布长江以南。常绿或落叶乔木或灌木。

杨梅属 *Myrica* L.

约 50 余种，分布热带至温带；中国产 4 种，分布长江以南。常绿或落叶乔木或灌木。

【树皮】 ①鞣质：毛杨梅 *M. esculenta* Buch. -Ham. 含鞣质 15%~36%，凝缩类，鞣革色浅，渗透快，为重要栲胶原料。杨梅 *M. rubra*（Lour.）Sieb. et Zucc. 含鞣质 11%，纯度，56.9%，凝缩类，鞣革性好，色浅，渗透快，为重要栲胶原料。②染料：杨梅皮可制褐色染料。③药用：杨梅皮含黄酮类杨梅皮苷，杨梅皮素，另含大麻苷，鞣质，主治泄泻，止痛，散瘀止血，刀伤出血，砒霜中毒，疥疮。毛杨梅皮也入药。④土农药：杨梅皮粉加水喷洒，可防治茶毛虫，蚜虫，灭蝇蚊。

【木材】 材浅红色至暗红褐色，材重，硬，强度中，干缩中，颇耐久难加工。适作农具，砧板，建筑，家具，工农具柄，坑木，雕刻，车旋品等，木材价值中等。如杨梅，毛杨梅，青杨梅 *M. adenophora* Hance。

【叶】 ①鞣质：杨梅叶含鞣质 12.6%，纯度 47%。②芳香油：杨梅叶含芳香油 0.02%~0.03%，作调香原料及食品、化妆品香精。

【花】 蜜源：杨梅花期 3~4 月，蜜、粉较多，为春季蜜源植物。

【果实】 ①食用：杨梅果含水分 92%，蛋白质 0.7%，脂肪 0.3%，碳水化合物 6.3%，钙 120mg/kg，铁 6mg/kg，磷微量，维生素 C 丰富，柠檬酸，苹果酸，草酸，花色素。生食，饮料，果汁，清凉剂，酿酒，罐头，果酱，蜜饯，话梅等。青杨梅果可盐渍青梅。毛杨梅可生食，盐渍，蜜饯。矮杨梅 *M. nana* Cheval.，果可食，味酸。②药用：杨梅果含糖类，柠檬酸，苹果酸，草酸，维生素。生津止渴，和胃消食，主治口干，食欲不振，助消化，止泄，夏季腹痛，胃痛，青杨梅入药，解酒，祛痰，止吐。毛杨梅入药参见杨梅。

【果核】 药用：杨梅果核烧炭外敷治脚气。

【核仁】 油用：杨梅核仁含油 40%，食用或工业用。

【根皮】 鞣质：杨梅根皮含鞣质 19.4%，纯度 66.1%。毛杨梅根皮亦含鞣质。

【根部】 药用：杨梅根入药，治胃气痛，膈食呕吐，吐血，痔疮出血，疝气，跌打损伤；外用治烧烫伤。杨梅根有收敛、止泄、止血之效。毛杨梅参见杨梅。

【全树】 具有菌根，耐瘠薄，水土保持。①紫胶虫寄主树：毛杨梅。②庭园观赏：杨梅绿阴浓深，初夏果实累累，适庭园点缀观赏。③环保树种：杨梅抗 SO_2，Cl_2 抗性强，可作厂矿绿化环保树种。

紫金牛科 Myrsinaceae

约 34 属 1000 多种，分布热带、亚热带；中国产 6 属 170 多种，主产长江以南。灌木、乔木。

紫金牛属 *Ardisia* Swartz

约 260 种，分布热带、亚热带；中国产 60 种，主产长江以南。灌木、小乔木或亚灌近草本。

【树皮】 ①鞣质：矮紫金牛 *A. humilis* Vahl，树皮含鞣质，可栲胶。②药用：密鳞紫金

牛 *A. densilepidotula* Merr.，主治腹痛，产后体虚，增强体质。多脉紫金牛 *A. nervosa* Walker，主治腹痛，便血。

【用材】 材红褐色，重硬中等，强度干缩中等，能耐腐，适作家具、胶合板、建筑、车厢材等，价值下等，如朱砂根，百两金，紫金牛，罗伞树。

【茎】 ①药用：紫金牛 *A. japonica* (Thunb.) Bl.，强壮止血，主治肺结核，咳嗽吐血；外用治跌打损伤；又治睾丸炎，肿痛，慢性支气管炎。② 能源薪柴：如罗伞树 *A. quinquegona* Bl.

【嫩叶】 ①蔬菜：茄花紫金牛 *A. solanacea* Roxb.，为滇南常食蔬菜之一。②代茶：南方紫金牛 *A. neriifolia* Wall.，嫩叶司代茶。

【叶】 药用：郎伞木 *A. elegans* Andr.，叶敷拔毒疮。走马胎 *A. gigantifolia* Stapf，叶外用治扭伤，痛疖肿毒，慢性溃疡。

【果实】 食用：朱砂根 *A. crenata* Smis. 果球形，径约 1cm，红色，可食，果期 10～12 月或 2～4 月。百两金 *A. crispa* (Thunb.) A. DC.，果球形，径 0.5～0.6cm，红色可食，果期 10～12 月。树杞 *A. sieboldii* Miq. 果熟黑色可生食。

【种子】 油用：朱砂根种子含油 20%～25%，可作肥皂或食用。百两金种子也可榨油用。

【根】 药用：细罗伞 *A. affinis* Hemsl. 散瘀活血，主治跌打损伤，也治喉蛾。九管血 *A. brevicaulis* Diels，入药称"血党"，具当归根作用。凹脉紫金牛 *A. brurnnescens* Walker，妇女产后燉肉食，增补体质。伞形紫金牛 *A. corymbifera* Mez，清热解毒，消肿止痛，主治风湿性关节炎，跌打损伤，咽喉肿痛，心胃气痛。朱砂根，为跌打损伤要药，并治多年老伤，主成分：紫金牛醌；根（叶）入药，祛风除湿，散瘀止痛，通经活络，主治风湿，消化不良，咽喉肿痛，月经不调。紫背紫金牛 *A. crenata* var. *bicolor* (Walker) C. Y. Wu et C. Chen 药效同朱砂根。百两金根主成分：紫金牛酸甲、乙，岩白菜内酯，对羟基二苯甲酮，主治喉痛；浸酒治跌打损伤又作接骨药扁桃体炎，肾炎水肿。大叶百两金 *A. crispa* var. *amphifolia* Walker，主治风湿，跌打，喉病，健脑。月月红 *A. faberi* Hemsl. 根（叶）主治感冒，咳嗽。走马胎根茎，祛风补血，主治产后腹痛，风湿，腰腿痛，跌打肿痛。紫金牛，解表破血，主成分：信筒子醌，密花醌，主治热淋，通经，并有驱虫作用。山血丹 *A. punctata* Lindl. 散瘀消肿，祛风止痛，通经活络，主治咽喉肿痛，口腔炎，月经不调，闭经，风湿性关节炎，妇女不孕症；外用洗无名肿毒。罗伞树，清咽消肿散瘀止痛，散热解毒，主治咽喉肿痛，风湿关节炎，痛肿，跌打损伤。

【全株】 药用：少年红 *A. alyxiaefolia* Tsiang ex C. Chen，平咳止喘，跌打损伤。九管血，祛风解毒，主治风湿筋骨痛，痨伤咳嗽，蛾喉，蛇伤，无名肿毒。小紫金牛 *A. chinensis* Benth. 止血止痛，活血散瘀解毒止痛，主治肺结核，咯血，吐血，跌打，痛经，又治黄疸，睾丸炎，闭经，尿路感染。细柄百两金 *A. crispa* var. *dielsii* (Lévl.) Walker，止血消炎，治喉痛，刀伤。郎伞木，主治腰骨疼痛，跌打损伤。狭叶紫金牛 *A. filiformis* Walker，镇咳平喘。走马胎，祛风补血，活血散瘀，消肿止痛；外敷痛疖溃疡；亦作兽药。紫金牛，主成分：岩白菜内酯，矮地菜素，杨梅皮苷，槲皮素，挥发油，鞣质，止咳化痰，祛风解表，活血止痛，主治支气管炎，大叶肺炎，小儿肝炎，肺结核，肝炎，痢疾，肾炎，尿路感染，痛经，跌打损伤，风湿筋骨痛，外用治皮肤瘙痒，漆疮。心叶紫金牛 *A. maclurei* Merr. 止血，清热解毒，主治吐血，便血，疔疮。珍珠伞 *A. maculosa* Mez，理气止痛，舒筋活络，清咽利喉，主治咽喉肿痛，胃痛，急性肠炎，风湿关节痛；外用治骨折。老舌红 *A. mamillata* Hance，散瘀止血，清热利湿，去腐生肌，主治风湿关节痛，跌打损伤，肺结核咯血，月经过多，痛经，肝炎，痢疾小儿疳积，产后虚弱，胆囊炎；外用止血，去疮毒。莲座紫金牛 *A. primulaefolia* Gandn. et Champ.，补血，主治痨伤咳嗽，风湿跌打，疮疖。九节龙 *A. pusilla*（Thunb.）A. DC.，清热解毒，消肿止痛，主治黄疸，跌打，月经不调，蛇咬伤。雪下行 *A. villosa* Roxb.，活血散瘀，消肿止痛，主治跌打损伤，痢疾，痈疮，咳血，风湿骨痛，吐血，红白痢疾，疥疮。罗伞树 *A. quinquegona* Bl. 清热解毒，治跌打，作兽药，治骨折，软骨症。

酸藤子属 *Embelia* Burm. f.

约 140 种，分布东半球热带、亚热带；中国有 20 多种，分布西南至东南。攀缘灌木或藤本，稀乔木。

【嫩叶】　野菜：酸藤 *E. laeta*（L.）Mez 白花酸藤子 *E. ribes* Burm. f.

【叶】　药用：酸藤子，叶外用治跌打损伤，皮肤瘙痒，外科洗药。白花酸藤子，叶外科洗药。瘤皮酸藤子 *E. scandens*（Lour.）Mez，鲜叶可作洗头剂，并可灭虱。

【果实】　①食用：酸藤子；大叶酸藤子 *E. subcoriacea*（C. B. Clark）Mez 白花酸藤子；齿叶酸藤子 *E. vestita* Roxb.，果可食，叶酸或带甜。②药用：白花酸藤子，主成分：信筒子醌，酸金牛醌，有驱虫作用。酸藤果，有滋壮补血功效。大叶酸藤子，驱蛔虫，多脉酸藤子 *E. oblongifolia* Hemsl.，驱虫（蛔虫、涤虫），止泄。齿叶酸藤子驱蛔虫。

【种子】　药用：多脉酸藤子种子驱蛔虫。

【根】　①药用：酸藤子根（带叶），祛风止痛，消炎止泄，主治肠炎痢疾，消化不良，咽喉肿痛，痛经闭经，跌打损伤。当归藤 *E. parviflora* Wall.，根显甾醇，酚性物质，补血调经，强腰膝，主治贫血闭经月经不调，白带腰腿痛，萎黄病，不孕症，有当归作用。网脉酸藤子 *E. rudis* Hand. -Mazz.，根（茎），清热解毒，滋阴补肾，主治月经不调，闭经，风湿病。疏花酸藤子 *E. pauciflora* Diels，祛痰，散毒，行血消肿，主治扁桃体炎，炭疽病，红丝疔。②兽药：酸藤子根（叶）治牛食胀，热病口渴。

【全株】　药用：大叶酸藤子，全株药用，祛风利湿，消肿散瘀，利尿消肿，主治肾炎水肿，肠炎腹泻，跌打瘀肿，产后腹痛。

杜茎山属 *Maesa* Forsk.

约 200 种，分布东半球热带、亚热带，少数太平洋，澳大利亚；中国产 29 种，分布长江以南。灌木稀小乔木。

【嫩叶】　代茶：金珠柳 *M. montana* A. DC.，鲫鱼胆 *M. perlarius*（Lour.）Merr. 小叶杜茎山 *M. parvifolia* A. DC. 代茶味美。

【茎（叶）】　药用：杜茎山 *M. japonica*（Thunb.）Moritzi.，外用治创伤出血，跌打损伤。

【叶】　①染料：金珠柳叶可作蓝色染料。②醉鱼：包疮叶 *M. indica*（Roxb.）A. DC.，叶入水塘可醉鱼捕获。

【果实】　①食用：银叶杜茎山 *M. argemea*（Wall.）A. DC.，果可食微甜，包疮叶果可食味甜。杜茎山果可食微甜。②油用：湖北杜茎山 *M. hupehensis* Rehd. 果含油 16.1%，半干性油，主成分：棕榈酸，驱绦虫。

铁仔属 *Myrsine* L.

【种子】 油用：针齿铁仔 *M. semiserrata* Wall.，种子含油 6.7%，半干性油，主成分：棕榈酸 7.7%，硬脂酸 22%，油酸 31.1%，亚油酸 56.2%，可制肥皂及润滑油。

【根或全株】 药用：铁仔属，清热利湿，主治肠炎，痢疾，牙痛。鲫鱼胆，去腐，生肌接骨，跌打损伤，疗疮，杜茎山祛风消肿，治皮肤病毒。

密花树属 *Rapanea* Aubl.

约 200 种，分布热带、亚热带；中国产 7 种，分布东南亚至西南。乔木或灌木。

【树皮】 鞣质：密花树 *R. neriifolia*（Sieb. et Zucc.）Mez 鞣质含量 20.11%，可提制栲胶。

【叶】 药用：密花树叶外敷治外伤。

【根皮】 药用：密花树，清热解毒，凉血，祛湿，主治乳腺炎，湿疹，膀胱结石；外用治疮疖。

【木材】 材淡红褐至红褐色，重，硬度中，强度中至弱，干缩大，稍耐腐，适作农具，家具、建筑、胶合板、车厢材等，价值下等。如密花树，尖叶密花树 *R. faber* Mez，柳叶密花树 *R. linearis*（Lour.）S. Moore。

肉豆蔻科 Myristicaceae

18 属约 400 多种，分布热带、亚热带；中国产 3 属约 20 种，又引入 1 属 2 种。分布华南、台湾、云南。常绿乔木稀灌木。

风吹楠属 *Horsfieldia* Willd.

风吹楠 *H. glabra*（Bl.）Warbg. 海南风吹楠 *H. hainanansis* Merr. 大叶风吹楠 *H. kinglii*（Memsi）Warlog，琴叶风吹楠 *H. pandurifolia* Hu. 滇南风吹楠 *H. tetratepala* C. Y. Wu。

约 90 多种，分布亚洲热带至澳洲；中国产 5 种，分布华南、云南。常绿乔木。

【木材】 橘红黄色，轻软至中，耐腐性弱。适作家具，胶合板，建筑、农具，箱板，器具等。木材价值下。诸如风吹楠海南风吹楠，大叶风吹楠，琴叶风吹楠，滇南风吹楠。

【种子】 油用：风吹楠干籽含油 48.48%，种仁含油 37.8%，属不干性油，主成分：月桂酸 41.2%，肉豆蔻酸 49.3%，棕榈酸 4.9%，其余在 1% 以下。海南风吹楠种仁含油量 19.1%，不干性油，主成分：癸酸 5.4%，月桂酸 28.6%，肉豆蔻酸 4.3%，棕榈酸 8.8%，油酸 9.5%，亚油酸 3.9%。大叶风吹楠种子含油量 33%~44%，主成分：肉豆蔻酸及月桂酸。琴叶风吹楠种仁含油量 56.2%，不干性油，主成分：癸酸 2.8%，月桂酸 39.6%，肉豆蔻酸 52.2%，棕榈酸 3.2%，油酸 1.3%。滇南风吹楠种仁含油量 34.1%，不干性油，主成月桂酸 3.6%，癸酸 4.8%，月桂酸 41.5%，肉豆蔻酸 39.1%，棕榈酸 5.9%，油酸 3.2%，亚油酸 1.5%。本属含月桂酸及肉豆蔻酸，为制皂的好原料，机械润滑油，增黏降凝双效的添加剂，用于航天航空各种仪表油。各种汽车、坦克、装甲车低温润滑油，所获聚甲基丙烯酸十四酯，添加0.5%，－20℃，10#机械油降凝为－42℃，添加0.5～25℃。25#变压器油降凝为－50℃。4～5年结果，亩产种子油35～50kg，发展本属种子油用资源。人工种植、用于军工、航空、汽车、变压器，特种油需要。

【全树】 物种资源；滇南风吹楠，海南风吹楠，琴叶风吹楠为濒危树种，要加强保护和发展。

红光树属 *Knema* Lour.

约70种，分布南亚；中国产5种，分布西南。常绿乔木。

【树皮】 树脂，红光树 *K. furfuracea*(Hook. f. et Thoms.) Warbg.，树皮受伤，分泌树脂可以利用。

【木材】 材高大通直，浅黄灰色，重量中，不耐腐，易虫蛀，易加工，适作家具，板料，胶合板，各种箱板，建筑，室内装修。木材价值下等。诸如：假广子 *K. erratica* (Hook. f. et Thoms.) J. Sind.，红光树，小叶红光树 *K. glabularia*(Lam.) Warbg.，大叶红光树 *K. linifolia*(Roxb.) Warb.，大果红光树 *K. macrocarpa* C. Y. Wu。

【种子】 油用：假广子种仁含油量16.3%，不干性油，主成分：肉豆蔻酸14%，棕榈酸14.9%，油酸62.6%，亚油酸3.6%。红光树种仁含油24.8%，不干性油，主成分：肉豆蔻酸56.8%，棕榈酸8.3%，油酸30%，亚麻酸2.4%。小叶红光树种仁含油量20%，不干性油，主成分：肉豆蔻酸25.5%，棕榈酸10.9%，十六碳烯酸25.6%，油酸25.8%。大叶红光树种仁含油量24.7%，主成分：肉豆蔻酸。本属种子油适作汽车、坦克、装甲车润滑油增黏降凝剂。

肉豆蔻属 *Myristica* Gronov.

约120种，分布东半球热带；中国产4种，引入2种。分布云南南、台湾南。常绿乔木。

【木材】 常绿乔木至大乔木，材浅灰红褐色，轻软至中，稍耐腐。适作胶合板，家具，板料，室内装修等。木材价值下等。诸如肉豆蔻 *M. fragrans* Hour.，滇南肉豆蔻 *M. yunnanensis* Y. H. Li，台湾肉豆蔻 *M. cagaganensis* Merr.，菲律宾肉豆蔻 *M. simiarum* A. DC.。

【种子】 ①油用：肉豆蔻种子含油量38%～46%，主成分：肉豆蔻酸40%～73%。云南肉豆蔻种子含油量4.87%～6.33%，主成分：肉豆蔻酸66.27%，棕榈酸11.17%，油酸14.62%。适作工业润滑油增粘降凝剂。②药用：肉豆蔻种子油，主治泻痢，呕吐；外用驱虫剂，风湿病，胃寒久泄，腹脘胀痛。③香料：肉豆蔻种子含挥发油8%～15%，主成分：肉豆蔻醚，丁香酚，甲基异丁香酚，右旋蒎烯，右旋莰烯，二戊烯，右旋芳樟醇，右旋龙脑，松油醇，牻牛儿醇，黄樟醇等，可作食品糕点、饮料、菜肴调味香料及化妆品香料。

【假种皮】 ①香料：肉豆蔻假种皮含油，成分与种子油类似，尚含肉豆蔻衣酸，肉豆蔻衣醇酸，可作调味品、化妆品、制烟香料，产地常把假种皮捣碎加入凉菜调料，或腌渍食品香料。②药用：肉豆蔻假种皮，健胃，祛风，娇臭，主治慢性风湿病，泻痢等。

【全树】 物种资源：云南肉豆蔻为濒危树种，应加强保护和发展。

桃金娘科 Myrtaceae

约 100 属 3000 种以上，分布热带美、亚洲、大洋洲；中国原产 8 属 90 多种，又引入 9 属 320 多种，分布主为华南、西南近热带地区。乔木或灌木。

肖蒲桃属 *Acmena* DC.

约 11 种，分布东南亚至澳洲，中国产 1 种，华南肖蒲桃 *A. acuminatissima*（Bl.）Merr. et Perry 大乔木，边材红褐色，心材棕褐色，适作家具、建筑、胶合板、车船、家具、器具，木材价值上等。

岗松属 *Baeckea* L.

约 68 种，主产大洋洲；中国产 1 种，分布南部。乔木或灌木。

【枝叶】 芳香油：岗松 *B. frutescens* L. 枝叶含芳香油 0.6% ~ 1.8%，主成分：α-蒎烯，β-蒎烯 4.2%，芳樟醇 15%，1,8-桉油精 19.6%，柠檬烯 6.7%，对伞花烯 27%，α-松油醇 2.6%，蛇麻烯 1.9%，β-丁香烯，小茴香醇，岗松醇，可用于一般皂用香精，杀虫剂。

【叶】 药用：主治毒蛇咬伤，烧烫伤，膀胱炎，外用治皮炎，湿疹。

【鲜茎叶】 农药，鲜茎叶浸液喷洒防治螟虫，蝼蛄，卷叶虫，药效 30%；枝叶加茶麸防治蚂蚁效 100%，酒精浸液灭孑孓效 96.6%。

【根】 药用：岗松，祛风除湿，解毒利尿，主治感冒高烧，黄胆性肝炎，胃痛，肠炎，风湿关节炎，膀胱炎，小便不利，脚气病。

【全株】 药用：外用治湿疹，皮炎，天泡疮，脚癣。

红千层属 *Callistemon* R. Br.

约 20 多种，产澳洲，中国引入 4 种，华南、云南、福建栽培。乔木或灌木。

【观赏】 桔香红千层 *C. citrinus* Stapf，花有桔香气。红千层 *C. rigidus* R. Br.，花绿色，雄蕊红色。柳叶红千层 *C. salignus* DC.，花瓣绿色，雄蕊黄色。美丽红千层 *C. speiosus* DC.，花美丽。

【耐盐碱】 红千层，柳叶红千层，美丽红千层，耐盐碱，适海滨栽培。

水翁属 *Cleistocalyx* Bl.

约 20 多种，分布热带亚洲及大洋洲；中国产 2 种，分布华南、云南。乔木。

【树皮】 药用：水翁 *C. operculatus*（Roxb.）Merr. et Perry，外用治烧伤，麻风，脚癣，皮肤瘙痒。

【木材】 水翁材暗黄红褐色，重量中，干缩小，稍耐腐，适家具，建筑，室内装修，箱盒等。木材价值中等。多脉水翁 *C. conspersipunctatus* Merr. et Perry，材近似。

【花蕾】 水翁花显黄酮类、酚类、氨基酸、糖类反应，主治感冒发烧，菌痢，急性肠胃炎，消化不良。

【叶】 药用：外用治急慢性乳腺炎。

【果】 食用：水翁浆果卵圆形，径1cm，紫黑色，可食。

【根】 药用：主治黄疸性肝炎。

子楝树属 *Decaspermum* J. R. et G. Fort.

约40多种，分布热带亚洲、大洋洲；中国产7种，分布华南、西南。灌木或小乔木。

子楝树 *D. gracilentum*（Hance）Merr. et Perry 及柬埔寨子楝树 *D. cambodianum* Gagnep. I）木材红褐色，边材黄褐色，较重硬。适家具，农具，建筑，室内装修，车辆，器具等。商品材价值中等。

桉　属 *Eucalyptus* L'Hér.

约600种，原产澳洲及附近岛屿，中国引入300多种，分布西南、华南至东部。乔木或灌木。

【树皮】 鞣质：白桉 *E. alba* Reinw. ex Bl. 含量30%～32%；单宁桉 *E. astringens* Maidem.，含量40%～57%；赤桉 *E. camaldulensis* Dehnh.，含量8%～17%；昆士兰桉 *E. cloeziana* F. v. Muell.，含量8～12%；常桉 *E. crebra* F. v. Muell.，含量6%～15%；白皮桉 *E. dealbata* A. Cunn. 含量4%～7%；异色桉 *E. divessiolora* F. v. Muell. 含量11%～12%，伞房花桉 *E. gummifera*（Gaertn.）Hoochr.，含量2%～4%；斑皮桉 *E. aculata* Hook.，含量3%～10%，蜜味桉 *E. melliodora* A. Cunn.，含量7%；小帽桉 *E. microcorys* F. v. Muell.，含量5%～7%；小套桉 *E. microtheca* E. v. Muell.，含量7%；偏叶桉 *E. oblique* L'Hér.，含量3%～7%；阔叶桉 *E. platyphylla* F. v. Muell.，含量32%；斑叶桉 *E. punetata* DC. 含量7%～8%；树胶桉 *E. resinifera* Smith，含量1%～6%；大叶桉 *E. robusta* Smith，含量6%～29.5%；野桉 *E. rudis* Endl.，含量2%～7%（印度测定）；柳叶桉 *E. saligna* Simth，含量5%～11%；弹帽桉 *E. seeana* Maiden.，含量6%，红皮铁桉 *E. sideroxylon* A. Cunn. ex Woolls，含量30%～40%；谷桉 *E. smithii* R. T. Baker，含量21%～26%；细叶桉 *E. tereticomis* Smith，含量3%～15%；狭叶桉 *E. umbellate* Gaertn. Domin，含量7.03%；多枝桉 *E. viminalis* Labill.，含量4%～5%。澳大利亚采用单宁桉提取栲胶（含量40%～57%），西部用异色桉（含量11%～12%）及白桉（含量30%～32%）。印度采用角质桉（含量28.13%）及野桉（含量15%），提制栲胶。从我国引种情况，以白桉，单宁桉，阔叶桉，大叶桉，红皮铁桉，谷桉等其鞣质含量约在30%以上，另一途径，我国每年利用桉叶仅雷州地区约8000万kg，提取桉叶油后的叶渣含10%～15%单宁，如能利用，可达50～80万kg鞣料；如全国推广，潜力很大，可获取很大数量鞣质原料。

【树胶】 ①鞣质：常桉树脂中含鞣质30%；柳叶桉树脂中含鞣质28.4%；细叶桉树脂中含鞣质62%，割取树脂后，提取单宁原料，一举两得单宁及树脂。②树胶：美叶桉 *E. calophylla* Lindl.，伞房花桉，树胶桉，可割取树胶，作胶粘剂及制硬橡胶利用。

【木材】 ①用材：①硬红桉类：心材红褐色，重硬至甚重硬，强度强，耐腐耐用（有些耐海蛆蛀）。适造船材，栋梁，桩木，枕木，桥梁，码头材，车辆，重型结构，家具，电杆，地板等。木材价值中等。诸如单宁桉，赤桉，细叶桉，伞房花桉，多花桉 *E. polyanthemos* Schau.，柳叶桉，窿缘桉，树脂桉，铁木桉，柠檬铁桉。②软红桉类：心材红褐色，轻软至中，不耐腐。供一般家具，板料，建筑，车辆板，包装箱等。木材价值下等。诸如剥皮桉，多枝桉。③硬黄桉类：材黄灰、灰棕、黄褐色，重硬至甚重，硬强度中，干缩大，稍耐腐。适车船，桥梁，建筑，家具，胶合板，电杆，枕木，坑木等。商品材价值中等。诸如柠檬桉 E. citriodora Hook. f. 昆士兰桉，大花序桉 E. cloeniana Ev. Muell.，蓝桉 E. globulus Labill.，小帽桉 E. microcorys F. v. Muell.，弹丸桉，蜜味桉 E. melliodora A. Cunn. ex Schau。④软黄桉类：材浅黄褐，黄白色，轻软，不耐用。适一般建筑，室内装修，水泥模板，包装板等，木材价值下等。诸如樟脑桉 E. camphora R. T. Baker，细园齿桉 E. crenulata Blakelly et de Beuzeville.。⑤黑桉类：心材黑色或灰黑色，重硬，适作家具，枕木，坑木，重车辆，装饰材等。木材价值下等。诸如小套桉，栓皮桉 E. beyeri R. T. Baker。②造纸材：80 年代我国人工桉树林 500 万亩，上述材色浅、边材大、比重适中者，造纸前途很大，如蓝桉，直杆桉，柳叶桉，窿缘桉，雷林 1 号桉 E. leichow No. 1，赤桉，大桉，昆士兰桉为好。纤维素含量高，木素含量低，易于漂白者，如蓝桉，雷林 1 号桉，柳叶桉，大桉为好，蓝桉纤维素含量 46.35%~49.6%，木素 20.58%~23.52%；雷林 1 号桉纤维素含量 44.35%~46.19%，木素 29.66%~30.33%，柳叶桉纤维素含量 48.37%~48.82%，木素 24.14%~25.72%；大桉纤维素含量 46.17%，木素 21.44%；窿缘桉纤维素含量 43.98%~45.63%，木素 26.52%~28.44%；赤桉纤维素含量 42.54%，木素 24.31%。其纤维形态：蓝桉纤维长 0.82 ~ 1.06mm，宽 14.5~16.9mm，长宽比 56.6~64.7；大叶桉纤维长 0.945mm，宽 16.8mm，长宽比 58；k 卵叶桉纤维长 0.87~0.93mm，宽 14.7~20.3μm，长宽比 54.8~59.2；雷林 1 号桉纤维长 0.74~0.88mm，宽 13.2~15.2μm，长宽比 44~60.5；赤桉纤维长 0.85mm，宽 20.5mm，长宽比 39.1；桉属平均纤维 0.59~1.06mm，平均宽 13.2~20.5mm，平均厚度 4.7~8.2mm。虽比针叶材纤维短，但长宽比并不差，造纸抗张强度，撕裂性也好。得率 40.8%~52.7%，各项指标均达文化纸要求。树龄以 10 年较好，因纤维长度、宽度到一定树龄下降。联合国粮农组织推荐 20 多种，我国以上述引入树种为好。

【茎叶】 精油：柠檬桉可提精油 0.5%~2%，主成分：香草醛 60%~80%，香草醇 15%~20%；杏仁桉含精油 1.5%~2%；常桉含量 0.16%，摩利桉幼茎叶含精油 1.6%~1.7%，主成分：桉叶醇 59%~63%；柳叶桉含精油 0.22%；谷桉含精油 1.1%~2.2%，主成分：桉叶醇 70%~77%。香草醛可制香草醇，制造薄荷脑，调和牙膏，润喉糖片，清凉喷雾剂，香精及药用。

【叶】 ①精油：广叶桉 E. amolifolia Naud.，叶含精油 0.79%~1.04%；杏仁桉含量 1.8%；容果桉 E. angophoroides R. T. Baker，含量 0.19%；单宁桉含量 0.5%~0.6%，二色桉含量 0.85%；双肋桉含量 0.92%；葡萄桉含量 0.11%；美叶桉含量 0.25%；赤桉含量 0.14%~0.28%，主成分：香草醛 65%~80%，香草醇 15%~20%，香叶醇，酯类，可用于香皂，化妆品香精重要原料，为我国出口之一，聚果桉含量 0.61%；干叶桉含量 1.7%~1.8%；心叶桉 E. cordata Labill. 含量 2.3%；常桉含量 0.16%；细园齿桉含量 0.65%；白皮桉含量 0.86%；异色桉含量 0.8%~1%；窿缘桉含量 0.82%，主成分：α-蒎烯 19.84%，β-蒎烯 5.11%，萜品醇 2.34%；蓝桉含量 1.8%~2%，主成分：桉叶醇 46%~62%，枯茗醛，异戊醇，α. 松油烃，樟脑烃等；可制牙膏，喷雾香水，止咳糖浆，口腔香精，合成香料，选矿剂等；大叶桉含量 0.12%~0.26%；伞房花桉含量 0.06%；约翰斯顿桉 E. dohustonii Maiden.，含量 1.28%；斜脉胶桉 0.26%；线叶桉 E. livneavis Delta.，含量 1.5%；斑皮桉含量 0.2%~0.78%；直杆桉含量 1.5%~2%；主成分：桉叶醇，蜜味桉含量 0.87%；小帽桉含量 0.71%~0.73%；小灰桉含量 0.48%；偏叶桉含量 0.77%；蓝白蜡桉含量 1.2%；卵叶桉含量 0.22%；帕拉马桉含量 0.57%；小花桉含量 1%~1.5%；弹丸桉含量 0.1%~1%；多花桉含量 0.83%；斑叶桉含量 0.63%~1.19%；树胶桉含量 0.42%；大叶桉含量 0.7%，主成分：桉油精，百里香酚，蓝桉醇，松香烯酮，适作香皂，防腐剂：红桉含量 0.07%；野桉含量 1.2%，柳叶桉含量 0.12%；弹帽桉含量 0.78%；红皮铁桉含量 1.5%~2.5%；谷桉含量 1.1%~2.2%；主成分：桉叶醇 70%~77%，蒎烯，用于牙膏，润喉糖片，喷雾剂；锥果桉含量 2.48%，细叶桉含量 0.5%~0.9%，主成分：对一聚伞花素，松油烃，桉叶醇，水芹香油烃，莳萝醛，制成合成香料；毛叶桉含量 0.25%；多枝桉含量 0.55%。以上桉叶油可作香料，药用，工业用矿石浮选剂，石油钻井防凝剂，多泡肥皂，消毒剂等。②黄酮类植物促进生长素：已作试验者：赤桉含黄酮类 4.67%；柠檬桉含黄酮类 7.87%；白皮桉含黄酮类 4.29%；伞房花桉含黄酮类 10.27%；雷林 1 号桉黄酮类 5.44%；野桉含黄酮类 5.29%。主成分：是黄酮类，对蔬菜、葡萄、柑橘、油菜、棉花均有增产作用，促进光合作用，增进植物物质积累及抑病作用。③饲料：如二色桉，伞房花桉，卵叶桉，蜜味桉等汁味甜，牲畜喜食。④药用：桉叶油可作清凉油，十滴水，风精油，止咳糖浆，驱虫油等。原叶入药，如窿缘桉叶主治风湿及皮肤病。蓝桉叶，健胃，祛风，祛痰，收敛，杀菌，主治各种化脓性创伤，溃疡，病症；针剂治女性器官病，又治眼疾。大叶桉，主成分：桉油精，百里香酚，古容莫，蓝桉醇，香芹酮，桉叶酸，苦味质，鞣质，树脂，抗谱广，抗菌力强，治阴道滴虫，杀钩端螺旋体，预防感冒，流行性脑髓炎，上呼吸道感染，咽喉炎，支气管炎，肺炎，急性肾盂肾炎，肠炎痢疾，丝虫病；外用治烧伤，蜂窝炎，乳腺炎，疖痈，丹毒，皮肤湿疹，脚癣。谷桉叶，主治口腔炎，止咳，含漱剂，消毒杀虫剂。细叶桉，预防流感乙脑炎，疟疾，痢疾，皮肤溃疡，痈疮，丹毒，乳腺炎，外伤感染，皮癣，神经性皮炎，气管炎。⑤兽药：桉树叶，治牛风寒感冒，猪肺炎，仔猪白痢，家畜皮肤创伤溃疡，湿疹，猪感冒，无名高烧。⑥农药：大叶桉防治棉蚜虫，金花虫，稻螟，黏虫，蛀心虫等。

【花】　蜜源植物：广叶桉蜜最多，每群蜂年产蜜 20~30kg，深琥珀色。单宁桉为春季优良蜜源。二色桉花期 8~11 月，每群蜂年产蜜 10~20kg，深琥珀色。双肋桉每群蜂年产蜜 20~30kg，色较深。赤桉花期秋季，每群蜂年产蜜 20~30kg，色较深。柠檬桉花期第一次 8~9 月，第二次花期 11 月至历年 2 年，每群蜂年产蜜 20~30kg，深琥珀色，昆士兰桉，花期 3~5 月，每群蜂年产蜜 20~30kg。常桉每群蜂年产蜜 20~30kg。白皮桉期 5~10 月，蜜质优。异色桉，花期 5~12 月，蜜产量、质量均高。窿缘桉花期 5 月，每群蜂年产蜜 20kg。蓝桉，冬季蜜源，每群蜂年产蜜 20~30kg 深琥珀色。伞房花桉产蜜。斜脉胶桉，花期 7~8 月，每群蜂年产蜜 20~30kg，色较深。雷林 1 号桉，花期 6 月，每群蜂年产蜜 20~30kg，深琥珀色。斑叶桉，每群蜂年产蜜 20~30kg，色较深。蜜味桉，花期长，蜜浓稠，芳香。小帽桉每群蜂年产蜜 20~30kg，色深。偏叶桉，每群蜂年产蜜 20~30kg。卵叶桉，每群蜂年产蜜 20~30kg，蜜浓郁香。少花桉，每群蜂年产蜜 20~30kg。多花桉，花期 11~12 月，为冬季蜜源之一。斑叶桉，每群蜂年产蜜 20~30kg，色较深大叶桉，花期 9~10 月，每群蜂年产蜜 20~30kg，深琥珀色。野桉每群蜂年产蜜 20~30kg，色较深。细叶桉，花期夏季，每群蜂年产蜜 20~30kg，深琥珀色。多桉桉，每群蜂年产蜜 20~30kg，色较深。桉属花蜜产量较高，但带桉叶醇味，质量较次，如经加工除去桉叶醇味，则质量上乘。

【果实】　药用：细叶桉果，消炎杀菌，祛痰止咳，收敛杀虫，预防流感，乙型脑炎，防治疟疾，肠炎腹泻，痢疾，皮肤溃疡，痈疮，红肿，丹毒，乳腺炎，外伤感染，皮癣，神经性皮炎，气管炎，咳嗽；杀蛆灭蚊。

【种子】　油用：赤桉种子含油3%，主成分：硬脂酸6.8%，油酸11.6%，亚油酸80.7%，大叶桉种子含油44%，主成分：棕榈酸5.5%，硬脂酸2.4%，油酸12.8%，亚油酸78.5%，种子油可用于医药，润滑油，食品、日化用油。

【全树】　①速生用材树种：葡萄桉，柠檬桉，斜脉胶桉，雷林1号桉，斑皮桉，刚果2号桉 E. 12ABL 等为引种中速生用材树种。②行道树种：二色桉，樟脑桉，蓝桉，大桉，多花桉，大叶桉，单宁桉，野桉为良好遮阴树种。④防护林树种：樟脑桉，多花桉，单宁桉，大叶桉，野桉，多枝桉，刚果12号桉，为良好防护林树种。⑤耐盐碱树种：隐缘桉 E. blaketyi Maiden，赤桉，为耐盐碱耐旱树种。⑥海滨沙地树种：粗皮桉。⑦绿篱树种：小套桉为良好绿篱树种。⑧观赏树种：双肋桉，灰枝桉，聚果桉，常桉，细园齿叶桉，蓝桉，大桉，线叶桉，直杆桉，蜜味桉，多花桉，单宁桉，大叶桉，红桉，红皮铁桉，锥果桉，多枝桉，为良好观赏树种。⑨环保树种：桉属树种抗污染，吸收有害气体，为常见环保树种。

番樱桃属 *Eugenia* L.

约100种，分布热带美洲，东半球少数；中国引入5种，分布华南至台湾。常绿乔木或灌木。

【木材】　丁香 *E. glandis* Wight.，材重量硬度中等，心材红褐色，耐腐中，强度强，适建筑，室内装饰，农具，小船等；木材价值下等。

【叶】　药用：番樱桃 *E. uniflor* L.，叶具刺激性香气，可驱虫；辅助谷仓驱虫。

【果实】　红果子微酸可食，又可制软糖，果酱，果冻。马来西亚番樱桃 *E. aquea* Burm. f.，巴西番樱桃 *E. brasiliensis* Lam.，台湾栽培，果均可食。

【全树】　观赏树种：红果子及吕宋番樱桃 *E. ahemiana* C. B. Robins.，冬季红果累累，适公园盆景观赏。

南美稔属 *Feijoa* Berg.

1种，原产南美洲；中国云南栽培。常绿灌木或小乔木。

南美洲稔 *F. sellowiana* Berg.

【果实】　食用：南美洲稔果径1.5cm，味甜，也可制果酱、果冻。

【全树】　观赏：花紫白色可供观赏。

白千层属 *Melaleuca* L.

约100种，分布大洋洲各地；中国引入3种，华南、福建、台湾栽培。乔木或灌木。

【树皮】　药用：白千层 *M. leucadendron* L. 树皮可提制"Cajaput"油，为兴奋剂，防腐剂，祛风剂及杀蛔虫药，又作安神剂治失眠症。

【木材】　心材灰红褐色，边材灰褐色，重至甚重，干缩中，强度强，心材耐腐。适造船，桩木、矿木、枕木，桥梁等湿地用材。商品材价值下等。如白千层，小花白千层 *M. parviflora* Lind. L。

【叶】　①芳香油：白千层含量1%~1.5%，可用于防腐剂，喷雾香水及日用卫生品。

②药用：白千层，主成分：桉油精，丁醛，戊醛，苯甲醛，丙酸。芳香解表，祛风止痛，尚有 α-蒎烯，dl. 柠檬烯，松油醇，桦木素，主治感冒发烧，风湿关节痛，神经痛，肠炎腹泻；外用治皮炎，湿疹。

【花】 蜜源植物：白千层花期 11~12 月，蜜量多粉量少。

【全树】 小花白千层，材形美观，可作行道树。

香桃木属 *Myrtus* L.

约 100 种，分布热带，亚热带；中国引入 1 种，南部栽培。常绿灌木（稀乔木）。

香桃木 *M. comaunis* L.，花可提取丁香油，作化妆品用。

番石榴属 *Psidium* L.

约 150 种，产热带美洲，中国引入 2 种，华南、福建、台湾、西南栽培。乔木。

【树皮】 鞣质：番石榴 *P. guajava* L. 含鞣质 8.51%~13.5%，可制栲胶及染料。

【木材】 材浅黄红褐色，重硬中等，干缩中，稍耐腐，供小器具用材，工具柄，木材价值下。如番石榴，草莓叶番石榴 *P. littorale* Raddi。

【叶】 ①芳香油：番石榴含芳香油 0.15%~0.26%，香气浓，可作调香原料。②药用：番石榴，主成分：槲皮素，匾蓄甙，番石榴苷，丁香酚，有抑菌作用，主治痢疾，出血，健胃，外用治创伤出血，久治不愈。③代茶：番石榴叶煮沸除去单宁，可代茶味甘清凉。④农药：叶煮液喷洒可防治稻螟虫。

【果实】 ①食用：番石榴果味甜，软滑可口，草莓叶番石榴，果肉松软多汁，味如草莓。②加工品、番石榴可加工罐头，果酱，蜜饯，果冻、果汁。③药用：番石榴果主治急慢性痢疾。

多核果属 *Pyrenocarpa* Chang et Miau

2 种，海南省特有。常绿乔木。

多核木 *P. hainanensis*(Merr.) Chang et Miau 及圆柱多核木 *P. teretis* Chang et Miau，为 10~30m 大乔木，可利用，材红褐色，适作家具，建筑，农具，器具。木材价值中等。

玫瑰木属 *Rhodamnia* Jack

约 20 多种，分布亚洲热带及大洋洲；中国产 1 种，分布海南，引入 1 种。灌木或小乔木。

玫瑰木 *R. dumetorum*(Poir.) Merr. et Perry，及海南玫瑰木 var. *hainanensis* Merr. et Perry，小乔木 6~15m，可利用，边材浅褐，心材紫红褐色，甚重硬，耐腐，适作农具，小器具，车船部件，枕木等。木材价值上等。

桃金娘属 *Rhodomyrtus*(DC.) Reich.

约 18 种，分布亚洲热带及大洋洲；中国产 1 种，分布南部。灌木或乔木。

桃金娘 *R. tomentosa*(Ait.) Hassk.

【树皮】 鞣质，含量 20.8%，可栲胶，纯度 63.95%。

【茎】　药用：含齐墩果酸，抗菌消炎，主治肝炎。

【枝叶】　①鞣质：含量12.8%，可栲胶。②染料：可作黄色、红色染料。

【叶】　药用：叶收敛止泄，止血，主治急性肠胃炎，消化不良，痢疾；外用治外伤出血。

【果】　①食用，桃金娘果鲜食味美。②加工品：可制软糖，果酱，酿酒。③药用：桃金娘果显黄酮苷，酚类反应，补血，滋养，安胎，主治贫血，病后体虚，神经衰弱，遗精，耳鸣。

【根】　药用：桃金娘祛风活络，收敛止泄，主治急性肠胃炎，消化不良，肝炎，痢疾，风湿性关节炎，腰肌劳损，子宫出血，肛脱；外用治外伤出血。

蒲桃属 *Syzygium* Gaertn.

约500多种，分布亚、非、大洋洲热带；中国产70多种，分布华南、福建、台湾、云南；另引入5种。常绿乔木或灌木。

【树皮】　鞣质：红鳞蒲桃 S. hancei(Hance)Merr. et Perrry，含量13.67%；阔叶蒲桃 S. lafilimbum(Merr.)Merr. et Perrry，含量30.34%，可提制栲胶。

【木材】　心材灰褐、红褐至暗紫红褐色，重至甚重，硬，强度强至中，干缩大至甚大，耐腐。适作雕刻，秤杆，造船，桥梁，建筑，枕木，农具等。商品材价值上等。诸如小叶蒲桃 S. buxifolium Hook. et Arn.，乌里蒲桃 S. cumini(L.)Skeels.，卫矛叶蒲桃 S. euonynifolium(Metc.)Merr. et Perry，赤辕蒲桃 S. championi(Benth.)Merr. et Perry，红鳞蒲桃，蒲桃 S. jambos(L.)Alston.，广东蒲桃 S. kwangtungensis(Merr.)Merr. et Perry，阔叶蒲桃。

【茎(叶)】　药用：短序蒲桃 S. pbrachythrrsum Merr. et Perry，主治肠炎，痢疾。

【叶】　药用　多花蒲桃 S. polyanthum(Wight)Walp. 主治腹泻痢疾。

【花蕾】　①芳香油：丁子香 S. aromaticum(L.)Merr. et Perry，为进口南药之一，主成分：丁香酚，乙酸丁香酚，制香料或调味品。②药用：丁子香主治霍乱，吐泻，腹痛及牙科防腐剂，清洁剂。③兽药：丁子香主治马积冷滞气，牛肠胃膨胀，牛马气闭，效显著。

【花】　蜜源植物：蒲桃花期3~4月，蜜量多。

【果实】　①食用：本属果可食诸如：尖萼蒲桃 S. acutisapalum(Hay.)Mori.，J、叶蒲桃，棒花蒲桃 S. claviflora(Roxb.)Wall.，乌墨蒲桃，卫矛叶蒲桃，红鳞蒲桃，恒春蒲桃 S. kusukusense(Hay.)Mori.，山蒲桃 S. levinei(Merr.)Merr. et Perry，马六甲蒲桃 S. malacceense Merr. et Perry，洋蒲桃 S. samararlgense(Bl.)Merr. et Perry，思茅蒲桃 S. szemaoense Merr. et Perry，其中蒲桃果味香，球形，径3~5cm。②药用：短宁蒲桃果润肺定喘，主治肺结核，哮喘。乌墨蒲桃果主成分：芳香醛，酚类物质，祛痰，润肺定喘，主治肺结核，

【根】　药用：小叶蒲桃，清热解毒，利尿平喘，主治水肿，哮喘；外用治烧烫伤。蒲桃含蒲桃素，生物碱，凉血收敛，主治腹泻痢疾，刀伤出血。轮叶蒲桃 S. grsii Merr. et Perry，祛寒散寒，活血破瘀，主治跌打损伤，风寒感冒，风湿头痛。

【全树】　①观赏植物：如多花蒲桃，洋蒲桃。②环保树种：蒲桃抗大气污染性强。

红胶木属 *Tristania* R. Br.

20多种，分布大洋洲一带；中国引入1种，华南栽培。乔木或灌木。

红胶木 *T. coenferta* R. Br.

【木材】 心材浅黄褐色至深黄褐色，材重硬，强度强，干缩甚大，耐水湿，心材耐腐蛀。适桥梁，码头，地板，建筑，球棍，滑轮，车辆，家具等。商品材价值上等。

【全树】 观赏植物花白色或黄色，可供观赏。

南天竹科 Nandinaceae

1 属 1 种，产中国及日本；中国分布自华北至长江以南大多数省区。常绿灌木。

南天竹属 *Nandina* Thunb.

单属科：

【树皮、茎皮、枝叶】 ①药用：南天竹 *N. domestica* Thunb.，主成分：小檗碱，南丁碱，南天竹碱，异波定碱；枝叶主成分：天竹碱，小檗碱，药根碱，木兰碱，绿南天竹碱，南天竹碱；鲜叶尚含氢氰酸。药效健胃强筋，主治腹泻，结膜炎，疝气。

【果】 药用：主成分：甲氧基天竹碱，异紫堇丁普罗托品，止咳平喘，主治咳嗽，哮喘，百日咳。

【种子】 油用：南天竹种子含油 12%，属半干性油，主成分：棕榈酸 20.4%，硬脂酸 4.1%，花生酸 7.0%，油酸 18.7%，亚油酸 46%，可作工业润滑及制肥皂。

【根（茎）】 药用：主成分：天竹碱，甲氧基天竹碱，普罗托品，小檗碱，药根碱，木兰碱，蝙蝠葛碱，绿南天竹碱，消热除湿，活血通经，主治感冒发热，结膜炎，肺热咳嗽，湿热黄疸，急性肠胃炎，尿路感染，跌打损伤；外用洗颈病。

【全株】 农药：全株浸液喷洒，防治棉蚜虫效果 80%。

【全树】 ①观赏：枝叶状日殷红，红果累累，经冬不凋，灿烂夺目；尚有五彩南天竹 var. *porpnyrocarpa* Makino，叶色多变，常现紫色，玉果南天竹 var. *leucocarpa* Makino，小叶翠绿，入冬不红，果带绿色。②指示植物：南天竹为钙质土指示植物。

紫茉莉科 Nyctaginaceae

33 属约 290 种，分布热带至亚热带；中国产 2 属 7 种，引入 2 属 4 种，分布台湾至西南。草本、灌木、乔木。

叶子花属 *Bougainvillea* Comm. et Juss.

约 18 种，分布南美洲；中国引入 2 种。蔓生灌木，分布华南，福建南，云南，江苏。

【花】 药用：光叶子花 *B. glabra* Choisy，花含毛蕊草糖，调和气血，主治赤白带下，月经不调。

【全株】 ①绿篱：光叶子花及叶子花 *B. spectabilis* Willd.，可作绿篱，栅架，也作盆景。②观赏：光叶子花苞片红色，满株繁花，极为美丽，可供观赏。叶子花，苞片鲜红色，有白橙色，花期长 6~12 月，我国栽培观赏。

紫茉莉属 *Mirabilis* L.

约80种，分布热带美洲，中国引入2种，分布长江流域以南。多年草本或亚灌木状。紫茉莉 *M. jalapa* L.，花紫色，或有黄色，花期8月至霜降，叶可治疱毒，为我国观赏植物之一。紫茉莉对 SO_2 抗性强，有环保作用。根：清热解毒，活血利湿，治毒疱。

蓝果树科 Nyssaceae

2属约10种，分布东亚及北美洲；中国产2属8种，分布长江以南。落叶乔木。

喜树属 *Camptotheca* Decne.

1种，喜树 *C. acuminata* Decne.，中国特产，分布长江以南。乔木。

【树皮、枝叶、果、根】 ①抗癌药用：分离出喜树碱，羟喜树碱，甲氧基喜树碱，脱氧喜树碱，喜树次碱，去氧喜树碱，喜树苷，喜树果苷，果含量最高，得率0.02%，次为根皮，得率0.008%，树皮次之，枝叶最少。主用于胃癌，结肠癌，直肠癌，白血病，颈部肿瘤，淋巴癌，膀胱癌，葡萄胎，肝癌，肺癌，均有疗效。②外用药：主治牛皮癣。

【木材】 黄白至浅黄褐色，轻，软，强度中，干缩小至中，不耐腐，易变色。适作火柴杆，包装箱，牙签，图板，胶合板，造纸材等。木材价值低。

【叶】 绿肥：干叶含氮2.62%，磷0.51%，钾2.56%，亩产叶500~750kg，1000kg肥效相当于维生素 B_1 131kg，过磷酸钙25.5kg，硫酸钾51kg。

【花】 蜜源植物：花期5~6月，蜜、粉较多。

【全树】 ①行道树：喜树端直荫浓，适行道树。②环保树种：喜树抗大气污染性中。

蓝果树属 *Nyssa* Cronov ex L.

约10种，分布东亚及北美洲；中国产7种，分布长江以南。乔木。

【树皮】 药用：蓝果树 *N. sinensis* Oliv.，可提取蓝果碱，有抗癌作用。

【木材】 黄白至黄淡褐色，蓝果树重量硬度中等，强度弱至中，干缩小至中，不耐腐。适作包装箱，木桶，家具，车辆，门窗，造纸材等。木材价值下等。

【果实】 油用：蓝果树果含油11%，主成分：月桂酸10.3%，肉豆蔻酸4.7%，棕榈酸16.4%~16.8%，硬脂酸4.3%~7.7%，十二碳烯酸10.6%，油酸30.4%~34.1%，亚油酸5.2%~21%，亚麻酸2.3%~25.8%，供工业用油。

【全树】 ①观赏树种：蓝果树秋后叶红，分外艳丽，可供观赏。②环保树种：蓝果树对 SO_2 抗性强，可作厂矿绿化环保树种。③物种资源：毛叶蓝果树 *N. yunnanensis* W. C. Yin，为濒危树种，应加强保护，最好在滇南人工保护种植高大乔木。

金莲木科 Ochnaceae

约46属600多种，分布热带至亚热带；中国产3属4种，分布华南。灌木或小乔木。

赛金莲木属 *Gomphia* **Aubl**.

约300种，分布热带；中国产1种，分布海南。灌木。

赛金莲木 *G. striata*（Van Tiegh.）C. F. Wei，种子油用：含油量29.4%，主成分：棕榈酸21.2%，硬脂酸6.4%，油酸37.4%，亚油酸38%，油可供作肥皂，润滑油。

金莲木属 *Ochna* **L**.

约85种，分布亚、非、美洲，热带至亚热带；中国产1种，分布两广、海南。灌木，或乔木。金莲木 *O. integerrima*（Lour.）Merr. 为灌木，花黄色，似金丝桃，供观赏用。

合柱金莲木属 *Sinia* **Diels**

1种，分布中国广西。小灌木。合柱金莲木 *S. rhodoleuca* Diels，花瓣5，红白色，可作观赏植物。我国特有稀有种，迁地保护作观赏植物，应研究根茎药用价值。

铁青树科 Olacaceae

26属约260种，分布热带至亚热带；中国产5属8种，分布秦岭以南。攀缘灌木或乔木。

赤苍藤属 *Erythropalum* **Bl**.

3种，分布亚洲西南部；中国产1种，分布华南，西南，西藏。常绿木质藤本。赤苍藤 *E. seandens* Bl.

【叶】　赤苍藤嫩叶可作蔬菜食用。叶捣汁可外敷治水肿。

【茎】　药用：治风湿骨痛。

【根】　①鞣质：赤苍藤根含鞣质，可提制栲胶。②药用：赤苍藤根浸酒或煮肉治水肿。

【全株】　药用：赤苍藤全株入药，清热利尿，主治肠炎，尿道炎，急性肾炎，小便不利。

蒜头果属 *Malania* **Chun et S. Lee**

1种，中国特产，分布广西西南、云南东南。常绿乔木。蒜头果 *M. oleifera* Chun et S. Lee：

【木材】　材黄褐色，重量中，干缩甚小，不耐腐。适作建筑板料，包装箱，造纸材等，木材价值低。

【种子】　油用：蒜头果种仁含油量51.9%~64.5%，主成分：肉豆蔻酸0.8%~1.8%，棕榈酸0.9%~1.5%，花生酸2.8%，油酸11.6%~12.6%，亚油酸0.2%~0.8%，芥酸13.6%，二十四碳烯酸62%~66.7%，油可食用，但不宜多食，可生产十五碳二酸原料，作润滑油，肥皂等工业用油。油粕可作肥料。

【物种资源】　我国特有人工种植油用植物。

铁青树属 *Olax* **L.**

约 55 种，分布东半球热带至亚热带；中国产 3 种，分布华南、云南。乔木。铁青树 *O. wighiana Wall.* ex Wight. et Arn.，黄叶铁青树 *O. acuminata* Wall. ex Benth.，止乔铁青树 *O. austro-sinensis* Y. R. Ling 果熟时红色，可食，味甜。

青皮木属 *Schoepfia* **Schreb.**

约 35 种，分布热带至亚热带地区；中国产 3 种，分布陕西、甘肃、河南以南。落叶灌木或小乔木。

【木材】 材黄至浅黄褐色微绿色，重硬中等，不耐腐，易裂，适作建筑和家具板料，包装材，造纸材等。木材价值低。诸如香芙木 *S. fragrans* Wall.，华南青皮木 *S. chinensis* Gardm. et Champ.，青皮木 *S. jasminoides* Sieb. et Zucc.。

【种子】 油用：香芙木种子含油，可作工业用油。青皮木种子含油量 38.7%，主成分：棕榈酸 10%，硬脂酸 7.2%，花生酸 17%，油酸 51.5%，亚油酸 2.4%，油可供工业用润滑油，制肥皂。

【根（枝叶）】 药用：华南青皮木，清热利湿，消肿止痛，主治急性黄疸性肝炎，风湿痹痛，跌打损伤，骨折。

【全株】 药用：青皮木全株入药，散瘀，消肿止痛，主治急性风湿性关节炎，跌打肿痛。

海檀木属 *Ximenia* **Dlum. ex L.**

约 10～15 种，分布热带；中国产 1 种，分布海南。灌木至小乔木。海檀木 *X. americana* L.，木材可作檀香木的代用品。种子可以榨油。果实熟时橙黄色，味甜可食。

木犀科 Oleaceae

约 27 属 400 多种，分布温带至亚热带；中国产 12 属 170 种，又引入 5 属 16 种。分布在全国。常绿或落叶乔木或灌木。

流苏树属 *Chionanthus* **L.**

2 种，1 种产北美洲，1 种产中国，分布东北、陕西、甘肃、山西以南地区。落叶灌木或小乔木。流苏树 *O. retusus* Lindl. ex Pexl.。

【木材】 材淡黄色，重硬，花纹美观，稍耐腐。适作家具，工农具柄，农具，细木工等。木材价值中等。

【芽及嫩叶】 可代茶，味佳。

【种子】 油用：种子含油量 12.9%，种仁含油量 34.6%～36.5%，主成分：棕榈酸 4.6%～6.9%，硬脂酸 0.5%～1.4%，油酸 51.7%～54%，亚油酸 39.5%～40.9%，亚麻酸 1.1%，油可食用或作工业润滑油，肥皂。

【根】 药用：治疟疾。

雪柳属 *Fontanesia* Labill.

约 2 种，分布西亚，西西里，中国产 1 种，分布东北，陕西以南至长江流域。灌木。雪柳 *F. fortunei* Carv.。

【枝条】　可编织箩筐篮篓。

【茎皮】　纤维：可制人造棉。

【叶】　嫩叶可代茶。

【种子】　油用：种子含油 12.1%，主成分：棕榈酸 4.6%，硬脂酸 1.6%，油酸 23.2%，亚油酸 68.5%，亚麻酸 2.1%，油可供作润滑油，日化用油。

【全林】　观赏树种：春天繁花竞放，似覆雪，为良好观赏树种。

【木材】　边材黄白色，心材浅紫红色，轻软至中，适作一般农具，小器具，小家具，木材价值下等。

连翘属 *Forsythia* Vahl.

7 种，分布欧洲至日本；中国产 4 种，分布东北，陕西、甘肃以南。灌木。

【枝条】　连翘枝条软，可编萝筐。

【叶】　药用：金钟花 *F. viridissima* Lindl.，叶可洗治疮疥，主成分：牛蒡子苷。

【果实】　①果壳(果皮)：药用：连翘 *F. suspensa* (Thunb.) Vahll.，主成分：连翘酚，齐墩果酸，抗菌，消炎，主治：肝炎，急性肾炎，风热感冒，咽喉肿痛，斑疹，丹毒，痈疖肿毒。②果实：药用：连翘果入药，消热解毒，消肿散结，主治风热感冒，咽喉肿痛，痈肿疮毒，小便淋闭，成药有银翘解毒片。金钟花，果入药，清热解毒，散结消肿，主治：风热感冒，心烦，咽喉肿痛，热淋，斑疹，瘰疬，丹毒，肾结核。③兽药：连翘果，清热解毒，散结消肿，治马怔惊不安，牛马喉黄，牛马筋疗，牛肚底黄，马粪门坐疮，骡马喉肿。

【种子】　①芳香油：连翘种子提精油，棕褐色，芳香，作香料用油。②油用：连翘种子含油量 25.2%~39.2%，主成分：棕榈酸 4.3%~6.6%，硬脂酸 2%~3.2%，油酸 16.4%~18.9%，亚油酸 67.5%~77.3%，亚麻酸 2.8%，供制香皂，化妆品，油漆原料。金钟花种子油可制肥皂，化妆品，油漆原料。

【全林】　①观赏植物：金钟花花期早，为早春金花满枝的观赏植物。连翘花色金黄，先叶开放，为优良早春观赏花木。②环保树种：连翘，金钟花，抗 SO_2 抗性中，为环保树种之一。

梣属 *Fraxinus* L.

约 70 种，主产北温带：中国产 20 多种，引入 7 种。分布全国。落叶乔木或灌木。

【树皮】　①染料：小叶梣 *F. bungeana* DC.，树皮含皂角苷，可作青色染料。②药用：小叶梣，主成分：秦皮苷，秦皮亭，入药称秦皮，健胃收敛，主治肠炎下痢，收敛止泄，又煎汁治眼疾。白蜡树 *F. chinansis* Roxb.，主成分：秦皮素，秦皮苷，七叶树素，调和血脉，止血生肌。主治疟疾，月经不调，小儿头疮。锈毛梣 *F. ferruginea* Lingelsh.，树皮入药，收敛消炎，主治顽固性腹泻，痢疾，蛔虫。水曲柳 *F. mandshurica* Rapr.，树皮可代秦皮药用。黄连木叶白蜡树 *F. pistacifolia* K. M. Feng，树皮入药，健胃消食，行气理气，主治食积胃痛，慢性胃炎，气滞经闭，偏头痛，间日疟及恶性疟疾。花曲柳 *F. rhynchophylla* Hance，树皮主成分：七叶树苷，七叶树内酯，健胃收敛，清热解毒，止血可代秦皮入药，主治疟疾，月经不调，小儿头痛，肠炎痢疾，白带，慢性气管炎，慢性结膜炎；外用治牛皮癣。尖叶白蜡树 *F. acuminata* Ling 及秦岭白蜡树 *F. faxiama* Lingelsh，在陕西代秦皮入药。③兽药：大叶梣作兽药，凉肝明目，清热燥湿，治牛眼赤肿，牛马风热感冒发热，肠黄泄痢，拉血，猪仔白痢。④纤维：白蜡树皮纤维可代麻，制造人造棉。

【木材】 ①白蜡树类：材浅黄褐至灰褐色，重量、硬度、强度、干缩中等，韧度中，稍耐腐。适作家具，工具柄，农具，车辆，体育器材，建筑，胶合板，坑木，枕木等，价值中等。诸如白蜡树，小叶梣，台湾白蜡树 *F. insularia* Hemsl.，大叶白蜡树 *F. americana* L.，欧洲白蜡树 *F. excalsior* L.，锈毛梣，白枪杆 *F. malacophylla* Hamsl.，加州蔥 *F. oregona* Nutt.，美国红梣 *F. pennsyhranica* Marsh.，尖果白蜡树 *F. oxycarpa* Willd.，黄连木叶白蜡树，天山梣 *F. sogdiana* Bunge，绒毛白蜡树 *F. relutina* Torr.，光蜡树 *F. griffithii* C. D. Clorlle.，钝翅白蜡树 *F. inopinata* Lingelsh，秦岭白蜡树 *F. faxiana* Lingdsb.，象蜡树 *F. platyrpoda* Oliv.，苦枥木 *R. retusa* Champ.。②水曲柳类：大乔木，边材黄白色，心材浅栗褐色，材性中等，耐腐，适作上具柄，胶合板，车船，枪托、家具、农具、体育器材等。如水曲柳，花曲柳。

【叶】 饲料：大叶白蜡叶肥厚柔软，是牛羊喜食的好饲料。天山梣，叶柔软富营养，为牛羊等牲畜的好饲料。

【枝条】 编织：白蜡树枝条可编织提篮，抬筐，笆斗等农具生活用具。

【枝叶】 放养白蜡虫：白蜡树枝叶放养白蜡虫，雄虫分泌物可制白蜡，白蜡经加工后可用于以下诸方面：①国防工业：密封弹口，防潮保效。②工业：制蜡纸，蜡布，蜡烛，蜡线，蜡绳，各种精密仪器防湿防锈剂，润滑剂。③轻工：纺织造纸的着光剂，家具，文教用品涂蜡光亮美观。④医药：止血止痛，促进伤口收口，防止皮肤冻裂，中药丸蜡制外壳，白药瓶封口，保持药品经久不坏。

【花】 蜜源植物：水曲柳花期5~6月，蜜粉较多。

【种子】 油用：小叶梣种子含油量15.8%，可制肥皂。白蜡树种子含油量16.3%，主成分：棕榈酸3.2%，硬脂酸1%，油酸31.8%，亚油酸62.1%，亚麻酸2.4%，可用于日化用油及润滑油。水曲柳种子含油量13.1%，主成分：月桂酸15.4%，肉豆蔻酸6.3%，棕榈酸3.7%，油酸20.3%，亚油酸54.2%。油用于日化，轻工用油。大叶梣种子含油量15.8%，主成分：癸酸7.7%，月桂酸4.4%，肉豆蔻酸3.5%，棕榈酸4.3%，硬脂酸1.7%，油酸17.1%，亚油酸59.2%，亚麻酸1.8%，油可用于制肥皂，医药用油。

【根】 药用：白花杆根入药，清热利尿，通便，主治：膀胱炎，膀胱结石，小便不利，便秘，疟疾。黄连木叶白蜡树根入药，驱虫。

【全树】 ①绿化树种：大叶白蜡树，根系发达，绿化后可保持水土。白蜡树为固沙护堤良好树种。欧洲白蜡树，高大雄伟，为良好庭园绿化树种。美国红梣为优良的行道树及农田防护林树种，沙区可植。大叶蔥为良好行道树种。天山梣为防护林及城市绿化树种。②环保树种：白蜡树抗有害气体性强，为环保树种之一。③物种资源：水曲柳是我国地板、胶合板重要的树种，已渐危，可在东北大力发展，限量采伐，满足今后需求。

素馨属 *Jasminum* L.

约 200 种，分布东半球热带至亚热带：中国产 27 种，分布陕西、甘肃以南地区，直立或攀缘灌木。

【茎叶】　药用：扭肚藤 *J. amplexicaule* Bucb. Ham.，茎叶入药，清热解毒，利湿消滞，主治急性肠胃炎，痢疾，消化不良，急性结膜炎，急性扁桃体炎。矮素馨花 *J. bumale* L.，叶入药，清火解毒，主治烧烫伤，疮毒红肿（外用敷治）。北清香藤 *J. lancaolarium* Roxb. 茎入药，祛风除湿，活血散瘀，主治：风湿筋骨痛，腰痛，跌打损伤。迎春花 *J. nudiflorum* Lindl.，枝含迎春花素，丁香素，丁香苷，清热解毒，主治恶疮肿毒，阴道滴虫；叶解毒消肿，止血止痛，主治：跌打损伤，外伤出血，痈疖肿毒，口腔炎，外阴瘙痒。青藤子 *J. nervosum* Lour.，茎叶入药，清湿热，排脓生肌，主治腰肌劳损，疮疡脓肿（捣烂外敷水洗）。

【花】　①芳香油：北清香藤花可提芳香油。素馨花 *J. officinale* L.，鲜花含芳香油 0.25%~0.35%，主成分：乙酸苄酯，芳樟醇，素馨酮，吲哚，邻氨基苯甲酸甲酯，香气优雅，为名贵香料，作高级化妆品，皂用香精。茉莉花 *J. sambac*（L.）Ait. 鲜花含精油 0.2%~0.3%，主成分：苄醇，酯类，素馨酮，芳樟醇，乙酸苯甲酯，茉莉酮，用于高级香精，作化妆品重要原料。大花茉莉 *J. grandillorum* L.，花浸膏得率 0.33%~0.36%，主成分：苯甲酸苄酯，茉莉内酯，乙酯苄酯，α-芳樟醇，顺式茉莉酮，异植醇，苯甲酸顺式乙烯酯，苄醇，邻苯二甲酸二丁酯，棕榈酸甲酯，吲哚，茉莉酮酸甲酯，丁香酚，植酮，主要用于高级香水，香皂，日用化妆品香精中，保持鲜花香气，浓郁持久，质量达国际水平。②药用：鲜花成分见上，大花茉莉入药，舒肝解郁，行气止痛，主治肝炎，肝区痛，心胃气痛，痢疾腹泻。迎春花入药，解热发汗，利尿，主治发热头痛，小便热涌，下肢溃疡。青藤子花主治痢疾。素馨花花蕾入药，舒肝解郁，化滞止痛，主治：胸肋胀闷，肋下疼痛。茉莉花入药，清热解毒，利湿，主治外感风热，腹泻；外用治目赤肿痛。③薰茶：茉莉花香茶，中国年产大量茉莉花茶，供应国内市场及出口外销。

【根】　药用：大素馨花 *J. cinnamomifolium* Kobuski var. *axillare* Kobuski，根入药消炎，接骨。主治咽喉肿痛，尿闭；外用治骨折，外伤出血，疮疔肿毒。光素馨 *J. diversifolum* Kobuski var. *glabriamosum*（W. W. Smith）Kobuslli，根入药，祛风除湿，行血止痛，主治风湿关节痛，腰痛，感冒发热，全身酸痛；捣烂外敷救治跌打损伤，骨折，外伤出血。黄素馨 *J. giraldii* Dids.，根入药，活血祛风，生肌收敛，主治跌打损伤，瘀血脓滞，骨折，刀伤，内服及捣烂外敷。四季素馨 *J. seguinii* Lévl.，根入药，止血，主治跌打损伤，外伤出血，骨折，疮疖，内服或捣烂外敷。

【种子】　油用：北清花藤种子含油 16.9%，主成分：棕榈酸 44.6%，硬脂酸 6.6%，十六碳烯酸 5.8%，油酸 30%，亚油酸 23%，亚麻酸 5.6%，油供日化用油。

【全株】　①药用：红花茉莉 *J. beesianum* Forr. et Dids.，全株入药，通经活络，利尿，主治：闭经，风湿麻木，小便不利。桂叶素馨 *J. lautifolium* Potb.，全株入药，清热解毒，消炎利尿，消肿散瘀，主治痢疾，尿路感染，膀胱炎，肾炎水肿，跌打损伤，扭挫伤。云南素馨 *J. mesnyi* Hance，全株药用，清热解毒，主治阴道滴虫，热淋，小儿热咳，惊风。素兴花 *J. polyanthum* Franch.，全株入药，行血，调经，止痛，清热，散结，主治肝炎，胃痛，月经不调，痛经，带下，口腔炎，睾丸炎，乳腺炎，淋巴结核，皮肤瘙痒。②观赏：二歧茉莉 *J. dichotomun Vahl.*，花香，供观赏。毛茉莉 *J. multiflorum*（Burm. f.）Andr.，花白芳香，供观赏。迎春花，花期极早，金黄可爱，供绿篱、盆景、插瓶观赏。素馨花，树姿优美，花色芳香，园林观赏佳品。茉莉花，品种很多，单瓣，双瓣，重瓣，花期长，供盆景，插瓶，佩戴观赏。

女贞属 *Ligustrum* L.

约 45 种，分布亚、欧；中国约 29 种，引入 4 种，南北均有分布。常绿或落叶乔木，灌木。

【树皮】 ①鞣质：蜡子树，树皮含鞣质，可提制栲胶。②纤维：蜡子树树皮纤维可制绳索，小蜡树树皮纤维量 67.82%。可作人造棉。③染料：欧洲女贞 *L. vulgare* L.，树皮可提黄色染料，供染羊毛。

【木材】 材浅黄褐色，重量、硬度、强度、韧度中等，干缩小至中，稍耐腐。适作家具，建筑，农具，工农具柄，车工品，雕刻等。木材价值中等。诸如女贞 *L. lucidum* Ait.，蜡子树、川滇蜡树 *L. delaraprum* Harilot.，长叶女贞 *L. compactum* Hook. f. et Thoms. ap. Brand.，日本女贞 *L. japonicum* Thumb.，狭叶女贞 *L. melongense* B. S. Sum.，小果女贞 *L. microcarpum* Kanchira et Snsaki，水蜡树 *L. obtusifolium* Sieb. et Zucc.，卵叶水蜡树 *L. oralifolium* Hassk.，总梗女贞 *L. pedunculore* Rehd.，小叶女贞 *L. quihoui* Carr.，凹叶女贞 *L. retusum* Merr.，小蜡树 *L. sinense* Lour.，华东女贞 *L. calleryanum* Dence.，欧洲女贞。

【枝叶】 ①放蜡虫：女贞枝叶放养白蜡虫，雌虫泌蜡，蜡可用于制蜡纸，蜡烛，蜡线，枪弹及仪器防潮防锈剂，润滑剂，纺织造纸着光剂，家具具用涂蜡剂，医药封口剂等。日本水蜡树 *L. ibota* Sieb. et Iuce. 也可生产蜡，供各种用途。②药用：日本女贞，叶主成葡萄糖，甘露醇，维生素 C，维生素 K，茎叶入药，清热解毒，主治牙痛，口疮；外敷治水疮。女贞，皮叶含紫丁香苷，熊果酸，丁香苷，解热镇痛，治口舌生疮；外敷治诸疮。总梗女贞叶入药，清热散风，除烦解渴，主治头痛，齿痛，耳鸣，目赤红肿。小叶女贞叶可治烧烫伤。小蜡树，叶入药，清热躁湿，消肿解毒，去生肌，主治火烫伤，脓肿，指头炎，外部感染。③饲料：女贞叶可作猪饲料。④代茶：水蜡树嫩叶可代茶。小叶女贞叶焙干代茶。

【花】 ①蜜源植物：女贞花期 6~7 月，蜜、粉较多，种多时可取蜜。小蜡树花期 6~7 月，蜜粉较多。②芳香油：女贞花可提制芳香油，作调香原料。小叶女贞花可提芳香油。

【果实】 ①药用：女贞叶果实含齐墩果酸，抗菌消炎，主治肝炎，神经衰弱。小叶女贞，果入药，祛痰止咳，抗菌，主治小儿口腔炎，烧烫伤，黄水疮。②淀粉：女贞果实含淀粉 26.43%，可酿酒。小蜡树果实含淀粉，可酿酒。③染料：欧洲女贞果可作绿色和黑色染料。④油用：女贞果实含油 7.8%~14.8%，种子含油量 15.8%，主成分：月桂酸 1%~1.2%，肉豆蔻酸 0.3%~1.2%，棕榈酸 7.3%~16.7%，硬脂酸 2.3%~4%，花生酸 0.8%~5.4%，油酸 47%~48%，亚油酸 20.8%~34.8%，亚麻酸 0.8%~2.6%，可制肥皂，润滑油。水蜡树果实及种子含油量 5.3%~18.6%，主成分：棕榈酸 4.7%~9.1%，硬脂酸 1.8%~2.6%，油酸 47.5%~60.9%，亚油酸 21.5%~44%，亚麻酸 1.1%~6.3%，油可供制肥皂及润滑油。小叶女贞果实含油 15.6%，主成分：癸酸 4.8%，月桂酸 3.2%，棕榈酸 8.7%，硬脂酸 2.1%，油酸 51.8%，亚油酸 24.4%，亚麻酸 2.5%，油可供制肥皂及润滑油。

【种子】　①油用：蜡子树种子油可作润滑油，肥皂。日本女贞种子含油量 18.8%，主为油酸、亚油酸，可作润滑油用。女贞种子含油量 10%~15%，可作肥皂及润滑油。小蜡树种仁含油率 22.3%，主为油酸、亚油酸，可作肥皂油。②代咖啡：日本女贞，日本水蜡树种子在日本烤焙代咖啡饮用。

【根】　药用：女贞根入药，有散气止痛功效。

【全树】　①药用：狭叶女贞 *L. melongense* B. S. Sun 全株入药，清热消炎，平肝泻火，主治：急性黄疸性肝炎。②绿篱植物：日本女贞，卵叶水蜡树，小叶女贞，小蜡树，欧洲女贞。③绿化行道树种：日本女贞，女贞，水蜡树，小叶女贞，小蜡树。④环保树种：女贞树抗 SO_2，Cl_2，HF 抗性均强，为常见环保树种。小蜡树抗 SO_2 强，可作厂矿绿化环保树种。

李榄属 *Linociera* Swartz ex Schreb.

约 80 多种，分布热带至亚热带；中国产 7 种，分布浙江、福建、江西、广西、云南。乔木或灌木。

【树皮】　鞣质：枝花李榄 *L. ramiflora*(Roxb.)Wall.，树皮含鞣质 10.15%，可提制栲胶。

【木材】　材灰黄红色，重，硬至甚硬，强度强，干缩大至甚大，稍耐腐。适作枕木，坑木，建筑，地板，箱盒，工农具柄，车辆，雕刻等。木材中等。诸如白枝李榄 *L. leucoclada* Merr. et Chun，长花李榄 *L. longiflora* Li，小叶李榄 *L. parvilimba* Merr. et Chun，海南李榄 *L. hainanensis* Merr. et Chun，李榄 *L. insignis* Clarke。

木犀榄属 *Olea* L.

约 40 多种，分布亚、非、大洋洲、欧洲；中国产约 14 种，引入 1 种，分布长江流域以南。常绿小乔木。

【木材】　材栗褐色，甚重，甚硬，强度强，干缩甚大，稍耐腐。适作农具，家具，地板，用具，木梳，擀面杖，工农具柄，雕刻，工艺美术材等。木材价值中等。诸如尖叶木犀榄 *O. cuspidate* Wall.，短柄木犀榄 *O. brevipes* Chia.，异株木犀榄 *O. dioica* Roxb.，油橄榄 *O. earopaea* L.，浜海木犀榄 *O. brachiata* Lour. Merr. ex Groff.，齿叶木犀榄 *O. dentata* Wall.，海南木犀榄 *O. hainanensis* Li，狭叶木犀榄 *O. neriifolia* Li，红花木犀榄 *O. rosea* Craib.，方枝木犀榄 *O. tetragonoclada* Chia，云南木犀榄 *O. yunnanensis* Hand. -Mazz。

【果实】　①油用：短柄木犀榄果含油量 8.7%，主成分：棕榈酸 9.6%，硬脂酸 1%，油酸 57.8%，亚油酯 29.2%，亚麻酸 2.2%，油供日化及润滑油。油橄榄核果含油量 38.11%~73.95%，主成分：棕榈酸 7%~15.6%，硬脂酸 1%~3.3%，花生酸 0%~0.9%，油酸 65%~86%，亚油酸 4%~15%，肉豆蔻酸 0%~1.2%，供食用油，药用软膏油，润滑油，化妆品油，肥皂。调制鱼罐头，富含维生素，为高油量的类型。②食用：油橄榄果可盐渍，糖渍，蜜饯，罐头，果酱。③药用：油橄榄油可作抗菌素注射用油，软膏用油，培养基用油。④油粕：饲料。

【叶】　油橄榄叶含齐墩果酸，橄榄苦苷，用作猪肉罐头抗氧化剂，减少酸败变质。

【种子】　油用：尖叶木犀榄种子含油 8%，主成分：棕榈酸 12.6%，硬脂酸 4.8%，油酸 64.7%，亚油酸 11.6%，亚麻酸 6.2%，可供润滑油，肥皂用油，旱性滇橄榄 *O. yunnanensis* var. *xeromorpha* Hand. -Mazz.，种子含油量 3.5%，主成分：棕榈酸及硬脂酸为

18.69%，油酸 78.72%，亚油酸 2.59%，油可供制肥皂，润滑油。

【全树】 ①砧木：尖叶木犀榄可作油橄榄砧木。②环保树种：油橄榄对 SO_2 抗性强，可作工矿厂区绿化环保树种。

木犀属 *Osmanthus* Lour.

约 40 多种，分布亚洲及北美洲；中国产约 27 种，分布长江流域以南。常绿乔木或灌木。

【木材】 材黄褐色心材栗褐色，重至甚重，甚硬，强度中，干缩甚大，耐腐，装饰品，家具等。木材价值中等。诸如红柄木犀 *O. armatus* Diels，华东木犀 *O. cooperi* Hemsl.，山桂花 *O. delavayi* Franch.，离瓣木犀 *O. didymopetalus* P. S. Green，海南木犀 *O. hainanensis* P. S. Green，披叶木犀 *O. lanceolatus* Hay.，月桂 *O. marginatus*（Champ ex Benth.）Hemsl.，野桂花 *P. Hemsl* O. matsumuramus Hay. 牛矢果 *O. yunnanensis* Franch Sgreen。

【叶（皮）】 药用：山桂花叶皮入药，清热消炎，止血生肌，主治慢性气管炎；外用治外伤出血（捣碎外敷），扭伤，骨折。冬树及 *O. oragaris* Lam.，补肝肾，健腰膝，主治百日咳，痈疗肿毒。

【花】 ①蜜源植物：桂花 *O. oragaris* Lam.，对蜂繁殖有作用。②食用：桂花可加工桂花酒，糕点，薰茶，酒酿，元宵，糖渍，盐渍，糖果。③药用：桂花祛痰，散寒，生津，主治咳喘，牙痛，口臭，筋骨痛。④精油：桂花精油成分：邻二甲萘，甲基庚烯酮，己酮，甲酸乙烯-3 酯，反式芳樟醇氧化物，顺式氧化醇物，芳樟醇，壬醇，α-松油醇，3,4-甲基庚烷，β-紫罗兰酮，制高级化妆品，护肤霜，食用香精，浸膏得率 0.22%。

【种子】 油用：平顶桂花 *O. corymbosus* H. W. Li 种子含油量 20.4%，主成分：棕榈酸 9%，硬脂酸 2.3%，油酸 71%，亚油酸 17.6%，供润滑油，制皂用油。桂花种子含油 11.9%，主成分：棕榈酸 11.4%～14.3%，硬脂酸 2.8%～3.7%，油酸 37.1%～49.6%，亚油酸 32.9%～36.8%，亚麻油 0.4%～7.1%，油可食用，润滑油。月桂种子含油 18.2%，主成分：棕榈酸 8.9%，硬脂酸 2.1%，油酸 60.9%，亚油酸 25.1%，油供制肥皂，润滑油。牛矢果种仁含油 28.7%，主成分：棕榈酸 14.6%，硬脂酸 2.4%，油酸 52.7%，亚油酸 30.3%，油可供作润滑油，制肥皂。野桂花种子含油 6.4%，主成分：棕榈酸 12.6%，油酸 58.6%，亚油酸 28.5%，油可供 NIIP，皂及润滑油。

【全株】 ①庭园观赏树种：桂花，冬树，刺桂 *O. ilicifolius*（Hassk.）Mouilef，月桂。②环保树种：桂花抗 SO_2，较强，抗 HF 抗性中，可作环保树种。

丁香属 *Syringa* L.

约 40 种，分布欧、亚；中国产约 27 种分布东北以南。

【树皮】 鞣质：暴马子 *S. reticulata*（Bl.）Hara var. *mandshurica*（Maxim.）Hara，树皮含鞣质 5.72%，可提制栲胶。

【木材】 材浅黄褐色，重量，硬度中，干缩小至中，不耐腐。适作建筑，器具，家具，细木工，农具等。商品价值下等。诸如丁香 *S. oblata* Lindl.，北京丁香 *S. pekinensis* Rupr.，羽叶丁香 *S. pinnatifolia* Blemsl.，暴马子，洋丁香 *S. vulgaris* L.，红丁香 *S. villosa* Vabl.，等。

【叶】 ①嫩叶代茶，丁香，北京丁香，②鞣质：暴马子叶含鞣质 19.59%，可提制栲胶。

【茎皮】　药用：暴马子树（皮）茎皮含挥发油，甾醇，三萜类及酚性成分，镇咳化痰，平喘，主治咳嗽，支气管炎，哮喘。

【花】　①精油：丁香花可提芳香油，用于化妆品，饮食，烟草，日用品中。北京丁香花含精油，用于食用，烟草，化妆品，日化用品。暴马子花提精油，用于化妆品，食用，烟草，日化用品，含量 0.05%。②蜜源植物：暴马子。

【种子】　①淀粉：暴马子种子含淀粉 13.25%，可提淀粉用。②油用：暴马子种子含油 28.6%，主成分：棕榈酸 5%，硬脂酸 3.3%，油酸 29.2%，亚油酸 62.4%，油可供制皂，润滑油用。洋丁香种子含油 24%，可用于制肥皂及润滑油。

【根】　药用：羽叶丁香根入药，降气，温中，暖肾，主治胃腹胀泄，寒喘；贺兰山丁香 *V. alashanicamast* S. Q. Zhon. 外用治皮肤伤；烧烟熏洗子宫脱垂，脱肛。暴马子根部作燃点薰香用。

【全树】　①观赏植物：丁香，花繁色紫，清秀芳香，适庭园，切花观赏。北京丁香为园林观赏树种。洋丁香花白色或紫色，极香，重要观赏树种。②环保树种：丁香，抗 SO_2 性强，HF 抗性也强，为治污染源环保树种。③物种资源：羽叶丁香已濒危，贺兰山丁香濒危，主要挖根作药，宜在陕西、甘肃适地种植保护和发展。

西番莲科 Passifloraceae

16 属约 600 种，分布热带至温带，美洲为多，我国引入 1 属 19 种，东部至西南，草本至藤本。

西番莲属 *Passiflora* L.

约 400 种。

【果】　食用：鸡蛋果 *P. edulis* Sims.，原产巴西，华南、福建、台湾、云南，浆果长 5~7cm，紫色可食或蔬菜、饲料。富含汁，可加工饮料，龙珠果，原产安德列斯岛，宁、琼引入果较小，味甜，樟叶西番莲，原产热带美洲，果大长 7cm，黄色可食，大果西番莲原产非洲，粤、琼引入，果大 15~30cm，粉绿色，熟时可食或作饲料。

【药用】　龙珠果：可治水火烫伤，猪牛肺部病；鸡蛋果有兴奋强壮的功效。

【花】　精油：蓝翅西番莲 *P. xalatocaerulea* Lindl. Cp. alata Ait. x *P. caerulea* L. 由英国育成，广东、海南引入，可提精油。

【观赏】　白番莲 *P. caerulea* L. 花大 6~10cm，淡绿色，花期 5~6 月，美丽；鸡蛋果花大 5cm，白色，供观赏。

芍药科 Paeoniaceae

1 属 40 多种，分布北温带，大部产亚洲；中国产 40 种，分布东北、华北、西北至西南，在全国栽培。多年生草本或亚灌木。牡丹 *P. suffruticosa* Andr.。

【叶】　牡丹叶可作染料。

【花】 ①食用：花瓣可做菜食，或浸酒饮，还可提香精。②蜜源植物：牡丹为次要蜜源植物，但对蜂的繁殖起一定作用。

【根皮】 ①药用：牡丹根皮中药称丹皮，主成分：牡丹酚，牡丹酚甙，牡丹酚原甙，芍药甙，挥发油，植物甾醇，清热，凉血，和血，散瘀，主治毒热痈盛，各种出血，斑疹，紫臀，痛经，闭经，骨蒸热痨，疮疖，疡肿，急性阑尾炎，高血压。下列根皮也在不同区代丹皮用，功效近似。矮牡丹 *P. suffruticosa* var. *spontanea* Rehd.，产陕西、甘肃、山西。粉牡丹 *P. suffruticosa* var. *papvercea*（Andr.）Kerner，产四川北，陕西太白山。黄牡丹 *P. dalovalivlutea*（Franch.），产四川、云南、西藏。川牡丹 *P. szechuanica* Fang，产四川。②兽药：丹皮，清热凉血，和血消瘀，治牛肺气腹痛，牛马产后盈热，母牛生犊产后恶露不尽，母猪产后血气痛，羊尿血，马瘀血作痛，马鼻伤流脓，马肝火咳嗽。

【种子】 油用，牡丹种子含油 25.9%，主成分：棕榈酸 6%，硬脂酸 1.8%，油酸 26.1%，亚油酸 26.1%，亚麻酸 39.7%，油可供制肥皂，掺和油漆用。

【全株】 观赏植物：牡丹花美丽，姿色秀丽，色彩丰富，有"花中之王"誉称，为园林花卉佳花之魁，适用于石山，花池，花台，盆景观赏，品种很多，以洛阳，菏泽为最著名。众品种及四川牡丹 *P. szecuanica* Fay 花，观赏大。

【物种资源】 黄牡丹渐危，可在西南适地人工种植观赏保护，矮牡丹、粉牡丹均渐危，川牡丹濒危，最好方法迁地种植观赏植物牡丹园保存；原地保护，严禁采伐，严加查办。

五列木科 Pentaphylacaceae

1 属 2 种，分布亚洲南部；中国产 1 种，分布华南、西南。常绿乔木。

五列木属 *Pentaphylax* Gardn. et Champ.

2 种，中国产五列木 *P. euryoides* Gardn. et Champ. 1 种。材暗红褐色，重量中，硬，强度中，韧度中，干缩中，不耐腐，适作枕木，车厢，胶合板，农具，家具，建筑等，木材价值中等。纤维：五列木。

杠柳科 Subfam. Periplocaceae

50 属约 200 种，分布亚、欧、非的热带至温带；中国产 7 属 12 种，分布东北、华北、西北以南，全国。木质缠绕藤木。

白叶藤属 *Cryptolepis* R. Br.

约 12 种，分布亚洲，非洲热带；中国产 2 种，分布华南、台湾、云南、贵州。木质藤木。

【藤茎】 古钩藤 *C. buchanani* Roem. et Schulf.，茎藤坚韧，可拧绳用。白叶藤 *C. sinensis*（Lour.）Merr.，藤条坚韧，全藤可代绳索，作犁缆。

【种子】 毛古钩藤及白叶藤；种子毛可作枕头，坐垫填充物。

【全株】 药用 白叶藤治毒蛇咬伤，疥癣，古钩藤含强心苷祛风止鼻血消肿。

杠柳属 *Periploca* L.

10～20 种，分布亚洲温带至南欧，北非，中国，分布全国。缠绕木质藤本。

【茎皮】 ①纤维：美叶杠柳 *R. calophylla*（Wight.）Falt.，茎皮纤维可制绳索或作造纸原料。杠柳 *P. sepium* Bunge.，茎皮为优质纤维，制绳索，代麻，造纸，人造棉，茎皮含纤维 32.7%。②药用：美叶杠柳，茎藤入药，祛风散寒，活血散瘀，主治风湿麻木，腰痛，跌打损伤，月经不调。

【茎叶】 橡胶：杠柳茎叶含白色乳汁，可提制橡胶。

【茎及根皮】 ①药用：杠柳，茎及根皮，主成分：杠柳苷 A～N，其中强心苷为 G，K，H，水合 4-甲氧水杨醛，α-香树精，β-香树精及其乙酸酯，β-谷甾醇及其葡萄糖苷，祛风湿强筋骨，主治风寒湿痹，腰腿关节疼痛。滇杠柳 *R. forestii* Schlecht.，茎皮可提强心苷，根皮为滇杠柳素，有强心作用，祛风除湿，通经活络，主治：风湿关节痛，跌打损伤，乳腺炎，闭经，月经不调，外用治骨折，长藤杠柳 *P. gracea* L.，茎皮及根皮含杠柳苷，杠柳大麻苷，对．甲氧基水杨醛，α-香树精，β-香树精及其乙酸酯，功效同杠柳。②农药：叶加水 5～6倍，浸泡喷洒，可治稻飞虱。皮用乙醇提取物加 100 倍水可防治红蜘蛛。根皮研粉撒在蔬菜上，可防治蚜虫，青菜虫，二十八星瓢虫。皮叶 30 倍水浸泡喷洒防治马铃薯晚疫病，稻瘟病，甘薯黑斑病。根皮 6 倍水另加烟叶或辣椒，喷洒防治菜青虫，棉蚜虫。根皮熬水倒入粪池中灭蛆。

【种子】 油用：红柳种子榨油，得率 10% 可制肥皂及润滑油。

【根】 药用：杠柳在北方以根皮泡酒，作强心剂，代"五加皮"酒药用，但有毒，不可多服。

【全株】 三北沙区，沙地，黄土，固沙植物。

马莲鞍属 *Streptocaulon* Wight. et Arn.

5 种，分布印度至马来西亚，中国产 2 种，分布华南，西南。缠绕藤本。本属马莲鞍 *S. griffithii* Hook. f.，根入药，清热解毒，散瘀止痛，主治感冒发热，肠炎，痢疾，胃痛，跌打肿痛，毒蛇咬伤，叶也可治毒蛇咬伤。

山梅花科 Trib. Philadelphaceae

7 属约 135 种，分布亚、欧、北美洲；中国产 2 属 50 多种，分布南北各地。落叶稀常绿灌木、亚灌木，稀小乔木。

溲疏属 *Deutzia* Thunb.

约 60 种，分布北温带；中国产 50 多种，分布南北。落叶稀常绿灌木。

【花】 蜜源植物；溲疏 *D. scabra* Thunb.，花期 5～7 月，蜜、粉较多。

【叶、根、药用】 宁波溲疏 *D. ningpoensis* Rehd.，根、叶利尿，补肾截疟，解毒接骨主治感冒发热，小便不利，夜尿，疟疾，痔疮，骨折，溲疏退热利尿，杀虫，主治疟疾，疮疥，根治骨折。

【全树】　观赏树种：溲疏花美丽，供观赏。

山梅花属 *Philadelphus* L.

约 75 种，分布亚、欧、北美洲；中国产 18 种，南北均有分布。落叶稀常绿灌木。

【枝干】　东北山梅花 *P. schrenkii* Rupr.，枝干可作手杖。

【茎叶】　药用：毛叶山梅花 *P. henryi* Koehne.，清热利湿，主治膀胱炎，黄疸性肝炎。

【嫩叶】　①代茶：山梅花 *P. incanus* Koehne.，嫩叶可代茶。②野菜食用：太平花 *P. pekinensis* Rupr.，嫩叶可作野菜食用。

【花】　①芳香油：山梅花可提浸膏。云南山梅花 *P. delavayi* Henry，花可提浸膏。西洋山梅花 *P. coronarius* L.，原产意大利，华东引种，花可提浸膏。浸膏可作调和香精。②蜜源植物：薄叶山梅花 *P. tenuifolius* Rupe. ex Maxim.，花期 6 月，可作辅助蜜源。

【种子】　油用：东北山梅花种子含油 10%，主成分：亚油酸 84%，油酸 10.9%，棕榈酸 2.7%，亚麻酸 2.4%，作工业用油。

【根皮】　药用：山梅花解毒镇痛，主治疟疾，挫伤，腰痛。绢毛山梅花 *P. sericanthus* Koehne.，活血定痛，主治疟疾，挫伤，腰肋疼痛，胃痛。

【全树】　①观赏树种：山梅花枝叶稠密，白花清香，为传统观赏名花之一。西洋山梅花，花乳白色芳香。太平花，花乳白色清香，萼黄绿带紫色也是初夏美花。云南山梅花，花大美丽。东北山梅花，花美丽。绢毛山梅花，花白色美丽。薄叶山梅花，花芳香美丽。均为良好观赏植物。②绿篱：西洋山梅花宜作屋前绿篱。

胡椒科 Piperaceae

8 属，约 3100 种，分布热带至亚热带；中国产 4 属约 70 种，引入 1 属 2 种。分布浙江、江西、湖南以南。草本、灌木、藤木、稀乔木。

胡椒属 *Piper* L.

约 2000 种，分布热带至亚热带，中国产约 60 种，引入 2 种，分布浙江、江西、湖南以南。灌木、藤本稀乔木。

【叶】　①精油：蒌叶 *P. betel* L. 干叶含精油 1%~1.2%，主成分：蒟酱酚，黑椒酚，甲基丁香酚，对异丙基苯酚，香芹酚，作调香原料，山蒟 *P. hancei* Maxim.，叶含精油，主成分：吡嗪衍生物，具强烈香气，甲基丁香酚，橙叶花叔醇，榄香醇，愈疮木醇，杜松醇等，可作调香原料。海风藤 *P. kadsira* (Choisy) Ohwi，茎叶含精油 0.2%~0.3%，主成分：α-派烯，β-蒎烯，柠檬烯，桧烯，莰烯，异细辛脑，精油具特殊清香，调配化妆品，香皂香精，能衬托香气。②嚼食：蒌叶嚼食或包槟榔嚼食，有辛辣味，有兴奋及护口腔作用。③药用：蒌叶叶入药，祛风散寒，行气化痰，消肿止痒，主治：风寒咳嗽，支气管炎，拔哮喘，风湿骨痛，胃寒疼，妊娠水肿；外用治湿疹，脚癣。山蒟茎叶药用，治风湿，咳嗽，感冒。胡椒 *R. nigrum* L.，茎叶入药，健胃祛风，增食欲，暖肠胃，治风寒，腰痛，牙痛。

【果实】　①调味剂：胡椒 *P. nigum.* L. 具芳香辣味，未去皮为黑胡椒，去皮为自胡椒。②芳香油：胡椒含精油 0.8%~2.6%，主成氧化胡椒醛，二氧化香芹子油萜醇，水芹香油烃，可用于调和香精。③药用：毕菝 *P. longum* L.，未熟果入药，含挥发油1%，主成分：丁香烯，芝麻素，温中，散寒，止痛，主治风湿，癫疾，心绞痛，胃寒肿痛，呕吐，腹泻，头痛，鼻窦炎，龋齿痛。胡椒果入药，主治脘腹冷痛，呕吐，腹泻，消化不良，寒痰积食。假荜 *P. retrofractum* Vahl，果序药用，为兴奋剂，治胃寒药。蒌叶治胃病。④兽药：荜澄茄 *P. cubeba* L.，果作兽药，温暖脾胃，健食消食，治马肾虚，后腿水肿，牛马后肢寒，淋浊，肾结石，牛翻胃吐草，骡马肾虚腿肿。荜拔果作兽药，温中散寒，牛胃寒吐水，牛马伤水，胃冷腹痛，身冷暴泄。胡椒果核作兽药，湿中下气，消炎解毒，治牛马食积不化，骡马冷痛，疝痛，冷寒泻痢，羊感冒，牛四蹄寒，皮肤冻伤，骡马鞍伤肿痛。

【藤茎】①药用：山药藤入蒟。祛风湿，强腰膝，止痛止咳，主治风湿痹痛。扭挫伤，腰膝无力，痛经，褚风寒感冒，咳嗽气喘。海风藤，藤入药，祛风湿，通经络，湿气，主治风寒湿痹，关节疼痛，筋脉拘挛，跌打损伤，哮喘，久咳。石南滕 *P. wallihii*(Miq.) H. M. 治风湿痹痛，腰腿痛。②兽药：山蒟藤作兽药，强腰健膝，治牛胃寒冷痛，牛马风寒感冒，风湿脚软，猪软骨病，母猪瘫痪。海风藤作兽药，祛风逐湿，通经活络，理气行气，治牛马风湿坐疮，关节痛，猪风寒温痹，母猪产后风，牛关节炎。

【根】①调味品：蒌叶根作调味品。②药用：海南蒟 *P. hainanensis* Hemsl.，根入药最好，祛风除湿，健胃止痛，主治风湿关节炎，消化不良，胃痛，腹胀；外用治慢性溃疡，湿疹。

【全株】药用：苎麻叶胡椒 *P. boehmeriaefolia* Wall.，全株入药，祛风散寒，理气止痛，主治感冒，胃痛，痛经，跌打损伤，风湿骨痛。光轴苎叶蒟 *P. boehmeriaefolium* var. *torkinensis* C. DC.，全株入药，祛风散寒，散瘀止痛，主治感冒，风湿筋骨痛，跌打肿痛，痛经，闭经，风寒疼痛；外用治毒蛇、蜈蚣咬伤。芦子藤 *P. paeputoides* Roxb.，全株入药，温中逐寒，活络止痛，解毒消肿，主治感冒、咳嗽，跌打损伤，风湿骨痛，胃痛，腹胀痛，月经不调，痛经，产后腹痛，牙痛，毒蛇咬伤，外伤出血，烫火伤，乳腺炎。毛蒟 *P. puberulum*(Berth.) Maxim.，全株入药，祛风活血，行气止痛，主治风湿性腰腿痛，跌打损伤，胃腹疼痛，产后风痛。假蒌 *P. sarmentozum* Roxb.，全株入药，温中散寒，祛风利湿，消肿止痛，主治胃腹寒痛，风寒咳嗽，水肿，疟疾，牙痛，风湿骨痛，跌打损伤。巴吉香 *P. wallchii*(Miq.) Hand. -Mazz. var. *hupehense*(DC.) Hand. -Mazz.，全株入药，祛风湿，强腰膝，止痛止咳，主治风湿痹痛，扭挫伤，腰膝无力，痛经，风寒感冒，咳嗽气喘。短蒟 *P. mullesua* D. Don，散瘀消肿，关节炎，四肢麻木，跌打损伤。山蒟行气止痛，咳嗽哮喘。小叶毛蒟 *P. arborica* C. DC. 健胃祛痰，止痛效果好。

海桐花科 Pittosporaceae

9属约360种，分布东半球热带至亚热带；中国产1属50多种，分布长江流域以南。常绿灌木、乔木或藤木。

海桐花属 *Pittosporum* Barnk ex Soland.

约300种，分布东半球热带至亚热带；中国产50多种，分布长江流域以南。常绿灌木，稀乔木。

【树皮】 纤维：光海桐 *P. glabratum* Lindl.，树皮含纤维素 12.8%，可供造绳原料。异叶海桐 *P. heterophyllum* Franch.，树皮可作绳索，人造棉原料。

【枝叶】 ①药用：光叶海桐叶解毒止血，外用治毒蛇咬伤，疮疖，外伤出血。吊灯笼 *P. kobuskianam* Gaula.，枝叶入药，解风发表，治伤风感冒。海桐 *P. tobira*（Thunb.）Aiti，枝叶杀虫，外用治疥疮。②染料：海桐叶可代矾作染料。

【果实】 淀粉：光叶海桐果实含淀粉可酿酒。②药用：光叶海桐果入药，涩肠固精，主治肠炎，咽喉痛，白带，滑精。

【种子】 ①油用：光叶海桐种子含油量 8.97%，供制肥皂；崖海桐 *P. illiciodes* Malino. 种子含油量 11.9%~13.3%，主成分：肉豆蔻酸 0.7%~2.2%，棕榈酸 7.7%~13.7%，十六碳烯酸 2.4%，油酸 27.9%~33.3%，廿碳烯酸 27.3%~29.2%，亚油酸 9.8%~13%，廿碳二烯酸 13.9%，亚麻酸 1.2%，油可供润滑油，制肥皂。扁片海桐 *P. planilobum* Chang et Yan.，种子含油量 6.8%，主成分：月桂酸 2.1%，肉豆蔻酸 4.4%，棕榈酸 9.9%，花生酸 31.8%，油酸 41%，亚油酸 8.9%，油可供制肥皂用。海桐种子含油 5.3%，主成分：月桂酸 1.1%，肉豆蔻酸 1.5%，棕榈酸 34.5%，硬脂酸 3.1%，油酸 21.1%，亚油酸 6.6%，廿碳烯酸 16.8%，油可供制肥皂。

【根】 药用：光叶海桐根入药，祛风活络，散瘀止痛，主治：风湿性关节炎，坐骨神经痛，骨折，胃痛，牙痛、高血压，神经衰弱，梦遗滑精。异叶海桐，根皮药用：解毒消炎，祛风除湿，止血，主治：肺热咳嗽，痢疾，风湿疼痛，跌打损伤，崩漏，蛔虫。崖海桐，根入药，祛风活络，散瘀止痛，药用略同光叶海桐。菱叶海桐 *P. truncatum* Progz.，根药用，略同光叶海桐。

【全株】 ①绿篱树种：海桐枝叶茂盛，耐修剪，常作绿篱树种。②环保树种：海桐抗 SO_2、Cl_2、HF 和 O_3 强，常作环保树种。

【木材】 棱果海桐 *P. trigonocarpum* 材灰白至红褐色，重硬中等，稍耐腐，适作工具柄，雕刻，美术工艺材等，木材价值下等。

悬铃木科 Platanaceae

1 属 10 种，分布南欧至印度及美洲；中国引入 3 种，分布黄河流域以南各地。落叶乔木。

悬铃木属 *Platanus* L.

单属科：

【木材】 灰红褐色，材重量、硬度、强度中，干缩大，不耐腐，分枝低，主干短。适作家具板料，胶合板，包装箱，器具等。木材价值下。诸如悬铃木 *P. acerifolia*（Ait.）Willd.，单球悬铃木 *P. oceidentalis* L.，三球悬铃木 *P. orientalis* L.。

【枝条】 可培养银耳。

【叶】 ①饲料：叶可作鹿饲料。②绿肥：干叶含氮 2.76%，磷 0.15%，钾 0.23%。1000kg 叶肥效相当于维生素 $B_1$138kg，硫酸钾 4.6kg，过磷酸钙 7.5kg，亩产鲜叶 400~750kg。③平菇培养基。④能源：沼气池发酵好原料。

【果】　药用：有发汗药效。

【全树】　①行道树：为世界著名行道树种。②遮阴树种：冠幅宽阔，耐修剪，浓荫遮阳，降低气温。③环保树种：悬铃木类抗化学烟雾，臭氧，苯，苯酚，乙醚，硫化氢等有害气体，抗性强，抗 SO_2，HF 等抗性中等；抗 Cl_2 气弱，滞积灰尘，净化空气，防止噪声，为优良环保树种之一。

白花丹科 Plumbaginaceae

21 属约 400 种，广布世界，中国产 6 属 30 种，分布全国，灌木或草本。

蓝雪花属 *Ceratostigma* Bunge

8 种，分布亚、非；中国产 5 种，分布北部至西南。灌木或草本。

【枝叶】　药用：岷江蓝雪 *C. willmottiana* Stapf，主成分：白花丹素，主治老年性慢性支气管炎。

【带花枝叶】　药用：岷江蓝雪，西藏用治崩漏，月经过多，鼻衄；其他地区主治风湿，跌打，胃腹疼痛。

【根】　药用：岷江蓝雪分离出酚类、醌类化合物，解痉镇痛，主治胆囊炎，胆道蛔虫。胃痛，胃溃疡。小蓝雪花 *C. minus* Stapf ex Prain，主治风湿，跌打，腰腿痛，月经不调。

补血草属 *Limonium* Mill.

约 180 种，分布各地，中国产 19 种，分布三北及滨海省区。灌木或草本。

【全株】　药用：海芙蓉 *L. wrightii*（Hance）Kuntze，主治风湿疼痛，高血压。根：木本补血，草根含鞣质 3%～6%，染料。

【全树】　盐渍土植被：木本补血草 *L. suffruticosum*（L.）Kuntze，耐盐碱，为盐渍化土生态植物，盐化石质，盐化沙地固沙植物。

白花丹属 *Plumbago* L.

约 12 种，分布热带；中国产 3 种，分布南部至西南。灌木或草本。

【叶】　药用：白花丹 *P. zeylanica* L. 叶外用，主治跌打损伤，扭挫伤，体癣。

【根（叶）】　药用：白花丹，主成分：蓝雪素，氢化蓝雪素，祛风止痛，散瘀消肿，根主治风湿骨痛，跌打损伤，胃痛，肝脾肿大；外用治癣疥恶疮，蛇咬伤，灭蝇蚊。蓝雪丹 *P. auriculata* Lam.，根治猴子。紫雪丹 *P. indica* L. 根治风湿。

【全树】　观赏植物：蓝花丹花黄白或蓝色，花期 6～9 月，为优美观赏树种。

远志科 Polygalaceae

12 属 800 种以上，分布全世界，中国产 5 属约 40 多种，分布全国。草本，藤本，灌木，乔木。

远志属 *Polygala* L.

约 600 种，分布全世界；中国约 40 种，分布全国。草本，稀亚灌木、灌木。

【叶根】　药用：尾叶远志 *P. caudata* R. et W.，叶，根入药，活血解毒，主治乳腺炎，支气管炎，黄疸肝炎。

【根皮】　药用：远志 *P. tenuifolia*，根皮入药，根皮显皂苷，香豆精，生物碱，黄酮类反应，补气活血，祛风利湿，主治肺结核，产后虚弱，月经不调，白带，子宫脱垂，肝炎，风湿疼痛，跌打损伤。黄花远志 *R fallax* Hemsl. 根入药，补益气血，健脾利湿，活血调经，主治产后虚弱，腰膝酸痛，跌打损伤，黄疸型肝炎，肾炎水肿，子宫脱垂，白带，月经不调。尾叶远志，根皮显黄酮苷，皂苷，酚性物质反应，止咳平喘，清热利湿，主治咳嗽，支气管炎，黄疸型肝炎。

【观赏】　红花远志 *P. tricholopha* Chodat 花紫红色，花期 7～10 月，观赏。巨花远志 *P. arcuata* Hay. 花大紫色珍稀观赏树种，可用种子在公园迁地种植保护。

蝉翼藤属 *Securidaca* L.

约 86 种，分布热带，中国产 2 种，分布华南、云南。攀缘藤本。蝉翼藤 *S. inappendiculata* Hassk.，用途如下：

【茎皮】　纤维：蝉翼藤茎皮含纤维 36.58%，可代麻，人造棉，造纸原料。

【根皮】　药用：蝉翼藤根皮含皂苷，活血散瘀，消肿止痛，清热利湿，主治跌打损伤，风湿骨痛，内服外擦。

黄叶树属 *Xanthophyllum* Roxb.

约 60 多种，分布南亚及澳洲，中国产 3 种，分布华南至滇、藏。常绿乔木。材浅黄红褐色，重，甚硬，强度中至高，干缩大，但不耐腐，易蓝变色。适作家具，农具，板料，枕木，建筑等。木材价值下等。诸如：黄叶树 *X. hainanense* Hu，泰国黄叶树 *X. siamense* Craib.

蓼　科 Polygonaceae

40 属约 800 种，分布主产温带；中国产 2 属 28 种，分布全国。草本或亚灌木。

珊瑚藤属 *Antigonon* Endl.

8 种，分布热带美洲，中国引入 1 种，分布海南、广东、福建、台湾、云南，攀缘藤本。珊瑚藤 *A. leptopus* Hook. et Arn.，花粉红色，有时白色，极美丽，作庭园观赏树种。

木蓼属 *Atraphaxis* L.

约 27 种，分布亚、欧、非洲；中国产 13 种，分布东北至新疆。灌木、小灌木。

【茎叶】　饲料：沙木蓼 *A. brateata* A. Los.，夏秋绵羊、山羊喜食，骆驼喜食，营养期含水分 92.84%，蛋白质 5.64%，脂肪 1.09%，纤维素 37.75%，无氮化合物 43.91%，灰分 11.62%，钙 2.69%，磷 0.75%，饲料价值中上等。木蓼 *A. frutascens*（L.）Ewersm.，绵羊，

山羊采食，冬季无叶只骆驼采食。东北木蓼 *A. mandsharicalitgawa* 枝叶为家畜喜食，为优良饲料。脱枝木蓼 *A. pungens*（Bieb.）Jaub. et Spach，骆驼喜食。

【固沙植物】 木蓼为固定流沙先锋植物，木蓼为固沙植物。锐枝木蓼为后期固沙植物。长枝木蓼 *A. riqata*（Rgl.）Krassn.，为戈壁固沙植物。其他为荒漠沙地，半固定沙地及石质山地固沙植物，如刺木蓼，美丽木蓼，梨叶木蓼，绿叶木蓼。

竹草蓼属 *Homalocladium* Bailay

1 种，由所罗门引入华南、灌木。

【茎叶】 药用：竹节蓼 *H. platycladium*（F. Muell. ex Horc.）Bailey，清热解毒，祛瘀消肿，治痈痔，排毒。治跌打肿痛，蛇、蜈蚣咬伤。

【观赏】 花白色，果红色，供观赏。

沙拐枣属 *Calligonum* L.

约 100 种，分布亚洲、欧洲、北非；中国产 20 种，分布西北、内蒙古沙区。灌木。

【地上部分】 饲料：白皮沙拐枣 *C. leucoeladum*（Schrmk.）Bunge，结实期含水分 8.05%，蛋白质 7.81%，脂肪 1.34%，纤维素 37.58%，无氮化合物 43.15%，灰分 9.8%，钙 0.7%，磷 0.2%，骆驼喜食，夏秋羊采食。沙拐枣 *C. mongolicum* Turcz.，结实期含水分 11.1%，粗蛋白 14.93%，粗脂肪 18.25%，纤维素 8.83%，无氮化合物 49.83%，灰分 14.05%，钙 2.56%，磷 0.18%，绵羊、山羊夏秋采食，骆驼喜食。

【药用】 沙拐枣全草入药，治小便混浊，皮肤瘙痒。

【果实】 油用：沙拐枣果实含油 18.25%，可榨油利用。

【全株】 固沙植物：乔木沙拐枣 *C. arborscans* Liliv. 原产中亚，为流动沙丘良好固沙植物。白皮沙拐枣在半流动沙丘迎风面先锋固沙植物。沙拐枣为戈壁固沙植物。

山龙眼科 Proteaceae

50 属 1050 多种，分布东亚、大洋洲、南非、南美洲；中国产 2 属约 20 种，又引入 2 属 2 种，分布长江流域以南。灌木、乔木、稀草本。

银桦属 *Grevillea* R. Br.

约 190 种，主产大洋洲；中国引入 1 种，分布华南、云南、台湾、福建、江西南、浙江南。银桦 *G. robusta* A. Cume. ex L. Br.，常绿大乔木。

【木材】 边材黄褐色，心材浅灰褐色，轻至中，软中，强度甚弱，韧度中，干缩小，稍耐腐，边材易蓝变色。适作造纸材，胶合板（花纹美丽），室内装修，地板，箱盒，家具贴面板，包装材，车厢材，建筑，家具等。木材价值下等。

【叶】 绿肥。

【花】 蜜源：花期 3~5 月，富含蜜汁，是良好蜜源植物。

【种子】 油用：种子油主成分：肉豆蔻酸 5%，棕榈酸 3.4%，硬脂酯 3.4%，花生酸 2.2%，山苍酸 1.5%，十六碳烯酸 14.9%，油酸 62.7%，亚油酸 0.7%，油可供机械润滑油，制肥皂。

【全树】 ①行道树种：树冠塔形，叶背银白色，树姿秀丽，花黄色，适作城市行道树种。②环保树种：对烟及有害气体有抗性及吸收性，净化空气，主要环保树种之一。

山龙眼属 *Helicia* Lour.

约 90 种，分布亚洲东南部至大洋洲；中国产 18 种，分布长江流域以南。常绿乔木或灌木。

【木材】 木材灰白或淡黄褐或心材灰红褐至浅栗褐色，重至中，硬至中，强度中，干缩其大，但不耐腐。适作农具，胶合板，地板，建筑，家具，箱板，车厢板，造纸材等。木材价值下等。诸如小果山龙眼 *H. cochinchinensis* Lour.，东兴山龙眼 *H. cauchiflora* Merr.，脉山龙眼 *H. reticulate* W. T. Wang，镰叶山龙眼 *H. falcate* C. Y. Wu，山龙眼 *H. forrnosana* Hemel.，大山龙眼 *H. grandis* Homsl.，海南山龙眼 *H. hainanensis* Hay.，大叶山龙眼 *H. kwangtungensis* W. T. Wang，（广东山龙眼 *H. chunii* W. T. Wag），长柄山龙眼 *H. longipetiotata* Merr. et Chun，深绿山龙眼 *H. nilaginca* Bedd.，焰序山龙眼 *H. pyrrhobotiya* Kurz. 倒卵叶山龙眼 *H. obovatifolia* Mete. et Chun，瑞丽山龙眼 *H. shweliensis* W. W. Snith，西藏山龙眼 *H. tibetensis* H. S. Kiu，浓毛山龙眼 *H. vestita* W. W. Smith 等。

【花】 蜜源：红叶山龙眼花期 8 月，蜜粉较多。

【果实】 红叶山龙眼果可提取豆腐果苷，埃罗糖，可食用；果渣可作饲料。

【种子】 ①油用：红叶山龙眼种子含油 22.79%，主成分：棕榈酸 26.6%，硬脂酸 5.3%，花生酸 5%，十六碳烯酸 3.1%，油酸 41%，亚油酸 12.7%，亚麻酸 3.2%，可制肥皂，润滑油，也可食用。②淀粉：红叶山龙眼种子含淀粉 30%～50%，可提取淀粉利用。闽粤山龙眼种子含淀粉 59.78%，可酿酒，酒糟作饲料。倒卵叶山龙眼种子含淀粉 54.82%，可酿酒，提制淀粉，糊料；其变种枇杷叶山龙眼 var. *mixta*（L.）Sleum.，种子淀粉可作糊料。③食用：红叶山龙眼，澡绿山龙眼，焰序山龙眼，种子可炒食或代粮食用。

【物种资源】 瑞丽山龙眼濒危，应迁地保存。

假山龙眼属 *Heliciopsis* Sleum.

约 7 种，分布亚洲东南部；中国产 3 种，分布华南云南。常绿乔木或灌木。

【木材】 边材灰黄色，心材灰红褐色，轻，软，强度弱，干缩小，不耐腐。适作胶合板，车厢板，地板，建筑，包装材；家具板料，造纸材等。木材价值下等。诸如假山龙眼 *H. hanryi*（Dids）W. T. Wang，调羹树 *H. lobata*（Men）Sleum.，顶生假山龙眼 *H. terminalis*（Kurz.）Sleum。

【茎皮】 药用：顶生假山龙眼服用可避孕。

【果实】 食用：顶生假山龙眼，果可食。种子可煮食。

【根皮】 药用：调羹树根皮，清热解毒，主治腮腺炎。顶生假山龙眼根皮也治腮腺炎。

【物种资源】 顶生假山龙眼濒危，可用种子人工种植保护。

澳洲坚果属 *Macadamia* F. Muell.

10 种，分布澳洲；中国引入 1 种，分布华南、云南、福建、浙江。常绿乔木。本属澳

洲坚果 *M. teoritalia* F. Muell.，用途如下：

【木材】 材微红色，坚硬，致密，适作农具，美术工艺品，细木工等，木材价值中等。

【坚果】 ①食用：澳洲坚果可炒食，径 3cm，味似板栗。②油用：果仁含油量 75%，主成分：肉豆蔻酸 0.9%，棕榈酸 9.6%，硬脂酸 3.9%，十六碳烯酸 21.5%，油酸 56.8%，亚油酸 1%，亚麻酸 3.7%，油色淡，作食用油。③饲料：油渣含蛋白质 35%，糖分 6%，可作优良饲料。

石榴科 Punicaceae

1 属 2 种，分布地中海至喜马拉雅山；中国引入 1 种，历史悠久，已经归化，分布在全国。

石榴属 *Punica* L.

2 种，分布地中海至喜马拉雅山区，中国引入 1 种，分布全国。落叶灌木或小乔木。石榴 *P. gramamm* L.。

【树皮】 ①鞣质：石榴树皮含鞣质 20%~30%，可提制栲胶。②染料：石榴树皮可作黑色染料。③药用：石榴树皮入药，可驱蛔虫，绦虫。

【叶】 可代茶，石榴嫩叶可代茶饮。

【果实】 ①药用：石榴果皮，主成分：单宁，石榴皮素 granatin 入药，收敛止泄，杀虫，主治久泄不止；肠炎痢疾，便血，脱肛，血崩，驱蛔虫，绦虫。②兽药：果皮作兽药，涩肠止痢，止血，驱虫，治牛马拉稀带血，羊羔久痢，牛马绦虫，猪蛔虫。③果实外种皮，味甜多汁，含水分 76.8%，蛋白质 1.5%，脂肪 1.6%，碳水化合物 16.8%，钙 110mg/kg，磷 1050mg/kg，铁 40mg/kg，维生素 C 110mg/kg，品种很多。可加工果汁，清凉饮料，果酒，产量不大，江苏、安徽、陕西、云南产有酸酸甜甜酒。④土农药：果皮 200 倍水喷洒，对蟓虫，蝗虫，棉蚜虫，桑虫有效；10 倍水喷洒防治菜青虫，5% 皮粉对棉角斑疫，白菜软腐病有效，20 倍水灭孑孓。

【花】 药用：治鼻衄，心热吐血，外伤出血。

【根皮】 主成分：石榴皮碱，异石榴皮碱，甲基石榴皮碱，甲基异石榴皮碱，伪石榴皮碱，主治蛔虫，赤白带下，牙疳，鼻疳，衄血。

【全树】 ①观赏树种；品种很多，单瓣，多瓣，颜色多。可作盆景或庭园观赏树种。白石榴 *P. albescans* D.，重瓣白石榴 *P. multplex* Suest，重瓣红石榴 *P. planiflora* Hayne.②环保树种：石榴抗 SO_2 和 HF 强，可作环保树种。

毛茛科 Ranunculaceae

50 属约 2000 种以上，主产北温带：中国产 42 属 730 多种，分布全国各地。草本或木质藤本。

铁线莲属 *Clematis* L.

约 300 种，广布世界；中国产约 108 种，广布全国，西南尤多。本质藤本或直立草本。

【藤茎】 ①纤维：女萎 *C. apiifolia* DC.，茎皮纤维可作人造棉及造纸原料。毛柱铁线莲 *C. meyeriana* Walp，藤茎可扭绳索，或造纸。②药用：女萎蔓藤入药，消炎消肿，利湿通乳，主治肠炎、痢疾，甲状腺肿大，风湿关节痛，尿路感染，乳汁不下。钝齿叶铁线莲 *C. apiifolia* var. *obtusidentata* Rohd. et Wial.，藤茎入药，利尿消肿，通经下乳，主治尿路感染，小便不利，肾炎水肿，闭经，乳汁不通。短尾铁线莲 *C. brevicaudata* DC.，藤茎入药，除湿热，利小便，通乳通便，主治尿道感染，心烦尿赤，口舌生疮，腹中胀满，大便秘结，乳汁不通。威灵仙 *C. chinensis* Osbeck，藤茎入药，祛风湿，利尿，通经，镇痛，主治风寒湿热，偏头痛，黄疸水肿，鱼骨梗喉，腰膝腿冷。毛蕊铁线莲 *C. lasiantra* Maxin.，藤茎入药，舒筋活血，去湿止痛，解毒利尿，主治筋骨疼痛；外用治无名肿毒。绣球藤 *C. Montanit* Buch. Han.，藤茎入药，利尿消肿，通经下乳，主治尿路感染，小便不利，肾炎水肿，闭经，乳汁不通。

【叶】 ①药用：威灵仙叶消炎解毒，主治：咽喉炎，急性扁桃体炎。柱果铁线莲 *C. uneinata* Champ.，叶药用，祛风除湿，主治风湿性关炎痛；外用治外伤出血。②农药：芹叶铁线莲 *C. aethaseefoloa* Turez.，叶捣烂加水喷洒防治蚜虫，菜青虫，红蜘蛛，小麦秆锈病，棉花黄萎病，灭子了。③饲用：准噶尔铁线莲，新、甘省区骆驼喜食，灌木铁线莲、多汁铁线莲，骆驼喜食。

【花】 药用：金毛铁线莲 *C. chrysocoma* Franch. 止血止带，主治鼻衄，崩漏，白带；外用治烧烫伤。

【种子】 油用：铁线莲 *C. florida* Thunb.，种子含油量 18%，作工业用润滑油，大叶铁线莲 *C. heracleifolia* DC.，种子含油量 14.56%，可供油漆用油。大瓣铁线莲 *C. macropetala* Ledeb.，种子含油量 14%，可供油漆用油。东北铁线莲 *C. mandshurica* Rupr.，种子含油量 12.5%，主成分：月桂酸 1%，肉豆蔻酸 1%，棕榈酸 7.8%，硬脂酸 3.8%，花生酸 12.6%，油酸 17.2%，亚油酸 56.3%，亚麻酸 1.8%，油可工业用润滑油。

【根】 ①药用：威灵仙根含白头翁素，白头翁醇，甾醇，糖类，皂苷，祛风除湿，通络止血，主治风寒湿痹，关节不利，四肢麻木，跌打损伤，扁桃体炎，急性黄疸性肝炎，鱼骨梗喉，丝虫病；外用治牙痛，角膜溃疡。金毛铁线莲，利尿消肿，祛风湿，活血化瘀，主治肾炎水肿，小便不利，风湿关节痛，闭经，跌打损伤，骨折。山木通 *C. flnetiana* Lévl et Vant，根药用，药效同威灵仙。铁线莲根入药，主成分：常春藤皂苷元，解毒利尿，祛瘀，理气通便，活血止痛，主治小便不利，腹胀，便秘；外用治虫蛇咬伤。单叶铁线莲 *C. henryi* Oliv.，根入药，行气止痛，活血消肿。主治胃痛，腹痛，跌打损伤，支气管炎；外用治腮腺炎。东北铁线莲，根含常春藤皂苷元，铁线莲皂苷乙、丙，药效同威灵仙。毛柱铁线莲根入药，功效同威灵仙。锥花铁线莲 *C. panicalata* Thumb.，根入药，含绿原酸，原白头翁素，功效同威灵仙。大花铁线莲 *C. patens* Merr. et Decne.，根入药，解毒，利尿，祛痰功效。五叶铁线莲 *C. quinguefoliolata* Hutch.，根入药，祛风除湿，温中理气，散瘀止痛，主治风湿性关节疼痛，跌打损伤，扭挫伤，骨折，痛经，偏头痛，神经痛，面神经麻痹，鱼骨梗喉。柱果铁线莲，根入药，祛风除湿，舒筋活络，镇痛，主治风湿性关节痛。牙痛，鱼骨梗喉。镇热解痛，利尿，通经，祛风湿，水肿，神经痛，痔疮（西伯利亚铁线莲 *C. sibrica* L.）。②兽药：威灵仙根，祛风湿，活经络，治牛马风湿脚软，骡马牙痛唆咀。③农药：威灵仙根茎捣烂加水及樟脑喷洒防治菜青虫，地老虎，灭孑孓。小叶铁线莲治马铃薯晚疫病、红蜘蛛。

【全株】　①药用：大叶铁线莲，全草入药，祛风去湿，解毒消肿，主治：风湿性关节炎，肠炎痢疾；外用治疗疖肿毒，结核溃疡，瘘管。湖州铁线莲 *C. bachouensis* Tamura，全草入药，抗癌，祛风湿，解毒消肿，外用治脑痛，深部逐肿，风湿关节炎。黄花铁线莲 *C. intricata* Bunge，全草入药，祛风除湿，解毒止痛，主治风湿筋骨痛，疮疖肿毒。云南铁线莲 *C. yunnanensis* Franch.，全草入药，祛风利湿，止痛利尿，主治风湿筋骨痛，偏头痛，腰痛，小便不利，外用治头癣。②观赏植物：短尾铁线莲等，在新疆为观赏植物。与威灵仙药效近似的种类尚有大木通 *C. biandiana* Povon. 小蓑衣藤 *C. gouriana* Porb. ex DC.；③戈壁滩脚沙植物：准噶尔铁线莲，灰叶铁线莲。

鼠李科 Rhamnaceae

约58属900多种，分布全世界；中国产15属130多种，分布全国。乔木、灌木、稀草本。

麦珠子属 *Alphitonia* Reiss. ex Endl.

约20种，分布东南亚至大洋洲；中国产1种，麦珠子 *A. philippinensis* Braid. 分布浙、赣、湘以南，乔木，高达20m，材浅红褐色，轻，软，强度中，韧度高，干缩小，不耐腐，易裂，适作家具，建筑门窗板料等，木材价值下等。

勾儿茶属 *Berchemia* Neek. ex DC.

约31种，分布亚、非、美洲热带至温带；中国产18种，分布陕西、甘肃以南。直立或攀缘灌木。

【茎皮】　纤维素：勾儿茶 *B. sinica* Schneid.，含纤维素43%，可代麻制麻袋，人造棉。

【叶】　代茶：勾儿茶叶司代茶叶。

【根（茎）】　药用：多花勾儿茶 *B. floribunda*（Wall.）Brongn.，根入药，祛风利湿，活血止痛，主治风湿性关节痛，痛经，产后腹痛；外用治骨折肿痛。大叶勾儿茶 *B. floribunda* var. *megalophylla* Schneid. 根茎入药，祛风湿，舒筋络，散瘀止痛，主治风湿性关节痛，腰腿痛，痛经，淋巴结核，肾炎水肿。牛鼻拳 *B. ziraliana* Scheid.，根入药，祛风利湿，止咳化痰，主治风湿性关节痛，肺结核，肝炎。石蔓藤 *B. hyochrysa* Schneid.，根茎入药，解表散热，主治胸胀腹满，红白痢疾，红崩白带，月经不调，跌打损伤，筋骨疼痛。牯岭勾儿茶 *B. kulingensis* Schneid.，根入药，祛风利湿，活血止痛，主治风湿关节痛，产后腹痛，痛经，小儿疳积，骨髓炎。细叶勾儿 *B. lineata*（L.）DC.，根入药，化瘀止血，镇咳止痛，主治肺结核，咯血，胃及十二指肠溃疡出血，精神分裂症，跌打损伤，风湿骨痛，疗疮疖肿，颈淋巴结核，睾丸肿痛。光枝勾儿茶 *B. dolyphylla* Wall. var. *leioclada* Hand.-Mazz. 根茎入药，含芦丁，止咳，祛痰，平喘，安神，主治急慢性支气管炎，精神分裂症，主要用于躁狂症。勾儿茶根入药，舒筋活络，调经止痛，主治风湿关节炎，黄疸性肝炎，胃脘痛，食欲不振，小儿疳积，痛经；外用治跌打损伤，疖肿。云南勾儿茶 *B. yunnanensis* Franch.，根茎入药，清热利湿，祛风活络，活血止痛，主治黄疸性肝炎，肾炎水肿，痢疾，红崩白带，风湿骨痛，痛经；外用治骨折，跌打损伤，疮毒肿痛。

【物种资源】　小勾儿茶 *B. wilsonii* Nak，在湖北西濒危，原在安徽南发现，在省植物园保护。

苞叶木属 *Chaydaia* Pitard.

2种，分布中国、越南；中国产1种，分布广西、贵州、云南。灌木。苞叶木 *C. crenulata* (Hu) Hand. -Mazz.，全株入药，利胆退黄，主治黄疸性肝炎，肝硬化腹水。

咀签属 *Gouania* Jacq.

40种，分布亚、非、美洲、大洋洲热带；中国产2种，分布华南，云南、贵州。藤状灌木。咀签 *G. lephostachya* DC. 及大苞咀签 var. *tonkinensis pitard*，茎叶入药，凉血解毒，舒筋活络，主治：肢体麻木；外用治烧烫伤，溃疡。毛叶咀签 *G. javanica* Miq.，茎叶入药，清热解毒，收敛止血，主治烧烫伤(鲜茎叶捣烂外敷)，外伤出血(外敷)，疮疖红肿，湿疹，痈疮溃疡(研粉调敷)。

枳椇属 *Hovenia* Thunb.

约3种，分布喜马拉雅山以南；中国产3种，分布华北，陕西以南。乔木、稀灌木。

【木材】　边材浅黄褐色，心材暗红褐色，重量中，硬，强度中，韧度中，干缩小至中，耐腐中，边材易腐。适作农具，家具，建筑，车辆，胶合板，枪托，薄木装饰材，室内装修等。木材价值中等。诸如南方枳椇 *H. acerba* Lindl.，枳椇 *H. duleis* Thunb.，毛叶枳椇 *H. fulvotomentosa* Hu et Cheng，俅江枳椇 *H. kuikingensis* Hu et Cheng.，叶枳椇 *H. parvifolia* Nakai，毛果枳椇 *H. trichocarpa* Chun et Tsiang.。

【花】　蜜源植物：枳椇花期6~7月，蜜量多，粉较多，一群蜂年产蜜5~10kg。

【果梗】　①食用：南方枳椇果梗肥厚，味甜，含糖丰富，可生食，制糖，酿酒。枳椇果梗含蔗糖24%，葡萄糖9.5%，果糖7.92%，可生食，熬糖，酿酒；每100g果梗主：水分57.7%，总糖30.4%，脂肪2.33%，蛋白质0.17%，粗纤维0.92，维生素C 31.0mg/kg，胡萝卜素 2.6mg/kg，维生素 B_1 素 0.28mg/kg，核黄素 1mg/kg，钙 473.8mg/kg，磷 230.5mg/kg，铁 18.4mg/kg，营养丰富，可制糖浆，调制人造蜂蜜，果浆，罐头。②药用：南方枳椇果梗浸酒可治风湿病。枳椇果梗浸酒滋补养血。

【种子】　①油用：枳椇种子含油量6.5%~12.1%，主成分：棕榈酸8.5%~11.3%，硬脂酸4.3%~8.9%，油酸28.7%~48.6%，亚油酸16.9%~13.5%，亚麻酸13.1%~43.5%，毛枳椇种子含油5.9%，主成分：棕榈酸6.6%，硬脂酸3.4%，油酸26%，亚油酸15.9%，亚麻酸48.1%，油可供掺和油漆，涂料。②药用：南方枳椇，种子入药，止渴除烦，解酒毒，利二便，主治酒醉，烦热，口渴，呕吐，二便不利；枳椇种子利尿，解酒毒，主治热病消渴，醉酒，呕吐，发热，二便不利。

马甲子属 *Paliurus* Mill.

6种，分布东亚及西欧；中国产4种，分布秦岭以南。灌木。

【叶】　药用：马甲子 *P. ramosissimus* Porir.，叶治疮痈肿毒。

【果实】　药用：马甲子治心腹瘘痹，痈肿脓结。

【种子】　油用：马甲子种子含油量16%，主成分：棕榈酸9%，硬脂酸3%，油酸45%，亚油酸37%，油可供制蜡烛。

【根】　药用：马甲子根治感冒发热，胃痛，喉痛。

【全株】　绿篱：马甲子，铜钱树 *P. hemsleyanus* Rehd.，硬毛马甲子 *P. hirsutus* Hemsl.。

【木材】　材浅黄褐或浅红褐色，重，硬，干缩中，难加工，稍耐腐，小材，石作农具把柄，棋子，滑竿，手杖，玩具，木材价值下等。

猫乳属 *Rhamnella* Miq.

9种，分布东亚；中国产9种，分布河南、山东以南。灌木。

【茎皮】　①纤维：卵叶猫乳 *R. obovalis* Schneid.，茎皮纤维可代麻织麻袋。②染料：猫乳 *R. ranguloides*（Maxin.）Web.，茎皮含绿色素，可作绿色染料。

【木材】　药用：材入药，凉血消肿，用于类风湿性关节炎，黄水病，高山多血病。

【根】　药用：猫乳根治疥疮。

鼠李属 *Rhamnus* L.

300种以上，分布世界各地；中国产57种以上，南北均有分布。落叶或常绿灌木或乔木。

【树皮】　①鞣质：鼠李 *R. davuricus* Pall.，树皮含鞣质8.03%，可提制栲胶。乌苏里鼠李 *R. ussuriensis* J. Vass.，树皮含鞣质可提制栲胶。②染料：鼠李树皮可提制黄色染料；乌苏里鼠李树皮可提黄色染料；冻绿 *R. utilis* Dence，树皮用沸水浸煮，可提制绿色染料，可染棉、丝织品。

【木材】　边材灰黄色，心材红褐色，重量中，硬，干缩小，稍耐腐。适作小农具，小器具，雕刻，擀面杖，工农具柄等。木材价值下等。诸如锐叶鼠李 *R. arguta* Maxin.，长叶鼠李，鼠李，柳叶鼠李 *R. enythroxylon* Pall.，山绿柴 *R. globosus* Bunge，海南鼠李 *R. hainanensis* Men. et Chun，毛叶鼠李 *R. henryi* Schmeid.，落叶鼠李 *R. leptophylla* Schneid.，小叶鼠李 *R. parvifolius* Bunge，冻绿 *R. utilis* Dence 等。

【茎叶】　①药用：柳叶鼠李叶入药，消食健胃，消热去火，主治消化不良，山绿柴，茎叶入药，杀虫，下气，祛痰，消食，主治瘰疬，哮喘，杀寸白虫。乌苏里鼠李，茎入药，功效同狭叶鼠李。②染料：长叶冻绿叶可作绿色染料。圆叶鼠李茎叶可提绿色染料。冻绿茎叶沸水浸泡可作绿色染料。③代茶：鼠李嫩叶可代茶，准噶尔鼠李 *Soongorica* Son Rsd. 代茶。④农药：锐齿鼠李，茎叶可作杀虫剂。乌苏里鼠李枝叶可杀大豆蚜虫及稻瘟病。

【花】　蜜源植物：鼠李花期5~7月，蜜量多，粉较多。冻绿花期5~6月，蜜量多，粉量较多，陕西等地年可取蜜1~2次。

【果】　①染料：药鼠李 *R. cathartica* L.，幼果可取汁作绿色染料。冻绿果可提绿色染料。

②药用：药鼠李果含鼠李泄剂，常作慢性便秘药。鼠李果入药，主成分：芦荟大黄素，大黄酚，清热泄下及治瘰疬症。圆叶鼠李果捣碎与红糖煎服，可治肿毒。小叶鼠李果，清热泄下，消瘰疬，主治腹满便秘，疥癣瘰疬。鼠李治痈疬。

【种子】 油用：锐齿鼠李种子含油量 26%，可作润滑油。鼠李种子含油量 27%，主成分：棕榈酸及硬脂酸 11%，油酸 18%，亚油酸 42%，亚麻酸 24%，可作机械润滑油。圆叶鼠李种子油可作润滑油。海李鼠李种子含油量 24.4%，可作润滑油，肥皂，油墨。朝鲜鼠李 R. koraiensis Schneid.，种子含油量 43.3%，可作塑滑油。长柄鼠李种仁含油量 37%，油可作肥皂，油墨，润滑油。乌苏里鼠李种子含油量 38.4%，主成分：棕榈酸 41%，硬脂酸 2.3%，油酸 16.3%，亚油酸 40.6%，亚麻酸 36%，可作润滑油。冻绿种子含油量 22%~30.9%，主成分：棕榈酸 6.6%~12.1%，硬脂酸 3.3%~3.6%，油酸 20%~24.2%，亚油酸 35.6%~43.4%，亚麻酸 13.3%~26.7%，可作润滑油，掺和油漆油。

【根】 ①药用：圆叶鼠李，根杀虫，可杀寸白虫。长叶冻绿根含柯桠素，大黄酚，驱虫豆酸，去氢大黄酚，清热利湿，杀虫止痛，外用治疥疮，顽癣，湿疹，脓包症，不可内服。异叶鼠李 R. heterophyllus Oliv.，根清热利湿，凉血止血，主治痢疾，吐血，咯血，痔疮出血，血崩，白带。薄叶鼠李，果入药，消食顺气活血去瘀，主治食积腹胀，食欲不振，胃痛暖气，跌打损伤，痛经。②农药：长叶冻绿根浸水喷洒防治软体虫，汁洗头虱，马铃薯晚疫病，棉花黄萎病，灭蛆，江西治钉螺。

雀梅藤属 *Sageretia* Brongen.

约 34 种，分布东亚、北美洲；中国产 16 种，分布长江流域以南。藤本或灌木。

【叶】 ①代茶：雀梅藤 S. theezans(L.) Brongen.，嫩叶可代茶。②药用：雀梅藤叶入药，消肿解毒，主治疮疡肿毒，退目翳。

【果实】 雀梅藤果酸甜可食。

【根】 药用：降气化痰，祛风湿，补筋骨，主治咳嗽气喘，肝炎，胃痛。

【全株】 ①绿篱植物：雀梅藤枝密具刺，适作绿篱植物，尚有钩茎雀梅藤 S. hamosa (Wall.) Brongen.，贵州雀梅藤 S. cavaleriei(Lévl.) Schneid.，可作绿篱植物。②观赏植物：雀梅藤可配植假山，树桩盆景观赏植物。

翼核果属 *Ventilago* Gaertn.

约 40 多种，分布亚、非、美、大洋洲，中国产 6 种，分布华南，福建、台湾、云南。攀缘灌木。本属用途如下：

【果实】 油用：翼核果 V. leiocarpa Benth.，果含油 44.64%，主成分：棕榈酸 5.3%，花生酸 5.1%，山俞酸 4.8%，油酸 23%，亚油酸 12.6%，亚麻酸 21.8%，油可供制肥皂，润滑油。

【根】 药用：翼核果根入药，养血祛风，舒筋活络，主治风湿筋骨痛，跌打损伤，腰肌劳损，贫血头晕，四肢麻木，月经不调。

枣 属 *Ziziphus* Mill.

约 100 种，分布温带至热带，中国产 12 种，南北均产。落叶或常绿乔木，灌木。

【树皮】　①鞣质：滇刺枣 *Z. mouritiana* Lamk.，树皮含鞣质4%~9%，可提制栲胶。②药用：滇刺枣树皮入药，消炎生肌，可治腹泻，烧烫伤。

【木材】　边材浅黄色，心材红紫色，甚重，甚硬，强度强，干缩大，耐腐性强，耐蛀。适作雕刻，木梳，算盘珠，秤杆，烟斗，刨架，家具，农具，车辆等。木材价值上等。诸如枣树 *Z. jujuba* Mill. 及无刺枣 var. *inermis*（Bunge）Rehd.，酸枣 *Z. spinosa* Miaa.，龙爪枣 *Z. jujuba* var. *tortuosa* Hart.，滇刺枣等。

【叶】　①放养紫胶虫：滇刺枣为优质紫胶虫（*Kerria lacea*）放养树，一年放养两代，每株可放养原胶5~10kg，颜色质量均好。皱皮枣 *Z. rugosa* Lamk.，也为较好的紫胶虫放养树。②饲料：滇刺枣，酸枣的树叶为很好的猪饲料。③制茶：酸枣叶制茶，主成分：酸枣酮，可治冠心病。

【花】　蜜源植物：枣树花期5~7月，花期长，芳香多蜜，一群蜂年产蜜15~30kg，浓度高，不结晶，浅琥珀色，甜度大，品质优良，是著名上等蜜。滇刺枣，花期夏季，20多天，一群蜂年产蜜15~30kg，浓度大，浅琥珀色，质优蜜甜，为上等蜜。酸枣花期5~7月，花期长，一群蜂年产蜜15~30kg，蜜甜，浓厚，浅琥珀色，品质优，为著名上等蜜。

【果实】　①食用：滇枣 *Z. incorva* Roxb.，果椭圆形，长1cm，可食。枣，果实含水分73.4%，蛋白质1.2%，脂肪0.2%，碳水化合物23.2%，钙140mg/kg，磷230mg/kg，铁5mg/kg，胡萝卜素0.1mg/kg，维生素 $B_1$0.6mg/kg，核黄素0.4mg/kg，尼克酸6mg/kg，维生素 C 5400mg/kg，芦丁，营养丰富，红枣，黑枣，乌枣，蜜枣，酒枣，干枣是我国传统出Vl商品。栽培品种有200多个，如无刺枣，果大味甜，葫芦枣 cv. Lageniformis，果葫芦形，大枣；龙爪枣 cv. Tortuosa，果较小，枣除生食外，可加工红枣，黑枣，乌枣，蜜枣，醉枣，枣酒，枣泥，香精（用于烟草香精）。滇刺枣，果含水分81.6%，蛋白质0.8%，脂肪0.3%，碳水化合物13%，钙，磷，铁，胡萝卜素，维生素 B_1，维生素 B_2，维生素760mg/kg，可生食，晒干，糖浸，味甜。皱皮枣果倒卵形长0.8~1cm，可食山枣 *Z. motana* W. W. Smith，果卵形，长2cm，可食。酸枣，果实含糖6%，维生素 C 多，味酸甜，可加工果酱，酿酒。脆枣宜生食，干枣液少制干；长枣个大，皮厚，丰产，制干，铃枣果大，汁少，宜制乌枣，蜜枣；小枣：果小，味甜品上，生食，制干；无核枣，果小，糖多，产量低，品质上。葫芦枣：果中等，汁多，酸甜，宜作生食，产量中。②药用：枣有养胃，健脾，养血，壮身之效，为重要中药及滋补品，主治脾虚，腹泻，心惊，失眠，盗汗。滇刺枣治胸疾，有镇静作用。③兽药：枣补脾和胃，益气生津，治牛翻胃吐草，气虚体弱，心动气短，劳伤虚损，骡马脾虚食积，母畜不孕，马驹保胎。

【种子】　①药用：枣仁可以安神。滇刺枣，种仁生津，补虚，安神。酸枣仁入药，健胃，镇静，主治：神经衰弱，失眠心悸，盗汗，多梦，健忘。②兽药，酸枣仁养心安神，养肝，治牛虚劳，癫痫发狂。③油用：酸刺种子含油30%，主成分：棕榈酸4.4%，硬脂酸2.1%，油酸42.5%，亚油酸48%，亚麻酸2.1%，可作润滑油。

【根】　药用：枣根皮入药，通乳，治白带，小便浑浊。

【全树】　枣在华北，黄土高原，防风固沙，水土保持，绿化荒山，河滩，旱地，碱地，沙荒均可种栽。

红树科 Rhizophoraceae

约 16 属 120 多种，分布热带海滩；中国 6 属 13 种，分布南方沿海及云南。常绿灌木和乔木。

木榄属 *Bruguiera* Lam.

7 种，分布东半球热带海岸；中国产 3 种，分布华南，台湾、福建海岸。灌木或小乔木。

【树皮】 鞣质：木榄 *B. gymnorrhiza*(L.) Savigny. 树皮含鞣质 19.68%~20.00%，可提制烤胶，纯度 51%~55%，海莲 *B. sexangula*(Lour.) Poir.，树皮含鞣质 20.10%~35.15%，可提制烤胶，纯度 54%~73%。柱果木榄 *B. cylindrica* L. 树皮亦含鞣质，可提烤胶。

【茎皮】 鞣质：木榄茎皮含鞣质 7.71%，可提制烤胶，纯度 27%。

【木材】 ①鞣质：海莲木材含鞣质 1.73%，纯度 27.28%。②用材：木榄心材浅红至红褐色，重至甚重，硬，强度强，干缩大，耐腐性中，加工困难，红树林木材利用价值不大，可烧炭，作枕木，房柱等。木材价值下等。

【根皮】 鞣质：海莲根皮含鞣质 10.83%~21.77%，可提制烤胶。

【全树】 防浪、防风树种：木榄、海莲，柱果木榄。防止盐渍化生态效益，要保护红树林。

竹节树属 *Carallia* Roxb.

约 10 种，分布东半球热带海边；中国产 4 种，分布华南、云南、台湾、福建。常绿乔木或灌木。

【木材】 边材黄褐色，心材黄红栗褐色，重，硬，强度强，干缩甚大，但不耐腐，易变色。适作造纸材，家具，乐器板，胶合板，建筑等。木材价值下等。诸如竹节树 *C. brachiata*(Lour.) Merr.，锯叶竹节树 *C. diplopetata* Hand. -Mazz.，大叶竹节树 *C. graciniaefolia* How et Ho，旁杞木 *C. longipes* Chun ex Ko.

【根、叶】 药用：锯叶竹节树，根叶入药，清热凉血，利尿消肿，接筋骨，主治感冒发热，暑热口渴，血崩，外用治骨折，跌打损伤。

【全树】 防浪、防风树种：要加强保护生态作用。

【物种资源】 锯叶竹节树濒危，仅见十万大山存有，可迁地保护。

角果木属 *Ceriops* Arn.

2 种，1 种产印度，马来西亚，1 种产中国台湾、海南、广东海滩。灌木或小乔木。本属角果木 *C. tagal*(Merr.) C. B. Rob.，用途如下：

【树皮】 鞣质：角果木树皮含鞣质 28.15%~30.76%，可提制烤胶，质量好，纯度 50%~70%。药用：角果木树皮煎液可止血，治恶疮。

【全株】 药用：具收敛性，可治腹泻。

【木材】 ①鞣质：角果木材含鞣质 5.73%，纯度 52.76%。②用材：材红棕色，甚重甚硬，干缩大，耐腐，小径材，可作桩木，薪炭材，小件器具，利用价值不高，可列下等。

【全株】 防浪防风树种，角果木为组成红树林的主要树种，防止海滨盐碱化，要保护红树林生态效益。

山红树属 *Pellacalyx* Koch.

约 8 种，分布马来西亚一带，中国产山红树 *Rynnanensis* Hu 1 种。常绿乔木。云南南仅有且少，宜适地繁殖，增加数量。

秋茄树属 *Kandelia* Wight. et. Arn.

1 种，分布亚热带海岸红树林中，中国华南，福建、台湾产，生热带滩涂海岸。灌木或乔木。秋茄树 *K. zandel* (L.) Druce.。

【树皮】 鞣质：秋茄树树皮含鞣质 12.4%~30.76%，可提制栲胶，纯度 50%~70%。

【枝部】 鞣质：秋茄树枝部含鞣质 23.3%，可提制栲胶，纯度 50.75%。

【木材】 材红褐色，重量中，硬度中，强度弱至中，干缩小，耐腐。适作木桩，家具，农具，工农具柄等。木材价值下等。

【全树】 防风防浪，防止海水盐渍，固岸，红树林生态效益至为重要。

红树属 *Rhizophora* L.

约 6 种，分布热带海岸，中国产 3 种，分布：海南、广东、台湾热带海边。灌木或乔木。

【树皮】 鞣质：红树 *R. apiculata* Bl.，树皮含鞣质 13.6%，可提制栲胶。红茄 *R. mucronata* Poir，树皮含鞣质 12.36%~22.73%，可提制栲胶，纯度 42%~60%。

【木材】 心材红褐或黄褐色，甚重硬，稍耐腐。适作器具，家具，建筑，工具柄等。木材价值下等。红树，红茄，长柱红树 *R. stylosa* Griff.

【果】 食用：红茄果味甜可食，酿酒。

【全树】 海滩淤泥树种：红树，红茄为海南、台湾、广东海滩淤泥处重要红树林树种，其防风、防浪、防止海水盐渍化，固岸，生态效益很重要。

马尾树科 Rhoipteleaceae

1 属 1 种，我国特产，分布云南、贵州、广西。落叶乔木。

马尾树属 *Rhoiptelea* Diels et Hand. -Mazz.

【树皮】 鞣质：马尾树 *R. chiliantha* Diels et Hand. -Mazz. 树皮含鞣质 5.79%。

【木材】 ①鞣质：马尾树木材含鞣质 8.23%。②用材：重量、硬度中等，干缩小，稍耐腐。适作家具，建筑，室内装修，胶合板，包装材，农具，用具等。商品材价值下等。

【叶】 鞣质：叶含鞣质 14.17%，可做栲胶。

【枯立木干】 可培养香菇。

【物种资源】 本种属残遗种稀有，英、美均引进研究，我国要在西南加强保护。

蔷薇科 Rosaceae

124 属，约 3400 种，广布全世界；中国产 55 属 900 多种，又引入 5 属 15 种。分布全国。乔木、灌木、藤本、草本。

唐棣属 *Amelanchier* Medic.

约 25 种，分布北温带；中国产 2 种，分布长江诸省至西北，落叶灌木至乔木。

【树皮】 药用：唐棣 *A. sinica*(Schneid.)Chun，皮入药，有祛瘀止痛之效。

【木材】 唐棣及东亚唐棣 *A. asiatica*(Sieb. et Zucc.)Endl. ex Walp.，小乔木，材坚韧富弹性，适做农具柄、农具、小器具等，但市场无商品材。木材价值下等。

【果】 食用：唐棣果较小，径 1~1.5cm，蓝黑色，味甜多汁，适制果酱及酿果酒。

【全树】 ①砧木：唐棣可作苹果砧木，矮化果树并增强抗性。②观赏：春花白色清香，花序下垂，绿叶相映，为优美观赏树种。

木瓜属 *Chaenomeles* Lindl.

5 种，分布东亚；中国产 4 种，引入 1 种，分布华北，西北至长江以南诸省区。落叶或半常绿灌木至小乔木。

【树皮】 鞣质：木瓜 *C. sinensis*(Thauin)Koenne，皱皮木瓜 *C. speciosa*(Sweet)Nakai，树皮可做栲胶或染料。

【木材】 木瓜小乔木高 10m，心材暗红褐色，边材浅红褐色，坚硬，有光泽，纹理美观，适做家具、桌椅、床腿及工艺材等。木材下等。

【花】 ①蜜源植物：皱皮木瓜花期 3~5 月，为春季辅助蜜源植物。②食用：木瓜花可制糖浆。

【果】 ①食用：木瓜、皱皮木瓜果含苹果酸，酒石酸，枸橼酸，肉硬味涩，不能生食，但可转化加工果酱、果冻、蜜饯。②药用：木瓜、皱皮木瓜泡酒为正宗木瓜酒，为我国最常用药酒之一。皱皮木瓜果主成分：皂苷，黄酮类，维生素，有机酸，糖类，果胶，鞣质，酶类(氧化酶、过氧化酶、过氧化氢酶、酚氧化酶)，舒筋活络，和胃化湿，主治腰腿酸痛麻木，腹痛吐泻，痉挛抽搐，并有抗癌活性，适治多种肿瘤。木瓜果皮入药，祛痰镇痛，和脾敛肺，主治气管炎，肺结核。毛叶木瓜 *C. cathayensis*(Hemsl.)Schneid.，果可代木瓜入药。

【种子】 油用：木瓜种子含油 23.1%~30.4%，主成分：亚油酸 50.5%，油酸 22.5%，棕榈酸 13.5%。皱皮木瓜种子含油 23%~35%，主成分：油酸 45.8%~50.7%，亚油酸 26.7%~39.4%，棕榈酸 7.3%~11.6%，油可食用及工业用油制肥皂等。

【全树】 ①观赏树种：木瓜花淡红色，果淡黄色芳香，适庭院栽培；皱皮木瓜花早春红色或乳白色，并有重瓣者，秋后果黄色芳香，适庭院或盆景栽培；毛叶木瓜，日本木瓜 *C. japonica*(Thunb.)Lindl. ex Spach.，均适作观赏树种。花白，粉红至艳红。②绿篱树种：皱皮木瓜为有刺灌木，适作绿篱树种。

栒子属 *Cotoneaster* B. Ehrhart.

约 90 多种，分布东半球北温带；中国产 50 多种，主产西南至北部。落叶或常绿灌木或匍匐状矮小乔木。

【木材】 本属大灌木至小乔木树种，材坚硬，适做农具柄、工具柄、手杖、小器具。但无大商品材，木材价值下等。

【枝条】 编织品：一些树种条柔韧，可做编织农具品，如水栒子 *C. multiflorus* Bunge；毛叶水栒子 *C. submultiflorus* Popov.；西北栒子 *C. zabelii* Schneid. 等。

【叶】 ①鞣质：如灰栒子 *C. acutifolius* Turcz. ②药用：小叶栒子 *C. microphyllus* Wall.，叶含扁桃腈葡萄糖苷，有止血生肌之效，主治刀伤。灰栒子主治鼻衄，牙龈出血，月经过多。

【花】 蜜源植物：如灰栒子；匍匐栒子 *C. adpressus* Bois；平枝栒子 *C. horizonatalis* Decne；小叶栒子，一般花期 5~6 月，蜜量中等，可作辅助蜜源植物。

【果】 ①淀粉：西北栒子果富含淀粉。②药用：灰栒子果主治关节积水，关节肿痛。

【种子】 油用：小叶栒子种子含油 3.3%；黑果栒子 *C. melanocarpus* Lodd.；西北栒子；种子均可榨油用。

【根】 药用：川康栒子 *C. amoenus* Wils.，清热解毒，主治腮腺炎，淋巴结核，麻疹。华西栒子 *C. harrowianus* Wils.，根皮消肿解毒，外敷治痈肿疮毒。平枝栒子根主治红痢，吐血。小叶平枝栒子 *C. horizonatalis* var. *perpusiltus* Schneid.，清热止血，主治痢疾，吐血。

【全树】 ①固定沙地树种：灰栒子，黑果栒子，细弱栒子 *C. gracilis* Retw. 全缘栒子 *C. integerrimus* Medic.，蒙古栒子。②水土保持树种：如灰栒子，矮生栒子 *C. dammeri* Schneid.，水栒子，毛叶水栒子，西北栒子等。③观赏绿化及绿篱：本属一些树种夏花繁茂，秋果红色累累，红果绿叶相映美丽，可做花坛、庭院假山、绿篱、绿化观赏树种，如灰栒子，匍匐栒子，矮生栒子，平枝栒子，黑果栒子，水栒子，西北栒子等。

山楂属 *Crataegus* L.

约 1000 多种，广布北半球，北美洲最多，中国产约 17 种，分布为全国。落叶稀半常绿乔木至灌木。

【枝干】 皮鞣质：如山楂 *C. pinnatifida* Bunge，枝干皮可做染料。

【木材】 本属一些小乔木，材灰褐色重硬致密，稍耐腐，易裂，就地做农具、工农具柄、木槌、小家具、小器具，车旋品等，价值中等，如山楂；山里红 *C. pinnatifida* var. *major* N. E. Br.，野山楂 *C. cuneata* Sieb. et Zucc.，甘肃山楂 *C. kansuensis* Wils.；毛山楂 *C. maximowiczii* Schneid.，云南山楂 *C. scabrifolia*(Franch.) Rehd. 等。

【枝丫】 能源薪炭材：本属树种大多适应性强，对土壤要求不严，抗风耐寒，耐瘠薄，平地至山地均可生长，枝丫耐燃，火力大，自古以来多作薪炭材，至今野生者可采樵，栽培者每年修枝，为我国优良薪材能源之一。

【叶】 ①代茶：嫩叶可焙茶，如野山楂，山里红，山楂等，代茶饮且有降血压之效。②药用：野山楂叶，主成分：绿原酸，槲皮素，山楂酸，熊果醇。主治高血压。光叶山楂 *C. dahurica koehne* ex Schneid，助消化，扩张血管，防治冻疮。叶有降血压强心作用。

【花】 蜜源植物：野山楂花期 5~6 月，蜜量中等；湖北山楂 *C. hupehensis* Sarg.，花期

5～6月，蜜粉均丰富；毛山楂花期5～6月，蜜多粉少；甘肃山楂花期5～6月，蜜粉均丰富；阿尔泰山楂 C. altaica (Lour.) Lange.，花期5～6月，新疆资源很多；山楂蜜量较少，但山里红花期5～6月，蜜粉均丰富，蜜琥珀色，含果糖42.9%，葡萄糖30%，蔗糖1.1%，水分21.4%，为有价值的蜜源之一；华中山楂 C. wilsonii Sarg.，花期5月，蜜粉均丰富，多为重要辅助蜜源植物。

【果】 ①食用：本属果中等大类，山楂果含水分74.1%，蛋白质0.7%，脂肪0.28%，碳水化合物22.1%，每百克中含钙85mg，磷20mg，铁2.1mg，胡萝卜素0.82mg，维生素 B_1 0.02mg，核黄素0.05mg，尼克酸0.4mg，维生素 C8.9mg，山楂酸，酒石酸，枸橼酸，黄酮类，内酯，营类，糖类，营养丰富，维生素及矿物质均比第一代水果(苹果、梨、桃、柑橘、香蕉、菠萝等)高，含钙尤为水果中之首位，并且耐贮运，保鲜。其变种山里红果最大，品质更好。一般小树株产果50kg，大树株产200～300kg，最高单株产500kg，平均亩产3000～4000kg，全国年产粗估1亿多kg。不仅可鲜食，可转化加工冰糖葫芦，山楂糕、果丹皮、山楂片、糖水罐头、蜜饯、烤山楂、山楂粉、山楂糖、山楂酱、点心、山楂酒、山楂饮料、制醋等。其色鲜艳，营养丰富，可制作上百个花色品种，为国内外最佳食品。山里红以大红袍、大敞口、红瓤锦球品质上佳，丰产耐贮，含水分74%，蛋白质0.7%，脂肪0.2%，碳水化合物22%，粗纤维2%，灰分0.9%，含钙850mg/kg，磷25mg，铁2.1mg，维生素 C 89mg，其他略同山楂。云南山楂的红果，大白果，品质也佳。其他野生小山楂类：野山楂味酸，含糖量10%，蛋白质0.7%，脂肪0.2%，灰分0.6%。湖北山楂果较大肉厚，可生食及酿酒。阿尔泰山楂汁少味淡。光叶山楂果小，甘肃山楂果甚小，微甜，可生食，酿酒，制醋。毛山楂果甚小，可生食，酿酒，制醋。辽宁山楂 C. sanguinea Pall.，果小淡红，可生食，酿酒，果汁。准噶尔山楂 C. songorica K. Koch，果小，黑色，汁少。山东山楂 C. wattiana Hemsl. et Lace.，果小，橙黄色。橘红山楂 C. aurantia Pojark.，可生食，酿酒。绿肉山楂 C. chlorosarca Maxim.，果肉绿色，可生食，酿酒。滇西山楂 C. oresbia W. W. Smith，可生食，酿酒，制果汁。裂叶山楂 C. remotilobata H. Raib.，可生食，酿酒。陕西山楂，可生食，酿酒、果汁。这些小果类山楂，可转化加工果汁等多种食品，或代山楂药用，或作砧木为优良品种提高果实品质。②药用：山楂为我国常用中药之一，主成分：山楂酸，酒石酸，柠檬酸，枸橼酸，黄酮类，糖类，苷类及大量维生素 C，有软化血管，扩张血管，降血压，降胆固醇，降血脂，化痰，止痢，助消化之功效，主治高血压，冠心病，糖尿病，婴儿缺钙，小儿疳积，肉食不消，肾盂肾炎，产后瘀血，恶露不尽，菌痢肠炎，绦虫病，冻疮等，并为抗癌药(含牡荆素)，制剂"心脉通"及"脉安冲剂"，对冠心病及二尖瓣窄狭疗效好。野山楂主成分：山楂酸，槲皮素，绿原酸，咖啡酸，齐墩果酸，枸橼酸，苹果酸，维生素 C，鞣质，糖类，药效近似山楂，主治肉食积滞，消化不良，小儿疳积，菌痢肠炎，高血压，产后腹痛，绦虫病，冻疮等。光叶山楂，湖北山楂，甘肃山楂，毛山楂，辽宁山楂，云南山楂等均可入药，各地代山楂、野山楂用之。③兽药：北山楂(栽培的)及南山楂(野生的)均可，主治牛积食不化，马宿食不清，猪肠痢，均有显效。

【种子】 ①油用：山楂种子含油率3%，主成分：亚油酸74.1%，油酸17%，果酱加工厂可综合利用之。野山楂种子含油率4.1%，成分与山楂近似，但野生资源分散，利用前景不如山楂。②药用：野山楂种子主治疝气痛，腰痛，产后阵痛。

【根】 药用：山楂及山里红，野山楂根主治风湿性关节炎，痢疾，水肿。

【全树】　①砧木：一些野生山楂树种可做山楂优良品种及蔷薇科苹果、梨、枇杷、砧木，矮化果树，防病虫害，提高果实品质。②瘠地绿化果树：本属树种适应性强，耐瘠耐寒抗风，对土壤要求不严，为瘠地绿化果树树种，其生态效益及经济效益均大。③环保树种：本属树种能抗大气污染，城、镇、乡均可种植，保护生态环境。④观赏树种：多数树种花白色，红果绿叶相映，为艳丽庭院观赏树种。⑤绿篱树种：本属常为有刺灌木，适作绿篱，如山楂及山里红，辽宁山楂等多种。

榅桲属 *Cydonia* Mill.

1 种，榅桲 *C. oblonga* Mill.，原产中亚；中国引入，新疆、陕西、山东、江苏、江西、福建、贵族、云南栽培。落叶小乔木。

【果】　①食用：可生食，味酸甜，芳香，也可煮食及制罐头，果黄色，径 3～5cm，有香气，作为水果，古昔为西北佳果，现仅新疆年产约 700 多 kg，其品种为梨形榅桲 var. *pyriformis* Rehd. 及苹果形 var. *maliformis* Sclmeid.。②药用：果实主成分：苹果酸，异绿原酸，儿茶精，表儿茶精，扁桃苷，祛湿解毒，主治烦热伤暑，呕吐腹泻，消化不良。作为药用因渐少，多用木瓜，但药性实非木瓜里代之。

【种子】　①胶用：种子含黏液，可作纺织浆纱原料，也可代阿拉伯胶作一定用途。②药用：种子含扁桃苷有镇咳之效：可作枇杷砧木，增强抗寒性，又作苹果砧木和西洋梨砧木，可提早结果。

【全树】　①砧木：可作枇杷砧木，增强抗寒性，又作苹果砧木；又作西洋梨砧木，可提早结果，果大品优。②绿篱：榅桲耐修剪，可矮化做绿篱。

牛筋条属 *Dichotomanthus* Kurz.

1 种，牛筋条 *D. tristaniicarpa* Kurz.，中国特产，分布西南。常绿小乔木至灌木。

矮小乔木，高 4 米，产四川、云南林中，材坚韧，就地采做农具柄，手杖，工艺品，韧性强故名牛筋条，材小利用价值下。

移核属 *Docynia* Decne.

5 种，分布亚洲，中国产 2 种，分布西南，常绿或半常绿乔木。

【树皮】　药用：云南移 *D. delavayi* (Franch.) Schneid.，清热解毒，收敛，接骨，主治痢疾肠炎；外用治骨折，烧烫伤，湿疹，子宫脱垂。

【果】　药用：云南移祛风活络，消食健胃，主治风湿性关节炎，脚气肿痛，消化不良。西南以云南及移衣 *D. indica* (Wall.) Decne. 的果称"小木瓜"或"酸木瓜"代木瓜入药，其实不宜作木瓜用。

【全树】　观赏：花期 3～4 月，先叶或同时开放，白色醒目，为早春观赏树种之一。

枇杷属 *Eriobotrya* Lindl.

约 30 种，分布亚洲；中国产 13 种，分布秦岭以南各地。常绿乔木或灌木。

【木材】　乔木者可供用材，如枇杷 *E. japonica* (Thunb.) Lindl.，台湾枇杷 *E. deflexa* (Hemsl.) Nakai，材黄褐或心材浅灰红褐色，重硬坚韧，耐腐，适做农具器具、工农具柄、手杖、木梳、秤杆、雕刻、印章、车旋品工艺材等，两种均为果树，更新树多自用，价值中等，其野生者如南亚枇杷 *E. bengalensis* Hook.，香花枇杷 *E. fragrans* Champ.，窄叶枇杷 *E. henryi* Nakai，麻栗坡枇杷 *E. malipoensis* Kuan，栎叶枇杷 *E. prinoides* Rehd. et Wils.，腾越枇杷 *E. tengyuehensis* W. W. Sim.，散生南方林中，随南方杂木利用。木材价值中等。

【叶】①药用：枇杷叶为常用中药，主成分：苦杏仁苷，乌索酸，齐墩果酸，丁香素，枸橼酸，樟脑，鞣质，维生素 B_1，维生素，具止咳化痰，和胃作用，主治支气管炎，久咳不止，肺热咳嗽，胃热吐血，鼻衄，痘疮溃破；成药"枇杷膏"以叶炮制。②兽药：主治牛马咳嗽，气逆喘吼，枇杷叶有效。

【花】蜜源植物：枇杷一般花期 11 月至翌年 3 月，为冬春重要蜜源，一群蜂年产蜜 10~15kg，蜜浅琥珀色，芳香，浓度高，品质上等。药用：枇杷花主治伤风感冒，咳嗽痰血。

【果实】食用水果：枇杷栽培历史悠久，有 1700 多年，品种上百个，果实含 79%~83.3%，蛋白质 0.5%。脂肪 0.2%，碳水化合物（糖类）14.7%，每百克含钙 30mg，磷 55mg，铁 0.4mg，果胶，维生素 B，维生素 C，自汉代以来，为南方佳果，发展不衰，以浙江为主，江苏、安徽亦产，尤以福建蒲田果早熟，品种多。枇杷早熟者果期 4 月，晚熟者果期 5~6 月；果形多样；以果肉颜色分为："白砂"，果肉近白色，肉细，汁多味清甜；"红砂"果肉黄色、黄橙色、橙红色，一般肉粗，汁少，味逊于"白砂"，但易栽培，产量高，粗估全国年产上亿公斤。除应时鲜食外，常制糖水罐头、果酱、果膏、果酒等。台湾枇杷果较小，6~8 月熟，台南至 10 月熟，味甜多汁，为台湾省水果之一。山枇杷 *E. cavaleriei*(Lévl.) Rehd.，果小，橘红色，含糖分 10%，可生食及酿酒，南亚枇杷含糖分 10%，可生食及酿酒。

【种子】①淀粉：枇杷种子含淀粉 20%，可酿酒。②药用：枇杷种仁含苦杏仁苷，主治咳嗽，并治瘰疬。

【全树】①观赏树种：枇杷在江南园林中常配植，冬花至春，绿叶常青，果色多姿，为冬春优良观赏树种。南亚枇杷，香花枇杷也有栽植观赏。②环保树种：枇杷抗大气污染，尤对 SO_2 抗性较强，适厂矿、城市、街道、庭院种植。

白鹃梅属 *Exochorda* Lindl.

4 种，分布亚洲东部；中国产 3 种，分布东北、西北至亚热带。落叶灌木。

【树皮（及根皮）】药用：白鹃梅 *E. racemosa*(Lindl.) Rehd.，主治腰骨酸痛，劳伤等。

【木材】坚硬，可制小农具、小器具，如红柄白鹃梅 *E. giraldii* Hesse. 为大灌木，高达 5m，其材可用。

【种子】油用：齿叶白鹃梅 *E. serratifolia* S. Moore，含油量 2.4%，利用不大。

【全树】观赏树种：3 种花期皆 4~6 月，洁白如雪，适种假山周围，草坪，径旁观赏树种。

棣棠花属 *Kerria* DC.

1 种，棣棠花 *K. japonica*(Linn.) DC.，分布亚洲东部的中国及日本；中国分布自陕西、甘肃、华北至长江流域以南。落叶小灌木。

【花】 药用：主成分：柳穿鱼苷，化痰止咳，主治肺结核咳嗽。

【叶】 ①食用：嫩叶可食。②药用：主成分：堆心菊素，环氧叶黄素，祛风利湿，解毒，主治风湿性关节炎，小儿消化不良，痈疔肿毒，荨麻疹，湿疹。

【茎髓】 药用：催乳，利尿。

【全树】 观赏树种：柔枝下垂，金花累累，宜作花坛，水畔，草坪边缘，花径及切花观赏。著名品种有：菊花棣棠 *K. stellata* (Makino) Ohwi., 重瓣棣棠 *K. planiflora* (Witte) Rehd. 金边棣棠 *K. aureo-variagata* Rehd., 银边棣棠 *K. picta* (Sieb.) Rehd.。

苹果属 *Malus* Mill.

约 40 种，分布北温带；中国产 25 种，引入 1 种，分布东北至西北向南至华东西南。落叶小乔木。

【木材】 本属栽培中矮林作业，如苹果 *M. pumila* Mill., 更新时利用干材，材黄红褐色，重量、硬度中等，耐腐差，就地做农具、家具，其他小乔木，如山荆子 *M. baccata* (Linn.) Borkh., 台湾林檎 *M. doumeri* (Bois.) Chev., 甘肃海棠 *M. kansuensis* (Batal.) Schneid., 生林中，可供家具、细木工、雕刻、农具等。木材价值下等。

【叶】 ①代茶：如山荆子嫩叶可代茶或作饲料。②鞣质：山荆子老叶含鞣质 5.5%，含量低。

【花】 蜜源：花红 *M. asiatica* Nakai，花期 4~5 月，蜜量丰富，每群蜂年产商品蜜 5kg 左右，蜜浅黄色，浓稠，粉量也丰富。苹果花期 5~6 月，蜜粉较多，一群蜂年产蜜 5kg 左右。山荆子花期 4~5 月，粉多蜜少。垂丝海棠 *M. halliana* Koehne., 为春季蜜源植物。甘肃海棠花期 5~6 月。西蜀海棠 *M. prattii* (Hemsl.) Schneid., 花期 6 月。海棠果 *M. prunifolia* (Willd.) Borkh., 花期 4~5 月，粉多。以上可作辅助蜜源植物。

【果实】 ①食用水果：苹果类：苹果为我国大宗水果，鲜水果含水分 85.13%，蛋白质 0.4%，脂肪 0.3%，糖类 7.9%~14.1%，酸类 0.38%~0.63% (苹果酸，柠檬酸，酒石酸)，每百克含钙 6mg，磷 8mg，铁 1mg，β-胡萝卜素 0.05mg，维生素 B$_1$ 0.03mg，核黄素 0.01mg，尼克酸 0.1mg。我国应发展优质耐贮运品种，研制保鲜处理，延长食用周期。红肉苹果 var. *niedzwetzkyana* (Died) Schneid 果肉粉紫色。花红类：品种有花红 *M. asiatica* var. *rinki* (Koidz.) Asami., 楸子 *M. prunifolia* (Willd.) Borkh., 果径 2~3cm，新疆野苹果 *M. sieversii* (Ledeb.) Roem., 果径 3~4cm。花红类果实中等大，不耐贮，供应期短。海棠果果小，一般作蜜饯食品：如西府海棠 *M. micromalus* Makino., 八棱海棠 *M. robusta* (Carr.) Rehd., 海棠花 *M. spectabilis* (Ait.) Borkh. 果 3~5cm，果肉白色。②加工食品：罐头，果干，果脯，蜜饯，果酱，果汁，果酒，果醋，盐渍品等。如苹果，花红，山荆子，台湾林檎，河南海棠 *M. honanensis* Rehd., 海棠，湖北海棠 *M. hupehensis* (Vamp.) Rehd., 甘肃海棠，毛山荆子 *M. mandshurica* (Maxim.) Kom., 尖嘴林檎 *M. melliana* (Hand. -Mazz.) Rehd., 西府海棠，八棱海棠等。③药用：苹果可治慢性腹泻。花红止渴化滞，治水痢；海棠治肠炎；台湾海棠 *M. taiwaniana* Kawakan et Koedz., 主治积食、大便泄泻。

【种子】 油用：山荆子种子含油量 16.1%~22.8%；湖北海棠种子含油量 12.3%；海棠种子含油量 28.1%；苹果种子含油量 22.1%~33%，可在加工果品厂综合利用，油可供工业润滑油，制肥皂油用。

【根及根皮】 药用：花红补血强壮；湖北海棠治筋骨扭伤。

【全树】 ①砧木：本属多种适各地自然条件，作苹果、花红、海棠的砧木，如可培育耐寒苹果砧木的山荆子，台湾林擒，花红，河南林擒，湖北海棠，甘肃海棠，毛山荆子，尖嘴林擒，西府海棠，海棠，八棱海棠，新疆野苹果，丽江海棠 *M. rockii* Rehd.，三叶海棠 *M. sieboldii*（Reg.）Rehd.，花叶海棠 *M. transitoria*（Batal.）Schneid.，滇池海棠 *M. yunnanensis*（Franch.）Schneid.。世界各国采用矮化砧木，便于修枝管理。②观赏树种：山荆子早花白色，秋时红果；垂丝海棠花色红艳，朵朵下垂，并有重瓣垂丝海棠 var. *parknanii* Rehb. 及白花垂丝海棠 var. *spontanea* Lindl.，湖北海棠花艳丽芳香，西府海棠花色粉红艳丽，春花晕红，秋果累累，均为著名观赏树种；海棠常为公园及盆景观赏，其中红海棠 var. *riversii*（Kirch.）Rehd.，花大粉红，白海棠 var. *albiplena* Schelle.，花白色下垂，绰约多姿，妩媚动人，滇池海棠，花白色，秋果红色。尚有河南海棠，甘肃海棠，毛山荆子等观赏树种。③环保树种：海棠及西府海棠抗大气污染，抗性中；苹果抗 SO_2，HCl 抗性中，对 HS 抗性强。④物种资源：新疆野苹果渐危，山楂海棠濒危，锡金海棠为珍稀树种，应加强保护和发展。

绣线梅属 *Neillia* D. Don

约 12 种，分布亚洲喜马拉雅山以东；中国产 10 种，分布西南至西北及东北。落叶灌木。

【根皮】 药用：毛叶绣线梅 *N. ribesioides* Rehd. 利尿除湿，清热止血，主治水肿，咳血。

【全树】 观赏：本属花白色或浅红色，似梅花，萼筒被长毛似绣线，奇特秀丽。

小石积属 *Osteomeles* Lindl.

约 5 种，分布亚洲东部至南太平洋岛屿；中国产 3 种，分布台湾省至西南西北部。落叶或常绿灌木。

【叶及根】 药用：华西小石积 *O. schwerinae* Schneid，清热解毒，祛风湿，收敛止泻，主治咽喉炎，腮腺炎，痢疾，肠炎腹泻，风湿麻木，关节肿毒，水肿，子宫脱垂，外用治痈疮，无名肿毒，外伤出血。

【花】 蜜源植物：华西小石积花期 4~5 月，为春季辅助蜜源植物。

【全树】 观赏及绿篱：常生路旁灌木，可做绿篱及观赏树种。

石楠属 *Photinia* Lindl.

约 60 种，分布亚洲东部及北美洲；中国产约 40 种，分布西南至东部。常绿或落叶小乔木至灌木。

【木材】 本属木材如石楠 *P. serratifolia*（Desf.）Kalkman，椤木石楠 *P. davidisoniae* Rehd. et Wils.，光叶石楠 *P. labra*（Thunb.）Maxim.，桃叶石楠 *P. prunifolia*（Hook. et Arn.）Lindl. 等，材浅红至栗褐色，重、硬，结构细，耐腐，耐磨，适各种工具柄、秤杆、算盘珠、伞柄、滑轮、车轴、木梭、鞋楦、棋子、木梳、榨油、楔木、雕刻、印章、工艺品等，生于杂木林中。木材价值上等。

【叶】 ①药用：光叶石楠叶解热镇痛利尿；小叶石楠 *P. parvifolia*（Pritz.）Schneid.，止血止痛；石楠叶主成分：氰苷，野樱苷，解热镇痛利尿，补肾，主治偏头痛，肢体无力，肾虚阳痿及风湿性关节痛。②农药：石楠叶捣烂浸水，可防治菜蚜虫及马铃薯病菌孢子发芽有效。

【花】　蜜源植物：中华石楠 *P. beaurverdiana* Schneid. 及厚叶石楠 *P. crassifolia* Lévl 花期5月，蜜粉较多，光叶石楠，石楠，花期4~5月，蜜粉较多，均为春季辅助蜜源植物。

【果】　①食用：毛叶石楠 *P. villosa* (Thunb.) DC. 果可食。②酿酒：石楠果含淀粉可酿酒；石楠 *P. amphidoxa* Rehd. et Wils. 也可酿酒。③油用：石楠果含油6.9%，中华石楠果含油5.9%，含油量低，利用前途不大。

【种子】　油用：中华石楠种子含油量12%，椤木石楠种子含油量17.2%，光叶石楠种子含油量24.8%，石楠种子含油量14.1%，毛叶石楠种子含油量37.9%。种子油可作肥皂、滑润油、油漆等工业用油。

【根】　药用：小叶石楠鲜根止血止痛，主治劳伤。毛叶石楠根入药止吐泻，治伤痛，治赤白痢疾，其变种庐山石楠 var. *sinica* Rehd. et Wils.，药效同原种。

【全树】　①篱垣庭院树种：光叶石楠，桃叶石楠，石楠等，常绿灌木至小乔木，适作篱垣庭院边缘树种。②砧木：如石楠可作枇杷砧木，耐瘠薄。③观赏树种：石楠，光叶石楠，桃叶石楠等，花序密集，花期甚长，秋果红色累累，绿叶相映，为优良庭院观赏树种。④环保树种：如石楠抗大气 SO_2，Cl_2 污染，抗性强，又植于道路两侧有抗噪声效能。

风箱果属 *Physocarpus* (Cambess) Maxim.

约20种，分布北美洲及亚洲东北部；中国产1种，风箱果 *P. amurensis* (Maxim.) Maxim. 分布东北及华北。落叶灌木。

【种子】　油用：风箱果种子含油19.9%，干性油，亚麻酸含量高达55.6%，亚油酸27.4%，油酸12.1%，可掺和油漆及润滑油用。

【全树】　观赏：花白色密集，秋果红色膨大奇特美丽，可供观赏。

绵刺属 *Potaninia* Maxim.

1种，绵刺 *P. mongolica* Maxim. 产中国内蒙古鄂尔多斯沙漠西部至巴丹吉沙漠。落叶小灌木。

【叶】　饲料：枝叶青鲜时，骆驼、羊、马喜食，马四季喜食。为沙漠地区极耐干旱盐碱荒漠的饲料树种，亩产干草13.5~100kg，遇干旱休眠假死，有水时复苏返青。

【根系】　固沙植物：根系发达，主根深30cm，极耐干旱耐盐碱的优良固沙植物。

【全树】　本种特征奇特，归属问题尚有疑问，在研究上具重要价值，稀有，应加强保护。在内蒙古沙区生态作用很大，要推广作固沙植物。

委陵菜属 *Potentilla* Linn.

约200多种，广布北温带；中国产约90多种，分布全国。一年或多年生草本，少数灌木，半灌木。

【茎皮纤维】　可作造纸原料：如银露梅 *P. glabra* Lodd.。

【叶】　①代茶：金露梅 *P. fruticosa* L. 银露梅，嫩叶可代茶。②饲料：金露梅、银露梅嫩叶可供骆驼、山羊饲料。③鞣质：金露梅叶含鞣质9.3%。④药用：金露梅叶花健脾，消暑，调经；金老梅又名金露梅，叶清热，健脾，调经，消暑；银露梅叶消暑，健脾，清热，调经，主治暑热脑晕，两目不清，胃气不和，滞食，月经不调。小叶金老梅 *P. parvifolia* Fisch. 利尿消肿，主治寒湿脚气，痒疹；外用治乳腺炎。

【花】　①蜜源：金老梅花期 7～8 月；黄花金露梅 *P. fruticosa* var. *pumila* Hook. f. et Dwart. 及白花金露梅 var. *vilmorica*，花期6～7 月，可作辅助粉源。②药用：金露梅主治赤白带下。银露梅花叶入药(见叶部)。

【果】　鞣质：金露梅果含鞣质15.7%，但资源分散。

【全树】　观赏植物：金露梅花黄色；银露梅花白色，花似梅，可供观赏。沙漠固沙植物，西北委陵菜 *P. salesovianum* Steph，柴达木、吐鲁番、巴丹吉林沙漠。

扁核木属 *Prinsepia* Royle.

5 种，分布亚洲喜马拉雅山以东；中国产，4 种分布西南至东北。落叶灌木。

【叶】　药用：总花扁核木 *P. utilis* Royle. 叶清热解毒，活血消肿，边根主治淋巴腺炎，腮腺炎，风湿性关节炎，痔疮，跌打损伤，月经不调，贫血，牙龈出血。

【果】　①食用：扁核木 *P. cctilis* Royle. 果可食，含蛋白质3.5%、脂肪7.5%；还可酿酒、制醋。②药用：总花扁核木果，消食健胃，主治消化不良。

【种子】　①油用：东北扁核木 *P. sinensis*(Oilv.) Kom。种子含油量23.9%，主成分：亚油酸73.7%；扁核木种子含油49.5%，主成亚油酸76.2%；总花扁核木种子含油49.5%，主成油酸亚油酸67.2%~82.2%，可做工业用油——润滑油，肥皂，灯油等。②药用：扁核木种仁清肝明目，主治结膜炎，角膜云翳。③兽药：扁核木种仁治牛血热鼻衄，牛眼翳，骡马角膜云翳。总花扁核木种子油可治家畜疥疮。

桃　属 *Amygdalus* L.

落叶乔木或灌木。存40 多种，中国产11 种。

【茎皮】　药用：桃 *A. persica*(L.)，茎皮清热利湿，活血止痛，截疟杀虫，主治风湿性关节炎，腰痛，丝虫病，间日疟，阴道滴虫，脚癣。

【韧皮纤维】　造纸原料：如桃，山桃 *A. davidiana*(Carr.) C. Devos.。

【树胶】　①食用：桃胶系多糖物，主成分：L. 鼠李糖15.2%，L. 阿拉伯糖50.39%，D. 半乳糖26.39%，D. 木糖12.39%，糖醛酸9.33%，可食用。②胶粘剂：桃胶，山桃胶及巴旦杏胶分泌桃胶，可代阿拉伯胶，作工业胶粘剂。③药用：桃胶和血，益气，止渴，主治糖尿病，乳糜尿，小儿疳积。

【木材】　桃及巴旦杏为矮林果树，材矮小，浅黄褐至红褐色，更新时就地做小家具、农具、车旋品。山桃为林中常见乔木，供一般家具、器具、雕刻、手杖、细木工等。木材价值中等。

【枝丫】　培养木耳：如西康扁桃 *A. tangutica*(Batal.) Korsh. 等可培养木耳。

【叶】　①药用：桃叶主成分：糖苷，柚皮素，奎宁酸，鞣质，内服治白带；外用治湿疹，脚癣，疖痈，瘩背疮，阴道滴虫。②兽药：桃叶活血通经，杀虫灭疥，治疥癣体虱，脓疮有蛆，骡马阴道炎，母畜不孕。③农药：桃叶浸液可杀棉蚜虫，稻螟，青虫，尺蠖，菜蚜虫，桑虫，黏虫，软体害虫，孑孓，防治麦锈病，用途甚广。

【花】 ①蜜源植物：桃花期3~4月，蜜粉均丰，为早春蜜源植物。山桃花期4月，粉丰富，甘肃桃 *A. kansuensis*(Skeels)，花期5月，粉量丰富，促进春蜂繁殖。巴旦杏花期3~4月，一群蜂产蜜40kg左右及多量花粉。②药用：桃花蕾主成分：多花蔷薇苷，主治闭经，便秘。花主成分：山奈酚，香豆精，和血利水通便，主治水肿，脚气，积滞，二便不利。

【果】 ①食用：桃原产中国，经丝绸之路传至伊朗、欧洲及世界各地，过去误认为原产波斯。中国水蜜桃品质优良，但不耐贮运，应多加工桃罐头提高外销量，尤以香港、澳门、东南亚为最；尚可加工果脯、蜜饯、桃片、饮料，扩大外贸。桃肉含水分79%，蛋白质1.7%，脂肪1.1%，糖类15.8%及钙、磷、铁、胡萝卜素、核黄素、尼克酸、维生素C。尚有蟠桃，油桃 *A. persica* var. *nectarina*(Ait.) Maxim.，寿星桃 var. *densa* Makino.，碧桃var. duplex(Yuelu.) Rehd.，诸变种；至于品种我国有300多个，新疆桃 *A. ferganensis*(Kost. et Rjab.)果汁中等，陕甘山桃 *A. davidiana potaninii* Yuetlu. 可作砧木。山桃果含糖10%~12%，肉薄硬，可酿酒，制果脯，果酱。光核桃 *A. mira* Koehne，果糖分多味甜，核光滑。甘肃桃当地用作砧木。②药用：桃未熟果主治阴虚盗汗，小儿头疮；自落幼果(桃奴)，止痛止泻，主治胃痛，疝，盗汗。

【种子(核仁)】 ①食用：巴旦杏仁有甜苦二种：甜者可食，味甜，含蛋白质15%~35%，糖类2%~10%，维生素(A、B)146~188mg/kg。软壳 *A. bragidis*(Borkch) Ser. 仁味甜。②油用：巴旦杏种仁含油量45%~61%，主成分：油酸70%，亚油酸24%，为高级食用油。尚可加工糕点，糖果，冰淇淋，巧克力等。③药用：苦杏仁 var. *amara* Ludwip，主成分：杏仁苷，主治冠心病，高血压，糖尿病，胃病，并有防癌作用。蒙古扁桃 *A. mongolica* Maxim，种仁入药，主治水肿脚气。西康扁桃 *A. tangutica*(Batal.) Korsh 种仁入药，主成分：杏仁苷2.53%，活血祛瘀，润肠通便，止咳，抗癌。矮扁桃 *A. nana* Linn.，种仁主成分杏仁苷，药用有防癌作用。榆叶梅 *A. triloba* Ricker 桃仁入药可代郁李仁。桃仁入药，活血行瘀。润燥滑肠，主治痛经，闭经，瘀血肿痛。长梗扁桃代郁李。④兽药：桃仁破血行瘀，主治家畜难产，产后血瘀，跌打损伤。⑤油粕：可作饲料。⑥其他树种：巴旦杏品种甚多，其中薄壳巴旦杏壳薄味甜。天山西部有野生巴旦杏 *A. tenella* Rehd. 可作巴旦杏砧木。蒙古扁桃种仁含油量56.3%，可食用。长梗扁桃 *A. pedenuculata* Pall. 种仁含油量45.19%，可食用。西伯利亚杏 *P. sibirica* L. 果仁可酿酒，制杏干。西康扁桃果仁含油量47.5%，油香可食用，矮扁桃种仁含油量51.6%，可食用，桃仁含油量30%，可作化妆品润滑油。山桃及蒲桃种仁可药用；山桃种仁含油量45.9%，可食用，主成分：油酸71.5%，亚油酸17.6%，尚可作润滑油、肥皂、油漆。新疆桃仁有甜苦之分，果及种仁兼用可食。光核桃种仁含油量50.6%，主成分：油酸60.7%，亚油酸29.8%，可食用。桃仁油可作溶剂、乳剂、注射剂。

【核壳】 活性炭：桃壳可作活性炭。巴旦杏核可作酒脱色香化剂，果皮富含钾盐可代皂用。

【根】 药用：桃根连同桃叶药用(见叶部)。

【全树】 ①水土保持树种：西康扁桃根系发达，具水土保持作用。②荒山荒漠造林树种：蒙古扁桃可作荒山造林树种；巴旦杏可作半荒漠造林树种。③绿篱树种：蒙古扁桃，西康扁桃枝多刺状，可作绿篱树种。④桃花鲜红，与柳树相间，桃红柳绿，相映生辉；长梗扁桃枝条下垂细柔，花美丽。⑤砧木：山桃，陕甘山桃，甘肃光核桃可作桃砧木。蒙古扁桃，西康扁桃，矮扁桃可作扁桃砧木。⑥环保树种：桃树抗 SO_2，Cl_2，抗性强；榆叶梅抗性中，可作环保树种。⑦物种资源：蒙古扁桃为稀珍树，在内蒙古应加强保护和发展，也可迁地栽植。

杏　属 *Armenica* Mill.

落叶乔木。约 11 种，分布东亚至小亚细亚，中国 10 种，主产淮河以北，南部多栽培，梅则原产长江以南，北方栽培。

【树皮】　树胶杏树 *A. vulgaris* Lam. 树胶可作胶粘剂。树皮：含鞣质，可作染料。

【茎皮及叶】　药用：杏树可药用；东北杏 *A. mandshurica*（Maxim.）Skv. 西伯利亚杏 *P. sibirica* Larn. 也可药用，但逊于杏。

【木材】　杏树心材浅黄红褐色，花纹美丽；山杏 var. *ansu* Yu et Lu 材深黄褐色，重硬至中等，强度、干缩中，稍耐腐，可做工具、家具、农具、雕刻、烟斗、美术工艺材等。木材价值中等。

【花】　①蜜源植物：杏树花期 4～5 月，蜜粉均多，一群蜂年产蜜 5kg，蜜琥珀色，具杏仁浓郁香气。山杏花期 5 月，蜜粉均多，集中地可收取商品蜜。②药用：梅花蕾入药，开胃散郁，生津止渴，安神，散毒，绿萼梅 *A. mume* Sieb. 花香含苯甲醛，苯甲酸，平肝和胃，主治胸肋胀痛，胃病，消化不良。

【果】　①肉用水果：杏作水果并不重要，也不宜多食，原产我国，经丝绸之路经亚美尼亚传入欧洲，欧人误认为原产亚美尼亚。肉用杏，果大，肉厚，可生食，但多数品种不佳，仅少数品种佳，可嫁接优良品种，杏含水分 85%，蛋白质 1.2%，碳水化合物 11.1%，枸橼酸，苹果酸，维生素 C 及钙、磷、铁微量元素。可制杏脯，杏干，蜜饯。东北杏可生食，酿酒，果脯，果酱，蜜饯，干粉作饮料等。西北杏作果脯酿酒。②仁用杏：果小，肉薄，核大，出仁（详见种子）。肉为副产品，可作低级杏干。③梅：*A. mume* Sieb. 盐渍、糖蜜话梅、陈皮梅。蜜饯，制乌梅药用，止咳，止渴生津。

【种子（种仁）】　①种壳：可作活性炭。②种仁：有甜仁、苦仁之分，一般栽培甜仁品种；野生多苦仁品种。①食用：杏仁含蛋白质 23%，脂肪 50%～60%，糖类 10%，有滋补功效，常见商品有杏仁霜，杏仁茶等。②油用：杏仁含油 40%～50%，主成分：油酸 60%～79%，亚油酸 18.23%，棕榈酸及硬脂酸 2%～7.8%，油可食用；药用软膏，工业用掺和油漆，肥皂，润滑油，尤作钟表油可在低温 28℃ 不凝结。西伯利亚杏种仁含油量 55.5% 可食用，药用，为出口物资之一。③芳香油：杏仁含芳香油 0.5%～1.8%，主成分：苯甲醛 83%～93%，为香料原料。④药用：苦杏仁，主成分：含苦杏仁苷 3%，氢氰酸 0.17%，祛痰止咳，润肺平喘，宜肺滑肠，主治咳嗽，大便秘结，慢性气管炎，神经衰弱，又为止咳糖浆主药之一。为我国传统出口物资之一。山杏，主成分：柠檬酸，月桂烯，未熟果含绿原酸，黄酮类，主治消渴咳嗽。东北杏，西伯利亚杏药用近似杏仁。

【根】　梅根止血解毒。

【全树】　①荒山造林树种：杏、山杏，耐干旱瘠薄，为三北荒山造林树种。②观赏树种：杏先叶开花，红霞覆盖，夏日满枝金丸，具观赏意境。梅作江南观赏树种，盆景梅桩，品种很多，可归纳 15 型 300 多品种，花期早，冬春开花，南京梅花山，品种很多，花色各异，花白、红、紫，先叶开放，有"香雪海"之誉。③砧木：山杏，东北杏，西伯利亚杏，

藏杏 *A. nolosericea* Batal Kost. 可在当地作杏砧木。④环保树种，梅最抗旱，抗 Cl_2，可作厂矿、城市绿化树种。

樱　属 *Cerasus* Mill.

落叶乔木或灌木。约 100 种，分布北温带，中国约 40 多种。

【树皮】①鞣质：酸樱桃 *C. vulgarismill*，含鞣质 5%～7%，郁李 *C japonica* Thunb. 含鞣质 5%。马哈利樱桃 *C. mahaleb* Mill. 树皮芳香。②药用：樱桃树皮主成分：芫花素，有收敛止咳之效。

【树胶】酸樱桃树干产胶可作胶黏剂。

【木材】①栽培果树：樱桃、酸樱桃，树干矮小，材红褐色，重硬中，耐腐中，坚硬，可更新时就地作小器具、工具柄、车旋品等，少有商品材，价值中。②野樱类：生林中：如微毛樱桃 *C. clarcfolia* Yu et Li，刺叶樱桃 *C. spinulosa* Sieb. et Zucc.，山樱花 *C. serrulata* G. Don，福建山樱花 *C. campanulata* Yu et Lu 等，心材淡红褐色，致密，重，硬至中耐腐中，适作建筑、家具、漆器、乐器、雕刻、图板、工艺材等。木材价值上等。

【叶】①药用：樱桃，温胃健脾，止血解毒，主治腹泻，阴道滴虫；外用治蛇咬伤。细齿野樱桃 *C. serrula*（Franch.）Yu et Li，叶捣汁饮并敷患处治毒蛇咬伤。②农药：郁李 *C. japonica* Lois，麦李 *C. glandulosa* Lois，叶浸汁作农药治菜青虫。

【花】蜜源植物：樱桃花期 3～4 月，蜜粉较多；毛樱桃 *C. tomentosa* 花期 3～4 月，蜜粉丰富；麦李花期 4～5 月，粉多；毛叶欧李 *C. dictyoneura* Yu 花期 5 月，粉多蜜量中；欧李 *C. humilis* 花期 5 月，蜜粉丰富；多毛樱桃 *C. polytricha* Yu et Li，花期 4 月，蜜粉均多；刺毛樱桃 *C. setulosa* Yu et Li 花期 4 月，蜜粉丰富；微毛樱桃花期 4 月；酸樱桃花期 4～5 月；东京樱花 *C. yedoensis* Yu et Li，花期 4 月，均可作辅助蜜源及采蜜植物。

【果实】食用：樱桃为我国上市早的树种，果含水分 89.2%，蛋白质 1.2%，脂肪 0.3%，碳水化合物 7.9% 及多种维生素。引入栽培的欧洲甜樱桃 *C. avium* Moench. 果味甜。欧洲酸樱桃味酸可作加工品，结果早，单产高，均可转化加工糖水罐头，果汁，果酱，果酒，蜜饯等。毛樱桃果含糖分 11.6%，味酸甜，酿酒鲜红品质佳。微毛樱桃果酸甜，可作果酱及酿酒。毛叶欧李，欧李汁多，均可食或酿酒。郁李可加工果酱、话梅、酿酒。长梗郁李 *C. japonica* var. *makaii*（Lévl.）Yu et Li 可食及酿酒。其他可食者尚有西沙樱桃 *C. besseyi* Sou，灌木樱 *C. fruticosa* Woron 食用，果品。黑樱桃，矮樱 *C. pumila*，大叶早樱 *C. subhirtella* Sok，欧洲甜樱桃 *C. avium*（L.）Moench，产东北、华北，果大 1.5～2.5cm 紫色，生食，罐头，果汁，栽培品种数百。

【种子（核仁）】①油用：酸樱桃种仁含油 35%，毛樱核仁含油 43.1%，种仁含油 35.2%，主成分：棕榈酸 22.9%，硬脂酸 18.5%，油酸 46.5%，亚油酸 8.5%；微毛樱桃含油 12.1%，主成分：油酸 48.9%，亚油酸 44%；郁李种仁含油 58.3%～74.2%；长梗郁李种子含油 54.5%；以上可作工业用油化妆品油，肥皂，润滑油及药用。甜樱桃种仁油近似杏仁油。②药用：樱桃主治麻疹不透，出痘喉哑，甲状腺肿大。毛樱桃润肠利水。毛叶欧李有破积聚结气之效，宁夏代郁李用。麦李及长梗郁李亦代郁李用，润肠行水，主治慢性便秘，水肿水肿。郁李利尿缓下，主治慢性便秘，脚气肿，孕妇水肿，市售有大、小仁两类：小仁除郁李外，有欧李，长梗郁李，毛叶欧李，以郁李为正品；大仁有毛樱桃，可代郁李用。山樱花透发麻疹，西藏野樱桃也透发麻疹。③兽药：郁李、长梗郁李对牛马猪润燥滑肠，下气利水，水肿脚气。

【根】 郁李根药用，主治龋齿痛，气滞积聚。

【全树】 ①行道树种：欧洲甜樱桃作行道树种。②干旱地区果树：如欧李。③砧木：圆叶樱桃 *C. mahaleb* L. 在华北及山樱花可作樱桃矮花砧木，日本晚樱 *C. serrulata* var. *lannesiana*（Carr.）Makino 可作桃、李砧木，山樱花，毛樱桃。④观赏树种：本属大多数树种可供观赏，其中：小叶毛樱桃 *C. tomentosa* var *entricha* Koehne 叶小，花白色甚多；红山樱 *C. jamasakura* Sieb et Zucc. 花单瓣红色与叶同放，京津栽培观赏；日本樱 *C. nioponica* Matsun. 花单瓣白色或红色，同叶开放，京津栽培观赏；垂枝樱花 *C. subhirtella* Pendula.，花重瓣，枝下垂，北京栽培观赏；戏八瓣樱 *C. subhirtella* Sok. 上海栽培观赏；霞樱 *C. leveilleana*（Koidz.）Koehne. 杭州栽培观赏。日本樱花有 800 多品种，妩媚多姿，花香色美，适公园，湖边、河岸观赏，其中日本晚樱 cv. "lannesiana-lassia"，花大重瓣，径达5cm，有"樱花中女王"之誉；关山 *C. serrulata* var. *lannesiana*（Carr.）Makino 花径达 6cm，杭州栽培观赏；条括 cv. *lamnesianatasciculata*，花淡红色，杭州栽培观赏。长梗郁李 *C. japonica* var. *nakcini*（Lévl.）Yu et Li 早春开花，粉红。沙桃 *C. pumilall* Pall，产北美洲沙地。

桂樱属 *Laurocerasus* Tourn. ex Duh.

常绿乔木或灌木。约 80 种，主产热带，少数温带，中国约 13 种，黄河以南，华南，西南为多。

【木材】 大叶桂樱 *L. zippeliana* Yu et Lu，大乔木，高达25m，材黄褐色，重至甚重，适作工艺品、琴件、家具、工具柄等，木材价值上等。其他为灌木或小乔木，齿叶桂樱 *L. apinulosa*（s. etwid.）分布长江以南，为常见商品材。

【果】 ①油用：腺桂樱 *L. phaeosticta*（Hance）Schneid. 果肉含油 27.5%，主成分：α-桐酸 60.8%，为良好干性油，适作油漆用。

【种子（核仁）】 腺桂樱种仁含油 34.5%，油淡黄色，适作工业用油，肥皂用油。尖叶桂樱 *R. undulata*（D. Don）Roem. 种仁含油 50.9%，主成分：棕榈酸 17.1%~20.5%，硬脂酸 5.5%~6%，十六碳烯酸 4.3%，油酸 45.2%~53.4%，亚油酸 16.5%~20.5%，适做工业用油。大叶桂樱种仁含油量 3%，含油量低，无利用价值。

稠李属 *Padus* Mill.

落叶小乔木或灌木。20 多种，分布北温带，中国 14 种，各地，亚热带较多。

【树皮】 鞣质：稠李 *P. racemoza*（Lam.）Gilib. 树皮含鞣质可作染料。

【木材】 短柄稠李 *P. brachypoda* Schneid 高达 20m；粗硬稠李 *P. napaulensis*（Ser.）Schneid. 心材红褐色；多毛稠李 *P. wilsonii* Schneid. var. *pubescens* Schneid. 材黄褐色，细致，重硬至中，略耐腐，为良好家具材、建筑、美术材、工艺、雕刻、细木工等。木材价值上等。

【叶】 药用：稠李及多毛稠李叶有镇咳止咳药效。

【花】 蜜源植物：短柄稠李花期 5~6 月，粉多，稠李及多毛稠李花期 5 月，粉多良好；细齿稠李 *P. obtusata*（Koehne）Yu et Ku 粉多，均为辅助蜜源植物。

【果】　多毛稠李果含糖分6.4%，可生食或酿酒；斑叶稠李 *P. maackii*（Rupr.）Kom. 果可食。

【种子】　油用：稠李种仁含油20%；多毛稠李种仁含油38.79%，可供工业用油及制肥皂。

【全树观赏】　花白色，花期早春。

李　属 *Prunus* Linn.

落叶小乔木或灌木，约30种，产北温带，中国7种，分布华北、西北至长江以南。

【树皮】　鞣质：樱桃李 *P. cerasifera* Ehrhart.。

【树胶】　①胶粘剂：李 *P. salician* Lindl. 产树胶可作胶粘剂。②药用：李树胶有定痛，消肿，发麻疹作用。

【木材】　樱桃李及李，心材浅红褐色，坚重，可作家具、车旋品等；梅材细致，供雕刻，细木工，算盘珠等。价值中等。

【叶】　药用：杏李 *P. simonii* Carr. 叶（根）入药，活血调经。黑刺李代茶。

【花】　①蜜源植物：李树花期4~5月，蜜粉多，蜂喜采蜜；梅可作辅助蜜源植物。②药用：梅花蕾入药，开胃散郁，生津化痰，安神解毒。绿萼梅 *P. mume* var. *viridicalyx* Makin. 花蕾入药，主成分：苯甲醛，苯甲酸，平肝和胃，主治胸肋胀痛，胃痛，消化不良，神经衰弱。

【果】　①食用：李含水分83%，蛋白质0.4%，脂肪0.2%，碳水化合物14.9%，含苹果酸，果胶及钙、磷、铁、胡萝卜素，维生素 B_1，核黄素、尼克酸、维生素 C，味酸甜，不宜多食，主在当地供应，少外运市场；还可酿酒，制果脯，罐头，李片，蜜饯。杏李果大味甜，宜生食或制果干，果脯，罐头。洋李 *P. domestica* L. 果可食，华北西北栽培。樱桃李可生食，制罐头，果汁，果酱，果酒，蜜饯。未熟果主成分：苹果酸，枸橼酸，酒石酸，琥珀酸，β-谷甾醇，蜡醇，三萜类，生津止渴，可制话梅，陈皮梅，梅干，蜜饯，含水分91%，蛋白质0.9%，脂肪0.9%，碳水化合物5.2%，含钙，磷，铁。黑刺李，果黑色，肉绿色，原产欧洲，作果汁、酒、干果。②药用：李果入药，降气消导。主治肺虚久咳，口干烦渴，肠道蛔虫，胆囊炎，菌痢，慢性腹泻，月经过多，瘤癌，牛皮癣；外用治疮疡久不收口。未熟果治久痢血崩。

【种子（核仁）】　①油用：李种仁含油35%~37.5%，主成分：油酸、亚油酸；樱桃李种仁含油35%，可供工业用油。②药用：李活血祛痰，润肠利水，可代郁李仁。杏李仁在四川代郁李仁入药。

【根】　药用：李根清热解毒，利湿止痛，主治牙痛，消渴，痢疾，白带。杏李根（叶）入药，活血调经出血，主治吐血，闭经，跌打损伤。梅根活血解毒。

【全树】　①砧木：东北李 *P. ussuriensis* Kov. et Kost. 在东北极耐寒可作砧木。②观赏：红叶李 *P. cerasifera* Ehrh. 幼枝紫红色，叶鲜红，姿色卓绝，不亚于红枫。③环保树种：李抗 SO_2，Cl_2 有害气体，抗性强。

臀果木属 *Pygeum* Gaertn.

约20种，产东半球热带地区；中国产5种，分布台湾、华南至西南。乔木。

臀果木 *P. topengii* Merr. 产广西、广东、海南、贵州，500 ~ 1500m 林中，高大乔木，高达 25m，胸径 50cm，边材灰褐，心材红褐色，材稍重，硬至中，纹理直，结构细，耐腐性不强，强度弱，干缩中，干缩差异小，适做家具、板料、门窗、胶合板、工艺材等，在华南杂木林中。木材价值中等。

火棘属 *Pyracantha* Roem.

10 种，分布亚欧；中国产 7 种，分布西南至西北。常绿灌木或小乔木。

【叶】 ①代茶：细圆齿火棘 *P. crenulata*（D. Don）Roem. 嫩叶可代茶。②药用：火棘 *P. fortuneana*（Maxim.）Li 叶清热解毒，主治痘疮；外敷疮疡肿毒。

【花】 蜜源植物：火棘花期 3 ~ 6 月，蜜多粉少，一群蜂产商品蜜 10kg 左右。蜜浅黄色较稠。

【果】 ①食用：细圆齿火棘果磨粉可代粮及酿酒。窄叶火棘 *P. angustifolia*（Franch.）Schneid. 可酿酒，火棘可生食、酿酒、制果脯。②饲料：火棘果可作猪饲料。③药用：火棘果消积止痢，活血止血，主治消化不良，肝炎，痢疾，崩漏白带，产后腹痛，疳积。

【种子】 ①油用：窄叶火棘种子含油 5.8%，火棘种子含油 4.1%，含油量较低。②药用火棘种子主治痢疾，白带。

【根】 ①鞣质：火棘根皮含鞣质 8.5% ~ 14.4%，可提制栲胶。②药用：火棘根显甾醇，皂苷，酚类，有机酸反应，清热凉血，主治肝炎，跌打损伤，筋骨痛，腰痛，崩漏白带，月经不调，吐血便血。

【全树】 ①绿篱：火棘及细圆齿火棘为常绿具刺灌木，枝叶茂密，适作绿篱用于墙垣，草坪边缘，路隅。②观赏植物：火棘，细圆齿火棘，果红似火，累累欲坠，适公园，路边、岩坡点缀，亦适盆景，更适城市道路分路屏。

梨　属 *Pyrus* L.

约 25 种，分布北温带；中国产 14 种，引入 1 种，分布全国温带至亚热带。常绿或落叶乔木。

【树皮】 ①鞣质：杜梨 *P. betulifolia* Bunge，树皮含鞣质。②染料：杜梨皮可作黄色染料。③药用：杜梨皮煎水洗皮肤溃疡。

【木材】 杜梨材黄褐至红褐色；白梨 *P. bretschneideri* Rehd. 材近褐色，豆梨 *P. calleryana* Dcne 材重硬，西洋梨 *P. communis* L. 材褐色，川梨 *P. pashia* Buch. -Ham. ex D. Do 材细致，秋子梨 *P. ussurensis* Maxim 以及沙梨 *P. pyrifolia*（Burro. f.）Nakai，麻梨 *P. serrulata* Rehd. 材均坚硬，细致，耐腐中，可供家具、雕刻、印章、算盘珠、烟斗、文具、木尺、木梳、镜框、乐器二胡筒、工具柄、细木工、工艺品等。木材价值上等。

【叶】 ①代茶：沙梨嫩叶代茶有明目之效。②药用：白梨叶含熊胆苷，鞣质，解菌毒，捣汁涂疮。杜梨叶治泻吐、霍乱。豆梨叶（及根皮）清热解毒，润肺化痰。秋子梨叶利水，治水肿及小便不利。

【花】 蜜源植物：杜梨花期 4 月，蜜量多；豆梨花期 5 月，蜜少粉多；西洋梨花期 4 月，蜜粉少；麻梨花期 4 月，蜜粉多；秋子梨花期 4 月，蜜粉多；木梨 *P. xerophila* Yu，花期 4 ~ 5 月，蜜少粉多，我国梨属为春季优良蜜源，对养蜂有利，少数为辅助蜜源。

【果】　①水果：白梨含水分89.13%，蛋白质0.1%，脂肪0.1%，碳水化合物9%，苹果酸，果胶，钙，磷，铁，维生素，肉脆嫩，香甜，耐贮运，亩产果4000~5000kg，优质品种有鸭梨，莱阳梨，秋白梨，雪花梨。杜梨含糖分19.6%，可酿酒及生食。西洋梨，果香甜多汁，但不耐贮运。豆梨果小，含糖量15%~20%。川梨，果心小，贮后肉软味甜。沙梨肉脆多汁，含糖量15%~19%，优质品种有苍溪梨，砀山梨等，果含苹果酸，枸橼酸，果糖，葡萄糖，蔗糖。麻梨含糖量5%~10%，味酸，可生食，酿酒，制醋。新疆梨 P. sinkiangensis Yu(可能为西洋梨与白梨杂交种)果肉不软化即可食。秋子梨含糖量5.5%，果硬味涩，贮藏冰冻后可食。台湾梨 P. kawakamii Hay. 果含维生素C，可生食，味酸甜。②加工品：梨较苹果不耐贮，北方供应充分，南调不耐贮运，我国自食有余，可就近加工罐头、冰淇淋、梨汁、饮料、梨膏、酿酒、果脯、蜜饯等，运销香港、澳门及东南亚。③药用：白梨止咳平喘，降水生津，主治慢性支气管炎，清痰止咳，吐血，疔疮，小儿腹泻等。杜梨消食止痢，主治腹泻。川梨含山梨醇，无羁萜，消食积，化瘀滞，主治肉食积滞，消化不良，腹泻痛经，产后瘀血作痛。沙梨果皮表暑解渴，生津收敛，主治干咳，热病烦渴，汗多。秋子梨膏解热祛痰，主治肺热咳嗽，痰多，并配伍止咳糖浆。

【种子】　油用：沙梨种子含油16.3%；木梨种子含油24.3%；秋子梨种子含油24%~32%，油可供工业用及制肥皂。

【根】　药用：豆梨根(及叶)入药，健胃消食，镇咳止痢，清热解毒，润肺化痰及治急性结膜炎。

【全树】　①砧木：杜梨可作白梨砧木，嫁接后年年丰产。豆梨在南方作沙梨砧木，川梨作沙梨砧木，麻梨作沙梨或白梨砧木，秋子梨作白梨砧木，木梨在西北作白梨砧木，台杠梨 P. koehnei Schneid. 在台湾省作梨砧木，杏叶梨 P. armeniacifolia Yu 可在新疆作砧木，中亚梨 P. asiae-mediae M. Pap. 在新疆作砧木，河北梨 P. hopeiensis Yu 在华北作白梨砧木，丰产长寿，褐梨 P. phaeocarpa Rehd. 在华北、西北作白梨砧木，滇梨 P. pseudopashia Yu 在云南作沙梨砧木。②沙漠造林树种：杜梨为三北地区沙区造林树种。

石斑木属 *Rhaphiolepis* Lindl.

约15种，分布东亚；中国产7种，分布南方西南至台湾。常绿小乔木或灌木。

【木材】　石斑木 R. indica (L.) Lindl. 材带栗褐色，重，硬，强度强，坚韧，甚耐腐，适作印章、雕刻、木梳、棋子、算盘框及珠、秤杆、鞋楦、筷子、木梭、工具柄、滑轮、木楔、车轮等。商品材价值上等。

【果】　石斑木果小，可食。

【药用】　主治跌打损伤。

【全树】　观赏树种：日本石斑木 R. umbellata Makino.，多作庭院观赏树种，青岛有栽培。

鸡麻属 *Rhodotypos* Sieb. et Zucc.

1种，鸡麻 R. scandens (Thunb.) Makino.，分布东亚；中国分布自三北至长江流域。落叶灌木。

【果及根】　药用：滋补强壮，主治气虚，肾亏。

【全树】 庭院观赏树种。

蔷薇属 *Rosa* L.

约200种，分布北温带及亚热带高山地区；中国产约90种，南北均产。常绿或落叶灌木，有时蔓状或攀缘状。

【茎皮】 ①鞣质：拟木香 *R. banksiopsis* Baker.，红根蔷薇 *R. davidii* Crenin，含鞣质14.17%；山刺玫 *R. davurica* Pall.，含鞣质14.32%；刺梨（缫丝花）*R. roxburghii* Tratt.，含鞣质19.75%，可提制栲胶。②纤维：黄刺玫 *R. xanthina* Lindl.，茎皮含纤维32.5%，可造纸及纤维板原料。

【叶】 ①代茶：刺梨叶泡茶解热降暑。②鞣质：尖叶蔷薇 *R. aciculata* Lindl：叶含鞣质16.39%；小果蔷薇 *R. cymosa* Tratt.，也含鞣质；山刺玫含鞣质14.32%。③药用：木香花叶（根），有收敛止血之效，主治肠炎出血，月经过多；外用治外伤出血。大苞蔷薇 *R. bracteata* Wendl.，叶外敷治疔毒。月季 *R. chinensis* Jacq.，叶活血祛瘀，去毒消肿。刺梨叶解热降暑。④精油：玫瑰 *R. rugosa* Thunb.，主成分：橙花醇5%~12%，丁香酚1%，香叶醇，香草醛，可提芳香油。

【花】 ①芳香油：白玫瑰 *R. alba* L.，我国华北少量栽培，过去用于高级化妆品，由于含量低在保加利亚也逐渐淘汰。木香花 *R. baksiae* Ait.，精油得率0.01%~0.02%，供化妆品及皂用香精；其变种七里香 var. *normalis* Regel.，主成分：γ-紫罗兰酮，α-紫罗兰酮，α-紫罗兰酮，β-香树精，β-香树精，良好天然香料。山刺玫 *R. bella* Rehd. et Wils. 花清香可提芳香油；花瓣可制玫瑰酱。洋蔷薇 *R. centifolia* L.，原产高加索，山东定陶、菏泽等地栽培达5000亩，制香水称"蔷薇油"，并代玫瑰用于糕点、酿酒等食品工业用，为西欧法、德主要树种。月季花提芳香油作化妆品、香水、糕点；真品种墨红 *R. chinensis* cv. "Crimoson Glory"浸膏得率0.15%，原为德国1935年育成，引入我国江苏、浙江、河北栽培，主成分：香茅醇，芳香醇，香叶醇，油橙黄色透明，浓香，用于化妆品、香皂、食品，优点花期长，产量高，收益比玫瑰精油高几倍；缺点香气次于玫瑰，色素较深；价格较低。小果蔷薇 *R. cymosa* Tratt.，亦含芳香油。香水玫瑰（大马士革玫瑰）*R. damascene* Mill.，为欧洲用油最广的一种，保加利亚、土耳其、苏联主栽树种，我国江苏、华北少量引种、主成分：玫瑰醇、香叶醇，广泛用于精油。法国蔷薇 *R. gallica* L.，可提芳香油，法国南部盛产，河北少量栽培。多花蔷薇 *R. multiflora* Thumb.，精油得率0.02%~0.03%，主成分：多花蔷薇苷A、B，仅次于玫瑰油，供食用、化妆品、皂用香料；花瓣制花露饮用及药用，其变种粉团蔷薇 var. *cathayensis* Rehd. et Wils.，亦可提芳香油。香水月季 *R. odorata* Sweet 精油近似玫瑰油，作高级香水、香皂、化妆品及食用香精，峨眉蔷薇 *R. omeiensis* Rolfe 花可提芳香油。茶藨花 *R. rubus* Levi. et Veant.，鲜花可提芳香油。光叶山刺玫 *R. davurica* var. *glabra* Liou.，可提芳香油。玫瑰，鲜花精油得率0.03%，主成分：香茅醇，香叶醇，橙花醇，丁香酚，苯乙醇等40多种，作各种高级香水、香皂、化妆品，亦用于食用香精，为世界名贵精油之一；花瓣可作玫瑰酒，玫瑰酱，玫瑰膏，糖果，糕点，蜜饯，熏茶；保加利亚玫瑰油昂贵，大量采用少量天然精油配制玫瑰香精使用；玫瑰原产中国；变种较多，其中单瓣白玫瑰 var. *alba* ware.，各地栽培精油食用及化妆品；重瓣玫瑰 var. *plena* Regel. 北方栽培，为贵重精油之一，多用于食品、酿酒、熏茶。配制高级香水；尚有其他变种：重瓣白玫瑰 var. *albo-plena* Rehd.，单瓣红玫瑰 var. *rosea* Rehd.，单瓣紫玫瑰 var. *typical* Reg.，重瓣紫玫瑰 var. *plena* Regel，无刺玫瑰 var. *chamissoniana*. 保加利亚玫瑰油在国际上享有盛誉，香气纯正，浓郁，质量稳定，生产成本低。中国玫瑰油在选好植物及加工工艺要两方面均好。Wells 曾鉴定中、保、苏、土、摩洛哥、印度，认为中国玫瑰油香气浓郁，纯正醇厚，香气消失前保持独特玫瑰花香格，中国山东平阴玫瑰油不亚于保加利亚玫瑰油，玫瑰油主成分：香茅醇，楤牛儿醇，橙花醇，丁香酚，苯乙醇，金合欢醇等，油中左旋香草醛越高越好（最高可达 60%），我国今后要在资源中发掘香气好，含率高品种竞争于国际市场。苦水玫瑰 *R. rugosa* X *R. sertata* Yu et Ku，精油得率 0.04%，浸膏得率 0.28%，主成分：苯甲醇，苯乙醇，13-香茅醇，香叶醇，葎草烯，其中单萜含氧成分占 68%，比其他玫瑰油都高，油、膏为高级香料，可配制多种香型，用于化妆品及香皂，鲜花酿造玫瑰酒、玫瑰酱。黄刺玫花香浓，可提芳香油。②蜜源植物：美蔷薇 *R. bella* Rehd. et Wils. 花期 5~7 月，粉多；复伞序蔷薇 *R. brunonii* Lindl.，花期 6 月，粉多，为山区粉源；月季花期长，粉量中等，为辅助蜜源；小果蔷薇蜜量较多，可取蜜；山刺玫花期 6 月，粉多：卵果蔷薇 *R. helenae* Rehd. et Wils.，花期 6~7 月，粉多，软条蔷薇 *R. henryi* Boul.，蜜粉较多；黄蔷薇 *R. hugonis* Hemsl.，花期 4~6 月，蜜粉多，为山区蜜源，金樱子 *R. laevigata* Michx.，花期 4~6 月，蜜多粉少，一群蜂年产蜜 5kg 左右；玫瑰花期 5~7 月，蜜粉均多，辅助蜜源；钝叶蔷薇 *E. serrata* Role.，花期 6~7 月，粉少；刺梗蔷薇 *R. setipoda* Hemsl. et Wils.，花期 5~6 月，粉多；黄刺玫花期 5~6 月，粉多，辅助蜜源。③药用：大苞蔷薇花入药，止咳。月季，花主成分：挥发油，槲皮苷，鞣质，没食子酸，通经活血，化瘀消肿止痛，主治月经不调，行经腹痛。山刺玫花止血和血，解郁调经，主治吐血，血崩，痛经，月经不调；光叶山刺玫 var. *glabra* Liou，花治吐血，血崩，月经不调。多花蔷薇，花入药为泄下剂，收敛活血。玫瑰鲜花入药，主成分：香茅醇，槲皮苷，鞣质，脂肪油，有机酸，理气解郁，活血散瘀，主治肝胃气痛，新旧风痹，吐血咯血，月经不调，痢疾，肿毒；花蕾理气活血，收敛，主治月经过多，肠炎下痢；重瓣玫瑰，花药用，理气行血，解郁调中。④兽药：月季花作兽药，消肿解毒，母畜不孕，牛马跌打损伤，尿血，无名肿毒。

【果】　①食用：刺梨果味甜可生食，富含维生素 C，每百克含 2000~2500mg，最高达 3499mg，比一般水果高几十至上百倍。小刺玫味甜，可生食，果肉含丰富维生素 VA，VB，VC，VK，VE，VP，每百克占干重 4000~14000mg，有抗衰老，抗肿瘤，抗免疫疾病；光叶山刺玫 var. *glabra* Liou，果酸甜可食。红根蔷薇，果可食，富含维生素 C. 峨眉蔷薇果熟时味甜可食。樱草蔷薇 *R. primula* Bouleng，果可食。玫瑰果可食，含维生素 C，5790mg/kg 及糖类、酸类。黄刺玫果可食，含维生素 C 10100mg/kg。②加工食品：美蔷薇果含淀粉，可酿酒。红根蔷薇果可酿酒，制果酱。山刺玫果含糖分，枸橼酸及维生素，可加工糕点，果酱，酿酒。黄蔷薇果可酿酒，出酒率 21%。金樱子果含苹果酸，柠檬酸，鞣质，糖类，维生素 C 15000mg/kg，皂苷，可熬糖，酿酒。蜜饯，饮料，果酱，果脯，运动员保健饮料，防癌食品。玫瑰果可加工食品。茶藨花果可制果酱及酿酒。蜜刺蔷薇 *R. spinosissima* L.，含维生素 10000~20000（28000）mg/kg，维生素 K，维生素 E，胡萝卜素，黄酮苷，多种氨基酸，可制果汁，酿酒，果酱。尚有以下各种可加工果汁，果酱；小檗叶蔷薇 *R. berberifolia* Pall. 可做果汁、果酱。大花蜜刺蔷薇 *R. spinosissima* L. Vale. altvica（Wedd.）Rehd.，可做果汁、果脯，腺叶蔷薇 *R. kokanica* Regel ex Juzep 可作果汁、果酱；宽刺蔷薇 *R. platyacantha*，可作果，果酱；重瓣异味蔷薇 *R. foetida* p. f. *persiana*（Lem.）Rehd.，可作果汁、果酱；弯刺蔷薇 *R. beggeriana* Schrank var. *bexgerriana.* 可作果汁、果酱，毛叶弯刺蔷薇 var. *lacati*（Yu et Tsai）Yu et Ku，可作果汁、果酱；腺齿蔷薇 *R. albertii* Regel 可作果汁、果酱；尖叶蔷薇，可作果汁、果酱；尖刺蔷薇 *R. oxyacantha* M. Bieb.，可作果汁、果酱；疏花蔷薇 *R. laxa* Retz. 可作果汁、果酱；毛叶疏花蔷薇 var. *mollis* Yu et Ku，可做果汁、果酱；矮蔷薇 *R. nanathanmus* Bouleny.，可做果汁、果酱；腺果蔷薇 *R. fedtschenkoana* Regel.，可做果汁、果酱；黄蔷薇 *R. nugonis* Hemsl.，可酿酒，单瓣缫丝花 *K. hormalis* Rehd. et Wils.，可做果汁、果酱及浓缩维生素 C，每百克含维生素 C 841～3641mg；单瓣黄刺玫 *R. xanthina fnormalis* Rehd. et Wils.，可做果汁、果酱，维生素 C 含量7300mg/kg。③色素：山刺玫果可提橘黄色素，用于饮料，染料。④药用：大苞蔷薇果健脾利尿，主治痢疾，脚气病。红根蔷薇果，宁夏代金樱子药用。山刺玫果健胃助消化，主治消化不良，食欲不振，胃酸胀满，小儿积食。细梗蔷薇果止痢消肿，主治痢疾，痔疮。金樱子果治遗精遗尿，小便频繁，女子带下，泻痢不止，肠黏膜炎。大叶蔷薇 *R. macrophylla* Lindl.，果西藏代金樱子入药。伞花蔷薇 *R. maximowicziana* Regel. 果入药，具有抗衰老抗肿瘤，抗免疫性疾病。峨眉蔷薇果，止血止痢，主治吐血衄血，崩漏白带，痢疾。刺梨果助消化及缺乏症。绢毛蔷薇 *R. sericea* Lindl.，果消食健胃，止痢。刺梗蔷薇果理气健胃，助消化。扁刺蔷薇 *R. sweginzowii* Koehne.，果滋补强壮，补肝肾，益气涩精，回肠止泻。⑤兽药：金樱子果治牛马久痢不止，猪白痢，母畜白带，家畜火烫伤。

【种子】①油用：白木香种子含油量5%；大苞蔷薇种子含油量14%；小果蔷薇种子含油量3.9%；红根蔷薇种子含油量6.8%；伞花蔷薇种子含油量8.9%～14.59%；刺梨种子含油量7.4%；玫瑰种子含油量13.6%，含油量高者可作工业用油肥皂、润滑油。②药用：野蔷薇种子入药，名"营实"，除风湿，疗痫及利尿泻药。

【根部】①鞣质：木香根皮含鞣质12.68%～25.3% 凝缩类，纯度55%～73%。大苞蔷薇根皮含鞣质34.1%。小果蔷薇根皮含鞣质11.15%～24.06%。红根蔷薇根皮含鞣质14.17%。卵果蔷薇根皮含质13.77%。金樱子根皮含鞣质12.49%～9.85%。凝缩类，纯度60%～68%。野蔷薇根皮含鞣质23.3%。粉团蔷薇根皮含鞣质27%～30%。峨眉蔷薇根皮含鞣质16.31%。刺梨根皮含鞣质19.75%。茶藨根皮含鞣质11.9%～19.1%。七姊妹 *R. multioflora* Hemsl. 根皮含鞣质6.8% 可制栲胶，并用于探钻稀释剂。②药用：木香花根有收敛止痛止血之效，主治肠炎痢疾，月经过多；外用治创伤出血。大苞蔷薇根皮有收敛补脾，强肾之效，主治盗汗，久泻，脱肛，遗精，白带。月季根活血祛痰，拔毒消肿，治跌打损伤，遗精白带。小果蔷薇根祛风除湿，收敛固脱，利尿泻下，治风湿关节痛，腹泻，小便出血，脱肛，子宫脱垂。山刺玫根祛痰，止痢止血，主治痢疾，子宫出血，跌打损伤；光叶山刺玫主治吐血，血崩，月经不调。金樱子根活血散瘀，祛风除湿，解毒收敛，杀虫，主治肠炎痢疾，肾盂肾炎，乳糜尿，象皮肿，跌打损伤，腰肌劳损，月经不调，风湿关节痛，脱肛，子宫脱垂；外用治烧烫伤。野蔷薇根为泻下剂，利尿，收敛活血，主治跌打损伤，月经不调，遗尿，白带；外用治外伤出血，烧烫伤。粉团蔷薇根活血通络，主治关节炎，面神经瘫痪；外用治烫伤；红刺藤 var. *brachacantha*（Facke）Rend. et Wils. 根行气活血调经，主治闭经，痔疮，跌打损伤，风湿疼痛。香水月季根调气活血，止痢止咳，消炎定喘。刺梨根助消化，健脾胃，收敛止泻。绢毛蔷薇根健胃止痢，主治食积腹胀，肠鸣腹泻。钝叶蔷薇根调经消肿。刺梗蔷薇根清热止泻，治红崩白带。

【全树】　①绿篱树种：如刺蔷薇，山刺玫，黄蔷薇，金缨子，玫瑰等。②绿化及水土保持树种：如月季、玫瑰、疏花蔷薇 *R. laxa* Retz.，尖叶蔷薇 *R. wichuraina* Crep.，小叶蔷薇 *R. willmottiae* Hemsl.，黄刺玫等。③观赏植物；木香，花白色，黄色，黄色重瓣，白色重瓣。拟木香，月季花为著名花木，颜色几十种，品种近千种。小果蔷薇，大花白木香 *R. fortuneana* Lindl.，花大，白色，重瓣。山刺玫、黄蔷薇，春花似锦，国内外广泛栽培。金缨子、香水月季，花大，红色，香气特浓。玫瑰，品种甚多：如白玫瑰，重瓣白玫瑰，重瓣紫花玫瑰，紫玫瑰，红玫瑰，无刺玫瑰，钝叶蔷薇，黄刺玫等。④环保树种：野蔷薇对 Cl_2 敏感，可作环保监测指示植物。⑤物种资源：香水月季为珍稀花卉，在川滇应加强保护和发展，原生种资源，迁地作观赏种，建立月季园保存，玫瑰原生种质在辽宁、山东亦建立玫瑰园并在当地发展花卉生产。

悬钩子属 *Rubus* L.

约 700 种，广布全球，主产北温带；中国产约 210 种，南北均产，长江流域以南尤盛，直立或攀缘灌木。

【茎皮】　①鞣质：山楂叶悬钩子 *R. crataegifolius* Bunge，含鞣质 10.92%。黄泡子 *R. ichangensis* Hemsl. et O ktze.，含鞣质。乌泡子 *R. parkeri* Hance 含鞣质。石生悬钩子 *R. saxatilis* L.，茎叶含鞣质 11.52%。木莓 *R. swinhoei* Hance 茎皮含鞣质，可栲胶。②纤维：山楂叶悬钩子含纤维素 44.07%；川莓 *R. setchuensis* Bur. et Franch. 含纤维素，可作造纸及纤维板原料。

【叶】　①鞣质：三叶悬钩子 *R. delavayi* Franch.，叶含鞣质 15.19%。三花悬钩子 *R. trianthus* Focke. 亦含鞣质可栲胶。②代茶：鸡爪莓 *R. henryi* Hemsl. et Ktze.，嫩叶可代茶。③甜味剂：甜茶 *R. chingii* var. *suavissimus* S. Lee，叶中含甜叶菊，甜菜素 5%，粗蛋白 0.12%，糖类 13%，比蔗糖甜 300 倍，每公斤叶甜度相当 37kg 砂糖。是低热质甜味剂，可供糖尿病人食用，降血糖，降血压，促进新陈代谢，治胃酸过多，强壮身体。日本已将甜味剂苷用于食品工业。我国两广带红壤、黄壤均可繁殖推广。尚用掌叶悬钩子 *R. pentagonus* Thunb.，以及悬钩子 *R. corchorifolius* L.，也可作甜茶。④药用：腺毛莓 *R. adenophorus* Rolfe.，叶主治黄水疮。寒莓 *R. buergeri* Miq.，止痛，清热解毒，生津，主治盗汗。锈毛莓根治风湿痛。川莓根祛风除湿，止呕活血，主治劳伤吐血，月经不调，瘰疬，狂犬咬伤。红腺悬钩子 *R. umatranus* Miq. 根清热解毒利尿，主治妇女产后寒热腹痛，食欲不振。灰白毛莓根祛风除湿，活血调经，主治风湿疼痛，慢性肝炎，月经不调，痢疾，跌打损伤。倒扎龙 *R. pungens*，根止痛消炎调经，主治牙痛，痔瘘，疔肿疮毒，月经不调。掌叶悬钩子根消肿止血，促进伤口愈合，跌打损伤良药。黄果悬钩子根消炎止痛，清热止血，主治湿热痢疾，鼻血不止，黄水疮，结膜炎；外敷无名肿毒。刺莓 *R. nocorchorifolius* et Schledt.，根解毒治痔疮。

【全树】　①全株药用：周毛悬钩子全株药用，活血，主治风湿病。寒莓全株药用，活血清热，解毒。五爪藤全藤药用，舒筋活络，主治跌打损伤，风湿疼痛，痉挛。越南悬钩子全株药用，祛风除湿行气，主治腰腿伤痛，四肢痹痛，风湿骨痛。大乌泡全株入药，止咳消肿，止血清热，接骨，主治感冒发热，肠炎痢疾，咯血衄血，风湿骨痛，骨折。太平莓 *R. pacificus* Hance.，全株药用，活血解毒，主治产后腹痛发热。倒莓子 *R. parvifolius*

L. var. *adenochlamys*(Focke)Migo.，全株入药，调气活血解毒，主治跌打损伤，月经不调，心胸气胀，吐血；外敷痈疮肿毒。空心泡全株入药，清热止咳，止血，祛风湿，主治肺热咳嗽，咯血，盗汗，牙痛，筋骨痹痛，跌打损伤，外用治烧烫伤。三花莓全株入药，活血散瘀。②绿化观赏树种：毛萼莓树姿美丽，可栽培观赏。羊尿蔗或羊屎泡 *R. malifolius* Focke.，花叶美丽可观赏。香花悬钩子原产北美洲，华北引种，花朵极大，供庭园观赏。三花莓栽培观赏。悬钩子及弓茎悬钩子可作庭院绿化。

鲜卑花属 *Sibiraea* Maxim.

4 种，分布东南欧、西伯利亚至中国；中国产 3 种，分布西部至西南。落叶灌木。

【叶】 嫩叶代茶：窄叶鲜卑花 *S. angustata*(Kehd.)Hand. -Haz.，嫩叶可代茶。

【全树】 高山水土保持树种：窄叶鲜卑花生青海、甘肃、西藏、云南海拔 3000~4000m 沙石滩灌丛，具有水土保持作用。

珍珠梅属 *Sorbaria* A. Br.

9 种，分布亚洲；中国产 3 种，分布西南至东北。落叶灌木。

【茎皮】 药用：光叶高山珍珠梅 *S. arborea* Schneid. var. *glabrata* Keld. 活血去瘀，消肿止痛，主治骨折，跌打损伤。

【叶】 药用：高丛珍珠梅 *S. arborea* Schneid.，主成分：黄芩素苷，在宁夏入药代珍珠梅 *S. sorbifolia*(L.) A. Br.；变种星珍珠梅 var. *stellipila* Maxim.，亦可药用。

【花】 蜜源植物：高丛珍珠梅花期 6~7 月，粉多，为优良粉源。

【全树】 ①药用：珍珠梅枝茎果穗入药，主成分：熊果苷，β-苯丙胺，活血散瘀，消肿止痛，主治骨折，跌打损伤，风湿性关节炎。②绿篱及观赏：珍珠梅花白色美丽似珍珠，适庭院草坪观赏以及作单行绿篱。

花楸属 *Sorbus* L.

约 100 种，分布北温带；中国产 66 种，分布西南、西北至东部。落叶乔木灌木。

【树皮】 鞣质：水榆花楸 *S. alnifolia*(Sieb. et Zucc.)K. Koch，含鞣质 8%；北欧花楸 *S. aueuparis* L. 树皮含鞣质 14%；黄山花楸 *S. amabilis* Cheng ex Yu，湖北花楸 *S. hupehensis* Schneid.，树皮亦含鞣质。

【韧皮】 纤维：水榆花楸茎皮含纤维素 17%，可作造纸原料。

【木材】 水榆花楸高达 20m，重，坚硬；石灰花楸 *S. folgneri*(Schneid.)Rehd.，重，硬，强度中，干缩大，北欧花楸材有弹性；花楸 *S. pohuashanensis*(Hance)Hedl.，边材浅黄褐，心材带紫红褐色；其地湖北花楸，陕甘花楸 *S. koehneana* Schneid.，西康花楸 *S. prattii* Koehne，黄脉花楸 *S. xanthoneura* Kehd.，中等大乔木，材重，坚硬，强度中，耐腐性中，适作建筑、车辆、家具、器具、模型、车旋品、农具、工具柄、薪炭材等。木材价值中等。

【枝】 药用：石灰花楸枝药用，治风湿，全身麻木。

【花】 蜜源植物：水榆花楸花期 5~6 月，蜜粉少，山区辅助蜜源。北欧花楸一公顷产蜜 30~40kg。北京花楸 *S. discolor*(Maxim.)Maxim.，花期 5 月，蜜粉少。石灰花楸花期 4~5 月，蜜粉皆有，蜂喜采蜜。湖北花楸花期 5~7 月，蜜粉少。陕甘花楸花期 6 月。西康花楸蜜粉少，为山区辅助蜜源。花楸花期6月，蜜粉较多。太白花楸 *S. tapashana* Schneid.，花期6月，蜜粉少。秦岭花楸 *S. tsinlingensis* C. L. Tang，花期5~6月。黄脉花楸 *S. xanthoneura* Rehd.，花期5~6月，粉少，均为山区辅助蜜源植物。

【果】　①食用：水榆花楸果含糖分，可食用及酿酒。黄山花楸果可食及酿酒，北欧花楸果含糖4%~8%，有机酸(苹果酸、柠檬酸、酒石酸、琥珀酸)2.7%果胶，鞣质，维生素2000mg/kg，生食，果酱、果冻、果子酒、糕点、清凉饮料。西康花楸果可酿酒制醋。花楸果含糖类、酸类、维生素C 450~1500mg/kg，可酿酒，果酱、糕点、蜜饯、果汁、果粉、巧克力糖。②药用：水榆花楸果药用治气管炎，血虚。黄山花楸果治气管炎，虚劳。北欧花楸果入药，治维生素C缺乏症，缓泻剂，发汗剂。花楸果入药治咳嗽，胃炎，胃痛。天山花楸含扁桃苷，可代花楸入药。

【种子】　油用：北欧花楸种子含油量22%。华西花楸 *S. wilsoniana* Schneid.，种子含油25.4%，棕榈酸29.9%，硬脂酸10.4%，可作工业用油。

【全树】　①观赏树种：水榆花楸，秋果累累，晶莹可爱，适作庭院观赏树种。北欧花楸果实满树，株产果80~120kg。湖北花楸及陕甘花楸白花累累，枝叶秀丽，可作观赏树种。花楸初夏白花，秋后红果，优美庭园观赏树种。天山花楸，花果秀丽，华西花楸叶果均红甚美，均为观赏树种。黄山花楸花白，秋果红色。②物种资源：黄山花楸为渐危树种，应在黄山加强保护和发展，并在公园作观赏。

绣线菊属 *Spiraea* L.

约100种，广布北温带；中国产约20种，分布全国。落叶灌木。

【枝条】　编织原料：如高山绣线菊 *S. alpine* Pall.，蒙古绣线菊 *S. mongolica* Maxim.，南川绣线菊 *S. rosthornii* Pritz.，枝条可做编织品。

【叶】　①代茶：绣球绣线菊 *S. blumei* G. Don，嫩叶可代茶。②鞣质：三裂叶绣线菊 *S. trilobata* L.，叶含鞣质11.28%。③药用：麻叶绣线菊 *S. cantoniensis* Lour. 叶可治癣疥。绣线菊 *S. salicifolia* L. 叶消肿解毒，去腐生肌，治慢性骨髓炎。

【花】　蜜源植物：高山绣线菊花期6~7月，辅助蜜源。石蚕叶绣线菊 *S. chamaedryfolia* L. 辅助蜜源。狭叶绣线菊 *S. japonica* var. *acuninata* Franch.，花期5~6月，蜜粉稍多，蒙古绣线菊花期5~7月，辅助蜜源。南川绣线菊花期5~6月，粉多。甘肃绣线菊 *S. schneideriana* Kehd. var. *amphidoxa* Rehd. 花期5~6月，辅助蜜源。欧亚绣线菊 *S. media* Schmeid. 辅助蜜源。

【果】　药用：绣球绣线菊果入药，治白带、疮毒。细枝绣线菊 *S. myrtilloides* Rehd. 果入药，治刀伤。

【种子】　油用：绣线菊种子含油26%，可作工业用油。

【根】　药用：中华绣线菊 *S. chinensis* Maxim.，根治咽喉肿痛，白升麻 *S. iaponica* var. *stellaris* Kehd.，根入药清热解毒，主治感冒头痛发热。绣线菊根治头痛。笑魇花 *S. prunifolia* Sieb. & Zucc.，根治咽喉肿痛。珍珠绣线菊 *S. thumbergii* Sieb. ex Zucc.，根治咽喉肿痛。

【全树】　①药用：狭叶绣线菊根叶通经通便利尿，主治闭经，月经不调，二便不利，大绣线菊 *S. japonica* var. *fortunei*(Planch.) Rehder，根叶清热解毒，止咳，主治目赤肿痛，牙痛，头痛；外用治创伤出血。绣线菊全株药用，主治跌打损伤，关节痛，通经活血，通便，咳嗽。②水土保持树种：高山绣线菊，楼斗菜叶绣线菊 *S. aquilegifolia* Pall.，欧亚绣线菊；蒙古绣线菊，南川绣线菊。③绿篱绿化树种：绣球绣线菊，石蚕叶绣线菊，绣线菊。④观赏树种：楼斗菜叶绣线菊，绣球绣线菊，花洁白秀丽，麻叶绣线菊，花白色早春盛开，绣线菊花大美丽；大绣线菊，花密集艳丽，夏季美景；欧亚绣线菊，笑靥花，晚春花开洁白，似笑颜初靥；珍珠绣线菊，花开前似珍珠，开时雪白，秋叶变红；三裂叶绣线菊，宣假山岩石观赏。⑤固定沙丘。

小米空木属 *Stephanandra* Sieb. et Zucc.

5 种，分布中国东北；中国产 2 种，分布长江以南。落叶灌木。

【茎皮】 纤维：华空木 *S. chinensis* Rance 及小米空木 *S. incise*（Thunb.）Zabel.，茎皮纤维可作造纸原料。

【根部】 药用：华空木治咽喉肿痛。

【全树】 观赏：小米空木枝条秀丽，秋叶紫红。

红果树属 *Stranvaesia* Lindl.

约 5 种，分布中国及北温带、印度北部；中国产 4 种，分布西南至东南。常绿灌木或乔木。红果树 *S. davidiana* Dcne，供观赏，叶绿花多，果球形橘红色，经久不凋，良好观赏植物。

茜草科 Rubiaceae

约 500 多属 6000 多种，分布热带至亚热带，少数至温带；中国产约 75 属 480 多种，引入 2 属 9 种。大部分分布南方，北方及西北少数。草本、灌木、乔木。

水团花属 *Adina* Salisb.

约 20 多种，分布亚、非热带至亚热带；中国产约 8 种，分布秦岭以南。常绿灌木至乔木。

【树皮】 纤维：总序黄棉木 *A. racemosa*（Sieb. et Zucc.）Miq.，树皮含纤维素 28.8% 可制麻袋，绳索，棉絮，人造棉等用。水杨梅 *A. rubella*（Sieb. et Zucc.）Hamce.，树皮也含鞣质，可提制栲胶。

【木材】 边材浅黄色，心材浅黄褐色，重，甚硬，强度甚强，干缩大，耐腐中，抗蛀。适作车辆，木梳，家具，地板，雕刻，琴键，车旋品，扁担，农具，纺织器材，工艺品原料等。木材价值上等。诸如水团花 *A. pilulifera*（Lam.）Franch.，黄棉木 *A. pycnantha*（Wall.）Banth. 及光叶黄棉木 var. *glahra* How 总序黄棉木，水杨梅等。

【茎皮】 ①纤维：水团花茎皮含纤维素 26%，可织麻袋，人造棉，或与棉混纺。水杨梅茎皮含纤维素 23.22%，可制绳索，麻袋，人造棉，造纸等。②药用：水杨梅茎皮入药，主治：跌打损伤，骨折，疖肿，创伤出血，皮肤湿疹。水团花茎皮入药，功效同水杨梅。

【花】 ①蜜源植物：总序黄棉木花期春季，可收取蜜。②药用：水杨梅，从花序中分

离出 β-谷甾醇，熊果酸，水杨梅甲素及三萜类化合物，主要用于治消化道癌，宫颈癌，淋巴肉瘤，尚可治肝炎，感冒发烧，腮腺炎，咽喉肿痛，风湿痛，胃肠炎，跌打损伤，皮肤湿疹。水团花花入药，功效参见水杨梅。

【果】　药用：水杨梅果入药，可治细菌性痢疾，急性肠胃炎，阴道滴虫病。

【根】　药用：水杨梅根煎水治惊风，感冒发烧，腮腺炎，咽喉肿痛，风湿疼痛。水团花根入药，功效参见水杨梅。

黄粱木属 *Anthocephalus* A. Rich.

3 种，分布印度至马来西亚；中国产 2 种，分布华南至云南南。常绿乔木。黄粱木(团花)*A. chinensis*(Lam.) Rich. ex Walp.，为速生树种，10 年左右成材，材淡黄褐色，轻，软，强度甚弱，韧度中，干缩甚小，不耐腐，易蓝变色，不抗虫蛀。适作造纸材，家具板料，胶合板，木屐，盆桶，风箱，火柴杆盒，包装材等，木材价值低。

风箱树属 *Cephalanthus* L.

约 17 种，分布亚、美洲；中国产 2 种，分布长江流域以南。灌木。台湾风箱树 *C. naucleoides* DC.及风箱树 *C. occidentalis* L.。

【叶】　药用：外用治骨折，跌打损伤。

【花】　药用：治肠炎，细菌性痢疾。

【根】　药用：清热解毒，散瘀止痛，止血生肌，祛痰止咳，主治热性感冒，上呼吸道感染，咽喉肿痛，肺炎，咳嗽；外用治跌打损伤，疖肿，骨折。

金鸡纳属 *Cinchona* L.

约 40 种，广布南美洲；中国海南、云南南、台湾有栽培。灌木至小乔木。

金鸡纳属用途主要提取金鸡纳治疟疾特效药。其中经济价值高者为金鸡纳 *C. ledgeriana* Moens.，正金鸡纳 *C. officinalis* L.，红金鸡纳 *C. succirubra* Pawon.，黄金鸡纳 *C. calisava* Weddcll.，金鸡纳含多种生物碱：总量 8.6%，主成分奎宁，奎尼丁，辛可宁，辛可尼丁，以根皮含量最高，干皮次之，枝皮最少，抗疟，退热，主治疟疾高烧，并有镇痛局部麻醉作用。正金鸡纳树皮含生物碱 1%~4%，其中一半为奎宁，为治疗疟疾重要药用原料。红金鸡纳树皮含奎宁，奎尼丁，金鸡丁，金鸡尼丁，为治疟解热药。

咖啡属 *Coffea* L.

约 40 种，分布东半球热带，非洲尤多，中国引入 5 种，分布华南，台湾，云南。灌木或小乔木。

【种子】　饮料：咖啡 *C. ambica* L.，种子含水分 8.98%，蛋白质 9.87%，咖啡因 1.08%，脂肪 12.6%，糖 9.55%，咖啡鞣酸 8.46%，灰分 3.74%，种子焙熟研粉为世界著名饮料之一。大粒咖啡 *C. liberica* Hiern.，果长 2cm，但香味不如咖啡，属低级品。中粒咖啡 *C. canephora* Lour.，细粒咖啡 *C. stenophylla* Don，刚果咖啡 *C. congensis* Froehn.，品质均不如咖啡。

【药用】　咖啡提取咖啡因，有健胃，兴奋，利尿功效。

【咖啡浆果】 可酿酒；酒粕作饲料或肥料。

【咖啡种子】 含油 5%~12%，主成分：肉豆蔻酸 2%，棕榈酸 28.8%，硬脂酸 4.5%，花生酸 1.6%，油酸 18.9%，亚油酸 44%，可作机械润滑油用。

鱼骨木属 *Canthium* Lam.

约 50 种，分布亚、非、大洋洲；中国分布华南至西南。乔木或灌木。材黄褐至心材栗褐色、重、硬、强度强、干缩中、耐腐。适作渔轮，木梳，建筑，农具，雕刻，算盘珠，家具，工农具柄，车旋品等。木材价值中等。有鱼骨木 *C. dicoccum*（Gaertn.）Merr.，猪肚木 *C. horridum* Blume，大叶鱼骨木 *C. simile* Merr. et Chun。

流苏子属 *Coptosapelta* Korth.

约 13 种，分布东南亚；中国产 1 种，分布长江流域以南。攀缘灌木。流苏子 *C. diffusa*（Champ. ex Benth.）Van Steenis，为蜜源植物，花期 5~6 月，蜜、粉较多。

虎刺属 *Damnacanthus* Gaertn. f.

约 8 种，分布东亚；中国产 5 种，分布长江流域以南。常绿小灌木。虎刺 *D. indicus* Gaertn. f.，根或全株入药：祛风利湿，活血止痛，主治肝炎，风湿筋骨痛，跌打损伤，龋齿痛。长叶数珠树 *D. macrophyllus* Sieb. ex Miq. var. *giganteus*（Makino）Kodz.，根入药，收敛止血，补养气血，主治妇女血崩，肠风下血，体弱血虚。

香果树属 *Emmenopterys* Oliv.

2 种，中国 1 种，分布中国浙江、江西、福建、湖南、湖北、四川。落叶乔木。

【木材】 材浅黄褐色，轻、软、干缩小，稍耐腐，适作文具，铅笔杆，建筑，门窗，木屐，风箱，包装材，火柴杆盒，家具板料，胶合板等。木材价值下等。如香果树 *E. henryi* Oliv.。

【茎皮】 纤维：细柔，可制蜡纸及人造板原料。

【庭园绿化树种】 树姿优美，花大叶美，为庭园绿化树种。我国仅有单属种，宜迁入植物园保护或作庭园观赏扩大种植。

栀子属 *Gardenia* Fllis.

约 250 种，分布热带至亚热带；中国产 4 种，分布长江流域以南。灌木或小乔木。

【木材】 材黄褐色，重、硬，适作雕刻，器具，车旋品，工艺材，细木工等。木材价值中等。如海南栀子 *G. hainanensis* Merr.，狭叶栀子 *G. stenophylla* Merr.。

【花】 芳香油：栀子 *G. iasminoides* Ellis.，花浸膏得率 0.4%~0.5%，芳香油用于多型化妆品，香皂调合剂。

【果实】 ①药用：栀子果主成分：栀子苷，山栀子苷，微量藏红花酸，胆碱，β-谷甾醇，胡萝卜素，山梨醇，D-甘露醇，果胶，鞣质，有降压作用，止血作用，杀虫作用，泻火解毒，清热利湿，凉血散瘀，主治热病高烧，心烦不眠，口舌生疮，鼻衄，吐血，肝炎，尿血；外用治外伤出血，扭挫伤。②黄色素：栀子果实主成分：番红花酸，番红花苷，京尼平，京尼平苷，京尼布酸苟，二尖乙酰车叶草苷酸，尖乙酰车叶草苷酸甲酯，提取黄色素用于食品及纤维染色用。③果肉：栀子果肉可酿酒，作上等饮料。黄栀子 *G. sootepenes* Hatch.，果可食，作饮料。④兽药：栀子果，清热泻火，凉血解毒，治马心热舌疮，牛体黄症，鼠疫症，小便不通，牛羊花中毒，家畜扭挫伤。

【种子】　油用：栀子种子含油量 20%，主成分：棕榈酸 18.6%，硬脂酸 4.5%，油酸 35%，亚油酸 50%，供作机械润滑油及日化用油。

【根】　栀子根入药，治肝炎，跌打损伤，风火牙痛。

【全株】　①绿篱植物：栀子翠叶茂密，花色洁白，常作绿篱，适前庭，阶下，路旁，城市干道绿化带。②观赏植物：栀子花芳香浓郁，洁白似莲，适切花插瓶观赏，有大花栀子 *G. grandiflora*（Lour.）Makino.，单瓣栀子 *G. simiphciflora* Makino.，雀舌栀子 *G. radicana*（Thunb.）Makino.。③环保树种：栀子抗 SO_2、Cl_2 性强，抗 HF 中，抗 O_3 弱，为重要环保树种。

耳草属 *Hedyotis* L.

约 400 种，广东热带至亚热带，中国产约 50 种，多分布长江流域以南。草本、亚灌木、灌木。牛白藤 *H. hedyotidea*（DC.）Merr.。

【叶】　药用：清热祛风，主治感冒，肺热咳嗽，肠炎；外用治湿疹，疮疹，皮肤瘙痒。

【藤根】　药用：祛风活络，消肿止血；主治风湿性关节痛，痔疮出血，疮疖痈肿，跌打损伤。

土连翘属 *Hymenodictyon* Wall.

约 20 种，分布热带至亚热带；中国产 2 种，分布四川，云南、广西。灌木或小乔木。土连翘 *H. flaccidum* Wall.，树皮及叶入药，清热解毒，止咳，抗疟，主治外感高烧，咳嗽多痰，疟疾。

石丁香属 *Hymenopogon* Wall.

3 种，分布喜马拉雅山以东：中国产 1 种，分布云南。附生灌木。石丁香 *H. parasitucus* Wall. var. *longiflorus* How，全株药用：壮筋骨，除湿止痛，利水解毒，主治营养不良性水肿，跌打损伤，湿疹，肾虚腰痛。

龙船花属 *Ixora* L.

约 400 种，主产亚、非洲热带，少数美洲，中国产 11 种，分布华南，贵州、云南。灌木或小乔木，龙船花 *I. chinensis* Lam.。

【花】　药用：主治月经不调，闭经，高血压。

【根茎】　药用：散瘀止血，调经，降压，主治肺结核咯血，胃痛，风湿性关节痛，跌打损伤，月经不调，高血压。

粗叶木属 *Lasianthus* Jack.

约 180 种，分布热带亚、非、大洋洲；中国产约 30 种，分布浙江、江西、湖南以南。

灌木。粗叶木 *L. chinensis* Baroth.，污毛粗叶木 *L. harlii* Htmb.，根药用：粗叶木根补肾活血，行气祛风，主治风湿腰痛，骨痛。污毛粗叶木根入药，行气活血，祛风强筋，止痛，主治风湿关节痛，跌打损伤，腰肌劳损。

野丁香属 *Leptodermis* Wall.

约 30 种，分布喜马拉雅山东部至日本；中国产约 20 种，南北均有分布。灌木。毛野丁香 *L. pilosa*(Franch.) Diels.，叶入药，祛风除湿，主治头痛，风湿关节痛。内蒙古野丁香 *L. ordosica* H. C. Fu et E. W. Ma 内蒙古贺兰山石质山坡，花紫白色，美丽，可作盆景。

滇丁香属 *Luculia* Sweet.

3~4 种，分布喜马拉雅山以东；中国产 2 种，分布云南、广西。灌木。根、果、花药用，滇丁香 *L. intermedia* Hutch. 及鸡冠滇丁香 *L. yunnanensis* Hu，其果、根入药，止咳化痰，活血调经，消炎止痛。主治咳嗽，百日咳，慢性支气管炎，肺结核，痛经，风湿疼痛，偏头痛，尿路感染，尿路结石，病后头昏心慌，还可治毒蛇咬伤，外伤感染，黄肺病。

帽蕊木属 *Mitragyna* Korth.

约 10 种，分布热带至亚热带；中国产 1 种，分布云南。乔木。帽柱木 *M. brunonsis* (Wall.) Craib.，用材：材浅黄褐色，重量中，硬度中，稍耐腐，适作胶合板，车旋品，工艺美术材，雕刻，建筑，家具等。木材价值下等。

巴戟天属 *Morinda* L.

102 种以上，分布热带至亚热带，中国产约 26 种，分布华南，台湾、福建、云南。灌木或小乔木。

【根茎】 药用：巴戟天 *M. officinalis* How，根茎入药，补肾壮阳，强筋骨，主治阳痿早泄，腰膝酸软，女子月经不调，生殖机能减退。羊角藤 *M. umbellata* L.，根茎含茜素，2-羟基蒽醌，茜草-1-醚，茜黄，茜黄-1-甲醚，茜素-2-甲基蒽醌，2-甲基蒽醌，茜草色素，罗西汀，受泪其二酚，羊角糜素，羊解藤甙，虎刺素，祛风，除湿，止痛止血，主治胃痛，风湿关节痛；外用治外伤出血。桔叶巴戟天 *M. citrifolia* L.，根皮含巴戟素，茜素 2-甲醚，鸡根藤二酚，主治胃病，风湿关节痛。桔叶巴戟天根为解热，强壮药，尚治赤痢，肺结核。②兽药：巴戟天，根茎，补肾阳，壮筋骨，祛风湿，治马肾痛脚不稳，牛马风湿，肾寒腰痛，母畜白带，母马不孕。③色素：桔叶巴戟天 *M. cifiifolia* L.，根皮为红色染料。

【全株药用】 百眼藤 *M. parvifolia* Barll.，全株入药，清热利湿，化痰止咳，散瘀止痛，主治感冒和支气管炎，百日咳，腹泻，跌打损伤，腰肌劳损，湿疹。

玉叶金花属 *Mussaenda* L.

约 120 种，分布亚、非热带；中国产 28 种，分布华南、西南、福建、台湾。直立或攀缘灌木。

【茎皮】 纤维：玉叶金花 *M. pubescens* Ait. f.，茎皮含纤维 25%，可制麻袋。胶乌藤 *M. erosa* Champ.，茎皮纤维可织麻袋。

【藤】　代绳：胶乌藤，其藤可代绳。玉叶金花，藤可制绳索，犁缆。

【叶】　①代茶：玉叶金花，叶含豆甾醇，叶可代茶。②药用：玉叶金花：茶叶含豆甾醇，β-谷甾醇，阿江酸，清热解暑，凉血解毒，主治中暑，感冒，支气管炎，扁桃体炎，肾炎水肿，肠炎，子宫出血，毒蛇咬伤。

【根】　①粘胶料：胶乌藤，根捣烂加水过滤得黏液，可胶乌，粘老鼠、野兔。②药用：云南玉叶金花 *M. hossei* Craib.，根，清热解毒，凉血止血，主治感冒发烧，鼻衄，外伤出血。

【全树物种资源】　异形玉叶金花 *M. anomala* Li，仅见广西大瑶山，面临灭绝，设法迁地保护。

乌檀属 *Nauclea* L.

约 10 种，分布亚洲、非洲、美洲、大洋洲热带；中国产 1 种，分布华南。乔木。

【木材】　材深黄色，轻，软，强度弱至中，干缩小，稍耐腐。适作车镟木，工艺美术材，雕刻，建筑，家具，胶合板等。木材价值中等。乌檀 *N. officinalis* Pierre ex Pitard.。

【枝干皮入药】　含黄酮类及酚类化合物，清热解毒，消肿止痛，主治感冒发烧，急性扁桃体炎，咽喉炎，支气管炎，肺炎，泌尿系统感染，肠炎，痢疾，胆囊炎；外用治乳腺炎，痈疖脓肿。

鸡矢藤属 *Paederia* L.

约 50 种，分布热带至亚热带，中国产约 10 种，分布长江流域以南。缠绕藤本。

【根】　药用：云南鸡矢藤 *P. yunnenensis*（Lévl.）Rehd.，根入药，消炎，止痛。接骨，主治肝炎，急性结膜炎；外用捣烂敷骨折。

【全藤】　药用：鸡矢藤 *P. scandens*（Lour.）Merr.，全株分离出鸡矢藤苷，猪秧秧苷，鸡矢藤菅酸，尚有 γ-谷甾醇，熊果苷，齐墩果酸，三十烷氢醌，镇痛，抑菌，祛风利湿，消食化积，止咳止痛，主治风湿筋骨痛，跌打损伤，外伤疼痛，胆绞痛，肠绞痛，黄疸型肝炎，肠炎，痢疾，消化不良，小儿疳积，肺结核咯血，支气管炎；外用治皮炎，湿疹，疮伤肿毒。

大沙叶属 *Pavetta* L.

约 400 种，分布东半球热带；中国产约 6 种，分布华南至西南。灌木至小乔木。香港大沙叶 *P. hongkongensis* Brem.，全株药用，清热解暑，活血止瘀，主治中暑，感冒发热，肝炎，跌打损伤。

南山花属 *Prismatomeris* Thw.

约 25 种，分布亚洲热带，中国产 4 种，分布华南、西南。常绿灌木。四蕊三角瓣花 *P. tetrandra*（Roxb.）K. Schem.，根入药，凉血止血，利湿退黄，主治白血病，再生障碍贫血，牙龈出血，肝炎，尿路感染。

九节属 *Psychotria* L.

约 400 多种，分布热带、亚热带；中国产约 17 种，分布华南、云南、福建、台湾。灌木或小乔木。

【木材】 材紫红褐色，重，硬，耐腐。适作算盘珠，家具，日用品，篱柱，雕刻，美术工艺材，农具，车旋品，玩具等。木材价值中等。诸如毛九节，小叶九节 *P. tutcheri* Durra.，云南九节 *P. yunnanessis* Hutch.。

【叶】 药用：九节 *P. rubra*(Lour.)Poir.，叶外用治跌打肿痛，外伤出血，毒蛇咬伤，疮疡肿毒，下肢溃疡。

【根】 药用：九节根，清热解毒，消肿拔毒，主治白喉，扁桃体炎，咽喉炎，痢疾，伤寒，胃痛，风湿骨痛。

【全株】 药用：美果九节 *P. calocarpa* Kurz.，全株药用：清热解毒，祛风利湿，镇静镇痛，主治细菌性痢疾，肠炎腹泻，咳嗽，癫痫，肾炎，膀胱炎，风湿性腰腿痛。

山黄皮属 *Randia* L.

约 230 种，分布热带；中国产约 20 种，分布华南、西南、台湾。常绿灌木、小乔木。

【木材】 心材黄褐色，重硬，干缩大，稍耐腐。适作雕刻，木梳，车旋品，擀面杖，算盘珠，家具，工农具柄等。木材价值下等。诸如山黄皮 *R. acuminatissima* Merr.，越南山黄皮 *R. cochinchinensis* Merr.，海南山黄皮 *R. hainanensis* Merr.，西南山黄皮 *R. henryi* Pritz.，等。

【叶】 药用山石榴 *R. gnirosal*(Thunb.)Pcir.，叶捣烂或研粉治外伤出血。

【果】 ①药用：山石榴果捣烂外敷可防治山蚂蟥及皮肤疥癣。②洗涤剂：山石榴果汁可作清洁洗涤剂。

【根】 药用：山石榴根捣烂外敷治跌打肿痛。

【全株】 绿篱植物：山石榴具刺，为很好的绿篱植物。

裂果金花属 *Schizomussaenda* Li

1 种，分布中国云南、广西至中南半岛。灌木。裂果金花 *S. dehiscens*(Lraib.)Li，根茎入药，清热解毒，消炎利尿，主治气管炎，支气管炎，肺热咳嗽，咽喉炎，扁桃体炎，肾炎水肿，尿道感染。

白马骨属 *Serissa* Comm. ex Juss.

3 种，分布东亚；中国产 2 种，分布长江流域以南。常绿小灌木。白马骨 *S. serissoides*(Osc.)Drucel. 全株入药，疏风解表，清热利湿，舒筋活络，主治感冒，咳嗽，牙痛，急性扁桃体炎，咽喉炎，急慢性肝炎，肠炎痢疾，疳积，高血压，头痛，风湿性关节炎，白带。

【茎叶】 药用：白马骨，茎叶煎水治痢疾。

【根】 药用：白马骨根，疏风解表，清热利湿，舒筋活络，高血压头痛，风湿性关节炎，白带。

【全株】 观赏植物：白马骨，花白色，花期 6~9 月，有 4 个变种，满树白花如雪，适花坛，花篱种植观赏。

乌口树属 *Tarenna* Gaertn.

约 170 种，分布亚洲热带；中国产约 17 种，分布西南，华南，浙江、江西、湖南。常绿乔木或灌木。

【木材】 材暗黄褐至浅红褐色，重，硬度中，强度中，干缩大，稍耐腐。适做建筑，家具，器具，农具等。木材价值中等。诸如乌口树 *T. mouissima*（Vnigt.）Hutch.，白皮乌口树 *T. depauperata* Hutch.，细柄乌口树 *T. gracilipes*（Hay.）Ohwi.，密毛乌口树 *T. mollissima*（Hook. et Arn.）Robins.，等。

【叶】 药用：密毛乌口树，叶外用捣烂外敷治疮疖脓肿，枪伤。

【种子】 油用：白皮乌口树种仁含油量48.18%，油供制肥皂，润滑油，油粕作肥料。

【根】 药用：密毛乌口树，根入药，清热解毒，消肿止痛，主治感冒发热，咳嗽，热性胃痛，疝气痛，坐骨神经痛。

【全株】 药用：乌口树，全株入药，祛风消肿，散瘀止痛，主治蜂窝组织炎，脓肿（药酒内服），口腔炎（水漱），跌打损伤，风湿骨痛（浸酒外擦）。

狗骨柴属 *Diplospora* DC.

约100种，分布亚非热带至亚热带；中国产3种，分布华南、西南、福建、台湾。灌木或小乔木。狗骨柴 *T. dubia*（Lindl.）Ohwi.，①根入药消肿排脓，主治颈淋巴结核，背痛，头疖。②木材浅黄褐色，重硬中，强度中，干缩中，稍耐腐，可作工农具柄，家具细木工，雕刻等。木材价值下等。

钩藤属 *Uncaria* Schreber.

约34种，分布热带至亚热带；中国分布湖北、湖南以南。攀缘灌木。

【钩藤茎】 ①药用：钩藤 *U. rhynchophylla*（Mif.）Jadls.，主成分：钩藤碱，异钩藤碱，清热平肝，熄风止痉，主治小儿高热，惊厥，抽搐，夜啼，风热头痛，高血压，神经性头痛。台湾钩藤 *U. kawakamii* Hay.，主成分：钩藤碱A、B，功效同钩藤。双钩藤 *U. laevigata* Wall.，清热平肝，活血通经，功效同钩藤。枝叶钩藤 *U. Iarcifolia* Hutch.，在云南南作钩藤用，功效同钩藤。大叶钩藤 *U. macrophylla* Wall.，主成分：钩藤碱，在云南也作钩藤入药，功效同钩藤。攀茎钩藤 *U. scandens*（Smith）Hutch.，在华南作钩藤入药，功效近似钩藤。华钩藤 *U. sinensis*（Oliv.）Haviland.，西南作钩藤入药，功效近似钩藤。白钩藤 *U. sessilifructus* Roxb.，钩茎入药，清热平肝，活血通经，功效见钩藤。②兽药：钩藤茎，清热平肝，熄风通惊，治猪抽筋，猪牛风湿，猪羊马破伤风，小猪脐风，母畜产后瘫痪。

【树皮】 鞣质：白钩藤树皮含鞣质15%~25%，可提栲胶。

【茎皮】 纤维：钩藤茎皮含纤维素12.55%~32.5%，可作人造棉用。

【根】 药用：钩藤根，祛风通络，主治：风湿关节痛，跌打损伤。越南钩藤 *U. tonkinensis* Havil.，根入药，清热平肝，熄风镇痉，活血通经，主治风湿性关节炎，跌打损伤，坐骨神经痛，骨折，小儿惊风，高血压，偏头痛，小儿脱肛，带下，外伤出血。

水锦树属 *Wendlandia* Bart. ex DC.

约70多种，分布亚洲热带至亚热带，中国产约数种，分布华南、西南、台湾。常绿或半常绿乔木或灌木。

【木材】 材红黄褐色，重至中，硬至中，干缩大，稍耐腐。适作建筑，家具，农具，生活用具等。木材价值下等。诸如广西水锦树 *W. aberrans* How，台湾水锦树 *W. formesana* Cowan.，海南水锦树 *W. merrilliana* Cowan.，云南水锦树 *W. paniculata* DC.，柳叶水锦树 *salicifalia* Franch.，水锦树 *W. tinctoria* DC.，华南水锦树 *W. urarifolia* Hance 等。

【叶】 药用：华南水锦树叶外用治外伤出血，疮疡不收口。

【花】 蜜源植物：华南水锦树花期 3~4 月，蜜量多，一群蜂年产蜜 15kg。红皮水锦树 *W. tinctoria* DC. var. *intermedia* How，花期 3~4 月，滇南水锦树 *W. handelii* Cowan.，花期春季，均为春季蜜源植物。

芸香科 Rutaceae

约 186 属 1600 多种，分布热带至亚热带，少数至温带；中国产 28 属 150 多种，引入 3 属 10 种，分布自东北至南部。灌木、乔木、稀草本。

山油柑属 *Acronychia* J. R. et G. Forst.

约 42 种，分布亚洲及大洋洲热带；中国产 2 种，分布华南、湖南、四川、云南。常绿乔木。

【树皮】 鞣质：山油柑 *A. pedunculata*(L.)Miq.，树皮含鞣质 16.72%，可提制栲胶。

【木材】 ①用材：材黄白至暗黄褐色，轻，硬度中，干缩小，不耐腐。适作家具，农具，建筑，日用品等。木材价值低。山油柑，贡甲 *A. oligophlebia* Merr.。②药用：根部木材主成油柑碱，止血镇痛剂，用于吐血，咯血，疔疮出血，止血定痛，芳香健胃用于心胃痛，头痛，跌打损伤。

【叶】 山油柑叶入药，主成分：β-蒎烯，α-柠檬烯，祛风活血，理气痛，主治风湿腰腿痛，跌打损伤，支气管炎，胃痛，疝气痛。

【枝叶】 芳香油：山油柑树叶可提芳香油；作化妆品用。

【果】 果可食；又药用健脾清食，治消化不良，食欲不振。

木橘属 *Aegle* Koen.

1 种，分布亚洲热带；中国产 1 种，分布云南南。落叶有刺乔木。孟加拉苹果 *A. marmelos*(Li)Carr.，果色味均佳，可食。

酒饼簕属 *Atalantia* Correa

约 18 种，分布亚洲热带至亚热带，中国产 6 种，分布华南至西南。小乔木或灌木。

【根】 药用：酒饼簕 *A. buxifolia*(Poic)Oliv.，根含生物碱，黄酮苷，氨基酸，清热解表，化痰止咳，理气止痛，主治感冒，咳嗽，疟疾，胃痛，头痛，支气管炎，风湿性关节炎，腰腿痛。

【全株】 绿篱植物，酒饼勒，广东酒饼簕 *A. kwangtmgensis* Merr. 果可食。

香肉果属 *Casimiroa* La Llave

6 种，分布美洲；中国引入 1 种，分布广东、台湾。常绿灌木或小乔木。白柑 *C. edulis*

La Llave，果可食，味香。

柑橘属 *Citrus* L.

约 30 多种，分布北半球热带至亚热带，中国产 29 种，分布长江流域以南。常绿乔木至灌木。

【木材】 材黄白至浅黄褐色，重至中，硬至中，干缩中至大，稍耐腐。适作农具，乐器柄，雕刻，器具等。木材价值中等。诸如来檬 C. aurantifolia（Christm）Swingle.，酸橙 C. aurantium L. 及代代花 var. 越橘 rrlara Engl.，土桔 C. chuana Hort.，朱栾 C. decanana Merr.，朱桔 C. erythrosa Tanaka.，丹桔 C. flammea Hort.，柚树 C. grandis（L.）Osbeck. 黄桔 C. haniana Hort.，红河橙 C. hongheensis Ye et al.，宜昌橙 C. ichangensis Swingle，马蜂橙 C. hystrix DC.，香橙 C. junos（Sieb.）Tanaka，乳桔 C. kinokuni Tanaka.，柠檬 C. limonia Osbeck. 金桔 C. madareniss Lout.，香橼 C. medica L. 及佛手 var. sarcodactylis（Noot.）Swingle.，葡萄柚 C. paradisii Macf.，广西沙柑 C. nobilis Cour.，汕头蜜橘 C. poonensis Tanada，甜橙 C. sinensis（L.）Osbesk，四季桔 C. microcarpa Bange.，桔 C. reticulata Blanco，瓯柑 C. suavissima Tanoka.，四合桔 C. suhuiensis Tanaka，福桔 C. tangeriana Tanaka，蕉柑 C. tankan Hay.，日本立花桔 C. tachibana（Makino）Roem.，温州蜜桔 C. unshu Marc.，香圆 C. wilsonii Tanaka。

【叶】 ①精油：代代花，叶含芳香油 1.5%，主成分：乙酸芳香酯，橙花醇，香叶醇，松油醇，蒎烯，重要调香原料，广泛用于食品，饮料，化妆品，烟草，香皂，牙膏，适用于各种香型香精。柏树叶含芳香油 0.2%～0.3%，主成分：柠檬醛，香叶醇，芳樟醇，邻氨基苯甲酸甲酯，可用于调配食品，化妆品，香皂，牙膏用香精。香橙叶也含芳香油，可制香水，香皂，化妆品，调味香料，食品，饮料，牙膏，烟草用香精。柠檬叶含精油，主成分：柠檬醛，橙花醇，乙酸橙花酯，香叶醇，芳樟醇，含精油 0.2%～0.3%，作食用，化妆品，皂用，饮料，牙膏，烟草香料。香橼及佛手叶均含芳香油 0.3% 左右，作食用，饮料，香皂，牙膏，烟草香料。桔叶含精油得率 0.2%～0.3%，主成分：N-甲基邻氨基苯甲酸甲酯，香叶醇等，作食品，饮料，皂用，牙膏，烟草香精，甜橙叶含精油 0.2%～0.3%，主成分：芳樟醇，柠檬醛，柠檬烯，用于食品，饮料，香水，香皂，化妆品，牙膏，烟草香料。香圆，叶也含芳香油，可作食品，饮料，化妆品，牙膏，烟草，日用品中香料。②药用：柚树叶入药，可治乳腺炎，扁桃体炎，关节痛，头痛，柠檬叶可治咳喘，泄泻。树葫芦叶消炎，止血，止痛，防腐生肌，主治感冒，头痛，咳嗽，风湿骨痛，跌伤，外伤出血，慢性溃疡，伤口发炎，湿疹，疮疖。桔叶主治胸肋胀痛，乳痈，疝气。橙叶主治急慢性乳腺炎，肺痈。

【花】 ①蜜源植物：桔花期 3～5 月，蜜量多，一群蜂年产蜜 10～20kg，色浅，芳香，甜度大，优良上等蜜。橙花期 3 月，蜜量多，粉较多，一群蜂年产蜜 10～15kg。柠檬花期 51 月，蜜、粉较多，蜜淡黄色。柚树花期 5 月，蜜多，粉较多，可取商品蜜，浓度高。②芳香油：代代花，花含芳香油 0.2%～0.28%，主要成分：橙花醇，芳樟醇，橙花叔酯，吲哚，邻氨基苯甲酸甲酯，广泛用于食品，饮料，化妆品，香皂，烟草，牙膏，适各种香型香精；代代花水蒸气蒸馏出的水溶液为橙花水，除用于化妆品外，还用于面包，糕点，饮料的加香剂。柚树花含芳香油 0.3%～0.9%，用于食品，饮料，化妆品，皂用，牙膏，烟草香料。香橙花含芳香油 0.1%～0.3%，适作香水，香皂，化妆品，皂用，调味香料，食品，饮料，牙膏，烟草香料。柠檬花也有很高香料价值。香橼花含芳香油 0.3%～0.7%，食用，饮料，化妆品，皂用，牙膏，烟草香精。佛手花含精油，一年四季开花，可人工疏花蒸馏精油，作调配香精。甜橙花含精油 0.2%～0.25%，用量很大，主要用于食品，饮料，香水，皂用，牙膏，烟草，香圆花芳香油，作食品，饮料，化妆，牙膏，烟草：日用品。③薰花茶：代代花可作花茶。酸橙花可薰茶。④药用：佛手花入药，主治腹脘胀痛，呕吐，食少，精神疲惫。

【果实】 ①食用甜橙：产量最多，占柑橘 2/3 以上，果含水分 88.3%，蛋白质 0.7%，脂肪 0.2%，碳水化合物 9.8%，钙 410mg/kg，磷 190mg/kg，铁 5mg/kg，胡萝卜素 0.5mg/kg，维生素 B_1 0.9mg/kg，核黄素 0.2mg/kg，尼克酸 3mg/kg，维生素 C 370mg/kg，味甜。桔产量占柑橘第二位，果实含水分 85.4%，蛋白质 0.9%，脂肪 1%，碳水化合物 12.8%，钙 560mg/kg，磷 150mg/kg，铁 2mg/kg，胡萝卜素 5.5mg/kg，维生素 B_1 0.8mg/kg，核黄素 0.3mg/kg，尼克酸 3mg/kg，维生素 C 340mg/kg，味甜多汁，为著名水果之一。柠檬果实含水分 89.3%，蛋白质 1%，脂肪 0.7%，碳水化合物 8.5%，钙 1240mg/kg，磷 180mg/g，铁 28mg/kg，维生素 B_1 0.2mg/kg，核黄素 0.2mg/kg，尼克酸 2mg/kg，V_c 400mg/kg，柠檬酸含量高，味酸，主要制各种饮料。来檬果实含糖 0.3%，酸 7.7%，比柠檬高，主要调制清凉饮料。葡萄柚，产量少，果肉多汁，西方用作果汁及罐头。柑橘类除中国人民生活水果需要外，还外销，柑耐贮运，橘则以罐头、橘汁加工出口，柠檬、来檬作饮料加工粉、晶出口，其他国产柑橘类：酸橙可提柠檬酸供应食用，果酸苦不适食用。柚子：果实含水份 86%，蛋白质 0.9%，脂肪 0.2%，碳水化合物 11.8%，钙 190mg/kg，磷 270mg/kg，铁 3mg/kg，胡萝卜素 0.1mg/kg，维生素 B_1 0.5mg/kg。克核黄素 0.2mg/kg，尼克酸 4mg/kg，Vc 1230mg/kg，以沙田柚最著名，含糖量高，味甜。宜昌橙，味酸，可代柠檬食用。梨檬，果味酸，可做清凉饮料。枸橼果味酸带苦，可作饮料，果酱，蜜饯。四季橘，果味酸，台湾作蜜饯。②精油：来檬果皮榨油得率 0.1%，蒸馏得白柠檬油，主成分：右旋宁烯，柠檬醛，邻氨基苯甲酸甲酯，红没药烯，作食用香料及花露水香料。酸橙果皮压榨出油率 0.5%，主成分：乙酸芳樟酯，芳樟醇，宁烯，作古龙香水，化妆品，皂用香料：代代花果皮含芳香油 1.5%，主成分：癸醛，壬醛，十二烷醛，乙酸芳樟酯，乙酸橙花酯，乙酸香叶酯，适作各种香型香精，调配高级香水，化妆品，皂用香精；还用于碳酸饮料，醇饮料，糖果，糕点，面包等加香料。柚树果皮含精油 0%～3%（压榨），蒸馏得油 0.9%，具鲜果香气，主成分：柠檬醛，香叶醇，芳樟醇，邻氨基苯甲酸甲酯，可以调配食品，化妆品，香皂，牙膏用香精。香橙果皮含精油 0.1%～0.3%，主成分：香叶醇，乙酸芳樟酯，芳樟醇，柠檬烃，松油烃，松油醇，可作香水，香皂，调味香料，食品饮料，牙膏，烟草香精。柠檬果皮含精油 0.3%～0.4%，主成分：柠檬烃，柠檬醛，蒎烯，辛醛，壬醛，作食用，化妆品，皂用，饮料，牙膏，烟草香精。枸橼果皮含芳香油 0.3%～0.7%，主成分：柠檬醛，柠檬烃，二烯萜，适作食用，饮料，化妆品，皂用，牙膏，烟草香精。佛手果皮含芳香油，有鲜果清香，调香高级原料。橘皮含芳香油 1.5%～2%，作食品，饮料，皂用，牙膏，烟草香精。甜橙，果皮含芳香油 1.5%～2%，主成分：癸醛，柠檬醛，柠檬烃，辛醇，主用于食品，饮料，香水，香皂，化妆品，牙膏，烟草香精，用量很大。香圆果皮含芳香油，可作食品，饮料，化妆品，牙膏，烟草，日用品香料。③药用：酸橙。果皮含 d-柠檬烯，枸橼酸，d-芳樟醇，香橙素，橙皮苷，新陈皮苷，柚苷，枳黄苷，苦橙丁，5-羟基苦橙丁，5-脱甲基川皮酮，破气，行痰，散积，消痞，主治轻度子宫脱垂，食积痰滞，胸腹胀满，腹胀痛，胃下垂，脱肛。幼果称枳实，主成分：N-甲基酪胺，对羟福林，消炎，化积，止痛，除胀，主治肝胃气，疝气，解酒毒，食积疾滞，胸腹胀满胀痛。代代花果皮含 d-柠檬烯，癸醛，壬醛，十二烷醛，乙酸芳樟酯，乙酸橙花酯，乙酸，甲酯，橙皮苷，柚苷，新橙皮苷，柠檬苦素，枸橼酸，功效同酸橙。柚树，果皮含柚皮苷，枳核苷，新橙皮苷，消食，抗炎，止咳，主治老年咳喘。黄疸性肝炎，妊娠呕吐，消食化痰，疝气痛。化册柚 *C. grandis* var. *tomentosa* Hort.，果皮，理气化痰，消食，主治风寒咳嗽，痰多，气逆，食积嗳气。柠檬果皮，生津止渴，祛暑安胎。黎檬果皮，化痰止咳，生津健胃，主治：支气管炎，百日咳，食欲不振，中暑烦渴。金柑，健胃顺气，治肝气不舒，肝胃不和，香橼果皮，理气止痛化痰，主治：气逆呕吐，胃胀腹痛，痰多咳嗽，佛手，果皮含黎莓素，布枯苷，橙皮苷，理气止痛，消食化痰，主治：胸腹胀满，食欲不振，胃痛，呕吐，咳嗽气喘。橘皮含橙皮苷，柠檬烯，硬脂烯，理气调中，化痰，主治呕吐，咳痰；陈皮，消痰化瘀，橘红（红皮）：治风寒痰咳，恶心吐水，胸痛胀闷；青皮（未熟果皮）：主治乳胀，疝气，积食。橙皮，可作健胃，行气化痰剂，主治食欲不振，胸腹作痛，腹鸣，大便泻泄，止咳化痰。④兽药：青皮（橘皮未熟果皮）：疏肝，散结，消痰，治马伤寒冷痛，牛肚气胀，肺寒咳嗽，泄泻不食，马五劳七伤，牛翻吐青草，骡马慢性冷痛。陈皮（桔类）。理气调中，去湿化痰，治：马呕吐，牛肚胀膨气，肺热胀，水泻，宿草不转，湿热咳痰，牛马水皮胀，马流鼻脓。

【橘络】　橘瓤经络，化痰理气，消滞，主治咳嗽，肺痨，泡水饮用。

【橘核（种子）】　①油用：酸橙种子含油率2%～8%，主成分：棕榈酸14.2%～20.7%，硬脂酸4.7%～19%，花生酸0.9%～1.2%，油酸8%～36.5%，亚油酸36.5%～54.2%，油可作肥皂，润滑油。柚种子含油量40.74%，主成分：棕榈酸28.2%～30.2%，硬脂酸1.7%～2.1%，油酸28.2%～34%，亚油酸35.1%～38%，亚麻酸1%～1.5%，油可供机械润滑油，制肥皂，柠檬种子含油量33%，可供润滑油，橘种子含油量38.6%～46.8%，主成分：棕榈酸9%～26.5%，硬脂酸3%～5.1%，花生酸3%，油酸17.5%～31.5%，亚油酸31.1%～7.4%，亚麻酸5.1%，油可供润滑油，肥皂。②药用：橘核主成分：黄柏内酯，用治疝气，睾丸肿痛，乳痈，腰痛。橙种子主含黄柏内酯，治疝气，淋病，腰痛。

【根】　药用：梨檬根入药，化痰止咳，生津健胃，主治支气管炎，百日咳，食欲不振，维生素缺乏症，中暑烦渴。

【全株】　①砧木：酸橙可作橙砧木。宜昌橙与酸橙杂交可作香橙砧木；与柚子杂交可作香圆砧木；与温州蜜橘杂交可作宜昌橘砧木。香橙可作橙砧木。四季橘可作橘砧木。②环保树种：朱橘对 SO_2，Cl_2 抗性强，吸收有害气体，对 HF 抗性也强，可作厂矿绿化环保树种。

黄皮属 *Clausena* Burm. f.

约25种，分布东半球热带至亚热带至非洲；中国产约10种，分布华南、西南、台湾、福建。常绿乔木。

【木材】　材黄褐色，重硬，干缩中，耐腐弱，适作家具，农具，器具等。木材价值低。诸如齿叶黄皮 *C. clunniana* Lévl.，小黄皮 *C. emarginata* Huang，假黄皮 *C. excavata* Burm. f.，锈毛黄皮 *C. ferruginea* Huang，川鄂黄皮 *C. henrgi*（Swingle）Huang，广西黄皮 *C. kwangsiensis* Huang，光滑黄皮 *C. lenis* Drake.，小叶黄皮 *C. amisum oleus*（Blanko）Merr.，（Dalz.）Oliv.，黄

皮 *C. lansium*(Lour.)Skeels，香皮黄皮 *C. odorata* Huang，云南黄皮 *C. yunnenensis* Huang。

【叶】　①饮料：黄皮叶泡水作饮料，有清凉解热并助消化。含香豆素、黄酮苷、酚类、生物碱。②药用：治流行性感冒，疟疾，小儿高热。

【花】　蜜源植物：黄皮花期3~6月，蜜量多，粉较多，其他一些种也产蜜。

【果】　食用：黄皮果肉质，卵球形，长2~3cm，又酸又甜，助消化，为南方佳果之一。小叶黄皮果球形，径1~2cm，齿叶黄皮果小，球形0.5~1cm。假黄皮果卵球形朱黄色。广西黄皮果小球形，径0.5~0.6cm。光滑黄皮果近球形，径1cm。香黄皮果长圆形，长1~2cm。云南黄皮果长圆形，长1.5~1.8cm。

【种子】　油用：黄皮种子含油量53.2%，可制润滑油。假黄皮种子含油量27%，主成分：月桂酸10.8%，棕榈酸15.5%，硬脂酸4.2%，油酸6.8%，亚油酸20.1%，十四碳烯酸3.3%，廿碳烯酸2.3%，油可供机械润滑油用。

【根(叶)】　药用：齿叶黄皮根含山黄皮素，黄皮素，王草素，光甲山黄皮素，疏风散寒，行气止痛，除湿消肿，主治感冒，发烧，疟疾，胃痛，水肿，风湿性关节炎；叶捣烂外敷治骨折，扭挫伤，湿疹。小黄皮根及叶入药，宣肺止咳，行气止痛，通经活络，主治感冒头痛，风寒咳嗽，偏头痛，胃痛，神经痛，牙痛，风湿关节痛，跌打损伤。假黄皮根叶入药，疏风解表，行气利湿，截疟，主治上呼吸道感染，流行性感冒，疟疾，急性肠胃炎，痢疾；外用治湿疹。

吴茱萸属 *Evodia* J. R. et G. Forest.

约150种，分布旧大陆热带至亚热带；中国产约25种，分布华北以南。常绿或落叶乔木或灌木。

【木材】　①三叉苦类：材浅黄褐色，轻，软，强度弱，干缩小，不耐腐。适作家具，农具，箱盒，包装材，造纸等。木材价值低。如三叉苦 *E. tepta*(Spreng.)Merr.②吴茱萸类：边材浅黄褐色，心材栗红褐色，轻至中，硬度中，强度弱至中，干缩小，稍耐腐。适作农具，建筑，模具，胶合板，包装材，木屐，家具等。木材价值中等。诸如臭檀 *E. demiellii*(Benn.)Hemsl.，臭辣树 *E. fargesii* Dode.，楝叶吴茱萸 *E. meliaeolia*(Hance)Benth.，吴茱萸 *E. rutaecarpaouss*)Benth.，华南茱萸 *E. austro-sinenesis* Hard. -Mazz.，等。

【叶】　①芳香油：吴茱萸叶可提取芳香油，供皂用，牙膏用。②染料：吴茱萸叶可提黄色染料。③药用：茶辣 *E. trichotoma*(Lour.)Piene，叶药用，外用治风湿性关节炎，荨麻疹，湿疹，疮疡。④农药：叶捣烂加等量水者，再加水喷洒，防治蚜虫，螟虫，灭蛆，杀孑孓。

【果实】　药用：楝叶吴茱萸果入药，暖胃止痛，主治胃痛吐水，头痛。吴茱萸果入药，散寒止痛，驱虫，主成分：吴茱萸碱，光甲基吴茱萸碱，吴茱萸内酯醇，吴茱萸酸，温中止痛，主治呕吐吞酸，脘腹疼痛，小肠疝气，口舌生疮，湿疹疮疡。

【种子】　油用：华南吴茱萸 *E. austrosinenesis* Hard. -Mazz.，种子含油量24.13%，主成分：棕榈酸17.36%，油酸54.77%，亚油酸7.24%，亚麻酸7.55%。滇南吴茱萸 *E. balanse* Gagrep.，种子含油量29.83%，主成；棕榈酸12.88%，硬脂酸4.62%，油酸25.47%，亚油酸24.92%，亚麻酸7.78%。油可供制肥皂，润滑油。臭檀种子含油量32%~41%，主成分：棕榈酸6.9%~8.6%，硬脂酸1.6%，十六碳烯酸4.1%~5.4%，油酸20.9%~22.4%，

亚油酸 38.8%～41.1%，亚麻酸 20.4%～27.7%，油可制肥皂或掺和油漆使用。臭辣树种含油 33.5%～37.8%，主成分：棕榈酸 10.7%～16.1%，硬脂酸 1.2%～1.9%，十六碳烯酸 8.9%～35.1%，油酸 31.7%～40.4%，亚油酸 5.4%～25.3%，亚麻酸 1.3%～19.4%，油供制肥皂及润滑油用，蜜楝 E. lenticellata Huang，种子含油 31.2%，主成分：棕榈酸 7.6%，十六碳烯酸 28.8%，油酸 29.8%，亚油酸 20.9%，亚麻酸 12.9%，油供可供制肥皂及润滑油，三桠苦种子含油 19.7%，主成分：棕榈酸 22.5%，硬脂酸 2.6%，十六碳烯酸 6.8%，油酸 24%，亚油酸 43.2%，海南三叉苦 E. lepta var. chunii (Merr.) Huang，种子含油 30.5%，主成分：棕榈酸 8.9%，硬脂酸 1.9%，十六碳烯酸 22.3%，油酸 23.7%，亚油酸 43.2%，油可供制肥皂及润滑油。株叶吴茱萸种子含油 26.27%，主成分：棕榈酸 10.1%，十六碳烯酸 21.2%，油酸 28.5%，亚油酸 24.2%，亚麻酸 15%，油供制肥皂及润滑油。吴茱萸种子含油 22.5%～35.5%，主成分：棕榈酸 8.1%～13.2%，硬脂酸 1.3%～2.9%，十六碳烯酸 5.3%～7.6%，油酸 32.6%～37.8%，亚油酸 28.8%～31.8%，亚麻酸 12.3%～16.4%，油可制肥皂及润滑油。茶辣种子含油 29.8%～32.9%，主成分：棕榈酸 12.4%～12.9%，硬脂酸 1.9%～4.6%，十六碳烯酸 17.7%～28.3%，油酸 25.5%～34.6%，亚油酸 20.4%～24.9%，亚麻酸 7.8%～11.2%，油供制肥皂及润滑油。

【根叶】　药用：三叉苦，根叶入药，清热解毒，散瘀止痛，主治预防流行感冒，流行脑脊髓炎，乙型脑炎，中暑，感冒高烧，扁桃体炎，咽喉炎，肺脓肿，肺炎，疟疾，风湿性关节炎，坐骨神经痛，腰腿痛，黄疸性肝炎；外用治跌打扭伤，虫蛇咬伤，痈疖肿毒，外伤感染，湿疹皮炎。

巨盘木属 Flindersia R. Br.

约 16 种，分布亚洲、大洋洲热带；中国引入 2 种，分布福建南部。乔木，高达 40m。胸径 1.6m，引入巨盘木 F. anboinensis Poir. 及澳洲红木 F. australis R. Br.，材黄栗至红褐色，重，硬，强度强，耐腐。适作地板，家具（花纹美丽），建筑，桥梁，车船等。木材价值上等。又是优良行道树，花白叶绿，可遮阴观赏。

山小橘属 Glycosmis Correa

约 60 种，分布亚洲热带至亚热带及大洋洲；中国产 10 种，分布华南，云南，福建。灌木或小乔木。

【叶】　药用：山小橘 G. parviflora (Sims) Kurz. 叶含山小橘苷；叶外用治跌打瘀血肿痛。

【果】　食用：山小橘果实当地称山橘果，可食，味甜。

【根】　药用：山小橘根祛痰止咳，理气消积，主治：感冒，消化不良，食欲不振，食积腹痛，疝痛。

金橘属 Fortunella Swingle

4 种，分布东亚；中国皆产，分布长江流域以南。常绿灌木或小乔木。

【果实】　①果皮：芳香油：山橘 F. hindsii (Champ.) Swingle，果皮含芳香油，可提制芳香油，作食用，化妆品，皂用调香原料；金橘 F. margarita (Lour.) Swingle，圆金橘 F. japonica (Throb.) Swingle，长叶金柑 F. polyandra (Ridley) Tanaka，果皮也可提芳香油，用途与山橘近

似。②食用：金弹 *F. crassifolia* Swomgle.，山橘及金豆 var. *chintou* Swingle，金柑，金橘，长寿金橘 *F. obovata* Tanaka，长叶金橘，果皮可生食，但果肉很酸苦；可作蜜饯，糖渍食品，金橘饼。

【木材】 山橘材黄白带绿色，轻，软至中，强度弱，干缩小，可制小农具，工具柄，细木工。木材价值低。

【根（果）药用】 小金橘根，醒脾行气，宽中化痰，主治风寒咳嗽，胃气痛，食积胀满，疝气。圆金橘，根果，健脾理气，主治水肿，胃气痛，疝气，脱肛，产后气滞，腹痛，子宫脱垂。金橘：果理气解郁，化瘀醒酒，主治胸闷郁结，伤酒口渴，食滞；根行气，化瘀，散结，主治胃气痛，疝气，产后腹痛。

【全树】 ①观赏：金橘翠绿，花乳白，果金黄，清香，多盆栽，室内保温。②环保树种：金橘对 SO_2 抗性强，可作绿化环保树种。

小芸木属 *Micromelum* Bl.

约 10 种，分布亚洲热带至亚热带，中国产 2 种，分布华南，云南、贵州。灌木或小乔木。

小芸木 *M. integerrimum*（Buch. -Ham.）Roem.，根叶入药，疏风解表，散瘀止痛，主治感冒咳嗽，胃痛，风湿骨痛；外用治跌打损伤，骨折。大管 *M. falcamm*（Lour.）Tanaka，根叶入药，散瘀行气，止痛活血，主治毒蛇咬伤，胸痹，跌腰扭伤。

九里香属 *Murraya koenigex* L.

约 12 种，分布亚洲热带至亚热带，澳大利亚；中国产 9 种，分布华南、台湾、福建、云南、贵州。灌木或小乔木。

【叶】 ①精油：调料九里香 *M. koenigii*（L.）Spreng.，叶蒸馏得精油 1.5%。主成分：α-蒎烯，荜澄茄烯，γ-松油烯，β-丁香烯、香豆素，印度作咖喱配料。千里香 *M. paniculata*（L.）Jacks，叶可提取精油 1.2%～1.8%，主成分：卜水芹烯，α-松油烯，α-蒎烯，二聚戊烯，松油醇，异黄樟素，石竹烯，杜松烯，杜松醇，丁香酚，橙牛儿醇，精油用于食品香精，化妆品香精。②调味品：千里香、调料九里香的叶可作食品的调味香料。③药用：千里香叶叶中含多种黄酮类化合物，爱克爱梯期，费巴露新，香豆精，槐牛儿醇，3-蒈烯，β-丁香烯，香茅醇，有麻醉，镇惊，解毒消肿，祛风活络之效，主治跌打肿痛，风湿骨痛，胃痛，牙痛，破伤风，流行性乙型脑炎，虫蛇咬伤，局部麻醉。

【花】 芳香油：九里香花可提制浸膏或蒸馏提取芳香油，作调和香精。

【根（叶）】 药用：千里眼 *M. tetramera* Huang，根叶药用：祛风解表，行气止痛，活血散瘀，主治：感冒发热，支气管炎，哮喘，风湿麻木，筋骨疼痛，跌打瘀血肿痛，湿疹，毒蛇咬伤，疟疾，胃痛，水肿。调料九里香含生物碱。

【全树】 ①栽培观赏：九里香，人工栽培，每年两次开花，花飘香九里以外，长江以南常见栽培观赏。②绿篱植物：九里香可作绿篱植物，收取叶（每年两次）提芳香油，增加收益。

臭常山属 *Orixa* Thunb.

1 种，分布中国、朝鲜、日本。落叶灌木。中国分布华东、湖南、湖北、四川、贵州。臭常山 *O. japonica* Thunb.，根茎叶入药，主成分：常山碱，去甲基常山碱，常山定碱，常山定宁碱，吴萸春碱，香草木碱，香草木定碱，香草木醇吴碱，羟基月芸香吖啶，菌芋碱，羟基月芸香宁，臭常山碱，清热利湿，截疟，止痛，安神，主治风热感冒，风湿关节肿痛，胃痛，疟疾，跌打损伤，神经衰弱，外用治痈肿疮毒。

黄檗属 *Phellodendron* Rupr.

约 80 种，分布东亚；中国产 2 种 1 变种，分布东北至台湾、云南。落叶乔木。

【树皮木栓层】　黄檗 *P. amurense* Rupr. 木栓层发达，可割取制造瓶塞，浮标，救生圈，隔音板，防震板等。

【内皮】　黄色染料（黄檗）。

【树皮（枝木栓层）药用】　黄檗树皮，主成分：小檗碱，黄檗碱，木兰碱，雅托碱，掌叶防己碱，白括楼碱，蝙蝠葛壬碱，柠檬苦素，黄檗酮，β-及 γ 谷甾醇，豆甾醇，坎秋辛，黄柏内酯，蝙蝠葛林，黄柏碱，清热泻火，燥湿，主治湿絷泻痢，黄疸型肝炎，目赤肿痛，口舌生疮，小便不利，骨蒸劳热。小黄檗树 *P. chinense* Schneid.，树皮入药，苦味健胃剂，治疟疾退热，可提制小檗碱，代黄檗药用；主成分：小檗碱，非洲防己碱，黄柏酮，黄柏内酯；其变种光叶黄檗树 var. *glabrius culum* Schneid.，树皮入药，同黄皮树。

【木材】　边材浅黄褐色，心材栗褐色，轻，软，强度弱，韧度中，干缩低，心材耐腐。适作：建筑，枪托，胶合板，电杆，车船，家具等。木材价值上等。黄檗，黄皮树，光叶黄皮树，台湾黄皮树。

【叶】　黄檗叶可提芳香油，作皂用香料。

【花】　蜜源植物：黄檗花期 5~6 月，蜜量多，粉较多，一群蜂年产 10~15kg。

【种子】　油用：黄檗种子含油量 6.8%~7.6%，主成分：油酸 17.5%，亚油酸 37.2%，亚麻酸 44.3%，可制肥皂，润滑油，掺和油漆。黄皮树种子含油量 20%~25%，主成分：棕榈酸 5.5%，硬脂酸 1.2%，十六碳烯酸 1.3%，油酸 16.9%，亚油酸 32%，亚麻酸 42.6%，油可作肥皂，润滑油，掺和油漆。

【根皮】　①药用：黄檗根皮与干皮一起入药，药效见树皮，两者有相同化学成分，东北东方红制药厂从黄檗根皮中提取小檗碱收率较高 2%~3%，有抗菌消炎作用，主要用于治疗痢疾，肠炎，泌尿系统感染。②兽药，黄檗根皮及干皮入药，清热燥湿，泻火解毒，治牛眼青浊，喉黄，马鼻颊黄，心热鼻出血，牛马下痢脓血，肚底黄，水火烫伤，牛淋症，疮烂，马阳毒脊疮，骒马拉稀。

【全树物种资源】　黄檗是药用重要树种，渐危，应扩大种植。

枳　属 *Poncirus* Raf.

1 种，分布中国长江流域以南及北达华北，陕西、甘肃。落叶灌木或小乔木，枳 *P. trifoliata*（L.）Rafin.，

【叶】　药用：枳叶含菌芋碱，盐肤叶苷，行气消食，止呕，主治：反胃呕吐。

【花(叶,果皮)】 芳香油,花提取芳香油,主成分:柠檬油精,芳樟醇,乙酸芳樟醇,可作食品,化妆品,皂用香精。

【果实】 ①幼墨称枳实,芳香健胃,主治肝胃气,疝气,解酒毒,食积痰滞,胸腹满胀痛;泡酒治小肠气。②成熟果称枳壳,主成枸橼酸,破气,化痰,散结消痞,主治食积痰滞,胸腹胀满;便秘腹痛,胃下垂,脱肛,子宫脱垂。③兽药,枳壳,破气行疾,消积化食,治牛食积气胀,肠绞痛,泄泻,心火燥热,马伤冷水过多,肚痛,猪伤食痢。

【全株】 ①绿篱植物:枳枝刺密生,耐修剪,可作绿篱。②环保树种:枳对 Cl_2,SO_2 抗性强,吸收毒气,是污染区重要环保树种。③砧木,枳耐寒,多作柑橘砧木。

茵芋属 *Skimmia* Thunb.

5~6 种,分布喜马拉雅山以东至日本;中国产 5 种,分布浙江、安徽、江西、湖南以南。常绿灌木。茵芋 *S. reavesiana* Fortune,叶入药,叶主成分:茵芋碱,有毒,误食引起血压下降,心肌麻痹,慎用,适量,治顽痹,痉挛病。

飞龙掌血属 *Toddalia* Juss.

1 种,分布亚非热带至亚热带;中国产于陕西、甘肃以南,常绿有刺藤本。飞龙掌血 *T. asiatica* Lam.,根叶入药,根含飞龙内酯,小檗碱,飞龙碱,飞龙次碱,茵芋碱,白屈菜红碱,白屈菜红碱甲醇化合物,散瘀止血,祛风除湿,消肿解毒,根皮主治跌打损伤,风湿性关节炎,肋间神经痛,胃病,月经不调,痛经,闭经;外用治骨折,外伤出血。叶外用治痈疖肿毒,毒蛇咬伤。

花椒属 *Zanthoxylum* L.

约 250 种,分布东亚,北美洲;中国产 45 种,分布东北、华北、西北以南。有刺灌木或小乔木。常绿或落叶。

【木材】 心材黄栗褐色,重至中,硬至中,干缩大。稍耐腐,多为小树适作篱柱,手杖,工艺品等。木材价值低。诸如椿叶花椒 *Z. ailanthoides* Sieb. et Zucc. 毛刺花椒 *Z. acanthopodium* DC. var *rillosum* Huang,簕欓花椒 *Z. avicennae* (Earn.) DC. 花椒 *Z. bungeanum* Maxim.,刺椒树 *Z. micramthum* Hemsl.,朵椒 *Z. molle* Rehd.,大叶臭椒 *Z. rhetsoides* Drake.,野花椒 *Z. simulans* Hance,花椒筋 *Z. scumdens* Bl.,四川花椒 *Z. szechuanense* Fang et Meng 等。

【叶】 ①精油:樗叶花椒叶含精油 0.5%,主成分:甲基正壬基甲酮,酚性物质,可作调香原料。刺异叶花椒 *Z. dimorphophyllam* Hemsl. var. *spinifolium* Rehd.,叶含芳香油 0.65%,可作食品调香原料。朵椒叶含精油 0.1%,可作调香原料。两面针 *Z. nitidum* (Lain.) DC.,叶可提芳香油,可制调香原料,如牙膏,食品等。香椒子 *Z. schinifolium* Sieb. et Zucc.,叶含精油 0.6%,可提制香精作调味香料。②食品调味剂:刺花椒 *Z. acanthopodium* DC. 野花椒 *Z. simulans* Hamee. 花椒。③药用:樗叶花椒,叶外用治毒蛇咬伤肿痛,外伤出血。竹叶椒 *Z. armatum* DC.,叶药用,外用治跌打肿痛,痈肿疮毒,皮肤瘙痒,簕欓花椒叶外用,治跌打损伤,腰肌劳损,乳腺炎,痈肿。大叶臭椒叶外敷治跌打骨折,外伤出血,烧烫伤,毒蛇咬伤。④农药:竹叶椒叶研粉加 10 倍水喷洒,防治稻螟虫,对稻瘟病也有效,花椒叶作农药,防治蚜虫,螟虫。香椒子叶作农药,加水煮液喷洒防治稻螟虫,蚜虫。野花椒叶切碎煮沸加水喷洒防治菜青虫，蚜虫，菜白蝶，桑虫，螟虫，灭蛆，毒麻雀，灭孑孓。

【果实】　①调味品，刺花椒，竹叶椒（全国普遍采用），香椒子，野花椒。②精油：刺花椒含精油 0.57%～2%，毛刺花椒，果含芳香油 0.57%～2%；樗叶花椒果含芳香油 0.23%，主成分：甲基壬酮，蒎烯，酚类，可作调香原料。竹叶椒果含芳香油 0.24%～0.79%，可作调香原料。簕欓花椒果含芳香油 2%～4%，可作调香原料。花椒果含芳香油 0.7%。鲜果皮含芳香油 4%~9%，作香精原料。刺异叶花椒果可提芳香油 0.65%，作调香原料。朵椒果含芳香油 0.45%，作调香原料，两面针果可提芳香油，作调香原料。川陕花椒 Z. piasezki Maxim.，干果含芳香油 20%，主成分：香草醇，香叶醇，乙酸香叶酯，作化妆品，皂用香精。香椒子果含芳香油 0.6%，干果达 4%~9%，主成分：乙酸芳樟酯，作香精原料及调味香料。竹叶椒 Z. armature DC.，主成分，水芹烯，香樟醇，甲基正壬酮。③药用：刺花椒，果入药，温中散寒，止痛杀虫，避孕，主治胃痛，风湿关节痛，虫积腹痛，避孕，樗叶花椒，果健胃，祛风，主治中暑，腹脘冷痛，吐泻，驱蛔虫。竹叶椒果，理气温中，祛风除湿，活血止痛，主治胃腹冷痛，胃肠功能紊乱，蛔虫腹痛，感冒头痛，风寒咳喘，风湿关节痛，毒蛇咬伤。簕欓花椒果治胃痛，腹痛。花椒果入药，助消化，止牙痛，腹痛，腹泻，心绞痛，蛔虫腹痛，主成分：异茴香醚，楤牛儿醇，朵椒果入药，芳香健胃，止吐泻。山椒 Z. piperitum DC.，主成分：α-山辣椒素，山辣椒素，山椒脱胺，柠檬烯，水芹烯，楤牛儿醇，芳樟醇，乙酸芳樟醇，能杀死蛔虫，防止冠状动脉硬化作用。香椒子果入药，含异茴香醚，楤牛儿醇，温中散寒，燥湿杀虫，行气止痛，主治胃腹冷痛，呕吐，泄泻，血吸虫，蛔虫，丝虫，用治牙痛，脂溢性皮炎。野花椒果含山辣椒毒，温中止痛，驱虫健胃，主治：胃痛，腹痛，蛔虫；外用治湿疹，皮肤瘙痒，龋齿痛。西藏花椒 Z. tibetrnrm Huang，果入药，温中散寒，燥湿杀虫，主治胃脘疼痛，呕吐，寒湿腹泻，痢疾，蛔虫。

【花】　蜜源植物：花椒花期 5 月，蜜最多，可收取蜜。

【种子】　油用：毛刺花椒种子含油 18.6%，主成分：棕榈酸 17.3%，硬脂酸 5.5%，油酸 47.2%，亚油酸 22.8，亚麻酸 7.2%。可制肥皂，润滑油。樗叶花椒，种子含油 39.1%，主成分：棕榈酸 20.1%，十六碳烯酸 1%，油酸 1.3%，亚油酸 1.4%，亚麻酸 5.7%，可作润滑油，肥皂。竹叶椒种子含浦 11.9%～31%，主成分：棕榈酸 14.8%～29.2%，硬脂酸 0.9%～3%，十六碳烯酸 17.3%～34.8%，油酸 20.9%～35%，亚油酸 13.7%~17.3%，亚麻酸 11.2%~17.5%，油可食及作润滑油。簕欓花椒种子含油 25.24%，主成分：棕榈酸 14.8%，硬脂酸 1.1%，油酸 36%，亚油酸 24%，亚麻酸 24.1%，油可供掺和油漆，肥皂。花椒种子含油量 24.4%～26.7%，主成分：棕榈酸 12.9%～24.8%，硬脂酸 0.5%~2.4%，十六碳烯酸 6.7%~22.3%，油 17.9%~30.5%，亚油酸 18.7%~19.4%，亚麻酸 18.1%～25.8%，油可供食用，点灯，肥皂，掺和油漆，润滑油。花椒筋 Z. cuspidatum Champ.，种子含油量 25.2%，主成分：棕榈酸 14.9%，硬脂酸 2.1%，花生酸 4.5%，十六碳烯酸 1.5%，油酸 17.4%，亚油酸 21.5%，亚麻酸 37.6%，油供制肥皂，润滑油，掺和油漆用。蚌壳花椒 Z. dissitum Hemsl.，种子含油量 18.4%，主成分：棕榈酸 26.8%，硬脂酸 4.4%，十六碳烯酸 2.7%，油酸 39.6%，亚油酸 16.8%，亚麻酸 7.5%，油供制肥皂，润滑油。刺花椒 Z. echinocarpum Hensl.，种子含油量 28.7%，主成分：棕榈酸 14.8%，硬脂酸 1.8%，油酸 28.3%，亚油酸 29.7%，亚麻酸 24.1%，油供制肥皂及掺和油漆，岩椒 Z. schimifolium Sieb. et Zucc. —种子含油量 30%～35%，油制肥皂。刺椒树，种子含油量 33.5%，主成分：棕榈酸 15.1%，硬脂酸 1.3%，十六碳烯酸 15.1%，油酸31.5%，亚油酸 18.5%，亚麻酸 17%，油供作润滑油，制肥皂。朵椒种子含油量 35.1%，主成分：棕榈酸 15.2%，硬脂酸 1.6%，十六碳烯酸 1.6%，油酸 39.6%，亚油酸 19.8%，亚麻酸 21.3%，油供制肥皂，润滑油。两面针种子含油量 13.5%~17.6%，主成分：棕榈酸11%~14%，硬脂酸 2.3%~3%，十六碳烯酸 0.8%~2.7%，油酸 25.4%~50.8%，亚油酸12.9%~30.5%，亚麻酸 9.5%~30.1%，油供作润滑油及制肥皂。川陕花椒。大叶臭椒种子含油量 31.7%，主成分：棕榈酸 23.9%，硬脂酸 2.1%，油酸 44.6%，亚油酸 16.7%，亚麻酸 11.1%，油可制肥皂及润滑油，香椒了种含油量 28.3%~37.9%，主成分：棕榈酸11.3%~11.6%，硬脂酸 1.5%~2.2%，油酸 25.6%~49.7%，亚油酸 22.5%~31%，亚麻酸10%~27.5%，油供制肥皂及润滑油，也有食用者。野花椒种子含油量 23.1%~23.2%，主成分：棕榈酸 9.3%~13.6%，硬脂酸 2.3%~3%，油酸 30.3%~34.4%，亚油酸 25.7%~30.9%，亚麻酸 22.9%~23.9%，油可食用及制肥皂，点灯，润滑油，掺和油漆。

【根】 药用：樗叶花椒，根入药，主成分：白鲜碱，樟叶防己碱，花椒内酯，祛风活络，活血散瘀，外用治跌打损伤，风湿关节痛，竹叶椒，根入药，主成分：白鲜碱，菌芋碱，木兰碱，秦椒碱，竹叶椒碱，乌药碱，理气温中，祛风除湿，活血止痛，主治冒腹冷痛，蛔虫绞痛，感冒头痛，风寒咳喘，风湿关节痛。狭叶岭南花椒 Z. austrosinense Huang var. wtenophyllum Huang，根入药，祛风解表，散瘀消肿，行气止痛，主治风寒感冒，胃痛，风湿痹痛，跌打损伤，骨折，龋齿痛，外用药酒搽涂治毒蛇咬伤，簕欓花椒，根入药，主成分：布枯苷，橙皮苷，地奥明，祛风利湿，活血止痛，主治黄疸性肝炎，肾炎水肿，风湿关节炎。刺异叶花椒，根祛风散寒，主治风湿麻木，风寒咳嗽；外用治跌打损伤。蚌壳花椒，根活血散瘀，续筋接骨，主治跌打损伤，扭伤，骨折，小叶刺椒 Z. multigugum Franch.，根药用，祛风止痛，主治风湿关节疼痛，外用治牙痛。两面针，根入药，主成分：两面针碱，布枯苷，氧化两面针碱，地奥明，白屈菜红碱甲醇化合物，祛风活血，麻醉止痛，解毒消肿，主治风湿关节痛，跌打肿痛，腰肌劳损牙痛，胃痛，咽喉肿痛，毒蛇咬伤，神经痛。胆道蛔虫绞痛，胃及十二指肠溃疡，柄果花椒，根入药，祛风散寒，解毒镇痛，主治风湿筋骨疼痛，跌打损伤，牙痛，毒蛇咬伤，香椒子，根入药，主成分：菌芋碱，小檗碱，温中散寒，燥湿杀虫，行气止痛，主治胃腹冷痛，呕吐，泄泻，血吸虫，蛔虫，丝虫，外用治牙痛，脂溢性皮炎。野花椒根治胃寒腹痛，牙痛，风寒痹痛。

【绿篱植物】 全树可作绿篱，如花椒，香椒等。

清风藤科 Sabiaceae

3 属 190 多种，分布热带至温带，中国产 70 多种，分布陕西、甘肃以南。乔木，灌木，藤本。

泡花树属 *Meliosma* Bl.

100 种，分布亚洲，北美洲，热带至温带；中国产约 30 多种，多数分布长江流域以南，少数分布至陕西、甘肃、山东北方。常绿或落叶乔木或灌木。

【树皮】 含鞣质：山青木 *M. kirkii* Hemsl.，树皮含鞣质 16.75%，可提制栲胶。笔罗子

M. rigida Sieb. et Zucc.，树皮含鞣质 16%，可提制栲胶。

【木材】　本属木材分作二类：①泡花树类：材浅黄灰褐色，中至轻，硬度中，强度中，干缩中至大，不耐腐。适作包装材，木展，农具，次等家具，建筑板料等。木材价值低。诸如狭叶泡花树 *M. angustifidia* Merr.，泡花树 *M. cuneifolia* Franch.，多花泡花树 *M. myriarltha* Sieb. et Zucc.等。②笔罗子类：材浅红褐色或黄褐色，重量中，硬，强度中，干缩大，稍耐腐。适作家具，家具，器具，建筑等。木材价值下等。诸如笔罗子，绿樟笔罗子 *M. squamulata* Hance，暖木 *M. veitchiorum* Hemsl.等。

【叶】　鞣质：笔罗子叶含鞣质 5.7% 可提制栲胶。

【核果(种子)】　油用：山羡叶泡花树 *M. thorellii* Lecorte.，核仁含油量 18.17%，可制肥皂及掺和油漆。显脉泡花树 *M. costata* Cal.，种子含油 7.3%，主成分：棕榈酸 35.6%，硬脂酸 6.7%，十六碳烯酸 6.7%，油酸 34.8%，亚油酸 16.1%，可制肥皂及润滑油。多花泡花树，种子油可作润滑油。红枝泡花树 *M. oldharrli* Miq.，种子油可作润滑油。笔罗子种子油可制肥皂。

【根皮】　药用：泡花树根皮入药，行水解毒，主治水肿，腹水，外用治痈疖疮毒，毒蛇咬伤。笔罗子，根皮入药，解毒，利水，消炎，主治水肿腹胀，无名肿毒，外敷治毒蛇咬伤。

清风藤属 *Sabia* Colebr.

约 30 种，分布亚洲至大洋洲；中国产约 16 种，分布秦岭以南。藤状灌木或灌木。

【藤茎】　①药用：清风藤 *S. japonica* Maxim. 主成分：清风藤碱，青藤碱，异青藤碱，双青藤碱，青藤防己碱，祛风湿，活经络，主治风湿性关节炎，关节肿痛，肌肤麻木。②兽药：清风藤，祛风逐湿，利尿通便，治羊风湿坐栏，牛马风湿腰腿痛，骡马伤寒，家畜皮肤疮黄。

【根】　药用：四川清风藤 *S. schumanniana* Diels.，根含水苏碱，祛风活血，主治关节炎，跌打，陈旧腰痛。云南清风藤 *S. yunnanensis* Franch.，根皮入药，祛风湿，止痛，主治风湿瘫痪，风湿腰痛，胃痛，皮肤疮毒，毒蛇咬伤。

【全株】　药用：簇花清风藤 *S. faciculata* Lecomte ex L. Chen，全株药用，祛风除湿，散瘀消肿，主治跌打损伤，风湿痹痛。

杨柳科 Salicaceae

3 属约 620 多种，分布寒、温带至亚热带；中国产 3 属约 320 多种，引入 1 属 10 种及 10 多个杂交种。分布全国。落叶乔木或灌木。

钻天柳属 *Chosenia* Nakai

1 种，钻天柳 *C. arbutifolia*(Pall.)A. Sky.，分布亚洲东北部。乔木。

【木材】　高大乔木，边材黄白，心材浅栗褐色，材轻软，强度甚弱，韧度低，干缩小，不耐腐。适造纸，火柴杆，包装材，木箱，胶合板，木炭火药等。木材价值低。

【花】　辅助蜜源植物。

【全树】 ①观赏树种：树姿高大优美。②物种资源：本种为珍稀树种，应加强保护和发展。

杨 属 *Populus* L.

约 100 种，分布北半球，中国原产 50 多种，另引入 10 多种，分布在全国。乔木。

【树皮】 ①鞣质：毛白杨 *P. tomentosa* Carr.，含鞣质 5.18%。小叶杨 *P. simonii* Carr.，含鞣质 5.2%，银白杨 *P. alba* L. 及新疆杨 *P. alba* var. *pyranidalis* Bge.，欧洲山杨 *P. tremula* L.，香杨 *P. koreana* Rehd.，黑杨 *P. nigra* L. 等均含鞣质。②染料：黑杨皮可作黄色染料。③纤维原料：响叶杨 *P. adenopoda* Maxim.，含量 29.9%，山杨 *P. davidiana* Dode，含量 48.2% 大青杨 *P. uasuriensis* Kom.，含量 59.73%，香杨等可造纸及人造纤维。④类脂：几种杨树皮类脂化学成分：饱和脂肪酸 60%~70%，胡萝卜素 0.01%~0.12%，维生素 E0.10%~0.15%，磷脂约 1%，不饱和甾醇 2%~2.5%，蜡状物 16%~18% 等生物活性物质。在医药上可作抗血管硬化药，湿疹，皮肤溃疡，对冻疮，皮肤皲裂，皮肤干燥，脂溢性皮炎。带状疱疹，皮肤瘙痒总有效率达 85%，在日化产品中，可作浴皂，面霜，发乳，护发素等。畜牧业作饲料添加剂，对猪增重 46.5%。鸡产蛋率提高 12%~15%，残渣可作粗饲料，培养平菇，还可生产肥料，纸浆，活性炭等。⑤药用：山杨皮凉血解毒，清热止咳，主治高血压，肺热咳嗽，小便淋漓，驱蛔虫；外用治秃疮疥癣。

【树脂】 药用：胡杨 *P. euphratica* Oliv. 树脂主治各种肿痛，淋巴结核，胃溃疡。

【木材】 根据以下树种材性试验：响叶杨，银白杨，新疆杨，山杨，清溪杨 *P. rotundifolia* Griff. var. *duclouxiana*（Eode）Gomb.，毛白杨，青杨 *P. cathayana* Rehd.，香杨，小叶杨，大青杨，群众杨 *P. poularis*，滇杨 *P. yunnanensis* Dode.，白京杨 *P. nigra* L. var. *italica*（Maench.）Koeche X. P. Cathayana Rehd.，加杨 *P. canadensis* Moench.，健杨 *P. canadensis* Moench. cv. "Robusta"，沙兰杨 *P. canadensis* Moench. Cv "Sacrau 79"，钻天杨 *P. nigra* L. var. *italica* Moehch.，箭杆杨 *P. nigra* L. var. *thevestina*（Dode）Bean，小黑杨 *P. simonii* Carr. X. P. nigra L.，辽杨 *P. maximowiczii* Henry.，胡杨：材轻到甚轻，软至甚软，强度弱至甚弱，韧度中至甚低，干缩小至中，不耐腐，材黄白、浅黄褐或心材浅红褐色。适造纸，火柴杆，包装材，木箱，胶合板，日用材，烧炭、火药等。木材价值低。

【枝条】 ①编筐：山杨、大青杨等可编筐。②药用：小青杨 *P. pseudo-simonii* Kitagawa 外用，治顽癣疮毒。

【叶】 ①饲料：意大利杨叶含水分 13.9%~15.9%，粗蛋白 5.1%~13.4%，粗脂肪 4.5%~6.8%，无氮浸出物 47%~64.6%，粗纤维 16.3%~23.9%，灰分 7.2%~16.2%，磷 0.048%~0.086%，钙 1.12%~3.08%，叶绿素 824~3076mg/kg，胡萝卜素 27~197mg/kg，维生素 C 842~189mg/kg，母鸡饲料中每日添加 3.7% 杨叶饲料粉，饲喂效果好。胡杨枝叶含水分 7.5%，粗蛋白 12%，粗脂肪 5.8%，粗纤维 14.41%，无氮浸出物 52.2%，粗灰分 7.86%，钙 1.67%，磷 0.24%，为家畜冬春重要饲料，骆驼喜食。响叶杨，银白杨为山羊、骆驼好饲料。山杨，缘毛杨 *Rciliata* Wall 为羊饲料。苦杨 *P. laurifolia* Ledeb.，辽杨，小叶杨等均为家畜饲料。②培养平菇：钻天杨等。③药用：小叶杨茎叶散瘀，活血，止痛，主治风湿关节痛，四肢不遂。滇南山杨 *P. rotundifolia* Griff. var. *bonatii*（Lévl.）C. Wang et S. L. Tung，清热解毒，消炎利水，杀虫，主治肾炎，感冒，驱蛔。胡杨叶治高血压。

【叶芽】　香料：钻天杨叶芽含芳香油 0.5%~0.8%，主成分：丁香油烃，桉叶醇，白杨烃，可作香精原料。

【花序】　饲料：毛白杨，加杨，雄花序可作猪饲料。

【花】　①蜜源：银白杨花期 3~4 月，粉较多。新疆杨花期 4~5 月，有蜜粉。山杨花期 3~4 月，粉较多。毛白杨花期 3~4 月，粉较多。青杨花 3~5 月，粉较多。②药用：毛白杨、加杨花，化湿止痢，涩清，健胃，制痢消灵片。加杨、钻天杨治久痢赤白，治愈率 95%，较土霉素更好。③兽药：加杨、钻天杨治羔羊、仔猪白痢，疗效显著。

【种子毛】　可代絮用，如大青杨等。

【全树】　①防风固沙树种：河北杨 *P. hopeiensis* Hu et Chowd，叶杨，小钻杨 *P. xiaozhuanica* W. Y. Hsu et Liang，北京杨 *P. beijingensis*，胡杨、灰杨、银白杨等。②农田防护林树种：如加杨、箭杆杨、小叶杨、黑杨等。③水土保持林树种：如银白杨，小叶杨等。④水源涵养林树种：如青杨等。⑤护岸林树种：如银白杨，小叶杨等。⑥行道遮阴林树种：如银白杨，新疆杨，川杨 *P. szechuanica* Schneid.，意大利杨 *P. canadensis* Moench，加杨，箭杆杨等。⑦环保树种：响叶杨对有害气体抗性中，但有吸收力。银白杨抗性强。毛白杨为常见环保树种，抗性弱，但有吸收力。小叶杨抗性弱但有吸收力。滇杨抗性中。⑧物种资源：灰杨 *P. pruinosa* Schrenk，胡杨渐危，应加强保护和发展。是新疆荒漠干旱地区重要树种，要建立自然保护区，发展胡杨、灰杨林。

柳　属 *Salix* L.

约 520 种，主产北半球；中国产 257 多种，主产东北、西北、西南。乔木或灌木。

【树皮】　含鞣质：垂柳 *S. babylonia* L. 含量 7.5%，黄花柳 *S. caprea* L. 含量 9.4%，腺柳 *S. chaemoneloides* Kimura，崖柳 *S. floderusii* Nakai 含量 12.09%，细枝柳 *S. gracillior*（Sieb. et Zucc.）Nakai，旱柳 *S. matsudana* Koidz. 含量 7.49%，小红柳 *S. micmstachya* Turcz. et Trautv. var. *bordensis*（Nakai）C. E. Fang 含量 8%，五蕊柳 *S. pentandra* L. 含量 8.54%，沼柳 *S. rosmarinifolia.* var. *brachypoda*（Trauw. et Mey）Y. L. Chou 含量 8.29%，红柳 *S. sinopurpurea* C. Wang et C. Y. Yang，含量 5.12%~12.75%，谷柳 *S. taraikensis* Kimura 含量 13.19%，三蕊柳 *S. triandra* L. 含量 8.54%，蒿柳 *S. viminalis* L. 含量 7.3%，深山柳 *S. phylicifolia* L. 含量 16.05%，崖柳 *S. xerophila* Floden 含量 7%~14.8%，可资利用。②染料：三蕊柳可作黄色染料。③造纸及代麻：垂柳、腺柳可制绳索，旱柳含纤维素 23.42%，可造纸，代麻。红柳可造纸或制麻袋。④药用：沙柳 *S. psamophila* C. Wang et C. Y. Yang 解表祛风，主治麻疹初起，皮肤瘙痒。红柳含水杨酸 0.6%~1.5%，药用。四齿柳 *S. tetradenis* Hand.-Mazz.，清热解毒，主治痈疮肿毒，外用适量。⑤农药：柳树皮可治多种农田害虫。

【木材】　一般心材黄褐至浅红褐色，材轻软至中，强度弱至中，韧度中至高，干缩小至中，不耐腐。适作家具，农具，扁担，牛轭，造纸，包装材，火柴杆，胶合板，砧板，搓衣板，木桶，钟表，柳木棒等。木材价值低。诸如白柳 *S. alba* L.，垂柳，布尔津柳 *S. bulkingensis* C. Y. Yang，黄花柳，腺柳，长柱柳 *S. eriocarpa* Franch. et Say.，甘肃柳 *S. fargesii* Burk. var. *kansuensis*（Hao）C. Chao.，细枝柳，紫枝柳 *S. heterochroma* Semm 瑚鲜柳 *S. koreensis* Andrss.，旱柳，大白柳 *S. maximowiczii* Kom.，康定柳 *S. parahlesis* Schneid.，五蕊柳，粉枝柳 *S. rorida* Laksch.，红柳，三蕊柳，皂柳 *S. wallichiana* Andrss. 等。

【枝条】 编织筐、篮、箱、篓、帽等，诸如白柳，垂柳，布尔津柳，黄花柳，腺柳，沙柳，毛枝柳 S. dasyclados Wimm.，崖柳，黄柳 S. gordeievii Chang et Skv.，细枝柳，细柱柳，杞柳 S. integra Thunb.，筐柳 S. lineanistipularis (Franch.) Hao.，旱柳，小红柳，五蕊柳，白皮柳 S. piorotii Miq.，粉枝柳，沼柳，南川柳 S. rosthorii Seem.；簸箕柳 S. suchowensis Cheng，三蕊柳，蒿柳，皂柳，线叶柳 S. wilhelmsiana M. B.，圆头柳 S. capitata Y. L. Chou et Skv.，狭叶柳 S. melea Schneid，沟崖柳 S. xerophila Floder. 等。

【芽】 药用：自柳芽主治黄疸性肝炎。

【叶】 ①饲料：黄柳 S. flavida Chang et Sky. 叶含水分9.2%，粗蛋白12.63%，粗脂肪6.2%，粗纤维32.7%，无氮浸出物34.05%，灰分5.16%，钙1.11%，磷0.5%，胡萝卜素26.8mg/kg，山羊，绵羊，牛喜食。北沙柳，嫩枝叶含水分12.34%，粗蛋白13.79%，粗脂肪14.32%，粗纤维27.67%，无氮浸出物27.05%，灰分5.04%，钙3.05%，磷0.63%，胡萝卜素377.5mg/kg，羊喜食干叶，冬季各类家畜喜食。尚有白柳，垂柳，簸箕柳，细枝柳等，均可作饲料。西北沙柳，骆、牛、羊喜食。②饲蚕：沼柳可饲柳蚕。③肥料：如垂柳、细枝柳等。④药用：白柳主治急性扁桃炎，咽喉炎，上呼吸道感染。沙柳解表祛风，主治麻疹，慢性风湿病。小叶柳 S. hypoleuca Seem. 主治风湿骨痛，劳伤。⑤鞣质：五蕊柳含鞣质10.27%；山柳含量8.31%。

【花】 蜜源植物：白柳，垂柳，黄花柳，中华柳 S. cathayana Diels，腺柳，蜜齿柳 S. characta Schneid.，沙柳，杯腺柳 S. cupularis Rehd.，川鄂柳 S. fargesii Burk.，甘肃柳，细枝柳，紫枝柳，小叶柳，朝鲜柳，旱柳，康定柳，五蕊柳，粉枝柳，石泉柳 S. shihtsuensis C. Wang et C. Y. Wu，匙叶柳 S. apathulifolia Seem，周于柳 S. tangii Hao，三蕊柳，蒿柳，皂柳，秋华柳 S. variagata Frchch.，匐地柳 S. hirticaulis Hand Wass.，狭叶柳，深山柳等均为蜜源植物，蜜量多，每群蜂年产蜜10~20kg。

【根】 药用：垂柳根皮主治白带，风湿性关节炎；外用治烫伤。银叶柳 S. chienii Cheng 清热解毒，泻火，顺气消肿。小叶柳主治风湿骨痛；外敷治蛇头疔。山杨柳 S. inamoena Hand. -Mazz，祛风除湿，调经，主治月经不调，风湿痛。旱柳主治急性膀胱炎，关节痛，牙痛，疮毒。小红柳主治风火牙痛，急性腰扭伤。皂柳祛风除湿，主治风湿关节痛。西北沙柳 S. sammophilcl. Weg et. cy. yam 耐沙埋。准噶尔柳，布尔津柳，砂柳，沙杞柳 S. vochiana Trautr(肉)，皂柳。

【全树】 ①抗风固沙树种：中华柳，细枝柳，筐柳，旱柳、小红柳，北沙柳，簸箕柳。②水土保持树种：如匙叶柳。长白柳。③护堤固岸树种：垂柳，沙柳，毛枝柳，长柱柳，细柱柳，筐柳，白皮柳，南川柳，簸箕柳，准噶尔柳 S. songarica Anderss.，龙江柳 S. sachalinensis Fr. Schm.，蒿柳，小穗柳 S. microglecheya Foez et Froutv.。④行道树：如垂柳，旱柳。⑤环保树种：如垂柳抗性弱，但能吸收有害气体。⑥物种资源：大叶柳 S. magnifica Hemsl.，长白柳 S. palyadenia var. tschangbaischurica (Y. L. Chou et Chang) Y. L. Chou 为渐危树种，应加强保护发展。

天料木科 Samydaceae

约17属400种，分布热带亚热带；中国产2属18种，分布西南至台湾。乔木或灌木。

脚骨脆属 *Casearia* Jacq.

约 160 种，分布热带至亚热带；中国产 6 种，分布华南至西南，常绿乔木。海南脚骨脆 *C. aequilateralis* Merr.，材浅黄灰褐色，重，硬，稍耐腐，适作家具，建筑，椿柱，车旋品等，木材价值中等，球花脚骨脆 *C. glomerata* Rorb.，毛叶脚骨脆 *C. villimba* Merr.，膜叶脚骨脆 *C. membranacea* Hance。

天料木属 *Homalium* Jacq.

约 200 种，分布热带：中国产 12 种，分布海南、云南，常绿乔木。分作 2 类：①母生类：母生 *H. hainanonse* Gagnep. 边材黄灰褐，心材暗红褐色，甚重，甚硬，强度甚强，干缩大，极耐腐，抗白蚁，耐海蛆，最适作造船材，高级家具，电杆，桥梁，建筑，农具等。木材在海南造船材中列入特类。②天料木类：材浅灰黄至浅褐色，重，硬，强度强，耐腐，适作家具，建筑，枕木，电杆横担木，农具等，木材价值中等，如天料木 *H. cochinchinensis* (Lour.) Druce，阔叶天料木 *H. laoticum* Gagnep. var. *glabratum* C. Y. Wu，广南天料木 *H. paniculiflorum* How et Ko.，阔叶天料木在滇南渐危，宜在适生地迁地扩大。

檀香科 Santalaceae

约 30 属 400 多种，分布热带至温带；中国产 7 属 20 多种，引入 1 属 2 种。分布华北、陕西、甘肃以南。乔木，灌木，草本。

米面蓊属 *Buckleya* Torr.

4 种，分布东亚，北美洲；中国产 3 种，分布华北，陕西、甘肃以南。落叶灌木。
【叶】　①野菜：秦岭米面蓊 *B. graebneriana* Diels. 嫩叶可代蔬菜食用。②药用：披针叶米面蓊 *B. lanceolate* (Sieb. et Zucc.) Miq.，可治皮肤瘙痒，皮肤刺痛。
【果实】　食用：米面蓊 *B. henrgi* Diels. 果实可代米面熟食。秦岭米面蓊果含淀粉 10% ~ 15%，煮熟可食，也可酿酒。披针叶米面蓊果实含淀粉 10% ~ 15%，可炒食，盐渍食用。

寄生藤属 *Dendrotrophe* Miq.

约 10 种，分布印度，中国南部至马来西亚；中国产 2 种，分布华南，云南，西藏，福建。寄生灌木。寄生藤 *D. frutescens* (Champ. ex Benth.) Danser，全株入药，疏风解热，除湿，主治流行感冒，跌打损伤。其他 6 种，通常寄生在松栎林中树上。

沙针属 *Osyris* L.

7 种，分布亚，非洲；中国产 1 种，分布云南，四川，西藏，广西。常绿灌木或小乔木。沙针 *O. wightiana* Wall. ex Wight.。
【根(叶)】　药用：消炎，解毒，安胎，止血，接骨，主治咳嗽，胃痛，胎动不安，外伤出血，骨折；外用洗敷疥疮，疖痈，消肿止痛，跌打刀伤。

【根材心材】 含芳香油，云南农村用代檀香用。

檀梨属 *Pyrularia* **Michx.**

4 种，分布东亚，北美洲；中国产 3 种，分布华南，四川，湖南，福建。落叶灌木或小乔木。华檀梨 *Rsinensis* C. Y. Wu，种仁含油量 60.7%，主成分：棕榈酸 45.8%，硬脂酸 9.5%，油酸 39.9%，油可食用。檀梨 *Redulis*（Wall.）DC. 种子含油量 59.3%~65.6%，主成分：癸酸 1.1%，月桂酸 1.5%，棕榈酸 2.9%~4%，硬脂酸 0.7%，十六碳烯酸 1.2%，油酸 28.4%~32.6%，亚油酸 2.2%~5%，亚麻酸 31.6%~34.9%，油可制肥皂，经处理方可食用。

檀香属 *Santalum* **L.**

约数种，分布印度至大洋洲；中国引入 2 种，分布华南，西南，台湾，福建，浙江。半寄生小乔木。檀香 S. *album* L.。

【木材】 檀香边材浅黄色，心材黄红褐色，重，硬，组织细密，有香气，耐腐。用作制檀香扇，装饰工艺品，雕刻等。木材价值高贵一类。

【枝、皮、叶、细根】 都可提炼名贵檀香油，化妆品原料及医药用。

【檀香木油】 幼树含精油 0.2%~2%，成熟树含油 2.8%~5.5%，檀香木油用途如下：①精油：檀香木油；主成分：檀香素，去氧檀香色素，α-，β-檀香醇，檀香烯酮，檀香萜酮，檀香烯，檀香醛，檀香酸，对孽香酸，油液稠粘，黄色，有持久香气，是良好的定香剂，制高级檀香皂，不可缺少的原料，使化妆品、香童产生东方香韵。②药用：檀香油化学成分见上，理气，和胃，止痛，主治胸腹疼痛，气逆呕吐，警心病胸闷痛。③兽药：理气和胃，止血镇痛，治马气滞腹痛，牛疯癫，虚气作胀，冷气攻胃，家畜肾冷尿淋。

【果实】 檀香树核果仁含油 62.6%，主成分：棕榈酸 1.1%，油酸 12.5%，山梅炔酸 82.6%，未定成分 3.1%，油可作机械润滑油，制皂用油。

硬核属 *Scleropyrum* **Arn.**

6 种，分布印度，中国云南、海南，中南半岛至马来西亚；中国产 1 种 1 变种，分布云南，海南。常绿小乔木。硬核 S. *wallihianum*（Wight. et Arn.）Arn. 及湄公硬核 var. *mekongense*（Gagnep.）Lecomte.。

【种子油用】 硬核种仁含油量 66.4%，主成分：肉豆蔻酸 0.7%，棕榈酸 2.9%，油酸 15.8%，亚油酸 33.9%，亚麻酸 45.6%；湄公硬核种仁含油 67.57%，主成分：棕榈酸 2.3%，硬脂酸 0.8%，十六碳烯酸 0.7%，油酸 19.3%，亚油酸 37.1%，亚麻酸 37.8%，其他 1.9%，油可作肥皂，润滑油。

【木材】 硬核，材黄褐色，小材弯曲，虽重硬，但利用价值不大，可作小农具，价值低。

无患子科 Sapindaceae

约 150 属 2000 种以上，分布热带至亚热带；中国产 24 属约 50 种，引入 2 属 2 种。分布南北各地。乔木，灌木，稀草本。

异木患属 *Allophylus* L.

约 200 种，分布热带至亚热带；中国产 7~8 种，分布华南、台湾、云南、贵州。灌木。异木患 *A. viridis* Radlk.，种子含油量 37.1%，主成分：棕榈酸 14.5%，硬脂酸 2.4%，油酸19.1%，亚油酸 62.8%，亚麻酸 1.2%，油可供润滑油及日化用油。

细子龙属 *Amesiodendron* Hu.

3 种，分布华南，云南，贵州。常绿乔木，高达 25m。细子龙 *A. chinense*(Merr.) Hu。

【木材】 材浅红褐色，甚重，甚硬，强度甚强，韧度高，干缩甚大，甚耐腐。适作桥梁，码头材，渔轮，建筑，运动器材，油榨，家具，雕刻，烟斗，刨架，工农具柄等。木材价值贵重一类。

【种子】 ①淀粉：细子龙种子可作饲料或酿酒。②油用：细子龙种子含油量 43%，供工业润滑油等。主成分：棕榈酸 9.7%~10.5%，硬脂酸 2.5%~2.7%，花生酸 8.8%~14.9%，十六碳烯酸 8.8%，油酸 47.9%~48.5%，廿碳烯酸 14.9%~21.5%，亚油酸1.8%~8.2%。

【物种资源】 田林细子龙 *A. tienlinensis* H. S. Lo，广西、贵州渐危，应迁地扩大种植。

滇赤才属 *Aphania* Bl.

约 25 种，分布亚洲至大洋洲热带地区；中国产 2 种，分布华南，云南。灌木或小乔木。滇木患 *A. litonalis* Bl.，种子含油 3.8%，主成分：棕榈酸 26.8%，硬脂酸 1.8%，油酸38.5%，亚油酸 29.4%，亚麻酸 2.7%，油可供日化用油。

黄梨木属 *Boniodendron* Gagnep.

2 种，分布中国、越南；中国产 1 种，分布华南，湖南，贵州，云南。常绿小乔木。黄梨木 *B. minas*(Hemsl.)T. Chen，种仁含油 26.6%，主成分：棕榈酸 9.4%~10.2%，十六碳烯酸 5.5%，油酸 33.1%~43.3%，廿碳烯酸 13.6%~15%，萜酸 2.8%~8.9%，亚油酸17.7%~38.7%。油可供作机械润滑油。材可利用。

茶条木属 *Delavaya* Franch.

1 种，分布广西，云南，贵州，越南北部。常绿灌木或小乔木。茶条木 *D. yannanensis* Franch.，种子含油量 40%~50%，主成分：棕榈酸 5.3%~5.7%，硬脂酸 0.5%~2.5%，花生酸 6.7%~8.3%，十六碳烯酸 8.4%，油酸 29.1%~40.7%，廿碳烯酸 37.2%~39%，亚油酸 5.1%~5.3%，亚麻酸 0.5%~5.2%，油供制肥皂，润滑油，润发油。

龙眼属 *Dimocarpus* Lour.

约 20 种，分布亚洲热带；中国产 4 种，分布华南，福建，台湾，四川，云南，贵州，常绿乔木。

【木材】 边材浅黄色红褐色，心材暗黄红褐色，重至甚重，甚硬，强度强至中，干缩大至甚大，其耐腐。适作造船，车辆，农具，雕刻，木槌，木钉，刨架，烟斗，高级家具等。木材价值贵重一类。诸如龙眼 D. longan Lour. 龙荔 D. conlinis（How et Ho）H. S. Lo，山龙眼 D. fumatus（Bl.）Leech. ssp. indo-chinensis Leerh.，滇龙眼 D. yunanensis（W. T. Yang）C. Y. Wu et T. L. Ming.。

【叶子】　①代茶：龙眼嫩叶可代茶。②药用：龙眼叶，预防流行感冒，结膜炎，感冒，肠炎；外用治阴囊湿疹。

【果实】　（假果皮，龙眼肉）：①食用：龙皮肤肉含糖分59%，蛋白质5.6%，香甜适口，可作糖水罐头，果膏，干果。品种10多个，以蒲田为著名。果大，肉多，核小。②药用：龙眼肉含葡萄糖，蔗糖，酒石酸，腺嘌呤，胆碱，蛋白质，脂肪，维C，维生素A，维生素B，主治病休虚弱，产妇滋补，心悸，失眠，水肿，健忘，神经衰弱。③兽药；益心补气，安神镇痉，治骡马心虚喘息不定，马心动过速，母牛子宫脱垂公

【外壳】　药用：龙眼外壳用桐油拌壳粉涂治烫伤，止痛。

【果核】　药用：含鞣酸，主治一切疥癣疮毒，出血，疝症，刀伤，火伤，足指痒（烧灰掺之）。

【花】　蜜源植物：龙眼花期3~4月，四川5月，花期一月，泌蜜量大，一群蜂年产蜜15~25kg，丰收者达50kg，蜜浅琥珀色，浓香甜，上等蜜。

【物种资源】　海南原生物种资源渐危，对今后培育品种很重要，在海南要建野生龙眼林保护区。

车桑子属 *Dodonaea* Mill.

约60种，分布亚洲至大洋洲；中国产1种，分布华南，台湾、福建、四川、云南。常绿灌木。车桑子 D. viscosa（L.）Jacq.。

【叶】　药用：研粉治烫伤。

【花】　药用：治百日咳。

【种子】　油用：种子含油率12%~18.6%，主成分：棕榈酸14%，硬脂酸17.7%，花生酸5.9%，山苍酸2%~3%，油酸25.2%，亚油酸31.8%，廿碳烯酸3.1%，油可供作润滑油及肥皂。

【全株】　药用：解毒止痒（外用）。防沙、保土：耐旱，萌发强，适防沙保土。

赤才属 *Erioglossum* Bl.

1种，分布印度，中南半岛天至非洲、中国广西、海南。灌木或小乔木。赤才 E. rubiginosum（Rorb.）Bl.，果椭圆形，长1.2~1.4cm，红紫色，可食。味甜、材紧实，根入药，强壮剂。

伞花木属 *Eurycorymbus* Hand. -Mazz.

1种，分布江西、湖北以南。乔木，伞花木 E. cavaleriei（Lévl.）Rehd. et Hand. -Mazz.。

【种仁】　含油39.2%，主成分：棕榈酸19.8%，硬脂酸2%，花生酸8.1%，油酸50.9%，廿碳烯酸14.3%，亚油酸4.2%，油可供制肥皂，润滑油用。

【木材】　伞花木：材黄白色，重量中，软至中，强度、干缩中，稍耐腐，可作胶合板，

家具板料，农具，建筑，车厢板，包装材等，价值下等。

【物种资源】　本种为稀有单种属，三峡建设应迁地保护，并在分布区加以发展。

掌叶木属 *Handeliodendron* Rehd.

1 种，分布中国贵州、广西。乔木或小乔木。掌叶木 *H. bohinieri*（Lévl.）Rehd.。

【种仁】　含油量 52.6%，主成分：棕榈酸 5.1%，硬脂酸 0.9%，24 碳烷酸 8.8%，油酸 26.9%，二十二碳烯酸 15.5%，芥酸 33.9%，亚油酸 6.1%，油可食，制肥皂。

【木材】　浅黄微红色，重，硬，稍耐腐，适家具，农具，建筑等，木材价值中等。

【物种资源】　稀有单种属，应在贵州、广西石灰岩地区扩大种植。

假山萝属 *Harpullia* Roxb.

约 26 种，分布亚非、大洋洲热带；中国产 1 种，假山萝 *H. cupanoides* Roxb.，分布云南、海南、广东，乔木高达 25m。材浅黄色，纹理直，重，硬度中，强度强，干缩大，稍耐腐，适作家具，建筑，农具，车辆等。木材价值下等。

栾树属 *Koelreuteria* Laxm.

4 种，中国产 3 种，分布华北，陕西、甘肃以南；1 种产斐济。落叶乔木。

【木材】　材浅黄、浅红褐色，重至中，硬度中，强度中，干缩小，不甚耐腐。适作家具，工农具柄，建筑，车辆，造纸材等。商品材价值下等，有复叶栾树 *K. bipinnata* Franch.，毛叶栾树 var. *puberula* Chun，台湾栾树 *K. henryi* Dumner.，全缘栾树 *K. integrifolia* T. Chen，小栾树 *K. minor* Hensl.，栾树 *K. paniculata* Laxm. 等。

【叶】　鞣质：栾树叶含鞣质 24%～43%，可提制栲胶；又作黑色染料。

【花】　染料：栾树花可作黄色染料。

【种子】　油用：复叶栾树种子含油量 38.8%～42.2%，主成分：棕榈酸 6.4%～9.1%，硬脂酸 0.4%～3.2%，油酸 26.1%～34%，甘碳烯酸 45.6%～52.9%，芥酸 0.5%～5.7%，油酸 4.3%～8.8%，油可制肥皂。黄山栾树，种子含油 42.1%，主成分：棕榈酸 7.1%，花生酸 2%～3%，油酸 28.6%，甘碳烯酸 43.5%，芥酸 2.4%，亚油酸 10.1%，亚麻酸 2.8%，油可供润滑油。栾树种子含油 38.59%，主成分：棕榈酸 5.6%～7.5%，花生酸 3.9%，油酸 24.9%～33.8%，甘碳烯酸 39.1%～54.9%，芥酸 1.5%，亚油酸 9%～12.5%，亚麻酸 1.8%～6.5%，油可制肥皂，灯油，烟少耐用。

【根】　药用：复叶栾树，根入药，疏风清热，止咳，杀虫，主治风热咳嗽，驱蛔虫。

【全树】　观赏树种，黄山栾树，花期 6～7 月，果色艳，为重要公园观赏树种。

荔枝属 *Litchi* Soon

2 种，中国产 1 种，菲律宾产 1 种；中国分布华南，福建、台湾，西南。常绿乔木。

【木材】　边材浅黄褐色，心材暗红褐色，甚重，甚硬，强度甚强，韧度甚高，干缩大至甚大，甚耐腐。适作造船，雕刻，农具，刨架，车辆，高级家具等。木材价值一类。有荔枝 *L. chinensis* Soon. 及野荔枝 var. *eusportamea* Huse.。

【花】　蜜源植物：荔枝花期夏初 20～30 天，重要蜜源，泌蜜多，一群蜂年产蜜 15～

30kg。丰收可达 50kg，蜜色浅，芳香，甜美，质优，上等蜜。

【果壳】 染料：荔枝壳碎后水煎可作染料。

【果肉】 食用：含水分 83.6%，蛋白质 0.7%，脂肪 0.1%，碳水化合物 15%，钙 40mg/kg，磷 320mg/kg，铁 7mg/kg，维生素 $B_1$2mg/kg，核黄素 7mg/kg，尼克酸 11mg/kg，维生素 C 150mg/kg，生食，味美多汁，可加工糖水罐头，干果。又药用治血崩。荔枝保鲜期短，数日果皮由红变褐，含糖高达 20%，食用变味，品种两广多。

【果核】 ①淀粉：荔枝果核仁含淀粉 37%，可酿酒。②药用：荔枝核含皂苷，鞣质，治疝气痛，胃脘痛，心痛。

【根】 荔枝根入药，消肿止痛，主治胃部胀痛，疝气，遗精，喉痹。

【物种资源】 野生荔枝渐危，宜在海南建野生荔枝、龙眼园保护发展物种资源。

柄果木属 *Mischocarpus* Bl.

约 25 种，分布亚洲南部；中国产 3 种，分布华南，云南。常绿乔木或灌木。边材黄褐色，心材红褐色，重，硬，强度中，干缩大，耐腐。适作家具，渔船，建筑，车辆，农具，工农具柄，箱盒，工艺品等。木材价值贵重，有柄果木 *M. sundaicus* Bl.，海南柄果木 *M. hainanensis* H. S. Lo，褐叶柄果木 *M. pantapetalus*（Rorh）Rodlk.。

韶子属 *Nephelium* L.

约 38 种，分布南亚；中国产 3 种，引入 1 种。分布华南，云南。乔木或灌木。

【木材】 边材灰红褐色，心材黄红褐色，重量，硬度、强度、韧度、干缩均中等，稍耐腐。适作渔轮，建筑，家具，车辆，农具，雕刻等。木材价值中等。有红平丹 *N. chrycoum* Bl.，海南韶子 *N. topengii*（Merr.）H. S. Lo.，红平丹韶子 *N. chysoum* Bt.。

【树皮】 鞣质：海南韶子树皮含鞣质 11.02%，山韶子树皮也含鞣质可栲胶。

【果实】 ①鞣质：海南韶子果皮含鞣质 23.65%，可以栲胶。②食用：韶子果可食，味酸甜。红平丹果肉白色，味酸甜，也可作水果糖浆。

【种子】 油用：韶子种子含油 29.4%，主成分：棕榈酸 6.6%，硬脂酸 7.7%，花生酸 32.6%，十六碳烯酸 1.4%，油酸 34.8%，亚油酸 5%，可制肥皂及润滑油。韶子种子油也可制肥皂及润滑油。海南韶子含油量 36.26%，可制肥皂及润滑油。

番龙眼属 *Pometia* J. R. et G. Forst.

8 种，分布东南亚；中国产 2 种，分布云南，台湾。常绿乔木。

【木材】 边材灰红褐色，心材浅红褐色，重量中，硬，强度弱，韧度中，干缩中，耐腐中。适作农具，家具，胶合板，车船，木桶，运动器材，建筑等。木材价值中等。有番龙眼 *P. pinnata* J. R. et G. Forst. 毛番龙眼 *P. tomentosa*（Bl.）Teysm. et Berm.。

【果实】 食用：番龙眼果可生食或煮食。

【种子】 油用：毛番龙眼，种仁含油 30%，主成分：棕榈酸 4.1%硬脂酸 4.4%，花生酸 31%，山俞酸 5.5%，十六碳烯酸 4.7%，油酸 29.4%，甘碳烯酸 10.7%，亚油酸 4.1%，番龙眼种子也可榨油，油可供制肥皂及润滑油。

【物种资源】 毛番龙眼渐危，可在云南东南至南部种子繁殖扩大种植。

无患子属 *Sapindus* L.

约 13 种，分布亚、美、大洋洲；中国产 4 种，分布长江流域以南。乔木或灌木。

【木材】　材浅黄褐色，重，硬，强度中，干缩大，不耐腐，易变色。适作工具，农具，砧板，木梳，算盘珠，烟斗，家具等。木材价值下等。有川滇无患子 *S. delavayi* (Franch.) Radlk.，无患子 *S. mukorosii* Gaertn.，毛瓣无患子 *S. rarak* De.。

【果实】　①果肉：川滇无患子，无患子，毛瓣无患子果肉含皂素，可代肥皂洗衣。②药用：川滇无患子果皮，理气止痛，杀虫，止痒。无患子果皮含无患子苷，清热解毒，利咽止泻，主白喉，咽喉炎，扁桃体炎，支气管炎，百日咳，急性肠胃炎。③农药：无患子外果皮加水煮喷洒防治棉蚜虫，红蜘蛛，地蚕虫，稻螟虫，甘薯金龙虫。

【花】　蜜源植物：无患子花期 6~7 月，蜜量多，树多可取商品蜜。川滇无患子为春季蜜源植物。

【种子】　①油用：川滇无患子种仁含油量 40.08%，主成分：棕榈酸 4.1%，硬脂酸 1.1%，甘碳烯酸 22.5%，油酸 53.6%，亚油酸 9.6%，亚麻酸约 3%，油可制肥皂。无患子种仁含油量 40.88%，主成分：棕榈酸 4.7%~6.4%，硬脂酸(+)2.1%，花生酸 1.9%~7.3%，油酸 53.4%~71.2%，甘碳烯酸 17.2%~28.5%，亚油酸 13.3%~10.7%，亚麻酸(+)1.3%，油棕红色，可制肥皂，也有食用者。毛瓣无患子，种仁含油量 27.48%，主成分：棕榈酸 8.8%，花生酸 11.37%，油酸 49.14%，亚油酸 6.13%，亚麻酸 16.09%，油供制肥皂及润滑油。②药用：川滇无患子油可驱蛔虫。

【根】　药用：无患子根入药，清热解毒，化痰散瘀，主治感冒高热，咳嗽，哮喘，白带，毒蛇咬伤，解河豚中毒。

【全树】　环保树种：无患子抗 SO_2 性强，适街道，厂矿绿化环保树种。

久树属 *Schleichera* Witld.

约 1 种，分布喜马拉雅山南麓至中南半岛，印度，斯里兰卡，爪哇；中国引入 1 种，分布云南南。短期落叶乔木。久树 *S. trijuga* Willd.。

【种子】　久树种仁含油量 68.82%，主成分：棕榈酸 7.16%，花生酸 24.37%，油酸 42.19%，亚油酸 4%，二十二碳烯酸 15.11%，油可食用，制肥皂，照明灯油。

【全树】　紫胶虫寄主树：久树放养库斯米(Kusmi)胶虫，云南放养 *Kerria racca* 胶虫，产胶量高，含酸量 82.66%，水分 1.8%，色素 2.5%，残渣 9.1%，灰分 1%，可放养几十年，一般 15 年即可放养，一年两代，每代 6 个月，单株产紫胶 3745g，放养收获比 1∶18，胶质也好。

文冠果属 *Xanthoceras* Bunge

1 种，分布中国东北，华北，河南、山东、陕西、甘肃、宁夏。落叶小乔木。文冠果 *X. sorbifolia* Bunge。

【木材】　材棕褐色，重，硬，细密；花纹美观，耐腐。适作家具，器具，农具，建筑等。木材价值下等。

【花】　①蜜源植物：文冠果花期 4~5 月，蜜量较多，花粉较少。②食用：花甘甜，可作蔬菜，救荒植物。

【叶】 饮料，文冠果叶可加工作饮料。

【树枝】 药用：治风湿性关节炎。

【种子】 ①食用：文冠果种子嫩时可食，味甜，脆，嫩甜如豌豆。②油用：文冠果种仁含油量 56.3%~70%，比大豆还高，可食用，或制肥皂，润滑油。③饲料：油渣含丰富蛋白质 26%~29.6%，淀粉 9.04%，可作精饲料。

干果木属 *Xerospermum* Bl.

约 20 种，分布印度、中南半岛至马来西亚；中国产 1 种，分布云南南。小乔木或灌木。干果木 *X. bonii*（Leeomte）Radlk，种仁含油量 3.5%，主成棕榈酸 21.9%，花生酸 32.5%，十六碳烯酸 2.2%，油酸 37%，亚油酸 1.4%，山俞酸 4.9%，油可供日化用油。材质优良，当地喜用。稀有，且仅元江少量残存，可在云南南、云南东南扩大种植。

山榄科 **Sapotaceae**

40~75 属约 800 种，分布热带；中国产 14 属 28 种，引入 6 属 10 种。分布华南和云南，少数产台湾。乔木、灌木。

牛油果属 *Butyrospermum* Kotschy.

1 种，广布非洲热带；中国引入。乔木。牛油果 *B. parkii*（Don）Kotschy。

【树胶】 树干乳汁可制古塔胶，作口香糖及电气绝缘材料。

【木材】 材坚硬，光泽强，白蚁不蛀。适作家具，建筑，桥梁，车辆，室外用材等。木材价值上等。中国无商品材。

【果实】 食用：牛油果扁球形，长 4.5cm，径 6.5cm，可食用及作果酱，果酒。

【种子】 ①食用油：种仁含油 48.5%~65.2%，不干性油，主成分：棕榈酸 3.7%~5.7%，硬脂酸 36.5%~42.6%，油酸 44.4%~51.6%，亚油酸 5.4%~6.2%，油淡黄或乳白色，冷凝似牛油，为重要食用油，并代奶油，出口欧洲。②工业用油：硬脂酸含量高，可作肥皂，蜡烛，化妆品，药用油膏，并作矿物浮选剂。③油粕：为良好饲料。

金叶树属 *Chrysophyllum* L.

约 150 种，分布亚、美洲热带、亚热带；中国产 1 变种，引入 1 种，分布华南。灌木或乔木。

【果实】 食用：金叶树 *C. lanceolata*（Bl.）DC. var. *stellocarpon* Van Royen.，果球形，径 1.5~2.4cm，果期 10 月。星苹果 *C. cainito* L.，原产中美洲，海南、台湾栽培，果大，径 12cm，果肉白色，松软，生食味美，果期 10 月；也可加工蜜饯。

【叶】 药用：金叶树，叶粉外敷治跌打肿痛。

【根】 药用：金叶树，活血散瘀，消肿止痛，主治跌打损伤，肿痛，风湿性关节炎，骨折，脱臼；也可制酊剂外擦。

【全树】 ①行道遮阴树种：星苹果热带广为栽培作行道遮阴树。②庭园观赏树种：金叶树花色黄白，果实紫灰色，花果期 8～10 月，为秋季观赏树种。

【木材】 金叶树材浅黄色，纹理直，结构细，易加工，但不耐腐，可作包装材，轻型建筑室内用材，木材价值下等。

梭子果属 *Eberhardtia* Lec.

3 种，产越南；中国 2 种，分布云南至华南西部。乔木。

【木材】 高大通直，坚韧，心材灰红褐色，重硬中等。适桥梁，建筑，栋梁，桩柱，家具，胶合板，器具等。木材价值中等。梭子果 *E. tonkinensis* H. Lec.，锈毛梭子果 *E. aurata*（Pierre ex Dubard）Lec.。

【果实】 食用：梭子果，核果卵球形，长 4～4.5cm，果期 9～12 月。

【种子】 油用：①食用油：梭子果种仁含油量 57%～86%，半干性油，主成分：棕榈酸 14.6%，硬脂酸 6.4%，油酸 27.4%，亚油酸 51.4%。锈毛梭子果种仁含油量 55.7%～60%，半干性油，主成分：棕榈酸 22.1%，硬脂酸 9.2%，油酸 26.3%，亚油酸 42.4%。梭子果油色黄味香，产量颇高，是比较理想的食用油。②工业用油：梭子果油可制肥皂及润滑油。

蛋黄果属 *Lucuma* Molina.

约 100 种，分布马来西亚、大洋洲、美洲的热带；中国引入 2 种。乔木。

【果实】 食用：蛋黄果 *L. nervosa* A. DC. 果卵形，长 8cm，色似蛋黄，果期秋季，含蛋白质，淀粉，糖分，味香甜；除鲜食外，还可加工果子露，果酱，冰奶油，烹调缀品。黄面果 *L. palmed* Fernald.，原产南美洲，海南引种，果椭圆形，熟时黄色，肉软多汁，颇香甜。

【种子】 油用：蛋黄果种仁含油量 2.2%，不干性油，主成棕榈酸 21.1%，硬脂酸 6.6%，油酸 43.5%。

山榄属 *Planchonella* Pierre.

约 100 种，分布东南亚至大洋洲；中国产 3 种，分布台湾、海南。乔木或灌木。

【叶】 药用：山榄 *P. obovata*（R. Br.）Pierre.，主治腹痛。

【木材】 心材浅红褐色美丽，坚硬致密，山榄高达 40m 巨树，用途广。适作胶合板，建筑，家具，车船，器具，桥梁等。木材价值上等。狭叶山榄 *P. clemensii*（Lec.）van Royen，用途近似，惟中小乔木，不作大料用。

【果实】 食用：狭叶山榄，果卵形倒卵形，长约 1cm，果期 10 月，熟时可食，或加工代粮。

【果实】 油用：狭叶山榄果含油 13.2%，半干性油，主成分：棕榈酸 15.7%，硬脂酸 2.8%，油酸 35.8%，亚油酸 35.2%，作润滑油及化妆品油用。

桃榄属 *Pouteria* Aublet.

约 50 种，分布热带，中国产 3 种，分布华南至云南。乔木或灌木。

【树皮】 药用：桃榄 *P. annanensis*（Pierre ex Dubard）Baehn.，主治毒蛇咬伤。

【木材】 龙果 *P. glandifolia*（Wall.）Baehn.，心材黄褐色，重量中，但不耐腐，高大乔木达 40m，用途广泛：桃榄中乔木，高 15m 左右，用途较窄。适家具，建筑，桥梁，车船，胶合板，室内装饰材，箱盒，包装材等。木材价值下等。

【果实】　食用：龙果，球形，径 4～5cm，熟时黄色，味甜，果期常年均有。桃榄果球形，径 2.5～4.5cm，多汁，味甜气香，秋季成熟。

【种子】　油用：龙果种仁含油 10.8%，不干性油，主成分：棕榈酸 28.3%，硬脂酸 15%，油酸 19.6%，亚油酸 32.7%，食用油，也可作工业润滑油，制肥皂。

铁榄属 *Sinosideroxylon* (Engl.) Aubr.

3 种，分布中国华南、西北及越南北部。乔木稀灌木。中国 1 种。

【木材】　材重量硬度中等，不甚耐腐，中小乔木。适当地用作农具，家具板料，农器，建筑，室内装饰。木材价值下等。诸如铁榄 *S. pedunculatum* (Hemsl.) H. Chuang，滇铁榄 *S. yunnanensis* (C. Y. Wu) H. Chang，革叶铁榄 *S. wightianum* (Hook. et Arn.) Aubr。

神秘果属 *Synsepalum* (A. DC.) Daniell

约 10 种，西非引入 1 种。神秘果 *S. dulcifium* (Schumach et Thonn.) Daniell.，原产西非热带，20 世纪 60 年代引入我国海南、云南。灌木或小乔木。浆果熟时鲜红色，长 1.5～2cm，如食 II 爵本种果后，再食酸味果实，如柠檬、酸柚、杧果、杨梅、乃至酸醋等，变甜味，效果达半小时，故称神秘果，其机制为神秘果含一种糖朊，作用于舌部味蕾，改变其味觉功能。本种用果实配制食品。

刺榄属 *Xantolis* Raf.

约 14 种，分布东南亚；中国产 4 种，分布广东沿海及云南。乔木或灌木。

【果实】　食用：滇刺榄 *X. stenosepala* (Hu) van Royen，果椭圆形，长 3～4cm，径 1.7～3cm，可食，果期全年。

【种子】　油用：滇刺榄含油 26.75%，主成分：肉豆蔻酸 23.6%，棕榈酸 6%，油酸 38.1%，亚油酸 29.9%，为食用油；也可作工业润滑油，日化用油。喙果刺榄 *X. boniona* (Dubard) van Royen var. *rostrata* (Merr.) V. Royen，种仁含油 20.8%，主成分：肉豆蔻酸 22.9%，棕榈酸 5.8%，油酸 43.6%，亚油酸 26%，适工业润滑油及日化用油。

肉实科 Sarcospermataceae

约 8～9 种，分布南亚、东南亚；中国产 5 种，分布西南至东部。常绿乔木或小乔木。

肉实树属 *Sarcosperma* Hook. f.

单属科：

【木材】　浅红褐至红褐色，材重量中至轻，硬度中，强度弱，韧度低中，干缩小，稍耐腐。适作家具，建筑，农具，器具，胶合板，箱盒板料等。木材价值下等。诸如肉实树 *S. laurinun* (Benth.) Hook.，大肉实树 *S. arboreum* Hook. f.，绒毛肉实树 *S. kanchinense* (King et Prain) Exell.。

【果实】　涂料，绒毛肉实树果实可作染料。

大血藤科 Sargentodoxaceae

1 属 1 种，分布中国陕西、河南以南。落叶藤本。

大血藤属 *Sargentodoxa* Rehd. et Wils.

1 种，分布陕西、河南以南。落叶藤本。大血藤 *S. cuneata*(Oliv.)Rehd. et Wils.。

【藤茎】　①纤维：大血藤茎皮含纤维素 39.88%~49.22%，可搓绳索，造纸，人造棉。②茎皮：鞣质：大血藤茎皮含鞣质 7.71%，可提制栲胶。③藤心：大血藤茎藤心可编织藤椅等用具。

【藤根】　①药用：大血藤活血通经，祛风燥湿，驱虫，主治：阑尾炎，经闭腹痛，风湿筋骨酸痛，四肢麻木拘挛，驱蛔虫，钩虫。②兽药：败毒行血，通经活络，祛风杀虫，治牛马寒瘫脚软，家畜跌打损伤，牛肠下血，牛马肠痢，母猪痢疾，母畜难孕，乳房肿痛。③农药：大血藤 3 倍水煎液喷洒防治蚂蟥，蚜虫，食叶虫，灭孑孓。

虎耳草科 Saxifragaceae

约 30 属 500 多种，分布两半球；中国产 13 属 300 多种，分布全国。草本、灌木、乔木。

多香木属 *Polyosma* Bl.

约 60 多种，分布印度至大洋洲；中国产 1 种，分布海南、广西。乔木或灌木。

【木材】　多香木 *P.cambodiana* Gagnep.，常绿大乔木，材浅黄褐微绿色，重量、硬度、强度中等，干缩大至中，稍耐腐，适用电杆，篱柱，枕木，车工，雕刻，造纸，农具，胶合板，家具，建筑等。木材价值下等。

【花】　观赏植物：夏季花香诱人，可供观赏。

玄参科 Scrophulariaceae

约 200 属，3000 种以上，分布全球；中国产约 60 属 600 多种，分布全国。草本，灌木，乔木。

来江藤属 *Brandisia* Hook. f. et Thoms.

约 13 种，分布亚洲东部，中国产 8 种，分布华南，华中至西南。灌木。

【花】　蜜源植物：来江藤 *B.hancei* Hook f.，花期春季，蜜量较多，可产商品蜜，有蜂蜜花之称。

【全株】　药用：来江藤全株入药，清热解毒，祛风利湿，主治：骨髓炎，骨膜炎，黄疸性肝炎，跌打损伤，风湿筋骨痛，外用治疮疖。

泡桐属 *Paulownia* Sieb. et Zucc.

约 10 种，分布东亚；中国均产，分布陕西、甘肃、河南以南。落叶乔木。

【木材】　材白灰至浅栗褐色，甚轻，甚软，强度甚弱，韧度低，干缩小至甚小，不耐腐，少翘裂，易加工。最适作航空材，乐器板、木屐，箱盒，保险柜隔板，造纸材，茶叶箱，渔网浮子，家具等。木材价值中等。诸如：楸叶泡桐 *P. catatpifolia* Gong Tong，兰考泡桐 *P. elongata* S. Y. Hu，四川泡桐 *P. fargesii* Franch.，泡桐 *P. fommei*（Seem.）Hemsl.，光叶泡桐 *P. gtabrata* Rehd.，华东泡桐 *P. kawakamii* Ito.，毛泡桐 *P. tomentosa*（Thwnb.）Stoud.，等。

【叶】　泡桐属的叶可作猪饲料及作绿肥。

【花】　泡桐属花可作猪饲料；也为蜜源植物(夏季)，蜜量多，粉较多。

【果实】　根药用：泡桐果含桐酸，黄酮类及生物碱，化痰止咳。

【种子】　油用：泡桐种子含油量 24.23%~39.7%，主为油酸，亚油酸，可制肥皂。

【根】　药用：泡桐根入药，祛风消肿，毛泡桐根化腐生肌。

【全株】　①药用：兰考泡桐叶花果根药用，消炎止痛，化痰止咳，降压。②环保树种：如泡桐对 SO_2、Cl_2 等有毒气体有很强抗性，也抗烟尘，适四旁绿化厂矿种植，优良环保树种。③农桐间作树种：种植泡桐可间作农作物，泡桐生长快，成材快，收益大，出口物资，发展泡桐，农桐结合，对农业稳产有很大作用，间种小麦，谷子，大豆，芝麻，山芋，泡桐叶株产 100kg，含 N 3.3%，P_2O_5 50.15%，K 0.41%，增加土壤肥力。

苦木科 Simaroubaceae

约 30 属 150 多种，分布热带、亚热带至温带；中国产 5 属 11 种，分布全国。乔木或灌木。

臭椿属 *Ailanthus* Desf

约 10 种，分布亚洲至大洋洲；中国产 5 种，分布黄河流域以南。落叶乔木。

【木材】　边材黄白色，心材浅黄褐色，重量、硬度、强度，韧度均中等，干缩小，不耐腐，易变色，虫蛀。适做包装材，家具、玩具、小船、胶合板，火柴杆盒，造纸材等。木材价值下等。诸如：臭椿 *A. altissima*（Mill.）Swinge 及台湾臭椿 var. *tanakai*（Hay.）Kamehira et Sasak，四川臭椿 *A. giraldii* Dode.，岭南臭椿 *A. triphysaldevmst* Alston，大果臭椿 *A. sutchuensis* Dode，刺臭椿 *A. vilmoriniana* Dode。

【树皮】　①鞣质：臭椿，树皮含鞣质可提制栲胶。②药用：臭椿树皮入药，为苦味健胃剂及收敛剂，内服止血，治子宫出血，产后出血，赤痢，淋病；外用煎水洗癣疥，有灭菌杀虫效能。③农药：树皮煮水喷洒防治棉花红铃虫，蚁螟。

【叶】　①鞣质：臭椿叶含鞣质 8.45%~15%，可提制栲胶。②饲蚕：臭椿叶可饲椿蚕。③农药：臭椿叶煮液加水喷洒，防治菜青虫，蚜虫，棉蚜虫，红铃虫，灭蛆。四川臭椿也可作农药，见臭椿。

【花】　蜜源植物：臭椿花期 5~6 月，蜜多粉较多，一群蜂年产蜜 2.5~5kg。

【种子】　油用：臭椿种仁含油量 56%，主成分：棕榈酸 2.7%~4.8%，硬脂酸 0.8%~

213%，油酸42.8%～56%，亚油酸33.8%～56.2%，油可作钟表油，精密仪器油，润滑油，掺和油漆用油，肥皂，山西有食用者。刺臭椿种子含油量15%，主成分：棕榈酸3.6%，硬脂酸10%，油酸34.4%，亚油酸57.6%，亚麻酸3.6%，油供制肥皂及润滑油。

【根皮】 药用：臭椿根皮含川楝素，臭椿酮，用于治疗宫颈癌，肠癌（试用阶段，疗效待查）；又治痢疾肠炎，便血，遗精，白带，子宫出血，健胃收敛；外用煎水治癣疥，灭菌杀虫。萼状臭椿 A. integrifoila spp. Calcina（Pierre）Nooteboom.，根皮含查巴壬酮及 62-巴西酰氧查巴壬酮（新的苦木苷），这两种化合物对人鼻咽癌有抗癌作用，后者对白血病有效。

【全树】 ①盐碱土荒山造林树种：臭椿喜盐碱性土壤，耐干旱薄瘠等，适盐碱地绿化树种。②环保树种：臭椿抗 SO_2 抗性强，抗 HF 较强，抗 Cl_2 中，耐烟，为厂矿常见环保树种。欧美喜欢种臭椿。

鸦胆子属 Brucea F. J Mill.

6 种，分布东半球热带，中国产 2 种，分布华南，福建，台湾，云南。半常绿灌木。

【叶】 农药：鸦胆子 B. javanica（L.）Merr.，叶切碎 2 倍水煮加 10 倍水喷洒，防治稻螟虫，三化螟，卷叶虫。

【果实】 药用：鸦胆子果含鸦胆子苷，雅胆子醇，雅胆子苦叶素，鸦胆宁，主用于治食管，贲门，肠，宫颈，皮肤癌，尚用于阿米巴痢疾，疟疾；外用除疣，鸡眼。

【种子】 ①油用：鸦胆子种子含油22%～22.4%，主成分：棕榈酸9.3%～10.5%，硬脂酸4%～7.7%，油酸58.6%～63.9%，亚油酸20.9%～22.7%，油可制肥皂，润滑油，药用及农药。②药用：鸦胆子种子分离出酚性物质，植物甾醇，鸦胆子素 A，B，C，D，E，F，G，鸦胆子油脂，鸦胆子苦内酯，治疗阿米巴痢疾，疟疾，痔疮出血，鸦胆子油可涂擦赘瘤，扁平疣。②兽药：鸦胆子，清热燥湿，杀虫解毒，治牛马冷痢久泻，牛患柳叶虫病，球虫病，鸡球虫病，骡马皮肤肿痛。

【根系】 鸦胆子，柔毛鸦胆子 B. mollis Wall.，根系发达，对护堤护坡，保持水土有良好作用。

苦树属 Picrasma Bl.

8 种，分布亚、美洲热带至温带；中国产 2 种，分布黄河流域以南。落叶或常绿乔木。

【树皮】 ①药用：常绿苦树 P. javanica Bl.，树皮含苦楝树苷，味极苦，南洋用代金鸡纳治疟疾。苦树 P. quassioides（D. Don）Benn.，树皮含苦树素及鞣质，入药，健胃，泻火，驱虫；外用杀疥癣。

【木材】 ①用材：边材黄白色，心材深黄褐色，轻至中，软至中，强度中，干缩中，心材稍耐腐，边材易腐蛀。适作装饰材，雕刻，家具，农具等。木材价值下等。苦树，常绿苦树。②药用：苦树木质部分含苦树素，苦树碱，甲基苦树碱，苦树素 A，B，C，苦树内酯 A，B，C，E，F，G，K.，川楝素 A，B，C，D，E.，尚有 2,6 二甲氧基苯醌，解毒杀虫，主治痛疖肿毒，疥癣，只可外用，不能内服。

【果实】 油用：苦树果实含油30.5%，主成分：棕榈酸2.8%，硬脂酸1.7%，十六碳烯酸1%，油酸62%，亚油酸30.6%，亚麻酸1.9%，油可作润滑油。

【种子】 油用：常绿苦树种子含油量40.41%，主成分：棕榈酸2.2%，硬脂酸2.3%，花生酸 2.9%，油酸 85.39%，亚油酸 5.44%，亚麻酸 2.9%，油可供作润滑油。苦树种子含油量 24.3%，主成分：棕榈酸 9.3%，花生酸 4.3%，山俞酸 10.3%，油酸 23.1%，甘碳烯酸 15.8%，亚油酸 14.1%，亚麻酸 22.6%，油可供掺和油漆。

【根皮】　农药：苦树根皮研粉，10~20 倍水煮沸，喷洒，防治稻螟虫，稻苞虫，地老虎，蝼蛄，菜青虫，马铃薯晚疫病，灭蝇。

牛筋果属 *Harrisonia* D. Br.

4 种，分布亚、非、大洋洲，中国 1 种，产福建，广东，海南，有刺灌木。牛筋果根清热解毒，治疟。

西蒙得木科 Simmondsiaceae

西蒙得木属 *Simmondsiaceae*

约数种，分布美洲墨西哥至加利福尼亚；中国引入 1 种，分布广东，闽南。常绿灌木。西蒙得木属 *Simmondsia* Jacq. 西蒙得木（浩浩芭）*S. chinensis*（Link.）Schneid.。

【种子】　①油用：西蒙得木种子含油率 40%~50%，最高达 59.7%，高级润滑油，用作高温高压润滑剂，比鲸鱼油使用 4~5 倍时间。②化妆品用油：西蒙得木种子油在美国制成美容化妆品已超过 300 种。

【果实】　西蒙得木果可鲜食，也可磨成果干粉食用。

【油粕】　饲料：西蒙得木种子油粕含蛋白质 30%，如除去西蒙得木素，可成高蛋白优质饲料。

【全树】　耐旱沙漠植物：西蒙得木根深，长达 30m，耐旱力强，可在于热荒漠上生长，又耐盐碱，海滨可以生长，也为水土保持，防止尘土污染植物。

【能源植物】　西蒙得木油含有两个长链脂肪酸；一种 40C 原子（占 30%），另一种具42C 原子，无杂质，燃点高，不受高温加热影响，为新兴能源植物。

肋果木科 Sladeniaceae

1 属 1 种，分布中国云南、广西至泰国、缅甸，常绿乔木。

毒药树属 *Sladenia* Kurz

单种科，见科。毒药树 *S. celastrifolia* Kurz 常绿乔木，高达 20m，木材黄褐色，轻、软、强度中，韧度低至中，干缩小至中，稍耐腐，适作家具，农具，箱盒，茶叶箱，胶合板，建筑板料，车旋品等，价值中。

茄　科 Solanaceae

约 80 属 3000 种以上，分布热带至温带；中国产 29 属约 106 种，又引入 4 属 6 种。分布全国各地。草本，灌木，小乔木。

辣椒属 *Capsicum* **L.**

约 20 种，主产中南美洲；中国引入 2 种，分布全国各地。草本，亚灌木或灌木。辣椒 *C. annum* L.

【果实】 ①食用：辣椒果作蔬菜或调味品，如小辣椒，指天椒，簇生椒，椒等。②药用：辣椒主成含辣椒碱，6,7-二氧辣椒碱，去甲二氢辣椒碱，高辣椒碱，高二氢辣椒碱，辣椒红素，辣椒玉红素，胡萝卜素，脂肪油，维生素 C，树脂，酒石酸，龙葵苷，温中散寒，健胃消食，主治：胃寒疼痛，胃肠气胀，发汗驱虫，消化不良；外用治冻疮，风湿痛，腰肌痛，生发水。

【种子】 油用：辣椒种子含油率12%，主成分：棕榈酸17%，硬脂酸4%，油酸15%，亚油酸64%，油可食用。

【花】 蜜源植物：辣椒花期5～8月或8～9月，蜜量较多，花粉较少。

【根】 药用：辣椒根，活血消肿，外用治冻疮。

辣椒品种有：指天椒 var. *conoides* (Mill.) Bailey，簇生椒 var. *faseiculatum* (Sturt.) Bailey，长辣椒 var. *longum* Bailey，椒 *V. grosium* (L.) Sendt.。

夜香树属 *Cestrum* **L.**

约 250 种，分布南美洲亚热带至热带；中国引入 3 种，分布华南，云南，福建。灌木或秃木。

【花】 芳香油：夜香树 *C. nocturum* L.，花蕾经石油醚萃取对香气起主要作用者有芳樟醇，吲哚，邻氨基苯甲酸甲酯，顺-3-己烯醇，邻苯二甲酸二丁酯，丁香酚，有浓郁香气，作调香原料。

【全株】 观赏植物，夜香树花绿白色，夜间花香浓溢，多为盆栽观赏，黄花夜香树 *C. aurantiaeum* Lindl.，花橙黄色，芳香，冬季开花，广州园圃栽培，供观赏。

树番茄属 *Cyphomandra* **Mart. ex Sendt.**

约 30 种，分布中南美洲；中国引入 1 种，分布广东，云南南，西藏南。小乔木或灌木。本属树番茄 *C. betacea* Sendt.，果卵球形，长 5～7cm，光滑，橘黄色或带红色，果味似番茄，作水果或蔬菜食用。

红丝线属 *Lycianthes* （**Dund**）**Hassl.**

约 180 种，分布中南美洲及中亚；中国产 9 种，分布台湾、福建、江西、湖南、湖北、广东、广西，西南。灌木或半灌木或草本。

【叶】 药用：双花红丝线 *L. biflora* (Lour.) Bitt.，叶祛痰止咳，主治咳嗽气喘。

【全株】 药用：双花红丝线，全株入药，治狂犬病；外用治疗疮红肿，外伤出血。茶根红丝线 *L. lysimachioides* (Wall.) Bitt.，全株入药，杀虫解毒，主治：痈肿疮毒。

枸杞属 *Lycium* L.

约 80 种，分布北温带；中国产 7 种，分布全国各地。落叶灌木。

【叶】　食用：枸杞 *L. chinense* Mill.，嫩叶供蔬菜食用，消热毒，散瘀肿。

【果】　药用：宁夏枸杞 *L. barbarum* L.，果实入药，为强壮滋补剂，有明目之效，果形长椭圆，主成分：甜菜碱，胆碱，有降低血糖，扩张血管，滋补肝肾，益精明耳，含总糖 22%~32%，蛋白质 13%~21%，脂肪 8%~14%，多种氨基酸，维生素 A，维生素 B_1，维生素 B_2，维生素 C，烟酸 17mg/kg，钙 1500mg/kg，磷 67mg/kg，铁 34mg/kg，灰分 17mg/kg，主治：糖尿病，肺结核，虚弱消瘦。也可泡水饮或药酒服。枸杞，果为滋养强壮剂，主成分：甜菜碱，酸浆红色素，隐黄尿酸，胡萝卜素，维生素 B_1，烟酸，V_c，钙，磷，铁，主治：体弱消瘦，肺结核，糖尿病，可泡水饮或泡酒饮服。枸杞 *L. turocomanicum* Turcz.，果也入药，参见宁夏枸杞。

【藤茎】　农药：枸杞藤茎煮水喷洒可杀棉蚜虫。

【花】　蜜源植物：宁夏枸杞花期 5~6 月，产蜜量较大，粉较少，一群蜂年产蜜 5~10kg。枸杞，黑果枸杞 *L. ruthenicum* Merr.，花也为蜜源植物。

【根】　①药用：宁夏枸杞根皮（地骨皮），清热凉血，解热止咳。枸杞根皮（也称地骨皮），主成分：甜菜碱，桂皮酸，解热止咳，退热凉血，主治：肺结核低热，咳嗽，糖尿病，高血压。②农药：枸杞根皮加 5 倍水煮液喷洒，防治蚜虫，食叶虫。

【种子】　油用：枸杞种子含油量 30.3%，主成分：棕榈酸 9.4%，硬脂酸 2.3%，油酸 14.3%，亚油酸 73%，亚麻酸 1%，油可食用及作润滑油。

【根皮】　兽药：枸杞根皮研粉及果粉，作兽药，滋肾润肺，补肝明目，治牛劳伤虚损，牛马眼红流泪，猪牛尿血，公畜肾虚滑精，马视不清，牛马虚弱咳嗽，公畜阳痿不举，肾虚滑精。

【盐化沙地】　干河床，沙区干山坡，石质地，荒漠河床可栽显果枸杞，新疆枸杞，截果枸杞 *L. truncatum* Y. C. Wang。

茄　属 *Solanum* L.

约 2000 多种，分布热带至温带；中国产约 39 种，分布各地。草本或灌木。

【叶】　药用：假烟茄树 *S. verbascifoliurn* L.，叶入药，外用治痈疖肿毒，皮肤溃疡，外伤出血。

【果】　①药用：野茄 *S. cargulans* Forsk.，果含薯蓣皂苷元，β-谷甾醇，豆甾醇，胆甾醇，羽扇醇，澳洲茄边碱，环阿烷醇，环阿烯醇，利湿，消肿，止痛，主治：风湿关节炎，睾丸炎，牙痛。牛茄 *S. surattense* Barm. f.，暴含茄碱，茄解碱，澳洲茄边碱，澳洲茄新碱，活血散瘀，镇痛麻醉，主治：跌打损伤，风湿腰腿痛，痈疖肿毒，冻疮。②油用：牛茄：果含油 5.9%，主成分：棕榈酸 10.4%，硬脂酸 2%，油酸 11.4%，亚油酸 75.6%，油可供作润滑油。

【种子】　油用：黄刺茄种子含油 11.4%，主成分：棕榈酸 14.5%，硬脂酸 2%，油酸 17.9%，亚油酸 65.3%，油可供作润滑油。黄果茄 *S. xanthocarpum* Schrad. et Wendl，种子含油 9.4%，主成分：棕榈酸 10%，硬脂酸 3%，油酸 16.6%，亚油酸 68.9%，亚麻酸

1.5%，油供作润滑油。

【根】　药用：珊瑚茄 *S. pseudocopsicum* L.，根入药，主成分：茄碱，玉珊瑚碱，玉珊瑚啶，止痛，主治腰肌劳损疼痛。野茄树，根入药，含茄解碱，澳洲茄边碱，龙葵苷，止痛，解毒，收敛，主治：胃痛，腹痛，骨折，跌打损伤，慢性细胞性白血病。水茄 *S. torvum* Swaxtz.，根入药，主成分：圆锥茄碱，散瘀，通经，消肿，止痛，止咳，主治：跌打损伤，腰肌劳损，胃痛，牙痛，闭经，久咳。浣茄提取 Solasadine，刺天茄散瘀消肿，治咽喉炎，扁桃体炎，牛茄散瘀消肿，跌打损伤，疔疮痈肿。

【全株】　①药用：刺天茄 *S. indicmn* L.，全草入药，含茄碱，龙葵胺，解毒消肿，散瘀止痛，主治：扁桃体炎，咽喉炎，淋巴结核，牙痛，胃痛，跌打损伤。旋花茄 *S. spirale* Roxd.，全草入药，清热解毒，利湿，主治：感冒发热，咳嗽，咽喉痛，疟疾，腹痛，腹泻，菌痢，小便短赤，膀胱炎，风湿，跌打肿痛，疮痈肿毒。②兽药：排风藤 *S. lyratun* Thunb.，全株作药，清热利湿，祛风解毒，治猪风热感冒，猪牛流行性感冒发烧，家畜风湿骨痛，母畜子宫炎，乳腺炎。③沙地植物：光白英 *S. kitagawae* Schons. ex Recling. f.，沙地、河床、荒地均可栽种。

海桑科 Sonneratiaceae

2 属约 10 种，分布亚、非洲热带；中国产 2 属 5 种，分布海南、广东、福建、云南。

八宝树属 *Duabanga* Buch. -Ham.

3 种，分布南亚至新西兰；中国产 1 种又引入 1 种，分布云南、海南。乔木或灌木。

八宝树 *D. grandiflora*(Rorb.) Walp，材灰褐色，轻，软，强度弱，干缩小，不耐腐，一般作包装箱，造纸材，独木舟，室内用材，木材价值低。引入的爪哇花八宝树 *D. taylori* Jay.，大乔木，生长快，不耐腐。

海桑属 *Sonneratia* L. f.

约 6 种，分布亚、非洲、东半球温热带，中国产 2 种，分布福建、广东、海南海岸红树林中。海南海桑在文昌红树林仅五株，海桑 *S. caseolaria*(L.) Engl.，灌木至小乔木，可达 5m。材浅红带紫色，纹理交错，重量中，硬，干缩中，不耐腐，可作一般木器，家具板料，薪材，价值低。

旌节花科 Stachyuraceae

1 属约 17 种，分布喜马拉雅山以东亚洲；中国产 11 种，主产西南，东至台湾，北至陕西、甘肃。常绿或落叶小乔木、灌木稀藤本。

旌节花属 *Stachyurus* Sieb. et Zucc.

单属科：

【茎髓】　药用：喜马拉雅旌节花 *S. himalaticus* Hook. f. et Thoms. ex Benth. 茎髓白色，为

著名中药"小通草",清热利水,通乳,通经活血,利尿明目,主治水肿,淋病,尿路感染,热病口渴,小便赤黄,乳汁不通。旌节花 *S. chinensis* Franch.,倒卵叶旌节花 *S. obovatus* (Rehd.) Hand. -Mazz.,凹叶旌节花 *S. retusus* Yang,柳叶旌节花 *S. salicifolia* Franch.,四川旌节花 *S. szechunensis* Fang,云南旌节花 *S. yunnanensis* Franch.,茎髓皆入药,功效同喜马拉雅旌节花。

【叶】 鞣质,倒卵叶旌节花含量 13.86%。喜马拉雅旌节花含鞣质,可栲胶。

【全树】 观赏:旌节花,花黄绿色,花序下垂,美观,可供观赏。

省沽油科 Staphyleaceae

4 属约 60 种,分布亚、美洲;中国产 3 属 20 种,分布长江流域以南。小乔木或灌木。

野鸦椿属 *Euscaphis* Sieb. et Zucc.

3 种,分布亚洲东部;中国产 2 种,分布山东、河南以南。落叶小乔木。

野鸦椿 *E. japonica* (Thunb.) Dipple.,材浅灰褐色,重硬中等,强度中,干缩中,不耐腐,易变色,农村作农具,家具,室内装修材。木材价值低。

山香圆属 *Turpinia* Vent.

30 多种,分布亚、美洲;中国产 13 种,分布西南、华南、福建、台湾。乔木或灌木。

大果山香圆 *T. affinis* Merr. et Perry,材浅灰褐色,轻至中,硬度中,强度弱,干缩中,不耐腐,适作胶合板,建筑屋架室内装修材,农具等。木材价值下等。

梧桐科 Sterculiaceae

68 属约 1100 种,分布热带、亚热带;中国产 19 属 80 种,又引入 3 属 4 种。分布西南至华南,梧桐栽培于华北、西北。乔木、灌木,稀藤本、草本。

昂天莲属 *Ambroma* L. f.

2 种,产亚洲至大洋洲;中国产 1 种,分布华南至西南。灌木或小乔木。昂天莲 *A. angusta* (L.) L. f.。

【茎皮】 纤维:昂天莲茎皮纤维白色,含量 15.4% 可织麻布,麻线,造纸。

【叶(根)】 药用:行血散瘀消肿,主治疮疖红肿,妇科通经,外用治跌打损伤。

刺果藤属 *Buettneria* Loefl.

约 70 种,产亚、非、美洲热带;中国产 3 种,分布华南、云南。灌木、乔木、藤本。

【茎皮】 纤维:刺果藤 *B. aspera* Colebr. 含纤维 15.2%,可制绳索,麻袋。

【根】 药用:祛风湿,壮筋骨,主治产后筋骨痛,风湿骨痛,腰肌劳损;外用治跌打骨折。

山麻树属 *Commersonia* J. R. et G. Forst.

约 10 种，分布亚洲及大洋洲热带；中国产 1 种，分布华南、云南。乔木或灌木。山麻 *C. bartramia*(*L.*) Merr.，茎皮含纤维 18.8%，供织麻布，麻袋，绳索。

火绳树属 *Friolaena* DC.

约 17 种，产亚洲热带、亚热带，中国产 5 种，分布西南、广西。乔木或灌木。

【树皮】 纤维：火绳树 *E. spectabilis* (DC.) Planch. ex Mast.，含纤维 19%；桂火绳 *E. kwangsiensis* Hand. -Mazz.，含纤维 54.6%。可制绳索、造纸、燃火。

【木材】 火绳树，心材暗黄褐色，材重硬至中，强度中，干缩中，尚耐腐，建筑，家具，车旋品，农具，秤杆，车辆。木材价值中等，尚有角果火绳树 *E. ceratocarpa* Hu。

【花】 蜜源植物：火绳树为夏季蜜源植物。

【种子】 油用：火绳树种子含油量 6.9%，不干性油，主成分：棕榈酸 46.1%，硬脂酸 5.1%，油酸 31.1%，亚油酸 4.5%，亚麻酸 7.2%，适作肥皂及润滑油。

【根皮】 药用：火绳树，桂火绳，南火绳 *E. candallei* Wall.，五室火绳 *E. quinquangalaris* Wight.，均可作紫胶虫寄主树。

梧桐属 *Firmiana* Marsili

约 15 种，分布亚洲及非洲东部；中国产 6 种，分布华南、西南至华北栽培。乔木或灌木。

【树皮】 ①糊料：梧桐 *F. platanifolia* (L. f.) Marsili，树皮黏液可作造纸糊料。②纤维：云南梧桐 *F. major*(W. W. Smith) Hand. -Mazz.，纤维可造纸。

【木材】 ①用材：材浅黄褐色，轻软，强度弱，干缩小，不耐腐，易蛀。适作乐器板料，木屐，包装材，造纸材等。木材价值低。如梧桐，云南梧桐。②刨花黏液：梧桐木刨花黏液，可润发，糊料。

【茎皮】 ①纤维：梧桐含纤维素 36.4%~53%，纤维长 5~19mm，可织包装布，打字纸，绳索。云南梧桐也可制绳索。②药用：梧桐茎皮主治痔疮。

【叶】 ①药用：梧桐叶主成分：黄酮苷、香豆素，有降压、降胆固醇作用，主治高血压，冠心病，风湿性关节炎，神经衰弱，阳痿，痈疮肿毒。②农药：梧桐叶浸水，杀蚜虫率 87%，棉炭疽病抑制率 75%，尚可灭蛆。

【花】 ①蜜源植物：梧桐花期 6~7 月，蜜量较多，粉量多，为夏季蜜源植物。②药用：梧桐花，治烧烫伤，水肿，癫痫头。

【种子】 ①油用：云南梧桐种仁含油 43.1%，不干性油，主成分：棕榈酸 37.8%，硬脂酸 5.7%，油酸 38.2%，亚油酸 11.4%，梧桐种仁含油 30.8%，不干性油，主成分：棕榈酸 21.1%~32.9%，油酸 16.1%~41%，亚油酸 34.1%~47.7%。油可食用，制肥皂，灯油。②食用：梧桐种子可炒食，含脂肪 39.69%，蛋白质 23.3%，无氮浸出物 28.4%，粗纤维 3.69%，灰分 4.85%，尚含咖啡因，炒食味香。③药用：梧桐子，顺气和胃，消食。

【根】 药用：梧桐根，祛风湿，和血脉，通经络，主治风湿性关节痛，咯血，跌打损伤，血带，驱蛔，丝虫病。

【全树】 ①庭园观赏：梧桐，云南梧桐，为常见庭园观赏树种。②行道树种：梧桐，云南梧桐，可作行道树。③环保树种：梧桐对有害气体抗性强，对 Cl_2、SO_2 抗性较悬铃木强，为城市、厂矿良好环保树种。④物种资源：海南梧桐濒危，云南梧桐稀有，野生已难见，宜迁地保护。

山芝麻属 *Helicteres* L.

约 60 种，分布亚、美洲热带；中国产 9 种，分布长江以南。乔木或灌木。

【茎皮】 纤维：山芝麻 *H. angustifolia* L.，茎皮含纤维素 27%；长宁山芝麻 *H. elonata* Wall.，含量 27%；火索绳 *H. isora* L. 含量 18.6%；剑叶山芝麻 *H. lanceolata* DC.，含量 21.3%；尚有雁婆麻 *H. hirsuta* Lour.，纤维可织麻袋，绳索，人造棉，造纸；粘毛山芝麻 *H. viscida* Bl.，也可织布，制绳索。

【叶】 药用：山芝麻叶外用敷毒疮。

【种子】 油用：山芝麻种子含油 7.2%，主成分：棕榈酸 13%，硬脂酸 7.4%，油酸 16.4%，亚油酸 63%，供制肥皂及润滑油用。

【根】 药用：山芝麻根显黄酮苷、酚类、鞣质反应，清热解毒，止咳，主治感冒高烧，扁桃体炎，咽喉炎，腮腺炎，麻疹，疟疾，咳嗽；外用敷外伤出血，痈疖疔疮，痔疮，毒蛇咬伤。长序山芝麻，消炎解毒，截疟止泻，主治感冒，扁桃体炎，肠炎，喉炎，腹泻，疟疾。细齿山芝麻 *H. glabriuscula* Wall.，清热解毒，截疟杀虫，主治疟病。火索绳，解毒，理气止痛，主治感冒发热，慢性胃炎，胃溃疡，肠梗阻。

银叶树属 *Heritiera* Dryand.

约 35 种，分布亚、非、大洋洲热带；中国产 3 种，分布华南、台湾、云南。乔木。

【木材】 边材灰褐，心材暗红褐色，材重，甚硬，强度甚强，韧度高，干缩中，耐水湿，不蛀。为造船良材，高级家具，建筑柱材，车辆材等。木材价值贵重。诸如蝴蝶树 *H. parvifolia* Merr.、银叶树 *H. littoralis* Dryand.、长柄银叶树 *H. angustata* Pierre。

【种子】 油用：蝴蝶树种子含油量 5.7%，不干性油，主成分：棕榈酸 18.5%，花生酸 36.2%，油酸 11.2%，亚油酸 25.1%，适作工业润滑油，制肥皂。

【物种资源】 蝴蝶渐危，扩大人工种植。

鹧鸪麻属 *Kleinhovia* L.

1 种，分布热带亚洲、东非；中国分布海南、台湾。乔木。鹧鸪麻 *K. hospita* L.。

【树皮】 纤维：可制绳索，织麻袋。

【木材】 黄白色，轻软，强度弱，不耐腐，适作渔网浮子，家具板料等。木材价值低。

马松子属 *Melochia* L.

约 60 种，分布热带、亚热带；中国产 1 种，分布长江以南。草本或半灌木。马松子 *M. corchorifolia* L.，半灌木，高 1m，茎皮富含纤维，可织麻袋、绳索。

翅子树属 *Pterospermum* Schreber.

约 40 种，分布亚洲热带、亚热带；中国产 9 种，分布华南、云南、台湾。乔木或灌木。

【茎皮】　①纤维：异叶翅子树 *P. heterophyllum* Hance.，含纤维 11.6% 及翅子树 *P. aeerifolium* Willd. 纤维可制麻袋，造纸用。②药用：大叶翅子树 *P. grande* Craib.，清热消炎，祛风除湿，主治风湿红肿，小儿惊风；外用敷毒疮，接骨。

【木材】　心材浅红褐色，强度弱，干缩小，不耐腐，适作一般器具，家具、建筑板料。木材价值下等。如翻白叶、窄叶半枫荷 *P. lanceaefolium* Roxb.。

【种子】　油用：窄叶半枫荷含油 15.2%，不干性油，主成分：棕榈酸 28.5%，油酸 18.4%，亚油酸 43%。勐仑翅子树 *P. menglungense* Hsue.，种子含油 47.6%，不干性油，主成分：棕榈酸 20.1%，硬脂酸 3.5%，油酸 9.4%，亚油酸 23.6%，亚麻酸 20.3%。适工业润滑油，掺和油漆，制肥皂。

【根】　药用：翻白叶，祛风除湿，舒筋活血，主治风湿性关节炎，类风湿性关节炎，腰肌劳损，半身不遂，扭挫伤；外用治刀伤出血。根皮泡酒。主治风湿病。

【全树】　翻白叶为紫胶虫寄主树。

【物种资源】　云南、勐仑景东翅子树濒危，仅见景东用种子繁殖，以上品种，宜在石灰岩荒山种植发展。

翅平婆属 *Pterygota* Schott et Endl.

约 4~5 种，分布亚、非洲热带；中国海南产 1 种。乔木。翅苹婆 *Palata* (Roxb.) R. Benn.。

【木材】　高大乔木材浅黄色，重量、硬度、强度、干缩中等，耐腐蚀，适家具，建筑，胶合板等利用，价值下等。

【种子】　油用：种子含油 36.3%，半干性油，主成棕榈酸 27.2%，硬脂酸 3.38%，油酸 8.54%，亚油酸 41.5%，亚麻酸 6.7%，适工业润滑油，制肥皂。

梭罗树属 *Reevesia* Lindl.

18 种，分布喜马拉雅山区以东；中国产 14 种，分布西南至台湾。乔木或灌木。

【茎皮】　纤维：长柄梭罗树 *R. logipetiolata* Merr. et Chun，含纤维素 35.9%，梭罗树 *R. puoescens* Mast.，含纤维素 52.12%；两广梭罗树 *R. thyrsoidea* Lindl.，含纤维素 22.8%，可制绳索，麻袋，人棉，造纸。

【木材】　灰黄褐至浅红褐色，材重量、硬度、强度、干缩均中等，稍耐腐。适室内装饰材，农具，包装，家具板料，造纸等。木材价值下等。如长柄梭罗树，梭罗树，两广梭罗树，密花梭罗树 *R. pycantha* Ling.，粗齿梭罗树 *R. rotundifolia* Chun，绒果梭罗树 *R. tomentosa* Li。

【种子】　油用：长柄梭罗树种子含油 35.9%，干性油，主成分：棕榈酸 12.2%，油酸 18.8%，亚油酸 67.5%，两广梭罗树种子含油 33.1%，半干性油，主成分：棕榈酸 18.1%，油酸 19.3%，亚油酸 61.5%，油适工业润滑油、灯油、制肥皂。

苹婆属 *Sterculia* L.

约300种，分布热带；中国产23种，分布华南、西南、福建、台湾。乔木或灌木。

【树皮】 纤维：假苹婆 *S. lanceolata* Cav. 纤维含量23.1%，苹婆 *S. nobilis* Smith，纤维含量36%；家麻树 *S. pexa* Pierre 纤维含量55%~59.8%；绒毛苹婆 *S. villosa* Roxb.，纤维可制绳索、麻袋、麻布、人棉混纺、造纸等。

【木材】 材灰黄褐至黄绿色，重量中，轻，软，强度弱，干缩小，不耐腐。适家具，农具，建筑，室内装饰，包装材，胶合板，造纸材等。木材价值低。如香苹婆 *S. foetido* L.、假苹婆、苹婆、家麻树、绒毛苹婆、翅苹婆 *S. alata* Roxb.。

【树胶】 绒毛苹婆可割树胶，称卡那亚胶 Karrya gum.，用于仪器、纺织、药品、化妆。

【叶】 苹婆叶可作牛、羊饲料。

【果】 药用：苹婆果荚，主治痢疾。

【种子】 ①食用：古巴苹婆 *S. cubeiasis* Urb.、香苹婆、假苹婆、苹婆、家麻树，种子味似栗。②油用：假苹婆，种仁含油22.5%，不干性油，主成分：棕榈酸13.2%~15.8%，硬脂酸13.2%，油酸20.6%~24.3%，亚油酸3.7%~45.5%，亚麻酸3.6%，苹婆酸3.76%，可食用。香苹婆种仁含油，属不干性油，可作工业润滑油。③淀粉原料：假苹婆、苹婆，种子含淀粉，可食用及工业用。④药用：胖大海 *S. scaphigera* Wall.，泡水，清热润喉，主治咽喉肿痛，感冒，咳嗽，常作润喉剂。⑤兽药：胖大海，主治牛马喉肿，转肠风。⑥全树绿化行道树：苹婆，不落叶，树荫好。

可可属 *Theobroma* L.

约30种，分布美洲热带；中国引入1种，海南、云南南部栽种。乔木。可可树 *T. cacao* L.。

【种子】 ①饮料：可可种子粉为世界三大饮料之一。②巧克力糖主要原料。③油用：可可种仁含油46.5%~55.7%，不干性油，主成分：棕榈酸24.3%，硬脂酸35.4%，油酸38.1%，供药用。④色素：可可种子含红色索。

【种子壳】 ①色素：种子壳提取色素，用于食品，医药，饮料，天然色素，安全可靠。②香料：种子壳提取香料试用于香烟。③饲料：种子壳可作饲料。

蛇婆子属 *Waltheria* L.

约50种，多产美洲热带；中国产1种，分布华南、云南、台湾、福建。草本、半灌木稀木本。蛇婆子 *W. indica* L.。

【茎皮】 纤维可织麻袋。

【全树】 水土保持植物：蛇婆子，匍匐状，耐瘠薄，为良好水土保持树种。

可拉属 *Cola* Schott et Endl.

原产西非；我国引入1种，光叶可拉 *C. acuminata*(P. Beauv.)Schott et Endl.。

【种子】 ①兴奋饮料：种子含咖啡因2%~3%，可作兴奋剂饮料。②可口可乐：种子含蛋白质，脂肪，淀粉，咖啡因，为制可口可乐饮料原料，还可制可拉巧克力糖，可拉酒。

③药用：神经兴奋剂。

马钱科 Loganiaceae

约 4 属 500 多种，分布热带、亚热带地区，少数分布温带地区；中国产 6 属约 20 多种，引入 1 属 1 种。分布长江流域以南。草本、灌木或小乔木。

蓬莱葛属 *Gardneria* Wall.

5 种，分布亚洲东南部；中国产 5 种，分布长江流域以南地区。攀缘状灌木。

【种子】 药用：蓬莱葛 *G. multiflora* Makino.，种子捣碎外敷，治创伤出血。

【根】 药用：蓬莱葛，根入药，祛风和血，主治关节炎。狭叶蓬莱葛 *G. angustifolia* Wall.，根入药，利湿祛风，活络健脾，主治劳伤，风湿骨痛。

马钱属 *Strychnos* L.

约 190 种，分布热带至亚热带；中国产 11 种，引入 1 种。分布华南，台湾、云南。灌木或小乔木。

【种子】 ①药用：滇南马钱子 *S. cheliensis* Hu，种子剧毒，含番木鳖碱（士的宁），健胃，凉血，消肿毒，主治四肢麻木，瘫痪，食欲不振，痞块，痈疮肿毒，咽喉肿痛，每次服 1~3 分。云南马钱子 *S. gaulthierana* Pierre ex Lexxer.，种子含生物碱 30%，主成分番木鳖碱，兴奋剂，强壮剂，苦味剂，兴奋肠黏膜，增加蠕动，减缓便秘。狭花马钱子 *S. angustiflora* Benth.，主成分：番木鳖碱，马钱子碱，有大毒，通经络，消肿，止痛，主治风湿关节痛，手足麻木，半身不遂；外用治痈疽肿毒，跌打损伤。马钱子 *S. nuxvomica* L.，种子含总生物碱 2%~5%，主成番木鳖碱，马钱子碱，番木鳖次碱，伪番木鳖碱，伪马钱子碱，奴伐新碱，α, β-可鲁勃林，土屈新碱，番木鳖苷，脂肪油 3%，蛋白质 11%，绿原酸，有大毒，能活经络，消结肿，止疼痛，主治面神经麻痹，半身不遂，手足无力，小儿麻痹后遗症，淋巴结核，跌打损伤，骨折；外用治皮肤癌，痈疖疔疮；尚试用于食道，胃，肠，肺癌及白血病。海南马钱子 *S. ignanti* Merr. et Chun 种子可代马钱子。②兽药，有大毒，醒脾健胃，消肿止痛，治牛胃癌，牛马风寒瘤腿，家畜皮肤瘰疬，牛狂犬病，马爬窝不动。长籽马钱子 *S. wallichiana* Steud. ex DC.，种子入药，主成番木鳖碱 1.33%，马钱子碱，士的宁，有大毒，通经络，消结肿，止痛，主治面神经麻痹，半身不遂，手足无力，小儿麻痹后遗症，淋巴结核，跌打损伤，骨折；外用治皮肤癌，痈疖疔疮。

【根】 药用：伞花马钱子 *S. umbellata*（Lour.）Merr.，根入药，有大毒，祛风湿，主治风湿寒痹，寒湿肾皮肿三脉马钱子 *S. cathayensis* Malt.，根解热止血，治头痛，心气病，疟疾。

野茉莉科 Styracaceae

12 属 180 多种，分布亚、美、非洲，少数分布欧洲；中国产 9 属约 40 种，引入 1 属 1 种。主产长江以南。乔木、灌木。

赤杨叶属 *Alniph lllum* Matsm.

5 种，分布中国、越南至印度；中国产 5 种，分布长江以南。落叶乔木。

【木材】 浅黄至浅红褐色，材轻，软，强度弱，干缩小，不耐腐，易蓝变色。适火柴杆，胶合板，包装材，室内装修，木屐，绘图板，铅笔杆，冰棒棍，造纸材（纤维长 2112 微米）为阔叶材纤维长的造纸好原料。木材价值低。如赤杨叶 *A. fortunei* (Hemsl.) Paerk.。

【种子】 油用：赤杨叶种子含油 13.4%，主成分：棕榈酸 10%，硬脂酸 4.4%，油酸 18%，亚油酸 67%，干性油，适制造油漆，肥皂及润滑油。

【全树】 水源涵养林好树种。

银钟花属 *Helesia* Ellis ex L.

约 4 种，分布北美洲及中国，中国产 1 种，分布长江以南。落叶乔木。

银钟花 *H. macgregorii* Chun，边材浅黄微红色，材轻软至中，结构细，稍耐腐。适作家具，建筑，胶合板，文具，造纸材等。木材价值下等。花白色，供观赏，我国稀有种，迁地种植保护。

山茉莉属 *Huodendron* Rehd.

约 3 种，分布中国、越南、缅甸；中国产 3 种，分布南部。乔木。

边材浅黄褐至心材浅红褐色，木材重，硬度中等，耐腐中，边材易变色，结构细匀。适作家具，建筑，电杆，坑木，车辆，车旋品等。木材价值下等。如云贵山茉莉 *H. biaristatum* (W. W. Smith) Rehd.、南山茉莉 *H. biaristatum* var. *parvifolium* (Merr.) Rehd.。

陀螺果属 *Melliodendron* Hand. -Mazz.

1 种，中国特产，分布长江以南。落叶乔木。

【木材】 陀螺果 *M. xylocarpum* Hand. -Mazz.，材灰黄褐色，轻，软中，强度弱，干缩小，不耐腐。适作板料，包装材，胶合板，文具，造纸材等。木材价值低。

【种子】 油用：陀螺果种子含油 49.6%，主成分：棕榈酸 22.7%，油酸 73.2%，适工业用油原料。

白辛树属 *Pterostyrax* Sieb. et Zucc.

4 种，分布东亚；中国产 2 种，分布华东至西南。乔木。

【木材】 浅黄褐至浅红褐色甚轻，软，强度弱，干缩小，不耐腐，易变蓝色，虫蛀。适作火柴杆，胶合板，冰棒棍，板料，室内装修，文具，包装材，造纸材等。木材价值低。如白辛树 *P. psilophyllus* Dielsex Perk.、小叶白辛树 *P. corymbosa* Sieb. et Zucc.。

【全树】 ①护堤树种：白辛树为低湿地护堤树种。庭园绿化：白辛树，叶美花香，优良观赏。②物种资源：白辛树已渐危，应加强保护和发展，可在西南作城市庭园绿化种植发展。

木瓜红属 *Rehderodendron* Hu

4 种，分布中国、越南；中国产 4 种，分布南方及西南。落叶乔木。

【木材】 材浅黄至浅红褐色，轻，软，强度弱，干缩小，不耐腐，易蓝变色。适火柴杆，胶合板，板料，文具，包装材，造纸材等，木材价值低。如木瓜红 *R. macrocarpum* Hu，广东木瓜红 *R. kwangtungensis* Chun。

【全树】 观赏树种：本属早春白花芳香，秋果红似瓜，为优良观赏树种。木瓜红渐危。在西南城市公园种植推广，或在植物园保护。

秤锤树属 *Sinojackia* Hu

4 种，中国特产，分布长江以南。落叶乔木。

【木材】 材轻软至中，不耐腐。适家具，板料，建筑，包装箱，造纸材等。商品材价值低等。如秤锤树 *S. xylocarpa* Hu，窄果秤锤树 *S. rehderiana* Hu。

【果实】 油用：秤锤树果含油 9%，主成分：棕榈酸 8.3%，油酸 26.8%，亚油酸 43.8%，亚麻酸 15.6%。适工业用油。

【全树】 物种资源：秤锤树，长果秤锤树 *S. dolichocarpa* C. J. Qi，已处于濒危，花气清香，果颀长，可作庭园观赏树及迁地种植保护。

野茉莉属 *Styrax* L.

约 120 种，分布热带、亚热带；中国产 30 种，引入 1 种。主产长江以南。少数分布东北、西北。乔木或灌木。

【树脂】 ①药用：越南安息香 *S. tonkinensis* (Pierre) Craib. ex Hartw 主成分：苯甲酸，松柏酸，桂皮酸，香草醛，三萜类，总香脂酸含量 31.09%，开窍，辟秽，行血，主治卒然昏迷，心脘疼痛，产后血晕。逢春安息香 *S. macrothyrsus* Perk.，白色凝固树脂，主成分：苯甲酸，桂皮酸，香草醛，松柏脂，总香脂酸含量 25.67%，开窍辟秽，主治卒然昏迷，产后血晕，心腹疼痛。白叶安息香 *S. subniveus* Merr. et Chun，树脂入药，主成分：苯甲酸，桂皮酸。香草醛，三萜类，松柏脂，总香脂酸含量 27.17%，开窍，辟秽，行血，主治卒然昏迷，产后血晕，心腹疼痛。越南安息香 *S. tonkinensis* (Pierre) Craib. ex Hartwichk.，重要南药，药名称"安息香"，开窍辟秽，防腐消炎，祛痰行气，主成分：苯甲酸及松柏脂约 68%，结晶性 10%，游离苯甲酸约 12%，d-泰国树脂酸 6%，香草醛 0.3%~2.3%，桂皮酸苯甲酯，泰国树脂鞣醇等，主治卒然昏迷，产后血晕，心腹疼痛。②兽药：安息香类，开窍辟秽，行气活血，治牛马胸膜气痛，家畜痰迷心窍，食物中毒，发热不食，炭疽溃疡，皮炎，具有显效。

【木材】 材浅黄白至浅红褐色，轻至中，硬度中，强度弱，干缩中，不耐腐至稍耐腐。适家具，胶合板，箱板，文具，包装材，农具，建筑等。木材价值低等。诸如：灰叶野茉莉 *S. cnvescens* Perk.，中华野茉莉 *S. chinensis* Hu et S. Y. Liang，赛山梅 *S. confusus* Hemsl.，垂珠花 *S. dasyantha* Perk.，白花笼 *S. fabri* Perk.，野茉莉 *S. iaponica* Sieb. et Zucc.，玉铃花 *S. obassia* Sieb. et Zucc.，郁香野茉莉 *S. odoratissimus* Champ. ex Benth.，栓叶野茉莉 *S. suberifolia* Hook. et Arn.，越南野茉莉等。

【叶】 药用：垂珠花叶止咳润肺，主治咳嗽肺躁。

【花】 ①芳香油：玉铃花可提芳香油。②药用：野茉莉花叶治喉痛，牙痛。

【果】 ①油用：垂珠花果含油量 40%～50%，半干性油，可作润滑油用。②药用：野茉莉果（叶），治风湿病；又研粉作熏烟剂，玉铃花果治蛲虫病。

【种子】 ①油用：喙果野茉莉 S. agrestis（Lour.）G. Don.，种子含油 41.5%，主成分：棕榈酸 8.8%，油酸 31.5%，亚油酸 54.5%，亚麻酸 5.2%，供工业用。灰叶野茉莉种子含油 25%，半干性油，可制肥皂，润滑油及掺和油漆用。中华野茉莉种仁含油 12.69%，主成分：棕榈酸 13.9%～19.7%，硬脂酸 2.1%～9%，油酸 31.9%～44.3%，亚油酸 11.9%～48.7%，可作润滑油。赛山梅种仁含油 52.8%，主成分：棕榈酸 9.4%，油酸 37.3%，亚油酸 44%，亚麻酸 7.2%，可制肥皂，油墨，润滑油。垂珠花种子含油 26.2%～26.4%，主成分：棕榈酸 9%～12.8%，油酸 22.5%～37.3% 亚油酸 39.1%～45.6%，亚麻酸 4.3%～23.3%，半干性油，可作润滑油。白花笼种仁含油 28.9%，主成棕榈酸 9.4%～10.3%，硬脂酸 3.4%～3.8%，油酸 41.5%～41.7%，亚油酸 36.9%～39.5%，亚麻酸 5.6%～7.7%，可制肥皂及润滑油。老鸹铃 S. hemsleyana Di Ms，种子含油 24%，制肥皂及润滑油。野茉莉种子含油 16%～18.3%，主成分：棕榈酸 8.5%～9.1%，油酸 32.6%～35%，亚油酸 50.3%～57.3%，亚麻酸 3.7%，制肥皂，润滑油，掺和油漆。楚雄野茉莉 S. limprichtii Lingelsh. et Borza，种仁含油 42.3%，主成分：棕榈酸 4.6%，油酸 27.8%，亚油酸 48.6%，可作工业用油。玉铃花种子含油 32.6%，可制肥皂及润滑油。郁香野茉莉种子油可作润滑油及肥皂。粉花野茉莉 S. roseus Dunn. 种仁含油 30%，主成分：棕榈酸 6%～9%，油酸 29.6%～36%，亚油酸 49.3%～53.3%，亚麻酸 6.6%，可作润滑油及肥皂，栓叶野茉莉种子含油 26.1%～27.7%，主成分：棕榈酸 13.8%～16.5%，油酸 36%～62.7%，亚油酸 9.4%～40.6%，亚麻酸 3.6%～4.4%，干性油，可制肥皂及油漆。越南安息香种子油可药用。

【根（叶）】 药用：栓叶野茉莉根叶祛风除湿，理气止痛，主治风湿性关节痛，胃痛。

【全树】 ①观赏树种：老鸦铃、野茉莉。②行道树种：中华野茉莉。③紫胶虫寄主树种：粉背安息香、越南安息香。

山矾科 Symplocaceae

1 属 300 种，分布亚洲，大洋洲，美洲热带、亚热带；中国产约 80 余种，分布长江以南。乔木或灌木。

山矾属 Symplocos Jacq.

单属科。

【树皮】 药用：黄牛奶树 S. laurina（Retaz.）Wall.，散寒清热，治伤风头痛，热邪口燥，燥热症等。珠仔树 S. racemosa Roxb.，主成分哈尔满，可代金鸡纳抗疟药。

【茎枝】 ①纤维代麻：叶萼山矾 S. phyllocalyx Clake 茎皮纤维代麻或造纸。老鼠矢 S. stellanis Brand. 茎皮含纤维素 35.2%，可制绳索，造纸。茶条山矾 S. emcstii Dunn，含纤维 89.53%，或代麻或造纸。②药用：本属某些树种皮药用可抗辐射（北京军事药学院试验，保密未公布）。

【木材】 ①用材：山矾类（灰木类）：材灰白至浅黄褐带红色，材轻硬度中，强度弱，干缩差，耐腐性差，易变色，适作铅笔杆，箱盒，雕刻，木尺，刷柄，火柴杆，玩具等。木材价值下等。如腺柄山矾 *S. adenopus* Hance，薄叶山矾 *S. anomala* Brand，越南山矾 *S. cochinchinensis*（Lour.）Merr.，火灰山矾 *S. dungel* Egerh et Dub.，羊舌树 *S. glauca*（Thunb.）Koidz.，光叶山矾 *S. lancifolia* Sieb. et Zucc.，黄牛奶树，细毛山矾 *S. microtricha* Hand.-Mazz，白檀 *S. paniculata*（Thunb.）Miq.，丛花山矾 *S. poilanei* Guill.，老鼠矢，山矾 *S. sumuntia* Buch. Hax. ex D. Don，留春树 *S. tignifera* Chen，南岭山矾 *S. confusa* Brand，茶条山矾，微毛山矾 *S. wikstromiifolia* Hay.，四川山矾 *S. setchuensis* Brand，原叶山矾 *S. crassilimba* Merr. 等。②药用：本属某些树种木材药用可抗辐射（北京军事药学院试验，保密未公布）。

【茎、叶】 药用：四川山矾，行水，定喘，主治水湿胀满，咳嗽喘逆。山矾清热利湿，理气化痰，主治黄疸，咳嗽，关节炎。另某些树种茎叶药用可抗辐射（北京军事药学院试验，保密未公布）。

【叶】 ①代茶：尖叶山矾代茶有甜味。②饲料：白檀叶可作饲料。③肥料：白檀叶可作肥料。④染料：倒卵叶山矾可作染料。⑤药用：华山矾 *S. ehinensis hour* Druce，有收敛生肌之效，可敷刀伤，跌伤，烧伤，烫伤外出血，鲜叶治蛇伤。丛花山矾治癣疥。山矾治急、慢性扁桃体炎，鹅口疮。⑥代碱：山矾等叶烧灰含碱可洗衣。

【果】 油用：细毛山矾果含油量39%，可作肥皂及润滑油。白檀果含油量27.7%，主成分：油酸53%，亚油酸36%，干性油，可作油漆，肥皂，食用；油粕作肥料。山矾果含油33.3%，主成分：油酸、亚油酸80%，棕榈酸、硬脂酸20%，可作润滑油。

【种子】 油用：华山矾种子含油量22.4%，主成分：油酸36.5%，亚油酸18.9%，棕榈酸及硬脂酸44.6%，可作润滑油，肥皂，灯油（广东有榨油食用者）。越南山矾种子含油量10.6%~14.1%，主成分：棕榈酸15.1%~38.2%，硬脂酸2%~4.5%，十六碳烯酸2.8%~15.6%，油酸42.2%~63.6%，亚油酸2.2%~3.1%，供工业用油。山矾种子含油量27.8%，主成分：油酸、亚油酸，次为硬脂酸及棕榈酸，可作润滑油。山矾种子含油量27.8%，主成分：油酸、亚油酸，次为硬脂酸及棕榈酸，可作润滑油。微毛山矾种子含油量11.9%，主成分：棕榈酸16.1%，硬脂酸2.1%，油酸56%，亚油酸25.8%，可制肥皂及润滑油。其他腺柄山矾，薄叶山矾，光叶山矾，黄牛奶树，白檀，叶萼山矾，老鼠矢，留春树等种子油可作润滑油，肥皂，灯油用。

【根及根皮】 药用：华山矾解表退热，解毒除烦，主治感冒发热，心烦口渴，疟疾，腰腿痛；狂犬、毒蛇咬伤；根皮治疟疾。

【全树】 ①药用：尖叶山矾全株药用，和肝健脾，止血生肌，主治外伤出血，吐血咯血，疳积，眼结膜炎。白檀全株药用，消炎软坚，调气，主治乳腺炎，淋巴腺炎，疝气，肠痛，胃癌，疮疖。②绿化观赏树种：白檀树形优美，白花蓝果，可作绿化观赏树。③环保树种：山矾抗大气污染性强。留春树对 Cl_2，HF，SO_2 抗性强，适厂矿环保树种。

柽柳科 Tamaricaceae

约45属180多种，分布温带至亚热带，中国产3属约40种，分布东北、华北、西北以南。亚灌木至小乔木。

水柏枝属 *Myricaria* Desv.

10 种，分布东半球；中国产 8 种，分布华北、西北、西藏。落叶灌木。

【幼枝】 药用：宽苞水柏枝 *M. bracteata* Royle，幼枝入药，升阳发散，解毒适疹，主治麻疹不适，高热，风湿性关节炎，皮肤瘙痒，血热酒毒。水柏枝 *M. germanica* (L.) Desv.，幼枝入药，发表透疹，主治麻疹不适。宽叶水柏枝 *M. platyphylla* Maxim.，功效同水柏枝。①鞣质：河柏 *M. alopecuroides* Schrenk.，树皮可提鞣质栲胶。②染料：河柏枝条可提黑色染料。

【固沙植物】 宽叶水柏枝，具齿水柏枝。

红砂属 *Reaumuria* L.

约 20 种，分布亚洲、南欧、北非；中国产 4 种，分布西北至内蒙古。亚灌木或灌木。红砂 *R. songarica* (Pall.) Max.。

【枝叶】 ①饲料：红砂是理想的草原荒漠家畜主要饲料之一，并代家畜补盐植物。青鲜时分枝期含水 8.87%，蛋白质 18.26%，脂肪 2.21%，纤维素 21.43%，无氮化合物 32.82%，灰分 16.41%，钙 14.6mg/kg，磷 3.4mg/kg，胡萝卜素 791.3mg/kg，骆驼四季喜食。羊群食，牛不采食，马在干后少量采食，干旱草场为骆驼羊群主要饲料，牧民秋后收割作冬春饲料。黄花红砂 *R. trigyna* Max。②药用：红砂茎叶入药，治湿疹，皮炎。

【全株】 固沙植物：红砂，根系发达，主根长 80cm，可适应强烈干旱，盐碱荒漠，为荒漠固沙植物。黄花红砂，五柱红砂 *R. kaschgarica* Rupr.。

柽柳属 *Tamarix* L.

约 90 多种，分布欧亚北部地区，中国产 18 种，分布自东北，华北，西北，至秦岭以北，喜生盐碱地，海滨，河岸及荒漠。

【树皮】 鞣质：柽柳 *T. chinensis* Lour.，树皮含鞣质 5.21%，可提制栲胶。沙生柽柳含鞣质 8.9%，甘蒙柽柳含单宁 35%～50%，作黄绿色染料。

【木材】 ①用材：边材灰黄褐色，心材红褐色，重硬中等，稍耐腐。适作农具，一般器具，工农具柄等。木材价值下等。如：柽柳，华北柽柳 *T. juniperina* Bange，多枝柽柳 *T. ramosissima* Ledeb.，等。沙生柽柳比重大沉水。②药用：柽柳木材及枝条可治癔症。

【枝条】 柽柳枝条细柔，可编织篓筐，农具。华北柽柳，多枝柽柳，枝条均可编织农具，器具。甘蒙柽柳 *T. austromongolica* Nak.。

【叶】 ①药用：柽柳叶入药，解热利尿，主治急、慢性风湿关节炎，能解酒毒；外用皮肤癣疥：嫩叶煎水治劳累吐血病。华北柽柳，多枝柽柳叶入药，功效同柽柳。②兽药：柽柳叶治牛斑麻症。

【花】 蜜源植物：柽柳花期 6～7 月，蜜量多，粉较多，一群蜂年产蜜 5～10kg。华北柽柳花期 6～7 月，蜜量多，粉较多。

【嫩枝叶】 饮料：多枝柽柳嫩叶及枝，羊，驴，骆驼食用，叶分泌盐分，骆驼喜食，为沙漠地区的好饲料。

【全树】 ①防风固沙树种：柽柳，华北柽柳，多枝柽柳为盐碱沙土、海滨、河岸、防风固沙树种。②环保树种：柽柳对各种毒气抗性强，为重要环保树种之一。

银鹊树科 Tapisciaceae

1 属 2 种，分布西南至中部。落叶乔木。

银鹊树属 *Tapiscia* Oliv.

见科。

银鹊树 *T. sinensis* Oliv.，材灰白至黄褐色，轻，软，强度弱至中，干缩小，不耐腐，易蓝变色，适作胶合板芯材，包装材，室内建筑，门窗，木材价值低。鄂西银鹊树 *T. lichunensis* Cheng et C. D. Chu，木材近似银鹊树。

水青树科 Tetracentronaceae

1 属 1 种，分布中国西部至西南及缅甸、越南。落叶乔木。

水青树属 *Tetracentron* Oliv.

单属科。

水青树 *T. sinense* Oliv.，材浅黄褐色，甚轻，甚软，强度甚弱，韧度甚低，干缩甚小，不耐腐。适作木模，胶合板，盆桶，箱盒，火柴杆，门窗，包装箱，家具，造纸材等。木材价值下等。本种为珍稀树种，应加强保护和发展。

山茶科 Theaceae

约 30 属 500 多种，分布亚洲热带及温热带地区；中国产 14 属 400 多种，分布长江流域以南。常绿乔木或灌木。

杨桐属 *Adinandra* Jack.

约 80 种，分布东亚、大洋洲、非洲的热带至亚热带地区；中国产约 20 种，分布长江流域以南地区。常绿乔木或灌木。.

【木材】　材黄褐至浅红褐色，轻至重，硬度中，强度中，干缩小，稍耐腐。适作一般家具，一建筑，车船，器具，雕刻，笔杆，木尺，胶合板等。木材价值中等。如四川红淡 *A. bockiana* Pritz. var. *acutifolia*（Huang-Mzzz.）Kob.，华红淡 *A. chinensis* Men.，江西红淡 *A. drakeana* Frarlch.，无腺红淡 *A. epuncta* Merr. et Chun，细柄红淡 *A. filiper* Merr. ex Kob.，台湾红淡 *A. formosana* Hay.，毛红淡 *A. glischroloma* Hand. -Mazz.，海南红淡 *A. hainanensis* Hay.，湖南红淡 *A. acutifolia* Hand. -Mazz.，大萼红淡 *A. macerosepala* Metc.，大叶红淡 *A. megaphylla* Hu，黄瑞木 *A. miltettii*（Hook. et Arn.）Benth.，亮叶红淡 *A. nitida* Men. ex Li，等。

【韧皮纤维】　四川红淡，韧皮纤维可代麻，制绳索，织麻袋，人造棉。

【花】　蜜源植物：四川红淡花期 5～6 月，蜜量多，粉较多。黄瑞木花期 5～6 月，蜜量多，粉较多。均为次要蜜源植物。

【叶】 药用：黄瑞木叶入药，外用治疖肿，毒蛇咬伤，毒蜂蜇伤。

【根】 药用：黄瑞木根入药，凉血止血，消肿解毒，主治鼻衄，睾丸炎，腮腺炎。

红楣属 *Anneslea* Wall.

6种，分布东南亚；中国产6种，分布湖南、江西以南地区。常绿乔木。

【树皮】 药用：红楣 *A. fragrans* Wall.，树皮入药，健胃消食，舒肝退热，主治消化不良，肠炎。

【木材】 材黄褐浅红褐色，重中、硬，强度中，干缩大，稍耐腐。适作一般家具，建筑，车船，家具，器具，美术工艺品等。木材价值中等。诸如：红楣，海南红楣 *A. hainanensis* (Kob.) Hu，红花红楣 *A. rubriflora* Hu et Cheng，等。

山茶属 *Camellia* L.

约200多种，分布亚洲热带至亚热带地区；中国产约90种以上，分布长江流域以南地区。常绿乔木或灌木。

【木材】 材浅黄褐至红褐色，重中，硬、干缩大，稍耐腐。适作工具柄，车辆，农具，浆桩、舵杆、擀面杖、伞柄、手杖、木梳、雕刻，秤杆等。木材价值中等。诸如：尖萼山茶 *C. acutisepala* Tsai et Fang，大白山茶 *C. albogragas* Hu，滇南山茶 *C. austrogannamensis* Hu，短柱山茶 *C. brevistyla* (Hay.) Coh. Staurt，尾叶山茶 *C. caudata* (Wall.) Hu，浙江红花油茶 *C. chekiangoleosa* Hu，金花茶 *C. chrysantha* (Hu) Tuyama.，红皮糙果茶 *C. crapnelliana* Tutch.，尖叶山茶 *C. cuspidata* (Kochs) Wight.，东南山茶 *C. edithae* Hanee，柃叶边蕊茶 *C. euryoides* Lindl.，连蕊茶 *C. fraterma* Hance，糙果油茶 *C. N. Cfuracea* (Merr.) Coh-staurt，高州油茶 *C. gauchowensis* Chang，博自大果油茶 *C. gigantocarpa* Hu et H. T. Cheng，长瓣短柱茶 *C. grijsii* Hance，异叶山茶 *C. heterophglla* Hu，香港山茶 *C. hongkongensis* Seem.，山茶花 *C. japonica* L. C. Hu，落瓣油茶 *C. kissi* Wall.，梨果花 *C. latilimba* Hu，石果油茶 *C. mairei* (Lévl.) Melchior，茶梨油茶 *C. octopetala* Hu，油茶 *C. oleifera* Abd.，小时山茶 *C. parvilimba* Merr. et Metc.，西南山茶 *C. pitardii* Coh. Stuart.，宛田红花油茶 *C. polyodenta* How et Chun ex Hu，云南山茶 *C. reticulata* Lindl.，柳叶山茶 *C. salicifolia* Champ.，怒江山茶 *C. salvenensis* Sta D fex Been.，茶梅 *C. sasangua* Thumb.，南山茶 *C. semiserrata* Chi.，茶 *C. sinensis* (L.) O. Ktze. 及普洱茶 var. *assanica* (Mast.) Kitamura.，大理茶 *C. taliensis* (W. W. Smith) Melchior，台湾山茶 *C. tenuiflora* (Hay.) Cob. -Smart.，越南山茶 *C. vietnanensis* T. C. Huang ex Hu，无脉山茶 *C. villicarpa* Chien，等。

【叶】 ①饮料：茶是世界三大饮料之一，是国内外普遍爱好的饮料，传统出口商品，现远销世界80多个国家和地区，品种有绿茶，红茶，乌龙茶，黑茶，六堡茶，花茶，沱茶，茶砖，普洱茶。②药用：茶叶含咖啡因，茶碱，黄嘌呤，无色花青营，可可豆碱，紫云英苷，槲皮素，山奈醇，槲皮素-3-鼠李葡萄糖苷，山奈醇，3-鼠李葡萄糖苷，杨梅素，3-葡萄糖苷，杨梅皮素，3-半乳糖营，维生素 A，维生素 C，麦角甾醇，胡萝卜素，鞣质，没食子酰-1-表没食子儿茶精，1-表没食子儿茶素，1-表儿茶精，挥发油，β，γ-庚烯醇，羟基桂皮酸，茶氨酸(茶甜味成分)，精氨酸，a. 菠菜甾醇，有降压作用，增加心博，抑菌作用，帮助消化脂肪，增强微血管壁的抵抗力，治慢性痢疾，慢性肾炎，慢性肝炎，提神醒脑，通经活络，兴奋中枢神经，减少肌肉疲劳，增强心脏活动，促进血液循环，利尿解毒，利于新陈代谢，增加疾病抵抗力，对预防辐射损伤有一定疗效，升高白细胞和血小板，防癌，抗癌有一定疗效。普洱茶清热利水，消食，醒神，主治神疲多眠，头痛，头昏，小便不利，解酒毒。

【花】 ①蜜源植物：山茶花，花期 11～12 月，蜜量较多，粉量较少。茶花期春季或 10～11 月，蜜量大，粉量多(但花粉对蜂有毒)。西南山茶，花冬季蜜源植物。川鄂连蕊茶 *C. rosthorpiana* Hand. -Mazz.，花期 2～3 月，蜜粉稍多。②药用：山茶花，花入药，收敛凉血，散瘀消肿，主治吐血，衄血，便血，尿血，跌打损伤。

【种子】 香港毛蕊茶 *C. assimilis* Champ. ex Benth.，种子含油量 8.4%，主成分：棕榈酸 24。1%，硬脂酸 3.1%，油酸 54.5%，亚油酸 18%，油可作润滑油。尾叶山茶种仁含油量 18.2%，主成分：棕榈酸 27.8%，硬脂酸 4.1%，十六碳烯酸 3.8%，油酸 60.8%，亚油酸 1.8%，油可作润滑油。红花油茶种仁含油量 31.7%，油可食用制肥皂，润滑油。由花茶种仁含油量 17.6%，主成分：棕榈酸 24%，硬脂酸 6.1%，油酸 30.6%，亚油酸 36.7%，亚麻酸 2.6%，油供作润滑油。红皮糙果茶种仁含油量 40.5%，主成分：棕榈酸 19.1%，油食用。尖叶山茶种仁含油率 31.1%，主成分：棕榈酸 19.1%，硬脂酸 2.6%，油酸 74.4%，亚油酸 2.70%，油供作润滑油，印油，润滑油，肥皂。红花油茶 *C. crassissma* 种仁含油量 50.53%，主成分：棕榈酸 14.39%，硬脂酸 3.39%，油酸 72.82%，亚油酸 8.37%，油供润滑，制肥皂。柃叶连蕊茶种仁含油 18.66%，主成分：棕榈酸 22.6%，脂肪酸 2.9%，油酸 52.5%，亚油酸 21.9%，油供制肥皂，润滑油。窄叶短柱茶 *C. fluviatilis* Hand. -Mazz. 种仁含油量 34.6%，主成分：棕榈酸 11.8%，油酸 86.2%，油供润滑油，制肥皂。小花山茶 *C. forestii* (Diels) Cohen-Stuart.，种仁含油量 34.01%，棕榈酸 20.12%，油酸 66.65% 亚油酸 10.91%，油供制肥皂，润滑油。糙果油茶种仁含油 51.1%，主成分：棕榈酸 17.6%，硬脂酸 1.6%，油酸 60.2%，亚油酸 19.9%，油供制肥皂及润滑油。长瓣矩柱茶种仁含油量 36.5%；主成分：棕榈酸 11.2%，硬脂酸 1.5%，油酸 26.2%，亚油酸 10.3%，油供制肥皂及润滑油。岳麓连蕊茶 *C. hamdelli* Sealy，种仁含油量 29.3%，主成分：棕榈酸 20.3%，硬脂酸 3%，油酸 73%，亚油酸 2.6%，油供制肥皂，润滑油。滇南山茶 *C. henryana* Cob. -Stuat.，硬脂酸 2.6%，花生 1.1%，油酸 51.9%，亚油酸 10.3%，油可供日化用油。香港山茶 种仁含油 44.1%，油可供肥皂，润发油，润滑油；油糟作肥料。滇缅茶 *C. irrawadiensis*，种仁含油量 53.15%，主成分：棕榈酸 8.45%，油酸 82.6%，亚油酸 6.72%，油供润滑油，制肥皂。山茶花，种仁含油量 73.29%，主成分：棕榈酸及硬脂酸 11%，油酸 81.65%，亚油酸 2%，油可供食用，润发油，防锈油，肥皂，钟表润滑油；油粕可洗头，毒鱼之用。梨花，种仁含油量 48%，主成分：棕榈酸及硬脂酸 15%，油酸 73.3%，亚油酸 4.11%，油可供润滑油及制肥皂，食用，味清香，胜过油茶。细叶短柱茶 *C. microphylla* (Merr.) Chien。种仁含油量 59.2%，主成分：棕榈酸 10.3%，硬脂酸 2.7%，油酸 81.6%，亚油酸 4.8%，油供食用。钝叶短柱花 *C. obtusifolia* Cheng，种仁含油量 50.5%，主成分：棕榈酸 6.8%，硬脂酸 2%，十六碳烯酸 1%，油酸 80.5%，亚油酸 9.7%，油可供润滑油，制肥皂。油茶，种仁含油 46.2%～59.2%，主成分：油酸 83%，亚油酸 7.4%～10%，经 145℃ 煎炼后，油清香耐贮，长期食用，可中和胆固醇，防治心血管疾病，还可作润发油，制肥皂，润滑油，涂料油；油粕含蛋白质 22%～24%，可作饲料肥料，洗涤剂，乳化剂，农药有杀虫之效。西南红茶种仁含油 38.2%，主成分：棕榈酸 15.3%，硬脂酸 3.6%，十六碳烯酸 2.9%，油酸 77.2%，亚油酸 10.1%，油可供制肥皂及润滑油。宛田红花油茶种仁含油 35.3%，主成分：棕榈酸 14.1%，油酸 69.5%，亚油酸 14.4%，油供食用，制肥皂；油粕作肥料，洗涤剂，农药杀虫剂。红花油茶种仁含油率 56.25%～58.94%，主成分：棕榈酸 13.9%，硬脂酸 1.6%，油酸 76.5%，亚油酸 8% 油供食用，油质好，营养丰富。怒江山花茶 C. saluenensis Stapf ex Bean.，种仁含油 47.74%～53.39%，主成分：棕榈酸 15.32%～16.26%，油酸 71.5%～74.31%，亚油酸 7.78%～10.45%，油当地僳僳族，怒族作食用油。茶莓，种仁含油量 58%～60%，主成分：棕榈酸及硬脂酸 11.4%，油酸 74.3，亚油酸 14.3%，油可食用及润滑油。广宁油茶，种仁含油量 54.53%～64.06%，主成分：棕榈酸 9%，硬脂酸 2.3%，油酸 70.8%，亚油酸 16.9%，油供食用及制肥皂。茶种仁含油 30.13%，主成分：棕榈酸 16.3%～28.9%，硬脂酸 0.8%～4.9%，油酸 58%～70.4%，亚油酸 9.5%～20.6%，茶籽油是很好的食用油，精密仪表油，SG7-4 润滑油。普洱茶，种仁含油量 35.62%，主成分：棕榈酸 18.2%，硬脂酸 3.4%，油酸 45.8%，亚油酸 30.2%，亚麻酸 2.4%，油可供食用，润滑油。大理茶种仁含油量 26.2%，主成分：棕榈酸 31%，油酸 43.8%，亚油酸 23.7%，油可供制肥皂及润滑油，越南油茶种仁含油量 48.1%，主成分：棕榈酸 15%，油酸 77.6%，亚油酸 7.4%，油可供制肥皂及润滑油。野山茶 C. yannansis (Pitard) Cob. -Sturart.，种子含油率 57.4%，油可供制肥皂及润滑油。

【果壳】 油茶果壳含鞣质，可提栲胶，又可制碱，提皂素，糠醛原料及活性炭。

【根】 药用：山茶花根入药，收敛，凉血，止血，主治吐血，衄血，便血，血崩，外用治烧烫伤，创伤出血。油茶根入药，清热解毒，活血散瘀，止痛，主治急性咽喉炎，胃痛，扭挫伤。西南山茶花，根入药，消炎，止痢，调经，主治痢疾，月经不调，鼻衄，吐血，肠风下血，关节炎，脱肛。茶根入药，清热解毒，治热毒痢疾。

【农药】 油茶：将饼研粉，撒入田中，可治蛴螬，甘薯小象鼻虫，稻食根金花虫，杀棉蚜虫，红蜘蛛，浮尘子，麦蚜虫，二十八星瓢虫，菜蚜虫，玉米螟，小麦锈病。

【全林】 ①观赏植物：本属多种花艳丽，可作盆景观赏植物。②环保树种：山茶抗 SO_2、Cl_2 抗性强，可作厂矿绿化环保树种。

肖柃属 *Cleyelra* Thunb.

约 16 种，分布两半球温带至亚热带；中国产 12 种，分布长江流域以南地区。常绿乔木或灌木。心材暗红褐色，重量中；硬度中，强度弱，干缩中。心材稍耐腐。适作建筑，造纸，玩具，雕刻，日用品，农具，篱柱等。木材价值中等。诸如：锥果杨桐 *C. conoearpa* Chang，杨桐 *C. japonica* Thunb.，倒卵叶红淡 *C. obovata* Chang，隐脉红淡 *C. obseurinervia* (Merr. et Chun) Chang，厚叶杨桐 *C. pachyphylla* Chun et Chang 等。

柃　属 *Eufya* Thunb.

约 140 多种，分布亚洲亚热带；中国产约 80 多种，分布长江流域以南。常绿灌木或乔木。

【木材】 材浅黄褐至浅红褐色，重至中，硬至中，强度中，干缩小至中，稍耐腐。适作农具，日用柄棒，篱柱，车旋品等。木材价值中等。诸如：翅柃 *E. alata* Bkobuski，金叶

枰 *E. aurea*(Level.)Hu et L. K. Ling.，短柱枰 *E. brenstyla* Kobuski.，米碎花 *E. chinensis* R. Br.，华南毛枰 *E. ciliata* Merr.，钝齿枰 *E. crenatifolia*(Yamarnoto)Kobuski.，二列叶枰 *E. distichophylla* Hemsl.，岗枰 *E. groffii* Merr.，微毛枰 *E. hebealados* L. K. Ling，贵州毛枰 *E. kwichowensis* Hu et L. K. Ling，短尾叶枰 *E. loquainana* Dunn，黄山枰 *E. hwangshanensis* Aqsu，半齿枰 *E. semiserrulata* Chang，钝叶枰 *E. obtusifolia* Chang，微毛枰 *E. hebeclada* Ling，粗齿枰 *E. japoniea* Thunb.，枰 *E. nitida* Korth.，窄叶枰 *E. stenophylla* Merr.，黑枰 *E. macartneyi* Chemp.，从化枰 *E. metcalfiana* Kobuski.，格药枰 *E. muricata* Dunn.，岩枰 *E. saxicala* Chang，毛果枰 *E. trichocarpa* Korth.，单果枰 *E. weissae* Chun，等。

【花】 蜜源植物：本属多种为冬、春蜜源植物，产蜜量丰富，粉也多，花期长10月至翌年春3月，中蜂喜采，每年每群产蜜10~15kg，意大利蜂也采，每框5~10kg。如：翅枰一般年群蜂产蜜20~40kg，蜜浅琥珀，结晶乳白，味极芳香，是上等出口蜜。短柱枰。每群蜂年产蜜20~40kg。蜜浅琥珀色，结晶乳白，味极芳香，是上等出品蜜。米碎花，每群蜂年产蜜20~40kg，蜜浅琥珀色，结晶乳白，味极芳香，是上等出口蜜。微毛枰，每群蜂年产蜜20~40kg，蜜浅琥珀色，结晶乳白，味极芳香，是上等出口蜜。枰，每群蜂年产蜜20~40kg，蜜浅琥珀色，结晶乳白，味极芳香，是上等出口蜜。半齿枰，每群蜂年产蜜20~40kg，蜜浅琥珀色，结晶乳白，味极芳香，是上等出口蜜。毛果枰，每群蜂年产蜜20~40kg，蜜浅琥珀色，结晶乳白，味极芳香，是上等出口蜜。

【茎皮】 鞣质：光枝胡氏枰 *E. huiana* Hobuskif. Glaberrima Chang，茎皮含鞣质17.92%，可提制栲胶。

【茎叶】 药用：岗枰，茎叶入药，祛痰镇咳，消肿止痛，主治肺结核，咳嗽，跌打肿痛。粗齿枰，茎叶入药，祛风除湿，消肿止血，主治风湿关节痛，腹水，外伤出血。

【根或全株】 药用：米碎花根及全株入药，清热解毒，除湿敛疮，主治感冒；外用治烧烫伤，脓包疮。二叶枰全株入药，清热解毒，消炎止痛，主治急性扁桃体炎，喉炎，口腔炎，支气管炎，水火烫伤。

大头茶属 *Gordonia* Ellis

约40种，分布亚、美洲热带至亚热带；中国产7种，分布华南，西南至台湾。常绿乔木或灌木。

【树皮】 鞣质：大头茶 *G. axillaris*(Roxb.)Sweet，树皮含鞣质13.47%，可提制栲胶。

【木材】 心材灰红褐色，重，硬，干缩中，稍耐腐。适作胶合板，家具，建筑，雕刻，笔杆等。木材价值中等。诸如：大头茶，海南大头茶 *G. hainanensis* Chang，云南大头茶 *G. chrsandra*(Cowan)Hu 等。

【种子】 油用：大头茶种子含油量7.1%，主成分：棕榈酸11.2%，硬脂酸2.7%，油酸31%，亚油酸54.7%，油可制肥皂及润滑油。

多瓣果茶属 *Parapyrenaria* Chang

1种，分布海南。常绿大乔木。多瓣果茶木 *P. maltisepala*(Merr. et Chun)Chang。

【木材】 材灰红褐色，重量中，硬，强度中，干缩大，稍耐腐。适作胶合板，工农具柄，车船，建筑，秤杆，车旋品，雕刻，家具等。木材价值中等。

【种子】 油用：多瓣果茶木种子含油 7.3%，主成分：棕榈酸 15.1%，硬脂酸 3.8%，油酸 44.4%，亚油酸 36.7%，油供制肥皂及润滑油用。

荷木属 Schima Reinw ex Bl.

约 30 多种，分布亚洲南部；中国产约 20 种，分布长江流域以南。常绿或半常绿乔木。

【树皮】 ①鞣质：木荷 S. superba Gardn et Champ.，树皮含鞣质 6.1%，可提制栲胶，纯度 34.3%。②杀虫药：木荷树皮含鞣质及草酸盐，研粉，可毒杀蟑螂，苍蝇、天牛，毒鱼。③药用：红木荷 S. wallichii Choisy，树皮及叶入药，收敛止泻，杀虫，主治肠炎，痢疾，鼻出血，消化不良，疟疾，子宫脱垂，蛔虫病。

【木材】 材浅黄褐至浅红褐色，重量、硬度、强度、韧度、干缩均中等，稍耐腐，抗蚁蛀弱。适作纱锭，胶合板，建筑，家具，包装材，文具，车旋品，茶叶箱，手榴弹柄，洗衣板，枪托等。木材价值中等。诸如银木荷 S. argentea Pritz.，竹叶木荷 S. bambusifera Hu，大果木荷 S. macrocarpa Hu，滇木荷 S. norontae Reinw，木荷，华木荷 S. smensis (Hemst. et Wils.) Airyshaw，薄叶木荷 S. tenuifolia Cheng，红木荷等。

【花】 蜜源植物：木荷花期 5~6 月，蜜多粉较多，一群蜂年产蜜 5~10kg。

【根】 药用：木荷根皮入药，治下肢溃疡，无名肿毒。

【全树】 防火林树种：木荷叶片厚常绿，革质，不易燃烧，可作防火树种。

紫茎属 Stewartia L.

约 13 种，分布东亚及北美洲；中国产约 8，分布长江流域以南。落叶灌木或小乔木。

【木材】 心材黄红褐色，重量，硬度，强度，韧度均中等，干缩大，稍耐腐。适作胶合板，工农具柄，车船，建筑；秤杆，仪器盒，车旋品，玩具，雕刻，家具等。木材价值中等。诸如：短萼紫茎 S. brevicalyx Yam，光皮紫茎 S. glabra Yah，无目紫茎 S. monodelpha var. gemmata (Chien et Cheng) Cheng，红皮紫茎 S. rubiginosa Chang，长柱紫茎 S. rostrata Spongb，紫茎 S. inensis Rehd. et Wils.，翅柄紫茎 S. pteropetiolata Cheng，柔毛紫茎 S. villosa Merr.，等。

【种子】 天目紫茎种子含油量 40% 以上，可供食用，制肥皂，润滑油。

厚皮香属 Temstroemia Matis ex L.

约 100 种，分布亚洲、美洲、非洲；中国产约 20 种，分布长江流域以南地区。常绿乔木或灌木。

【树皮】 鞣质：厚皮香 T. gymnanthera (Wight et et.) Spraque. 树皮含鞣质 21.02%~29.79%，可提制栲胶，纯度 37%，又可作茶褐色染料。

【木材】 材红褐色，香，硬，强度中至强，干缩中至大，稍耐腐。适作雕刻，秤杆，伞柄，家具，建筑，车船，胶合板，电杆横担木等。木材价值中等。诸如：厚皮香，厚叶厚皮香 T. kwangtungensis Merr.，亮叶厚皮香 T. nitida Merr.，光萼厚皮香 T. luteoflora Hu ex L. K. Ling 小叶厚皮香 T. microphylta Merr.，香叶厚皮香 T. oblancilimba Chang，假轮叶厚皮香 T. pseudoverticillata Merr. et Chun，等。

【果】 药用：厚皮香果入药，清热解毒，消痈肿，主治疮疡痈肿，乳腺炎。

【种子】 油用：厚皮香种子含 17.64%，主成分：棕榈酸 22.2%～29.3%，硬脂酸 1.3%～4.3%，十六碳烯酸 6.9%～83%，油酸 37.1%～42.6%，亚油酸 32.5%～43.4%，亚麻酸 2.1%，油供制肥皂及润滑油。厚叶厚皮香种子含油 32,5%，主成分：棕榈酸 14.5%，硬脂酸 2.5%，十六碳烯酸 11.6%，油酸 35.4%，亚油酸 25.4%，亚麻酸 11.6%，油酸 35.4%，亚油酸 25.4%，亚麻酸 11.6%，油可供制肥皂及润滑油。

【全树】 环保树种，厚皮香抗 SO_2，Cl_2，HF 抗性强，并吸收有毒气体，适厂矿作环保树种。

石笔木属 *Tutcheria* Bl.

约 26 种，分布亚洲南部；中国产约 23 种，分布福建、江西以南。常绿乔木或灌木。

【木材】 材浅黄红褐色，重至中，硬，强度中，干缩大，稍耐腐。适作建筑，家具，秤杆，雕刻，笔杆，胶合板，车船等。木材价值中等。诸如：短果石笔木 *T. brachycarpa* Chang，六瓣石笔木 *T. hexalocalaria* Hu ex S. Y. Liang，硬石笔木 *T. hirta*（Hand. -Mazz）Li，楄捷木 *T. championi* Nakai，格林楄捷木 *T. greenae* Chun，小果石笔木 *T. microcarpa* Dunn，石胆 *T. multisepa* Merr. et Chun，卵叶石笔木 *T. ovalifolia* L.，毛石笔木 *T. pubifolia* Merr. et Chang，台湾石笔本 *T. shinkoensis*（Hay.）Nakai，石笔木 *T. spectabilis* Dann，皱果石笔木 *T. symplucifolia* Merr. et Metc.，等。

【种子】 油用：楄捷木种仁含油 59%，主成分：棕榈酸 19.3%，硬脂酸 4.9%，十六碳烯酸 1.6%，油酸 68.8%，亚油酸 11.2%，油供制肥皂及润滑油。格林楄捷木种子含油 12.6%，主成分：棕榈酸 14.1%，硬脂酸 2%，油酸 46.4%，亚油酸 37.5%，油可作润滑油。六瓣石笔木，种仁含油 9.2%，主成分：棕榈酸 17.7%，硬脂酸 5.2%，油酸 57.3%，亚油酸 16.2%，油可作润滑油及肥皂。硬毛石笔木，种仁含油 64.9%，主成分：棕榈酸 13.2%，硬脂酸 5.3%，油酸 55.9%，亚油酸 22.8%，油可作肥皂及润滑油。狭叶石木种子含油 14.7%，主成分：棕榈酸 17.6%，硬脂酸 3.5%，油酸 53.8%，亚油酸 25.1%，油可供制肥皂及润滑油。

瑞香科 Thymelaeaceae

约 44 属 500 多种，分布热带至温带；中国产 8 属，约 90 种，分布长江流域以南，北部少见。乔木、灌木、草本。

瑞香属 *Daphne* L.

约 70 种，分布亚、欧、北非、大洋洲；中国产约 35 种，分布黄河流域以南。灌木或亚灌木。

【茎皮】 ①纤维：西南瑞香 *D. feddei* Lévl.，茎皮纤维含量 40%，性韧，制打字蜡纸，皮纸，钞票纸，人造棉。芫花 *D. genkwa* Sieb. et Zucc.，茎皮纤维含量 79.99%，制打字蜡纸，复写纸，牛皮纸，文化用纸，也可作人造棉。黄瑞香 *D. giraldii* Nitsche.，茎皮纤维可制打字蜡纸，皮纸，绵纸，高级文化纸，人造板，瑞香 *D. odom* Thunb. var. *olroculis* Rehd.，茎皮纤维含量 34%，打字蜡纸，皮纸，高级文化纸，人造棉。白瑞香 *D. papyracea* Wall. ex Stcud.，茎皮纤维可作打字蜡纸，皮纸，高级文化纸，人造棉。山辣子皮 *D. papyracea* var. *crassiaccula* Rehd.，茎皮纤维含量 56.67%，可制打字蜡纸，皮纸，高级文化纸，人造棉，凹叶瑞香 *D. retusa* Hemsl. 茎皮纤维可作蜡纸，皮纸，钞票纸，人造棉。甘肃瑞香 *D. tagutica* Maxim. 茎皮纤维可作蜡纸，皮纸，人造板。野罗花 *D. wilsonii* Rehd.，茎皮纤维含量 30%，可制打字蜡纸，皮纸，高级文化纸，人造棉。②药用：黄瑞香茎皮入药，主成分：瑞香苷，丁香苷，祛风通络，泄瘀止痛，主治头痛，牙痛，风湿关节痛，跌打损伤，胃痛，肝区痛。③兽药：芫花茎秆捣碎，煮沸，5 倍水喷洒，防治地老虎，金针虫，蝼蛄，蛴螬，天牛，桑蚕虫，菜蚜虫，棉花炭疽病，杀黏虫，小麦秆锈病，杀孑孓。

【花】 ①芳香油：西南瑞香，花可提芳香油浸膏。瑞香，花主成分瑞香素，可提芳香油，作化妆品及皂用香精，含量 0.24%。白瑞香花提芳香油浸膏。②药用：芫花花蕾含芫花素，洋芫菜素，谷甾醇，芹菜苷羟基芫花素，活血消肿，为泻不利尿剂，用于水肿，腹水症，痰饮喘满，急性乳腺炎。瑞香，花含瑞香素。β-水芹烯，正己醇，γ-己烯醇，壬醇，顺式及反式环氧芳樟醇，香茅醇，橙花醇，牦牛儿醇，祛风除湿，活血止痛，主治风湿关节炎，坐骨神经痛，咽炎，牙痛，乳腺癌初起，跌打损伤。其变种紫茎瑞香 *D. odora* Thunb. var. *atrocaulis* Rehb.，主治牙痛，遗精。③兽药：黄瑞香，花蕾作兽药，逐瘀消肿，除湿涤痰，治牛病草不转，牛马肚胀，水肿腹胀，骡马结症，牛马痛疽。

【种子】 油用：凹叶瑞香，种子含油量 41.1%，主成分：棕榈酸 6.2%，硬脂酸 1.1%，油酸 33.9%，亚油酸 57.5%，油供作润滑油，制肥皂。

【根】 药用：西南瑞香根入药，祛风除湿，活血止痛，主治风湿关节痛，跌打损伤，胃痛。芫花，根入药，主成分：芫花酯甲，芫花酯乙，芫根苷，β-谷甾醇，消肿解毒，活血止痛，主治急性乳腺炎，痈疖肿毒，淋巴结核，腹水，风湿痛，牙痛，跌打损伤。黄瑞香根皮入药，止痛散血补血，祛风通湿，主治头痛，牙痛，风湿关节痛，跌打损伤，胃痛，肝区痛。白瑞香，根入药，祛风除湿，调经止痛，主治风湿麻木，筋骨疼痛，跌打损伤，癫痫，月经不调，痛经，经期手脚冷痛。甘肃瑞香，根药用，祛风通湿，止痛，主治风湿关节痛，头痛，牙痛，胃痛。

结香属 *Edgeworthia* Meissn.

4 种，分布喜马拉雅山以东至日本；中国产 4 种，分布河南、陕西以南。落叶或常绿灌木。

【茎枝】 ①纤维素：结香 *E. chrysantha* Lindl.，茎皮含纤维素 40.52%，作打字蜡纸，打字纸，皮纸，高级文化纸，人造棉。长梗结香 *E. gardneri*(Wall.) Meissn.，茎皮富含纤维素，制高级文化纸，人造棉。②茎枝：结香茎枝可编提篮，茶盘。

【花】 ①芳香油：长梗结香，鲜花可提芳香油，制化妆品，皂用香精。②药用：结香花药用，祛风明目，主治目赤疼痛，夜盲症。

【木材】 材黄白色，轻，软，强度甚弱，干缩小，不耐腐，易蓝变色。适作玩具，风箱，锅盖，农具，浮子，线板等。木材价值低等。白花结香 *E. albiflora* Nakiai，结香、长梗结香、白木结香 *E. sipensis*(Lour.) Gilg，等。

【根皮】 药用：结香根皮入药，舒筋接骨，消肿止痛，主治风湿关节痛，腰痛；外用治跌打损伤，骨折。滇结香 *E. longipes* Lace.，根药用，消肿止痛，主治跌打损伤，风湿热；

外用治骨折。

毛花瑞香属 *Eriosolena* Bl.

约 2~3 种，分布亚洲南部；中国产 1 种，分布云南。灌木。毛花瑞香 *E. involucrate* (Wall.) van Tiegh.，全株入药，镇痛散瘀，舒筋活络，祛风湿，主治：骨折，筋伤，跌打损伤，风湿骨痛，内服外敷。

荛花属 *Wikstroemia* Endal.

约 40 种，分布亚洲，大洋洲，太平洋岛屿；中国产约 40 种，分布华北，陕西、甘肃以南，灌木或小乔木。

【茎皮】 纤维：黄枸皮 *W. angustifolia* Hemsl.，纤维是制造蜡纸主要原料。小黄枸 *W. brevipaniculata* Rehd.，茎皮纤维可制绵纸，打字蜡纸，皮纸，人造棉。荛花 *W. canescens* (Wall.) Meisn，茎皮纤维制造蜡纸，绵纸，皮纸，高级纸张。河朔荛花 *W. Chanpedaphne* Meisn.，茎皮含纤维 22%，制打字蜡纸，皮纸，高级纸料，人造棉。长花荛花 *W. dolichantha* Diele，茎皮纤维可制高级文化纸。光叶荛花 *W. glabra* Cheng，茎皮含纤维素 29.23%，制高级文化纸。南岭荛花 *W. indica* C. A. Mey.，茎皮纤维制蜡纸，打字纸，人造棉，纤维含量 50.86%~60.65%。北江荛花 *W. monnula* Hance，茎皮含纤维 53.98%，制打字蜡纸，打字纸，电器纸，人造棉。细轴荛花 *W. nutans* Champ.，茎皮含纤维素 18%~34%，制蜡纸打字纸，钞票纸，人造棉。山棉皮 *W. pilosa* Cheng，茎皮纤维作打字蜡纸主要原料。雁皮 *W. sikokirma* Franch. et Savat.，茎皮含纤维素 37.57%，制雁皮纸，打字蜡纸，浇板纸，电器用纸。

【叶】 ①农药：河蒴荛花，叶含黄芫酮，切碎 5 倍水煮，加 10~20 倍水，喷洒防治瓜果害虫，食叶虫，葡萄十星瓢虫，南岭荛花叶加等量水煮，加 10 倍水喷洒，防治稻螟虫，杀孑孓。②药用：南岭荛花，叶捣烂外敷，治疗毒，疮、痈，疖，指头蜂窝炎，肿伤。

【花】 ①药用：河朔荛花，花含皂苷，泻火通水，通便，主治水肿胀满，急、慢性肝炎，精神分裂症，癫痫。②毒鱼：南岭荛花，种子可毒鱼。③油用：南岭荛花，种子含油 39%，主成分：棕榈酸 13.4%，硬脂酸 6.9%，油酸 41.2%，亚油酸 38.3%，油可供制肥皂。

【根】 药用：荛花，根入药，通经活络，祛风除湿，收敛，主治跌打损伤，筋骨疼痛，腮腺炎：乳腺炎，淋巴腺炎。长花荛花，根治牙痛。南岭荛花，根含荛花素，西瑞香素，煎水内服治梅毒，白浊，疳，疔，风湿病，支气管炎，百日咳，脓肿症，扁桃体炎，肺炎，麻疯。小黄枸 *W. micrantha* Hensl.，根入药，止咳化痰，主治哮喘，百日咳。细轴荛花，根皮入药，消坚破瘀，止血，镇痛，外敷治瘰疬初起。

椴树科 Tiliaceae

约 52 属 500 多种，分布热带至温带；中国产 12 属近 100 种，引入 1 属 3 种。分布全国各地。常绿或落叶乔木或灌木。

蚬木属 *Excentrodendron* Chang et Miau.

4 种，分布中国广西，云南。常绿大乔木。边材浅红褐色，心材深红褐色，甚重，甚硬，强度甚强，韧度极高，干缩大，极耐腐，耐蛀。适作乐器，珍贵家具，装饰材，刨架，凿柄，砧板，秤杆，油榨，车轴，齿轮，木梭，算盘珠，造船，车辆，手杖，桥梁等。木材价值珍贵特类。中国有蚬木 *E. hsiemu*（Chun et How）Chang et R. H. Miau.，长蒴蚬木 *E. obconicum*（Chun et How）Chang et Miau.，菱叶蚬木 *E rhombifolium* H. T. Chang et R. H. Miau.，节花蚬木 *E. tonkinensi*（A. Chev.）H. T. Chang et R. H. Miau.。

火绳树属 *Colona* Cav.

约 30 种，分布亚洲热带；中国 2 种，分布云南。乔木或灌木。

【树皮】 纤维素：火绳树 *C. floribunda*（Wall.）Craib.，树皮含纤维素 58%，拉力强，可代麻，当地多作绳索。

【木材】 材灰红褐色，轻，软，强度中，干缩中，不耐腐。适作农具，建筑，火柴杆盒，包装材，适纸材等。木材价值低。有火绳树，华火绳树 *C. sinica* Hu。

【枝条】 薪材：火绳树生次生林或林缘，容易砍柴作薪材，当地称作"一担柴"。

解宝叶属 *Grewia* L.

约 160 种，分布东半球热带至温带；中国产约 30 种，分布广，全国。灌木或小乔木。

【树皮】 纤维：苘麻叶解宝树 *G. abutilifolia* Vamt. ex Juss.，树皮含纤维素 25%，可代麻，制人造棉用。扁担杆 *G. biloba* G. Don，树皮含纤维素 25.4%，软，洁白，可作人造棉，混纺或单纺。小花扁担杆 *G. biloba* var. *parviflora*（Bunge）Hand. -Mazz.，树皮纤维柔韧，可代麻，织麻袋，麻绳，造纸。毛果解宝叶 *G. eriocarpa* Jtlss.，茎皮含纤维素 61.8% 可代麻，织麻袋，麻布。镰叶解宝叶 *G. falca ta* C. Y. Wu，茎皮含纤维素 47.48%，可代麻，造纸。黄麻叶解宝叶 *G. henryi* Burcet.，茎皮含纤维素 37.1%～5.38%，可代麻，造纸。粗叶扁担杆 *G. hirsuto*. Velu. tina. Burret.，树皮纤维素可代麻，制人造棉，造纸。洪沧扁担杆 *G. lantsangensis* Hu，茎皮含纤维素 39.48%，作麻袋，造纸。无柄解宝叶 *G. sessilifolia* Gaynep.，茎皮纤维可代麻，搓绳用。

【茎秆】 编织：扁担杆，剥出茎皮的茎秆，可作编织筐篮用。

【茎叶】 药用：扁担杆茎叶入药，可治小儿疳积症。小花扁担杆，枝叶入药，健脾益气，固精止带，祛风去湿，主治小儿疳积，脾虚久泻，遗精，红崩，白带，子宫脱垂，脱肛，风湿关节痛。毛果解宝，叶煎水治胃病。

【种子】 油用：扁担杆，种子含油 14.2%～17.4%，主成分：棕榈酸 9.4%～11.1%，硬脂酸 3.4%～4%，油酸 14.2%～17.4%，亚油酸 66.1%～71.3%，油可供润滑油及日化用品油。小花扁担杆，种子油也供润滑油及日化用油。

【果实】 食用：毛果解宝树果熟时黑色，味酸甜可食。

【木材】 扁担杆，材黄白色，轻软至中，不耐腐，可作农具，扁担杆，小器具等，木材价值低。

【根】 药用：扁担杆，根入药，健胃益气，固精止带，祛风除湿，主治小儿疳积，脾虚久泻，遗精，红崩，白带，子宫脱垂，脱肛，风湿关节痛。洪沦扁担杆，根皮入药，收敛止血，生肌接骨，主治外伤出血（研粉敷），骨折（根捣烂调敷），刀枪伤，疮疗肿毒（调研外敷）。少蕊扁担杆 *G. oligandra* Pierry，根入药，祛湿解毒，主治痢疾，脚气水肿；外敷治疮疖红肿。

【全株】 药用：镰叶解宝树，全株药用，止血，外用研粉外敷治外伤出血。

海南椴属 *Hainania* Merr.

1 种，分布海南及广西。灌木或小乔木。海南椴 *H. trichosperma* Merr.，生山地疏林中，可采樵作薪材，也可利用小树，作农具，生活用具，包装材，造纸材等。木材价值低。

布渣叶属 *Microcos* L.

约 50 多种，分布亚洲至非洲；中国产 3 种，分布华南，云南。常绿，半常绿乔木灌木。

【茎皮】 纤维：破布叶 *M. paniculata* L.，茎皮含纤维素 46.14%，纤维细长，拉力强，适作人造棉，代麻，绳索。

【木材】 心材黄红褐色，重量中，硬度中，强度弱，干缩中，不耐腐。适作火柴杆盒。农具，建筑，包装材，造纸材等。木材价值低。有布渣叶，海南布渣叶 *M. chungii*（Merr.）Chun，毛破布时 *M. stauntoniana*。

【叶】 药用：布渣叶，叶入药，清暑，消食，化痰，主治感冒中暑，食滞，消化不良，腹泻。

【果】 食用：破布叶果熟时黑色，甜酸可食。

椴树属 *Tilia* L.

约 50 种，分布北半球；中国产约 22 种，引入 1 种。分布东北，西北以南。落叶乔木。

【树皮】 纤维：紫椴 *T. amurensis* Rupr.，树皮含纤维 47.86%，可代麻，织麻袋，绳索混纺织布。短毛椴 *T. breviradiata*（Rehd.）Hu et Cheng，树皮纤维，细柔，可制人造棉，绳索，造纸。华椴 *T. chinensis* Maxim.，树皮富含纤维，可代麻制绳棕，麻袋，造纸。小叶椴 *T. cordata* Mill.，树皮作垫材料。自毛椴 *Zendochrysea* Hand.-Mazz.，树皮含纤维 13.1%，可代麻，人造棉混纺。糯米椴 *T. henryana* Szysz.，树皮纤维含量多，柔韧，可制麻袋，绳索，火药导火线。华东椴 *T. japonica* Sirtonk 树皮纤维可代麻，作绳索，人造棉。糠椴 *T mandshurica Rupret* Maxim.，树皮出麻率 36.97%，可制绳索，麻袋，人造棉，造纸。南京椴 *T. miqueliana* Maxim.，树皮出麻率 39.6%，可作人造棉，优良造纸原料。蒙椴 *T. mongolica* Maxim.，树皮纤维可织麻袋，绳索。大叶椴 *T. nobilis* Rehd. et Wils.，树皮纤维色白，拉力强，可作纺织品。粉椴，*T. oliveri* Szysz.，树皮纤维含量 18.18% 可代麻，织麻袋，绳索，人造棉，造纸，导火线。少脉椴 *T. paucicostata* Maxim.，树皮纤维可织麻袋，绳索纺织原料。大叶椴 *T. phayphyllos* Scop.，树皮纤维可作垫料。椴 *T. tuan* Szysz. 树皮纤维含量 42.35%，可制麻袋，搓绳索，人造棉，导火线。云南椴 *T. yunnanensis* Hu，树皮含纤维 28.3%，可制绳索，麻袋。

【木材】 材黄白色至心材带灰红褐色，轻至中，软至中，强度中，干缩小至中，不耐腐。适作胶合板，乒乓球拍，绘图板，木模，乐器，文具，火柴杆，包装材，建筑等。木材价值中等。诸如：柴椴，短毛椴，云南椴，华椴，小叶椴 *T. cordata* Mill.，两广椴 *T. croizatii* Chun et Wong，红皮椴 *T. dictyoneura* Wils.，毛华椴 *T. invertita*（V. Engl.）Rehd.，贵州椴 *T. kweichouensis* Hu，广东椴 *T. kwangtangensis* Chun et Wong，长柄椴 *T. laetevirens* Rehd. et Wils.，鳞毛椴 *T. hepidota* Rehd.，粉椴 *T. leptscarya* Rehd.，糠椴，南京椴，帽峰椴 *T. mofungensis* Chun et Wong，蒙椴，大叶椴，长圆叶椴 *T. oblongifolia* Rehd.，湘椴 *T. endochrysea* Hand.-Mazz.，粉椴，峨眉椴 *T. omeiensis* Fang，少脉椴，闽椴 *T. scalenophylla* Ling，椴树，葡萄叶椴 *T. vitifolia* Hu et Chen，滇椴，等。

【叶】 ①代茶：糯米椴嫩叶可代茶。②饲料：粉椴嫩叶作猪饲料。椴树叶可作猪饲料。

【花】 ①芳香油，紫椴花含芳香油可作调和香精。华椴花含芳香油可作调和香精。糠椴花含芳香油，可作调和香精。南京椴花含芳香油可作调和香精。蒙椴花可提芳香油，可作调和香精。椴树花含芳香油，可用于调和香精。②蜜源植物：紫椴，花期 2～8 月，每群蜂年产蜜 30～50kg。华椴，花期 6～8 月，蜜量多，粉较多，一群蜂年产蜜 15kg。小叶椴，花为优良蜜源植物。糯米椴，花为蜜源植物，蜜较好。色白，上品。华东椴产蜜价值好，色白，味香，可出口上品。糠椴，花期 7～8 月，每群蜂年产蜜 30～15kg。南京椴，蜜好，色白，上品蜜。蒙椴蜜好，色白，上等品出口蜜。大叶椴，优良蜜源植物，质好，色白，味香，上品，可出口。椴树花蜜源植物，色白，味香。③种子：油用：紫椴种子含油率为 23.49%，可作硬化油，制肥皂。小叶椴，种子含油率 22.8%～28%，种仁含油率 53%～58%，主成分：棕榈酸及硬脂酸 13%，油酸 29%，亚油酸 58%，油供作日化油及润滑油。糠椴，种子含油率 18.52%，可制肥皂及日化油。蒙椴，粉椴，种子可榨油，作肥皂，硬化油。

【根】 药用：南京椴，根皮可治劳伤失力，久喘。椴树根入药，祛风，活血，止痛，主治：跌打损伤，风湿疼痛，四肢麻木。

【全树】 行道及绿化树种：紫椴。

刺蒴麻属 *Triumfetta* Plum ex L.

约 150 种，分布热带及亚热带；中国产 9 种，分布台湾至西南，华南，福建。草本或灌木。

【茎皮】 纤维：长钩刺蒴麻 *T. pilosa* Rehd. et Wils，含 a-纤维索 87.5%，代麻制绳索，麻线，人造棉。刺蒴麻 *T. rhomboids* Jacq.，茎皮含纤维 60.2%，拉力强，可拧绳，织麻袋。毛刺蒴麻 *T. tomentosa* Bajer，茎皮含纤维 24.18%，可代麻，制绳索，麻袋。

【种子】 油用：毛刺蒴麻种子含油 5.5%，生成：棕榈酸 14%，硬脂酸 2.4%，油酸 20.6%，亚油酸 61.9%，油可制肥皂，润滑油。

【根叶】 药用：长钩刺蒴麻，根行气活血，调经，主治月经不调，腹中包块作痛，跌打损伤。

【全株】 药用：刺蒴麻，全株入药，解表清热，主治感冒，泌尿结石。

鞘柄木科 Torricelliaceae

1 属 2 种，产中国西南及印度北部。落叶小乔木。

鞘柄木属 *Torricellia* DC.

单属科。

【叶】　①饲料：鞘柄木叶可作饲料。②绿肥：角叶鞘柄木 *T. angusta* Oliv.

【花】　药用：角叶鞘柄木 *T. angdsta* Oliv., 鞘柄木 *T. tilifolia* (Wall.) DC. 花药用，主治血瘀闭经。

【茎根皮及叶】　药用：角叶鞘柄木及其变种，活血祛瘀，祛风利湿，主治风湿关节痛，产后腰痛，腹泻，慢性肠炎；外用治骨折（有接骨丹之称），跌打损伤。鞘柄木药用功效同上。

昆栏树科 Trochodendraceae

1 属 1 种，分布中国台湾，日本，朝鲜。常绿乔木。

昆栏树属 *Trochodendron* Sieb. et Zucc.

单属科。

【树皮】　胶黏剂：昆栏树 *T. aralioides* Sieb. et Zucc., 树皮可提制胶黏剂。

【木材】　浅黄褐色，甚轻，软，强度弱，韧度低，干缩小，不耐腐，适一般家具，建筑，器具，包装材，火柴杆，盆桶，胶合板，木模，农具等，价值下等。

【全树】　物种资源：本种为珍稀树种，应加强保护和发展。

榆　科 Ulmaceae

约 15 属 230 多种，分布热带至温带；中国产 8 属 58 种，又引入 2 属 4 种。南北均有分布。落叶乔木或灌木，稀常绿乔木或灌木。

糙叶树属 *Aphananthe* Planch.

约 5 种，分布亚洲东部；中国产 2 种，分布山东、山西至长江流域以南。落叶或常绿乔木。

【树皮】　纤维：糙叶树 *A. aspera* (Thunb.) Planch., 树皮含纤维素 24%~40.5%，可代次棉，也可造纸。

【木材】　材浅黄灰褐色，重量，硬度，强度干缩均中等，不耐腐，易蓝变色。适作工农具柄，扁担，农具，家具秤杆，纺织针板等。木材价值下等。糙叶树。

【叶】　①糙叶树叶面粗糙，可以擦光铜锡器皿。②农药：糙叶树叶作农药，可防治棉蚜虫。

【种子】　油用：糙叶树种子含油 25.9%，主成分：棕榈酸 8.9%~13.6%，硬脂酸 5.9%~6%，油酸 9.6%~12.1%，亚油酸 67.6%~70.4%，亚麻酸 1.2%，油可作工业润滑油。

【全树】　环保树种，糙叶树滞尘耐烟，适街道厂矿绿化环保树种。

朴树属 *Celtis* L.

约 50 种，分布两半球温带至热带；中国产约 22 种，引入 1 种，分布南北各地。落叶或常绿乔木或灌木。

【树皮】　纤维：紫弹朴 *C. biondii* Pamp.，树皮含纤维素 21.3%，半纤维素 16.02%，可作人造棉或纺织原料。小叶朴 *C. burgeana* Bl.，树皮可代麻，可作人造棉，纸浆原料。珊瑚朴 *C. julianae* Schneid.，树皮纤维可代麻，造纸，人造棉原料。黄果朴 *C. labilis* (Schneid.) Schneid.，茎皮可代麻制麻绳人造棉，造纸原料。四蕊朴树 *C. tetrandra* Roxb. Subsp. Sinensis (Pers.) Y. C. Tang，树皮含纤维 32% ~ 36%，可代麻，制绳索；也可造纸。四川朴 *C. vandervoetiana* Schneid.，树皮纤维可代麻制绳索。云南朴 *C. yunnanensis* Schmeid.，树皮含纤维素 50.7%，可用作造纸，制绳索，织麻袋。

【木材】　材灰黄褐或至心材黄褐色，重硬中等，强度中，干缩中，不耐腐，边材易变色。适作次等家具，车船板料，工具柄，坑木，枕木，体育器材，农具，砧板，洗衣板，胶合板等。木材价值下等。诸如：华南朴 *C. austiosinesis* Chun，紫弹朴，小叶朴，樱果朴 *C. cerasiflora* Schneid.，假玉桂 *C. cinnamomea* Linl. ex Planch.，天目朴 *C. chekiangensis* Cheng，台湾朴 *C. formosana* Hay.，湖南朴 *C. hunanensis* Hand. -Mazz.，珊瑚朴及无毛珊瑚朴 *C. julianoe* var. *calvescens* Schneid.，滇南朴 *C. giganticarpa* Hu，大叶朴 *C. koraiensis* Nakai，黄果朴，台湾钝叶朴 *C. nervosa* Hemsl.，西方朴 *C. occidentalis* L.，矩叶朴 *C. oblongifolia* Cheng，华南朴 *C. phitippensis* Blaneo.，四蕊朴 *C. tetrandra* Roxb.，朴树，川朴 *C. wighlii* Planch 及铁君花 var. *consimilis* (Bl.) Gagnep.，云南朴，等。

【种子】　油用：紫弹朴种子含油量约 40%，主成分：棕榈酸 8.6% ~ 10.7%，硬脂酸 2.4% ~ 4.1%，油酸 4.4% ~ 8.2%，亚油酸 73.2% ~ 83.5%，亚麻酸 1.1% ~ 3.5%，油可制肥皂。小叶朴，种子含油量 8.3% ~ 10.8%，主成分：棕榈酸 6.3% ~ 7.8%，硬脂酸 2.8% ~ 2.9%，油酸 5.9% ~ 8.4%，亚油酸 78.9% ~ 84.3%，亚麻酸 0.6% ~ 1.8%，油可供工业用润滑油。天目朴，种子含油量 15.6%，主成分：棕榈酸 7.4%，硬脂酸 4.1%，油酸 5.7%，高亚油酸 80.8%，亚麻酸 1.9%，油可供工业用润滑油，制肥皂。滇南朴，种仁含油量 68.11%，硬脂酸含量，棕榈酸，十四碳烯酸，油酸，亚油酸含量少，硬脂酸可进一步制十八胺，作选矿剂，印染表面活性剂，润滑油活化剂，彩色胶片成色剂，橡胶工业成型剂。珊瑚朴种子含油量 16.2%，油可供作润滑油。四蕊朴，种子含油量 7.6% ~ 10.1%，主成分：棕榈酸 11.3% ~ 14.4%，硬脂酸 3.7% ~ 7%，油酸 5.7% ~ 15.2%，亚油酸 63.6% ~ 75.6%，亚麻酸 3.6%，油可供作润滑油，制肥皂。朴树，种仁含油量 43%，主成分：棕榈酸 5.1% ~ 9.5%，硬脂酸 2.8% ~ 4.5%，油酸 5.5% ~ 12.2%，亚油酸 75.8% ~ 82.7%，亚麻酸 1.2% ~ 3.9%，油供制肥皂，润滑油。西川朴，种子含油量多，油供制肥皂，润滑油。湘朴，种仁含油量 68.1%，主成分：棕榈酸 3.3%，硬脂酸 27.6% 油酸 23.3% 亚油酸 45.8% 可作食用油，云南当地喜食，油质清晰，透明，浅黄色，不饱和酸、油酸、亚油酸约占三分之一，是比较理想的食用油；另外，种子生食，炒食，味香。

【全株】　药用：紫弹朴树，全株入药，清热解毒，祛痰利尿，主治小儿脑积水，腰骨酸痛，乳腺炎；外用治疮毒，溃烂（捣烂外敷）。小叶朴，有止咳抑菌作用，祛痰，止咳，平喘，主治支气管哮喘，慢性支气管炎。假玉桂，去瘀散结，消肿止血，主治：跌打损伤瘀肿，扭挫伤，疮疖肿痛，外伤出血(鲜叶捣烂外敷或根皮研粉撒敷)。朴树，皮叶入药，治荨麻疹，腰痛，漆疮(叶捣烂外敷)。

【全树】　绿化环保树种：珊瑚朴，防尘耐烟，抗有害气体，适街道，厂矿，绿化环保树种。西藏朴，供遮阴及观赏。朴树，抗污染性强至中，抗尘耐烟，适作厂矿，街道绿化环保树种。

白颜树属 *Gironniera* Gaud.

约 30 多种，分布亚洲南部；中国产 3 种，分布华南，云南。常绿乔木或灌木。

【树皮】　纤维：白颜树 *G. subaegualis* Planch.，树皮纤维可制人造棉。

【木材】　材浅黄褐微红色，轻至中，硬度中，强度弱，韧度中。干缩中，稍耐腐。适作家具，建筑，车船，木鼓等。木材价值中等。有白颜树 *G. subaegualis* Planch.，光叶白颜树 *G. nitida* Bemh.，小叶白颜树 *G. cuspidata* (Bl.) Kuzz.。

【种子】　油用：白颜树种子含油量 10% 以下，主成分：棕榈酸 8.1%，硬脂酸 7%，油酸 13.5%，亚油酸 69.9%，亚麻酸 1.4%，油可供制肥皂及润滑油。

刺榆属 *Hemi* Nelea Planch.

1 种，分布中国东北，西北，向南至江苏，浙江，安徽，江西。乔木。刺榆 *H. davidii* Planch.。

【茎皮】　纤维：刺榆茎皮含纤维可代麻，制绳索，人造棉，造纸。

【木材】　边材浅黄褐色，心材浅栗褐微红色，重，硬，强度强，韧度高，干缩大，稍耐腐，适作建筑，家具，车辆，农具，器具等。木材价值下等。

【叶】　刺榆嫩叶可食；可作饲料。

【种子】　油用：刺榆种子含油量 42%，主成分：棕榈 8.6%，硬脂酸 1.8%，油酸 15%，亚油酸 62.2%，亚麻酸 2%，癸酸 7.8%，可作工业润滑油。

青檀属 *Pteraceltis* Maxim.

1 种及 1 变种，分布中国辽宁、甘肃以南。落叶乔木。

【枝皮】　纤维：青檀 *P. tatarinowii* Maxim.，茎皮含纤维素 58.6%，是制造宣纸的必需原料。

【木材】　材浅黄褐色，重，甚硬，强度强，韧度甚高，干缩中至甚大，稍耐腐，边材易蓝变色。适作宣纸，建筑，家具，车辆，运动器械，农具等。木材价值中等。青檀及毛果青檀 var. *pubescens* Hand. -Mazz.。

【种子】　油用：青檀种子含油量 12.9%，主成分：棕榈酸 7.2%，硬脂酸 3.1%，油酸 5.1%，亚油酸 81.1%，亚麻酸 3.4%，油可供作润滑油及日化用油如肥皂等。

【全树】　青檀适作庭园及行道绿化树种。

山黄麻属 *Trema* Lour

约 50 种，分布热带至亚热带；中国产 6 种，分布长江流域以南。常绿乔木或灌木。

【茎皮】　纤维：狭叶山黄麻 *T. angustifolia* Bl.，茎皮含纤维素 27.6%～51%，可作造纸原料。光叶山黄麻 *T. canabina* Lour.，茎皮纤维可搓绳造纸，人造棉。山油麻 *T. canabina* var. *dielsiana*(*Hand. -Mazz.*) C. J. Chen，茎皮含纤维素 36.3%，可制人造棉，麻袋，绳索，造纸。麻柳树 *T. levigata* Hand. -Mazz.，茎皮含纤维素出棉率 67.6%，可作人造棉。山黄麻 *T-orientalis*(L.)Bl.，茎皮含纤维 5.77%，可制人造棉，粗布，绳索，造纸。

【木材】　材浅黄灰至浅红褐色，轻软至甚轻软，强度弱，干缩小，不耐腐，易蛀。适作盆桶，生活用品，门窗，家具，农具，造纸等。木材价值低。有狭叶山黄麻，光叶山黄麻，山黄麻，麻柳树，山黄麻，条纹山黄麻 *T. virgata*(Roxb.)Bl.。

【种子】　油用：光叶山黄麻，种子含油量 22.6%~26.8%，主成分：棕榈酸 5.5%~11%，硬脂酸 2.1%~3.3%，油酸 5.4%~14.6%，亚油酸 72.3%~83.7%，亚麻酸 1.7%，油可制肥皂，润滑油。山油麻种子含油量 21%~35.8%，主成分：棕榈酸 8.7%~20.4%，硬脂酸 2%~2.9%，十六碳烯酸 1%~4.7%，油酸 10.6%~23%，亚油酸 47.5%~73.1%，亚麻酸 2.9%，油可作工业润滑油及制肥皂。山黄麻，种子含油量 18.5%~28.4%，主成棕榈酸 11%~12.8%，硬脂酸 0.9%~2%，十六碳烯酸 1.8%，油酸 22.9%~32.5%，亚油酸 53.7%~62.2%，油可制肥皂及润滑油。

【根(叶)】　药用：山油麻根叶入药，清热解毒，止痛止血，主治疖毒(捣烂外敷)，外伤出血。山黄麻根治腹痛，血尿。

【树皮】　鞣质：山黄麻树皮含鞣质 14.09%，可提制栲胶。

【全树】　①荒山造林先锋树种：光叶山黄麻，山黄麻。②优良薪材树种：光叶山黄麻，山黄麻。

榆　属 *Ulmus* L.

约 40 种，分布北温带至亚热带；中国产约 20 多种，引入 3 种。南北均有分布。落叶乔木。

【树皮】　①纤维：兴山榆 *U. bergmanniana* Schneid.，树皮纤维可制绳索，人造棉原料。杭州榆 *U. changii* Cheng，树皮纤维可制绳，人造棉，造纸。黑榆 *U. davidiana* Planch.，茎皮纤维可制绳，造纸，人造棉，麻袋。长序榆 *U. elongata* L. K. Fu et C. S. Ding，树皮纤维坚韧，制绳索，麻袋。裂叶榆 *U. laciniata* Mayr.，树皮出麻率 35.83%，可代麻，制麻袋，人造棉。大果榆 *U. macrocarpa* Hance，树皮含纤维素 54.85%，坚韧，可织麻袋，绳棕。榔榆 *U. parvifolia* Jacg.，树皮含纤维 36%，可作蜡纸，人造棉，麻袋，麻绳。春榆 *U. propinqua* Koidz.，枝皮含纤维 44.2%，可代。榆树 *U. pumila* L.，树皮含纤维 16.14%，可代麻制绳人造棉，造纸。②食用：春榆树皮含胶质，可作榆面食用。榆树，树皮含淀粉，磨粉称榆面，可食用。③胶料：长序榆，树皮具胶质，可作造纸浆料。灰榆 *U. glaucescens* Franch.，树皮含黏液，可作糊料及造纸浆料。多脉榆 *U. multinerris* Cheng，树皮枝皮有胶质物，可作造纸糊料。榆树，树皮含胶性物，可掺和至黏合剂及造纸糊料。④药用：榔榆树皮含曼松酮，7-羟基卡达仑醛，对葡萄球菌有抑制作用，治神经衰弱，失眠，水肿。红榆 *U. rubra* Mubl.，树皮可止泻，痢疾，尿道感染。

【木材】　本属木材可分作两类：①白榆类：边材浅黄白色，心材黄褐带红褐色，重量、硬度中等，强度中，干缩中，稍耐腐。适作家具，车辆，农具，器具，胶合板，坑木，枕木，椿柱等。木材价值中等。诸如：兴山榆，杭州榆，栗叶榆 *U. castanifolia* Hemsl.，根榆，黑榆，红果榆 *U. erythrocarpa* Cheng，醉翁榆 *U. gaussenii* Cheng，旱榆 *U. glaoucescens* Fomch. 及毛果旱榆 var. *lasiocarpa* Rehd.，裂叶榆，常绿榆 *U. lanceaaefolia* Roxb.，西蜀榆 *U. lasiophylla*（Schneid.）Cheng，大果榆，春榆及光叶春榆 var. *lavigata*（Schneid.）Miyabe，榆树，海南榆 *U. tonkinensis* Gagnep.，台湾榆 *U. uyematsui* Hay.，毛榆 *U. gaussenii* Schneid.，美国白榆 *U. americana* L.，欧洲白榆 *U. laevis* Pall. 及光叶毛榆 var. *psilophylla* Schneid.，等。②榔榆类：边材黄褐色，心材暗红褐色，甚重，硬，强度强，干缩中，较耐腐。适作车船，桥梁，电杆横担木，枕木，坑木，农具，建筑，家具，工农具柄等。商品价值上等。榔榆引入的红榆类的红榆 *U. rubra* Muh.，材色材质与榔榆近似。

【果实】　①食用：黑榆，嫩果可食。大果榆，果大可食。春榆嫩果可食。榆树，嫩果可食作榆面汤。②油用：翅果含油者杭州榆，果含油 9%，主成分：棕榈酸 10%，硬脂酸 2%，油酸 7.5%，亚油酸 8.9%，亚麻酸 1.7%，辛酸 2.1%，癸酸 54.7%，富含癸酸可以用于医药用油。旱榆果含油 20.2%，主成分：辛酸 11.9%，癸酸 66.4%，月桂酸 3.6%，肉豆蔻酸 2.8%，棕榈酸 5.5%，亚油酸 48%，亚麻酸 5%，油用于医药。裂叶榆，翅果含油 20.2%，主成分：辛酸 23.7%，癸酸 46.4%，月桂酸 3.8%，肉豆蔻酸 25%，棕榈酸 7%，油酸 7.8%，亚油酸 7.9%，油可作于医药工业。新疆大叶榆 *U. laevis* Pall.，翅果含油 27.7%，癸酸占 60.4%，为医药工业重要原料。大果榆，翅果含油 39.1%，主成分：辛酸 13.8%，癸酸 66.5%，月桂酸 8.6%，肉豆蔻酸 1.4%。

榉树属 *Zelkova* Spach.

约 5 种，分布亚洲东部；中国产 3 种，分布陕西、甘肃、河南至长江流域以南地区。落叶乔木。

【树皮】　纤维：大叶榉树 *Z. schneideriana* Hand. -Mazz.，茎皮纤维可代麻及人造棉原料。榉树 *Z. serrata*（Thunb.）Makino，树皮含纤维 46%，可供人造棉，绳索，造纸原料。大果榉 *Z. sinica* Schneid.，茎皮纤维作人造棉及绳索原料。

【木材】　边材浅黄褐色，心材浅栗褐至浅红褐色，重，硬至甚硬，强度强，干缩大，耐腐。为造船良材，上等家具，桥梁，车辆，运动器械，乐器，纺织器材等。木材价值高中一类。如榉木，大叶榉，大果榉。

【果实】　油用：大叶榉树果含油 27.1%，主成分：辛酸 7.1%，癸酸 81%，月桂酸 4.3%，棕榈酸 1.7%，油酸 3.1%，亚油酸 1.7%，油可作医药工业用油。光叶榉，果含油 21%，主成分：辛酸 8%，癸酸 77%，月桂酸 3‰，肉豆蔻酸 1%，棕榈酸 2%，油酸 3%，亚油酸 4‰，油供医药工业用油。

【全树】　环保绿化树种，榉树抗污染中至强，耐烟尘，为防风绿化环保理想树种之一。

荨麻科 Urticaceae

约 45 属以上，1200 多种，分布热带至温带；中国产 21 属，300 多种，分布全国。草本，灌木或小乔木。

苎麻属 *Bochmeria* **Jacq**.

约 100 种，分布热带、亚热带；中国产 35 种，分布华北、陕西、甘肃以南。

【茎皮】 纤维：长叶苎麻 *B. lmacrophylla* D. Dom.，茎皮含纤维 55%，纤维细柔洁白，可代苎麻作纺织用。苎麻 *B. nivea*（L.）Gaud.，茎皮含纤维 60%，纤维强韧，可织夏布，人造丝，人造棉，混纺，飞机翼布，降落伞，橡胶衬布，电线包布，渔网，高级纸张，地毡，麻袋。水苎麻 *B. plataphylla* D. Don，茎皮含纤维 13%～27.76%，供人造棉，纺纱，绳索，麻袋。

【种子】 油用：苎麻，种子含油 36%，可供润滑油。

【根】 药用：苎麻。根叶药用，根利尿解热，安胎，叶止血，治疮伤出血，脱肛不收，子宫炎，赤白带下，根治感冒发烧，麻疹高烧，尿路感染，肾炎水肿，孕妇腹痛，胎动不安，先兆流产；外用治跌打损伤，骨折，疮痈肿毒；叶外用治虫蛇咬伤。掌叶苎麻 *B. plaranifolia*（Maxim.）Frunch. et Sav.，解毒生肌，主治发烧，头风，外用，治痔疮，跌打损伤（煎水或捣烂洗敷），根含大黄素。小赤麻 *B. spicata*（Thunb.）Thunb.，根入药，外用水煎洗痔疮及跌打损伤。

【全草】 药用：苎麻，全草含绿原酸及黄酮体，有止血作用。野芋麻 *B. sinensis* Craib 全草入药，清热解毒，祛风除湿，主治肠痈，经闭腹痛，泄泻，风湿痛，荨麻疹，皮肤瘙痒，湿疹，（外用煎水搽）。

水麻属 *Debmgeasia* **Gaud**.

7 种，分布东南亚至北非；中国产 5 种，分布陕西、甘肃，西南至台湾。落叶灌木。

【茎皮】 纤维。水麻 *S. edulis*（Sieb. et Zucc.）Wedd.，茎皮含纤维 43%，可作麻代用品，人造棉，长叶麻 *D. longifolia*（Burrof）Wedd 也作水麻原料用，含纤维 40.76%，可搓绳，代麻，人造棉混纺。

【叶】 饲料：水麻叶可喂猪。

【果】 食用：水麻果可食，叶甜或酿酒，制糖。长叶水麻果也可食。

【种子】 油用：长叶水麻种子榨油，可作润滑油。

【茎皮和叶】 药用：水麻茎皮和叶入药，清热利湿，止血解痛，主治小儿急性惊风，风湿关节痛，咳血；外用治痈疖肿毒。

【根】 药用：水麻根可治脚气。

艾麻属 *Laportea* **Gaed**.

约 28 种，分布温带至热带；中国产约 8 种，分布华北，陕西，河南，湖北，至西南。草本，灌木。大序艾麻 *L. macrostachya*（Maxim.）Ohwi.，根入药，祛风湿，通经络，解毒消肿，主治腰腿疼痛，麻木不仁，风痹水肿，淋巴结核；外用蛇咬伤（水煎水洗或捣烂外敷）。

水丝麻属 *Maoutia* **Wedd**.

约 15 种，分布亚洲热带至波利尼西亚；中国产 2 种，分布西南至台湾。水丝麻 *M. puya*（Wall.）Wedd. 茎皮纤维含量 28%，可作人造棉及编织渔网。毛水丝麻 *M. semsa* Wed，亦可利用茎皮纤维。

紫麻属 *Oreocnide* Mif.

约5种，分布亚洲斯里兰卡至日本；中国产10种，分布长江流域以南。灌木或亚灌木。

【茎皮】　纤维：紫麻 *O. frutescens* (Thunb.) Mig.，茎皮含纤维40%，可制绳索，代麻，人造棉。

【叶】　药用：紫麻叶外用，治小儿麻疹发热。

【根】　泡酒饮，行气活血，主治跌打损伤，煎水治牙痛。

雾水葛属 *Pouzolzia* Gaud.

约60种，分布热带；中国产8种，分布西南至华南。草本或灌木。

【茎皮】　纤维：红雾水葛 *R. sanguinea* (Bl.) 茎皮含纤维43%，代麻用品，织麻布，麻袋，麻绳

【叶根】　药用：红雾水葛叶根入药，祛风湿，舒筋络，主治风湿筋骨疼痛，乳腺炎；外用捣烂外敷，治疮疖红肿，骨折。

越橘科 Vacciniaceae

约22属400种以上，广布全球；中国产4属约70种，南北均有分布。灌木。

树萝卜属 *Agapetes* D. Don ex G. Don

约80种，分布东南亚；中国产15种，分布西南。灌木。树萝卜 *A. niifolia* (King et-Prain) Airy-shawm.，白花树萝卜 *A. mannii* Hemsl.，根肥大，入药，散瘀止痛，利尿消肿，主治跌打损伤，风湿疼痛，胃痛，肝炎，水肿，无名肿毒；外用治外伤出血。

毛蒿豆属 *Oxycoccus* Hill.

4种，分布欧、亚、美洲；中国产4种，分布东北。常绿蔓性灌木。毛蒿豆 *O. microcarpus* Turez.，大果毛蒿豆 *O. quadripotalus* Gilib.，浆果红色，可食，味酸甜，毛蒿豆色素含量高，可作天然色素。

乌饭树属 *Vaccinium* L.

约300种，分布北温带；中国产约50种，南北均有分布。常绿或落叶灌木。

【树皮】　①鞣质：乌饭树 *V. bracteatum* Thunb.，树皮含鞣质，可提制栲胶。②药用：乌黑果 *V. fragile* Franch. var. *mekongense* (W. W. Smith) Sleum.，树皮入药，收剑止血，清热除湿，治外伤出血，烧烫伤，疮疡，急性肠胃炎，湿疹，白带过多。

【叶】　①色素：乌饭树，叶含无羁萜，煮入糯米饭为乌黑色，称乌饭，用于早餐，寒食节更多用之。叶尚含槲皮素，酚苷类，使乌饭有香气。②药用：饱饭花 *V. laetum* Diels，叶益气，入药治头痛。笃斯越橘 *V. uliginosum* L. 叶含花青苷，对血管有保护作用，又为轻泻剂。越橘 *V. vitis-idaea* L.，叶含毛柳苷，入药，利尿，防腐，作尿道杀菌药，又治淋病。

乌饭树叶镇咳，镇静药。③鞣质：越橘，叶含鞣质 11.24%，可提制胶。④代茶：越橘嫩叶可代茶。

【花】　蜜源植物：乌饭树，花期 5~6 月，蜜量多，粉量稍多，可收取商品蜜。短尾越橘 *V. carlesii* Dunn.，花期 5~6 月，蜜量多，粉量稍多，江西一群蜂年收蜜 15~25kg。乌鸦果 *V. fragile* Franch.，花期夏季，蜜量较多。越橘，花期 6~7 月，蜜量多，可收商品蜜。

【果实】　①食用：乌饭树果实含糖分 20%，可生食，味甜，也可熬糖，制果酱，酿酒，饮料，冰淇淋，烘烤食品，甜食品配料。蔓越橘 *V. oxycoccus* L.，果味酸甜可食，也可加工果酱。笃斯越橘，果酸甜可食，也可作果酱，果干，酿酒，红色果酒。越橘，果含糖分 8.57%，甜酸可食，也可制果酱，酿酒。大叶越橘 *V. wrightii* Gray 果球形熟时可食。②药用：饱饭花，果入药，主治筋骨酸软，四肢无力。米饭花 *V. sprenglii* G. Don, Steamer，果入药，消肿，治全身水肿。越橘，果入药，止痢，主治肠炎，痢疾。乌饭树，果强筋，益气，固精，主治筋骨萎软，乏力，滑精。③色素：乌饭树，果实色素含量高，深红色至蓝色，一般只要 5%~12% 的浆果就可得到高着色度的产品，也可作糖果，果胶的调味剂。笃斯越橘，果中所含为苯甲基醋酸，苯甲醛，2-乙烯基苯醛，2-甲氧基，5-乙烯基苯酚，果中含色素 8.91%，年可提色素十几吨，越橘色素是花青素，为良好天然色素中的红色素，为酿酒很好的色素添加剂，汽水，清凉饮料，果子露，软糖，硬糖，使用 0.2%~4.4%，着色力强，色调均匀，透明，有天然酸甜、清香气味，符合国标 GB 2700—81《食品添加剂卫生标准》。

【根】　药用：乌饭树，根入药，散瘀消肿，止痛，治牙痛，跌打肿痛（鲜根捣汁洗眼）。苍山越橘 *V. delavayi* Franch.，根入药，行气消食，主治胸腹胀痛，食物不消。毛叶乌饭树 *V. fragile* Franch.，根入药，舒筋活血，消炎止痛，主治风湿性关节炎，跌打损伤，腮腺炎，急性结膜炎，痢疾，胃痛。

【木材】　材浅黄至红褐色，重硬中等，强度干缩中，稍耐腐，适作小家具，雕刻，农具，坑木，工农具柄，多为小材，木材价值下等。如米饭花，短尾越橘，毛萼越橘 *V. pubicalyx* Franch.

【全株】　药用。茎叶越橘 *V. dunalianun* Wight.，祛风降湿，主治风湿关节痛。

马鞭草科 Verbenaceae

约 80 属 3000 种以上，分布热带至温带；中国产 21 属 170 多种，引入 4 属 4 种。分布各地。草本、灌木，乔木。

海榄雌属 *Avicennia* L.

10 种，分布热带、亚热带海岸红树林中；中国产 1 种海榄雌 *A. marina*（Forsk.）Vierh.，灌木至小乔木，高达 5m，边材灰蓝色，心材红褐色，纹理交错，稍重，略硬，不耐腐，常中空，不堪大用，可作一般小材利用，木材价值低。

防臭木属 *Alaysia* Juss.

约 37 种，分布热带地区；中国引入 1 种，江苏、浙江少量栽培。小灌木。防臭木 *A. triphylla* Britt.，鲜花、叶含芳香油 0.4%~0.7%，主成分：柠檬醛（30%~40%），芳樟醇，橙花醇，香叶醇，香草醇，作化妆品，皂用，调和香料，经济价值高，有发展前途。

紫珠属 *Callicarpa* L.

约 190 种，分布亚、非、美、大洋洲；中国产约 46 种，分布陕西、山西、山东以南。灌木稀乔木。

【叶】 ①药用：白棠子树 *C. dichotoma*（Lour.）K. Koch.，叶药用止血，主成分含黄酮类，主治：肠胃出血，咯血，衄血，创伤出血。老卧铺糊 *C. giraldii* Hesse. ex Rohd. 叶入药，有抑菌作用，治淋巴结核。长叶紫珠 *C. longissima*（Hemsl.）Merr.，叶入药，散瘀止血，祛风止痛，主治：咯血，吐血，风湿疼痛；外用治跌打损伤，外伤出血。短柄紫珠 *C. brevipes*（Bnth.）Hance，功效同长叶紫珠。大叶紫珠 *C. macrophylla* Vahl.，叶入药，显黄酮苷，糖类，鞣质反应，有止血作用，主治：吐血，咯血，衄血，便血；外用治外伤出血。杜红花 *C. pedunalata* R. Br.，叶中止血成分为黄酮类，缩合鞣质，尚含中性树脂，糖类，镁，钙，铁，叶研粉有止血作用，外用治外伤出血，烧伤。尚有 7 种品种树有止血功效：珍珠风 *C. bodiniert* Lévl.，老卧铺糊，紫珠 *C. japonica* Thunb.，广东紫珠 *C. kwangtungensis* Chun（广东称止血珠），裸花紫珠 *C. nudiflora* Hook. et Arn.，红叶紫珠 *C. rubella* Lindl.，华紫珠 *C. cathayana* Chang。②兽药：珍珠风，叶作兽药，活血止血，除热解毒，治牲畜吐血，耕畜拉血，牛马尿血，外伤出血，家畜便血不止，产后出血，牛鼻血不止，阉牛出血不止，猪红痢发热，牛马新旧创伤出血。

【花】 白棠子树，花可提芳香油，作工业日化用香料。

【种子】 药用：白棠子树，果入药为儿科伤寒发汗药。尚有红紫珠，黄紫珠 *C. luteopeaneata* Chang，长叶紫珠 *C. longissima*（Hemsl.）Merr.，功效同白棠子树。

【根】 药用：白棠子树，根入药，治消化不良，洗眼翳。大叶紫珠，根入药，治跌打损伤，风湿骨痛。

【全珠】 药用：白棠子树，全株药用，治白带，通经及虚劳。

莸 属 *Caryopteris* Bung.

约 17 种，分布喜马拉雅山以东至日本；中国产 13 种，分布各地。草本或灌木。

【叶、花】 芳香油：白叶莸 *C. forrestii* Diels，叶、花含芳香油 1%，可作化妆品香料。蒙古莸 *C. mongolica* Bunge.，叶、花也含芳香油，可作化妆品原料。

【全株】 药用：香莸 *C. incana*（Thunb.）Miq.，全株入药，解表祛风，舒筋活络，散瘀止痛，全草含黄酮苷（称兰香草素，叶含量 10.4，花含量 5.5%，根含量 1.5%），主治上呼吸道感染，百日咳，支气管炎，风湿性关节痛，肠胃炎，跌打肿痛，产后瘀血腹痛；外用治毒蛇咬伤，湿疹，皮肤瘙痒。蒙古莸，全株入药，消食理气，祛风浊，活血止痛，祛暑解表，利尿解毒，主治消化不良，腹胀，风湿关节痛（泡水外洗），中暑感冒，尿路感染，白带；外用捣烂外敷外伤出血。光果莸 *C. tangutica* Maxim.，全株入药，调经活血，祛湿，主治崩漏，白带；月经不调。三花莸 *C. teniflora* Maxim. 全株药用，发表散寒，止咳，活血，调经，主治感冒咳嗽，慢性支气管炎，百日咳，痛经，产后腹痛；外用治刀伤，烧烫伤，毒蛇咬伤。

琴木属 *Citharxylum* L.

约 70 种，分布热带美洲；中国引入 1 种，分布广东。琴木 C. *laetum* Ahiem.，木材细致，主要供作小提琴板面及其他乐器用，故称琴木。

赤贞桐属 *Clerodendrum* L.

约 400 种，分布热带至亚热带，大多数分布东半球；中国产约 34 多种，分布各地。灌木，小乔木或草本。

【叶】 ①药用：臭牡丹 C. *bungei* Steud.，叶含生物碱，有抑菌作用，祛风除湿，解毒散瘀，外用治痈疖疮疡，痔疮发炎，湿疹；灭蛆。大青 C. *cyrtophyllum* Turcz.，叶含大青素，靛苷，大青苷，清热利湿，凉血解毒，主治预防脑脊髓炎，流行乙脑，感冒头痛，麻疹并发肺炎，流行性腮腺炎，扁桃体炎，传染性肝炎，痢疾，尿路感染。臭茉莉 C. *fragrans* Vent.，叶外用，治湿疹，皮肤瘙痒。赤贞桐 C. *japonicum*（Thtnb.）Sweet.，叶入药，外用治疗疮疖肿，解毒排脓。龙吐珠 C. *thomsonae* Ralf. f.，叶入药，解毒，主治：慢性中耳炎。海州常山 C. *trichotomam* Thunb.，叶含黄酮苷，海常素，刺槐素，中肌醇，无羁萜，表无羁萜，叶外用治手癣，水田皮炎，湿疹，痔疮，高血压，疟疾。滇常山 C. *yannanensis* Hu ex Hand. -Mazz.，叶入药，外用治痔疮，脱肛。②兽药：大青，叶清热解毒，凉血止痛，治家畜锁喉风，马猪感冒，牛肠痢，母牛白带，鸡拉稀，猪感冒，猪肺炎，流感。③农药：海州常山，叶捣烂加水或沧水 3~5 天，喷洒，防治地蚕，蚜虫，棉蚜虫；10 倍水喷洒防治小麦秆锈病，马铃薯晚疫病；20 倍水浸液灭孑孓。

【花】 药用：海州常山，花入药，镇痛，利尿，并有降血压作用；花煎水外用为牛马杀虱药。臭茉莉花蒸蛋治头痛。

【种子】 油用：臭牡丹，种子含油量 17.6%，主成分：棕榈酸 8.2%，硬脂酸 3.2%，油酸 18.8%，亚油酸 48.2%，亚麻酸 21.6%，油可供制肥皂润滑油。大青，种子含油 14.8%，主成分：棕榈酸 18%，硬脂酸 2.7%，油酸 73%，亚油酸 6.2%，可供作工业润滑油。广东大青 C. *kwangtungensis* Hand. -Mazz.，种子含油量 28.5%，主成分：棕榈酸 11%，硬脂酸 2.3%，油酸 63%，亚油酸 20.6%，油供制肥皂，润滑油用。海通 C. *mandarinomm* Diels，种子含油量 28.2%，主成分：棕榈酸 13.8%，硬脂酸 1.6%，十六碳烯酸 3.9%，油酸 58.8%，亚油酸 19.5%，亚麻酸 1.8%，油供作润滑用。臭赤贞桐 C. *philippious* Schaner. var. *simplex*，种子含油 21.29%，主成分：棕榈酸 7.77%，硬脂酸 4.19%，油酸 65.84%，亚油酸 18.48%，油可供制肥皂，润滑油。海州常山，种子含油 29.5%~40.1%，主成分：棕榈酸 3.9%~5.8%，硬脂酸 1.1%~2%，油酸 61%~61.6%，亚油酸 28.5%~32.5%，油可供作润滑油用。

【根】 药用：臭牡丹，根入药，祛风除湿，解毒散瘀，主治风湿关节痛，跌打损伤，高血压，头痛头晕，肺脓肿。白花灯笼 C. *fortunatum* L.，根入药，清热解毒，止咳定痛，主治感冒发热，咽喉炎，支气管炎，肺结核热潮，胃痛，疝痛，跌打损伤，疔疮疖肿。臭茉莉，根入药，显黄酮苷，酚类，皂苷反应，祛风利湿，化痰止咳，活血消肿，主治风湿性关节炎，脚气水肿，白带，支气管炎。苦郎树 C. *ineme*（L.）Gaertn.，根入药，清热解毒，祛风除湿，散瘀活络，主治风湿关节炎，腰腿痛，坐骨神经痛，胃痛，感冒发热，疟疾，肝脾肿大；外用治皮肤湿疹，跌打肿痛，外伤出血。贞桐，根入药，祛风利湿，散瘀消肿，主治风湿骨痛，腰肌劳损，跌打损伤，肺结核咳嗽，咯血。毛赤贞桐 *C. patasites*(Lour.) Moore，根入药，养阴清热，宣肺豁痰，凉血止血，主治肺结核咯血，感冒发热，红白痢疾。三对节 *C. serratum*(L.)Spreng，根皮含五种三萜类皂苷，齐墩果酸，栎焦油酸，三对节酸，葡萄糖，鼠李糖，木糖，甘露醇，清热解毒，截疟接骨，祛风除湿，主治扁桃体炎，咽喉炎，风湿骨痛，疟疾，肝炎；外用治痈疖肿毒，骨折，跌打损伤。三台花 *C. serratum* var. *anoplexifoliam* Moldenk.，根入药，成分参见三对节，功能参见三对节，治疗疟疾主要用三台花。海州常山，根，祛风除湿，降血压，主治风湿性关节炎，高血压，疟疾，痢疾。滇常山，根入药，祛风，止痛降血压，主治风湿关节炎，腰腿痛，高血压。

【木材】　海州常山，材浅黄至浅红色，海通边材浅黄心材灰黄色，材轻至中，软，强度弱至中，干缩大，不耐腐，易变色，可作火柴杆，包装材，农具，板料，木材价值低。

【全株】　①药用：长管假茉莉 *C. indicum*(L.) Oktunze，全株入药，消炎利尿，活血消肿，祛风湿，主治尿路感染，膀胱炎，跌打损伤，风湿骨痛。②观赏：龙吐珠。

假连翘属 *Duranta* L.

约 26 种，分布热带美洲；中国引入 1 种，分布华南，云南，福建南。常绿灌木。假连翘 *D. repens* L.，叶、果入药，散热透邪，行血祛瘀，止痛杀虫，消肿解毒，叶捣烂外敷治痈毒初起，果煎水服，主治疟疾。

石梓属 *Gmelina* L.

约 35 种，分布南亚及大洋洲；中国产 7 种，分布西南，华南至江西。落叶乔木。

【木材】　心材浅黄褐带绿色，软至中，强度中，干缩中，极耐腐。适作胶合板，枪托，琴板，木桶，木屐，仪器盒，木模，家具，枕木，桥梁，车辆，农具，渔轮，建筑，造纸等。木材价值贵重。有石梓 *G. chinensis* Benth.，云南石梓 *G. arborea* Roxb.，海南石梓 *G. hainnanensis* Oliv.，西南石梓 *G. delavayana* Dop. 等。

【根】　药用：石梓，根入药，活血去瘀，去湿止痛，主治：风湿，闭经。西南石柘，根入药，健胃消食，理气镇痛，化痰结症，主治久疟不愈。

马缨丹属 *Lantana* L.

约 40 种，分布热带美洲；中国产 2 种，引入 1 种，分布华南，福建、台湾。直立半藤本状灌木。马缨丹 *L. camara* L.

【叶】　药用：马缨丹，叶含三萜类：马缨丹酸，马缨丹诸酸，马缨丹素 A，B，马缨丹碱，对聚伞花素，挥发油，叶祛风止痒，解毒消肿，外用治湿疹，皮炎，皮肤瘙痒，疖肿，跌打损伤。

【根】　药用：马缨丹根显三萜类、黄酮类，氨基酸及鞣质反应，清热解毒，散结止痛，主治感冒发烧，久热不退，颈淋巴结核，风湿骨痛，胃痛，跌打损伤。

豆腐柴属(腐婢属) *Premna* L.

约 200 种，分布在东半球热带至亚热带；中国产约 45 种，分布秦岭以南。灌木或小乔木，有时藤本，很少草本。

【叶及根入药】　神仙豆腐柴 *P. gulva* Craib.，清热解毒，调经，主治风湿关节痛，疮毒有肿，月经不调。臭黄荆 *P. ligustroides* Hemsl.，叶解毒消肿，外用治疮疡肿毒；根，清热，利湿，解毒；主治疟疾，痢疾，风热头痛，肾炎水肿，痔疮，脱肛。腐婢 *P. microphylla* Tarcz.，根叶入药，清热解毒，消肿止痛，收敛止血，主治痢疾，阑尾炎；外用治烧烫伤，痈肿疮疖，毒蛇咬伤，外伤出血。长柄臭黄荆 *P. puberula* Pamp.，叶根入药，清湿热，调经，解毒，主治月经不调，风湿关节炎，水肿；叶捣烂外敷治无名肿毒。思茅腐婢 *P. szemaoensis* Pei.，根入药，含皂苷及多羟基酚类，舒筋活络，接骨，镇痛，止血生肌，主治风湿骨痛，跌打损伤，骨折，外伤出血。荨麻叶腐婢 *P. urticifolia* Rohd.，根入药，祛风湿，舒筋骨，止痛，主治脉管炎，风湿性关节炎，筋骨疼痛，腰痛，胃痛，吐血。

【农药】　腐脾全株，含萜烯类化合物，有强毒，10 倍水浸液防治小麦秆叶锈病；20 倍水浸液喷洒对棉花黄萎病有效；10 倍水浸液对马铃薯晚疫病收效约 40%。

【花】　蜜源植物：花期 5~6 月，蜜量较多，粉稍多，为长江以南辅助蜜源之一。

【木材】　黄药 *P. cavateriei* Lévl.，边材黄褐，心材暗褐色，重硬中等，强度强，干缩大，稍耐腐，可作家具，农具，包装材，坑木，枕木等，木材价值下等。

柚木属 *Tectona* L. f.

3 种，分布东南亚；中国引入 1 种，分布华南，云南，台湾。落叶大乔木。柚木 *T. grandis* L. f.。

【木材】　柚木，边材黄褐色，心材黄褐带绿色，重量，硬度，强度韧度均中等，干缩小，极耐腐，抗蛀性强。适作船舰用材之一，枪托，琴壳，雕刻，木模，车辆，农具，电杆，枕木，坑木，码头材，桥梁，家具，建筑等。商品材价值极贵重类。

【种子】　油用：柚木种仁含油量 44.5%，主成分：棕榈酸 1%，硬脂酸 10.2%，花生酸 2.3%，油酸 29.5%，亚油酸 46.4%，油可作工业用润滑油。

牡荆属 *Vitex* L.

约 250 种，分布热带至温带；中国产约 20 种，南北均有分布。落叶或者常绿乔木或灌木。

【木材】　本属木材可分作两类：①山牡荆类：材灰褐至黄褐色，轻，硬度中，强度弱，干缩小，稍耐腐，抗蚁蛀弱。适作机模，家具，胶合板，包装材，建筑等。木材价值下等。诸如：灰叶牡荆 *V. canescens* Kuzz.，黄荆 *V. negundo* L. 及牡荆 var. *cannabifolia*（Sieb. et Zucc.）Hand.-Mazz.，荆条 var. *leterophylla*（Frand.）Rehd.，山牡荆 *V. quinata*（Lour.）Willd.，蔓荆 *V. trifolia* L. 及单叶蔓荆 var. *simplicifolia* Champ. 等。②莺哥木类：心材栗褐色，重至甚重，甚硬，干缩甚大，耐腐性强。适作家具，车辆，木槌，油榨，农具，海轮，边杆及横担木，垫板，桥梁，码头材，建筑等。木材价值贵重。如莺哥木 *V. pierreana* Dop.。

【枝条】　编织：牡荆，枝条可编织筐，篓篮。黄荆，枝条可编织篮，筐。单叶蔓荆，枝条可编篮子。

【茎皮】　纤维：黄荆茎皮纤维可造纸，人造棉。黄荆茎皮纤维可造纸。单叶蔓荆，茎皮纤维可造纸。

【叶】　①药用：牡荆叶含对羟基苯甲酸，原儿茶酸，为通经利尿药。黄荆叶治久痢。灰毛牡荆叶药用，通经，止痢。黄荆叶含牡荆碱，清热解表，化湿截疟，主治感冒，肠炎，痢疾，疟疾；外用治皮炎，脚癣。②灭蚊蝇：牡荆叶点燃灭蚊；浸水半天可灭蛆。③农药：牡荆叶切碎3倍水浸5~7天，防治地下害虫，红蜘蛛，地老虎，稻螟虫，幼龄蚊盗贼，菜蚜虫。④绿肥：牡荆鲜叶含氮1.02%，磷0.18%，每亩用500~750kg，相当维生素 B_1 51kg，过磷酸钙4.5kg，硫酸钾12.5kg。黄荆叶也可作绿肥。黄荆叶含氮2.30%~4.45%，P_7O_5 1.7%~7.9%，K_2O_2 2%~2.6%，每100kg相当化肥维生素 B_1 115~222kg，过磷酸钙3.5~3.95kg，硫酸钾40~52.2kg。叶分解快，肥效高作水稻腐肥，每亩施放叶400~500kg，可增产20%~30%，但施叶压青超过1000kg，水稻前期徒长，引起倒伏。

【花】　①蜜源植物：牡荆花期6~7月，蜜粉较多。黄荆花期6~7月，蜜多，粉稍多，一群蜂年产蜜20~40kg，蜜色浅，芳香，国内外市场欢迎。荆条花6~7月，为东北，华北主要蜜源，一群蜂年产蜜20~40kg，蜜浅琥珀色，芳香，细腻，国内外市场受欢迎。②牡荆花可提芳香油约0.5%，作化妆品香精。黄荆，花可提芳香油0.5%~0.7%作化妆品香精。

【种子】　①油用：牡荆种子含油15.7%~22.6%，主成分：棕榈酸6.5%~17.6%，硬脂酸4.2~13.1，油酸15.7%~22.6%，亚油酸36.9%~73.6%，甘碳烯酸5.2%，油可供制肥皂及润滑油。黄荆，种子含油量20%，主成分：棕榈酸3.5%~5.9%，硬脂酸1.8%~3.9%，油酸13.2%~14.4%，亚油酸69.5%~80.4%，油可供制肥皂。荆条，种子含油量16.4%，主成分：棕榈酸8.1%，硬脂酸3.6%，油酸15.1%，亚油酸57.6%，亚麻酸1%，油可制肥皂，工业用润滑油。山牡荆，种子含油量17%，主成分：棕榈酸11.5%，硬脂酸9.7%，油酸38.7%，亚油酸33.3%，亚麻酸3.5%，油供制肥皂。单叶蔓荆，种子含油量9%，主成分：棕榈酸7.6%，硬脂酸4.5%，油酸15.2%，亚油酸72.9%，油可供制肥皂。②饲料：黄荆种子可供饲料，或酿酒，粕糟可作饲料。③芳香油，单叶蔓荆种子可提芳香油，作调和香精。

【果实（包括种子）】　①药用：牡荆果含枝烯，少量牡荆碱，祛风化痰，止咳。灰毛牡荆果入药，可镇痛。黄荆，果入药，为清凉镇痛药，止咳平喘，理气止痛，主治咳嗽，哮喘，胃痛，消化不良，肠炎，痢疾，黄疸肝炎。单叶蔓荆，果入药，镇静镇痛，治神经性头痛，肌肉神经痛，痉挛，主成分：α-蒎烯55%，硬酸萜松脂10%，尚有牡荆子黄酮，少量蔓荆子碱，主治风热感冒，正、偏头痛，牙痛，目赤睛痛，多泪，夜盲，肌肉筋骨痛。蔓荆果入药，有降压、降血糖作用，其他功效同单叶蔓荆，疏风散热，清热明目，主治风热感冒，头晕头痛，目赤肿痛，夜盲，肌肉神经痛。②兽药：黄荆果，祛风除痰，行气止痛，治牛慢性臌气，牛马风寒感冒，家畜中暑发痧，肠炎泄泻，猪仔白痢，生猪催肥，老牛壮腰。

【根】　药用：牡荆根，清热，止咳，化痰，截疟。黄荆，根驱蛲虫，治久痢。9. 全株单叶蔓荆为良好固沙植物。

葡萄科 Vitaceae

约12属700多种，大部分布热带至温带；中国产8属112种，南北均有分布。藤本或灌木。

蛇葡萄属 *Ampelopsis* **Michx**.

约 60 种，分布亚洲及北美洲；中国产 9 种，南北均有分布。藤本。

【茎皮】 鞣质：蓝果蛇葡萄 *A. bodinieri*(Levl. et Vant.) Rehd.，茎皮含鞣质 19% 可提制栲胶。尖叶蛇白蔹 *A. brevipedimculata* (Maxim.) Trautv. var. *maximowiczii* Rehd.，茎叶含鞣质 5.32%，可提制栲胶。

【浆果】 酿酒：蓝果蛇葡萄，蛇白蔹 *A. breviedunculata*(Maxim.) Trautv.。

【茎】 编织：尖叶蛇白蔹，茎可纺织用具。茎皮可制绳索，人造棉，造纸。

【种子】 油用：尖叶蛇白蔹，种子含油 24.1%，可制肥皂。

【叶】 农药：白蔹 *A. japoniea*(Thunb.) Makin O.，叶干粉加水 10 倍喷洒或捣烂鲜叶加水 2 倍喷洒，可防治蚜虫，稻螟虫。

【根】 ①淀粉：白蔹块根含淀粉 21.1%~40%，可酿酒。②药用：乌头叶蛇葡萄 *A. aconitifolia* Bunge，根皮入药，消肿散瘀，祛腐生肌，接骨止痛，主治骨折，跌打损伤，痛肿，风湿性关节炎。荨裂叶蛇葡萄 var. *glabra* Like，块根入药，清热解毒，豁痰，主治结核性结膜炎，痰多胸闷，噤口痢，疮疖痛肿。艾叶蛇葡萄 *A. artemisiaefolia* Planch.，根入药，接筋骨，止血消炎，止痛，主治骨折，刀枪伤，烧伤，痛肿。蓝果野葡萄根皮入药，消肿解毒，止血，止痛，排脓生肌，祛风湿，主治跌打损伤，骨折，风湿腿痛，便血崩漏，白带。蛇白蔹根入药，主成分：黄酮苷，酚类，氨基酸，糖类，主要用于胃肠道肿瘤，泌尿系统肿瘤及恶性淋巴瘤，疗效待确定；尚治风湿性关节炎，溃疡病，黄疸肝炎，跌打损伤，疥疮肿毒，烧伤。三裂叶蛇葡萄 *A. delavayana*(Franch.) Planch.，根入药，消炎镇痛，接骨止血，主治外伤出血，骨折，跌打损伤，风湿关节痛。葎叶蛇葡萄 *A. humulifolia* Bge.，根皮入药，活血散瘀，消炎解毒，生肌长骨，祛风除湿，主治跌打损伤，骨折，疮疖肿痛，风湿关节炎。白蔹，根入药，清热解毒，消肿止痛，主治：气管炎，痔漏，赤白带下，阴囊肿痛，外用治疮疖肿毒，淋巴结核，跌打损伤，烧烫伤，烂冻疮。蛇葡萄 *A. brevipedunculata* var. *hancei* (Planch.) Li，根洗涤刀伤药。②兽药：白蔹根，清热解毒，散结消肿，生肌止痛，治马骡吊鼻症，马驴肺胀，牛马恶疮，马背疮，家畜皮肤冻疮，马驴恶疮流脓。

【花】 蜜源植物：粤蛇葡萄 *A. cantoniensis*(Hook. et Arn.) Planch.，花期 6 月，蜜量多，粉稍多，为山地辅助蜜源。

【全株】 药用：粤蛇葡萄，全株入药，清热解毒，解暑，主治暑天感冒，皮肤湿疹。广东蛇葡萄 *A. cantoniensis* var. *grossedentat* Hand. -Mazz.，全株药用，清热解毒，主治黄疸性肝炎，感冒风热，咽喉肿痛，急性结膜炎(水洗)，痛肿(煎水外洗)。

乌蔹莓属 *Cayratia* **Juss**.

约 45 种，分布亚、非、大洋洲；中国产 13 种，分布秦岭以南。藤本。

【藤茎】 大叶乌蔹莓 *C. oligocarpa*(Lévl et Vant.) 藤可制绳索。

【种子】 油用：毛叶乌蔹莓 *cjaponica*(Thunb.) Gagnep.，种子含油量 16.4%，主成分：棕榈酸 6.6%，硬脂酸 3.9%，油酸 20.2%，亚油酸 65.5%，亚麻酸 1.3%，油可供制肥，润滑油用。

【茎叶】 ①饲料：乌蔹莓，茎叶营养丰富，可煮熟晒干，青贮，发酵作猪饲料。②农药：乌蔹莓 *C. japonica* (Thunb.) Gagnep.，茎叶捣烂加 1 倍水喷洒，防治菜青虫；3 倍水喷洒杀蛞虫；20 倍水浸液灭孑孓。

【根】 药用：乌蔹莓，根煎汁，治痈肿乳肿；外用治毒虫蜇伤，大叶乌蔹莓，根入药，除风湿通经络，主治牙痛，风湿性关节炎，无名肿毒。三乌蔹莓 *C. trifolia* (L.) Domin，根入药，消炎止痛，散瘀活血，祛风湿，主治跌打损伤，骨折，风湿骨痛，腰肌劳损，湿疹，皮肤溃疡，肺痈，疮疖。

【全株】 药用：毛叶乌蔹莓，全草入药，清热毒，消痈肿，主治小便出血，眼热红肿，跌打肿痛，肺痈。

白粉藤属 *Cissus* L.

约 350 种，分布热带、亚热带；中国产 11 种，分布西南至福建、台湾。藤本。

【藤】 药用：六方藤 *C. hexangularis* Therel ex Planch.，藤入药，祛风活络，散瘀活血，主治风湿关节痛，腰肌劳损，跌打损伤。四方藤 *C. ptemlada* Hay.，藤入药，祛风湿，舒筋络，主治风湿痹痛，关节胀痛，腰肌劳损，筋络拘急。

【根】 药用：毛叶白粉藤 *C. assamica* (Laws.) Craib.，根入药，拔脓消肿，散瘀止痛，主治跌打损伤，扭伤，风湿关节痛，骨折，外敷治痈疮肿毒。四方宽筋藤 *C. hastate* (Miq.) Planch.，根藤药用，祛风湿，舒筋络，主治：风湿痹痛，关节肿痛，腰肌劳损，筋络拘急。

【全草】 药用：爪哇白粉藤 *C. davanica* DC.，全草入药，疏风解毒，消肿散瘀，续筋接骨，主治：荨麻疹，过敏性皮炎，骨折，筋伤，跌打扭伤，风湿麻木。

爬山虎属 *Parthenoeissus* Planch.

约 15 种，分布亚洲，美洲；中国产 10 种，分布东北至长江流域以南。木质藤本。

【果实】 食用：爬山虎 *P. tricuspidata* (Sieb. et Zucc.) Planck，果熟时可食，味酸甜；又可酿酒。

【种子】 油用：爬山虎种子含油量 18.9%，主成分：棕榈酸 9.5%，硬脂酸 3.4%，油酸 15.1%，亚油酸 72%，油可供制肥皂及润滑油。

【根茎】 药用：异叶爬山虎 *P. heterophylla* (Bl.) Merr.，根茎入药，祛风活络，活血止痛，主治：风湿筋骨痛，赤白带下，产后腹痛；外用治骨折，跌打肿痛，疮疖。三爪金龙 *P. himalayana* (Royle) Planch.，根茎入药，祛风除湿，活络散瘀，主治：风湿骨痛；外用治骨折，跌打损伤。大绿藤爬山虎 *P. laetevirens* Rehd.，藤茎入药，舒筋活络，消肿散瘀，接骨，主治跌打损伤，骨折，风湿性关节炎，腰肌劳损，四肢麻木 (泡酒服或外敷)。爬山虎，根茎入药，祛风通络，活血解毒，主治风湿性关节炎；外用治跌打损伤，痈疔肿毒。

【全株】 ①观赏植物：爬山虎，叶形美观，入秋红色，常附着墙垣，岩石上，供观赏。②环保树种：爬山虎对 Cl_2 抗性强，适作厂矿、街道住宅，垂直配植的环保树种。

崖爬藤属 *Tetrastigma* Planch.

约 90 种，分布亚洲至大洋洲；中国产 35 种，分布陕西、山东以南。攀缘藤本。

【根茎】 药用：大五爪金龙 *T. lenticellatum* C. Y. Wu 根茎入药，祛风活血，消肿，主治风湿关节痛，口腔炎，鼻炎；外用，治跌打损伤，骨折。扁担藤 *T. planicaule* (Hook. f.) Gagnep.，藤茎入药，祛风除湿，舒筋活络，主治：风湿骨痛，腰肌劳损，跌打损伤，半身不遂。

【全株】 药用：狭叶崖藤 T. hypoglaueum Planch.，全草入药，祛风活络，活血止痛，主治风湿骨痛，跌打损伤；外用治骨折，外伤出血。崖爬藤 T. obtectum(Wall. ex Laws)Planch.，全株入药，祛风活络，活血止痛，主治跌打损伤，风湿麻木，筋骨关节痛；光叶岩爬藤 var. glabrum(Lévl. et Vant.)Gagnep.，活血解毒，祛风湿，主治头痛，身痛，风湿麻木，游走性疼痛。滇崖爬藤 T. yunnanensis Oagnep.，全株入药，祛风活络，活血止痛，主治风湿骨痛，跌打损伤：外用治骨折，外伤出血。

葡萄属 Vitis L.

约60种，分布温带至亚热带；中国产25种，分布东北，华北，西北以南。藤本。

【花】 蜜源植物：刺葡萄 V. davidii(Roman)Foex.，花期5~6月，蜜、粉稍多，辅助蜜源植物。葡萄 V. vinifera L.，花期5~6月，蜜量多，粉稍多，一群蜂可产10~15kg蜜。

【藤茎】 奠奠藤茎可代绳索，造纸原料。毛叶葵奠藤代绳索，造纸原料。

【叶】 ①婴奠嫩叶可作猪饲料。葡萄嫩叶也可作猪饲料。②药用葡萄叶：主成分：酒石酸，苹果酸，草酸，琥珀酸，柠檬酸，奎宁酸，莽草酸，槲皮苷，异槲皮苷，芳香苷，入药治水肿，小便不利，目赤，痈肿。

【果实】 ①食用：山葡萄 V. amurensis Rupr.，果熟后，富果汁，味酸甜可食，含糖7%~23%，蛋白质，钾，磷，钙，铁等矿物质，营养丰富。紫菖 V. coignetiae Planch，有甜味，汁少，可食。桑叶葡萄 C. ficifolia Bunge。可食。葛藟 V. flexuosa Thunb.，果熟后可食。复叶葡萄 V. piasezkii Maxim.，果实含糖分10%，味酸甜，富营养，可食。葡萄，果含糖分10%，水分87%，蛋白质0.7%，碳水化合物11.5%，钾190mg/kg，磷90mg/kg，铁13mg/kg，胡萝卜素1020mg/kg，维生素 B_1 3mg/kg，核黄素1mg/kg，尼克酸2mg/kg，抗坏血酸10mg/kg；含有葡萄糖，果糖，木糖，酒石酸，革酸，柠檬酸，苹果酸，枸橼酸，又含葡萄糖苷，双葡萄糖苷，营养丰富，为水果佳品之一。应发展优良品种，如巨峰、大球、无籽、马奶子等品种。②酿酒：山葡萄，酿红葡萄酒，色红丽，品质佳，通化葡萄酒即由山葡萄酿制。桑叶葡萄，酿葡萄酒。葛藟，可酿葡萄酒。复叶葡萄可酿酒，毛葡萄可酿酒或制葡萄干。腺葡萄可酿果酒。葵奠可酿酒，裂叶葵莫可酿酒。葡萄果可酿葡萄酒，有红葡萄酒，白葡萄酒。③葡萄可作葡萄干，葡萄汁，葡萄粉。葡萄有约200个品种，在生产中最有经济意义，选择优良品种，制成葡萄干，葡萄酒，除满足国内需求外，大量出口东南亚国家，创外汇。毛葡萄可作葡萄干。山葡萄可加工清凉饮料，果子露酒。④色素：山葡萄果皮可提制紫色素。紫葛果皮可提浓紫(带黑)色素。⑤药用：山葡萄果，清热利尿，治烦热口渴，尿路感染，小便不利。桑叶葡萄果有止渴利尿作用。葛藟，果治咳嗽，吐血，积食。腺葡萄果对贫血病，肺病有疗效。葡萄果，补气血，强筋骨，利小便，血小板减少可饮葡萄酒有疗效。⑥饲料：果渣或酿酒后酒槽可作混合饲料：山葡萄，刺葡萄，桑叶葡萄，葛藟，复叶葡萄，毛葡莓，腺葡萄，葵莫，裂叶婴奠，葡萄。⑦酒石酸原料：山葡萄酒渣可制醋，染料，主要生产酒石酸，用于食品工业，清凉饮料发面包：印染工业，制革，制药，电镀，照相。毛葡萄也可生产酒石酸。

【茎汁】 ①药用：复叶葡萄，幼茎汁入药，消食清热，凉血，主治胃肠实热，头痛发烧，骨蒸劳热，急性结膜炎，鼻衄。②药用：腺葡萄茎入药，祛瘀止血，生肌，主治吐血，眼瘀，跌打损伤。

【种子】 ①油用：山葡萄种子含油量17.1%，主成分：棕榈酸5%，硬脂酸2%，油酸12.6%，亚油酸80.4%，油可食用，有降胆固醇作用。刺葡萄，种子较大，可榨油，作工业用油。葛藟种子含油量7%，主成分：棕榈酸13.9%，硬脂酸3.9%，油酸23.1%，亚油酸58.8%，可作工业用油。葡萄种子含油量10%~20%，主成分：棕榈酸4%~11%，硬脂酸2.5%~5%，油酸12%~33%，亚油酸45%~72%，油可食，但置久有异味，需精炼作食用油，籽油可作肥皂。

【根】 药用：山葡萄，根藤药用，祛风止痛，治风湿骨痛，胃痛，腹痛，神经性头痛，手术后疼痛，夕伤痛。小果野 *V. balanscana* Planch，根皮入药，舒筋活血，清热解毒，生肌利湿，主治风湿瘫痪，劳伤，赤痢，疮疡肿毒。刺葡萄根入药，祛风湿，治筋骨伤痛，跌打损伤，慢性关节炎。葛藟，根捣烂外敷治关节痛，跌打损伤。裂叶蓃莫，根入药，清热解毒，祛风除湿，主治肝炎，阑尾炎，乳腺炎，肺脓肿，多发性脓肿，风湿性关节炎；外用治疮痈肿毒，中耳炎，蛇虫咬伤。葡萄根治呕吐，安胎。

【全株】 ①药用：红藤葡萄 *V. chenii* Metc.，全株入药，消肿拔毒，主治疮痈疔肿，内服外敷。蓃莫，全株入药，祛风湿，消肿毒。②观赏：刺葡萄秋叶变红供观赏；蓝果刺葡萄 *V. davidii* var. *cyanocarpa* Snrg. 果蓝色，秋叶红色，美丽，供观赏。③环保树种，葡萄棚架，绿叶翠郁，且对 SO_2 有抗性，居民、农村房前屋后常种植，有环保作用。

蒺藜科 Zygophyllaceae

约22属160多种，分布两半球干燥地区；中国约产5属32种，引入1属2种。南北均有分布。草本或灌木。

愈疮木属 *Guaiacum* L.

约数种，分布西印度群岛至南美洲；中国引入2种，分布海南。常绿灌木或小乔木。引入的两种：愈疮木 *G. officinale* L.，神圣愈疮木 *G. sanetum* L.

【树脂】 两种的树皮及木材蒸馏出树脂入药，专治疮伤，故名愈疮木。

【木材】 材极坚重，气干容重 $1.1~1.3g/cm^3$，边材浅黄色，心材栗褐或棕色，致密，难加工，耐腐，耐蚁蛀，耐用。供船舶螺旋桨，轴承，齿轮，滑木，滚珠，梭子，木槌，可代金属部件，商品价值按重量计价，极贵重，可列入特类。

白刺属 *Nitraia* L.

8种，分布中亚；中国分布东北，华北，西北至西藏。矮生具刺灌木。

【茎叶】 饲料：白刺 *N. sibrica* Pall.，球果白刺 *N. sphaerocarpa* Maxim.，为骆驼、山羊的灌木饲料，喜食嫩茎叶，适口性良，干枯骆驼仍食，对骆驼有挺腰作用。

【果实】 ①食用：白刺，唐古拉白刺 *N. tangutorum* Bobr.，果熟时酸甜可食，还可酿酒，制醋。②药用：白刺，果入药，调经活血，消食健脾，主治胃病，肺疡，气血两亏，消化不良，月经不调，腰酸腿痛。唐古拉白刺，果入药，健脾胃，助消化，安神，解表，主治脾胃虚弱，消化不良，神经衰弱，感冒，乳汁不下。

【种子】　①油用：白刺种子含油率 13.17%，可制肥皂用。②代粮：白刺种子似胡麻，可榨油及代粮食用。

【全株】　防风固沙植物：白刺，球果白刺，唐古拉白刺，东廧 *N. schoberi* L.。

骆驼蓬属 *Peganum* L.

6 种，分布东半球温带；中国产 3 种，分布西北至华北。草本或亚灌木。

【茎叶】　①饲料：骆驼蓬 *P. harmala* L.，生长期含粗蛋白 8.43%，粗脂肪 3.38%，无氮化合物 44.27%，灰分 8.53%，钙 3.42%，磷 0.91%，9、10 月间是牛、羊、骆驼饲料，亩产 500~750kg。②绿肥：玉米如施土肥亩用 2000kg，亩产玉米 217kg；如亩施骆驼蓬 2000kg，玉米亩产 414kg，比施土肥增产 30.93%。

【种子】　染料：骆驼蓬种子主成分：哈马灵，哈巴酚，哈尔明，鸭嘴花碱，鸭嘴花酮，可作红色染料。

四合木属 *Tetraena* Maxim.

1 种，分布内蒙古。落叶灌木。四合木 *T. mongolica* Maxim.。

【茎叶】　饲料：骆驼饲料。

【枝】　燃料：枝含油脂，易燃，沙区良好燃料。

【全株】　固沙防风植物。

单子叶植物纲 Monocotyledoneae

74 科，约 5 万种，中国引入 44 科 645 属约 4190 种，主为草本，少数为藤本、灌木、竹类，稀乔木。本书收入木本植物（包含引入）为 5 科 50 属 172 种 4 变种。

龙舌兰科 Agavaceae

约 20 属 670 多种，分布热带、亚热带，中国产 2 属 6 种，引入 4 属 10 种，多年生木质茎植物。

龙舌兰属 *Agave* L.

约 3000 种以上，分布美洲；中国引入 5 种，分布长江流域以南。无茎粗壮木质植物。

【叶】　①纤维：龙舌兰 *A. americana* L.，叶具硬纤维，可作缆绳，编织物，造纸，刷子等。经济价值逊于剑麻，纤维素含量 36.15%；白边龙舌兰 var. *marginata* Tnel.，用途同龙舌兰。狭叶龙舌兰 *A. angustifolia* Haw.，叶片纤维可制绳缆，次于龙舌兰。灰叶剑麻 *A. focrcroydes* L.，叶片纤维质量逊剑麻，用途略同于剑兰作绳缆。剑麻 *A. sisalana* Pirrine，叶片含纤维素 65.8%~72%，长 1.5~4mm，纤维宽 20~32μm，为硬质纤维原料中最主要的一种，产量占世界一半，拉力强，水湿时更强，耐腐，耐磨，常用于军舰轮船，渔业，森林采伐，采矿，工厂起重传送带缆绳用，又可编织凉鞋，凉帽，手提包，短纤维可作刷，人造丝，造纸，塑胶，炸药等。②药用：龙舌 叶含海柯吉宁，医药工业制可的松原料，含量比剑麻高。剑麻制纤维后的废料可提海柯吉宁（龙舌兰皂苷醛），剑麻皂苷元，合成肾上腺皮质，甾体激素药物（可的松），医治风湿麻痹症。③废糟粕：龙舌兰及剑麻废粕可提制酒精，酸类，果胶等化工原料；农药，肥料，饲料。

【染料】 剑麻植株烧灰，用碘处理呈金黄色，用硫处理呈蓝色，以作染料。

【农药】 龙舌兰叶加三倍水，浸泡过滤喷洒，可防治螟虫，稻飞虱，浮尘子，地老虎。

【全株】 庭园观赏植物：龙舌兰，叶常绿，莲座，着生地面，长 1～2m，宽 15～20cm，厚实，边缘有锯齿，供观赏。

朱蕉属 *Cordyline* Comm. ex Juss.

20 种，分布温带；中国产 1 种，分布华南，露天栽培；其他各地温室盆栽。常绿直立粗壮灌木，朱蕉 *C. fruticosa*(L.) ut. Cheval.。

【药用】 朱蕉叶、花、根入药，凉血止血，散瘀止痛，主治肺结核咯血，衄血，尿血，便血，痔疮出血，月经过多，痢疾，胃痛，跌打损伤。

【全株】 观赏植物：朱蕉叶聚生枝顶，茎柄绿色或紫色，花淡红或青紫色，花 5～6 月，常作盆栽观赏，温室越冬。

龙血树属 *Dracaena* Vand. ex L.

约 100 种，分布东半球热带；中国产 5 种，引入 1 种，分布华南、云南，常绿灌木或小乔木。

【树脂】 药用：广西血竭 *D. cochinchinensis*(Gagnep.) S. C. Chan，茎枝受伤产生红色液体树脂，称血竭，是止血，活血，生肌，行气要药。云南血竭 *D. cambodiana* Pierrc ex Gagnep，取木质部用乙醇提取浓缩可得 32％；用乙醚提取浓缩可得 23％ 血竭，树脂血褐为酚性苷，生物碱，糖类，黄酮类，挥发油，强心苷，与广西血竭化合物反应相同，止血，止痛，水肿，散瘀，敛口生肌。进口血竭为棕榈科麒麟血竭 *D. aemonoropsdracc* Bl. 树脂，有活血，止血，行瘀，敛疮，生肌之效，历年依靠进口。中国云南血竭有数万株，广西血竭也有资源，完全可代替进口。血竭，应保护和发展利用本国资源。

【叶】 药用：云南血竭，叶入药，散瘀止血，止咳平喘，主治咳血、吐血、衄血、便血、尿血、哮喘、痢疾、小儿疳积，外用将鲜叶捣烂外敷跌打损伤。

【根部】 狭叶龙血树 *D. angustifolia* Roxb.，块根入药，润肺止咳，清热止血，主治：百日咳，支气管炎，肺结核，咯血，吐血，慢性扁桃体炎，咽喉炎。矮龙血树，根入药，祛风除湿，通经活络，补肾壮阳，主治风湿性关节炎，腰腿痛，阳痿，膀胱炎，产后大流血。

【全树】 观赏植物：香龙血树 *D. fragrans* Ker.，叶有黄白条纹，花微黄色、香，为观赏植物。

丝兰属 *Yucca* L.

约 40 种，分布美洲；中国引入 4 种，分布山东以南。常绿木本灌木状。

【叶】 纤维，丝兰 *Y. filamentosa* L.，凤尾丝兰 *Y. gloriosa* L.，叶纤维可制绳索。

【果实】 丝兰果印第安人食用。

【根】 丝兰根，可浸水作洗涤用。

【全株】 ①观赏树种：丝兰花白色，大型，极美观；凤尾丝兰花白色下垂，6 月、10 月两次开花，可供观赏；白美丝兰 *Y. smalliona* Fern.。②绿垣植物：丝兰，凤尾丝兰，可作街道，行道路绿化植物。③环保树种：凤尾丝兰，对 Cl_2、HF 抗性强，为矮丛环保树种。

天南星科 Araceae

约 115 属 2000 种以上，分布全世界，但绝大部分在热带；中国产 35 属 200 多种，又引入 4 属 20 多种，南北均有分布。草本，有时为木质藤本。

麒麟叶属 *Amdrium* Schottky.

约 6 种，分布印度至马来西亚；中国产 2 种，分布华南。木质藤本。

【根、茎、叶】 麒麟叶 *A. pinnamm*（L.）Schottky.，根、茎、叶，入药，清热润肺，消炎解毒，舒筋活络，散瘀止痛，主治发热，咳嗽，胃痛，肠伤寒（根煎水服）；毒蛇咬伤（叶捣烂外敷）；跌打瘀肿，风湿痹痛（茎皮捣烂加酒外敷，内服）。

【观赏植物】 麒麟叶及雷大藤 *A. sinene*（Engl.）H. B. Li 叶美观，供观赏。

崖角藤属 *Rhaphidophora* Hassk.

约 100 种，分布印度至马来西亚；中国产 9 种，分布华南至西南。多年生木质藤本。

【根茎】 药用：裂叶崖角藤 *R. decursiva*（Roxb.）Schottky.，根茎入药，清热解毒，接骨消肿，止血止痛，镇咳，主治跌打损伤，骨折，蛇咬伤，痈疖疮肿（捣烂外敷），小儿百日咳，咽喉肿痛（水煎服）。

【全株】 药用：崖角藤全株入药，活血散瘀，清热解毒，止咳止痛，主治跌打损伤，胃肠痛，支气管炎，百日咳；外用治跌打损伤，骨折，蜂虫刺伤，毒蛇咬伤，烧烫伤。

百足藤属 *Pothos* L.

约 75 种，分布印度至马来西亚及非洲马达加斯加；中国产 8 种，分布华南至西南。藤本。百足藤 *P. repens*（Lour.）Merr. 及石树子 *P. chinensis*（Raf.）Merr.，全株入药，除湿凉血，止痛接骨，主治劳伤，跌打，骨折。

禾本科 Graminaceae

约 600 属 10000 种，广布全世界；中国产 220 多属约 1300 种，广布全国。草本或竹类。

刺竹属 *Bambusa* Schrebe L.

约 100 种，分布亚洲、非洲、大洋洲的热带至亚热带地区；中国产约 60 种，分布长江流域以南。乔木状竹类。

【竹材】 编席，竹帽，竹缆，农具，生活用具，工艺品等。诸如：牡竹 *B. arundinacea*

Retz.，单竹 *B. cerosissimb* McClure，粉单竹 *B. chungii* Machure.，凤凰竹 *B. multiplex*（Lour.）Racusch，凤尾竹，撑篙竹 *B. pervariabilis* McClure，大灰竹 *B. polymorpha* Munro，硬头黄竹 *B. rigida* Keng et Kengt.，车筒竹 *B. sinospinosa* McClure，青皮竹 *B. textilis* McClure，龙头竹 *B. vulgaris* Schrader ex Wendland，麻竹 *D. latiflorus* Munro 等。

【材杆】 建筑，农具，撑杆，运输排筏，竹篱，栅架，日用器具等。树种见上。

【纤维】 造纸：树种见上。如粉半日竹，竹材含水分 10.33%，灰分 2.1%，冷水抽出物 8.07%，热水抽出物 9.46%，1% NaOH 抽出物 29.97%，苯醇抽出物 4.35%，木素 21.41%，多戊糖 18.72%，综纤维素 73.72%，α-纤维素 47.76%，撑篙竹，含水分 11.66%，灰分 2.29%，冷水抽出物 7.64%，热水抽出物 7.71%，1% NaOH 抽出物 29.99%，苯醇抽出物 2.15%，木素 21.43%，多戊糖 20.72%，综纤维素 74.46%，α-纤维素 49.15%。青皮竹，含水分 10.58%，灰分 2.08%，冷水抽出物 6.3%，热水抽出物 7.55%，1% NaOH 抽出物 30.57%，苯醇抽出物 3.72%，木素 19.39%，多戊糖 20.83%，综纤维素 79.39%，α-纤维素 50.4%，可做文化用纸，绳索。

【竹茹】 药用：车筒竹的竹茹，清热利尿，主治胃热呕吐，呃逆。

【竹黄】 兽药：冬季采青皮竹，取竹黄，作兽药，清热豁疾，凉心定惊，治马心风邪，马骡脑黄，马脑脊炎，马骡肝黄，牛马癫痫，牛中暑发痧。

【叶】 ①凤尾竹，叶入药，解热，消炎，主治鼻衄。车筒竹的竹叶入药，主治小儿发热，感冒风热，尿路感染，鼻衄。②饲料：牡竹叶含粗蛋白 18.64%，为饲料价值高的饲料。

【竹笋】 ①食用：青皮竹，竹笋可食。②药用：车筒竹笋药用：凉血止痢，清热生津，主治消化不良，痢疾。

空竹属 *Caphalsaaehyum* Munro

约 20 种，分布中南半岛，印度至马达加斯加；中国产 4~5 种，分布云南。乔木或灌木状竹类。

【竹材】 编织，材适劈篾，编织篮筐，围篱。

【竹秆】 空竹 *C. fushsianum* Gamble.，竹秆光滑且细。长度也适宜，常作笛箫。糯竹 *C. pergraeile* Munro 杆间灌糯米煮饭，直径 5~7.5cm，煮饭其味香美。

龙竹属 *Dendrocalamus* Nees.

约 40 种，分布亚洲热带至亚热带；中国产 10 多种，分布西南至南部。乔木状竹类。

【竹材】 纺织畚箕围篱，扎筏，箩筐，筛子，凳子，家庭用具等，诸如：葱竹 *D. affinis*（Randle）Nees，版纳龙竹 *D. alboeiliata*（Mumro）J. L. Sun，龙竹 *D. giganteus* Munro，滇南甜竹 *D. hamiltoinii* Nees el Arn.，叶龙竹 *D. membranaeeus* Munro，粉白黄竹 *D. sericeus* Munro，巨龙竹 *D. sinicus* Chia et J. L. Sun，黄竹 *D. strielus*（Roxb.）Ness.，等。

【杆材】 锄柄，刀柄，竹木结构房屋，铺板，水桶，水槽，竹笆，桩架，床架，扁担，怒箭，竹椅，筷子，竹勺，大梁，围墙，竹梯，猪槽，饭桶等。树种见上。

【纤维】 造纸，葱竹纤维均长 2.79mm，均宽 17μm，化学成分：水分 12.56%，灰分 1.2%，冷水抽出物 2.42%，热水抽出物 9.78%，乙醚抽出物 0.71%，1% NaOH 抽出物

39.34%，木质素 31.28%，聚戊糖 25.41%，硝基纤维素 44.45%，可制水泥袋纸，文化用纸，绳索缆绳。版纳龙竹可造纸。滇南甜竹 1~2 年材造纸。粉白黄竹可造纸。黄竹为云南南部主要造纸原料。

【叶】 包粽子：如版纳龙竹。

【箨】 小叶龙竹箨可包饭，红糖，茶叶。粉自葱竹箨包食品，巨龙竹箨包食品。麻竹箨可作斗笠船篷，包装料。

【笋】 版纳龙竹鲜笋可食。滇南甜竹，笋可食，无苦味。小叶龙竹，笋煮水去苦味，可食，或制笋干，粉白黄竹，竹笋可食。巨龙竹，竹笋可食，或制笋干。黄竹，笋可食，或制笋干，笋丝。葱竹，笋味苦，煮水去苦味，可食。麻竹，笋干，罐头，味美，营养好，畅销国内外。

【竹心(叶)】 药用：葱竹，竹心(竹叶)，主治热病烦渴，小便不利，口舌生疮。

【根】 药用：葱竹根，主治乳汁不通。

硕竹属 *Gigontochloa* **Kurz ex Munro**

约 30 种，分布亚洲地区；中国约数种，分布云南。乔木状竹类。

【杆材】 坚硬，不蛀，为建筑良材。诸如：白缘毛硕竹 *G. albo-ciliata* Karz，毛硕竹 *G. lavis*(Bles)Merr.，长舌硕竹 *G. ligulata* Gomble.，等。

【竹材】 编织篮筐，常用生活用具。树种见上。

【笋】 可食用或制笋干，如毛硕竹，白缘毛硕竹，长舌硕竹等。

箬竹属 *Indocalamus* **Nakai**

约 20 种，分布印度，斯里兰卡，中国，菲律宾；中国产约 20 种，分布长江流域以南。灌木状竹类。

【竹秆】 近实心，供制竹筷，笔杆用。诸如：湖北箬竹 *J. confuses* McClure，四川箬竹 *J. fargesii*(Camus)Nakai，阔叶箬竹 *J. latifolius*(Keng)McClure，箬叶竹 *J. longiauritus* Hand-Mazz.，峨眉箬竹 *J. omeiensis* C. D. Chu et C. S Chao，假华箬竹 *J. pseadsinicus* McClure，中华箬竹 *J. sinicus*(Honce)Nakai，箬竹 *J tessellata*(Munro)Kengt.

【叶】 ①阔叶箬竹，叶宽大，多作斗笠，包粽子，略有香气。箬叶竹，箬竹，叶可制斗笠。②药用：阔叶箬竹，叶入药，清热解毒，止血，主治喉痹失音，妇女血崩。

【鞭藤】 编织：阔叶箬竹可编织筐篮等生活用品。

薄竹属 *Leptocanna* **Chia et H. L. Feng**

1 种，分布中国云南南部至东南。乔木状竹类。薄竹 *L. chinensis*(Rendle)Chia et H L. Feng 竹材可编织生活用具。笋可食。

滇竹属 *Oxytenanthera* **Munro**

约数种，分布云南南部。乔木状竹类。滇竹 *O. fehix* Keng，南峤滇竹 *O. parviflora* Kengt.，黑毛滇竹 *O. nigrociliata*(Buse)Munro。竹材可编织鱼篓，围篱等。笋可食。

毛竹属 *Phyllostachys* Sieb. et Zucc.

约 50 种以上，分布亚洲；中国产 40 种以上，分布长江流域以南。乔木或灌木状竹类。

【竹材】　黄古竹 *Rangusta* McClure，材篾性好，编织工艺品。桂竹 *P. bambusoides* Sieb. et Zucc.；编织良材。甜竹 *P. flexuosa*（Carr.）Riv.，篾性好，宜编织器具。淡竹 *P. glauca* McClure，材篾性好，为编织工艺品良材。紫竹 *P. nigra*（Lour.）Munro，编织工艺品。水竹 *P. heteroclada* Oliv.，宜用于编织凉席，精细竹器，工艺品。金毛竹 *P. nigra* var. *henonis*（Milf.）Stopf. ex Randle，材坚韧，宜作编织用。毛竹 *P. pubescens* Mazd ex H. de Lehaie，编织用具，箩筐，篮子及多种生活用具。雅竹 *P. vivax* McClure，材可编织用具。

【材杆】　罗汉竹 *P. aurea* Carr. ex C. Riviere.，杆供建筑，家具，扁担，农具柄等，经济价值仅次于毛竹。白夹竹 *P. bissetii* McClure，杆材可作书架，农具柄。甜竹杆材可作蚊帐杆，棚架，柄材。淡竹，杆供晒衣杆，书架，农具柄，烤烟杆，瓜架菜棚。水竹，杆用于钓鱼竿，棚架。浙皖淡竹 *P. megeri* McClure，杆用于柄材，支架，农具柄。筱竹 *P. nidularia* Murtre，杆壁薄可用于篱笆，虾笼，扫帚。紫竹，杆紫黑色，作箫，笛，伞柄，手杖，书架，小型家具，金毛竹，杆作农具柄，撑篙。粗者作书架，细者作笛，手杖，伞柄，渔竿。灰竹 *P. nuda* McClure，杆多用作棚架，篱笆，柄材。早竹 *P. praeeox* C. D. Chu et C. S. Chao，杆作晒衣杆，棚架，伞骨。毛竹，杆作建筑脚手架，建筑，家具，电杆，帆杆，水管，棚架，用途广，经济价值大，占全国 70% 左右。刚竹 *P. viridis*（Young）McClure，杆坚韧，近似毛竹，作建筑，家具，农具柄，但篾性差。雅竹，杆作柄材，支架，撑杆篙，建筑，家具柄。

【纤维造纸】　桂竹化学成分：水分 9.14%，灰分 1.25%，冷水抽出物 10.49%，热水抽出物 8.97%，NaOH 抽出物 24.93%，苯醇抽出物 7.34%，木素 22.39%，多戊糖 22%~46%，综纤维素 72.65%，α-纤维素 56.74%。水竹，化学成分：水分 8.38%，灰分 1.24%，冷水抽出物 13.57%，热水抽出物 9.6%，NaOH 抽出物 30.89%，苯醇抽出物 5.38%，木素 22.42%，多戊糖 20.43%，综纤维素 71.89%，α-纤维素 58.15%，浙皖淡竹，化学成分：水分 8.39%，灰分 1.29%，冷水抽出物 10.79%，热水抽出物 8.91%，NaOH 抽出物 34.28%，苯醇抽出物 7.04%，木素 23.62%，多戊糖 22.35%，综纤维 72.48%，α-纤维素 57.88%。紫竹，化学成分：水分 7.79%，灰分 1.84%，冷水抽出物 10.69%，热水抽取物 8.53%，NaOH 抽出物 33.24%，苯醇抽出物 5.29%，木素 23.9%，多戊糖 22.08%，综纤维索 73.61%，α-纤维素 58.85%。早竹，化学成分：水分 8.19%，灰分 1.96%，冷水抽出物 11.21%，热水抽出物 7.68%，NaOH 抽出物 32.28%，苯醇抽出物 3.8%，木素 24.68%，综纤维 73.31%，α-纤维素 56.13%。毛竹，化学成分：水分 9.79%，灰分 1.13%，冷水抽出物 8.13%，热水抽出物 6.34%，NaOH 抽出物 29.34%，苯酚抽出物 3.67%，木素 24.77%，多戊糖 22.97%，综纤维素 75.07%，α-纤维素 59.82%。可作文化用纸。

【竹茹】　（先刮外皮，再刮二层即成）：①药用：金毛竹，竹茹入药，清热降烦，化痰止呕，主治肺热咳嗽，骨热呕吐，妊娠恶阻。②兽药：金毛竹，竹茹，清热凉血，化痰止吐，治牛翻胃吐草，猪呕吐，牛马痰热郁结，家畜黄疸，胆道炎，牛舌烂。

【竹沥】　（竹加热流出竹汁即是）：药用：金毛竹，竹沥入药，清热豁痰，治中风痰壅，肺热喘咳，热病烦躁。

【叶】 药用：毛竹叶入药，治烦热口渴，小儿发烧，高热不退，疳积。

【笋】 ①食用：黄古竹，笋味美，供食用。桂竹，笋味微苦，水泡后可食。白夹竹，笋可食。甜竹，笋味甘美。淡竹，笋味鲜美，食用。水竹，笋可食。浙皖淡竹，笋可食。筷竹，笋鲜食或制笋干。金毛竹，笋可食。灰竹，笋味鲜肉厚，加工笋干主要原料。甲竹，笋期早而长，为高产笋的竹种。沙竹，笋味鲜美，优良的竹种。毛竹，笋食用，作笋干、腌笋、罐头。刚竹，笋微苦，浸水后可食。雅竹，笋味鲜美，产量多，是笋用竹种之一。②药用：毛竹，治火烧伤，用笋捣烂外敷。

【根】 药用：桂竹，根入药，祛风湿，通经络，止血，主治风热咳嗽气喘，四肢顽痹，筋骨疼痛，血崩。毛竹，根状茎，治关节风湿痛。

【全株】 ①观赏植物：罗汉竹，紫竹。②环保树种：毛竹，对有害气体抗性中，可净化空气，减弱噪音，环保树种之一。

苦竹属 *Pleioblastus* Nakai

约20种，分布亚洲东部；中国产3种，分布长江流域以南。小乔木或灌木状竹类。

【杆材】 苦竹 *P. anarus* (Keng) Kengt.，杆直，壁厚，有弹性，宜作伞柄，鞭杆，支架，笔杆，筷子等。

【叶】 药用：苦竹，叶入药，清热除烦，解渴利尿，主治发热口渴，口舌生疮，尿少黄色。

【笋】 味苦，浸水后可食，苦竹，广西苦竹 *P. kwangsiensis* W. Y. Hsiung et C. S. Chao，班苦竹 *P. maclatus* (McClure) C. D. Chu et C. S. Chao。

茶杆竹属 *Pseudosasa* Makino ex Nakai

约4种，分布中国，朝鲜，日本；中国产3种，分布华南至湖南，乔木或灌木状竹类。

【竹材】 篾性好，适编织各种农具，用具；有茶杆竹 *P. amabilis* (McClure) Keng t.，托竹 *P. contoi* (Munro) Kengt.，毛花青竹 *P. pubiflora* (Keng) Kengf.。

【杆材】 茶杆材，杆通直，坚韧，制手杖，瓜棚，菜架，旗杆，蚊帐杆，晒衣杆，钓鱼竿，笔杆等各种竹器，为我国经济价值较高竹种之一，用细砂除垢后，称白沙竹，具光泽，不虫蛀，不裂，经久耐用，为我国传统出口商品，远销五大洲。

【纤维】 造纸：茶杆竹纤维细长，长2323μm，宽15.3μm，可供造纸及人造丝浆。

泡竹属 *Pseudostachyum* Nanro

1种，分布喜马拉雅山以东至中南半岛；中国分布华南，云南。直立乔木状或灌木竹类。泡竹 *P. polymorphum* Munro，材劈篾作谷围，编织篮筐，编筛，围墙，扎篾。

【笋】 泡竹笋可食。

悬笋属 *Schizostachyum* Nees

约40种，分布亚洲热带至亚热带；中国产约6种，分布华南，江西南部，云南。乔木或灌木状竹类。

【竹材】　编织畚箕，鱼篓，篮筐，诸如：沙罗单竹 *S. funghomii* McClure，山骨罗竹 *S. hainanensis McClure*，篦等竹 *S. psoudolima* McClure，等。

【杆材】　可作围篱，档墙，竹笆，树种见上。

【纤维】　造纸。树种见上。

【笋】　笋可食，如泡竹。

箭竹属 *Sinarundinaria* Nakai

约 90 种以上，大部分在中国；中国产约 70 种，分布陕西、甘肃，山西，河南，宁夏，四川。灌木状竹类。

【杆枝】　可作扫帚，竹筷，笔杆等，诸如：南岭箭竹 *S. barsihirsuta*（McClure）CD. Chu et C. S. Chao 大箭竹 *S. chungii*（Keng）f.，川箭竹 *S. fabri*（Rendl）Keng，冷箭竹 *S. fangiana*（Reng1）Keng，玉山竹 *s nitiakayamaisis*（Lay.）Kengf.，箭竹 *S. nitida*（Milf）Nakai。

【叶及嫩茎】　饲料，如大熊猫饲料，如箭竹，大箭竹，川箭竹，冷箭竹。

唐竹属 *Sinarundinaria* Nakai

约 2 种，中国 6 种，分布华南。乔木状竹类。

【竹材】　篾性韧，编织各种用器，诸如：杠竹 *S. henryi*（McClure）C. D. Chu et C. S. Chao，凉山竹 *S. intermadia* McClure，两广唐竹 *S. laeta* McClure，光竹 *S. maculata* Mc Cure，肾耳唐竹 *S. nephroaurita* C. D. Chu et C. S. Chao，唐竹 *S. tootsik*（Sieb.）Makino.，等。

【杆材】　可织篱，农作物栅架，如唐竹。

【笋】　笋可食，味淡。

筱竹属 *Thamnocalamus* Munro

约 6 种，分布喜马拉雅山以东地区；中国产 5 种，分布陕西，甘肃，湖北，四川，云南，广西。灌木状竹类。

【枝杆】　可作扫帚等用具。如光尾筱竹 *T. cuspidata*（Keng）C. D. Chu et C. S. Chao。

【叶】　药用：筱竹叶入药，清热除烦，解渴利尿，主治发热烦燥，口渴，小便短少色黄。

泰竹属 *Thyrsostachys* Gamble.

2 种，分布泰国、缅甸；中国产 2 种，分布云南南部。乔木状竹类。

【杆材】　作房椽，旗杆，棚架，伞柄，造纸，农具等，大条竹 *T. oliveri* Gamble，泰竹 *T. siamensis* Gamble。

【笋】　可食，味鲜美。

棕榈科 Palmaceae

约 200 属 3000 多种，分布热带至亚热带；中国产 22 属 70 多种，又引入 17 属 20 种。分布长流域以南。乔木、灌木、藤本。

槟榔属 *Amca* L.

约 54 种，分布亚洲热带至大洋洲北部；中国引入栽培 1 种，分布华南，福建南，台湾，云南南。直立乔木。槟榔 *A. catcchu* L.。

【树干】　可作建筑用材。

【嫩芽】　作蔬菜。台湾称"半天笋"。

【叶片】　可编织帽子，扇子。

【果实】　①青果：含鞣质可提单宁。②外果皮：制活性炭。③中果皮：纤维可作地毯，绝缘板。④果品嚼含：嗜好品，可助消化，防止龋齿，臼齿。⑤药用：主成分槟榔碱，槟榔次碱，去甲基槟榔次碱，异槟榔碱，鞣质，下气行水，治腹部胀满，水肿，小便不利。

【种子】　①油用：槟榔种仁含油 11%，主成分：月桂酸 15.5%～19.5%，肉豆蔻酸 33%～46.2%，棕榈酸 12.7%～17.3%，硬脂酸 1.3%～1.6%，十六碳烯酸 7.2%，油酸 6.2%～15.5%，亚油酸 5.4%，油可日化用及润滑剂降凝原料。②药用：槟榔种子，主成槟榔碱。槟榔次碱，丢甲基槟榔次碱，儿茶精，可作驱虫药，治疗各种寄生虫(绦虫，蛔虫，姜片虫)，又助消化，治疟疾，食滞，腹痛，脚气肿，外用治青光眼。③兽药，槟榔种子，杀虫破积，下气行水，治牛脾虚气胀，马伤不起，牛宿草不转，马肺气损腰，肠虫病，柳叶虫病，骡马结症，羊青草胀，鸡绦虫病，水牛停食，骡马便秘。

桄榔属 *Arenga* Labi L.

18 种，分布热带亚洲及大洋洲；中国产 4 种，分布华南，台湾，云南。乔木。

【茎髓】　淀粉：桄榔 *A. pinnata* (Varmb) Merr. 茎髓含淀粉 44.5%，可作甜食，又作粉丝。

【叶】　杆柄上棕丝可制绳子或刷子，桄榔，山棕 *A. englai* Becc.。

【羽状叶片】　可编织凉帽，蒲扇，槟榔，山棕。

【花序乳汁】　制糖：桄榔花序乳汁可制砂糖，每株年产糖 10kg。

假槟榔属 *Arcnonmphoenix* Wendl et Drude

3 种，分布大洋洲东部；中国引入 1 种，分布华南。

假槟榔 *A. alexandrae* Wendl et Drude 原产大洋洲昆士兰，华南引种，细高乔术，高 20～25m，羽叶长披针形，长 45cm，树姿挺秀美丽，供城市绿化，南宁种植较多。

亚塔棕属 *Attalea* Kunth

约 40 种，分布中南美洲及热带非洲；中国引入 1 种。分布海南。亚塔棕 *A. cobume* Mart，原产墨西哥及中美洲，海南引种，乔本高达 20m。

【叶】　①嫩叶：可作蔬菜，也可制帽。②老叶：编盖屋顶。③叶鞘基部棕红色纤维，可制绳索，垫褥，刷子。

【果实】　①活性炭：第二次世界大战中用亚塔棕果壳制活性炭，作防毒面具。② 果仁可作甜品食用，也可作饲料。③ 果仁油用：亚塔棕果仁大如鸡蛋，可榨油，油为不干性油，供作人造奶油食用，也可作肥皂。

美丽蒲葵属 *Bismarckia* Hiltdebr et Wendl

1 种，分布非洲马达加斯加；中国引入 1 种，分布福建南部。

美丽蒲葵 *B. nobilis* Hildebr et H. Wengd.，原产非洲马达加斯加，福建南厦门引入，高大棕材。高达 60m，树冠大，叶掌状分裂，叶片直径 1m，裂片 20 枚，长 30cm，宽 5cm，供作行道观赏及遮阴树。

糖椰属 *Borassus* L.

8 种，分布热带东南亚；中国引入 1 种，分布海南、云南。糖椰 *B. flabelliger* L.，原产东南亚热带，海南、云南引入，高达 30m，径膨大至 2~3m。

【花】　开花的花序轴上，可割取糖汁，浓缩加工成糖块，风味与营养价值似蔗糖；也可制酒。单株年可产糖 25~50kg，最高可达 100kg。

【果实】　糖椰果类扁球形，径 15~20cm，内含种子 1~3 个，含液汁，可作清凉饮料，或淡味甜酒。

【胚乳】　晒干磨粉，可食。

【叶】　①叶片：可制纸，或盖屋顶。②叶鞘：可作子。③叶柄基部纤维：可制绳索，扫帚，刷子，垫褥。

【木材】　糖椰木材坚硬，耐久，抗海水浸渍，可柞独木舟，筏子，木桶，秤杆，拐杖，伞柄等。糖椰，用途广泛，耐高温，干旱瘠薄土壤，也适应沿海稀树草原广泛分布，可在干旱地区代替椰子，适我国热带稀树干旱地区推广利用。

省藤属 *Calamus* L.

约 370 多种，分布东半球热带地区；中国产约 34 多种，分布华南，福建、台湾、云南南。藤本。

【藤片】　老藤本可劈成 2~4 片，称藤皮，编织藤椅，藤篮，藤枕，藤皮箱等。

【全藤】　编织：藤帽，藤箱，筐篓，书架，藤器等。如：短叶省藤 *C. egregious* Buret，多果省藤 *C. fabric* Becc.，台湾省藤 *C. forrosanu* Becc.，云南省藤 *C. henryanus* Becc.，大喙省藤 *C. macrorrhynchus* Burret，瑶山省藤 *C. melanochrous* Burrer，省藤 *C. patyacanthoides* Merr.，山藤 *C. rhabdocladus* Merr.，鸡藤 *C. tetradactyloices* Burret，白藤 *C. tetradactylus* Hance 等。

鱼尾葵属 *Caryota* L.

约 12 种，分布东南亚至大洋洲；中国产 4 种，分布华南，福建南，云南，贵州。乔木或灌木。

【树干髓心】　淀粉：鱼尾葵 *C. ochlandm* Hance，槿棕 *C. urens* L.，髓心可制优质淀粉食用，可代粮。单穗鱼尾葵 *C. monostachya* Becc.，短穗鱼尾葵 *C. mitis* Lour.，茎干随心也可利用淀粉，作工业用淀粉。

【花】　花序液汁含糖分，短穗鱼尾葵，供制糖或酿酒。

【叶】　①嫩叶代菜：鱼尾葵。②药用：鱼尾葵叶入药，强筋骨，主治肾虚，筋骨萎软。

【根】　药用：鱼尾葵根入药，收敛止血，主治吐血，咯血，便血，血崩。

散尾葵属 *Chrysalidocarpus* Wendl.

散尾葵 *C. lutescens* Wendl.，原产马达加斯加，广州，南宁，海口，厦门引种，多干丛生，高达 10m，基部肥大，羽状复叶，小叶披针形，长达 60cm，宽 6cm，婆娑美观，供观赏。

贝叶棕属 *Corypha* L.

约 8 种，分布印度至东南亚；中国引入 1 种，分布海南、云南。乔木。

贝叶棕 *C. umbraculifera* L.，原产印度，斯里兰卡，海南、云南引入。

【叶】 ①可代纸，古代刻写佛经，现存云南缅寺用叶刻写经文。②叶大，长 2m，可代伞用。

【核果】 装饰品：贝叶棕核果大如樱桃，云南南作装饰品。

【全树】 行道树：树高大，叶长大，可作行道树遮阴。

椰子属 *Cocos* L.

1 种，椰子 *C. nucifera* L. 分布热带海岸；中国分布华南，福建南，云南南，台湾南，西沙群岛。常绿高大乔木，21～35m。

【杆材】 可作房屋，桥梁，建筑，手杖，伞柄，碎木板(50% 椰干，50% 木材碎料，压制成碎木板，强度适宜，成本低)，空心砖(椰干木屑与水泥 3∶1 混合作成空心砖)以及胶合板，墙面板，拼花板及廉价的屋顶，炭饼(椰树干木炭用高粱作黏合剂)，制成优良的炭饼。

【椰衣(椰壳纤维)】 可制绳索，毛刷，扫帚，子，垫子。

【椰衣粉】 椰壳纤维碎灰，可压制绝热板，地板，花砖，纸浆，活性炭，又可提制醋酸，甲醇，糠醛，木素等。

【椰壳】 (内果皮)制活性炭，吸气量及持久性强，作防毒面具，脱色剂。

【椰雕】 可整作水壶，椰碗，餐具，小块椰壳可加工成各种工艺品。

【椰水】 ①清凉饮料：可生食，也可加工成罐头，过滤椰水，加糖及防腐剂制成可口饮料。②甜食：用椰水加菠萝汁加糖作培养基，15～20 天得厚菌膜，削成薄片做甜点心。③酿酒：用椰子酿酒，酒味醇甜可口。④生产食用酵母：用椰水作酵母培养基，制成食用酵母，营养丰富，含蛋白质 45% 及丰富的氨基酸，作酵母食品。⑤人工精液稀释剂：椰水含大量维生素，可作人工精液稀释剂。⑥组织培养液：在培养基中加 15% 椰水，可保持培养体生长良好。⑦乳胶：用椰水发酵醋酸，两周后，醋酸达到 0.5%，作凝固天然橡胶的乳胶。

【椰肉(胚乳)】 ①油用：椰肉含油量 60%～65%，主成分：羊油酸 2%，棕榈酸 7%，羊油脂 9%，脂肪酸 9%，羊醋酸 10%，油酸 2%，月桂酸 45%，游离脂肪酸 20%，油可以食用，奶油代用品，也可制高级肥皂及工业用润滑油。②药用：椰油可以治疗疮疾，冻疮，神经性皮炎。③椰肉干：椰肉晒 3～5 天，或干燥至含水率 6% 即成椰干，椰干含水 5%～6%，蛋白质 5.1%，脂肪 61%，碳水化合物 21.4%，钙 380mg/kg，磷 2040mg/kg，铁 40mg/kg，维生素 B_1 5mg/kg，核黄素 4mg/kg，尼克酸 3mg/kg，它含干露聚糖 61%，可作食品，及饲料。④椰肉：椰肉含脂肪 33%，蛋白质 4.08%，可生食，也可制椰子糖。椰饼，罐头。⑤椰蛋白：椰肉蛋白优于动物蛋白质，主成分为赖氨酸，苏氨酸，缬氨酸。⑥椰蓉：椰肉磨碎，压榨得椰奶，作椰子糖，椰子酱，椰蓉干作月饼，糕点。⑦椰肉饼：椰肉榨油后，油饼，含蛋白质14%，作牛、猪，家禽饲料，畜禽喜食。

【叶】　①盖屋：椰子叶可以盖屋顶栅墙。②叶柄：可作防篱，牛轭。③叶幼芽：可作蔬菜，或盐渍菜干。

【椰浆】　开花时，花序轴有液汁流出，可作饮料，制糖，酿酒，制醋。

【花】　蜜源植物：花期蜜粉稍多，可作辅助蜜源。

【药】　①椰水：清暑解酒，强心利尿，驱虫止吐，主治肠胃炎，水肿，姜片虫，绦虫。②椰壳粉：治心痛，筋骨疼；外治痔疼癣痰。③椰枝：烧时流出好油，可治冻疮。④根皮：可治鼻衄出血。

黄藤属 *Daemonorops* Bl.

约100种，分布印度至马来西亚；中国产1种，分布华南，云南，台湾，引入1种。常绿藤本。

【茎】　药用：黄藤 *D. margaritae*(Hance)Becc.，茎入药，驱虫利尿，祛风镇痛，主治蛔虫，绦虫，蛲虫，小便淋漓，齿痛。.

【果实】　①药用：麒麟血竭 *D. drace* Bl.，血竭树脂主成分：红色树脂57%，从中分离出血竭红素，血竭素，血竭白素，血竭性树脂烃，去甲基血竭素，去甲基血竭红素，止血抑菌，行瘀止痛，敛疮生肌，主治跌打损伤，瘀血作痛，外伤出血，疮疡久不收口。②兽药：散瘀定痛，止血生肌，主治牛马闪伤腰痛，败血凝蹄，皮肤外伤，马腰胯痛，牛蹄腐血，牛角烂脱，母畜产后惊风。

双籽藤属 *Didymosperma* Wendl. et Drude.

8种，分布印度，越南至马来西亚；中国产2种，分布华南，云南。矮小棕榈型植物。本属双籽藤 *D. caoudatum*(Lour.) Wendl. et Drude 及 *D. nanum*(Griff.) Wendl. et Drude.，根入药，清热止血，通经收敛，主治月经过多，血崩，子宫下垂，肺结核咯血。

油棕属 *Elaeis* Jacq.

2种，分布非洲；中国引入分布华南，云南，福建南，台湾。常绿乔木。油棕 *E. guineensis* Jacq.。

【树干液汁】　油棕树干流出的液汁可作饮料。

【叶及叶柄】　可以盖屋。

【果皮】　油用：果皮含油40%~80%，称棕油，主成分：肉豆蔻酸1.5%~2.9%，棕酸38%~43.1%，硬脂酸4%~5.7%，油酸38.8%~39.9%，亚油酸4.2%~16%，油为优良的润滑油及制肥皂。

【种仁】　种仁含油量41.5%~45%，主成分：辛酸4.1%~6.9‰，癸酸5.6%~7.2%，月桂酸36.9%~47%，肉豆蔻酸15.9%~16.3%，棕榈酸9%~9.4%，硬脂酸1.9%~3.7%，油酸12%~15.3%，亚油酸2.3%~3.4%，棕仁油夏季透明液体，冬天白色固体，主要用于烹饪油，可制人造酪，也可提炼甘油酯酸，制肥皂。

【油粕】 富含蛋白质，是家畜很好的精饲料。

毛柄葵属 *Latamia* Comon. ex Juss.

3 种，分布东非至马达加斯加；中国引入 1 种，分布海南。

毛柄葵 *L. aurea* Duncan.，原产东非，海南引入。小乔木。叶扇形，小叶长 70cm，叶柄红色，长 0.6～1.2m，可供庭园观赏。

蒲葵属 *Livistonia* R. Br.

约 30 种，分布热带亚洲至大洋洲；中国产 4 种，分布华南，福建、台湾、云南。常绿乔木。

【叶】 ①嫩叶：*L. chinensis*（Jacq.）R. Brown，嫩叶制蒲葵扇，画扇。②老叶：蒲葵老叶制蓑衣，编子，花篮，帽子。③叶片：盖屋：大蒲葵 *L. saribus*（Lour.）Merr.。④叶中脉：制牙签：蒲葵。⑤药用：蒲葵叶可治子宫出血。

【树干】 蒲葵高达 20m，树干可作建筑梁，柱。

【果实】 食用：大蒲葵果实，可食，富含油脂。

【种子】 药用：蒲葵种子可治痈块，腹痛；试用于治食道癌，土皮癌，恶性葡萄胎，白血病，鼻窦癌，脑肿瘤。

【苞片毛】 蒲葵苞毛可制绳索。

【全树】 ①观赏植物及行道树：蒲葵，澳洲蒲葵 *L. australis* Mart.。②环保树种：蒲葵，对 SO_2，Cl_2 抗性强，为工厂矿区，绿化环保树种。

水椰属 *Nypa* Steok.

1 种，分布亚洲南部及大洋洲北部热带海岸；中国分布海南，生红树林下灌丛。水椰 *N. fruticans* Thunb.。

【叶柄外皮】 坚硬，可编织各种用具。

【花序】 花序柄节破流出液汁含糖分，可制糖浆，酿酒，制醋。

【果肉】 味甜可生食或糖渍食用。

刺葵属 *Phoenix* L.

约 17 种，分布热带亚、非洲；中国产 1 种，分布华南，台湾，云南，又引入 2 种，华南、福建南，云南栽培。灌木或小乔木。

【干材】 枣椰树 *P. doctylifera* L.，高大乔木，干材可作建筑桥梁等用。

【茎部】 割汁，可制糖或酿酒，刺椰。

【叶】 枣椰叶可编织凉帽，凉席。嫩叶可作蔬菜；枣椰树新芽可生食或煮食。糠椰 *P. hanceana* Naud.，叶柄可作手杖，叶可作扫帚，糠椰及台湾糠椰 var. *formosana* Becceri.。

【果实】 ①食用：糠椰果可食。枣椰果圆筒状，长 2.5～7.5cm，果肉肥厚，可生食，与粮伴食，常作蜜枣，便于运输和贮藏；又用于饼干，糖果制造及甜点，制酒，制糖。②制糖：枣椰果含量 70%～80%，产量高，每公顷产量 12t，蔗糖每公顷 7.2t，甜菜每公顷 5.6t，产量高，含糖量高，有重要发展前途。但 20 世纪 60 年代，每年进口伊拉克蜜枣，带有肝炎病毒，购者渐少，若与中国蜜枣相比，其营养成分与风味远不如中国蜜枣，不宜进口，货滞。

【果核】　含油量7.4%~9.1%，枣椰含油，中国未加利用。

【全树】　为沙漠避风、遮阳树种。

山槟榔属 *Pianga* Bl.

约120多种，分布亚洲热带地区；中国产约8种，引入1种，分布华南，台湾，云南。灌木。本属茎直如竹，叶羽状全裂，多作庭园观赏树种，诸如：山槟榔 *P. baviensis* Beccari，两广山槟榔 *P. discolor* Burret.，海南山槟榔 *P. hainanensis* Beccari.，瑶山山槟榔 *P. sinii* Burr.。

麦加绉子棕属 *Ptychosperma* Labill.

约30种，分布大洋洲，南太平洋；中国引入4种，分布广州。

麦加绉子棕 *P. hospitum* Barret.，原产大洋洲；广州引种，多干丛生，顶部羽状复叶树冠密集，小叶40枚，弓形，供庭园观赏。

王棕属 *Roystonea* O. F. Cook.

约17种，分布热带美洲；中国引入2种，分布华南，福建南，台湾。大乔木。引入王棕 *R. regia*（H. B. K.）Cook. 及菜王棕 *R. oleraceag* Mart. Cook.。

【茎】　菜王棕茎内含西米，可食。

【嫩叶】　菜食：菜王棕。

【果实】　菜王棕核果长椭圆形，可榨油用。

【全树】　可作行道树及观赏树种，如王棕及菜王棕。

菜棕属 *Sabal* Adans

约26种，分布美洲；中国引入5种，分布海南。

菜棕 *S. palmetto* Lodd. ex Schult. 及兰棕 *S. adansnoi* Guerrls，原产美国南部亚热带至热带巴哈马群岛，中国引入，分布海南。乔木无茎露出地面。

【树干】　菜棕树干可提制纺织纤维。

【叶】　菜棕叶可编织帽子、筐、笼。

【全株】　观赏树种：如菜棕，蓝棕。

棕榈属 *Trachycarpus* Wendl.

8种，分布东亚；中国产5种，分布陕西、河南以南。小至中等乔木。

【茎秆】　用材：棕榈 *T. formnei*（Hook. t.）Wendl.，常绿乔木，高达10m，坚韧，耐腐。可作柱材，便桥，比同样大小杉木耐用，亭柱，扇骨，木梳等小器具，工艺品。

【棕片（叶鞘纤维）】　可作棕绳，棚子床，蓑衣，棕垫，渔网，地毯，扫帚，沙发填料，刷具，鞋底等。

【棕叶】　老叶可加工绳索，扇子；小叶加工帽、鞋、提包等工艺品。叶尚可包装物品。

【花】　①花苞：棕树花苞可食。②蜜源植物。棕树花期5~6月，蜜量多。

【种子】 ①棕蜡：种子表面蜡层，可代蒙旦蜡，用于国防工业，棕榈蜡用于复写纸，地板蜡，鞋油。②饲料：棕子含丰富蛋白质的淀粉，出粉 85%~90%，代粗粮喂养家畜，是很好的精饲料，含水分 16.18%，粗蛋白 5.52%，粗脂肪 0.62%，粗纤维 10.03%，粗灰分 1.85%，无氮浸出物 65.8%，无异味，适口性好。③棕油：棕籽含油 19.5%，抽提物可止内外出血，"血客"由本品提制。④油粕：肥料：棕子油粕含氮 2.59%，磷 1.10%，钾 0.5%，很好有机肥料。⑤棕灰：种子烧灰，为止血要药。

【全树】 ①观赏植物：叶掌状分裂，如棕榈，山棕榈 *T. mortiana*（Wall.）Wendl.，龙棕 *T. nana* Becc.，滇棕 *T. wognerianus* Becc.，常作庭园观赏树种。②环保树种：棕榈叶对烟尘，SO_2，HF 抗性力强，为工厂、街道优良绿化环保树种。

蛇皮果属 *Zalacca* Reinw. ex Bl.

约 10 种，分布印度至东南亚；中国引入 1 种，分布台湾、广东。

蛇皮果 *Z. deulis* Wall.，原产马来西亚，广东台湾引入，果卵球形，长 6~7cm，易剥皮，可食，叶多，几无茎，供观赏。

露兜树科 Pandanaceae

3 属约 700 种，分布东半球热带；中国产 2 属 8 种，分布华南，台湾、云南。灌木或乔木。

露兜树属 *Pandanus* L. f.

约 600 种，分布东半球热带；中国产 6 种，分布华南，台湾，云南。灌木或小乔木。

【叶】 纤维：露兜树 *P. odoratissimum* L. t.，叶含种纤维 44.57%，可织网袋，做刷子，编子，笠帽，绳索，造纸。香露兜 *P. tectorius* Solms.，叶可织，编篮包。

【枝】 纤维：露兜树枝纤维可打草鞋。

【花】 精油：露兜树鲜花含精油 0.5%，主成分：甲基苯乙醚（66%），芳樟醇（19%），乙酸苯乙酯（2%），柠檬醛，作调和香料，作化妆品，皂用香精。香露兜花极香，云南南妇女作头饰。

【果】 药用：露兜树果主成分：苯乙基甲基酮，芳樟醇，双戊烯，乙酸苯乙酯，枸橼酸，主治痢疾，咳嗽；果核治睾丸炎，痔疮。

【根】 药用：分叉露兜树 *P. furcatus* Roxb.，根入药，清热解毒，利尿消肿，主治肾结石，尿路感染，肾炎，水肿，感冒高烧，咳嗽，肝炎，睾丸炎，还可治痢疾，胃痛，风湿痛。露兜树根入药，发汗，解表，清热解毒，利水化痰，主治感冒发热，肾炎水肿，尿路感染，尿路结石，肝炎，肝硬化腹水，眼结膜炎，小儿夏热。

【全树】 固沙保土植物：本属树耐干旱、砂石土壤，耐贫瘠土，可做固沙保土植物，如分叉露兜树，勒古子 *P. forceps* Marfeli，露兜树等。

菝葜科 Smilacaceae

3 属 370 多种，分布热带至温带；中国产 2 属 60 多种，分布全国。攀缘灌木。

肖菝葜属 *Hetersmilax* Kumth.

约 10 种，分布东亚，中国产 6 种，分布长江流域以南。藤本。

【果实】 油用：华肖菝葜 *H. chinensis* Wang，果实含油 4.8%，主成分：月桂酸 1.4%，棕榈酸 18.1%，肉豆蔻酸 5.6%，硬脂酸 2.2%，花生酸 2.3%，油酸 23.6%，亚油酸 31.1%，油可供制肥皂，润滑油。

【地下茎】 ①淀粉：肖菝葜 *H. japonica* Kumth，地下茎含淀粉 69.67%，供食用，或酿酒。②药用：肖菝葜，根状茎入药，清热利湿，解毒，主治风湿关节痛，痈疖肿痛，湿疹，皮炎合丝肖菝葜 *H. japonica* var. *gaudichaudiana* (Kunth) Wang et Tong，根状茎入药，清热利湿，壮筋骨，主治腹泻，月经不调，腰膝痹痛，小便混浊，白带。短柱肖菝葜 *H. yarmanensis* Gagnep.，根状茎入药。功效同肖菝葜。

菝葜属 *Smilax* L.

约 300 种，分布热带至温带；中国产约 76 种，分布全国，以长江流域以南最盛，西北至北部稀少。攀缘状灌木。

【叶】 药用：粉菝葜 *S. glauco china* Warb.，嫩叶捣烂外敷，可治疮。

【花】 代菜：光叶菝葜 *S. indica* Virtm.。食用：菝葜果熟时，红色，可食。

【种子】 油用：土茯苓 *S. glabra* Roxb.，种子含油 15.1%，主成分：棕榈酸 20.4%，硬脂酸 2.7%，油酸 37.1%，亚油酸 39.3%，亚麻酸 0.5%，油可供制肥皂，润滑油。

【块根】 ①淀粉：菝葜 *S. china* L.，块根含淀粉 38.18%，粗纤维 26.77%，水分 7.51%，单宁 6.09%，还原糖 4.32%，灰分 4.07%，粗蛋白 3.48%，粗脂肪 0.92%，酿酒，每 50kg 可得 96。工业用酒精 6.5～7.5kg。光菝葜含淀粉 69.67%，可酿酒，制糕点。粉菝葜，含淀粉 55.8%，粗蛋白 5.56%，粗脂肪 0.22%，可掺粮食用，制糕点，饴糖。鞘叶菝葜 *S. pekingensis* A. DC.，含淀粉 20%，可酿酒。②酒粕：菝葜酿酒后酒粕含粗纤维 39.9%，木质素 28.07%，水分 8.8%，灰分 4.72%，粗蛋白 3.59%，粗脂肪 0.96%，淀粉 0.63%，单宁 0.70%，糖分 5.15%，可提制羧甲基纤维素，广泛用于：石油，纺织，日化，食品，医药等方面，经济效益更大。③鞣质：菝葜块根含鞣质 12.45%，可提制栲胶，纯度 29.31%。

【根或根块茎】 ①药用：西南菝葜 *S. bockii* Warb.，根状茎入药，祛风，活血，解毒，主治：风湿，腰腿痛，跌打损伤，瘰疬。菝葜根状茎，含多种甾体皂苷：菝葜皂苷，帕利林皂苷，薯蓣皂苷，祛风利湿，解毒消肿，主治消化不良，糖尿病，乳糜尿，白带，癌症，主要用于食道，贲门，胃肠，肝胰腺，胆囊，鼻咽癌。短柄菝葜 *S. discotis* Warb.，根状茎入药，清热利湿，活血止血，主治风湿，血崩，血尿，刺算薢 *S. ferox* Wall. ex Kunth.，根状茎入药，祛风利湿，解毒，主治风湿筋骨痛，小便浑浊，皮肤过敏湿疹。土茯苓，根入药，含薯蓣皂苷元，生物碱，甾醇，清热解毒，利湿，主治钩端螺旋体病，梅毒，风湿关节痛，痈疗肿毒，湿疹，皮炎，汞粉及银珠中毒，粉菝葜根状茎入药，祛风利湿，解毒消肿，主治风湿关节痛，跌打损伤，肠胃炎，利疾，消化不良，崩带，血淋，瘰疬，外用治烫伤。暗色土茯苓 *S. lanceae folia* Roxb. var. *opaca* A. DC. 根状茎入药，祛风利湿，解毒消肿，主治风湿关节痛，跌打损伤，肠胃炎，痢疾，糖尿病，乳糜尿，白带；外用治痈疖疮，烫伤。无刺菝葜 *S. mairei* Lévl.，根茎入药，祛风除湿，调经利尿，主治风湿性关节炎，尿路感染，肾炎水肿，慢性胃炎，月经不调。黑叶菝葜 *S. nigresons* Wang et Tang，根状茎入药，祛风利湿，主治风湿性关节炎。鞘叶菝葜，根状茎入药，祛风湿，镇痛，主治筋骨痛，骨湿关节炎。大托叶菝葜 *S. perfoliata* Lour. 根状茎入药，健脾益胃，强壮筋骨，治风湿腰痛，关节不利。黑刺菝葜 *S. scobinicaulis* C. H. Wright，根状茎入药，含替告皂苷元，新替告皂苷元，拉肖皂苷元，祛风湿，通经络，主治风湿性关节炎，关节不利。铁叶菝葜 *S. siderophylla* Hand. -Mazz.，根状茎入药，祛风除湿，清热利尿，主治风湿筋骨痛，肠炎，痢疾，膀胱炎，小便不利，华东菝葜 *S. sieboldii* Miq.，根状茎入药，祛风利湿，主治风湿性关节痛。②农药：土茯苓全株捣烂加 20 倍水喷洒，可防治蚜虫。

参考文献

［1］中国科学院植物研究所等．中国经济植物志(上、下册)［M］．北京：科学出版社，1961．

［2］陈焕镛．海南植物志(1~4卷)［M］．北京：科学出版社，1964－1977．

［3］林业部经营司林副产品处．木本粮油植物［M］．北京：农业出版社，1965．

［4］中国医学科学院药物研究所．中草药有效成分的研究(1~2册)［M］．北京：人民卫生出版社，1972．

［5］中国科学植物研究所．中国高等植物图鉴(1~5卷)［M］．北京：科学出版社，1972－1976．

［6］中国农林科学院科技情报室．国外林业生产水平和科技进展(林产化学工业)［M］．北京：科学出版社，1974．

［7］南京药学院中草药编写组．中草药学(上、中、下册)［M］．北京：人民卫生出版社，1974－1982．

［8］江苏植物研究所编，江苏植物志(上、下册)［M］．南京：江苏人民出版社，1977－1983．

［9］中国树木志编委会．中国主要造林树种技术(上、下册)［M］．北京：农业出版社，1978．

［10］俞德浚．中国果树分类学［M］．北京：农业出版社，1979．

［11］中国科学院昆明植物研究所．云南植物志(2~4卷)［M］．北京：科学出版社，1979~1986．

［12］云南养蜂办公室．云南蜜源植物［M］．昆明：云南人民出版社，1980．

［13］侯宽昭（吴德邻修订）．中国种子植物科属词典［M］．北京：科学出版社，1982．

［14］中国科学院植物研究所．中国高等植物图鉴(补编)(1~2卷)［M］．北京：科学出版社，1982－1983．

［15］郑万钧．中国树木志(第1卷)［M］．北京：中国林业出版社，1983．

［16］谭伯禹．园林绿化树种选择［M］．北京：中国建筑工业出版社，1983．

［17］吴中伦．国外树种引种概论［M］．北京：科学出版社，1983．

［18］陈植．观赏树木学［M］．北京：中国林业出版社，1984．

［19］胡长龙．城市绿化［M］．北京：中国林业出版社，1984．

［20］郑万钧．中国树木志(第2卷)［M］．北京：中国林业出版社，1985．

［21］俞德浚．落叶果树分类学［M］．上海：上海科学技术出版社，1984．

［22］刘瑛．中国沙漠植物志(1~3卷)［M］．北京：科学出版社，1985－1992．

［23］焦彬．中国绿肥［M］．北京：农业出版社，1985．

［24］贾良智，周俊．中国油脂植物［M］．北京：科学出版社，1987．

［25］贾慎修．中国饲料植物志(1~2卷)［M］．北京：农业出版社，1987－1989．

［26］林盛秋．蜜源植物［M］．北京：中国林业出版社，1989．

［27］傅立国．中国珍稀濒危植物［M］．上海：上海教育出版社，1989．

［28］中国农科院畜牧所．国产饲料营养成分含量表［M］．北京：农业出版社，1989．

［29］王宗训. 中国资源植物利用手册［M］. 北京：中国科技出版社，1989.

［30］成俊卿等. 中国木材志［M］. 北京：中国林业出版社，1992.

［31］马德风. 中国蜜粉源植物及其利用［M］. 北京：农业出版社，1993.

［32］中国林学会林产化学化工学会. 林产化学与工业，1981 – 1993.

［33］全国林化科技情报中心站、中国林科院林产化学工业研究所、中国林产工业协会，林产化工通讯，1981 – 1994.

［34］Journal of the American Chemical Society V01. 70 – 105.（1957 – 1993）.

［35］谢福惠. 木材识别、性质及用途［M］. 北京：学术书刊出版社，1990.

［36］广东林科所. 海南主要经济树木［M］. 北京：农业出版社，1964.

［37］龚耀乾. 常用木材识别手册［M］. 南京：江苏科学技术出版社，1983.

［38］熊文愈. 中国木本药用植物［M］. 上海：上海科学技术出版社，1993.

［39］昆明市进出口公司. 云南商品材薄木手册，1993.

［40］刘鹏单. 东南亚热带木材［M］. 北京：中国林业出版社，1993.

致　谢

　　《中国林产志》经过 12 年的整理、修改、完善，终于要出版了。该书能顺利出版，得到中国林业科学研究院林产化学工业研究所几任领导的关心和鼎力支持，也得到林产化学工业研究所和国家科学技术学术著作出版基金提供的项目经费资助。

　　书稿的编辑校对，得到南京林业大学期刊部的大力支持，曹会聪副编审花费了数月时间，查阅文献资料，核对植物学名，保证了本书的正确性。在《中国林产志》问世之际，特表示诚挚的谢意！

端木炘

2016 年 12 月 4 日